Technische Untersuchungsmethoden zur Betriebskontrolle.

Technische
Untersuchungsmethoden
zur Betriebskontrolle,

insbesondere zur Kontrolle des Dampfbetriebes.

Zugleich ein Leitfaden für die
Übungen in den Maschinenbaulaboratorien
technischer Lehranstalten.

Von

Julius Brand

Professor, Oberlehrer der Königlichen vereinigten Maschinenbauschulen
zu Elberfeld.

Dritte, verbesserte Auflage.

Mit 285 Textfiguren, 1 lithographischen Tafel und zahlreichen Tabellen.

Springer-Verlag Berlin Heidelberg GmbH

1913.

ISBN 978-3-662-22999-6   ISBN 978-3-662-24959-8 (eBook)
DOI 10.1007/978-3-662-24959-8
Softcover reprint of the hardcover 3rd edition 1913

Vorwort zur ersten Auflage.

Das Zeitalter der Verbrennung, welches mit der Erfindung der Dampfmaschine einsetzte, weist die tiefgehendsten und großartigsten Umwälzungen im Kulturleben der Menschheit auf. Nicht mehr auf die höheren Stände einzelner Völker ist die Kultur beschränkt, sie hat vielmehr einen volkstümlichen, einen universellen Charakter angenommen. Die Entwicklung, die im vorigen Jahrhundert stattgefunden hat, überragt alle anderen Kulturepochen in großartigster Weise, und ihre Leistungen übertreffen diejenigen aller früheren Jahrtausende um vieles.

Die Grundlage, auf welcher die Entwicklung der Technik in diesem Zeitalter der Verbrennung vor sich ging und noch geht, ist die Ausnutzung der in den Brennmaterialien schlummernden potentiellen Energie.

Gleichgültig, ob bei einem Verbrennungsprozesse vorzugsweise die Menge der entwickelten Wärme in Betracht kommt, wie z. B. bei der Heizung von Dampfkesseln, oder ob mehr die Intensität der Wärme, d. i. der erzielte Temperaturgrad, von Bedeutung ist, wie z. B. bei vielen metallurgischen Prozessen, stets geht das naturgemäße Streben dahin, das höchste Maß effektiver Leistung mit dem geringsten Aufwande von Brennmaterial und Arbeit zu erlangen.

Diesem Streben war der größte Teil aller Ingenieurarbeit des verflossenen Jahrhunderts gewidmet; dieses Streben wird aber auch noch in kommenden Zeiten die technischen Kräfte zu regster Tätigkeit anspornen. Wir verdanken diesem Streben die Erfindung einer großen Reihe von mehr oder minder wirksamen Dampfkesselfeuerungen, Schornsteinzugregulatoren, Apparaten zur Erhöhung der Wasserzirkulation in Verdampfvorrichtungen, Einrichtungen zur Vorwärmung des Speisewassers u. a. m. Auch die Einführung der Siemensschen Regenerativfeuerung, die sowohl bei Metall- und Glasschmelzöfen, als auch bei Schweiß-, Puddel-, Glüh-, Anwärm- und Gasöfen, nicht minder bei Öfen der chemischen, keramischen und anderer Industrien Umwälzungen von einschneidender Wirkung hervorbrachte, ist den intensiven Verbesserungsbestrebungen entsprungen.

Der Wirkungsgrad der Dampfmaschine wurde erhöht durch Anwendung hoher Dampfspannungen, Ausnutzung der Expansion, Einführung der Kondensation, Verteilung der Expansion auf mehrere

Zylinder, Heizung der Zylinderwandungen, Überhitzung des Dampfes und durch präzis arbeitende Steuerungen. Man hat der Wasserdampfmaschine noch Zylinder angegliedert, in denen die durch die Abwärme der Dampfmaschine erzeugten Dämpfe sehr flüchtiger Flüssigkeiten, wie z. B. schweflige Säure, zur Wirkung kommen. Dadurch entstanden die sog. Abwärmekraftmaschinen oder Mehrstoffdampfmaschinen.

Die Dampfturbine, die im letzten Jahrzehnt in den Kampf um höchste Ökonomie eingetreten ist, ermöglicht die weitgehendste Ausnutzung der Expansion, gestattet die Anwendung sehr hoher Umdrehungsgeschwindigkeiten und ist frei von dem der Kolbendampfmaschine anhaftenden, bedeutenden Mangel des Rückganges des Wirkungsgrades bei Über- oder Unterschreitung der Normalbelastung.

Die Explosionsmotoren, der Dieselmotor, die Sauggasmotoren, die geeignetenfalls wichtige Konkurrenten der Dampfmaschine geworden sind, sie sind sämtliche als Fortschritte in dem Erstreben einer möglichst hohen Wärmeausnutzung zu betrachten.

In Berücksichtigung dieses rastlosen Strebens ist es für den ersten Augenblick wenig freudig überraschend, zu hören, daß die Ausnutzung der Kraftquellen in den heute üblichen Krafterzeugern eigentlich eine recht geringe ist. So ergibt die mit allem Raffinement ausgeführte und betriebene Dampfmaschine einen totalen Nutzeffekt von 15—17%, die Kraftgasmotoren einen solchen von 20—25%, die Spiritusmotoren haben es auf 32—33% und die Dieselmotoren auf 35—36% gebracht. Das Erstaunen über die Kleinheit dieser Zahlen schwindet aber, wenn man bei eingehendem Studium der Entwicklung des einen oder anderen der genannten Krafterzeuger erfährt, welche Summe von Intelligenz aufgewendet werden muß, um den totalen Nutzeffekt auch nur um einige Zehntelprozente höher zu schrauben.

Dieses rastlose Ringen nach Vervollkommnung der Krafterzeuger hinsichtlich ihres Nutzeffektes kann nach drei Richtungen hin begründet werden. Es entspringt zunächst dem allgemeinen Triebe, in technischer Beziehung fortzuschreiten, einer geschichtlichen Tatsache, die man nicht weiter zu erklären vermag. Zweitens ist es auch eine Forderung unseres Nutzens, denn durch eine sorgfältige Ausnutzung der in den Brennmaterialien gegebenen Energie wird der materielle Wohlstand der Völker in hohem Maße gefördert. Drittens ist es auch eine Forderung unserer Vernunft, die es uns als heilige Pflicht erkennen läßt, den Zeitpunkt, bis zu welchem die in der Erde lagernden Vorräte von Brennmaterialien aufgebraucht sind, also das Ende des Zeitalters der Verbrennung möglichst weit hinauszuschieben.

Wenn auch dieser Zeitpunkt nicht so nahe liegt, wie von mancher pessimistischen Seite geglaubt wird, so hat es doch nicht an Versuchen gefehlt, die bezweckten, Ersatz für die natürlichen Brennstoffe zu finden, also andere Energiequellen aufzuschließen.

Zunächst wird es wohl die Zentralisation der Brennstoffauswertung und die intensivere Ausnutzung der natürlichen Wasserkräfte der Erde sein, die die Epoche der sparsameren Haushaltung kennzeichnen werden, und dann erst wird man zu den bis heute wenig verlockenden, anderen Ersatzquellen von Energie Zuflucht nehmen, als da sind: die Kraft des Windes, die Ebbe- und Flutbewegung, die Wellenbewegung des Meeres, die direkten Sonnenstrahlen, die innere Erdwärme. Wenn diese letztgenannten Helfer in der Not gegenwärtig auch als etwas sonderbare und isolierte Spekulationen zu bezeichnen sind, so ist doch nicht ausgeschlossen, daß sie im Laufe der Jahrhunderte zur praktischen Anwendung, ja zu großer Nützlichkeit gelangen.

An eine Einschränkung des Brennmaterialverbrauches ist bei der gegenwärtigen Entwicklung aller Industrien nicht im entferntesten zu denken, im Gegenteil wird derselbe in stark aufsteigender Linie zunehmen. Während z. B. im Jahre 1898 die Förderung an Steinkohle auf der ganzen Erde ca. 600 Millionen Tonnen betrug, war sie im Jahre 1900 bereits auf rund 700 Millionen Tonnen angewachsen. Ähnlich liegen die Verhältnisse auch bei den übrigen Brennmaterialien.

Jeder einzelne, der mit einer Einrichtung zur Erzeugung von Wärme oder mit Krafterzeugern, welche die durch eine Heizoperation gewonnene Verbrennungswärme auswerten, zu tun hat, kann seiner Pflicht, eine möglichst hohe Ausnutzung der Verbrennungswärme anzustreben, nachkommen: der Betriebsleiter durch stete Kontrolle der ihm anvertrauten Einrichtungen und durch richtige Instruktion seiner zuständigen Hilfskräfte; der Untergebene durch gewissenhafte Befolgung der ihm von seinem Vorgesetzten gegebenen Direktiven.

Noch mitten in der Praxis des Großbetriebes stehend, war es mir klar geworden, daß in der technischen Literatur ein Buch fehlt, welches alle wichtigen, zur wissenschaftlichen Kontrolle eines Betriebes nötigen Untersuchungsmethoden in gedrängter und doch klarer Form behandelt, weshalb ich mich an die Bearbeitung dieser Aufgabe machte. Als ich später zum Lehrfache übertrat, empfand ich bald bei dem Unterrichte im Maschinenbaulaboratorium den Mangel eines Leitfadens, der sowohl den Lehrenden, als auch den Lernenden zum Vorteile gereichen könnte. In der Absicht, auch diesem Mangel abzuhelfen, modelte ich das bereits Geschaffene um, goß es in breitere Formen und fügte an mancher Stelle theoretische Begründungen ein, auf welche der Praktiker vielleicht ohne weiteres verzichtet hätte, die ich aber für den Studierenden für ebenso wichtig halte, als die Verfahren selbst, zu denen diese Begründungen gehören.

Möge jeder, der dieses Buch zur Hand nimmt, bevor er es beurteilt, an den Doppelcharakter desselben sich erinnern und auch die gute Absicht des Verfassers nicht außer acht lassen.

Elberfeld, im September 1904.

Der Verfasser.

Vorwort zur zweiten Auflage.

In der vorliegenden zweiten Auflage, die $2^1/_2$ Jahre nach dem Erscheinen der ersten notwendig geworden ist, habe ich, verschiedenen mir zugegangenen Wünschen Rechnung tragend, das Kapitel „Indikatoren" neu aufgenommen. Um den Umfang des Buches nicht zu sehr anwachsen zu lassen, habe ich die Beschreibung der einzelnen Indikatoren möglichst kurz gefaßt, in der Hoffnung, daß die beigefügten Abbildungen den Text zur Genüge ergänzen.

Neu hinzugekommen ist auch der Abschnitt über „Schmieröluntersuchungen", und zwar aus' zwei Gründen: erstens halte ich es für unerläßlich, daß jeder Betriebsleiter in der Lage ist, durch einwandfreie Untersuchung der ihm angebotenen Öle das für seinen Betrieb passende Öl auszuwählen, weil dadurch beträchtliche Ersparnisse an Brennmaterial und Kraft erzielt werden können; zweitens geben die einschlägigen Untersuchungen dem im Laboratorium übenden Studierenden reichlich Gelegenheit, seinen Beobachtungssinn zu schärfen.

Die übrigen Kapitel des Buches haben Erweiterungen in dem Maße erfahren, als es durch die in der Zwischenzeit neu aufgetauchten, beachtenswerten Apparate und Instrumente geboten erschien.

Möge die zweite Auflage des Buches ebenso viele Freunde finden als es der ersten beschieden war!

Elberfeld, im September 1907.   **Der Verfasser.**

Vorwort zur dritten Auflage.

In der dritten Auflage dieses Buches habe ich, wie auch schon in der zweiten, die wichtigsten, in der Zwischenzeit eingetretenen Veränderungen auf dem Gebiete des in Betracht kommenden Instrumenten- bzw. Apparatenbaues berücksichtigt. Veraltetes ist verschwunden, Neues und Beachtenswertes hinzugekommen.

Um ein Anwachsen des Umfanges des Buches zu vermeiden, habe ich an verschiedenen Stellen den Text gekürzt, aber doch nur da, wo durch besonders deutliche Figuren die leichte Verständlichkeit des Ganzen keine Einbuße erlitt.

Bei den mannigfachen Veränderungen, die der Inhalt des Buches erfahren mußte, konnte ich vielen, aus der Praxis an mich ergangenen Wünschen Rechnung tragen. Häufiger aber als sich vermuten läßt, standen derartige Wünsche und Anregungen einander diametral gegenüber, und dann habe ich, um den einheitlichen Charakter des Buches zu wahren, meinen eigenen Ansichten Folge geleistet.

Ich bitte die in Betracht kommenden Kreise auch die neue Auflage, deren Herausgabe durch meine starke dienstliche Inanspruchnahme sich leider verzögert hat, mit dem gleichen Wohlwollen aufzunehmen wie die früheren Auflagen.

Elberfeld, im Juni 1913.   **Der Verfasser.**

Inhaltsverzeichnis.

Inhaltsverzeichnis. XI

Die Brennmaterialien
und die Theorie der Verbrennung.

Die in industriellen Feuerungen verwendeten Brennmaterialien sind ihrer Konsistenz nach

> feste,
>
> flüssige oder
>
> gasförmige Stoffe.

Wie ganz natürlich, kommt jede dieser drei Brennstoffarten stets nur da als vorwiegendes Feuerungsmaterial in Betracht, wo sie in großen Mengen und deshalb auch verhältnismäßig billig zu beschaffen ist. So sind z. B. als Repräsentanten der flüssigen Brennstoffe die Rückstände der Petroleumraffination zu nennen, die unter dem Namen Masude bekannt sind und hauptsächlich in Südrußland im großen als Feuerungsmaterial Verwendung finden.

Unter den gasförmigen Brennstoffen spielt vornehmlich das Kohlenoxydgas (CO) eine Rolle. Dieses bildet entweder den Hauptbestandteil von gasförmigen Nebenprodukten besonderer Industriezweige, wie z. B. in den Hochofengasen, oder aber es wird eigens zu Brennzwecken erzeugt, indem man in geeigneten Apparaten — Generatoren genannt — einem festen Brennstoff bei geeigneter Temperatur nur so viel Luft zuführt, daß der Kohlenstoff des Brennmaterials zu Kohlenoxyd verbrennt.

Dieses so erzeugte Gas, welches der Hauptsache nach aus Kohlenoxyd und einer großen Menge von Stickstoff, letzterer vornehmlich aus der Verbrennungsluft herrührend, besteht, heißt allgemein Generatorgas, in dem speziellen Falle, in welchem Luft als sauerstoffabgebendes Mittel benützt wird, Luftgas.

Benützt man aber an Stelle von Luft als sauerstoffabgebendes Mittel Wasser, indem man dasselbe in Form von Wasserdampf durch den glühenden Brennstoff bläst, so entsteht ein Gas, welches in der Hauptsache ebenfalls aus Kohlenoxyd und außerdem aus Wasserstoff, herrührend von der Zersetzung des Wasserdampfes durch den glühenden Brennstoff, besteht. Dieses Gas heißt Wassergas. Sein Heizwert liegt höher als der vom Generatorgas, da ihm die großen Stickstoffmengen, die in letzterem enthalten sind, fehlen. Doch läßt sich dieses Wassergas nicht in ununterbrochener Weise erzeugen, denn die Zersetzung des Wasserdampfes beansprucht so viel Wärme, daß die Temperatur im Generator bald unter die Zersetzungstemperatur des Wasserdampfes gesunken ist. Um einem weiteren Fallen der Temperatur

Einhalt zu tun, bläst man nun an Stelle von Wasserdampf wieder Luft in den Generator, erzeugt also wieder Luftgas, und zwar so lange, bis die Temperatur über die Zersetzungstemperatur des Wasserdampfes angestiegen ist.

Einfacher gestaltet sich der Betrieb solcher Generatoren, wenn man in das glühende Brennmaterial Luft und Wasserdampf zu gleicher Zeit einbläst, deren Mengen so reguliert sind, daß eine merkliche Abkühlung des Generatorraumes nicht stattfindet. Das hierbei erzeugte Gas, welches bei richtigem Betriebe der Hauptsache nach aus Kohlenoxyd, Wasserstoff und Stickstoff besteht, heißt Mischgas, nach dem Erfinder des Verfahrens auch Dowsongas. Es wird weniger zu Feuerungszwecken, als vielmehr zur Krafterzeugung verwendet, weshalb es auch den Namen Kraftgas trägt.

In Nordamerika, besonders in Pennsylvanien, finden sich gasförmige Kohlenwasserstoffe (Naturgas) in ungeheuren Mengen unter der Erde vor, von wo sie mittels Bohrlöcher abgezapft und in ausgedehnten Rohrleitungen mit Hilfe des diesem Naturgase innewohnenden Druckes (bis 14 Atm.) nach Fabriken, ja selbst nach Wohnhäusern als willkommenes, weil heizkräftiges Brennmaterial fortgeleitet werden.

Wenig bekannt dürfte das Vorkommen von Naturgas in Deutschland sein. Es findet sich an einer einzigen Stelle, nämlich auf der Zeche Hansa bei Dortmund, wo im Jahre 1898 in einer Tiefe von 664 m eine Gasquelle erbohrt wurde. Das Gas strömt mit ca. $^1/_4$ Atm. Überdruck aus und hat folgende Zusammensetzung:

85,45% Methan,
12,59% Stickstoff,
1,03% Kohlensäure,
0,93% Sauerstoff.

Es wird unter einem Dampfkessel verbrannt, wodurch täglich eine Ersparnis von ca. 2000 kg Steinkohle erzielt werden soll.

Für Deutschland sind es die festen Brennstoffe, welche vorwiegend für industrielle Feuerungen in Betracht kommen. Sie allein sollen daher hier näher betrachtet werden.

Holz, Torf, Braunkohle, Steinkohle, Steinkohlenkoks und Anthrazit bilden zusammen die Gruppe der festen Brennmaterialien.

In den meisten Industrien sind die Unkosten, welche durch den Verbrauch von Brennmaterialien entstehen, von großem Einflusse auf die Rentabilität des ganzen Unternehmens. Es wird daher stets das Bestreben vorhanden sein, mit den Brennmaterialien möglichst sparsam zu wirtschaften, oder was auf das gleiche hinausläuft, sie bei der Verbrennung soweit wie nur möglich auszunützen.

Um aber eine Feuerung rationell betreiben zu können, denn nur dadurch ist eine vollkommene Ausnützung eines Brennmaterials möglich, ist es von grundlegender Bedeutung, die Vorgänge der Verbrennung selbst genau zu kennen.

Verbrennung im engeren Sinne ist die Vereinigung von Kohlenstoff (C) und Wasserstoff (H) mit Sauerstoff (O) unter Licht- und Wärmeentwicklung.

Sämtliche Brennmaterialien enthalten Kohlenstoff in mehr oder weniger großen Mengen, während bei allen bis jetzt gebräuchlichen Feuerungen der zur Verbrennung nötige Sauerstoff der atmosphärischen Luft entnommen wird.

Bei Koks und Anthrazit (auch bei Holzkohle) verläuft der Verbrennungsvorgang am einfachsten, da diese Brennmaterialien fast ausschließlich aus Kohlenstoff bestehen, der nur durch geringe mineralische Beimengungen (die sich beim Verbrennen als Schlacke und Asche ausscheiden) verunreinigt ist.

Eine sichere Verbindung von Kohlenstoff mit Sauerstoff findet nur dann statt, wenn diese Elemente oder die den Kohlenstoff enthaltenden Brennmaterialien vorher bis zu einer gewissen Temperatur — der Entzündungstemperatur — erhitzt waren. Diese liegt für Koks und Anthrazit bei ca. 700° C. Hier fangen die genannten Brennstoffe zu glühen an, und bei genügender Luftzufuhr verbindet sich ihr Kohlenstoff unter Wärmeentwicklung mit dem Sauerstoffe der Luft zu Kohlensäure CO_2 (fälschlich Kohlensäure genannt, ist eigentlich das Anhydrid der Kohlensäure) nach der chemischen Gleichung:

$$C_2 + 2\,O_2 = 2\,CO_2\,.$$

Dabei tritt noch keine Flammenbildung ein.

Im weiteren Verlaufe der Verbrennung sind nun zwei Fälle möglich:

1. Die gebildete Kohlensäure geht mit dem Stickstoffe der Verbrennungsluft und mit dem eventuell vorhandenen überschüssigen Sauerstoffe als Heizgas durch die Feuerzüge den vorgeschriebenen Weg zum Schornsteine, wobei die Heizgase Gelegenheit haben, ihren Wärmegehalt zum größten Teile an Heizflächen abzugeben, oder

2. die Kohlensäure trifft unmittelbar nach ihrer Entstehung auf weitere glühende Brennstoffschichten, durch welche sie wieder zu Kohlenoxyd reduziert wird nach der chemischen Gleichung:

$$2\,CO_2 + C_2 = 4\,CO\,.$$

Trifft das so entstandene Kohlenoxydgas auf seinem weiteren Wege nochmals auf Sauerstoff (Luft), so verbrennt es, wenn genügend hohe Temperatur vorhanden ist, vollständig zu Kohlensäure nach der chemischen Gleichung:

$$2\,CO + O_2 = 2\,CO_2\,.$$

Hierbei bilden sich kurze blaue Flammen. Trifft aber das Kohlenoxydgas keinen Sauerstoff (Luft) mehr an, oder fehlt es an genügend hoher Temperatur, so zieht es unverbrannt mit den Heizgasen ab, wodurch große Wärmeverluste verursacht werden, denn 1 kg Kohlenstoff liefert,

zu Kohlenoxyd verbrannt,   2450 Kal.,

zu Kohlensäure verbannt,   8127 ,,

1*

Kohlenoxydgas vereinigt sich schon bei ca. 300° C mit Sauerstoff zu Kohlensäure. Diese Temperatur ist leicht zu erreichen und in jeder Feuerung gewöhnlich vorhanden; deshalb ist zu einer vollkommenen Verbrennung von Koks, Anthrazit (und Holzkohle) nur nötig, für das Vorhandensein genügender Sauerstoffmengen Sorge zu tragen; es ist also nur den genannten Brennmaterialien genügend Luft zuzuführen.

Nicht so einfach sind die Vorgänge bei der Verbrennung der gewöhnlichen Brennmaterialien: Holz, Torf, Braun- und Steinkohle.

Außer Kohlenstoff enthalten diese Brennmaterialien noch Wasserstoff, Sauerstoff, Stickstoff.

Diese drei Elemente sind sowohl unter sich, als auch mit dem Kohlenstoffe auf die verschiedenartigste Weise verbunden. Besonders mannigfaltig sind die Verbindungen, in denen der Kohlenstoff mit dem Wasserstoffe auftritt: die Kohlenwasserstoffe.

Ferner enthalten diese Brennmaterialien noch: Wasser, außerdem mineralische Bestandteile und sehr häufig Schwefel.

Bei der Verbrennung werden nun

<table>
<tr><td>das Wasser,
die Stickstoffverbindungen,
die Schwefelverbindungen und hauptsächlich
die Kohlenwasserstoffe der verschiedenartigsten Zusammensetzung</td><td>}</td><td>verdampft und als Gase ausgetrieben,</td></tr>
</table>

während

<table>
<tr><td>der Kohlenstoff (in Form von Koks)
und die mineralischen Bestandteile (in Form von Asche, zusammengebackt, gesintert oder sandförmig)</td><td>}</td><td>als Rückstände verbleiben.</td></tr>
</table>

Im weiteren Verlaufe der Verbrennung spielen nun die verschiedenen Kohlenwasserstoffe eine wichtige Rolle.

Von verschiedenen dieser Verbindungen verbrennt nur der Wasserstoff zu Wasser unter Entwicklung von 2622 Kal. pro 1 cbm, während sich der Kohlenstoff ausscheidet und
entweder

ebenfalls verbrennt, wenn genügend Sauerstoff (Luft) und die nötige hohe Temperatur im Verbrennungsraume vorhanden ist; dabei verursacht er das Leuchten der Flamme;
oder aber

der Kohlenstoff findet nicht rechtzeitig genügend Sauerstoff (Luft) vor, oder die Temperatur im Verbrennungsraume ist zu tief gesunken, dann verbrennt der Kohlenstoff nicht, sondern scheidet sich als Ruß ab.

Zur vollständigen Verbrennung der ausgeschiedenen Kohlenwasserstoffe ist also nötig, daß überall im Verbrennungsraume eine verhältnismäßig hohe Temperatur herrscht, und daß überall der nötige Sauerstoff vorhanden ist.

Der im Rückstand gebliebene Koks verbrennt, wie schon vorher angegeben, unter einfachen Bedingungen vollständig.

Um also bei den gewöhnlichen Brennmaterialien: Holz, Torf, Braunkohle, Steinkohle eine vollkommene, also rationelle Verbrennung zu erzielen, sind folgende Gesichtspunkte zu beachten:

Es muß

1. genügend hohe Temperatur im Verbrennungsraume herrschen,
2. eine genügende Luftmenge zugeführt werden,
3. für eine gute Vermischung dieser Luft mit den zu verbrennenden Verbrennungsgasen gesorgt werden.

Theoretisch gebraucht 1 kg Kohlenstoff zur vollständigen Verbrennung 11,6 kg $= \sim 9{,}0$ cbm Luft und 1 kg Wasserstoff, 35 kg $= \sim 27{,}1$ cbm Luft von 0° und 760 mm Druck.

Diese Zahlen lassen sich sehr einfach mit Hilfe der Atomgewichte ableiten wie folgt:

Es ist
$$C + O_2 = CO_2 \, ,$$
$$12 + 2 \cdot 16 = 44 \, ,$$
$$1 + \frac{32}{12} = \frac{44}{12} \, ,$$

d. h. 1 kg Kohlenstoff gebraucht zur vollständigen Verbrennung $\frac{32}{12}$ kg $= 2{,}67$ kg Sauerstoff.

0,23 kg Sauerstoff sind enthalten in 1 kg Luft (0° C, 760 mm),
2,67 kg Sauerstoff sind enthalten in x kg Luft (0° C, 760 mm),

$$x = \frac{2{,}67}{0{,}23} = 11{,}6 \text{ kg Luft.}$$

Ferner ist:

$$1{,}29 \text{ kg Luft} = 1 \text{ cbm } (0° \text{ C, } 760 \text{ mm}),$$
$$11{,}6 \text{ kg Luft} = y \text{ cbm } (0° \text{ C, } 760 \text{ mm}),$$
$$y = \frac{11{,}6}{1{,}29} = \sim 9 \text{ cbm } (0° \text{ C, } 760 \text{ mm}).$$

Analog ist:
$$H_2 + O = H_2O \, ,$$
$$2 + 16 = 18 \, ,$$
$$1 + 8 = 9 \, .$$

1 kg Wasserstoff gebraucht zur vollständigen Verbrennung 8 kg Sauerstoff.

0,23 kg Sauerstoff sind enthalten in 1 kg Luft (0° C, 760 mm),
8,0 kg Sauerstoff sind enthalten in z kg Luft (0° C, 760 mm),

$$z = \frac{8{,}0}{0{,}23} = \sim 35 \text{ kg Luft } (0° \text{ C, } 760 \text{ mm})$$
$$= \frac{35}{1{,}29} \text{cbm} = 27{,}1 \text{cbm Luft } (0°, 760 \text{ mm}).$$

Für 1 kg mittlerer Steinkohle kann man theoretisch ca. 8 cbm $= 10{,}32$ kg Luft von den angegebenen Eigenschaften rechnen.

Würde man einer Feuerung, in der feste Brennmaterialien zur Verbrennung gelangen, ein diesen Zahlen entsprechendes Luftquantum, die theoretische Luftmenge zuführen, so wäre es unmöglich, diese Luft so innig mit den aus den Brennmaterialien sich entwickelnden, brennbaren Gasen zu vermischen, daß überall im Verbrennungsraume eine vollständige Verbrennung stattfindet.

Zur Erzielung einer vollständigen Verbrennung ist es daher nötig, die Luft im Überschusse zuzuführen. Je nach der Ausführung und dem Zustande der Feuerungsanlage verlangt die vollständige Verbrennung etwa die 1,5- bis 2,5fache theoretische Luftmenge. In guten Anlagen ist es bei aufmerksamer Bedienung des Feuers möglich, mit einem ca. 1,3fachen Luftüberschusse eine vollständige Verbrennung zu erzielen.

Mit der Bemessung dieses Luftüberschusses muß man aber sehr vorsichtig zu Werke gehen, denn sowohl eine zu kleine als auch eine zu reichliche Zufuhr von Luft wirkt schädigend auf die Ausnützung des Brennmaterials.

Im ersten Falle wird Mangel an Sauerstoff vorhanden sein; die Verbrennung wird daher eine unvollständige sein. (Die Rauchgase enthalten viel Kohlenoxydgas.)

Ein zu großer Überschuß an Verbrennungsluft wirkt ebenfalls schädlich. Das ganze in die Feuerung eintretende Luftquantum, gleichgültig, ob es zur Verbrennung notwendig ist oder nicht, wird schließlich auf diejenige Temperatur erhitzt sein, mit welcher die Gase in den Schornstein abziehen. Hat man nun sehr viel Luft in die Feuerung eingeführt, so wird sich die entwickelte Wärmemenge auf ein größeres Gasvolumen verteilen als bei mäßigem Luftüberschusse. Die im Verbrennungsraume erzielte Temperatur wird daher im ersten Falle kleiner sein als im zweiten Falle.

Bei einem Kohlensäuregehalt der Rauchgase von 5% wird ungefähr die 3,8fache theoretische Luftmenge in die Feuerung eintreten. Zur Verbrennung von 1 kg mittlerer Steinkohle werden also ca.

$$8 \cdot 3{,}8 \text{ cbm} = 30{,}4 \text{ cbm Luft } (0°\,\text{C, 760 mm})$$

aufgewendet.

Tritt z. B. die Luft mit 20° in den Verbrennungsraum ein, und ziehen die Verbrennungsgase mit z. B. 270° nach dem Schornsteine ab, so hat eine Temperaturerhöhung von 270° — 20° = 250° stattgefunden.

Wird 1 cbm Luft um 1° in seiner Temperatur erhöht, so sind hierzu 0,31 Kal. erforderlich. Die Erwärmung der Rauchgase erfordert also im vorliegenden Falle

$$30{,}4 \cdot 250 \cdot 0{,}31 \text{ Kal.} = 2356 \text{ Kal.}$$

Von dieser Wärmemenge sind aber nahezu zwei Drittel als vergeudet zu betrachten, da man bei einem 1,3fachen Luftüberschusse (an Stelle des 3,8fachen Luftüberschusses) nur ca. ein Drittel der im angenommenen Falle durch den Rost eingesaugten Luft um 250° zu erhitzen gehabt hätte.

Nachfolgende Tabelle gibt den Zusammenhang zwischen dem Vielfachen der theoretischen Luftmenge und der in eine Feuerung eingeführten Luftmenge nebst den daraus erwachsenden Wärme- bzw. Kohlenverlusten an.

Vielfaches der theoretischen Luftmenge	Pro 1 kg Kohle verbrauchtes Luftquantum kg	Wärmeeinheiten, die nötig sind, um dieses Luftquantum um 250° zu erwärmen WE	Bei einer Kohle von 7000 Wärmeeinheiten bedeutet, dies einen Kohlenverlust von %
1,3	13,42	797	11,4
1,4	14,45	858	12,2
1,5	15,48	919	13,1
1,6	16,51	980	14,0
1,7	17,54	1041	14,9
1,8	18,58	1103	15,7
1,9	19,61	1164	16,6
2,0	20,64	1225	17,5
2,1	21,67	1287	18,4
2,2	22,70	1348	19,2
2,3	23,74	1410	20,1
2,4	24,77	1471	21,0
2,5	25,80	1532	21,9
3,0	30,96	1838	26,3
3,5	36,12	2145	30,6
4,0	41,28	2451	35,0
4,5	46,44	2757	39,4
5,0	51,60	3064	43,8

Im Verbrennungsraume soll eine möglichst hohe Temperatur unterhalten werden, denn

1. entzünden sich die mit der Luft in Berührung kommenden Brennmaterialien nicht von selbst, es bedarf vielmehr dazu einer bedeutenden Erhöhung der Temperatur (entweder der Luft oder des Brennmaterials). Der chemische Prozeß der Verbrennung wird sich um so schneller und lebhafter abwickeln, je höher die vorhandene Temperatur ist;
2. sagt das Gesetz der Wärmeübertragung, daß die Geschwindigkeit der Wärmeübertragung um so größer ist, je heißer eine Flamme (oder das heizende Medium) im Verhältnisse zur Temperatur des zu erhitzenden Körpers ist.

Durch eine Erhöhung der Temperatur im Verbrennungsraume einer Feuerungsanlage, z. B. eines Dampfkessels, wird sich die Leistungsfähigkeit der Anlage erhöhen; es wird z. B. die Menge des von einem Dampfkessel pro Stunde und pro qm Heizfläche erzeugten Dampfes einen größeren Betrag annehmen.

Das bei jeder Feuerungsanlage anzustrebende Ziel wird, wie schon angegeben, darin bestehen, die zur Verwendung kommenden Brennmaterialien tunlichst hoch auszubeuten.

Wie aus dem Vorangegangenen wohl deutlich zu ersehen ist, läßt sich dieses Ziel nur durch vollkommene Verbrennung der Brenn-

materialien bei dem kleinsten Überschusse an atmosphärischer Luft erreichen.

Die Kontrolle einer Feuerungsanlage wird sich in erster Linie auf
die Bestimmung der Zusammensetzung der aus dem Verbrennungsraume entweichenden Heizgase beziehen. Diese Kontrolle hat sich
vornehmlich auf den Gehalt der Heizgase an Kohlensäure (CO_2), Kohlenoxyd (CO) und Sauerstoff (O) zu erstrecken, da die Mengen dieser Gase
ohne weiteres einen Schluß auf den Verlauf der Verbrennung zulassen.
Die Untersuchung der Heizgase in der angegebenen Richtung wird
mittels der sog. Rauchgasanalyse ausgeführt. An der Hand derselben läßt sich durch einfache Rechnung auch der Betrag des zur Verbrennung verwendeten Luftüberschusses feststellen.

Nimmt man endlich noch einige Temperaturbestimmungen zu Hilfe,
so ermöglicht die Rauchgasanalyse auch die Berechnung derjenigen
Verluste, welche durch die mit hoher Temperatur nach dem Schornsteine abziehenden Gase verursacht sind, und die gewöhnlich als Schorn-
steinverluste bezeichnet werden.

Technische Rauchgasanalysen.

Wenn sich der Sauerstoff der Verbrennungsluft mit dem Kohlenstoffe des Brennmaterials zur Kohlensäure (CO_2) verbindet, so findet keine Änderung des Volumens des Sauerstoffs statt, wie durch räumliche Deutung der Gleichung

$$C \quad + \quad O_2 \quad = \quad CO_2$$
$$12 \text{ cbm} + 22{,}2 \text{ cbm} = 22{,}2 \text{ cbm}$$

ohne weiteres klargelegt ist.

Würde man also das Volumen der durch den Schornstein entweichenden Gase auf den Druck und die Temperatur der in die Feuerung eintretenden atmosphärischen Luft reduzieren, so müßte sich dasselbe Volumen ergeben. In Wirklichkeit ist dies aber nicht der Fall, da die Verbrennungsgase stets Wasserdampf enthalten, der z. T. aus der den Brennmaterialien anhaftenden natürlichen Feuchtigkeit, z. T. aus dem Feuchtigkeitsgehalt der verwendeten Luft herrührt, und z. T. bei der Verbrennung durch Vereinigung des Wasserstoffs der Brennmaterialien mit Sauerstoff der Verbrennungsluft entsteht nach der Gleichung:

$$H_2 + O = H_2O \,.$$

Enthalten endlich die Verbrennungsgase auch noch Kohlenoxydgas, welches nach der Gleichung:

$$C + O = CO$$

entsteht, so ist hierin wieder ein Grund zu finden, weshalb das reduzierte Volumen der Schornsteingase nicht genau gleich dem Volumen der in die Feuerung eingetretenen Luftmenge sein kann, denn sowohl bei der Entstehung von Wasser (in Dampfform) als auch von Kohlenoxyd tritt, wie die räumliche Deutung der beiden letzten chemischen Gleichungen erkennen läßt, an die Stelle des verbrauchten Sauerstoffvolumens das doppelte Volumen von Wasserdampf resp. Kohlenoxyd.

Für die Betriebspraxis können aber die beiden letzten Vorgänge vernachlässigt werden, so daß man also mit hinreichender Genauigkeit das Volumen der in die Feuerung einziehenden Luft gleich dem Volumen der aus dem Schornsteine entweichenden Verbrennungsgase — reduziert auf Druck und Temperatur der Verbrennungsluft — setzen kann.

Die atmosphärische Luft, die bei allen technischen Feuerungen als Sauerstoffquelle dient, besteht, wenn man von einem geringfügigen Gehalt an Wasserdampf und Kohlensäure absieht, in reinem Zustande aus

79,04 Raumteilen Stickstoff und
20,96   „   Sauerstoff

Würde man einem Brennmateriale genau so viel Luft zuführen, als wie dasselbe zu seiner Verbrennung der Theorie nach gebraucht, und würde alsdann — was in Wirklichkeit aber nie der Fall ist — mit dieser theoretischen Luftmenge die beabsichtigte vollkommene Verbrennung stattfinden, so würden, wie aus dem Vorhergehenden folgt, die Verbrennungsgase 20,96 Volumprozente Kohlensäure (CO_2) enthalten.

Die Praxis zeigt aber, daß man den Brennmaterialien ein Vielfaches dieser theoretischen Luftmenge zuführen muß, damit zur richtigen Zeit und an allen Stellen des Verbrennungsraumes, wo Sauerstoff nötig ist, sich auch wirklich solcher vorfindet. Infolge dieses Luftüberschusses werden die Rauchgase auch stets freien Sauerstoff aufweisen, ein weiterer Grund, weshalb ihr Kohlensäuregehalt weniger als 20,96 Volumenprozente ausmachen wird.

Im allgemeinen kann man wohl annehmen, daß eine Feuerung sehr gut geführt ist, wenn die Rauchgase

14—15 Volumprozente CO_2 und
6—5   „ O enthalten,

während Kohlenoxyd fehlen soll, oder höchstens in Spuren vorhanden sein darf.

———

Die Apparate, deren man sich in der Praxis zur Untersuchung der Rauchgase bedient, lassen sich ihrer Wirkungsweise nach in zwei Gruppen einteilen:

1. mechanisch wirkende Apparate,
2. chemisch wirkende Apparate.

Die ersteren ermöglichen gewöhnlich nur die Bestimmung der Kohlensäure (CO_2), und zwar auf Grund der ungleichen spez. Gew. von Luft und gasförmigen Verbrennungsprodukten, welcher Unterschied um so größer ist, je größer der Kohlensäuregehalt der Verbrennungsgase ist.

Wichtiger als die Apparate der ersten Gruppe die auf mechanischem Wege den Kohlensäuregehalt der Rauchgase bestimmen, sind die Apparate der zweiten Gruppe, die eine chemische Untersuchung der Rauchgase bezwecken.

Ihr Prinzip ist kurz folgendes: Ein genau abgemessenes Volumen (z. B. 100 ccm) der zu untersuchenden Gasprobe wird mit einem zuverlässigen Absorptionsmittel einige Zeit in innige Berührung gebracht. Wird hierauf der Gasrest wieder gemessen, so gibt der Verlust den Gehalt der untersuchten Probe an derjenigen Gasart an, für welche das angewandte Reagens ein Absorptionsmittel ist.

Bei den im folgenden näher beschriebenen Apparaten dieser zweiten Gruppe kommen als Absorptionsmittel in Verwendung:

für Kohlensäure . . . . Kalilauge,
für Sauerstoff . . . . Pyrogallussäure oder Phosphor,
für Kohlenoxyd . . . . Kupferchlorür[1]),
für Kohlenwasserstoffe . . . rauchende Schwefelsäure.

Sollen diese Reagenzien für die Betriebspraxis geeignet sein, so kommt es nicht nur darauf an, daß sie überhaupt noch Gase absorbieren, sondern daß diese Absorption mit genügender Schnelligkeit vor sich geht.

Da die Fähigkeit der Absorption mit der Dauer des Gebrauches der Absorptionsmittel abnimmt, um schließlich ganz zu verschwinden, so ist es zur Vermeidung von falschen Analysen nötig, zu wissen, welche Gasmenge von den genannten Reagenzien mit Sicherheit absorbiert werden kann, ohne daß eine merkliche Abnahme der Absorptionsfähigkeit eintritt.

Professor Hempel hat für die gebräuchlichen Absorptionsmittel den sog. Wirkungswert oder zulässigen Absorptionswert durch Versuche festgestellt[2]). Derselbe beträgt für

Kalilauge . . . . 40 ccm,
Pyrogallussäurelösung nach Hempel . . . 2,25 ccm,
Phosphor . . . . unbegrenzt,
salzsaure Kupferchlorürlösung . . . . . . 4 ccm,
ammoniakalische Kupferchlorürlösung . . . 4 ccm,

d. h. 1 ccm Kalilauge ($33^1/_3$ proz. Ätzkalilösung) kann mit Zuverlässigkeit 40 ccm Kohlensäure absorbieren, wobei Hempel eine vierfache Sicherheit angenommen hat, so daß in Wirklichkeit 1 ccm obiger Kalilauge 160 ccm Kohlensäure aufzunehmen imstande ist. Analog sind die Verhältnisse bei den übrigen der vorher angeführten Absorptionsmittel.

Die Einrichtung derjenigen Apparate, die eine chemische Untersuchung der Rauchgase bezwecken, ist entweder derart, daß das Abmessen eines bestimmten Gasvolumens und die darauf folgende Absorption in ein und demselben Gefäße oder in getrennten Gefäßen vorgenommen werden.

Zu den ersteren zählt die bekannte Buntesche Bürette und die Bürette von Tollens, zu den letzteren die Hempelschen Apparate zur Gasanalyse und die Orsatapparate.

Die Buntesche Gasbürette (Fig. 1) besteht in der Hauptsache aus der eigentlichen Bürette, einem zylindrischen, oben etwas erweiterten Glasgefäße von ca. 110 ccm Inhalt. Die Rohrenden dieses graduierten Gefäßes tragen je einen Glashahn a und b, und zwar ist b ein Dreiweghahn, während a nur eine Bohrung besitzt. An das Rohrstück, in welchem der Dreiweghahn b sitzt, schließt nach oben hin ein kleiner, ebenfalls zylindrischer Behälter an, der in ungefähr halber Höhe eine Strichmarke c trägt. Um plötzliche Temperaturschwankungen von dem in der Bürette

---

[1]) Nach neueren Forschungen geht CO mit Kupferchlorür eine chemische Verbindung ein.
[2]) Hempel: Gasanalytische Methoden.

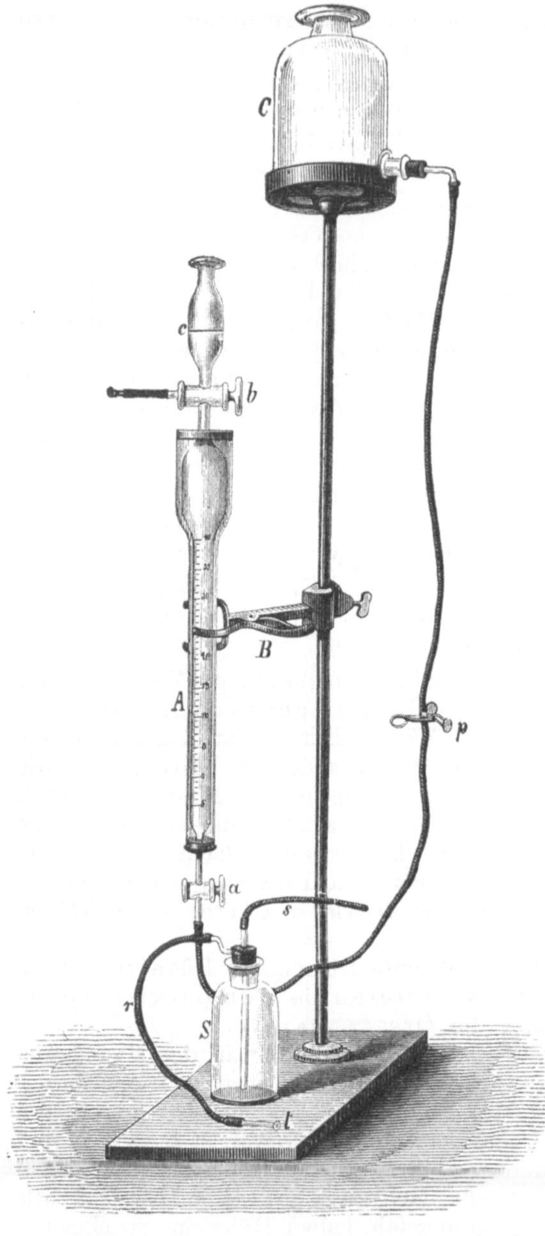

Fig. 1.

eingeschlossenen Gase fernzuhalten, ist die Bürette mit einem weiten Glasmantel A umgeben, der während des Experimentierens mit Wasser gefüllt sein muß. Durch eine Klemme B wird die Bürette samt Mantel an einem eisernen Stativ befestigt. Letzteres hat oben einen tellerartigen Aufsatz, der für eine Glasflasche C mit Tubus bestimmt ist.

Um die Bürette mit Gas zu füllen, stellt man den Dreiweghahn b so ein, daß seine axiale Bohrung mit dem Inneren der Bürette in Verbindung steht, und schließt mit Hilfe eines Gummischlauches das zu diesem Zwecke besonders lang ausgeführte Küken von b an die Gasleitung an, während man das Rohrende unterhalb des Hahnes a, nachdem dessen Bohrung vertikal gestellt ist, ebenfalls mittels Gummischlauches mit einer Gummipumpe (Fig. 2), wie solche auch beim Orsatapparate Verwendung findet, in Verbindung bringt. Es ist nun vor allem darauf zu achten, daß die in der Bürette einge-

schlossene Luft vollständig entfernt wird. Man muß zu diesem Zwecke die Gummipumpe mehrere Male hintereinander durch

Zusammendrücken mit der Hand in Tätigkeit setzen, so daß schließlich die in der Bürette eingeschlossen gewesene Luft durch die zu untersuchenden Gase gleichsam weggespült worden ist.

Die Hähne a und b werden geschlossen. Dann schließt man die Gaszuleitung unmittelbar hinter dem Hahne b durch einen Quetschhahn ab, weshalb es empfehlenswert ist, an die Spitze des Hahnes b zuerst ein kurzes Stück Gummischlauch (mit Quetschhahn), dann ein Stück Glasrohr anzuschließen und mit diesem erst die eigentliche Gaszuleitung zu verbinden, dann beseitigt man die Gummipumpe und verbindet dafür die untere Spitze der Bürette mit der mit Wasser gefüllten Flasche C (wie Fig. 1 zeigt). Der obere Aufsatz der Bürette wird bis zur Marke c mit Wasser gefüllt.

Das in der Bürette unter beliebigem Drucke befindliche Gasvolumen ist nun auf 100 ccm und unter bestimmten Druck zu bringen. Zu diesem Zwecke wird der Hahn a geöffnet und durch Hochheben der Flasche C der Wasserspiegel in der Bürette bis zum Teilstriche Null getrieben. Hierauf wird der Hahn a geschlossen und der Hahn b geöffnet, so daß das Innere der Bürette mit dem Aufsatze in Verbindung tritt. Die Folge hiervon wird sein, daß ein Teil des eingeschlossenen Gases in Blasenform durch das Wasser entweicht, während letzteres durch kapillare Wirkung über dem in der Bürette befindlichen Gase schweben bleibt. Der Druck, unter welchem dieses Gas nunmehr steht, ist gleich dem augenblicklichen Atmosphärendrucke, vermehrt um das Gewicht einer kleinen, bis zur Marke c reichenden Wassersäule. Dieser Druck läßt sich während des Experimentierens stets wieder herstellen.

Der Hahn b wird geschlossen, a geöffnet, damit durch Tiefstellung der Flasche S das in der Bürette

Fig. 2.

befindliche Sperrwasser so weit wie möglich abfließen kann; alsdann wird a wieder geschlossen, und der Verbindungschlauch von der unteren Spitze der Bürette abgezogen. Das Absaugen des in der Bürette befindlichen Sperrwassers kann auch mit Hilfe der in Fig. 1 abgebildeten Saugflasche S geschehen. Man verbindet zu diesem Zwecke den Schlauch s dieser Flasche bei geschlossenem Hahne a mit der unteren Spitze der Bürette, stellt durch Saugen am Ende t des Schlauches r einen luftverdünnten Raum in S her und öffnet nun den Hahn a, wodurch das Sperrwasser bis auf einen kleinen Rest aus der Bürette nach der Flasche S abfließen wird. In analoger Weise verfährt man auch, wenn es sich im weiteren Verlaufe der Untersuchung darum handelt, in der Bürette befindliche Absorptionsflüssigkeiten aus derselben zu entfernen. Die in einer Glas- oder Porzellanschale bereitgehaltene Absorptionsflüssigkeit wird nun so unterhalb der Bürette aufgestellt, daß die untere Spitze der letzteren genügend weit zum Eintauchen kommt. Öffnet man nun den Hahn a, so wird die

Absorptionsflüssigkeit eingezogen. Findet ein weiteres Steigen derselben nicht mehr statt, so schließt man den Hahn a, nimmt die Bürette aus der Klemme B und schüttelt sie behufs beschleunigter Absorption einige Male hin und her, taucht die untere Spitze wieder in die Absorptionsflüssigkeit ein, öffnet den Hahn a und läßt neuerdings Flüssigkeit in die Bürette eintreten, schließt a, schüttelt zum wiederholten Male und fährt so fort, bis der Stand der Absorptionsflüssigkeit in der Bürette konstant bleibt. Dann bringt man die Bürette wieder in die Klemme, füllt den Aufsatz bis zur Marke c mit Wasser und öffnet den Hahn b, so daß das Innere der Bürette mit dem Aufsatze in Verbindung steht. Es wird nun so lange Wasser in die Bürette eindringen, bis sich im Innern derselben der zu Beginn des Versuches vorhanden gewesene Druck wieder eingestellt hat. Durch Nachgießen ist der Wasserspiegel im Aufsatze stets bis zur Marke c zu halten. Wird nun der Hahn b geschlossen, so gibt der Stand der Kalilauge, wenn solche als Absorptionsflüssigkeit Verwendung gefunden hat, direkt den Gehalt der untersuchten Gase an Kohlensäure an.

Soll auch der Sauerstoffgehalt der Rauchgase bestimmt werden, so ist zunächst die in der Bürette befindliche Kalilauge vorsichtig abzusaugen, und alsdann die untere Spitze in Pyrogallussäurelösung zu tauchen. Im übrigen sind die Manipulationen genau dieselben wie bei der Bestimmung des Kohlensäuregehaltes. Der schließliche Stand der Absorptionsflüssigkeit in der Bürette gibt die Summe des Kohlenstoff- und Sauerstoffgehaltes an.

Würde endlich in analoger Weise Kupferchlorür als Absorptionsflüssigkeit benützt werden, so ließe sich in der beschriebenen Weise auch der Gehalt der Rauchgase an Kohlenoxyd feststellen.

Die Absorptionsbürette von Tollens.

Während bei der Bunteschen Bürette, ebenso wie bei den noch zu beschreibenden Apparaten von Hempel und Orsat, das Abmessen des zu untersuchenden Rauchgasvolumens durch einen mittels Niveaugefäßes bewegten Wasserspiegel geschieht, ist es bei der Bürette von Tollens ein gasdicht schließender, leicht beweglicher Kolben, der zur Abmessung des Gasvolumens dient. Dadurch, daß das Niveaugefäß in Wegfall gekommen ist, ist die Handhabung des Apparates vereinfacht und die Dauer einer Analyse verkürzt.

Die Bürette, welche in Fig. 3 abgebildet ist, besteht aus einem oberen, zylindrischen Teile von ca. 16 mm lichter Weite, in welchen ein besonders konstruierter Gummikolben gasdicht eingesetzt werden kann, einer daran schließenden, kugelförmigen Erweiterung, durch welche eine kurze Baulänge des Apparates erzielt wird, einem engeren Teile mit eingeschliffenem Glashahne und einer ca. 80 mm langen, kapillaren Hahnspitze. Am oberen Ende der Bürette befindet sich ein kurzer, seitlicher Rohransatz c. Der zylindrische Teil ist in $^1/_5$ ccm eingeteilt. Vom Nullstriche dieser Skala bis zur Marke a an der unteren Verengung beträgt der Inhalt der Bürette 100 ccm. Der zylindrische Teil weist noch eine empirisch bestimmte Marke b auf.

Der Kolben, welcher in dem zylindrischen Teile der Bürette hin und her geht, besteht aus einer Gummikugel, die zwischen zwei Schraubenmuttern auf der Kolbenstange sitzt. Durch Drehen an der oberen dieser beiden Muttern kann diese Gummikugel so stark zusammengepreßt werden, daß sie dicht an der Glasröhre anliegt und doch leicht hin und her geht, nachdem sie mit Öl geschmiert ist. Die an der Glaswandung anliegende Fläche des Kolbens soll ca. 4—6 mm breit sein.

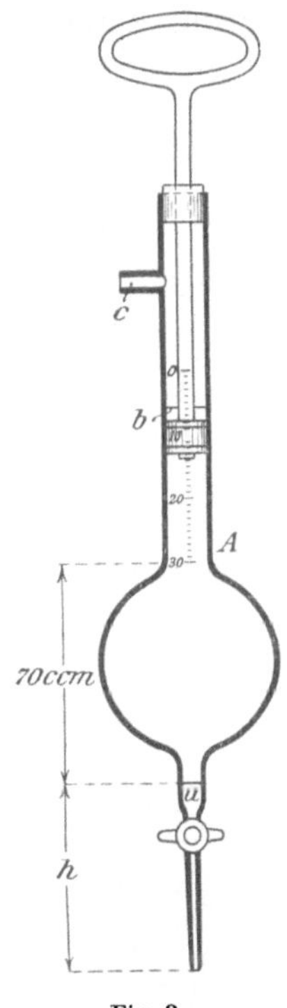

Fig. 3.

Soll eine Analyse ausgeführt werden, so schließt man zunächst die Hahnspitze der Bürette mittels Gummischlauches an die nach der Gasentnahmestelle führende Leitung an, hierauf setzt man den eingeölten Kolben ein, drückt den lose auf der Kolbenstange befindlichen Korken in die obere Öffnung der Bürette hinein und bewegt den Kolben einige Male hin und her. Zuletzt läßt man ihn 2—3 cm über dem Rohransatze c stehen. Alsdann schließt man an c einen Gummiaspirator (s. Fig. 2) an und drückt letzteren 8—10 mal zusammen. Dadurch werden Rauchgase in die Bürette gesaugt. Nunmehr schiebt man den Kolben etwa 3 cm unter den Rohransatz c herunter und schließt den Hahn. Nachdem die Verbindungen der Bürette mit dem Aspirator und der Rauchgasleitung gelöst sind, handelt es sich darum, eine Gasmenge von 100 ccm unter einem bestimmten Drucke abzumessen. Dies wird dadurch erreicht, daß man den Kolben bis zur Marke b herabdrückt und hierauf den Hahn öffnet. Alsdann befinden sich genau 100 ccm Rauchgas in der Bürette, und zwar unter einem Drucke x, der gleich dem Atmosphärendrucke A minus der Wassersäule h (Fig. 4) ist, wie durch folgende einfache Überlegung leicht zu beweisen ist.

Würde man das untere Ende der Bürette in Wasser tauchen und den Kolben bis zum Nullpunkte hochziehen, so würde sich der Wasserspiegel, nachdem man die Bürette aus dem Wasser genommen hat, auf die Marke a (Fig. 4) einstellen. Bezeichnet f den lichten Querschnitt der Bürette in der Höhe der Marke a, so gilt in Rücksicht auf die hydrostatischen Druckverhältnisse die Gleichgewichtsbedingung:

also:
$$x \cdot f = A \cdot f - h \cdot f,$$
$$x = A - h.$$

Nunmehr kann die Absorption der Kohlensäure bewerkstelligt werden. Zu diesem Behufe taucht man die Hahnspitze in ein Gefäß mit Kalilauge, saugt durch Hochziehen des Kolbens (aber nicht über den Ansatz *c* hinaus) ca. 5 ccm Kalilauge an, schließt den Hahn und schüttelt die Bürette hin und her. Nach ca. $^1/_2$ Minute taucht man die Hahnspitze nochmals in die Kalilauge ein und öffnet den Hahn, wobei noch etwas Kalilauge nachgesaugt wird. Nach erfolgter Absorption drückt man die Lauge bis auf einen kleinen Rest, der die Hahnspitze verschließt, hinaus. Nunmehr spült man die Bürette durch Einsaugen und Herausdrücken von Wasser, welches die Temperatur des Versuchsraumes haben muß, aus, wobei darauf zu achten ist, daß der Teil unterhalb der kugelförmigen Ausbauchung der Bürette stets mit Wasser gefüllt ist. Stellt man schließlich durch entsprechende Bewegung des Kolbens

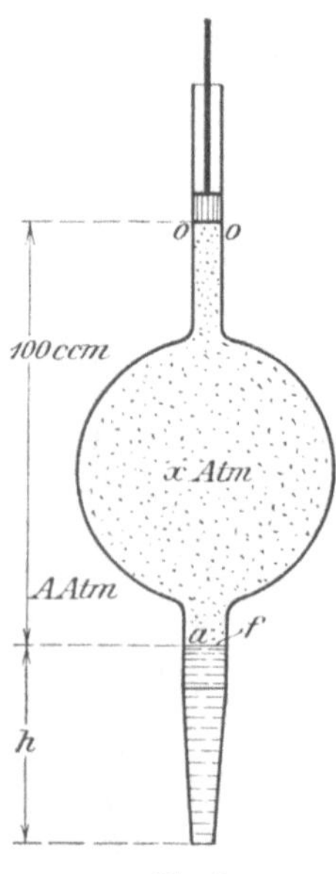

Fig. 4.

den Wasserspiegel auf die Marke *a* ein, so gibt der augenblickliche Stand des Kolbens direkt die absorbierten Volumprozente Kohlensäure an. Bezüglich der verschiedenen Stellungen des Kolbens ist zu bemerken, daß für dieselben stets die untere Kante der unteren runden Schraubenmutter maßgebend ist.

Drückt man nun das in der Bürette befindliche Wasser heraus und saugt Pyrogallussäure ein, so wird in analoger Weise der Sauerstoffgehalt der Gase bestimmt; ebenso läßt sich durch nachfolgendes Einsaugen von Kupferchlorürlösung der eventuell vorhandene Kohlenoxydgehalt der Gase ermitteln.

Bei all den angegebenen Manipulationen ist besonders darauf zu achten, daß die Bürette stets nur oberhalb des Nullstriches angefaßt wird, damit nicht die Handwärme die Temperatur der eingeschlossenen Gase verändert.

Es ist ratsam, nach einer Reihe von Analysen die Bürette durch Einsaugen von möglichst viel Wasser und tüchtiges Schütteln zu reinigen. Am Schlusse des Experimentierens wird in gleicher Weise verfahren; dabei muß der zylindrische Teil der Bürette durch Einführen eines mit Flachs umwickelten Wischstockes noch besonders gesäubert werden. Während des Nichtgebrauches darf der Kolben niemals in der Bürette stecken bleiben, da er sich sonst nach einiger Zeit festsetzen würde.

Obwohl die Einrichtung der bisher beschriebenen Büretten einfach ist, so gestaltet sich das Arbeiten mit ihnen doch zeitraubend und umständlich. Wird nicht nach jeder Probenahme auf sorgfältigste Reinigung des Apparates geachtet, so kommen nur zu leicht falsche Analysen zum Vorscheine, indem die an der Innenwandung der Bürette haften gebliebenen Teile der Absorptionsflüssigkeiten schon während des Ansaugens der neuen Gasprobe auf dieselbe einwirken.

Diejenigen Apparate, bei denen die Meßbürette und der Absorptionsraum getrennt sind, weisen diesen Fehler nicht auf. Auch ermöglichen sie ein rascheres und bequemeres Ausführen der Analyse.

———

Bei den Hempelschen Apparaten, die hierher gehören und zunächst betrachtet werden sollen, geschieht das Entnehmen und Abmessen der Gasprobe in folgender Weise:

Das Glasrohr *B* (Fig. 5), auch Niveauröhre genannt, ist ebenso wie die in ¹/₅ ccm geteilte Glasröhre *A* (Fig. 5), die eigentliche Meßbürette, unten mit einem schweren, eisernen Fuße versehen, derart, daß die umgebogenen, verjüngten und etwas aufgekröpften Enden der Rohre herausragen. Die Meßbürette *A* läuft oben in ein ca. 1 mm weites Röhrchen aus, über welches ein gut anschließendes Stück Gummischlauch gezogen wird. Mit Hilfe eines Quetschhahnes wird dieses Schlauchstück knapp über dem oberen Ende des Röhrchens abgeschlossen. Der Inhalt der Meßbürette beträgt etwas mehr als 100 ccm. Die Teilung in ¹/₅ ccm ist derart angeordnet, daß der oberste Teilstrich 100 da liegt, wo das obere Röhrchen an die Bürette anschließt. Der unterste Teilstrich Null kommt dadurch einige cm über den oberen Rand des Eisenfußes zu liegen. Die Numerierung der Skala ist eine doppelte; einmal ist der unterste, das zweite Mal der oberste Teilstrich als Nullpunkt angenommen. Die unteren Enden von *A* und *B* werden nun durch einen ziemlich langen Gummischlauch miteinander verbunden. In die Niveauröhre *B* gießt man so viel destilliertes Wasser ein, daß bei geöffnetem Quetschhahne beide Rohre *A* und *B* bis etwas über die Hälfte gefüllt sind. Damit die im Gummischlauche enthaltene Luft gänzlich entweicht, ist es ratsam, bei geöffnetem Quetschhahne das

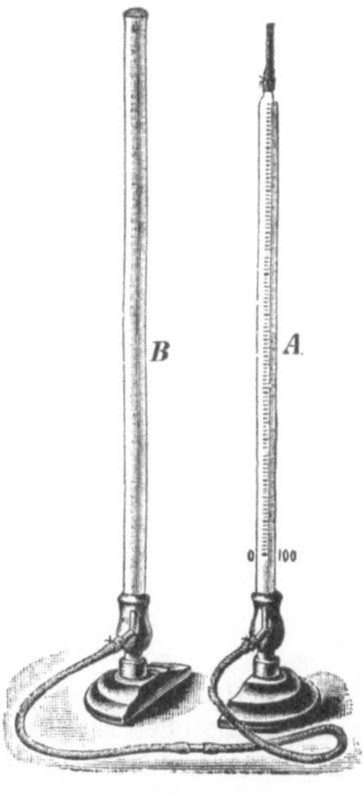

Fig. 5.

Rohr *B* einige Male rasch zu heben und zu senken; schließlich wird *B* so hoch gehalten, daß *A* und auch das obere Schlauchstück sich vollständig mit Wasser füllt. Dabei soll in *B* das Wasser noch einige cm über dem Eisenfuße stehen. Nunmehr wird der Quetschhahn geschlossen.

Das Füllen der Meßbürette *A* mit dem zu untersuchenden Gase geschieht, wie aus nachfolgendem bald ersichtlich sein wird, am besten unter Druck. Deshalb ist es zweckmäßig, das Absaugen der Rauchgase aus dem Heizkanale durch einen sog. Flaschenaspirator (Fig. 6) zu bewerkstelligen, der im gewünschten Falle auch als Druckvorlage dienen kann.

Zwei Glasflaschen F_1, F_2 (Fig. 6) von je ca. 5 l Inhalt sind in der Nähe des Bodens je mit einem Tubus zur Einführung eines Gummistopfens mit eingesetztem Glasrohre versehen. Durch einen über diese Glasrohre gezogenen Gummischlauch G sind beide Flaschen miteinander verbunden. An den durch den Hals der hochgestellten Flasche F_1 mittels eines Gummistopfens gezogenen Glasrohrkrümmer ist ein kurzes Schlauchstück mit Quetschhahn q_1 und an dieses ein ebenfalls kurzes, gerades Glasrohr g angeschlossen. Von letzterem aus wird ein Schlauch C nach der Gasentnahmestelle geführt. In beide Flaschen wird destilliertes Wasser gefüllt, und zwar in F_1 (bei abgequetschtem Schlauche G) bis zum Halse, in F_2 bis über den Tubus. (Da Wasser immerhin die Eigenschaft hat, Gase zu absorbieren, so empfiehlt es sich, zum Füllen der Flaschen F_1 und F_2 Glyzerin zu nehmen, welches aber, damit es leichtflüssig wird, mit Wasser verdünnt werden muß.) Wird der Schlauch G

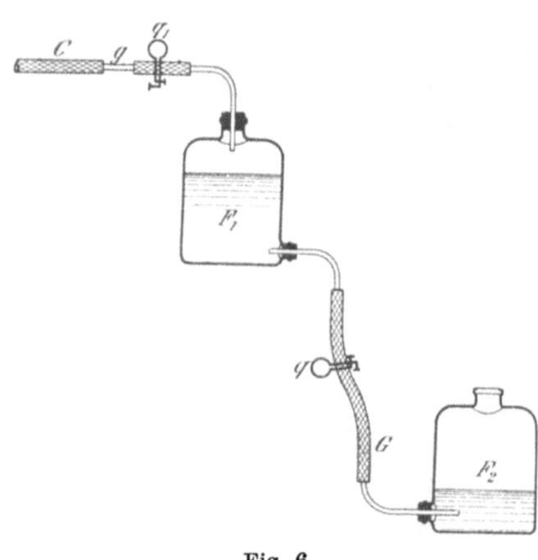

Fig. 6.

durch Öffnen von q frei, so fließt das Wasser von F_1 nach F_2, wodurch die Gase nach F_1 gesaugt werden. Hat sich F_2 mit Wasser nahezu gefüllt, so wird der Schlauch G abgequetscht. Die atmosphärische Luft, welche vor dem Absaugen im Schlauche C enthalten war, wurde mit den Rauchgasen nach F_1 gesaugt, deshalb vertauscht man nunmehr F_1 und F_2, ohne an den bestehenden Schlauchverbindungen etwas zu ändern. Indem nunmehr das Wasser aus der hochgestellten Flasche F_2 nach F_1 abfließt, werden aus letzterer Flasche die vorher angesaugten Gase samt der mit ihnen vermischten atmosphärischen Luft nach dem Rauchgaskanal zurückgedrückt. Wiederholt man dies Verfahren noch einige Male, so ist der störende Einfluß der ursprünglich mit angesaugten Luft sicher auf ein Minimum reduziert. Ist F_1 zum letzten Male mit Gasen gefüllt worden, so schließt man mit Hilfe des Quetschhahnes q_1 das am Glasrohrkrümmer befindliche Schlauchstück möglichst nahe am Krümmer ab und löst außerdem die Verbindung von C mit dem Glasrohre g. Schlauch G wird ebenfalls abgequetscht.

Um das Gas aus der Flasche F_1 nach der Meßbürette A (Fig. 5) überzuführen, verfährt man wie folgt (s. Fig. 7):

Die mit Gasen gefüllte Flasche F_1 wird tief, die Flasche F_2 hoch gestellt. Ein Gummischlauch S, der an beiden Enden ein kurzes, nach außen etwas verjüngtes Glasrohr trägt, wird zunächst an das Schlauchstück, welches sich an dem Krümmer der Flasche F_1 befindet, angeschlossen (Fig. 7). Werden die Quetschhähne q und q_1 geöffnet, so strömt

Gas durch den Schlauch S aus, wodurch die in S befindliche atmosphärische Luft ausgetrieben wird. Ist dies mit Sicherheit geschehen, so wird das am noch freien Ende von S befindliche Glasröhrchen mit dem kurzen Gummischlauch verbunden, der am oberen Ende der Meßbürette A sich befindet, und der vorher durch Hochhalten von B (Fig. 5) mit Wasser gefüllt worden war. Löst man hierauf den an der oberen Fortsetzung von A befindlichen Quetschhahn q_2 (Fig. 7), so wird das Gas unter Druck in A einströmen. Dabei darf die Niveauröhre B natürlich nur so hoch stehen, daß der durch den Flaschenaspirator erzeugte Druck zur Überwindung aller Widerstände ausreicht. Ist A ungefähr bis zur Hälfte mit Gas gefüllt, so kann B auf dieselbe Unterlage gestellt werden, auf der A sich bereits befindet. Man leitet so lange Gas nach A über, bis sich der Wasserspiegel in A unmittelbar über dem eisernen Fuße befindet. Dann wird sowohl der Quetschhahn q_2 auf A, als auch q_1 geschlossen.

Das in A eingeschlossene Gasvolumen ist nun genau auf 100 ccm zu verringern und auf atmosphärischen Druck zu bringen.

Zu diesem Zwecke wird zunächst die Verbindung des Gaszuführungsschlauches S mit der Meßbürette A gelöst; dann hebt man die Niveauröhre B so hoch, daß der Wasserspiegel in der Meßbürette A über den unteren Nullpunkt zu stehen kommt; hierauf drückt man mit dem Daumen und Zeigefinger der

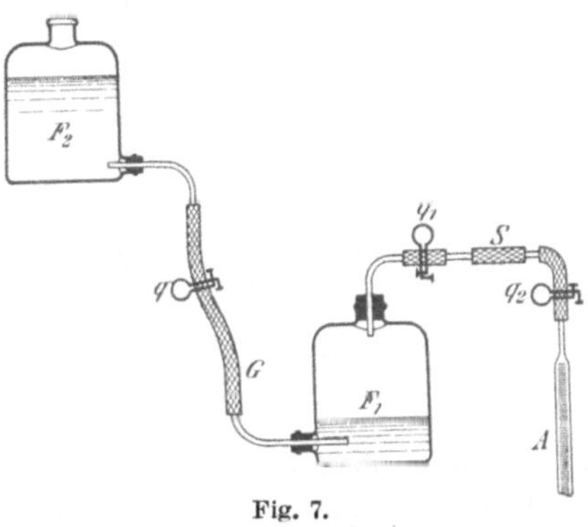

Fig. 7.

rechten Hand den Verbindungsschlauch zwischen A und B dicht unterhalb der Meßbürette A zusammen; die Niveauröhre B stellt man jetzt auf den Arbeitstisch, hebt mit der linken Hand A etwas, durch vorsichtiges Lockern der den Verbindungsschlauch von A und B zusammendrückenden Finger der rechten Hand sinkt der Wasserspiegel in A allmählich bis zum unteren Nullpunkte. Ist dies geschehen, so quetscht man mit der rechten Hand den Verbindungsschlauch von A und B fest zusammen und lüftet mit der linken Hand den am oberen Ende von A sitzenden Quetschhahn q_2. Dadurch wird so viel Gas aus der Meßbürette A abströmen, daß schließlich im Innern derselben atmosphärische Spannung herrscht.

Bei all diesen Manipulationen darf natürlich, um Temperaturschwankungen des eingeschlossenen Gasvolumens zu vermeiden, die Meßbürette A niemals am Glasrohre angefaßt werden.

Die so abgemessene und auf atmosphärischen Druck gebrachte Gasprobe muß nun mit den Absorptionsflüssigkeiten in innige Berührung gebracht werden, welcher Vorgang sich in den Absorptionspipetten abspielt.

Für die Absorption von Kohlensäure benützt **Hempel** eine Pipette, wie sie Fig. 8 zeigt.

Zwei Glaskugeln, von denen die tiefer liegende K etwas mehr als 100 ccm Inhalt hat, während die höher liegende L ca. 100 ccm faßt, sind durch ein u-förmig gebogenes Glasrohr verbunden. An K schließt sich ein doppelt gebogenes, starkwandiges Kapillarrohr an, während das kleinere Gefäß L durch ein gerades Stück Glasrohr von größerer

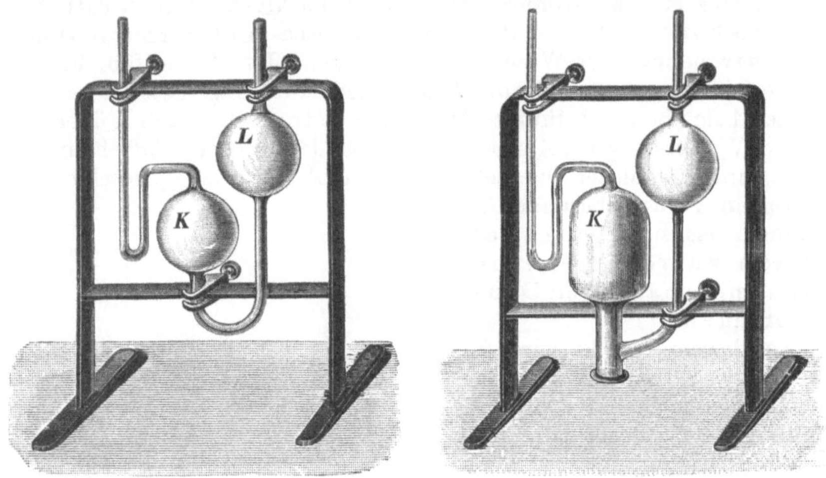

Fig. 8.Fig. 9.

Weite seine Fortsetzung nach oben findet. Durch dieses Röhrchen wird mittels eines kleinen Glastrichters Kalilauge von 1,20—1,28 spez. Gewichte eingegossen, und zwar so viel, daß die Kugel K vollständig, L dagegen nur etwas gefüllt ist. Durch Saugen am Kapillarrohre zieht man den Flüssigkeitsfaden in dasselbe hinein.

Eine etwas andere Form der Absorptionspipette für Kohlensäure zeigt Fig. 9. Hierbei ist die größere Glaskugel K (Fig. 8) durch ein zylindrisches Gefäß K ersetzt, welches unten einen weiten, durch Gummistopfen verschließbaren Hals trägt. Durch letzteren werden vor dem Einfüllen der Absorptionsflüssigkeit kleine Drahtröllchen oder kleine Gummistücke in das zylindrische Gefäß gebracht. Diese dienen alsdann zur Vergrößerung der mit Absorptionsflüssigkeit benetzten Fläche.

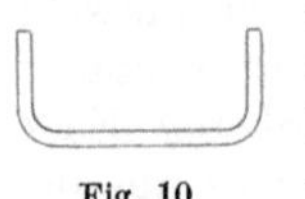

Fig. 10.

Auf das Kapillarrohr wird ein kurzes Stück Gummischlauch gesteckt; die Verbindung der Meßbürette A mit der eben beschriebenen Pipette wird nun einfach dadurch hergestellt, daß man ein kapillares Schenkelrohr (Fig. 10) einerseits in das auf dem Kapillarrohre der Pipette, anderseits in das am oberen Ende der Meßbürette A befindliche Schlauchstück steckt. Hierbei muß die Pipette höher stehen als die Meßbürette A, weshalb es vorteilhaft ist, ein einfaches Holzbänkchen zu zimmern, dessen Höhe so bemessen ist, daß das Kapillarrohr der Pipette, wenn letztere auf dem Bänkchen steht, und die obere Ausmündung der Meßbürette, wenn diese mit dem Bänkchen auf derselben Unterlage steht, in gleicher Höhe liegen.

Man öffnet nun den oben an der Meßbürette sitzenden Quetschhahn, hebt die Niveauröhre B, erst langsam, dann rascher, und drückt dadurch die Gasprobe von der Meßbürette A nach der Pipette hinüber. Ist der Wasserspiegel in A bis an den oberen Nullpunkt gestiegen, so wird der vorhin geöffnete Quetschhahn geschlossen. Man läßt nun die Gasprobe ungefähr $^1/_2$ Minute mit der Absorptionsflüssigkeit in Berührung, senkt hierauf die Niveauröhre B und öffnet gleichzeitig den Quetsch-hahn an A, wodurch die Gasprobe aus der Pipette nach A zurückgesaugt wird. Ist die Absorptionsflüssigkeit im Kapillarrohre der Pipette bis dahin gestiegen, wo sie vor dem Überführen der Gasprobe stand, so wird der Quetschhahn an A geschlossen. Durch Heben und Senken der Niveauröhre B bringt man die Wasserspiegel in A und B auf gleiche Höhe.

Der Stand des Wasserspiegels in A über dem unteren Nullpunkte gibt alsdann direkt den Gehalt der Gasprobe an Kohlensäure an.

Hier ist noch auf einen Fehler aufmerksam zu machen, der sich nur schwer vermeiden läßt, der aber auch so klein ist, daß er ohne weiteres vernachlässigt werden kann. Beim Übertreiben der Gasprobe in die Pipette wird auch die Luftmenge, welche in dem kapillaren Schenkel-rohre sich befindet, in das Absorptionsgefäß getrieben und mit der Gas-probe vermischt; doch ist ihre Menge und noch mehr das in ihr ent-haltene Kohlensäurequantum so klein, daß der hierdurch veranlaßte Fehler unberücksichtigt bleiben kann.

Wird nun die Verbindung der Meßbürette A mit der Absorptions-pipette für Kohlensäure gelöst (das Schenkelrohr kann ein für allemal an der Pipette bleiben), dafür aber mittels eines anderen Schenkelrohres die Verbindung mit der sog. Sauerstoffpipette hergestellt, so kann, genau so wie vorher die in der Gasprobe enthaltene Kohlensäure, nun-mehr der Gehalt an Sauerstoff bestimmt werden.

Die Einrichtung der Sauerstoffpipette ist verschieden, je nachdem Phosphor oder Pyrogallussäurelösung als Absorptionsmittel angewendet wird.

Die Sauerstoffpipette für Phosphorfüllung ist von der-selben Form wie die in Fig. 9 abgebildete Pipette für Kohlensäure-bestimmung.

Der zylindrische Behälter K (Fig. 9) wird zuerst durch den Hals mit Wasser gefüllt, alsdann wird der Phosphor in Stangenform ein-gebracht. Der Verschluß des zylindrischen Behälters K muß hierauf in sehr sicherer Weise geschehen, damit von dem eingefüllten Wasser nichts verloren geht. Auch darf die zum Gebrauche vorbereitete Pipette nicht umgelegt werden, da sonst das Absperrwasser zum größten Teile ausfließen würde. In beiden Fällen käme der vom Wasser entblößte Phosphor zur Entzündung.

Um einer rapiden Zerstörung des Phosphors vorzubeugen, ist darauf zu achten, daß die Pipette nie dem direkten Sonnenlichte ausgesetzt wird. (Sie wird am besten nach dem Gebrauche in ein verschließbares Kästchen gestellt.)

Das Verfahren der Sauerstoffbestimmung in der Phosphorpipette ist genau dasselbe wie bei der Kohlensäurebestimmung, nur ist es empfehlenswert, besonders beim Experimentieren in schwach oder gar nicht geheizten Räumen, die Einwirkung des Phosphors auf die Rauchgase mindestens 3—4 Minuten andauern zu lassen, da die Reaktion des Sauerstoffs auf Phosphor erfahrungsgemäß nicht immer zuverlässig vor sich geht.

Die Sauerstoffpipette für Pyrogallussäurelösung ist eine sog. zusammengesetzte Pipette (Fig. 11), die aus vier kugelförmigen Gefäßen M, N, O, P besteht, welche unter sich durch u-förmig gebogene Rohre verbunden sind, während, ähnlich wie bei der Kohlensäurepipette, von dem äußersten linken Glasgefäße M ein gebogenes Kapillarrohr, von dem äußersten rechten Glasgefäße P ein gerades, weites Rohrstück abzweigt.

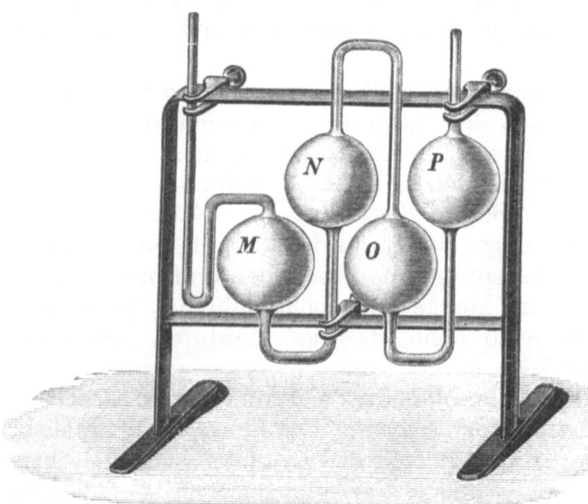

Fig. 11.

Für die Herstellung der Pyrogallussäurelösung gibt Hempel folgendes Rezept[1]): Man löse in zwei verschiedenen Gefäßen 5 g Pyrogallussäure in 15 ccm Wasser und 120 g Ätzkali in 80 ccm Wasser und mische beide Lösungen zusammen. Fischer empfiehlt zur Absorption von Sauerstoff folgende Mischung[2]): 15 g Pyrogallussäure werden in 40 ccm heißem Wasser gelöst und dem Ganzen 70 ccm Kalilauge von 1,20 bis 1,28 spez. Gew. hinzugegeben.

Um die zusammengesetzte Pipette mit Absorptionsflüssigkeit zu füllen, stellt man sie auf den Kopf, taucht das Ende des Kapillarrohres oder einen daran angeschlossenen Gummischlauch in die Absorptionsflüssigkeit und zieht diese durch Saugen am weiten Rohrstücke der Pipette in das Gefäß M, bis dieses gefüllt ist; dann kehrt man die Pipette wieder um und bringt nun durch das weite Rohrstück etwas destilliertes Wasser in die kugelförmigen Gefäße O und P. Dadurch

---

[1]) Hempel: Gasanalytische Methoden.
[2]) Fischer: Handbuch für Feuerungstechniker.

ist ein hydraulischer Verschluß gebildet, eine Vorsichtsmaßregel, die bei all denjenigen Absorptionsflüssigkeiten anzuwenden ist, die sich, wie z. B. Pyrogallussäure und Kupferchlorür bei der Berührung mit Luft rasch verändern.

Da Pyrogallussäure ein träges Absorptionsmittel ist, besonders bei niedrigen Temperaturen, so muß ihr zur Reaktion genügend Zeit (3 bis 5 Minuten) gelassen werden; ein mäßiges Schütteln der Pipette unterstützt die Reaktion nicht unwesentlich.

Besonders zu beachten ist auch noch der Umstand, daß die Pyrogallussäurelösung einen verhältnismäßig geringen Absorptionswert hat, also oft erneuert werden muß.

Sollen die Rauchgase auch auf ihren Kohlenoxydgehalt hin untersucht werden, so treibt man den nach der Bestimmung des Kohlensäure- und Sauerstoffgehaltes verbleibenden Gasrest, so wie schon bei der Kohlensäurebestimmung beschrieben, durch die Kohlenoxydpipette mit Kupferchlorürlösung. Dies ist eine zusammengesetzte Pipette von der gleichen Einrichtung, wie sie aus Fig. 11 zu ersehen ist.

Die Kupferchlorürlösung wird nach Winkler[1] hergestellt wie folgt:

86 g Kupferasche werden mit 17 g Kupferpulver, welches man durch Reduktion von Kupferoxyd mit Wasserstoff gewonnen hat, unter Umschütteln in 1086 g Salzsäure von 1,124 spez. Gew. eingegeben, sodann wird in die Flüssigkeit eine vom Boden bis zum Halse der Aufbewahrungsflasche reichende Kupferdrahtspirale eingestellt und das Gefäß mit einem weichen Kautschukstopfen verschlossen.

Das Einfüllen dieser Kupferchlorürlösung in die Pipette geschieht genau so wie das Einfüllen der Pyrogallussäurelösung.

Da die Absorption von Kohlenoxyd nur langsam vor sich geht, so muß die Gasprobe mindestens 3—4 Minuten im Absorptionsgefäße verweilen, bevor sie wieder in die Meßbürette zurückgebracht werden darf.

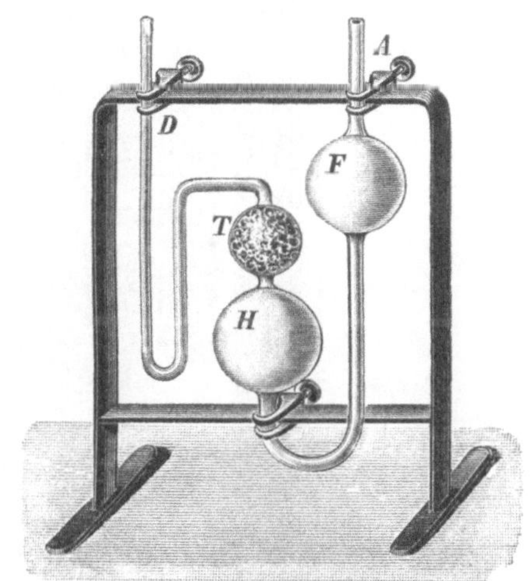

Fig. 12.

Zuweilen ist es auch von Interesse, Gase auf die Anwesenheit schwerer Kohlenwasserstoffe hin zu untersuchen. Dies geschieht mit Hilfe einer mit rauchender Schwefelsäure gefüllten Pipette, wie sie in Fig. 12 abgebildet ist. Diese besteht aus drei kugel-

---

[1] Winkler: Technische Gasanalyse.

förmigen Gefäßen F, H, T; an T schließt sich das gebogene Kapillarrohr D, an F das weitere, gerade Rohr A an. Die Absorption erfolgt in den beiden Gefäßen H und T; letzteres ist zur Vergrößerung der Absorptionsfläche mit Glaskügelchen ausgefüllt. Durch A wird mittels eines Glastrichters so viel rauchende Schwefelsäure eingegeben, daß die Behälter H und T ganz, F dagegen nur zum Teil angefüllt sind. Um die Schwefelsäure auch noch nach dem Kapillarrohre D überzuführen, läßt man durch A komprimierte Luft eintreten.

Es ist noch zu bemerken, daß, wenn eine Untersuchung auf schwere Kohlenwasserstoffe stattfinden soll, diese immer unmittelbar nach der Kohlensäurebestimmung, also vor der Sauerstoffbestimmung ausgeführt werden muß.

Orsat-Apparate.

Diese sind entweder zur Absorption von zwei Gasarten (Kohlensäure und Sauerstoff resp. Kohlensäure und Kohlenoxyd) oder für drei Gasarten (Kohlensäure, Sauerstoff, Kohlenoxyd) eingerichtet.

Fig. 13 zeigt den von Prof. Fischer verbesserten Orsatapparat zur Bestimmung von zwei Gasarten.

Das Abmessen der zu untersuchenden Gasprobe geschieht in der Bürette A, die in ihrem unteren, engeren Teile in $^1/_{10}$ ccm, in ihrem oberen, erweiterten Teile in ganze ccm eingeteilt ist. Ein weites Glasrohr, welches mit Wasser zu füllen ist, umgibt die Bürette A, damit Beeinflussungen der Temperatur der in A eingeschlossenen Gase von außen her möglichst ferngehalten sind. An die Bürette A schließt

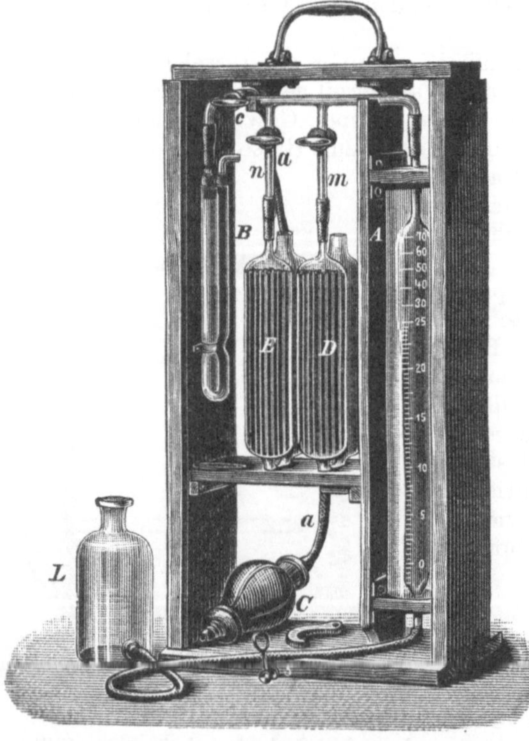

Fig. 13.

oben mittels Gummischlauches ein starkwandiges, enges Glasrohr an, das links den Dreiweghahn c enthält. Hinter diesem Hahne ist, ebenfalls durch einen Gummischlauch, ein u-förmiges Rohr B angeschlossen, in welches etwas Wasser gegossen wird, während der freibleibende Raum des Schenkelrohres B mit Watte ausgefüllt wird. An das erwähnte horizontale, enge Glasrohr schließen nach unten hin zwei gleichartige Glasrohransätze n und m an, von denen jeder einen einfachen Glashahn enthält. An diese Rohrstücke n und m sind die Absorptionsgefäße E und D angeschlossen, die mit Glasröhrchen angefüllt sind, damit eine möglichst große, mit Absorptionsflüssigkeit benetzte Oberfläche erhalten wird. Jedes dieser Gefäße steht unten durch einen kurzen Rohrkrümmer mit einem gleichgroßen, aber nicht mit Röhrchen ausgefüllten Glasgefäße in Verbindung, welches die während der Absorption aus E resp. D verdrängte Flüssigkeit aufnimmt. Zur Abhaltung der atmosphärischen Luft sind diese Glasgefäße mit einem Gummistopfen, der ein kurzes, u-förmiges Glasröhrchen mit Gummibeutel enthält, abgeschlossen. In Fig. 13 ist diese Einrichtung fortgelassen; sie ist aber aus der nächsten Abbildung Fig. 14, die einen Orsatapparat für drei Gasarten zeigt, zu ersehen. Die Bürette A wird unten durch einen Gummischlauch mit der Flasche L verbunden. Das Küken des Dreiweghahnes c ist besonders lang ausgeführt und zur Aufnahme des Schlauches a eingerichtet. Letzterer endigt anderseits in der Gummipumpe C.

Die Rauchgaszuleitung wird mit dem freien Schenkel des u-förmigen Filtrierrohres B verbunden.

Der ganze Apparat ist in einem mit zwei Deckeln verschließbaren Holzkasten untergebracht und so bequem zum Transporte geeignet.

Handhabung des Apparates. Man füllt zuerst den die Meßbürette A umgebenden Glaszylinder und auch die Flasche L mit destilliertem Wasser. Alsdann werden die Absorptionsmittel in die dafür bestimmten Behälter D und E gefüllt, indem die Gummistopfen mit den Glasröhrchen und Gummibeuteln von den mit D und E in Verbindung stehenden Glaszylindern abgenommen werden, und in die letzteren so viel Absorptionsflüssigkeit gegossen wird, daß sie reichlich zur Hälfte gefüllt sind. Alsdann stellt man den Dreiweghahn c horizontal, schließt die einfachen Glashähne in m und n, hebt die Flasche L, öffnet den Quetschhahn s und läßt so lange Wasser in die Bürette A eintreten, bis diese zur Marke 100 ccm gefüllt ist. Nun schließt man den Quetschhahn. Hierauf dreht man den Dreiweghahn c um 90°, so daß die zweite Hahnbohrung mit dem u-förmigen Rohre B kommuniziert, öffnet den Hahn im Rohrstücke m, senkt die Flasche L und öffnet vorsichtig den Quetschhahn s. Dadurch steigt die in D befindliche Absorptionsflüssigkeit hoch bis zu einer auf dem Rohrstücke m angebrachten Strichmarke, worauf der Hahn in m geschlossen wird. Ganz in derselben Weise wird die im zweiten Gefäße E und die eventuell in einem dritten Gefäße befindliche Absorptionsflüssigkeit bis zu leicht erkennbaren Marken hochgesaugt. Darauf setzt man die Gummistopfen mit Glasröhrchen und Gummibeutel wieder luftdicht ein. Das u-förmige Rohr B ist, wie schon angegeben, nachdem einige Tropfen destilliertes Wasser eingegossen sind, mit lose gezupfter Watte gefüllt. Hierdurch erreicht man, daß die Rauchgase, bevor sie in die Meßbürette A gelangen, mit Feuchtigkeit gesättigt und von Ruß und Flugasche gereinigt werden. Wird endlich B noch mit der Rauchgaszuleitung verbunden, so ist der Apparat zum Versuche vorbereitet.

Es ist empfehlenswert, jedesmal nach diesen Vorbereitungen zu untersuchen, ob der Apparat dicht ist. Zu diesem Zwecke stellt man den Dreiweghahn c wagrecht, quetscht die Rauchgaszuleitung möglichst nahe an der Gasentnahmestelle mit der Hand oder mittels eines Quetschhahnes ab, stellt die Flasche L auf den Tisch und öffnet langsam den Quetschhahn s. Dabei wird augenblicklich der Wasserspiegel in der Meßbürette etwas sinken, um alsdann unverrückbar festzustehen. Sinkt der Wasserspiegel langsam weiter, so ist an irgendeiner Stelle eine Undichtheit, die natürlich erst aufgesucht und beseitigt werden muß, bevor man zur Untersuchung der Rauchgase übergeht.

Diese verläuft wie folgt: Durch Hochheben der Flasche L füllt man die Meßbürette A bis zum Teilstriche 100 ccm mit Wasser, schließt den Quetschhahn s und stellt den Dreiwegzahn c so, daß die eine seiner Bohrungen mit dem Filterrohre B kommuniziert und saugt nun durch 10- bis 15 maliges Zusammendrücken des mit Hilfe des Schlauches a an das Küken von c angeschlossenen Gummisaugers C so lange Rauchgase an, bis die ganze Leitung sicher mit Gasen gefüllt ist. Dann wird der Dreiweghahn c horizontal gestellt und durch ruckweises Öffnen und Schließen des Quetschhahnes s bei tief gestellter Flasche L das Wasser in der Meßbürette A zum Sinken gebracht, bis der Wasserspiegel den Punkt 0 ccm um einige cm unterschritten hat. Dadurch sind gleichzeitig Rauchgase in die Bürette A nachgesaugt worden. Man stellt nun den Dreiweghahn c so, daß jede Verbindung nach der Bürette hin aufgehoben ist, komprimiert durch Hochheben von L die in der Bürette A eingeschlossenen Gase so weit, daß der Wasserspiegel in A auf 0 einspielt, zieht für einen Augenblick den Gaszuleitungsschlauch von B ab, stellt c horizontal, so wird ein Teil der Gase in A ausströmen, wodurch sich in der Bürette atmosphärische Spannung einstellt. Der Hahn c wird hierauf wieder so gestellt, daß jede Verbindung mit A aufgehoben ist. Der Gaszuleitungsschlauch kann wieder an B angeschlossen werden.

Das abgefangene Gasquantum (von 100 ccm) ist nunmehr zwischen der Wassersäule in A, dem Dreiweghahne c und den Hähnen m und n eingeschlossen.

Zur Bestimmung des Kohlensäuregehaltes öffnet man den Hahn in m, vorausgesetzt, daß das Gefäß D mit Kalilauge gefüllt ist, stellt die Flasche L hoch, öffnet den Quetschhahn s vorsichtig und treibt die Gase aus der Meßbürette A in das Absorptionsgefäß D hinüber, so lange, bis der Wasserspiegel in A auf der Strichmarke 100 ccm steht. Der Quetschhahn s wird geschlossen und das Gas einige Augenblicke im Absorptionsgefäße D gelassen. Durch Senken der Flasche L und vorsichtiges Öffnen des Quetschhahnes s saugt man das Gas wieder nach der Bürette A zurück, und zwar so lange, bis die Kalilauge wieder bis zur Strichmarke in m hochgestiegen ist. Wiederholt man diese Manipulation noch 1- bis 2 mal, treibt also noch einige Male die Gasprobe in das Absorptionsgefäß D und saugt sie wieder nach der Bürette A zurück, so ist man sicher, daß sämtliche Kohlensäure, die in der abgefangenen Gasmenge enthalten war, durch die Kalilauge absorbiert worden ist. Hat man das letztemal zurückgesaugt, so schließt man den Hahn in m. Bei geöffnetem Quetschhahn s hebt man die Flasche L neben der Bürette A so hoch, daß das Wasser in beiden Gefäßen gleich hoch steht; hierauf schließt man den Quetschhahn s, liest den Stand des Wassers in A ab und hat damit direkt den Gehalt des untersuchten Gases an Kohlensäure in Volumenprozenten erhalten.

Treibt man in analoger Weise den Gasrest in das zweite mit Pyrogallussäurelösung gefüllte Absorptionsgefäß E und wieder nach der Meßbürette A zurück, so erhält man aus der Differenz der Wasserstände in der Bürette den Gehalt des untersuchten Gases an Sauerstoff.

Beispiel.

Inhalt der Meßbürette . . . . 100 ccm
Stand des Wassers in der Bürette nach Absorption mit Kalilauge . . . . 11,9 ccm $= \mathbf{11,9\%\ CO_2}$
Stand des Wassers in der Bürette nach Absorption mit Pyrogallussäure . . . . . 19,1 ccm

$$\text{also} = (19,1 - 11,9\%) = \mathbf{7,2\%\ O}.$$

Soll auch der Kohlenoxydgehalt der Rauchgase bestimmt werden, so ist ein Apparat, mit drei Absorptionsgefäßen zu verwenden, wie ihn z. B. Fig. 14 in der Modifikation von M u e n c k e zeigt. Das dritte Absorptionsgefäß ist mit Kupferchlorürlösung zu füllen, deren Herstellung auf Seite 23 beschrieben worden ist. Um dieses Reagens längere Zeit wirksam zu erhalten, bringt man in das Absorptionsgefäß Glasröhrchen, durch welche hindurch Kupferdraht gezogen ist.

Im übrigen gestaltet sich das Arbeiten mit drei Absorptionsgefäßen ebenso wie mit zwei solchen.

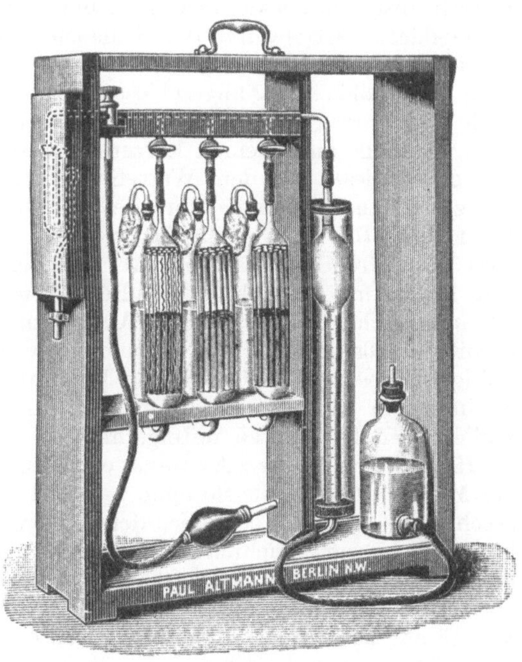

Fig. 14.

Stellt sich z. B. nach Absorption mit Kupferchlorürlösung der Wasserspiegel in der Meßbürette A auf 20,1 ccm ein, so ist der Gehalt der untersuchten Rauchgase an Kohlenoxyd $= (20{,}1 - 19{,}1)\% = 1\%$.

Wird zwecks Vornahme einer zweiten Analyse die Meßbürette A (Fig. 13) durch Hochheben der Flasche L bei horizontal gestelltem Dreiweghahne c wieder bis zum Teilstriche 100 ccm mit Wasser gefüllt, so werden die von der letzten Analyse noch im Apparate befindlichen Gase ausgetrieben, bis auf den Gasrest, der sich unterhalb der Hähne in m und n befindet. Dieser Rest wird sich im weiteren Verlaufe der Untersuchung mit den für die zweite Analyse angesaugten Gasen vermischen und also Anlaß zu kleinen Unrichtigkeiten geben. Diese Tatsache, und der Umstand, daß bei einem Bruche des kapillaren Verbindungsrohres von A und B (Fig. 13) auch die Glashähne nutzlos geworden sind, haben die Veranlassung zur Konstruktion eines anderen, diese Mängel nicht aufweisenden Apparates gegeben. Es ist dies der

Apparat nach Orsat-Fuchs.

Derselbe ist in Fig. 15 in der Ausführung mit zwei Absorptionsgefäßen abgebildet und hat folgende Einrichtung:

Die Meßbürette a hat einen Inhalt von etwa 100 ccm und ist in ihrem unteren, engeren Teile in $^1/_{10}$ ccm geteilt. Der Teilstrich 100 ccm befindet sich da, wo die Kapillare mit dem Dreiweghahne b an die Bürette anschließt. Unten ist die Meßbürette a zu einem Schlauchstücke ausgebildet, welches durch den Schlauch c mit der Niveauflasche d verbunden wird. Die Gummipumpe m ist an die obere kapillare Verlängerung der Meßbürette a angeschlossen. Das Knierohr i ist einerseits mit Hilfe eines kurzen Gummischlauches mit dem Dreiweghahne b und anderseits, ebenfalls durch einen kurzen Gummischlauch, mit dem Hahne l und durch diesen mit dem Wattefilter k verbunden. An letzteres wird der zum Rauchgaskanal führende Schlauch angeschlossen. Oberhalb des Hahnes l zweigen zu beiden Seiten des vertikalen Schenkels von i zwei (resp. drei) Rohrkrümmer ab, die ebenfalls mittels Gummischlauches an die mit Glasröhren gefüllten Absorptionsgefäße mit den Hähnen g angeschlossen sind. Diese Absorptionsgefäße stehen durch Rohre f' mit den Glasgefäßen f in Verbindung, welche zur Aufnahme der verdrängten Absorptionsflüssigkeiten bestimmt sind. Der ganze Apparat ist in einem leicht transportierbaren, durch zwei Schiebedeckel verschließbaren Holzkasten untergebracht.

Handhabung des Apparates. Man bringt den Dreiweghahn b der Meßbürette a in die Stellung n (Fig. 15), die Hähne g, g und l sind geschlossen. Durch Hochheben der Niveauflasche d füllt man die Meßbürette a bis zur Strichmarke 100 ccm mit destilliertem Wasser. Nunmehr bringt man den Dreiweghahn b in die Stellung o (Fig. 15), öffnet den Hahn l am Wattefilter k und drückt die Gummipumpe m etwa 10—15 mal zusammen. Hierdurch werden die Rauchgase durch das Wattefilter k und die Glasröhre i über den Dreiweghahn b und durch

die Gummipumpe gezogen. Die ganze Leitung füllt sich also mit Rauchgasen; die von einer früheren Analyse noch vorhandenen Gasreste werden
dadurch beseitigt. Alsdann dreht man den Dreiweghahn b um 180° in
die Lage p (Fig. 15), wodurch eine Verbindung der mit destilliertem

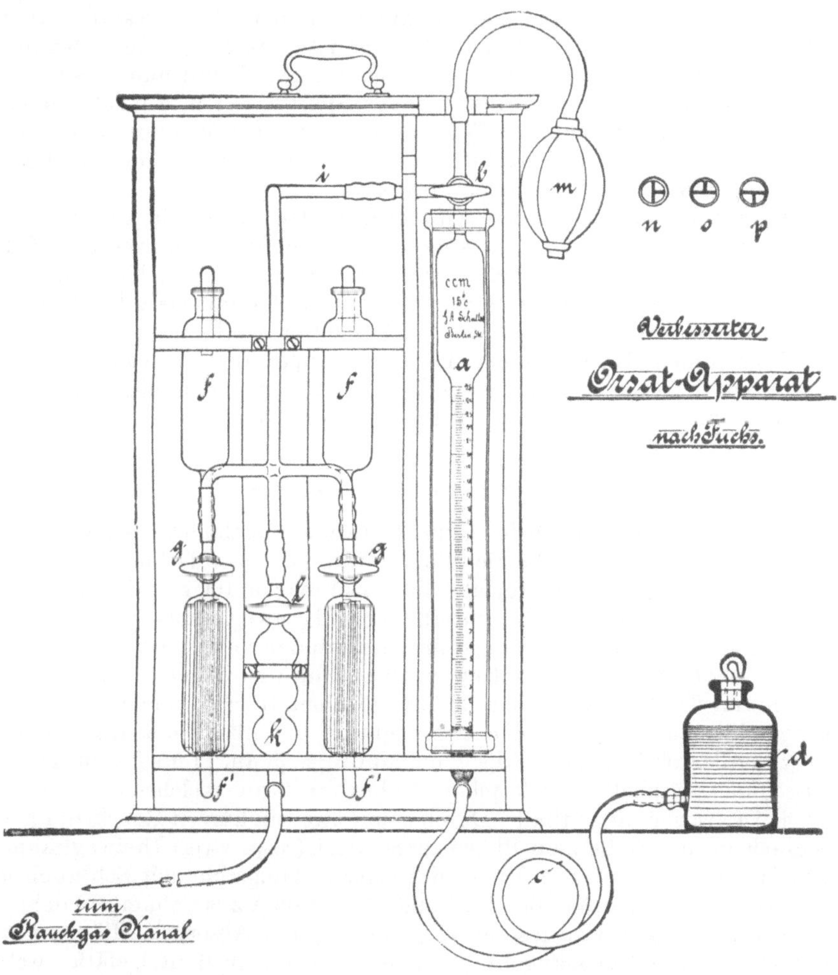

Fig. 15.

Wasser gefüllten Meßbürette a und der Rauchgaszuleitung hergestellt
wird. Bei tiefgestellter Niveauflasche d sinkt das Wasser in a, an seine
Stelle treten Rauchgase. Hat der Wasserspiegel in a die Nullstrichmarke
erreicht, so wird der Dreiweghahn b geschlossen, also in die Stellung o
(Fig. 15) gebracht. Nun sind 100 ccm Rauchgas in der Meßbürette a
abgefangen. Man schließt den Hahn l am Wattefilter k, bringt den

Dreiweghahn wieder in die Stellung p, öffnet den Hahn g an dem bis zu diesem Hahne mit Kalilauge gefüllten Absorptionsgefäße und treibt durch Heben der Niveauflasche d das Rauchgas in das betreffende Absorptionsgefäß. Durch Senken der Niveauflasche und abermaliges Heben derselben wird das Rauchgas nach der Meßbürette und wieder in das Absorptionsgefäß gedrängt. Nun senkt man die Niveauflasche d so weit, daß die Absorptionsflüssigkeit bis zum Hahne g steigt; alsdann wird der Hahn g geschlossen. Die Niveauflasche d wird nun neben der Meßbürette a so hoch gehalten, daß das Sperrwasser in a und d gleich hoch steht. Der Stand des Wasserspiegels in der Meßbürette a gibt dann ohne weiteres den Kohlensäuregehalt der untersuchten Rauchgase an, und zwar in Volumenprozenten.

In genau derselben Weise wird hierauf der Gasrest in das zweite, mit Pyrogallussäurelösung bis zum Hahne g gefüllte Absorptionsgefäß und hernach in das eventuell vorhandene dritte, Kupferchlorürlösung enthaltende Absorptionsgefäß gedrängt, wodurch der Gehalt der Rauchgase an Sauerstoff und Kohlenoxyd bestimmt wird.

Eine andere Konstruktion des Orsat-Apparates, die besonders in bezug auf sicheres und bequemes Transportieren gut durchgeführt ist, ist die von Constanz Schmitz angegebene. Dieser

Orsat-Schmitz-Apparat

ist in Fig. 16 in betriebsfertigem Zustande abgebildet. Seine Einrichtung ist folgende: Die Meßbürette a ist mit einer Teilung in $^1/_5$ ccm versehen, die bis 30 ccm reicht; die Strichmarke 100 ccm ist an dem engen Oberteile der Bürette, unterhalb des Dreiweghahnes g. Die Meßbürette ist aus früher schon angeführten Gründen von einem mit Wasser gefüllten Schutzrohre umgeben, welches mit der Bürette a fest verschmolzen ist, so daß Undichtheiten zwischen Bürette und Schutzrohr ausgeschlossen sind. An den Dreiweghahn g schließt mit Hilfe eines kurzen Glasrohrkrümmers die Gummipumpe g an. Links vom Dreiweghahne g schließt das kapillare Hahnrohr f an, welches drei (resp. zwei) Dreiweghähne enthält. Durch einen zweiten kurzen Rohrkrümmer schließt an den äußersten linken dieser drei (resp. zwei) Dreiweghähne das Wattefilter e, und an dieses das Gaszuleitungsrohr mit Schlauch d an. Die Absorptionsgefäße c^1, c^2 und c^3 bestehen aus dem eigentlichen Absorptionsgefäße, welches zur Vergrößerung der Absorptionsfläche mit Glasröhrchen und Glaskugeln gefüllt ist, und einem Mantelgefäße, welches das erstere umgibt. In den so entstandenen Ringraum treten durch kleine Öffnungen, welche sich unten an dem inneren Gefäße befinden, die Absorptionsflüssigkeiten ein. Unten haben diese Doppelgefäße einen Tubus, durch welchen die Glasröhrchen eingefüllt werden können, durch welchen aber auch mittels der Schläuche l^1, l^2 und l^3, die mit Quetschhähnen verschlossen sind, die Füllung und Entleerung der Absorptionsflüssigkeiten erfolgt. Der Schlauchhalter h nimmt während des Arbeitens den Schlauch der Gummipumpe g und den Gaszuleitungsschlauch d auf, wodurch ein Knicken dieser Schläuche in einfacher Weise vermieden ist. Beim Transporte wird dieser Schlauchhalter in den Kasten zurückgedreht.

Die Absorptionsflüssigkeiten sind in Vorratsflaschen n^1, n^2 und n^3 mit Patentverschluß untergebracht. Diese Flaschen sind in drei Abteilungen des Kastens transportsicher gelagert. Ein Glastrichter m dient zum Einfüllen der Absorptionsflüssigkeiten in die Absorptionsgefäße.

Die Niveauflasche i, die mittels des Gummischlauches k an den zu einem Rohrkrümmer ausgebildeten unteren Teil der Meßbürette a angeschlossen wird, findet während des Transportes in dem Abteil o, die Gummipumpe g und kleinere Teile in dem Fache für den Glastrichter m Unterkunft. Das Ganze ist, wie schon erwähnt, in einem soliden Holzkasten mit fester Rückwand und Schiebedeckel gelagert.

Handhabung des Apparates. Zunächst sind die Gefäße c^1, c^2 und c^3 mit den Absorptionsflüssigkeiten zu füllen, indem man den Glastrichter m in den Schlauch l^1, resp. l^2 und l^3 steckt und durch ihn die Flüssigkeit eingießt. Hierbei muß der Dreiweghahn g so eingestellt sein, daß er die Verbindung des Hahnrohres f mit der Gummipumpe g und also auch mit der äußeren Atmosphäre bewirkt. Dementsprechend ist auch die Stellung der in dem Hahnrohre f befindlichen Hähne zu wählen, und zwar derart, daß das zu füllende Absorptionsgefäß während der

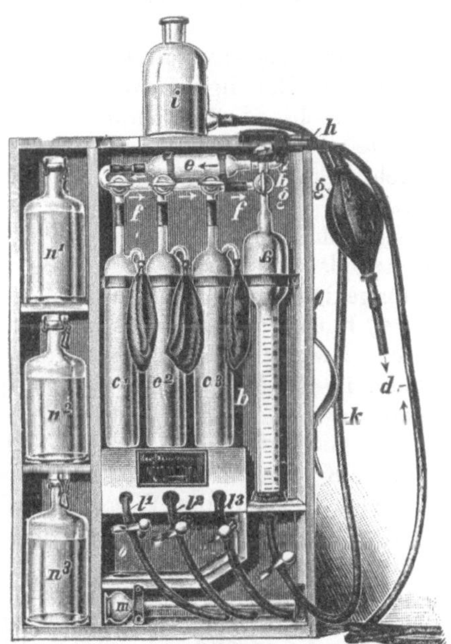

Fig. 16.

Füllung mit der Gummipumpe g kommuniziert. Die Gefäße c^1, c^2 und c^3 werden bis zur Hälfte gefüllt, so daß, wenn die Flüssigkeit im inneren Gefäße bis zur oberen Marke emporgesaugt ist, dieselbe im Ringraume noch etwa 1 cm hoch sichtbar ist. Der Quetschhahn auf l^1, resp. l^2 und l^3 wird geschlossen, und der Rest der Flüssigkeit nach Herausziehen des Glastrichters m aus dem Schlauche in die entsprechende Flasche entleert. Man dreht dann den Dreiweghahn g um 180°, so daß die Meßbürette a nur noch mit der Gummipumpe in Verbindung steht und füllt durch Hochheben der Niveauflasche i und Öffnen des auf dem Schlauche k sitzenden Quetschhahnes die Meßbürette a bis zur Strichmarke 100 ccm mit destilliertem Wasser. Der Dreiweghahn g wird abermals um 180° gedreht. Durch Senken der Niveauflasche i bei geöffnetem Quetschhahne auf k steigt die Flüssigkeit in dem augenblicklich mit dem Hahnrohre f kommunizierenden Absorptionsgefäße. Man läßt sie bis zu der am Halse des Absorptionsgefäßes angebrachten Strichmarke steigen, schließt dann den Quetschhahn auf k und auch den zum Absorptionsgefäße gehörigen Dreiweghahn gegen das letztere ab. Hat man noch den Gaszuleitungsschlauch d an das Wattefilter e angeschlossen, so ist der Apparat gebrauchsfertig.

Der Dreiweghahn g wird so gestellt, daß er nach dem Hahnrohre f und der Gummipumpe g, nicht aber nach der Meßbürette a hin offen ist. Die Hähne in der Hahnröhre f müssen so gestellt sein, daß sie nur Verbindung mit dem Wattefilter e und der Gummipumpe g, nicht aber nach den Absorptionsgefäßen c^1, c^2 und c^3 hin haben.

Durch 10—15 maliges Zusammendrücken der Gummipumpe werden die Rauchgase angesaugt. Alsdann wird der Dreiweghahn g so eingestellt, daß er nur nach dem Hahnrohre f und der Meßbürette a hin offen ist. Durch Senken der Niveauflasche i bis zur Strichmarke 0 ccm werden 100 ccm Rauchgas nach der Meßbürette gesaugt.

Soll nun der Kohlensäuregehalt bestimmt werden, so ist, vorausgesetzt, daß im Absorptionsgefäße c^3 Kalilauge eingefüllt ist, der zu c^3 gehörige Dreiweghahn nach dem Absorptionsgefäße c^3 und dem Hahnrohre f hin zu öffnen. Durch mehrmaliges Heben und Senken der Niveauflasche i wird das Rauchgas in das Absorptionsgefäß c^3 getrieben und wieder in die Meßbürette a zurückgesaugt. Das letztmalige Zurücksaugen ist so weit zu treiben, daß die Absorptionsflüssigkeit in c^3 genau auf der oberen Strichmarke steht. Man führt nun bei offenem Quetschhahne auf k die Niveauflasche i neben der Meßbürette a so hoch, daß in beiden Gefäßen der Wasserspiegel gleich hoch steht. Die Ablesung an der Meßbürette gibt direkt den Prozentgehalt der Rauchgase an Kohlensäure an.

In genau derselben Weise treibt man nun den Gasrest in das mit Pyrogallussäurelösung gefüllte zweite Absorptionsgefäß c^2. Die Ablesung an der Meßbürette gibt nach Abzug der zuerst gefundenen Prozente für Kohlensäure den Sauerstoffgehalt in Prozenten an.

Führt man endlich den nunmehr in der Meßbürette a noch verbleibenden Rest an Rauchgas einige Male in das dritte, Kupferchlorürlösung enthaltende Absorptionsgefäß c^1 über und stellt schließlich den Wasserspiegel in der Meßbürette a und in der Flasche i in dasselbe Niveau, so gibt die dritte Ablesung nach Abzug der für Kohlensäure und Sauerstoff bereits gefundenen Prozente den Gehalt der Rauchgase an Kohlenoxyd in Volumenprozenten an.

Nach Beendigung der Analyse stellt man den Dreiweghahn g so ein, daß er nach der Gummipumpe und der Meßbürette hin geöffnet ist, hebt die Niveauflasche bei geöffnetem Quetschhahne auf k so hoch, daß der Wasserspiegel in der Meßbürette auf die Strichmarke 100 ccm einspielt, so ist der Apparat für eine neue Untersuchung vorbereitet.

Das Absorptions-Ökonometer.

Diese aus dem Bestreben, einen möglichst einfachen Apparat zur Untersuchung der Rauchgase zu schaffen, hervorgegangene Einrichtung besteht in der Hauptsache, wie Fig. 17 zeigt, aus dem Absorptionsgefäße A, dem Meßgefäße M, dem Füllgefäße E, der Niveauflasche S und dem Filter F.

Durch die Füllflasche E wird Kalilauge eingegossen, welche zunächst das Gefäß K und dann das Absorptionsgefäß A bis zum Anschlusse des nach M führenden Schlauches füllen soll. Wenn man 160 g Ätzkali in 360 g destilliertem Wasser löst, so erhält man etwa $^1/_4$ l Kalilauge im spez. Gew. von 1,27, welche für eine Füllung ausreicht.

In die Niveauflasche S gibt man ein Gemisch von Wasser und Glyzerin (2 Teile Wasser $+$ 1 Teil Glyzerin) und zwar so viel, daß der Boden von S eben noch mit Flüssigkeit bedeckt ist, wenn dieselbe im Meßgefäße bis zu derjenigen Strichmarke gestiegen ist, welche sich unterhalb des Anschlusses des nach A führenden Schlauches befindet. Das Ende des Aspirators P wird mit der nach dem Heizkanale führenden Leitung verbunden. Man senkt nun das Niveaugefäß S so weit, daß das vom Wattefilter F kommende Eintrittsrohr vollständig frei wird.

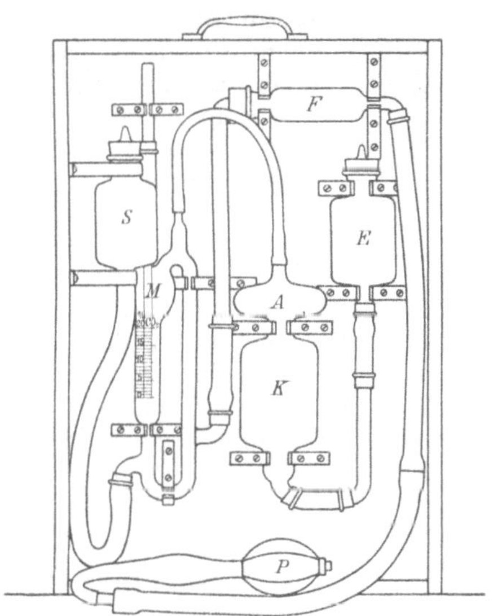

Fig. 17.

Durch Zusammendrücken des Aspirators P werden alsdann die Gase durch das Filter F in das Meßgefäß M und durch dieses hindurch ins Freie getrieben. Hebt man nun die Niveauflasche S so weit, daß die Absperrflüssigkeit bis zu der Marke an dem obersten Teile des Meßgefäßes M steigt, so werden die Gase in das Absorptionsgefäß A getrieben. Nach Verlauf von 10—15 Sekunden senkt man die Niveauflasche S langsam, so wird sich zeigen, daß der Flüssigkeitsspiegel in dem Rohre, welches in M eingeschmolzen ist, schneller sinkt, als in dem Meßgefäße selbst. In einem bestimmten Zeitpunkte werden beide Flüssigkeitsspiegel in einer Horizontalebene liegen. Dieser Stand gibt an der Skala von M direkt die Prozente der absorbierten Kohlensäure an.

Das Absorptionsgefäß von Kleine.

Dieses Absorptionsgefäß, dessen Form so gehalten ist, daß es in jeden Orsatapparat eingesetzt werden kann, ist aus dem Bestreben entstanden, dem gewöhnlichen Gefäße eine Form zu geben, die es ermöglicht, daß das zu untersuchende Gas die Absorptionsflüssigkeit durchdringen muß, ohne daß hierbei Hähne bedient werden. Diese Einrichtung besteht, wie Fig. 18 zeigt, aus einem in den Schenkel a eingeschmolzenen

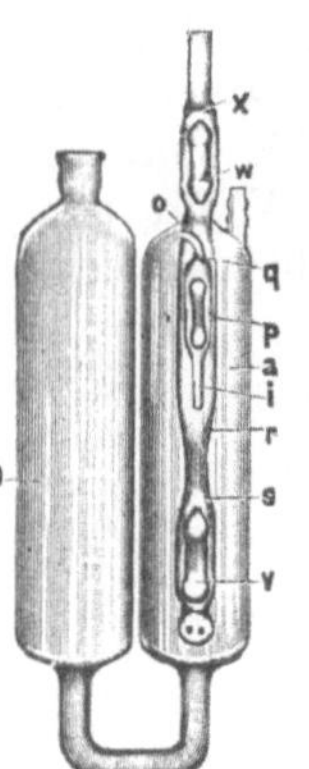

Fig. 18.

Rohre r, welches in dem Schenkel fast bis unten hinreicht und daselbst mit kleinen Verteilöffnungen versehen ist. In diesem Rohre befindet sich sowohl oben, als unten ein Schwimmventil w bzw. v; ferner ist in dem Rohre r ein Rohr i eingeschmolzen, welches oben bei o in dem Schenkel a seitlich am Rohre r ausmündet und anderseits bis zur Mitte von r reicht. In diesem Rohre befindet sich ebenfalls ein Rückschlagventil p mit einer Schliffstelle q oben. Das zu untersuchende Gas nimmt seinen Weg durch das Rohr r und tritt unten aus diesem heraus durch die Absorptionsflüssigkeit über diese. Beim Absaugen des Gases hebt sich das Ventil v und drückt gegen die Schliffstelle s, wodurch dieser Weg verschlossen wird. Das Gas muß nun durch die Öffnung o in das Rohr i eintreten, wobei sich das Ventil p infolge der Saugwirkung senkt. Beim weiteren Saugen füllt sich der ganze Schenkel mit Absorptionsflüssigkeit, bis das Ventil w gegen die Schliffstelle x gedrückt wird. Dieser Vorgang kann beliebig oft durch Heben und Senken der Niveauflasche wiederholt werden. Zur Absorption von Kohlensäure und Sauerstoff genügt einmalige, zu der von Kohlenoxyd zwei- bis viermalige Wiederholung. Bei den Absorptionsgefäßen für Sauerstoff ist zum Einfüllen der Phosphorstangen vorne eine kleine Öffnung angebracht.

Der Orsat-Kleine-Apparat.

Der Apparat, welcher in Fig. 19 und Fig. 20, in letzterer schematisch dargestellt ist, dient zur Bestimmung von CO_2, O, CO und H und ist mit 4 Absorptionsgefäßen ausgerüstet.

Gefäß A dient zur Bestimmung von H und ist mit Schwefelsäure gefüllt.
,, B ,, ,, ,, ,, CO ,, ,, ,, Kupferchlorür ,,
,, C ,, ,, ,, ,, O ,, ,, ,, Phosphorstangen ,,
,, D ,, ,, ,, ,, CO_2 ,, ,, ,, Kalilauge ,,

Da das horizontale Kapillarrohr bei dem Absorptionsgefäße A von einem Röhrchen durchbrochen ist, steht A durch das mit Palladium gefüllte Verbrennungsröhrchen G nur mit der Meßbürette m in Verbindung. Letztere enthält oben ein Rückschlagventil o, durch welches verhindert ist, daß die Sperrflüssigkeit in das horizontale Kapillarrohr gelangt, und durch welches auch eine Beobachtung der früher daselbst angebrachten Marke überflüssig wird.

Die Meßbürette m wird durch Hochheben der Niveauflasche so lange mit Wasser, welches durch Schwefelsäure etwas angesäuert ist, gefüllt, bis das Ventil o an der Schliffstelle anliegt.

Der Hahn *1* wird mit der Gasabzapfstelle verbunden. Stehen die Gase unter Überdruck, so läßt man nach Öffnung des Hahnes *1* so lange Gase durch den Hahn *2* entweichen, bis die Luft sicher aus der Leitung entfernt ist.

Haben die Gase aber, wie z. B. bei Feuerungen, Unterdruck, so schließt man an den Hahn *2* eine Gummipumpe (Fig. 2) an und saugt mit dieser so lange an, bis die Leitung mit Gasen gefüllt ist.

Hahn *2* wird nunmehr geschlossen; durch Senken der Niveauflasche bei geöffnetem Quetschhahn läßt man die Sperrflüssigkeit in m bis etwas unter den Nullpunkt fallen.

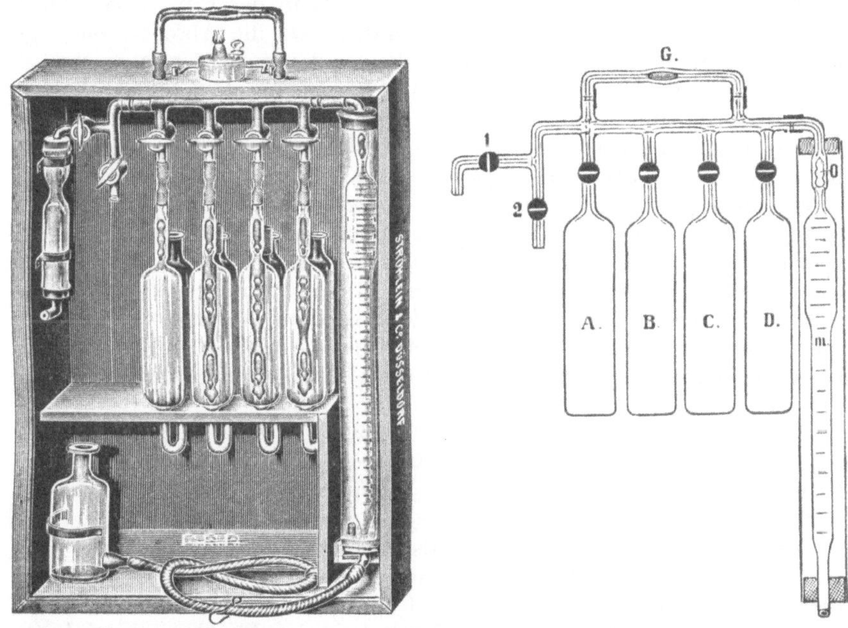

Fig. 19.　　　　　　　　　　Fig. 20.

Stehen die abgesaugten Gase unter Überdruck, so öffnet man Hahn *2* so lange, bis die Sperrflüssigkeit bis zum Nullpunkt gestiegen ist. Man hält hierbei die Niveauflasche möglichst nahe an die Bürette, und zwar so, daß der Meniskus der Flüssigkeit mit dem Nullpunkte zusammenfällt. Die abgefangenen Gase haben alsdann atmosphärische Spannung.

Stehen die zu untersuchenden Gase aber unter Unterdruck, so werden sie in der schon beim einfachen Orsatapparat beschriebenen Weise auf atmosphärische Spannung gebracht.

Jetzt kann man zur Bestimmung der einzelnen Bestandteile des Gases schreiten.

Zunächst leitet man das Gas zur Bestimmung der Kohlensäure in das Gefäß *D*, indem man die Niveauflasche hebt und die Sperrflüssigkeit in die Meßbürette m steigen läßt, bis sich das Ventil schließt, leitet es durch Senken der Flasche wieder in die Meßbürette zurück und schließt den Hahn am Absorptionsgefäße. Nach einigen Minuten liest man die absorbierte Kohlensäure ab, wobei man wieder die Niveauflasche an die Meßbürette hält, so daß der Meniskus der Flasche mit dem der Bürette zusammenfällt.

Die Absorption des Sauerstoffes geschieht in gleicher Weise in der Pipette C. Um eine vollständige Absorption zu bewirken, empfiehlt es sich, das Gas 5 Minuten in der Pipette stehen zu lassen, und dann zur Feststellung der Kontraktion zurück zu saugen.

Es folgt die Absorption des Kohlenoxyds in der Pipette B. Nach fünfmaligem Einleiten ist dieselbe beendet. Da die Absorptionsfähigkeit der Kupferchlorürlösung für Kohlenoxyd mit der fortschreitenden Sättigung durch Kohlenoxyd abnimmt, so benutzt man am besten zwei Gefäße zur Absorption von Kohlenoxyd. Beginnt die erste Pipette langsam zu absorbieren, so erneuert man die Lösung und benutzt die zweite als erste Pipette, so daß immer die frische Lösung zuletzt gebraucht wird. Hierbei ist noch zu bemerken, daß die Absorption von Kohlenoxyd auch dann noch nicht vollständig gelingt, was namentlich bei kohlenoxydreichen Gasen zu beachten ist. Man muß deshalb nach beendeter Wasserstoffverbrennung und nach Ablesen der Volumenkontraktion das Gas in dem Absorptionsgefäße D noch von seinem vom Kohlenoxyd herrührenden Gehalt an Kohlensäure befreien und alsdann die Gesamtkontraktion an der Meßbürette m ablesen.

Wenn das Kohlenoxyd nur in geringen Mengen (2—3%) vorhanden ist, so kann man zur Bestimmung desselben besser die Absorption durch Kupferchlorür unterlassen und das Kohlenoxyd direkt mit dem Wasserstoff verbrennen.

Zur Verbrennung des Wasserstoffs verfährt man wie folgt: Hat man Kohlensäure, Sauerstoff und Kohlenoxyd zur Absorption gebracht, so bringt man den zu dem in der Meßbürette m befindlichen Gasreste durch Öffnen des Hahnes 2 und Tiefhalten der Flasche so viel Luft, daß das Gesamtvolumen etwa 100 ccm beträgt, d. h. ungefähr den Nullpunkt der Teilung erreicht.

Nachdem man das Gesamtvolumen genau abgelesen hat, zündet man das Lämpchen unter dem Verbrennungsröhrchen G an und erwärmt letzteres mäßig. Nun öffnet man den Hahn an der Pipette A und hebt die Niveauflasche, um das Gas langsam durch die Verbrennungskapillare zu leiten. Hat die Flüssigkeit das Ventil erreicht, so wiederholt man das Hin- und Herführen des Gases noch einmal und liest nach 5 Minuten ab. Ist das zu untersuchende Gas wasserstoffreich, so saugt man nach der ersten Verbrennung und Feststellung der Kontraktion nochmals Luft ein und verbrennt wiederum in gleicher Weise. Jetzt schreitet man zur Absorption der von Kohlenoxyd herrührenden Kohlensäure in der Pipette D.

Der Kohlensäurebestimmungsapparat nach Kleine.

Dieser in der letzten Zeit der Öffentlichkeit übergebene Apparat besteht, wie aus Fig. 21 ersichtlich, aus einer Meßröhre A von 100 ccm Inhalt, der Absorptionspipette C mit angeschmolzener Ablesebürette D und der die Verbindung betätigenden Hahnkapillare E, sowie einem Gummiaspirator.

Um Temperatureinflüsse von außen möglichst auszuschließen, füllt man die Mäntel der Meßröhre A und des Absorptionsgefäßes C mit Wasser; ebenso füllt man die Niveauflasche N zu $^3/_4$ mit Wasser. Letztere wird durch einen Gummischlauch mit Quetschhahn an die Meßröhre A angeschlossen. Nachdem dieser Quetschhahn geöffnet ist, läßt man durch Hochhalten von N das Wasser in A steigen, bis das in der Meßröhre befindliche, selbsttätige Ventil (siehe auch: Absorptionsgefäß von Kleine) gegen die Schliffstelle gedrückt wird; dadurch wird ein weiteres Steigen des Wassers in A unmöglich. Nunmehr sperrt man den Schlauch, der A mit N verbindet, ab. Mittels eines Trichters, den man in die oben im Kasten befindliche Öffnung einsetzt, füllt man die Absorptionspipette C bis zur Marke 0 mit Kalilauge. Hat man zuviel Lauge eingefüllt, so läßt man durch

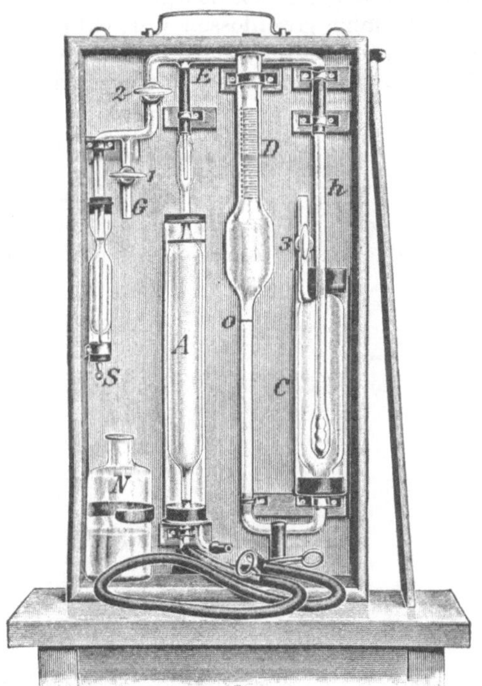

Fig. 21.

den unteren Schlauch durch Öffnen des daselbst befindlichen Quetschhahnes die überflüssige Lauge auslaufen. Nachdem jetzt die Zapfstelle, an der das Rauchgas entnommen werden soll, mit dem Apparate durch einen Schlauch bei S verbunden worden ist, öffnet man den Hahn 1 und saugt mit dem Aspirator, der bei G angeschlossen worden ist, die Leitung mit dem zu untersuchenden Gase an. Während dieser Zeit ist der Hahn 2 geschlossen. Nunmehr öffnet man den auf dem Verbindungsschlauche von A und N sitzenden Quetschhahn und den Hahn 2, wogegen der Hahn 1 geschlossen wird. Durch Tiefhalten von N läßt man Gas in die Meßröhre A bis zur Marke eintreten. Man hält zu diesem Zwecke die Niveauflasche N so, daß der Meniskus in derselben

mit der Marke der Meßröhre zusammenfällt. Jetzt wird der Hahn *2*
geschlossen, damit das Gas nicht denselben Weg zurückgehen kann.
Nunmehr drückt man das Gas durch Hochhalten von *N* in das Absorptionsgefäß *C* durch die in diesem befindliche Kalilauge hindurch. Die
Kalilauge wird aus *C* nach *D* verdrängt. War keine Kohlensäure im
Gase enthalten, so steigt die Lauge bis zum Nullpunkte von *D*; enthielt
das Gas jedoch Kohlensäure, so wurde diese von der Kalilauge absorbiert, und es wird um soviel Lauge weniger verdrängt werden, als Kohlensäure im Gase war. Man liest also den Kohlensäuregehalt direkt an
der Bürette *D* ab. Ist dies geschehen, so wird das Gas durch den Hahn *3*,
der bis dahin geschlossen war, entlassen; hierdurch tritt die Kalilauge
in die alte Stellung zurück. Das am unteren Ende von *h* befindliche
Ventil verhindert hierbei den Eintritt der Lauge in *h*.

Gasanalysator Peska-Kappus.

Das Prinzip dieses Apparates besteht darin, daß die abgemessene
Gasmenge in ein mit einem Meßrohre kommunizierendes Absorptionsgefäß übergeführt und nach erfolgter Absorption nicht, wie bisher üblich,
das zurückgebliebene Gas in die Meßbürette zurückgeleitet, sondern die durch den Gasrest aus dem Absorptionsgefäße in das Meßrohr verdrängte Menge der Absorptionsflüssigkeit gemessen wird. Ferner sind die Niveaugefäße des Apparates an Führungsschlitten befestigt, deren Hub durch Stellringe begrenzt wird. Diese Stellringe stellt man zuvor derart ein, daß die Flüssigkeiten bei den Marken automatisch stehenbleiben und nicht in das Hahnrohr gelangen können.

Der Apparat (Fig. 22) besteht aus einem Hahnrohr *1* mit einem Durchgangshahn *2* und einem Eckhahn *3* als Verteilungshahn. Dem Hahnrohre ist ein Filter zum Auffangen von Ruß und

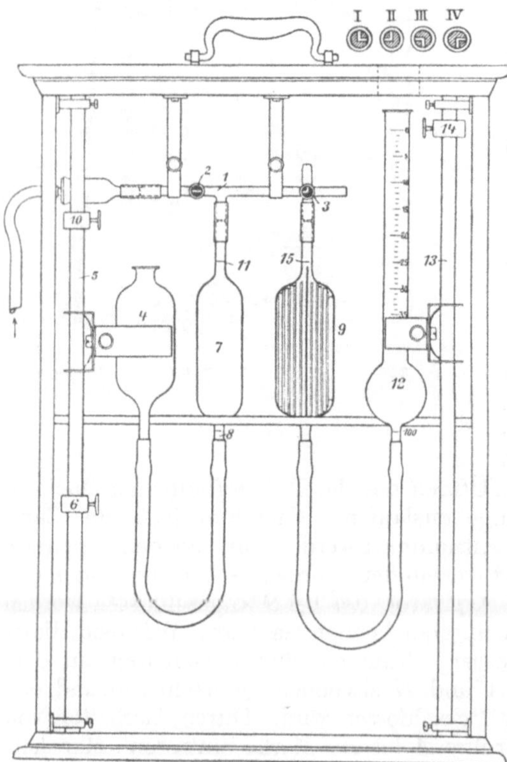

Fig. 22.

Flugasche vorgeschaltet. An das Hahnrohr ist eine Meßpipette 7 von 100 ccm Inhalt angeschlossen, welche mit einem Niveaugefäße 4 kommuniziert. Dieses letztere kann mittels eines Führungsschlittens an der Stange 5 bis zum Stellring 6 gesenkt werden, so daß sich das Wasser bei gleichem Niveau in der Meßpipette bei der unteren Marke 8 einstellt. Beim Heben des Niveaugefäßes bis zum Stellring 10 stellt sich das Wasserniveau in der Meßpipette bei der oberen Marke 11 ein.

Der Eckhahn 3 kann in vier verschiedene Positionen eingestellt werden. Bei der Position I sind sowohl das Hahnrohr, als auch das Absorptionsgefäß 9 geschlossen. Durch Drehen des Eckhahnes nach links in die Position II wird das Hahnrohr geöffnet, so daß das Gas das Hahnrohr frei durchströmen kann. Bei weiterem Drehen des Hahnes in die Position III wird das Hahnrohr resp. die Meßpipette 7 mit dem Absorptionsgefäße 9 verbunden. Stellt man den Eckhahn in die Position IV ein, so wird das Absorptionsgefäß mit der äußeren Atmosphäre oder mit einem weiteren Absorptionsgefäße verbunden.

Das Absorptionsgefäß 9 kommuniziert mit dem Meßrohre 12, in das die Absorptionsflüssigkeit durch den Gasrest verdrängt und dort gemessen wird. Das Meßrohr kann in verschiedenen Formen ausgeführt werden. Gewöhnlich besitzt es, besonders wenn zur Analyse kohlensäurehaltiger Gase bestimmt, unterhalb seiner Erweiterung die Marke 100 ccm, und oberhalb derselben die nötige Teilung von 0 bis 35 ccm, wobei sich die Marke Null zu oberst befindet.

Auch dieses Meßrohr ist an einer Stange 13 verschiebbar eingerichtet. Den Stellring 14 stellt man derart ein, daß beim Anstoßen des Schlittens die Absorptionsflüssigkeit das Absorptionsgefäß bis zur Marke 15 füllt und dabei im Meßrohre bei der Marke 100 ccm stehenbleibt.

Wenn in das Absorptionsgefäß 100 ccm eines Gases eingeführt werden, das durch die vorhandene Absorptionsflüssigkeit nicht absorbiert wird, so verdrängt dieses Gas auch 100 ccm der Flüssigkeit in das Meßrohr. Stellt man das Meßrohr derart ein, daß die Flüssigkeit in beiden Gefäßen in gleicher Höhe steht, so ist dasselbe gefüllt, und die Flüssigkeit steht darin bei der Nullmarke. Wird aber ein Teil des Gases im Absorptionsgefäße durch die Flüssigkeit absorbiert und dadurch sein Volumen vermindert, so drückt der Gasrest, entsprechend der Volumenabnahme, eine entsprechende Menge Flüssigkeit in das Meßrohr über. Das Niveau der Absorptionsflüssigkeit stellt sich im Maßrohre entsprechend niedriger, und zwar derart, daß das Niveau direkt die absorbierte Gasmenge in Prozenten anzeigt.

Da man den Gasrest nach der Absorption zum Zwecke der Abmessung in die Meßbürette nicht zurückzuführen braucht, wie bei anderen Apparaten, und während der Absorption eine frische Gasmenge für die folgende Analyse abmessen kann, verkürzt man bedeutend die Analysendauer. Mit Hilfe der Stellringe bleiben die Flüssigkeiten von selbst bei den Marken stehen, wobei das Überlaufen der Flüssigkeiten in das Hahnrohr, und dadurch das Beschädigen der Hähne ausgeschlossen ist.

Der Apparat ist in einem soliden, mit herausnehmbarer Vorder- und Rückwand versehenen Holzkasten eingebaut und läßt sich leicht transportieren, da alle Teile des Apparates festgehalten sind; durch Verpfropfen des Niveaugefäßes *4* und des Meßrohres *12* wird ein Verschütten der Flüssigkeiten beim Tragen vermieden.

Vorbereitung des Apparates zur Gasanalyse. Der Eckhahn *3* wird in die Position *II* gestellt, und das Niveaugefäß *4* so hoch gehoben, daß sich der untere Teil des Gefäßes in gleicher Höhe mit der oberen Marke *11* der Meßpipette *7* befindet. Sodann gießt man durch das Niveaugefäß so viel destilliertes Wasser ein, daß das Wasser die Meßpipette füllt und bis zur Marke *11* reicht. Das genaue Einstellen auf die Marke kann durch Hinauf- oder Hinunterschieben des Niveaugefäßes bewerkstelligt werden. Steht das Wasser in der Meßpipette genau bei der oberen Marke, so läßt man den Stellring *10* auf den Schlitten fallen und befestigt ihn durch Anziehen der Schraube.

Nun senkt man das Niveaugefäß so tief, bis das Wasser in der Meßpipette auf die untere Marke *8* sinkt und fixiert diese Stellung durch den Stellring *6*.

Der Eckhahn *3* wird jetzt in die Position *IV* gestellt, und das Meßrohr *12* so hoch gehoben, bis sich die Marke 100 ccm auf gleicher Höhe mit der Marke *15* des Absorptionsgefäßes *9* befindet. Durch das Meßrohr wird so viel Absorptionsflüssigkeit, z. B. Kalilauge, zuletzt mit Hilfe einer langstieligen Pipette, eingefüllt, bis das Absorptionsgefäß annähernd bis zur Marke *15* voll ist, und im Meßrohre die Flüssigkeit genau bei der Marke 100 ccm steht. Ausdrücklich sei bemerkt, daß für die Genauigkeit der Analyse nur der genaue Stand der Flüssigkeit bei der Marke 100 ccm entscheidend ist, nicht aber der Stand der Flüssigkeit bei der Marke *15*. Es kann also das genaue Einstellen der Flüssigkeit auf die Marke 100 ccm durch leichtes Senken oder Heben des Meßrohres erfolgen, auch in dem Falle, wenn sich durch Temperaturwechsel oder Absorption das Volumen der Absorptionsflüssigkeit geändert hat. Diese Stellung des Meßrohres wird durch den Stellring *14* fixiert. Hierauf kann man zur Arbeit mit dem Apparate schreiten.

Verfahren bei der Analyse. Sind die Meßpipette *7* und das Absorptionsgefäß *9*, wie oben angegeben, gefüllt worden, so wird der Eckhahn *3* in die Position *II* gestellt. Die Gaszuführungsleitung wird an das Filterrohr angeschlossen, der Durchgangshahn *2* geöffnet, wobei das unter schwachem Druck befindliche Gas das Hahnrohr durchströmt und die vorhandene Luft verdrängt. Dadurch ist der schädliche Raum auf das kleinste Maß beschränkt. Falls das Gas sich nicht, wie beim Saturationsgas, unter Druck befindet, so ist es notwendig, dasselbe mittels eines Aspirators (Fig. 2) anzusaugen und dann in den Apparat zu drücken.

Sodann wird der Eckhahn in die Position *I* gestellt, wodurch das Hahnrohr geschlossen wird. Das Niveaugefäß *4* wird gesenkt, bis die federnde Führung auf den Stellring *6* stößt. Sobald die Meßpipette *7* mit dem Gas überfüllt ist, wird der Hahn *2* geschlossen, der Eckhahn *3* auf einen Augenblick in die Position *II* gestellt, um den im Apparate bestehenden Überdruck auszugleichen und den Überschuß des Gases austreten zu lassen, wobei sich das Absperrwasser in der Meßpipette selbsttätig auf die untere Marke *8* einstellt. Durch weiteres Drehen des Eckhahnes in die Position *III* wird die Verbindung zwischen der Meßpipette und dem Absorptionsgefäße *9* hergestellt. Dann wird das Niveaugefäß *4* so hoch geschoben, bis die Führung auf den oberen Stellring *10* stößt. Nun senkt man langsam das mit dem Absorptionsgefäße kommunizierende Meßrohr *12*, bis das Absperrwasser in der Meßpipette die obere Marke *11* erreicht. Bei dieser Manipulation beobachtet man nur das Steigen des Wassers in der Meßpipette und braucht dem Sinken der Flüssigkeit im Absorptionsgefäße keine Aufmerksamkeit zu schenken. Sobald das Wasser in der Meßpipette bei der oberen Marke *11* steht, wird die übergeführte Gasmenge im Absorptionsgefäße durch Zurückdrehen des Eckhahnes in die Position *II* abgeschlossen.

Während der Absorption kann die Meßpipette wieder mit frischem Gas gefüllt werden, indem man den Hahn *2* öffnet, den Eckhahn in die Position *I* stellt, das Niveaugefäß *4* senkt, und nach der Pipettenfüllung mit Gas den Hahn *2* wieder schließt und für die nächste Analyse vorbereitet hält.

Nach beendeter Absorption wird die Absorptionsflüssigkeit im Absorptionsgefäße und im Meßrohre auf gleiches Niveau gestellt und die durch den Gasrest verdrängte Flüssigkeitsmenge abgelesen.

Dann hebt man das Meßrohr so hoch, bis die Führung an den Stellring *11* stößt, und dreht den Eckhahn nach rechts in die Position *IV*, um den Gasrest entweder ins Freie oder in ein anderes Absorptionsgefäß zur weiteren Analyse zu leiten. Sobald die Flüssigkeit im Meßrohre auf die untere Marke 100 ccm gesunken ist, kann zur nächstfolgenden Analyse, des eventuell in der Meßpipette bereits vorbereiteten Gases geschritten werden.

Zu den Apparaten, welche die Rauchgase auf chemischem Wege zu untersuchen ermöglichen, gehört noch ein in neuerer Zeit entstandener, der sich aber von den bisher behandelten Einrichtungen dieser Gruppe dadurch wesentlich unterscheidet, daß er die Analyse vollständig automatisch und selbsttätig registrierend ausführt. Es ist dies

Der Heizeffektmesser Ados.

Dieser auch in seinen Einzelteilen sehr sinnreich eingerichtete Apparat wird jetzt in zwei verschiedenen Typen zur Ausführung gebracht, nämlich als Modell F (Fig. 23), durch Wasser betätigt, und als Modell G (Fig. 28), durch den Schornsteinzug angetrieben.

Heizeffektmesser Ados Modell F.

Die wichtigsten Bestandteile dieses Apparates (Fig. 23) sind:

    I. der eigentliche Absorptionsapparat (Fig. 24),

    II. das durch Wasser getriebene Kraftwerk (Fig. 25),

    III. das Gasfilter (Fig. 26).

Fig. 23.

A ist das Absorptionsgefäß (Fig. 24), welches unten zunächst mit dem Glockengefäße *B* und außerdem durch einen längeren Gummischlauch mit dem Füllgefäße *J* verbunden ist. Wie durch letzteres die als Absorptionsflüssigkeit zur Verwendung kommende Kalilauge eingefüllt wird, ist weiter unten beschrieben.

Unterhalb der kugelförmigen Erweiterung des Glockengefäßes B ist eine Marke angebracht, von welcher an gerechnet die Erweiterung einen Rauminhalt von 80 ccm hat. Da dieser Teil von B mit dem nach oben

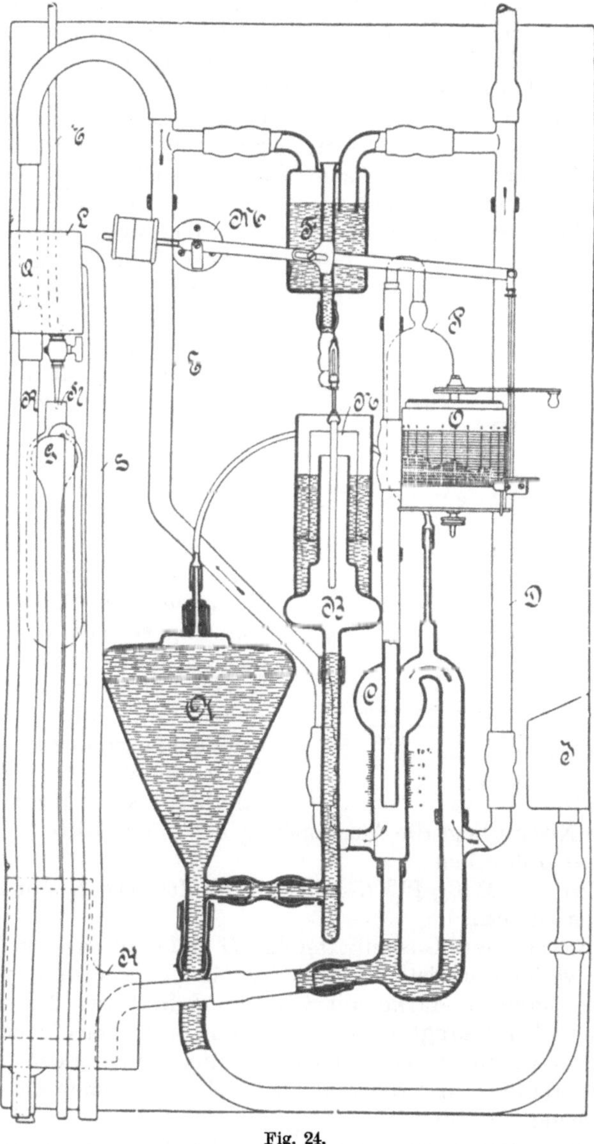

Fig. 24.

anschließenden zylindrischen Rohransatze zur Aufnahme der bei der Überführung der Gase nach A verdrängten Absorptionsflüssigkeit bestimmt ist, ist der Fassungsraum beider Teile etwas größer als 100 ccm.

Den zylindrischen Rohransatz umgebend, ist auf die Kugelform von
B ein zweiter, ebenfalls zylindrischer Aufsatz angeschmolzen, der zur
Aufnahme von Glyzerin dient. In letzteres taucht die mittels einer
Seidenschnur an dem Wagebalken M aufgehängte Glocke N ein, während das im Innern dieser Glocke befindliche und mit dieser fest verbundene, dünne Nickelröhrchen bis in den kugelförmigen Teil von B
hinabreicht und also von der aufsteigenden Kalilauge eventuell geschlossen werden kann. Mit dem Wagebalken M ist rechts gelenkartig
das Schreibzeug verbunden, dessen Feder einen Papierstreifen beschreiben kann, der auf einer vertikalen, durch das Uhrwerk O in langsame
Rotation versetzten Trommel aufgespannt ist. Ein dünner Schlauch
verbindet oben das Kalilaugengefäß A mit dem Meßgefäße C. An letz-

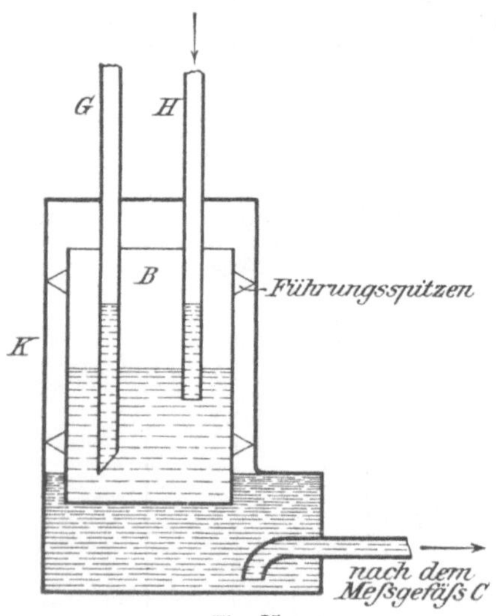

das Einlaufrohr H. Der Hahn dient zur Regulierung des aus L nach dem Kraftwerke K abfließenden Wasserquantums, und damit zur Einstellung der Zahl der pro Stunde erfolgenden Analysen (10—12).

Das Kraftwerk (Fig. 25) besteht aus einem geschlossenen Behälter K, der zum Teil mit Glyzerin oder destilliertem Wasser gefüllt ist und unten mit dem Meßgefäße C des Apparates kommuniziert. In die Absperrflüssigkeit taucht ein Schwimmergefäß B ein, in welches das Wassereinfallrohr H und der Heber G hineinragen. Aus dem Überlaufgefäße L fließt das Wasser durch das Rohr H in den Schwimmer B und schließt die Mündungen der beiden Rohre H und G. Durch das einfallende Wasser wird der Schwimmer B beschwert, sinkt und drückt infolgedessen die Sperrflüssigkeit aus K nach dem Meßgefäße C. Die durch das einfallende Wasser aus dem Schwimmer B verdrängte Luft drückt ebenfalls auf die Sperrflüssigkeit in K und kann letztere in diesem Behälter nicht höher steigen. Durch die komprimierte Luft wird das Wasser in den Rohren H und G hochgedrückt, bis es den Scheitel des Hebers G erreicht. Jetzt wird das Wasser aus dem Schwimmer B abgehebert, wodurch B erleichtert wird und wieder seinen früheren Stand einnehmen kann.

Das Gasfilter (Fig. 26) wird an der höchsten Stelle der Rohrleitung angebracht, so daß die Leitung mit Gefälle nach dem Apparate verläuft. Es ist vorteilhaft, zwischen Filter und Apparat noch einen Wasserabscheider (Fig. 27) einzuschalten. Das Filter besteht aus einem bis zum

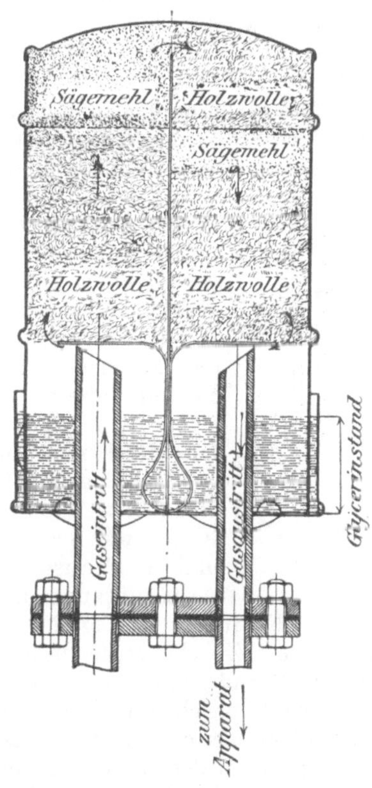

Fig. 26.

Überlaufe mit Glyzerin gefüllten Unterbehälter mit Flanschen, dem $\frac{3}{4}''$ Gaseintritts- und dem $\frac{1}{2}''$ Gasaustrittsrohre. In diesen Unterbehälter wird der oben geschlossene Zylinder hineingestellt, welcher durch eine senkrechte Wand in zwei untereinander verbundene Längskammern geteilt ist. Diese Kammern werden, wie aus Fig. 26 ersichtlich, mit Holzwolle und grobem Sägemehl gefüllt. Zu diesem Zwecke stellt man den zylindrischen Behälter auf den Kopf und füllt eine Kammer mit Holzwolle, ca. 70 mm hoch, an; darauf läßt man eine 25 mm starke Sägemehlschicht und zum Schlusse eine Holzwolleschicht bis zum eingepreßten Wulste folgen. In die andere Kammer gibt man zuerst eine

30—40 mm hohe Sägemehlschicht und füllt hierauf bis zur gleichen Höhe der nebenliegenden Kammer Holzwolle. Die Füllung ist sorgfältig und leicht an die Zylinderwandung anzudrücken. Um ein Herabfallen der Holzwolle in die Rohre zu vermeiden und gleichzeitig eine bessere Verteilung der Gase zu erzielen, schiebt man ein Klemmstück über die senkrechte Trennungswand; dann taucht man den umgestülpten Zylinder langsam in den Unterkasten, wobei aber die Sperrflüssigkeit (Glyzerin) durch die eingeschlossene Luft nicht zum Überlauf hinausgedrückt werden darf.

Zum Füllen der Gefäße des Absorptionsapparates sind 2 kg säurefreies Glyzerin und 1,5 l Kalilauge von 1,27 spez. Gew. erforderlich. Letztere stellt man sich her, indem man ca. 592 g Ätzkali in 1313 g destilliertem Wasser auflöst. Zuerst wird das Absorptionsgefäß A (Fig. 24) mit dieser Kalilauge gefüllt, indem man das Niveaugefäß J mit der linken Hand so hoch wie möglich hebt und nach Abziehen des Quetschhahnes so lange Kalilauge eingießt, bis dieselbe mindestens die rote Marke in dem Steigrohre des Glöckchengefäßes B erreicht hat. Durch vorsichtiges Heben und Senken von J kann man die Kalilauge genau auf Marke einspielen lassen und dann abquetschen. Ist dies geschehen, so hängt man J wieder an seinen Platz. In den äußeren zylindrischen Teil des Glockengefäßes B gießt man bis zu seiner roten Marke Glyzerin; gleichfalls füllt man bis zur entsprechenden Marke Glyzerin in das Sperrgefäß F, was durch das eingeschmolzene senkrechte Röhrchen geschehen muß. Das gebogene Rohr, welches oben von der Gaszuleitung D abzweigt und in F ausmündet, soll dabei ca. 5 mm in das Glyzerin eintauchen.

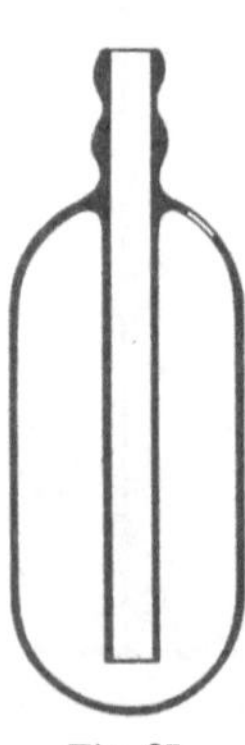

Fig. 27.

Das Kraftwerk K (Fig. 25) wird ebenfalls mit Sperrflüssigkeit gefüllt. Zu diesem Zwecke entfernt man den Gummistopfen des Gasaustrittsrohres P und gießt aus einem geeigneten Gefäße 400—500 ccm Sperrflüssigkeit vorsichtig und langsam durch dieses Rohr und das Meßgefäß C in die Kammer des Kraftwerkes. Ist dabei durch ungeschicktes Gießen Flüssigkeit in den Beutel P des Gasabsaugerohres gelangt, so ist das Gasabsaugerohr aus dem Schlauche herauszuziehen, und die Flüssigkeit aus dem Beutel, welcher jetzt leicht abzunehmen ist, vollständig zu entfernen.

Bei der Inbetriebsetzung des Apparates kommt es vor allem darauf an, festzustellen, ob in das Kraftwerk K die richtige Menge Absperrflüssigkeit eingefüllt ist, und ob dem Überlaufkasten L die richtige Betriebswassermenge zugeführt wird.

Nachdem der Schlauch T mit der Wasserleitung, und das Gaseintrittsrohr D mit der Gasquelle verbunden ist, wird der Hahn der Wasserleitung langsam geöffnet. In den meisten Fällen genügt schon eine Achtel- bis Viertelumdrehung. Im Sperrgefäße F soll nach dem Abfangen des Gasquantums ein kräftiges Durchperlen der Gase sichtbar sein; ferner muß aus dem Überlaufrohre S Wasser aus dem Kasten L mindestens stark tropfend ablaufen. Der Regulierhahn unterhalb L ist dabei ganz geöffnet. Dann beobachtet man das Ansteigen der Absperrflüssigkeit in C. Wenn das nach K fließende Wasser die Scheitelhöhe des Hebers G erreicht, muß die Sperrflüssigkeit bis in die Kapillarröhre von C gestiegen sein. Steigt sie nicht so hoch, so ist nach dem Aushebern der Regulierhahn zu schließen, der Gummistopfen bei P abzunehmen und ca. 25 ccm Sperrflüssigkeit nachzugießen. Zeigen sich während des Aufsteigens der Sperrflüssigkeit zum Schlusse Blasen, so ist viel zu wenig Sperrflüssigkeit durch P eingegossen. Man schließt den Regulierhahn, quetscht den dünnen Schlauch zwischen C und A mit den Fingern fest ab und gießt durch P 100 ccm Sperrflüssigkeit nach. Sollte diese in der Kapillare zu hoch steigen, so ist durch den Stutzen unten an C etwas Flüssigkeit abzulassen. Steigt die Absperrflüssigkeit genügend hoch, so ist die Einstellung des Schreibzeuges vorzunehmen. Das Schreibzeug muß ganz ausbalanciert sein, so daß sich die Schreibfeder leicht auf die Konsole aufsetzt. Die Feder muß vom Teilstrich *20* bis zum Teilstrich *0* gehen. Ist die Gasleitung noch auf Dichtheit geprüft, so ist der Apparat zur Analyse vorbereitet.

Der Verlauf einer Analyse der Gase ist folgender: Sobald der Hahn der Wasserleitung geöffnet ist, werden durch das in die Saugedüse Q einströmende Wasser Gase aus dem Heizkanale durch das Rohr D, das Meßgefäß C und das Rohr E in der Richtung der in Fig. 24 eingezeichneten Pfeile angesaugt. Das den Überlaufkasten L verlassende Wasser fließt z. T. durch das Rohr S und z. T. durch den Regulierhahn nach H ab und gelangt von hier aus in das Schwimmgefäß B (Fig. 25) des Kraftwerkes. Wie schon bei der Beschreibung des Kraftwerkes erläutert, wird die in K befindliche Sperrflüssigkeit nach dem Meßgefäße C gedrängt, wo sie hochsteigt und den Ein- und Austritt der Rohre D und E verschließt. Dadurch wird ein Gasvolumen von 100 + einigen ccm unter wechselndem Drucke abgefangen. Die in C weiter emporsteigende Flüssigkeit komprimiert die Gase, und ist die Einrichtung so getroffen, daß die Gase, ehe die Flüssigkeit das Mittelrohr des Meßgefäßes abschließt, atmosphärische Spannung angenommen haben. In dem Augenblicke, in welchem die Flüssigkeit das Mittelrohr des Meßgefäßes C erreicht, sind gerade 100 ccm Gas zur Analyse abgefangen, während der übrige Teil durch das Mittelrohr in das Gasaustrittsrohr P und von da in den Gummibeutel gedrückt wird. Die immer noch weiter steigende Flüssigkeit drückt die abgefangenen 100 ccm Gas auf die Kalilauge in A. Infolge der großen Absorptionsfläche wird die in den Gasen enthaltene Kohlensäure rasch absorbiert. Die nicht absorbierten Bestandteile der Rauchgase verdrängen die Kalilauge aus A nach dem Glockengefäße B, aus welchem die Luft durch das noch offene Röhrchen der Glocke N entweichen kann. Hat die Kalilauge das Röhrchen erreicht, so ist der Luft der Austritt verschlossen. Entsprechend dem nicht absorbierten Gasreste treibt die steigende Kalilauge die eingeschlossene Luftmenge unter das fast ausbalancierte Glöckchen N. Hierdurch wird der Wagebalken M auf der einen Seite erleichtert, und der Ausschlag durch die an dem Wagebalken hängende Schreibfeder auf dem Papierstreifen aufgezeichnet. Hat die Kalilauge in dem Meßgefäße C die an der Kapillare befindliche Marke erreicht, so sind die ursprünglich abgefangenen 100 ccm Gas in das Absorptionsgefäß A gedrängt worden, zugleich hat das nach B (Fig. 25) einfallende Wasser den Scheitel des Hebers G überschritten, wodurch das Wasser aus B herausgehebert wird. Die Kompression der in K eingeschlossenen Luft verschwindet, und infolgedessen fließt die Sperrflüssigkeit aus dem Meßgefäße C wieder nach K zurück. In dem Augenblicke, in welchem das Schwimmergefäß B nahezu vollständig entleert ist, reißt die Wassersäule im Heber G ab, und der Vorgang einer Analyse ist beendigt. Sobald die in C zurückweichende Flüssigkeit die Aus- bzw. Einmündung der Rohre D und E freigibt, werden die alten Gasreste aus dem Meßgefäße C entfernt und frische Gase bis zum Abschlusse dieser Rohre hindurchgesaugt. Die saugende Wirkung in diesen Rohren hört aber damit nicht auf; die Gase nehmen dann ihren Weg durch das Sperrgefäß F, wo sie einen Flüssigkeitswiderstand von ca. 5 mm zu überwinden haben.

Heizeffektmesser Ados Modell G.

Die wichtigsten Bestandteile dieses Apparates (Fig. 28) sind:
   I. der eigentliche Absorptionsapparat (Fig. 29),
  II. das durch die Schornsteingase betriebene Kraftwerk (Fig. 30),
III. die Gaspumpen (Fig. 31),
 IV. das Gasfilter (Fig. 26).

A ist das Absorptionsgefäß (Fig. 29), welches unten zunächst mit dem Glockengefäße B und außerdem durch einen längeren Gummischlauch mit dem Füllgefäße M verbunden ist.

Unterhalb der kugelförmigen Erweiterung des Gefäßes B ist eine Marke angebracht, welche den Stand der Kalilauge in A angibt, und von welcher an gerechnet der Inhalt des kugelförmigen Teiles bis zu seiner oberen, röhrenförmigen Verengung 80 ccm beträgt. Dieser Raum und die oben anschließende Verengung dienen zur Aufnahme der bei der Analyse aus A verdrängten Kalilauge, und ist ihr Gesamtfassungsraum daher etwas größer als 100 ccm. Die röhrenförmige Verengung umgebend, ist auf die Kugelform von B ein zweiter, ebenfalls zylindrischer Aufsatz angeschmolzen, der zur Aufnahme von Glyzerin dient. In diese Flüssigkeit taucht das Glöckchen K, während das offene, dünne Röhrchen dieses Glöckchens in die obere, röhrenförmige Verengung von B hineinreicht, und von der aufsteigenden Kalilauge geschlossen werden kann. Mittels eines Seidenfadens ist das Glöckchen K an den Schreibzeugbalken H angeschlossen, der an dem rechten Ende die Schreibfeder J hält. Letztere kann einen durch das Uhrwerk F angetriebenen Papierstreifen beschreiben. Das Kalilaugengefäß A ist oben durch einen dünnen Schlauch mit dem Meßgefäße D verbunden, welches rechtsseitlich durch einen Stutzen an das Gaseintrittsrohr C und durch dieses

Fig. 28.

bei P an die Druckventile der Gaspumpen angeschlossen ist. Das Mittelrohr des Meßgefäßes D mündet in das Gasaustrittsrohr E. Das untere,
offene Ende dieses Mittelrohres steht mit dem Nullstriche einer Skala
auf D in dem gleichen Niveau. Diese Skala reicht von 0 bis 20 und beträgt
das Volumen von D innerhalb der Skala 20 ccm, während der Raum-

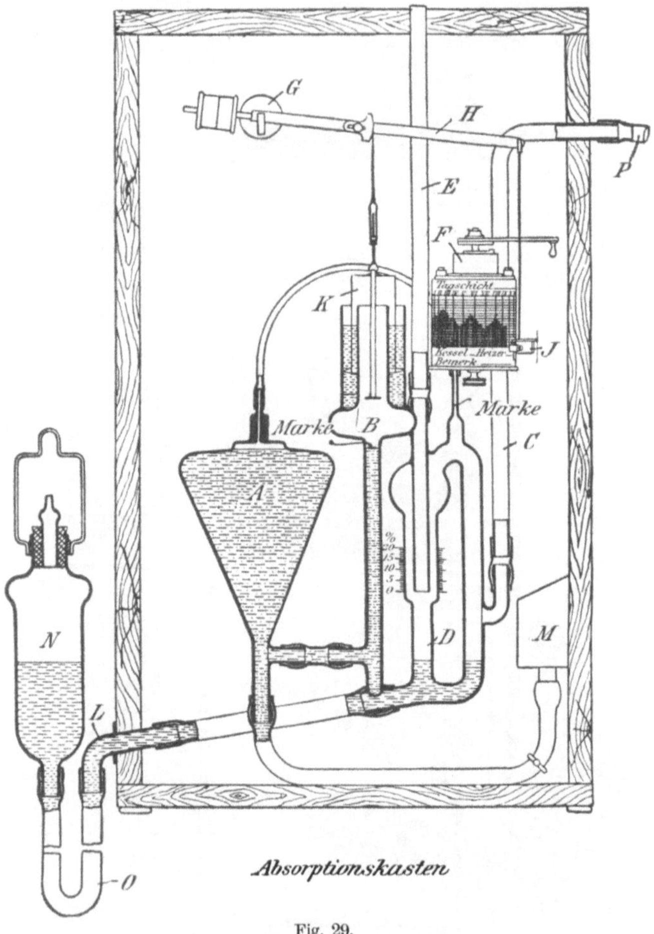

Fig. 29.

Inhalt vom Teilstriche 0 bis zur Marke, welche sich an dem oberen Teile
des 2 mm starken Rohres befindet, genau 100 ccm mißt. Die verlänger-
ten Schenkel des Meßgefäßes D vereinigen sich unten zu einem nach
links zeigenden Stutzen, der durch einen Gummischlauch zunächst mit
dem Messingkrümmer L und durch diesen und den Schlauch O mit der
Niveauflasche N verbunden ist. Von letzterer aus kann also die Sperrflüssigkeit in das Meßgefäß D gelangen.

Das Kraftwerk (Fig. 30) besteht aus einem Behälter *1*, welcher bis zur Nase *a* mit Wasser gefüllt ist. Um das Gewicht des in *1* einzufüllenden Sperrwassers zu vermindern, befindet sich im Inneren noch ein Hohlzylinder, der gleichzeitig dazu dient, das Saugerohr *b* oben festzuhalten. In das Sperrwasser taucht die Messingglocke *2* ein. An

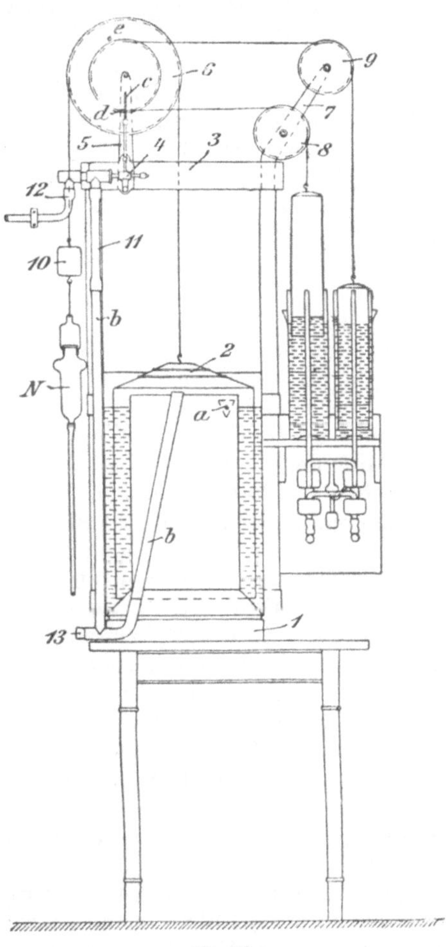

Fig. 30.

der Traverse *3* sind die Schnurscheiben *6, 8, 9* und das Wechselventil *4* befestigt. Die Scheibe *6* ist zweirillig, und zwar haben die Rillen verschiedene Durchmesser. An dem Haken der hinteren, größeren Rille wird der Aufhängedraht mit der Glocke *2* befestigt, während an der anderen Seite das Gegengewicht *10* mit der Niveauflasche *N* hängt. Bei geöffnetem Wechselventile *4* zieht das Gegengewicht *10* die Glocke *2* hoch. Auf der Schnurscheibe *6* befinden sich noch 2 Mitnehmerstifte *d* und *e*. An den Haken der vorderen Rille der Scheibe *6* werden die über die Rollen *8* und *9* nach den Gaspumpen führenden Drähte eingehakt. Das Wechselventil *4* besteht aus einem Dreiwegstücke. Der ³/₄″ bewegliche Stutzen wird durch den Schlauch *12* mit der vom Schornsteine kommenden Leitung verbunden. Das entgegengesetzte Ende wird durch einen Ventildeckel, der durch den Hebel *c* und die Stifte *d* und *e* betätigt wird, automatisch geöffnet und geschlossen. Der nach unten zeigende Stutzen mit Schlauch *11* verbindet das Wechselventil mit der Saugeleitung *b* des Kraftwerkes. Der Stopfen *13* verschließt die Saugeleitung.

Wenn das Ventil *4* geschlossen ist, so erstreckt sich der Schornsteinzug durch den Schlauch *11* und das Rohr *b* unter die Glocke *2* und erzeugt dort einen Unterdruck. Unter der Einwirkung des äußeren Luftdruckes senkt sich die Glocke *2*, wodurch die Schnurscheibe *6* gedreht wird. Der Mitnehmerstift *d* erreicht dadurch den Hebel *c* und drückt ihn über seine Vertikalstellung hinaus. Aus der Gleichgewichtslage gebracht, fällt der Hebel nach links, wodurch der Ventildeckel zurückschlägt und das Ventil öffnet. Nunmehr strömt durch *4* Luft unter die Glocke *2*, der Unterdruck weicht der atmosphärischen Spannung, das Gewicht *10* mit Flasche *N* senkt sich und zieht die Glocke *2* wieder empor. Die Scheibe *6* dreht sich umgekehrt wie vorhin, dadurch erreicht der Mitnehmerstift *e* den Hebel *c*, drückt ihn nach rechts und bringt ihn nach Überschreiten der Vertikalstellung in die ursprüngliche Lage, in welcher das Ventil *4* geschlossen ist. Durch den nun wieder unter der Glocke *2* sich einstellenden Unterdruck senkt sich die Glocke und zieht die Niveauflasche wieder nach oben.

Das Kraftwerk ist so bemessen, und die Stifte *d* und *e* sind so angebracht, daß die Glocke alle 5—6 Minuten einmal gehoben und gesenkt wird und die entsprechende Gegenbewegung der Niveauflasche veranlaßt. In demselben Rhythmus werden die Glocken der Gaspumpen auf und ab bewegt.

Die **doppeltwirkenden Gaspumpen** (Fig. 31). Die von dem Kraftwerke direkt angetriebenen zwei Pumpenglocken *15* tauchen in zwei zylindrische, bis zu einem Überlaufe mit Wasser gefüllten Gefäße *14*. Durch das abwechselnde Heben und Senken der Glocken werden permanent Gase angesaugt und in den Absorptionsapparat gedrückt. Mit den durch den Boden der Gefäße *14* gehenden Rohren sind die Ventilpaare *16 a* und *16 b* verbunden. Die oberen Ventile sind die Saugventile, die unteren die Druckventile. Als Sperrflüssigkeit in den Ventilen dient Glyzerin, welches in den beiden Saugventilen den Bogen der nach vorne zeigenden Stutzen bedecken muß. Mit diesen beiden Stutzen wird die obere Ventilverbindung *17* vereinigt und das horizontale, nach hinten zeigende Rohr an das $^1/_2''$ Gaszuführungsrohr angeschlossen. Kurz vor dem Anschlusse ist ein Syphon *18* angebracht, dessen kugelförmiger Teil bis zur Marke mit einem Gemisch von Wasser und Glyzerin gefüllt ist. Der Zweck dieses Syphons ist ein doppelter: er dient erstens zur Aufnahme des Kondenswassers, und zweitens verhindert er bei geschlossener oder verstopfter Gasleitung ein Übersaugen der Ventilflüssigkeit in die Pumpenrohre, indem alsdann durch den Syphon Luft hindurchperlt, welche durch dessen langen Schnabel nach Überwindung eines Flüssigkeitswiderstandes von ca. 50 mm in den Syphon gelangt.

Die Saugventile sind mit den Druckventilen durch je ein senkrecht eingeschmolzenes Rohr verbunden, welches ca. 5 mm in die Sperrflüssigkeit der unteren Ventile eintauchen soll. An der Decke der unteren Ventile, also der Druckventile, befindet sich je ein zur Seite nach innen zeigender Stutzen, welcher mit der unteren Ventilverbindung *19* vereinigt ist. Diese Verbindung ist unten durch ein Sperrgefäß *20* abgeschlossen. Dasselbe ist bis zu einem Überlaufe mit Glyzerin gefüllt. Während der Absorption, wenn also die Gase nicht mehr durch das Meßgefäß *D* streichen können, treten sie, durch das Glyzerin perlend, in das Sperrgefäß *20* aus und entweichen von hier durch eine kleine Öffnung in der Decke ins Freie. Der vierte, leicht nach oben gebogene

Weg der unteren Ventilverbindung ist mittels des Schlauches P mit dem Gaseintrittsrohre C verbunden.

Das Gasfilter hat die gleiche Einrichtung wie bei Modell F.

Zum Füllen der Gefäße des Absorptionsapparates sind, ebenso wie bei Modell F, 1,5 l Kalilauge und 2 l reines Glyzerin nötig.

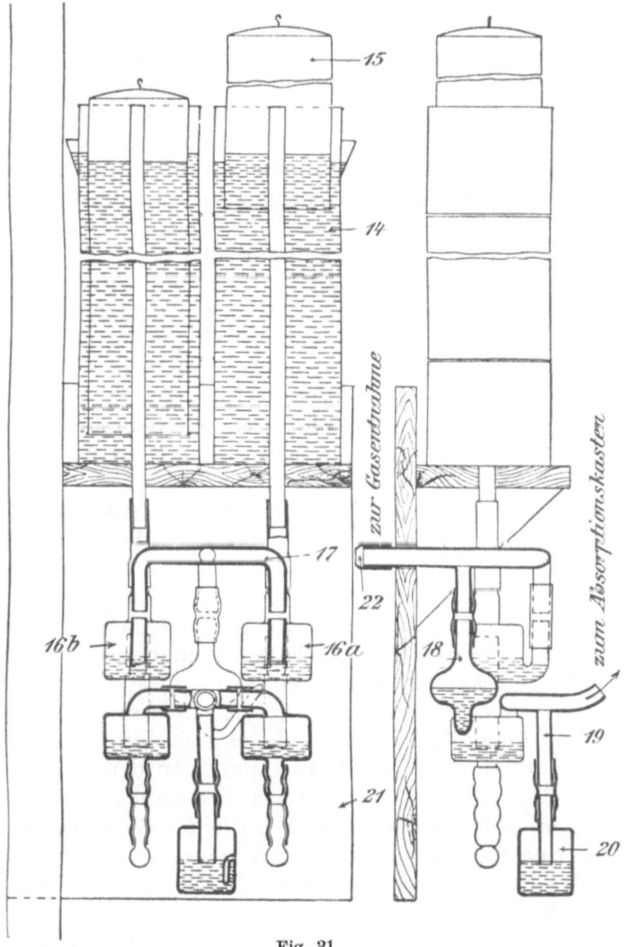

Fig. 31.

Das Füllen des Absorptionsgefäßes A geschieht wie bei Modell F. (Siehe S. 46.)

Den äußeren, zylindrischen Teil des Glockengefäßes B füllt man bis zur roten Marke mit Glyzerin; dann hängt man die Flasche N an das Gewicht *10*, verbindet N mit dem Krümmer L durch Schlauch O und füllt die Flasche ca. $^1/_3$ mit destilliertem Wasser. Dann stellt man die Verbindung des Gaseintrittsrohres C mit den Gaspumpen durch Schlauch P

her. Ferner wird der Stutzen *12* des Wechselventiles *4* mit einer Quetsche versehen und mit der vom Schornsteine kommenden Saugleitung verbunden. Wird nun der Stopfen *13* dicht eingesetzt, so wird unter der Einwirkung des Schornsteinzuges die Glocke *2* niedergehen, die Pumpenglocken *15* werden gehoben, bzw. gesenkt, die Flasche *N* wird gehoben und das destillierte Wasser aus *N* wird im Meßgefäße *D* hochsteigen. Jetzt gießt man langsam Glyzerin in die Flasche *N* und achtet darauf, daß in dem Augenblicke des Hubwechsels, welcher durch das automatische Öffnen des Wechselventiles *4* hervorgerufen wird, die Flüssigkeit die Marke an dem dünnen Röhrchen des Meßgefäßes *D* erreicht hat. Läuft das Kraftwerk zu schnell, so ist die Quetsche an dem Verbindungsschlauche *12* etwas zu schließen. Ist bei vollständig geöffneter Quetsche der Schornsteinzug zu schwach, so muß entweder das Gegengewicht *10* erleichtert oder die Glocke *2* beschwert werden. Gegengewicht und Flasche müssen die Glocke bei geöffnetem Wechselventile langsam hochziehen.

Das Füllen des Kraftwerkes geschieht derart, daß man zuerst ca. 2 l Maschinenöl und hierauf ca. 1—2 Eimer klares Wasser in den Behälter *1* gießt, die Glocke *2* dann ganz herunterdrückt und nun noch so viel Wasser nachgießt, daß es sich im Überlaufe *a* zeigt. Die beiden Pumpenbehälter *14* werden, nachdem sie von dem Pumpenbrette gehoben sind, mit je $^1/_4$ l Öl und dann bis zum Eintritte in den Überlauf mit Wasser gefüllt. Der linke Behälter wird zuerst nach Einsetzen der Glocke wieder auf das Pumpenbrett gestellt, dann läßt man die Glocke *2* hochgehen, führt die rechte Glocke in den Behälter und stellt ihn auf seinen Platz.

Die Doppelventile *16 a* und *16 b* werden gefüllt, indem man sie aus den Klemmen nimmt, nachdem man die zwischen dem linken und rechten Ventilpaare bestehenden Schlauchverbindungen gelöst hat; dann hält man ein Ventilpaar in die horizontale Lage, so daß der Stutzen des unteren Ventils vertikal nach oben zeigt. In dieser Lage gießt man durch diesen Stutzen Glyzerin ein, welches sich durch das eingeschmolzene Mittelrohr auf beide Ventile verteilt. Von dem richtigen Stande des Glyzerins überzeugt man sich durch Senkrechthalten des Doppelventils, und zwar soll in dem oberen Ventile der Bogen des angeschmolzenen Rohres durch das Glyzerin abgeschlossen werden; in dem unteren Ventile soll das eingeschmolzene Mittelrohr ca. 4—6 mm in die Flüssigkeit eintauchen.

Der Verlauf einer Analyse ist folgender: Das zu untersuchende Gas, welches von den Pumpen angesaugt wird, durchströmt, nachdem es im Filter gereinigt ist, die Rohrleitung zu den Pumpen, diese selbst, wird durch *C* nach dem Meßgefäße *D* gedrückt und tritt durch *E* wieder aus. Aus der durch das Kraftwerk gehobenen Flasche *N* gelangt die Sperrflüssigkeit nach dem Meßgefäße *D*, wo sie hochsteigt und schließlich den Eintritt des Rohres *C* abschließt. Nunmehr gelangen keine Gase mehr nach *C*, sie treten jetzt durch das Sperrgefäß *20* ins Freie. Von dem abgefangenen Gasquantum werden in dem Augenblicke, in welchem die Flüssigkeit das Mittelrohr des Meßgefäßes *D* erreicht, genau 100 ccm zur Analyse unter Atmosphärendruck abgefangen, während der Rest durch das Mittelrohr und das Gasaustrittsrohr *E* in die Atmosphäre gedrückt wird. Durch die in *D* weiter aufsteigende Flüssigkeit werden die abgefangenen 100 ccm Gas nach dem Absorptionsgefäße *A* übergetrieben, woselbst die Absorption der Kohlensäure erfolgt. Die nicht absorbierten Gasteile verdrängen die Kalilauge in das Glöckchengefäß *B*, aus welchem die Luft durch das noch offene Nickelröhrchen des Glöckchens *K* so lange entweichen kann, bis die Kalilauge die untere Öffnung des Röhrchens erreicht. In diesem Augenblicke sind 80 ccm Luft entwichen. Die immer noch weiter steigende Kalilauge treibt, entsprechend dem nicht absorbierten Gasreste, die eingeschlossene Luftmenge unter das fast ausbalancierte Glöckchen *K*, wodurch der Wagebalken *H* des Schreibzeuges auf der einen Seite erleichtert wird. Die Schreibfeder *I* wird gehoben und zeichnet auf dem Diagrammstreifen einen vertikalen Strich (Fig. 32) auf, dessen

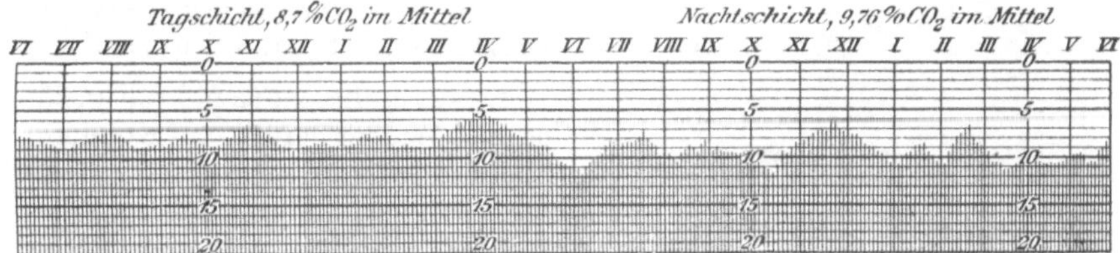

Fig. 32.

Länge dem nicht absorbierten Gasreste, also auch dem absorbierten Kohlensäurevolumen entspricht. Hat die Flüssigkeit in dem Meßgefäße *D* die an dem Kapillarröhrchen befindliche Marke erreicht, so wirft der Stift *d* an der großen Scheibe *6* des Kraftwerkes den Hebel *c* des Wechselventils *4* um, wodurch ein Hubwechsel veranlaßt wird. Nunmehr senkt sich die Flasche *N* und die Flüssigkeit tritt aus dem Meßgefäße *D* in die Flasche zurück. Die frischen Gase können von *C* wieder nach *D* übertreten, während die bereits untersuchten Gase durch *E* ins Freie gedrängt werden. Wenn die Flasche *N* ihre tiefste Stellung erreicht hat, so schaltet der Mitnehmerstift *e* das Wechselventil *4* wieder um, und das beschriebene Spiel beginnt von neuem. Die Dauer einer Analyse soll ohne Niedergang der Flasche mindestens 3 Minuten betragen.

In neuester Zeit wird der Ados-Apparat auch so ausgeführt, daß die Bestimmung des Sauerstoff- und des Kohlensäuregehaltes zu gleicher Zeit erfolgen kann.

Aspiratoren zur Entnahme größerer Gasmengen.

Die idealste Feuerungskontrolle ist die fortlaufende. Aus rein praktischen Gründen ist aber eine solche nicht ausführbar. Bei den im vorhergehenden beschriebenen Methoden der Rauchgasanalyse wird nur

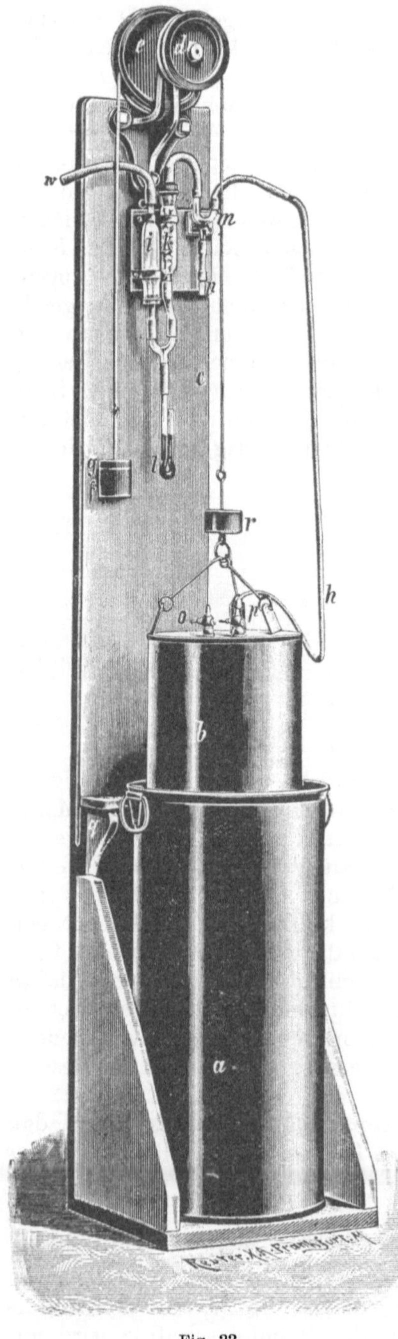

Fig. 33.

eine verhältnismäßig sehr kleine Gasprobe abgesaugt. Die Kontrolle erstreckt sich daher auch nur auf ein kleines Zeitintervall (ausgenommen ist der Gasanalysator von Schultze-Krell und der Heizeffektmesser Ados). Will man sich über den Gang einer Feuerung während eines größeren Zeitabschnittes, z. B. 1—2 Stunden orientieren, so wendet man Rauchgas-Sammelgefäße an, die entweder mit einer Saugvorrichtung in Verbindung stehen, oder selbst zu Aspiratoren ausgebildet sind.

Der Rauchgas-Sammel-Kontrollapparat von Schumacher.

Das zylindrische Gefäß a (Fig. 33) ist mit Wasser gefüllt, auf welchem eine Schicht Öl schwimmt. Letzteres soll verhindern, daß das Wasser Kohlensäure aus den abzufangenden Gasen absorbiert. Die Tauchglocke b hebt und senkt sich in dem Gefäß a, indem sie an einer Schnur aufgehangen ist, die über die Rolle d läuft. Hinter dieser Rolle, auf derselben Achse, sitzt die Scheibe e, von welcher nach der entgegengesetzten Seite eine Schnur mit dem Gegengewichte f abläuft. Letzteres balanciert die Glocke b aus.

Durch Auflegen des Gewichtes g auf f wird die Glocke b gehoben, wobei sie durch den Schlauch h Gase ansaugt. Die Gase treten bei w ein, passieren zuerst ein Wattefilter i und dann einen Chlorkalziumzylinder k; unter beiden befindet sich ein gemeinschaftlicher, als Wasserabscheider wirkender Syphon l, der stets mit Wasser gefüllt zu halten ist. Hinter dem Trockenzylinder k ist noch ein u-förmiges Schauglas *m* in die Leitung eingeschaltet, welches so weit mit Glyzerin zu füllen ist, daß die Gase als Blasen darin zu sehen sind. Der Glyzerinspiegel läßt sich durch Verschieben des Glasstabes *n* heben oder senken.

Soll der Apparat in Betrieb gesetzt werden, so öffnet man zunächst das Hähnchen *o* im Deckel der Glocke, drückt diese bis unter den Spiegel der in *a* befindlichen Ölschichte, wodurch die Luft aus *b* ausgetrieben wird, dann schließt man *o*, öffnet das Hähnchen *p* und legt das Gewicht *g* auf *f*. Die Glocke geht hoch und saugt Gase an, welche aber noch mit der in der Leitung und den Filtern enthalten gewesenen Luft vermischt ist. Man schließt nochmals *p*, öffnet *o* und drückt die Glocke *b* zum zweiten Male bis unter die Ölschicht, wodurch sämtliche Luft aus der Glocke entweicht. Die Hähne *p* und *o* stellt man wieder um, und nun kann der Apparat in Tätigkeit treten. Der Hahn *p* ist so einzustellen, daß sich die Glocke *b* nach einer gewissen Zeit, z. B. 6, 8 oder 10 Stunden vollständig gehoben hat. Ist z. B. das Hähnchen *p* soweit geöffnet, daß pro Minute ca. 30—40 Gasblasen durch das Glyzerin im Schauglase *m* gehen, so entspricht dies einer ca. zehnstündigen Sammelperiode.

Um ein Heraustreten der Glocke *b* aus *a* zu verhindern, ist das Konsolchen *q* in solcher Höhe am Stativbrett *c* angebracht, daß das Gewicht *f* rechtzeitig zum Aufsitzen kommt, wodurch der Apparat außer Betrieb gesetzt ist.

Verbindet man den Hahn *o* mit dem Gasuntersuchungsapparate (Orsat usw.), setzt ferner das Gewicht *g* auf *r*, schließt den Hahn *p* und öffnet *o*, so geht die Glocke langsam nieder, und die Gase nehmen ihren Weg nach der Untersuchungsstelle. Das Filter *i* ist mit Holzwolle oder Watte gefüllt, die rechtzeitig erneuert werden muß.

Der Doppelaspirator.

Derselbe ist in Fig. 34 dargestellt.

Zwei ganz gleichartige Blechgefäße *E* und *S* sind durch ein Rohrstück *M* mit Hahn *i* miteinander verbunden und in dem Holzgestelle *V* kippbar angeordnet. An jedem Gefäße ist ein Wasserstandsglas *H* angebracht. Die beiden Stäbe *r, r* verhindern ein unbeabsichtigtes Schwenken der Gefäße. Das obere Gefäß *E* ist vollständig mit Wasser gefüllt; der Hahn *i* ist vorläufig geschlossen; den Schlauch *R*, der in der Figur mit dem Dreiweghahne *L* verbunden dargestellt ist, wird an die vom Heizkanale des Kessels kommende Gasleitung angeschlossen. Der Lufthahn A_1 am Boden des Gefäßes *E* ist geschlossen.

Man öffnet nun den Hahn *i* und auch den Lufthahn *A* des unteren leeren Gefäßes *E*. Infolgedessen wird das Wasser aus *E* durch *M* nach *S* abfließen, wodurch gleichzeitig Rauchgase angesaugt und in *E* angesammelt werden. Um das Ausfließen von Wasser aus *S* zu verhindern, ist der am tiefsten Punkte von *S* sitzende Rohr-

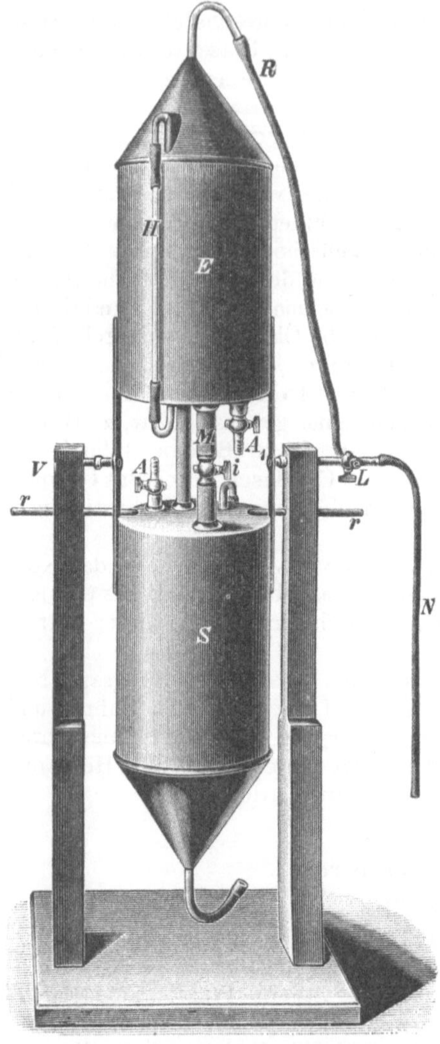

Fig. 34.

krümmer durch ein Stück Gummischlauch mit Quetschhahn abgeschlossen. Je nachdem i weit oder weniger weit geöffnet ist, wird das Ansaugen von Rauchgasen rascher oder langsamer erfolgen. Man hat es in der Hand, den Wasserabfluß so einzuregulieren, daß während einer bestimmten Betriebsperiode (so z. B. in 3, 6 oder 10 Stunden) sich der Behälter E mit Gasen füllt. Will man alsdann die angesammelten Rauchgase analysieren, so schließt man i, kuppelt den Schlauch R von der Gasleitung ab und schließt ihn an das Ökonometer an; oder man verbindet ihn zunächst mit dem Dreiweghahn L und schließt den Schlauch N an das Ökonometer an. Natürlich läßt sich solches auch ausführen, bevor S leergelaufen ist, so daß man jederzeit in der Lage ist, Analysen vorzunehmen.

Um ein erneutes Ansaugen von Rauchgasen zu bewirken, schwenkt man nach Herausnahme der Stäbe r, r die Gefäße E und S so, daß das wassergefüllte Gefäß E nunmehr oben zu liegen kommt und verfährt genau so wie vorher beschrieben.

Berechnung des Luftüberschusses aus der Rauchgasanalyse.

Wie schon auf Seite 5 gezeigt wurde, ist eine der Bedingungen für eine vollkommene Verbrennung die, daß dem Brennmateriale eine genügende Luftmenge zugeführt wird. Mit der Bemessung der Menge der in eine Feuerung einzuführenden Verbrennungsluft muß man jedoch sehr vorsichtig verfahren, da man bei zu großem Luftüberschusse das Gegenteil von dem erreicht, was man bezwecken wollte.

Viele industrielle Feuerungen ergeben nur deshalb einen schlechten Nutzeffekt, weil sie mit viel zu großem Luftüberschusse betrieben werden. Es ist daher sehr wichtig, Mittel und Wege kennen zu lernen, die die Berechnung des Luftüberschusses ermöglichen.

Die Rauchgasanalyse ist, vorausgesetzt, daß kein Kohlenoxydgas nachgewiesen wurde, das einfachste Mittel zur Erreichung des angestrebten Zieles.

Es bezeichne:

L = Luftmenge, die in die Feuerung eingeführt wurde,

L' = Luftmenge, die wirklich verbraucht wurde,

l = Luftmenge, die nicht verbraucht wurde,

dann ist, wenn die atmosphärische Luft nur als aus Sauerstoff (O) und Stickstoff (N) bestehend betrachtet wird:

$$L = N + O,$$
$$\text{analog:} \qquad L' = N' + O',$$
$$l = n + o.$$

Da die atmosphärische Luft aus 79,04 Vol.-Teilen N und 20,96 Vol.-Teilen O besteht, so gilt ferner:

$$O = \frac{20,96}{79,04}\, N; \qquad O' = \frac{20,96}{79,04}\, N'; \qquad o = \frac{20,96}{79,04}\, n;$$

$$N = \frac{79,04}{20,96}\, O; \qquad N' = \frac{79,04}{20,96}\, O'; \qquad n = \frac{79,04}{20,96}\, o.$$

Der gesuchte Luftüberschuß wird nun gewöhnlich als Vielfaches der theoretischen Luftmenge ausgedrückt, ist also gleich:

$$\frac{L}{L'} = \frac{O + N}{O' + N'} = \frac{O + \dfrac{79,04}{20,96}\,O}{O' + \dfrac{79,04}{20,96}\,O'} = \frac{O}{O'}.$$

Da aber offenbar: $O' = O - o,$

so gilt weiter:

$$\frac{L}{L'} = \frac{O}{O - o}.$$

Bedenkt man, daß das nach dem Schornsteine abziehende Rauchgasvolumen ebenso groß ist, als das Volumen der in die Feuerung eintretenden Luftmenge (vgl. Seite 9), und bezieht man alles auf dasjenige Rauchgasquantum, welches man gewöhnlich zur Analyse verwendet (100 ccm), so findet sich für den gesuchten Luftüberschuß die Formel:

$$\text{(I)} \qquad \frac{L}{L'} = \frac{20,96}{20,96 - o},$$

worin also o den durch die Rauchgasanalyse festgestellten freien Sauerstoff in Volumenprozenten bedeutet.

Vielfach findet man für $\dfrac{L}{L'}$ noch eine andere Formel angegeben, die ebenfalls abgeleitet werden soll.

Es war:
$$\frac{L}{L'} = \frac{O}{O - o}$$

oder:
$$\frac{L}{L'} = \frac{1}{1 - \dfrac{o}{O}} = \frac{1}{1 - \dfrac{o}{\dfrac{20,96}{79,04}\,N}} = \frac{1}{1 - \dfrac{\dfrac{79,04}{20,96} \cdot o}{N}},$$

also:

(II)
$$\frac{L}{L'} = \frac{20,96}{20,96 - 79,04\,\dfrac{o}{N}}.$$

o ist wieder der in 100 ccm Rauchgas enthaltene, also durch die Analyse nachgewiesene, freie Sauerstoff; N bedeutet den in der gesamten Verbrennungsluft enthaltenen Stickstoff.

Es ist nun
$$N = 100 - (O' + o).$$

An Stelle des verbrauchten Sauerstoffvolumens kann nun gemäß des auf Seite 9 Gesagten das Volumen der in den Rauchgasen nachgewiesenen Kohlensäure (CO_2) gesetzt werden, also
$$N = 100 - (CO_2 + o).$$

Folglich erhält die Formel (II) die Form:
$$\frac{L}{L'} = \frac{20,96}{20,96 - 79,04 \cdot \dfrac{o}{100 - (CO_2 + o)}}.$$

Nachstehende Tabelle gibt Aufschluß über den Zusammenhang zwischen dem freien, in den Rauchgasen nachgewiesenen Sauerstoffe und dem Luftüberschusse, wie er durch die Formel (I) dargestellt ist.

Vol.-% freier Sauerstoff in den Rauchgasen	Vielfaches der theoretischen Luftmenge	Vol.-% freier Sauerstoff in den Rauchgasen	Vielfaches der theoretischen Luftmenge
0,0	1,000	7,5	1,555
0,5	1,024	8,0	1,615
1,0	1,050	8,5	1,680
1,5	1,077	9,0	1,750
2,0	1,105	9,5	1,826
2,5	1,135	10,0	1,909
3,0	1,167	10,5	2,000
3,5	1,200	11,0	2,100
4,0	1,235	11,5	2,210
4,5	1,272	12,0	2,333
5,0	1,312	12,5	2,470
5,5	1,355	13,0	2,625
6,0	1,400	13,5	2,800
6,5	1,448	14,0	3,000
7,0	1,500		

Bestimmung des durch die Abgase verursachten Wärmeverlustes.

1. Methode.

Angenommen, aller im Brennstoffe enthaltener Kohlenstoff gelange zur vollkommenen Verbrennung, so daß also weder in den Herdrückständen unverbrannter Kohlenstoff, noch in den Verbrennungsgasen Kohlenoxyd, Kohlenwasserstoffe oder Ruß enthalten sind; läßt man ferner den Schwefelgehalt des Brennstoffes und den Feuchtigkeitsgehalt der Verbrennungsluft unberücksichtigt, so findet man den durch die Abgasmenge, die aus 1 kg Brennstoff entstanden ist, verursachten Verlust V als das Produkt:

Volumen der Abgase $\times$ spez. Wärme $\times$ Temperaturüberschuß

$$R \cdot c \cdot (T - t) \, .$$

Hierzu addiert sich noch der Wärmeverlust, der durch die in den Abgasen enthaltenen Wasserdämpfe verursacht wird. Dieser ist:

$$W \cdot c_0 \cdot (T - t) \, ,$$

worin c_0 die spez. Wärme des Wasserdampfes bedeutet.

Also Gesamtverlust:

$$V = (R \cdot c + W \cdot c_0)\,(T - t) \, .$$

Es handelt sich also zunächst um die Bestimmung des entstehenden Rauchgasvolumens.

1 Gewichtsteil Brennstoff enthalte:

C Gewichtsteile Kohlenstoff,
H ,,   Wasserstoff,
w ,,   Wasser (Feuchtigkeit).

Die Oxydation des Kohlenstoffes erfolgt nach der Gleichung:

$$C + O_2 = CO_2 \, .$$

Gewichtlich gedeutet: $\quad 12 + 2 \cdot 16 = (12 + 32)$

oder: $\qquad\qquad 1 + \dfrac{32}{12} = \left(\dfrac{44}{12}\right) = 3{,}667 \, ;$

d. h. wenn 1 Gewichtsteil Kohlenstoff ohne allen Luftüberschuß vollkommen verbrennt, so entstehen 3,667 Gewichtsteile Kohlensäure (CO_2).

Nimmt man das spez. Gew. der Kohlensäure (CO_2) vorläufig zu 1,977 an, so entstehen dem Volumen nach:

$$\frac{3{,}667}{1{,}977} \text{ Teile Kohlensäure}$$

$$= 1{,}854 \text{ Raumteile Kohlensäure.}$$

Verbrennen allgemein C Gewichtsteile Kohlenstoff unter obigen Verhältnissen, so entstehen

$$\mathbf{1{,}854} \cdot C \text{ Raumteile Kohlensäure.}$$

Die Oxydation des Wasserstoffes erfolgt nach der Gleichung:

$$H_2 + O = H_2O\,.$$

Gewichtlich gedeutet: $\qquad 2 + 16 = (18)$

oder: $\qquad\qquad\qquad 1 + 8\ = (9)\,,$

d. h. wenn 1 Gewichtsteil Wasserstoff ohne allen Luftüberschuß vollkommen verbrennt, so entstehen 9 Gewichtsteile Wasser.

Nimmt man das spez. Gewicht des Wasserdampfes zu 0,806 an, so entstehen dem Volumen nach:

$$\frac{9}{0{,}806}\ \text{Teile Wasserdampf [1]).}$$

Verbrennen allgemein H Gewichtsteile Wasserstoff, so entstehen

$$\frac{9 \cdot H}{0{,}806}\ \textbf{Raumteile Wasserdampf.}$$

Da angenommenerweise w Gewichtsteile Wasser im Brennstoffe bereits vorhanden sind, so entstehen insgesamt:

$$\frac{9H + w}{0{,}806}\ \textbf{Raumteile Wasserdampf.}$$

Es bezeichne:

$$\varphi = \frac{\text{Volumen der } CO_2}{\text{Volumen der Abgase}}\,,$$

so ist

$$\varphi = \frac{1{,}854\,C}{R}\,,$$

also

$$R = \frac{1{,}854\,C}{\varphi}\,.$$

Folglich wird der **Gesamtverlust**

$$\text{(I)}\qquad V = \left(\frac{1{,}854 \cdot C}{\varphi} \cdot c + \frac{9H + w}{0{,}806} \cdot c_0\right) \cdot (T - t).$$

Beispiel.

Es kommt Steinkohle von 7400 Kal. Heizwert mit $79\% \, C$, $4\% \, H$ und 2% Feuchtigkeit zur Verbrennung, wobei $T - t = 260°$ sei.

Die Rauchgasanalyse ergab $10\% \, CO_2$ (also $\varphi = 0{,}10$); dann wird, wenn die spez. Wärme c der Rauchgase zu 0,32 und diejenige des Wasserdampfes c_0 zu 0,48 angenommen ist:

$$V = \left(\frac{1{,}854 \cdot 0{,}79}{0{,}10} \cdot 0{,}32 + \frac{9 \cdot 0{,}04 + 0{,}02}{0{,}806} \cdot 0{,}48\right) \cdot 260\ \text{Kal.}$$

$$= 1277{,}38\ \text{Kal.} = \textbf{17,26}\%.$$

---

[1]) Von Normalverhältnissen.

2. Methode.

Wie zahlreiche Untersuchungen gezeigt haben, ist der Verlust durch die Abgase, ebenso wie der Kohlensäuregehalt der letzteren nur in ganz untergeordneter Weise von der Zusammensetzung und dem Heizwerte der Brennstoffe abhängig.

Man kann daher die Verluste durch die Abgase als direkt proportional dem Temperaturüberschusse $(T - t)$ derselben und als umgekehrt proportional dem Vielfachen der theoretischen Luftmenge betrachten. Letzteres ist wieder eine Funktion des Kohlensäuregehaltes (CO_2) der Rauchgase, so daß sich für den Wärmeverlust V ergibt:

$$V = \frac{T - t}{CO_2} \cdot \eta \; .$$

Den Koeffizienten η hat Dosch durch eine Reihe von Versuchen zu 0,66 [1]) im Mittel bestimmt, so daß also:

(II) $$V = \frac{T - t}{CO_2} \cdot 0,66 \quad \text{wird.}$$

Für obiges Beispiel wird nach dieser Formel, die den Wärmeverlust in Prozenten angibt:

$$V = \frac{260}{10} \cdot 0,66 = 17,16\%.$$

Siegert gibt für η den Wert 0,65 an, so daß die Formel für die Wärmeverluste lautet:

$$V = \frac{T - t}{CO_2} \cdot 0,65 \; .$$

Das Diagramm der Wärmeverluste im Schornsteine (Fig. 35) läßt ohne besondere Rechnung die aus obiger Formel resultierenden Werte von V auffinden. Man verfolgt den, dem durch die Rauchgasanalyse gefundenen Kohlensäuregehalt entsprechenden, vom Nullpunkte ausgehenden Strahl bis zum Schnittpunkte mit derjenigen Senkrechten, welche der auf die Abszissenachse aufgetragenen Temperaturdifferenz $(T - t)$ entspricht.

Eine Horizontale, von diesem Schnittpunkte nach links zur Verlustskala gezogen, gibt direkt den Wärmeverlust in Prozenten an.

3. Methode.

Die Formel (I) auf Seite 62 hat die spez. Wärme c der Heizgase konstant $(= 0,32)$ angenommen, während in Wirklichkeit der Wert von c mit der Zusammensetzung der Rauchgase wechselt. Die 3. Methode zur Bestimmung der Wärmeverluste durch die Abgase berücksichtigt diesen Umstand und wird daher die genaueren Resultate ergeben.

---

[1]) Eigentlich nur für $T - t = 250°$ gültig.

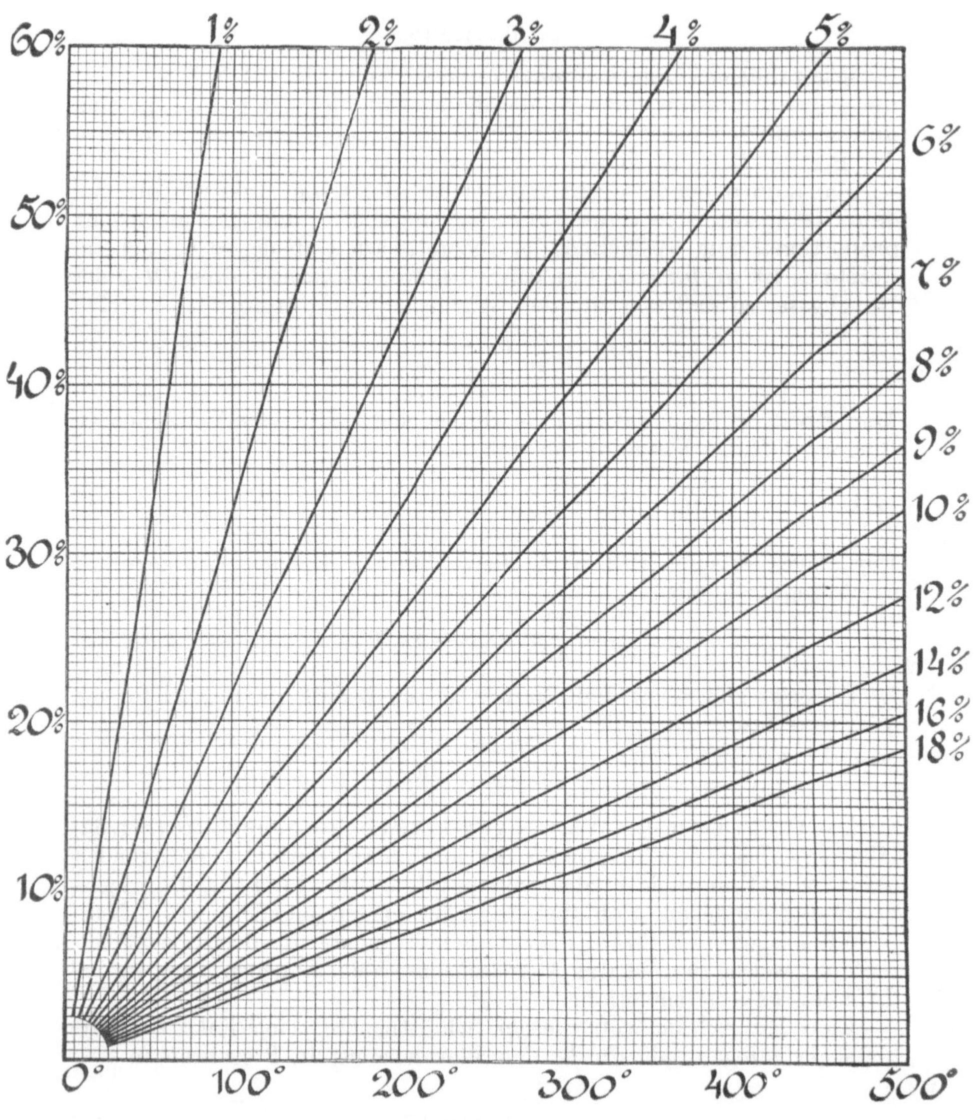

Fig. 35.

Ein Brennstoff enthalte

$C\%$ Kohlenstoff,
$H\%$ Wasserstoff,
$S\%$ Schwefel,
$w\%$ Wasser,

so gilt folgendes:

a) Verbrennung des Kohlenstoffes:

$$C + O_2 \quad = CO_2$$
$$12 + 2 \cdot 16 = (12 + 32)$$
$$1 + \frac{32}{12} \quad = \left(\frac{44}{12}\right)$$
$$1 + 2{,}667 \quad = \left(\frac{44}{12}\right).$$

Bei vollkommener Verbrennung ohne Luftüberschuß gilt:

1 Gewichtsteil Kohlenstoff beansprucht 2,667 Gewichtsteile Sauerstoff,
C Gewichtsteile „ beanspruchen 2,667 C „ „
C „ „ ergeben also $C + 2{,}667\ C$ Gew.-T. Kohlensäure.

Angenommen, das Vielfache der theoretischen Luftmenge sei $= v$, also

$$v = \frac{\text{wirklich verbrauchte Luftmenge}}{\text{theoretische Luftmenge}},$$

dann ist

der Gesamtsauerstoff $\qquad = v \cdot 2{,}667 \cdot C$ Gewichtsteile,
verbraucht wurden hiervon $\qquad = \quad 2{,}667\ C$ „

Demnach bleiben als freier Sauerstoff: $2{,}667\ C \cdot (v-1)$ Gew.-Teile.

In 1 kg Luft sind 0,232 kg Sauerstoff enthalten.

Um 1 kg Sauerstoff zu erhalten, sind also $\dfrac{1}{0{,}232}$ kg $= 4{,}31$ kg Luft nötig.

„ $v \cdot 2{,}667 \cdot C$ Gewichtsteile Sauerstoff zu erhalten, sind demnach
$$v \cdot 2{,}667\ C \cdot 4{,}31 \text{ kg Luft nötig.}$$

In dieser Luftmenge sind enthalten an

$$\text{Stickstoff:}\quad \underbrace{v \cdot 2{,}667 \cdot C \cdot 4{,}31}_{\text{Luft}} - \underbrace{v \cdot 2{,}667 \cdot C}_{\text{Sauerstoff}}$$
$$= v \cdot 2{,}667 \cdot C \cdot (4{,}31 - 1)$$
$$= 8{,}828 \cdot v \cdot C \text{ Gewichtsteile Stickstoff.}$$

Aus der Verbrennung von Kohlenstoff resultieren also:

$$\left.\begin{array}{l} C + 2{,}667\ C \text{ Kohlensäure} \\ + 2{,}667 \cdot C \cdot (v - 1) \text{ freier Sauerstoff} \\ + 8{,}828 \cdot v \cdot C \text{ freier Stickstoff} \end{array}\right\} \begin{array}{l} \text{Gewichtsteile} \\ \text{Verbrennungsgase.} \end{array}$$

b) Verbrennung des Wasserstoffes:

$$H_2 + O \quad = H_2O$$
$$2 + 16 = (18)$$
$$1 + \quad 8 = \left(\frac{18}{2}\right).$$

Bei vollkommener Verbrennung ohne Luftüberschuß gilt:

1 Gewichtsteil Wasserstoff beansprucht   8 Gewichtsteile Sauerstoff,
H Gewichtsteile   ,,   beanspruchen $8 \cdot H$,,   ,,
H ,,   ,,   ergeben also $H + 8H$ Gewichtsteile Wasser.

Es sind aber bereits $\dfrac{O}{8}$ Gewichtsteile Wasserstoff an den Sauerstoff

der Kohle gebunden, folglich bleiben zur Verbrennung nur noch

$$\left(H - \frac{O}{8}\right) \text{ Gewichtsteile Wasserstoff disponibel.}$$

Daraus entstehen analog dem Vorhergehenden:

$$\left[\left(H - \frac{O}{8}\right) + 8\left(H - \frac{O}{8}\right)\right] \text{ Gewichtsteile Wasser} \ldots \text{ 1. Teil.}$$

$$\text{Gesamtwasserstoff} \quad = H \text{ Gewichtsteile,}$$

$$\text{Disponibler Wasserstoff} = H - \frac{O}{8} \text{ Gewichtsteile.}$$

$$\text{Also bereits gebundener Wasserstoff} = H - \left(H - \frac{O}{8}\right) \text{ Gewichtsteile}$$

$$= \frac{O}{8} \text{ Gewichtsteile.}$$

Diese ergeben:

$$\left(\frac{O}{8} + 8\,\frac{O}{8}\right) \text{ Gewichtsteile Wasser} \ldots \text{ 2. Teil.}$$

Insgesamt kommen zum Vorscheine:

$$\left\{\left[\left(H - \frac{O}{8}\right) + 8\left(H - \frac{O}{8}\right)\right] + \left(\frac{O}{8} + 8\,\frac{O}{8}\right)\right\} \text{ Gewichtsteile Wasser}$$

$$\underbrace{\qquad\qquad\qquad\qquad}_{\text{1. Teil}} \qquad \underbrace{\qquad\qquad}_{\text{2. Teil}}$$

$$= 9H \text{ Gewichtsteile Wasser.}$$

$\left(H - \dfrac{O}{8}\right)$ Gew.-T. Wasserstoff beanspruchen $8 \cdot \left(H - \dfrac{O}{8}\right)$ Gew.-T. Sauerstoff.

Bei v fachem Luftüberschusse sind vorhanden: $v \cdot 8 \cdot \left(H - \dfrac{O}{8}\right)$ G.-T. Sauerstoff

Davon sind verbraucht: $8 \cdot \left(H - \dfrac{O}{8}\right)$,,   ,,

---

Demnach bleiben als freier Sauerstoff: $8 \cdot \left(H - \dfrac{O}{8}\right) \cdot (v-1)$ G.-T.

Um 1 kg Sauerstoff zu erhalten, sind 4,31 kg Luft nötig.

,, $v \cdot 8 \cdot \left(H - \dfrac{O}{8}\right)$ Gewichtsteile Sauerstoff zu erhalten, sind demnach

$$v \cdot 8 \cdot \left(H - \frac{O}{8}\right) \cdot 4{,}31 \text{ Gewichtsteile Luft nötig.}$$

In dieser Luftmenge sind enthalten an

$$\text{Stickstoff: } \quad v \cdot 8 \cdot \left(H - \frac{O}{8}\right) \cdot 4{,}31 - v \cdot 8 \cdot \left(H - \frac{O}{8}\right)$$

$$\underbrace{\qquad\qquad}_{\text{Luft}} \quad \underbrace{\qquad\qquad}_{\text{Sauerstoff}}$$

$$= v \cdot 8 \cdot \left(H - \frac{O}{8}\right) \cdot (4{,}31 - 1)$$

$$= \boldsymbol{26{,}48 \cdot v \cdot \left(H - \frac{O}{8}\right)} \text{ Gewichtsteile Stickstoff.}$$

Aus der Verbrennung von Wasserstoff resultieren also:

$$\left.\begin{array}{l} 9\,H \text{ Wasser} \\[2mm] + \,8 \cdot \left(H - \dfrac{O}{8}\right) \cdot (v - 1) \text{ freier Sauerstoff} \\[3mm] + \,26{,}48 \cdot v \cdot \left(H - \dfrac{O}{8}\right) \text{ freier Stickstoff} \end{array}\right\} \begin{array}{l} \text{Gewichtsteile} \\ \text{Verbrennungsgase.} \end{array}$$

c) Verbrennung des Schwefels:

$$\begin{aligned} S + O_2 \quad &= SO_2 \\ 32 + 2 \cdot 16 &= (64) \\ 1 + 1 \quad &= \left(\frac{64}{32}\right). \end{aligned}$$

Bei vollkommener Verbrennung ohne Luftüberschuß gilt:

1 Gewichtsteil Schwefel beansprucht   1 Gewichtsteil Sauerstoff,
S Gewichtsteile   ,,   beanspruchen S Gewichtsteile   ,,
S ,,   ,,   ergeben also $\boldsymbol{S + S}$ Gew.-Teile schwefl.Säure

Bei $v$fachem Luftüberschusse sind vorhanden: $v \cdot S$ Gew.-Teile Sauerstoff.
Davon sind verbraucht: S ,,   ,,
Demnach bleiben als freier Sauerstoff: $\boldsymbol{S \cdot (v - 1)}$ Gew.-Teile.

Um 1 kg Sauerstoff zu erhalten, sind 4,31 kg Luft nötig.
   ,, $v \cdot S$ Gewichtsteile Sauerstoff zu erhalten, sind demnach

$$v \cdot S \cdot 4{,}31 \text{ Gewichtsteile Luft nötig.}$$

In dieser Luftmenge sind enthalten an

$$\text{Stickstoff: } \quad v \cdot S \cdot 4{,}31 - v \cdot S$$

$$\underbrace{\qquad}_{\text{Luft}} \quad \underbrace{\quad}_{\text{Sauerstoff}}$$

$$= v \cdot S \cdot (4{,}31 - 1)$$

$$= \boldsymbol{3{,}31 \cdot v \cdot S} \text{ Gewichtsteile Stickstoff.}$$

Aus der Verbrennung des Schwefels resultieren also:

$$\left.\begin{array}{l} 2\,S \text{ schwefl. Säure} \\ S \cdot (v - 1) \text{ freier Sauerstoff} \\ 3{,}31 \cdot v \cdot S \quad ,, \quad \text{Stickstoff} \end{array}\right\} \begin{array}{l} \text{Gewichtsteile} \\ \text{Verbrennungsgase.} \end{array}$$

Insgesamt ergeben sich an Verbrennungsgasen:

$3,667\,C$ Gewichtsteile Kohlensäure   } aus der Verbrennung

$+\,2,667\,C\cdot(v-1)$ „   freier Sauerstoff } von Kohlenstoff

$+\,8,828\cdot v\cdot C$ „   „ Stickstoff   herrührend,

$+\,w$ „   Wasser aus der Feuchtigkeit herrührend

$+\,9\,H$ „   Wasser

$+\,8\left(H-\dfrac{O}{8}\right)\cdot(v-1)$ „   freier Sauerstoff | aus der Verbrennung von Wasserstoff

$+\,26,48\cdot v\cdot\left(H-\dfrac{O}{8}\right)$ „   „ Stickstoff   herrührend,

$+\,2\,S$ „   schwefl. Säure } aus der Verbrennung

$+\,S\cdot(v-1)$ „   freier Sauerstoff } von Schwefel

$+\,3,31\cdot v\cdot S$ „   „ Stickstoff   herrührend.

$$R_g = \underbrace{3,667\,C}_{CO_2} + \underbrace{2,667\cdot C\,(v-1) + 8\left(H-\frac{O}{8}\right)\cdot(v-1) + S\cdot(v-1)}_{O}$$

$$+ \underbrace{8,828\cdot v\cdot C + 26,48\cdot v\cdot\left(H-\frac{O}{8}\right) + 3,31\cdot v\cdot S}_{N} + \underbrace{9\,H + w}_{H_2O} + \underbrace{2\,S}_{SO_2},$$

$$R_g = 3,667\,C + (v-1)\left[2,667\,C + 8\cdot\left(H-\frac{O}{8}\right) + S\right]$$

$$+ 3,31\cdot v\left[2,667\,C + 8\cdot\left(H-\frac{O}{8}\right) + S\right] + 9\,H + w + 2\,S.$$

Enthält ein Brennstoff, wie eingangs angenommen,

$$C \text{ Gewichtsteile Kohlenstoff,}$$
$$H \qquad \text{„} \qquad \text{Wasserstoff,}$$
$$S \qquad \text{„} \qquad \text{Schwefel,}$$

so sind zur vollständigen Verbrennung von 1 kg Brennstoff (ohne Luftüberschuß) nötig:

$$\left[2,667\,C + 8\left(H-\frac{O}{8}\right) + S\right] = O_t \text{ Gewichtsteile Sauerstoff,}$$

so daß das Gewicht der bei $v$fachem Luftüberschusse entstehenden Rauchgase sich ergibt zu:

$$R_g = \underbrace{3,667\,C}_{CO_2} + \underbrace{(v-1)\,O_t}_{O} + \underbrace{3,31\,v\cdot O_t}_{N} + \underbrace{9\,H + w}_{H_2O} + \underbrace{2\,S}_{SO_2}.$$

Da bei der Rauchgasanalyse die einzelnen Gasbestandteile stets dem Volumen nach bestimmt werden, so sollen in obiger Gleichung statt der Gewichte die Volumina der Bestandteile eingeführt werden.

Es ist das spez. Gewicht von Kohlensäure $\quad= 1,9974,$

$$\text{,,}\quad\text{Sauerstoff}\quad= 1,4298,$$
$$\text{,,}\quad\text{Stickstoff}\quad= 1,2562,$$
$$\text{,,}\quad\text{schwefl. Säure}\quad= 2,899,$$
$$\text{,,}\quad\text{Wasserdampf}\quad= 0,806.$$

Das entstehende Rauchgasvolumen wird demnach:

$$R_v = \frac{3,667\,C}{1,9974} + \frac{(v-1)\cdot O_t}{1,4298} + \frac{3,31\,v\cdot O_t}{1,2562} + \frac{9\,H + w}{0,806} + \frac{2\,S}{2,899}\,.$$

Das Vielfache der theoretischen Luftmenge:

$$v = \frac{\text{eingeführte Luft}}{\text{wirklich verbrauchte Luft}} = \frac{O_e + N_e}{O_t + N_t}\,.$$

Da ferner: $\quad O : N = 21 : 79$

also analog: $\quad O_e : N_e = 21 : 79$ $\quad$ dem Volumen nach (abgerundet),

$\quad\quad\quad\quad\quad O_t : N_t = 21 : 79$

so wird:

$$v = \frac{O_e}{O_t} = \frac{N_e}{N_t}$$

(O_e, N_e = eingeführtes Volumen von Sauerstoff und Stickstoff),

(O_t, N_t = verbrauchte Mengen von Sauerstoff und Stickstoff).

An Stelle des verbrauchten Sauerstoffvolumens kann auch das durch die Analyse festgestellte Kohlensäurevolumen (CO_2) gesetzt werden; also:

$$v = \frac{O_e}{CO_2} = \frac{O_t + O_f}{CO_2}$$

(O_f = Volumen des freien Sauerstoffes der Rauchgase),

$$v = \frac{CO_2 + O_f}{CO_2} = 1 + \frac{O_f}{CO_2}\,.$$

Demnach wird:

$$(v-1)\cdot O_t = \left(1 + \frac{O_f}{CO_2} - 1\right) O_t$$

$$= O_t \cdot \frac{O_f}{CO_2}$$

$$= \frac{3,667\,C}{1,9974} \cdot \frac{O_f}{CO_2}\,.$$

Analog ist:

$$v = \frac{N_e}{N_t}\,,$$

demnach wird:

$$3,31 \cdot v \cdot O_t = \left(1 + \frac{O_f}{CO_2}\right) \cdot 3,31 \cdot O_t$$

$$= \frac{CO_2 + O_f}{CO_2} \cdot 3,31 \cdot O_t$$

$$= O_e \cdot 3,31 \cdot \frac{O_t}{CO_2}\,.$$

Da $O : N = 23,2 : 76,8$ (Gewichtsverhältnis), und da $N_e = N = $ dem in den Rauchgasen nachgewiesenen Stickstoffvolumen ist, so wird, wenn man noch anstatt $O_e = \dfrac{23,2}{76,8}\, N$ setzt,

$$3,31 \cdot v \cdot O_t = \frac{23,2\,N}{76,8} \cdot 3,31 \cdot \frac{O_t}{CO_2}$$

$$= \frac{O_t}{CO_2} \cdot N$$

$$= \frac{3,667 \cdot C}{1,9974} \cdot \frac{N}{CO_2}.$$

Es wird nun das Rauchgasvolumen:

$$R_v = \frac{3,667 \cdot C}{1,9974} + \frac{3,667 \cdot C}{1,9974} \cdot \frac{O_f}{CO_2} + \frac{3,667\,C}{1,9974} \cdot \frac{N}{CO_2} + \frac{9H + w}{0,806} + \frac{2S}{2,899},$$

$$R_v = \underbrace{1,854\,C}_{CO_2} + \underbrace{1,854\,C \cdot \frac{O_f}{CO_2}}_{O} + \underbrace{1,854\,C \cdot \frac{N}{CO_2}}_{N} + \underbrace{\frac{9H + w}{0,806}}_{H_2O} + \underbrace{\frac{2S}{2,899}}_{SO_2}.$$

Die spez. Wärmen der einzelnen Bestandteile der Abgase kann man annehmen wie folgt:

$$
\left.
\begin{array}{lll}
\text{Kohlensäure} & = 0,414 \text{ bis} & 150^\circ \\
& = 0,439 \text{ ,,} & 250^\circ \\
& = 0,451 \text{ ,,} & 300^\circ \\
& = 0,572 \text{ ,,} & 1000^\circ \\
\text{Sauerstoff} & = 0,311 & \\
\text{Stickstoff} & = 0,306 & \\
\text{schwefl. Säure} & = 0,445 & \\
\text{Wasserdampf} & = 0,387 &
\end{array}
\right\} \text{pro 1 cbm.}
$$

Beispiel.

$$
\begin{array}{ll}
\text{Enthält eine Kohle} \quad & 80\% \ \text{Kohlenstoff,} \\
& 8\% \ \text{Sauerstoff,} \\
& 4\% \ \text{Wasserstoff,} \\
& 2\% \ \text{Schwefel,} \\
& 4\% \ \text{Wasser,}
\end{array}
$$

und ergibt die Untersuchung der Rauchgase im Durchschnitte

$$
\begin{array}{l}
12\% \ CO_2, \\
\ 8\% \ O, \\
80\% \ N,
\end{array}
$$

während die Verbrennungsluft mit 22° in die Feuerung eintritt und dieselbe mit 272° verläßt, so berechnet sich der Wärmeverlust durch die

Abgase (bei vollkommener Verbrennung und ohne Berücksichtigung der Luftfeuchtigkeit) wie folgt:

	cbm	Wärmeverlust (Kal.)
Kohlensäure-Volumen =	1,4832	162,8
Sauerstoff- ,, =	0,4944	38,4
Stickstoff- ,, =	9,8880	756,4
schwefl. Säure- ,, =	0,0138	1,5
Wasserdampf- ,, =	0,4962	48,0
	Summe:	1007,1 Kal.

War der Heizwert der verfeuerten Kohle

$$= 7300 \text{ Kal.},$$

so beträgt der Wärmeverlust durch die Abgase

$$= 13{,}8\%.$$

Die Bestimmung des Heizwertes
fester Brennstoffe.

Die exakte Bestimmung des Heizwertes von Brennmaterialien ist — von rein wissenschaftlichem Interesse abgesehen — nach zwei Richtungen hin erforderlich.

Die Feststellung der Nutzwirkung einer Feuerung — die Dampfkesselanlagen werden hier wohl am häufigsten in Betracht kommen — ist nur möglich bei einer genauen Kenntnis des Heizwertes des verwendeten Brennmaterials. Nur wenn man weiß, welche Leistung in Wärmeenergie man von einem gegebenen Brennmateriale im günstigsten Falle erwarten kann, ist man auch imstande, die Feuerungsanlage, in welcher dieses Brennmaterial verfeuert wird, als gut oder schlecht, also verbesserungsbedürftig zu beurteilen.

Der zweite Grund, der ebenfalls die Kenntnis des genauen Heizwertes eines Brennmaterials als notwendig erscheinen läßt und hauptsächlich für große Dampfbetriebe von Bedeutung ist, liegt in dem Bestreben, möglichst sparsam zu wirtschaften. Der Preis eines Brennmaterials ist kein Maßstab für dessen Heizwert, und doch handelt es sich in den weitaus meisten Fällen, in denen Brennmaterialien verbraucht werden, um Ausnützung der Heizkraft derselben. Nur an der Hand einer zuverlässigen Bestimmung des Heizwertes des in Frage kommenden Brennmaterials ist der Konsument in der Lage, sich beim Einkaufe vor Schaden zu bewahren.

Die verschiedenen Methoden, die zur Bestimmung des Heizwertes brennbarer Stoffe angewendet werden, lassen sich einteilen in:

1. Bestimmung des Heizwertes mit Hilfe empirischer Formeln;
2. Direkte Bestimmung des Heizwertes, und zwar:
   a) im großen (an Dampfkesseln),
   b) im kleinen (in Kalorimetern).

Von den mannigfachen, zur ersten Gruppe gehörigen Methoden hat keine so häufige Anwendung gefunden, als die Heizwertbestimmung nach der Formel von Dulong.

Dieser Forscher ging bei der Konstruktion seiner Formel von der Annahme aus, daß die die Brennmaterialien bildenden Elemente nicht, wie es tatsächlich der Falle ist, in organischen Verbindungen und komplizierten Atomkomplexen vorhanden sind, sondern, nebeneinander liegend, die Substanz der Brennmaterialien bilden. Nur unter Zugrundelegung dieser Annahme ist es richtig, wenn Dulong sagt, daß die bei der Verbrennung eines Brennstoffes entstehende Wärmemenge gleich ist der Summe jener Wärmemengen, die erzeugt würden, wenn jedes einzelne, zur Wärmeentwicklung fähige Element, also vornehmlich Kohlenstoff, Wasserstoff und Schwefel für sich verbrannt würde.

Es gibt nun:

1 kg Kohlenstoff zu CO_2 verbrannt 8100 Kal. (genauer 8127 Kal.)
1 „ Wasserstoff „ H_2O „ 28800 „
1 „ Schwefel „ SO_2 „ 2230 „

Enthält also 1 kg getrockneter Kohle z. B.

$$0,80 \text{ kg Kohlenstoff} = 80\% \, C,$$
$$0,06 \text{ „ Wasserstoff} = 6\% \, H,$$
$$0,01 \text{ „ Schwefel} = 1\% \, S,$$

während der Rest in Asche und Stickstoff besteht, so bestimmt sich der Heizwert dieser Kohle nach Dulong zu:

$$H_w = 0,80 \cdot 8100 \text{ Kal.} = 80 \cdot 81 \text{ Kal.}$$
$$+ 0,06 \cdot 28800 \text{ „} = 6 \cdot 288 \text{ „}$$
$$+ 0,01 \cdot 2230 \text{ „} = 1 \cdot 22,3 \text{ „}$$
$$H_w = (80 \cdot 81 + 6 \cdot 288 + 1 \cdot 22,3) \text{ Kal.}$$

Bezeichnet man den prozentualen Kohlenstoff-, Wasserstoff- und Schwefelgehalt mit C bzw. H bzw. S, so ist:

$$H_w = 81 \cdot C + 288 \, H + 22,3 \, S \, .$$

Enthält ein Brennstoff, wie es ja gewöhnlich der Fall ist, auch Sauerstoff, z. B. $O\%$, so nimmt man an, daß dieser bereits mit der entsprechenden Menge Wasserstoff, also mit $\frac{1}{8} \cdot O$ Teilen, zu Wasser verbunden ist, weshalb man in der letzten Formel an Stelle von H den Wert $H - \dfrac{O}{8}$ setzen muß; man erhält also:

$$H_w = 81 \cdot C + 288 \cdot \left(H - \frac{O}{8}\right) + 22,3 \, S \, .$$

Die Brennstoffe enthalten stark wechselnde Mengen von hygroskopischem Wasser. Es seien z. B. in 1 kg Steinkohle 0,20 kg $= 20\%$ hygroskopisches Wasser enthalten, so wird dieses Wasser in all den üblichen Feuerungsanlagen verdampft und entweicht in Dampfform mit den Heizgasen aus der Feuerung.

Wird das Brennmaterial mit einer Temperatur von $t°$ auf den Rost gebracht, so beansprucht 1 kg des enthaltenen hygroskopischen Wassers $(636,7 - t)$ Kal., um in Dampf von $100°$ verwandelt zu werden. Dieser Dampf wird aber auf Kosten des Wärmeinhaltes des auf den Rost gebrachten Brennstoffes noch weiter erhitzt bis auf die Temperatur $T°$ der Abgase (Fuchsgase). Hierzu gehören pro 1 kg Wasserdampf 0,48. $(T - 100)$ Kal., so daß die gesamte, an 1 kg hygroskopisches Wasser abgegebene Wärmemenge den Betrag

$$[(636,7 - t) + 0,48 \, (T - 100)] \text{ Kal.}$$

ausmacht.

In obigem Beispiele wäre diese Wärmemenge

oder
$$= [636{,}7 - t + 0{,}48\,(T - 100)] \cdot 0{,}20 \text{ Kal.}$$

$$= \frac{636{,}7 - t + 0{,}48\,(T - 100)}{100} \cdot 20 \text{ Kal.}$$

Bei $W\%$ Gehalt an hygroskopischem Wasser ist also diese Wärmemenge

$$= \frac{636{,}7 - t + 0{,}48\,(T - 100)}{100} \cdot W \text{ Kal.}$$

Ist z. B. $t = 20°$, $T = 300°$ und $W = 20\%$, so erhält man für die letzte Formel den Wert

$$\frac{711{,}7}{100} \cdot W = \sim 7 \cdot W = 7 \cdot 20 \text{ Kal.} = \mathbf{140\ Kal.}$$

Diese Wärmemenge ist aber, wenn das hygroskopische Wasser mit den Abgasen in Dampfform entweicht, und dies ist die Regel, für die Feuerung verloren, daher in negativem Sinne in Anrechnung zu bringen.

Enthält also ein Brennstoff $C\%$ Kohlenstoff, $H\%$ Wasserstoff, $O\%$ Sauerstoff, $S\%$ Schwefel und $W\%$ hygroskopisches Wasser, so rechnet sich der Heizwert des Brennmaterials zu:

$$H_w = 81\,C + 288\left(H - \frac{O}{8}\right) + 22{,}3\,S - \frac{636{,}7 - t + 0{,}48\,(T - 100)}{100} \cdot W\,\text{Kal.},$$

wobei angenommen ist, daß das Brennmaterial mit $t°$ in die Feuerung gebracht wird, und daß die Feuergase mit einer Temperatur von $T°$ in den Schornstein entweichen.

Hieraus ist deutlich zu ersehen, daß ein bestimmter Brennstoff für eine gegebene Feuerungsanlage eigentlich einen stetig (mit t und T) wechselnden Heizwert hat, den man in geeigneter Weise den nutzbaren Heizwert nennen könnte.

Um aber von solchen Unbestimmtheiten frei zu sein, haben sich der Verein deutscher Ingenieure und der internationale Verband der Dampfkessel-Überwachungsvereine zu einer für den praktischen Gebrauch geeigneten, auf der Dulongschen Hypothese basierenden Formel, der sog. Vereinsformel geeinigt, wonach der Heizwert eines Brennmaterials bestimmt ist aus:

$$H_w = 80\,C + 290\left(H - \frac{O}{8}\right) + 25\,S - 6\,W.$$

Diese Formel kann aber keine absolut richtigen Werte geben, da vor allem, wie schon erwähnt, die Grundannahme Dulongs, wonach die Brennstoffe nur Gemische der Elemente C, H, O, S sind, nicht zutrifft.

Die Formel ist aber außerdem noch unzuverlässig, da die Konstanten 80, 290, 25 (die hundertsten Teile der Heizwerte von C, H, S) noch nicht definitiv festgelegt sind; so gilt z. B. für Kohlenstoff in Holzkohle

nach Scheurer-Kestner: Heizwert $= 8103$ Kal., also Konstante $= 81{,}03$,
  „ Favre u. Silbermann: „ $= 8071$ „   „   „ $= 80{,}71$,
  „ Berthelot: „ $= 8137$ „   „   „ $= 81{,}37$,

für Kohlenstoff in Graphit
nach Favre-Silbermann: Heizwert = 8047 Kal., also Konstante = 80,47,
  „ Berthelot: „   = 7901 „   „   „   = 79,01.

Ähnlich sind die Verhältnisse bei Wasserstoff.

Außerdem nimmt die Dulongsche Formel an, daß sämtlicher im Brennstoffe enthaltene Schwefel zu schwefliger Säure (SO_2) verbrennt, während in Wirklichkeit ein Teil des Schwefels zu Schwefelsäureanhydrid (SO_3) oxydiert. Im ersten Falle entstehen aber 2230 Kal., im letzten Falle dagegen 3300 Kal.

Mit Hilfe der Dulongschen Formel läßt sich also der Heizwert der Brennmaterialien nur nährungsweise bestimmen, und zwar sind die Abweichungen von den kalorimetrisch ermittelten Heizwerten abhängig von der Art der Brennmaterialien. Sie sind bei Steinkohle kleiner als bei Braunkohle, Holz und Torf.

Die nachstehende Tabelle, welche nach Versuchen von Ingenieur L. C. Wolff, Magdeburg[1]), ausgeführt ist, gibt hiervon einen deutlichen Beweis.

Versuchsmaterial	Heizwert in Kal.		Abweichung in %
	nach Dulong berechnet	kalorimetrisch ermittelt	
Steinkohle (engl.)	7171	7288	1,6
Braunkohle (Prov. Sachsen)	2456	2230	10,1
Torf (Mecklenburg)	2498	2711	7,9
Holz (Birke)	2967	3428	13,5

Die Münchener Heizversuchsanstalt stellte für verschiedene Steinkohlensorten die Heizwerte gleichzeitig nach der Dulongschen Formel und kalorimetrisch fest, wobei sich unter Umständen, wie folgende Tabelle zeigt, ganz beträchtliche Unterschiede einstellten

Art der Kohle (Saarkohle)	Heizwert in Kal.		Unterschied	
	nach Dulong berechnet	kalorimetrisch ermittelt	in Kalorien	in % des berechneten Wertes
St. Ingbert	7981	7704	— 277	— 3,6
Dudweiler I	7938	7801	— 137	— 1,7
Reden Merschweiler	7319	7031	— 288	— 3,9
Mittelbexbach	7496	7188	— 308	— 3,8

Die Dulongsche Formel ist nur anwendbar, wenn die elementaren Bestandteile eines Brennmaterials ihrem Gewichte nach bekannt sind. Diese festzustellen ist Aufgabe der Elementaranalyse, einer schwierigen, nur von einem routinierten Chemiker auszuführenden Arbeit. Man gibt daher in den meisten Fällen der Heizwertbestimmung in Kalorimetern den Vorzug.

---

[1]) Flugblatt 6 des Magdeburger Vereins für Dampfkesselbetrieb.

Schon Lavoisier und Laplace haben die bei der Verbrennung entstehende Wärme durch Kalorimeter bestimmt. In einem irdenen Gefäße, welches mit Eis umgeben war, hatten sie Holzkohle verbrannt und durch die Menge des geschmolzenen Eises die erzeugte Wärme bestimmt.

Genauere Versuche in dieser Richtung wurden aber erst von Dulong ausgeführt. Nach ihm hatten noch verschiedene andere Forscher, so z. B. Ure, Bargum, Deville, Bolley, Andrews, Schwackhöfer, Favre und Silbermann, Scheurer-Kestner, Alexejew, Thomson, Fischer usw. Kalorimeterkonstruktionen ersonnen, doch hatten all diese Apparate den Übelstand, daß es schwer fiel, eine vollständige Verbrennung zu erzielen, und daß sie, wenn auch nicht alle, umständlich zu handhaben waren. Erst seit Hempel nachwies, daß man 1 g Kohle in einem Gefäße von 0,25 l Inhalt, gefüllt mit Sauerstoff von 12 Atm. Spannung, mit Sicherheit vollständig verbrennen kann, ist eine Reihe von Kalorimeterkonstruktionen entstanden, die obige Schwierigkeiten nicht mehr aufweisen.

Vor allem war es Berthelot, der, auf dieser Erfahrung fußend, eine sog. kalorimetrische Bombe konstruierte. Ähnlich dieser sind die Apparate von Stohmann, Hempel und endlich die Mahlersche Haubitze.

In neuerer Zeit ist von Dr. Kröker eine kalorimetrische Bombe erdacht worden, die den Bedürfnissen der Betriebspraxis, ein rasches und doch genügend genaues Arbeiten zu ermöglichen, Rechnung trägt. Sie ist in der Form und in ihren Dimensionen der Hempelschen Bombe nachgebildet. Fig. 36 zeigt die Bombe im

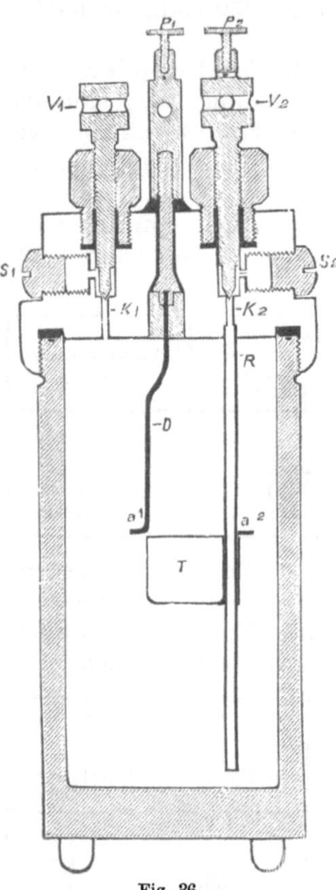

Fig. 36.

Schnitte. Sie besteht aus einem vernickelten Stahlgefäße von 10 mm Wandstärke und ca. 300 ccm Inhalt mit gasdicht aufschraubbarem Deckel. Letzterer trägt in der Mitte eine Verstärkungsleiste, durch welche die Gas-Zu- und -Ableitungskanäle K_1 und K_2 gelegt sind. Der Kanal K_2, welcher durch das Platinrohr R nach dem Inneren der Bombe verlängert ist, wird zur Einführung des komprimierten Sauerstoffs in die Bombe benützt, während der Kanal K_1 zur Ableitung der Verbrennungsgase dient.

Zur Füllung der Bombe nimmt man am einfachsten käuflichen Sauerstoff, der in Stahlzylindern, ähnlich wie Kohlensäure, hoch kom-

primiert, von verschiedenen Fabriken bezogen werden kann. Die Kanäle K_1 und K_2 sind durch in Stopfbuchsen laufenden Schraubenspindeln V_1 und V_2 verschließbar. Die Spitzen dieser Spindeln sind aus Platin-Iridium gefertigt, um gegen Korrosionen durch die Verbrennungs-produkte widerstandsfähig zu sein. Zum gleichen Zwecke ist der Deckel der Bombe auf der Unterseite mit dünnem Platinbleche belegt, während das Innere der Bombe gewöhnlich mit einer soliden Emailschichte aus-gefüttert ist. (Auf Wunsch wird an Stelle dieses Emailbelages auch eine Ausfütterung mit Platinblech ausgeführt,
wodurch sich allerdings der Preis der Bombe
wesentlich erhöht.) D ist ein Platindraht,
der isoliert durch den Deckel der Bombe geführt ist und zur Befestigung des Zünd-
drahtes dient. P_1 und P_2 sind zwei
Schräubchen, welche die Enden der von
den Polen einer Handbatterie kommenden

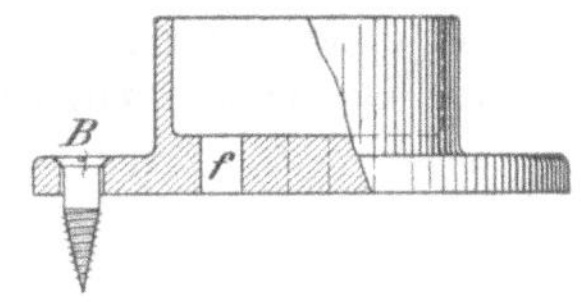

Fig. 37.

Leitungsdrähte festklemmen. Wird um die Platinansätze a_1 und a_2 ein dünner Eisendraht gewickelt, so ist der Stromkreis geschlossen.

Am Boden der Bombe sitzen drei kurze Füße. In einem besonderen, auf dem Experimentiertische durch die Schrauben B (Fig. 37) befestigten Eisenschuh (Fig. 37) sind drei Öffnungen f ausgespart, in welche die Füße der Bombe passen. Da der Hohlraum der Bombe mit Sauerstoff von 20—25 Atmosphären Spannung gefüllt wird, so ist es natürlich nötig, daß der Bombendeckel gasdicht aufgeschraubt werden kann. Dies wird erreicht, indem man die Bombe mit den drei Füßen in die Öff-nungen f des Eisenschuhes setzt und alsdann über die kräftige Leiste des Deckels einen doppelarmigen Schlüssel mit zur Leiste passendem Ausschnitte steckt. Da das Dichten des Deckels gegen den Rand der Bombe durch einen zwischengelegten Bleiring (in Fig. 36 schwarz angedeutet) geschieht, so bringt immerhin schon ein mäßiges Anziehen mit dem Schlüssel einen gasdichten Schluß zustande. Ebenso er-fordert der Schluß der Ventile V_1 und V_2 nur einen ge-ringen Kraftaufwand.

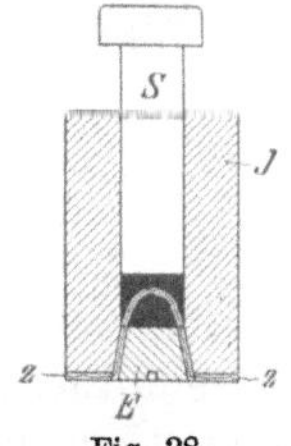

Fig. 38.

Es ist empfehlenswert, die zu verbrennende Substanz fein zu pulverisieren, was am einfachsten in einem Por-zellan- oder Eisenmörser geschieht. Von diesem Pulver wird nun bei Steinkohle ca. 1 g, bei Braunkohle ca. 1,5 g um ein 4—5 cm langes Stück eines ganz feinen Eisendrahtes zu einem Brikett gepreßt, was mit der in Fig. 38 abgebildeten Preßform sehr leicht zu erreichen ist.

Der Stahlzylinder J (Fig. 38) ist axial ausgebohrt. Diese Bohrung hat einen Durchmesser von 9 mm und verläuft bis etwa 10 mm über dem Boden zylindrisch; von hier ab ist sie kegelförmig erweitert. In diese Erweiterung wird ein ebenfalls kegelstumpfförmiges, stählernes Paßstück E eingesetzt, welches die Unterlage für das zu pressende Brenn-material bildet. Der Stahlzylinder J hat am Boden zwei in der Richtung eines Durchmessers verlaufende Rillen, welche mit zwei anderen Rillen,

die am Paßstücke E in der Richtung zweier Mantellinien ausgespart
sind, kommunizieren. In diese Rillen wird der ganz dünne Eisendraht z
(ca. 0,1 mm Durchmesser, ca. 50 mm lang) eingelegt, und zwar derart,
daß sich oberhalb dem Paßstücke E, also in der zylindrischen Bohrung
von J, eine kleine Schleife bildet. Wird nunmehr das pulverisierte Brennmaterial in den bereits angegebenen Mengen in die zylindrische Bohrung
von J eingefüllt, der Stempel S aufgesetzt, und das Ganze unter eine
einfache Schraubenpresse gebracht, so genügt schon ein mäßiger Druck
auf den Stempel S, um aus dem eingefüllten Brennmateriale ein
Brikettchen zu formen, durch welches hindurch das Stück Eisendraht z,
dessen Gewicht natürlich vorher genau festgestellt worden ist, läuft.

Fig. 39.

Nunmehr wird auf einer chemischen Wage das Brikettchen samt
Eisendraht gewogen, um alsdann durch Subtraktion beider Gewichte
das Gewicht der zur Verbrennung gelangenden Substanz zu erhalten.

Es gibt Materialien, die sich nur unvollkommen zu einem Brikett
pressen lassen, wie z. B. Koks. Diese werden einfach in pulverisiertem
Zustande in den Platintiegel T (Fig. 36) gefüllt, während der Eisendraht
so um a^1 und a^2 (Fig. 36) gewickelt wird, daß er die im Tiegel T befindliche Substanz berührt.

Im ersten Falle, wo man die zu verbrennende Substanz in Form eines
Briketts anwenden kann, wird, nachdem die Drahtenden um a^1 und a^2
gewickelt sind, der Tiegel T so unterhalb dem Brikette angeordnet,
daß bei der Verbrennung möglichst wenig glühende Brennstoff- und
Eisenteile auf den Boden der Bombe fallen, da hierdurch leicht eine
Beschädigung des Emailbelages eintritt.

Die Bombe muß, bevor die Brennsubstanz eingebracht wird, einige Zeit im Trockenschranke gestanden haben, damit ihre Innenwandung von aller eventuell anhaftenden Feuchtigkeit befreit ist.

Nachdem die Schnittschrauben S_1 und S_2 (Fig. 36) entfernt sind, wird der Deckel der Bombe in der angegebenen Weise festgeschraubt.

Um die Bombe nunmehr mit Sauerstoff zu füllen, wird das Sauerstoffüberleitungsrohr r (Fig. 39) mittels der Überwurfmutter m an den Sauerstoffzylinder und mittels der Schraube n und des Konus k (Fig. 39) an den Kanal K_2 (Fig. 36) des Bombendeckels angeschlossen. Wird die Ventilspindel V_2 (Fig. 36) etwas gelüftet, so hat der komprimierte Sauerstoff Zutritt zum Innern der Bombe. Um die in der letzteren befindliche atmosphärische Luft auszutreiben, öffnet man beim Einleiten des Sauerstoffs auch die zweite Ventilschraube V_1 (Fig. 36) kurze Zeit. Nachdem diese wieder geschlossen ist, wird der Druck des Sauerstoffs im Innern der Bombe bald die gewünschte Größe von 20 bis 25 Atmosphären erreicht haben, was am Manometer M abgelesen

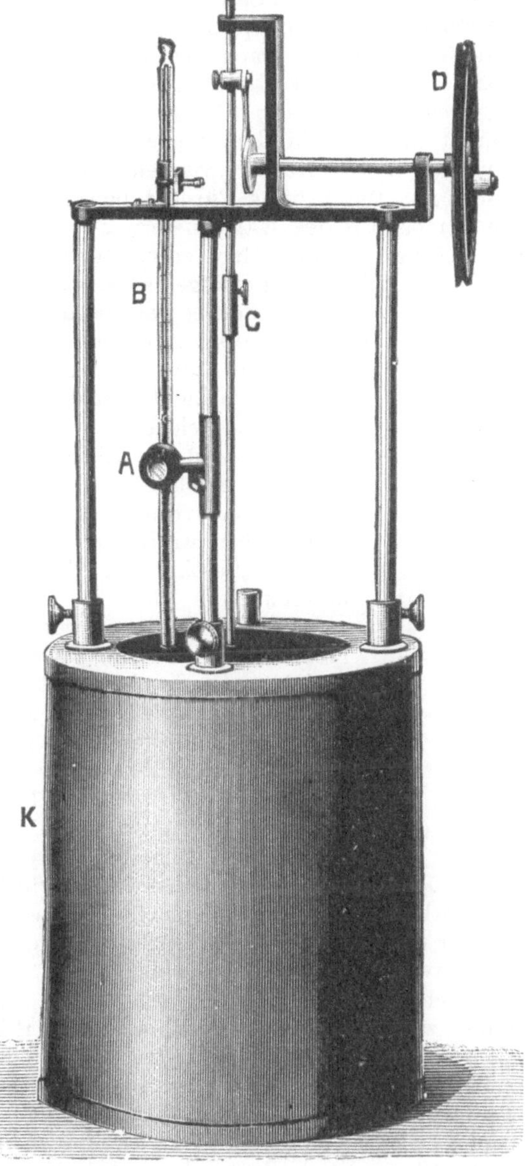

Fig. 40.

werden kann. In diesem Augenblicke wird V_2 geschlossen. Bei der Zuleitung des Sauerstoffs zur Bombe ist Vorsicht zu empfehlen, damit nicht durch den zu stürmisch in die Bombe eintretenden Sauerstoffstrom die Brennsubstanz zerstäubt wird.

Ist die Füllung mit Sauerstoff geschehen, so wird die Bombe, nachdem die Schnittschrauben S_1 und S_2 (Fig. 36) wieder eingesetzt sind, in das Kalorimetergefäß gebracht, ein einfaches, hochglanzvernickeltes Blechgefäß, in welchem vorher Wasser im Gewichte von 2000 g oder 2100 g abgewogen worden ist. Das Ganze, also Kalorimetergefäß und Bombe kommt nunmehr in den doppelwandigen kupfernen Schutzmantel K (Fig. 40), dessen Raum zwischen den Doppelwänden mit Wasser ausgefüllt ist. Durch diese Einrichtung sollen die Einflüsse von außen auf die Temperatur des Kalorimeterwassers tunlichst reduziert werden.

Um die Verteilung der Temperatur im Kalorimeterwasser möglichst rasch und gleichmäßig erfolgen zu lassen, wird in das Kalorimetergefäß

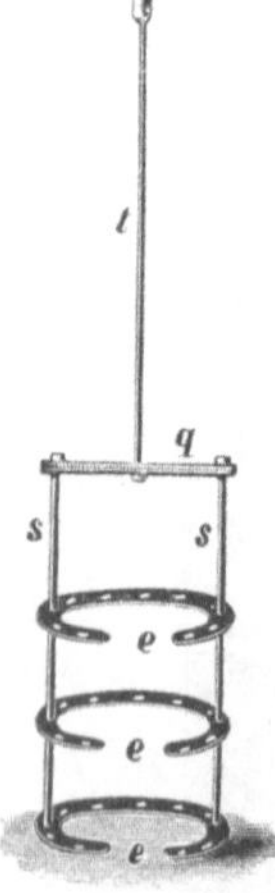

ein die Bombe umgebendes Rührwerk eingesetzt. Dieses besteht aus 3 durchlochten Blechringen e (Fig. 41), welche durch die Stangen $s\,s$ und das Querhaupt q zu einem Ganzen verbunden sind. Das Querhaupt q trägt eine Stange t, welche oben in einer Hülse C endigt. Mit letzterer wird das Rührwerk an den Bewegungsmechanismus angeschlossen, der von der Rillenscheibe D (Fig. 40) aus entweder durch einen kleinen Motor oder von Hand angetrieben wird.

Zur Bestimmung der Temperaturen des Kalorimeterwassers wird ein Thermometer B (Fig. 40) eingeführt, und zwar verwendet man entweder ein Laboratoriumsthermometer, welches $^1/_{100}$ Grade abzulesen und $^1/_{1000}$ Grade abzuschätzen gestattet, oder ein Differentialthermometer nach Beckmann. Die Ablesung dieser Thermometer erfolgt mit Hilfe der Lupe A (Fig. 40). Sind die Poldrähte der zur Zündung verwendeten Handbatterie durch P_1 und P_2 (Fig. 36) festgeklemmt, (selbstverständlich muß in den Stromkreis ein Stromunterbrecher eingeschaltet sein) und ist die Öffnung von K

Fig. 41.

(Fig. 40) durch einen zweiteiligen Kautschukdeckel geschlossen, so sind die Vorbereitungen zum Versuche beendet.

Der eigentliche Versuch zerfällt in drei Teile, nämlich Vorversuch, Hauptversuch und Nachversuch.

Nachdem die Versuchseinrichtungen in der oben beschriebenen Weise zusammengestellt sind, wird das Rührwerk in langsame, aber gleichmäßige Bewegung versetzt. Beobachtet man nun nach einiger Zeit das Thermometer B (Fig. 40), so wird man wahrnehmen, daß die Temperaturänderungen innerhalb gleicher Zeitintervalle (gewöhnlich beobachtet man von Minute zu Minute) gleich oder doch nahezu gleich sind. Wenn dieser Zustand wirklich eingetreten ist, so notiert man von Minute zu Minute die Temperatur des Kalorimeterwassers, etwa 8 bis 10 mal. Dies ist der Vorversuch. Stellen sich während desselben stark ungleichmäßige Schwankungen ein, oder sind die Temperaturdifferenzen erheblich groß (etwa ein oder mehrere Zehntelgrade), so ist der Vorversuch von neuem zu beginnen.

Ungefähr zehn Sekunden, bevor der Vorversuch zu Ende geht, wird der elektrische Strom geschlossen, und ist damit der Hauptversuch eingeleitet. Durch das Schließen des Stromes gerät der im Innern der Bombe befindliche, um a^1 und a^2 (Fig. 36) gewickelte Eisendraht momentan ins Glühen, um, da er ja von hochkomprimiertem Sauerstoffe umgeben ist, sehr rasch samt dem ihm anhaftenden Brennstoffbrikett zu verbrennen. Der Eisendraht verbrennt dabei zu Eisenoxyd, während die Kohle — und Berthelot hat dies für jeden brennbaren Stoff nachgewiesen — vollständig verbrennt, ohne Bildung von Teernebeln, die bei anderen Kalorimetern mit offener Verbrennung so schwer zu vermeiden sind und den Versuch unbrauchbar machen. Eine Ausnahme in letzter Beziehung macht nur Koks, indem dieses Material selbst in komprimiertem Sauerstoffe fast nie vollständig verbrennt. Bei kalorimetrischen Untersuchungen von Koks ist es daher nötig, diesen mit einer genau gewogenen Menge Paraffin, dessen Verbrennungswärme man kennt oder vorher bestimmt hat, vermischt zu verbrennen.

Kurz nach dem Schließen des Stromes beginnt das Thermometer B (Fig. 40) rapid zu steigen. Die Temperaturen sind jetzt mit erhöhter Schärfe zu beobachten, und ist ganz besonders auf die Feststellung des Maximums der Temperatur Sorgfalt zu legen. Dieses tritt in der Regel nach 5—10 Minuten ein. Damit ist das Ende des Hauptversuchs erreicht, und es beginnt der Nachversuch.

Die Temperatur des Kalorimeterwassers fängt an zu fallen und ist noch 8—10 Minuten lang zu beobachten.

Während all dieser Temperaturbeobachtungen ist das Rührwerk langsam aber möglichst gleichmäßig in Bewegung zu halten.

Bei der Verbrennung der gewöhnlichen Feuerungsmaterialien entsteht Wasser, welches z. T. aus dem im Material enthaltenen Wasserstoffe gebildet wird, z. T. aus dem hygroskopischen Wasser besteht. Bei der Verbrennung auf dem Roste einer Feuerungsanlage wird dieses Gesamtwasser in Dampf verwandelt und zieht als solcher mit den Rauchgasen ab. Die Bildungswärme dieses Dampfes, der eine Temperatur von 200—300° und manchmal noch darüber hat, ist also bei den gebräuchlichen Feuerungsanlagen vollständig verloren. Bei der Verbrennung in der Bombe wird aber dieser Wasserdampf, ebenso wie die anderen Verbrennungsprodukte auf ca. 20° abgekühlt, er kondensiert also und gibt die dabei frei werdende Wärmemenge an das Kalorimeterwasser ab. Es wird mithin bei der Untersuchungsmethode im Kalorimeter mehr Wärme erzeugt und gemessen, als bei der Verbrennung auf dem Roste einer Feuerung, und dies ist der Grund, warum bei jeder Heizwertbestimmung eine quantitative Bestimmung des Gesamtwassers ausgeführt werden muß.

Da die Abgangstemperaturen der Rauchgase und natürlich auch des in ihnen enthaltenen Wasserdampfes starken Schwankungen unterliegen, so würden, wie schon gelegentlich der Entwicklung der Dulongschen Formel gezeigt worden ist, die auf die Verdampfungswärme des Gesamtwassers bezüglichen Abzüge ebenfalls vielfachen Schwankungen unterliegen.

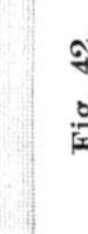

Um von dieser Unsicherheit frei zu sein, hat man sich dahin geeinigt, daß für jedes Kilogramm mit den Rauchgasen abziehenden Wasserdampfes 600 Kal. subtraktiv in Anrechnung zu bringen sind.

Um die Bestimmung des Gesamtwassers auf bequeme Weise zu ermöglichen, hat die Krökersche Bombe im Deckel noch zwei Bohrungen, die mit den Kanälen K_1 bzw. K_2 (Fig. 36) kommunizieren und während der Verbrennung durch die Schnittschrauben S_1 und S_2 verschlossen sind. Diese beiden Bohrungen wurden ja schon zur Austreibung der in der Bombe enthaltenen Luft und zum Einfüllen von komprimiertem Sauerstoffe benützt. Bei der Wasserbestimmung wird nun, nachdem die Schnittschrauben S_1 und S_2 entfernt und an ihre Stelle zwei ca. 200 mm lange Röhrchen eingeschraubt sind, der Kanal K_1 mit einer genau gewogene Chlorkalziumvorlage E (Fig. 42) in Verbindung gebracht, während der andere Kanal K_2 mit einem Chlorkalziumturme C (Fig. 42) verbunden ist. Letzterer ist an eine Luftdruckvorrichtung angeschlossen. Als solche dienen am einfachsten zwei große Glasflaschen A und B (Fig. 42), von denen die eine mit Wasser gefüllt und höher gestellt wird, so daß letzteres nach der tiefer gestellten Flasche abfließen kann. Die Bombe Z (Fig. 42) wird in ein auf 105—110° erhitztes Ölbad D gestellt. Da diese Temperatur nicht überschritten werden soll, und eine fortwährende Regulierung am Brenner F unbequem ist, so ersetzt man vorteilhaft das Öl durch eine Mischung von Wasser und Glyzerin, die so ausprobiert ist, daß sie bei ca. 110° siedet. Es wird nun der Kanal K_1, der an die Chlorkalziumvorlage E angeschlossen ist, durch ganz vorsichtiges Hochschrauben des Ventils V_1 (Fig. 36) geöffnet, so daß die in der Bombe eingeschlossenen und noch unter hohem Drucke stehenden Verbrennungsgase allmählich durch die Vorlage E (Fig. 42) abströmen können, wobei sie gezwungen werden, ihren Feuchtigkeitsgehalt an das Chlorkalzium abzugeben. Dieser Vorgang dauert ungefähr 20—30 Minuten, und nun ist noch das in der Bombe enthaltene Wasser auszutreiben. Dieses ist, da die Bombe eine Temperatur von 105—110° angenommen hat, in Dampf verwandelt, welcher, nachdem auch das zweite Ventil V_2 geöffnet ist, mit der durchströmenden, im Turme C (Fig. 42) getrockneten Luft durch die Vorlage E geführt wird, wo ihn das Chlorkalzium vollständig absorbiert. Nach weiteren 25—30 Minuten ist auch diese Prozedur beendet, und es bedarf nur noch einer genauen Wägung der Chlorkalziumvorlage, um das Gesamtwasser bestimmt zu haben.

In Fig. 42 bedeutet N ein mit Öl gefülltes Glasgefäß, in welches die Abgase aus der Bombe Z geleitet werden, nachdem sie bereits die Vorlage E passiert haben. Durch die im Öle aufsteigenden Gasperlen ist man in der Lage, zu konstatieren, ob überhaupt noch Gase aus Z abströmen, und mit welcher Geschwindigkeit dies geschieht. Außerdem ist die Gefahr, daß von der Atmosphäre aus Feuchtigkeit in die Vorlage eintritt, beseitigt.

Da der im Handel bezogene, komprimierte Sauerstoff stets etwas Feuchtigkeit enthält, so kommt das zuletzt bestimmte Wasserquantum nicht allein aus der in der Bombe verbrannten Brennstoffmenge, sondern rührt zum Teile auch von der Sauerstoffüllung her. Man bestimmt deshalb genau in der vorher beschriebenen Weise durch einen Vorversuch diejenige Wassermenge, die in der zur Füllung der Bombe nötigen Menge Sauerstoff von bestimmter Spannung (20—25 Atm.) enthalten ist. Natürlich muß für jedes neu bezogene Gefäß mit Sauerstoff dieser Versuch wiederholt werden.

Die bei der Verbrennung irgendeines brennbaren Stoffes in der Bombe entstehende Wärmemenge wird nicht vollständig an das Kalorimeterwasser übergehen, sondern ein Teil derselben wird aufgewendet werden müssen, um das Kalorimetergefäß, die Bombe, das Rührwerk und jenen Teil des Thermometers, der in das Kalorimeterwasser eintaucht, auf die Maximaltemperatur zu bringen.

Diejenige Wärmemenge, die nötig ist, um die Temperatur der genannten Teile um 1° zu erhöhen, heißt der Wasserwert des Kalorimeters.

Diese Konstante bestimmt sich aus dem Gewichte all der genannten, mit dem Kalorimeterwasser in Berührung kommenden Teile und deren spezifischen Wärme, ist aber auf diese Weise nur schwierig zu ermitteln. Einfacher und zuverlässiger bestimmt sich der Wasserwert des Kalorimeters durch Versuche.

Man verbrennt, ebenso wie beim Experimentieren mit Brennstoffen, die genau gewogene Menge einer Substanz, deren Verbrennungwärme bekannt ist, und stellt die Differenz fest zwischen der dadurch erzeugten und der im Kalorimeter nachgewiesenen Wärmemenge. Als solche Substanz kann man u. a. chemisch reinen Zucker verwenden, da dessen Verbrennungswärme durch Berthelot zuverlässig zu 3962 Kal. bestimmt wurde.

Außer den bereits behandelten Korrekturen, wovon die eine durch die beim Versuche zur Kondensation gelangende Gesamtwassermenge, die andere durch die Wärmeaufnahme aller mit dem Kalorimeterwasser in Berührung kommenden Teile bedingt ist, ist bei jeder Verbrennung im Kalorimeter noch eine Reihe anderer Korrekturen durchzuführen, und zwar:

1. in bezug auf die durch die Verbrennung des zur Zündung verwendeten Eisendrahtes entstehende Wärmemenge,
2. in bezug auf die bei der Verbrennung in der Bombe entstehenden Säuren,
3. in bezug auf den Einfluß der Umgebung auf die Temperatur des Kalorimeterwassers,
4. in bezug auf Fehler, die in den Angaben des verwendeten Thermometers enthalten sind.

Die erste Korrektur ist sehr einfach, da das Gewicht des zur Zündung dienenden Eisendrahtes ohnehin bestimmt wird. Nach Berthelot ist die Verbrennungswärme von Eisen (zu Eisenoxyd verbrannt) 1601 Kal.

Viel komplizierter ist die zweite, auf die zur Bildung kommenden Säuren bezügliche Korrektur. Da der käufliche, komprimierte Sauerstoff fast stets Stickstoff enthält, so ist die Bildung von Salpetersäure unvermeidlich. Außerdem sind viele Brennmaterialien schwefelhaltig. In komprimiertem Sauerstoffe verbrennt der Schwefel entweder zu Schwefelsäureanhydrid, welches sich in dem Verbrennungswasser zu verdünnter Schwefelsäure auflöst, oder aber, wie vielfache Beobachtungen zeigen, zu schwefliger Säure. In der Praxis erhält man bei der Verbrennung schwefelhaltiger Materialien auf dem Roste einer Feuerungsanlage entweder schweflige Säure oder auch Schwefelsäure. Langbein spricht nun die in der Bombe entstehende, aus dem Schwefelgehalte der verbrannten Probe herrührende Säure nur als verdünnte Schwefelsäure (Schwefelsäureanhydrid in Wasser gelöst) an und nimmt ferner an, daß bei der Verbrennung auf dem Roste nur schweflige Säure entsteht. Es ist dadurch eine Reduktion des in der Bombe gefundenen Schwefelsäuregehaltes auf schweflige Säure nötig.

In Anbetracht dieser Unbestimmtheiten und im Interesse der Einfachheit der Heizwertbestimmungen läßt Bunte sowohl die gebildete Salpetersäure als auch die Schwefelsäure unberücksichtigt. Die dadurch entstehenden Fehler sind nur bei stark schwefelhaltigen Stoffen von einiger Bedeutung. Verf. berücksichtigt nur die Entstehung von Salpetersäure, und zwar derart, daß er die bei der ersten Korrektur gefundene Zahl um ca. 8—10 Kal. aufrundet.

Da sich der Einfluß der Umgebung auf die Temperatur des Kalorimeterwassers selbst bei sorgfältigster Isolierung nicht ausschließen läßt, so ist es nötig, der durch das Thermometer festgestellten Differenz der Temperaturen des Kalorimeterwassers vor der Zündung und bei Erreichung des Temperaturmaximums einen Korrektionssummanden hinzuzufügen. Regnault und Pfaundler haben zu dieser dritten Korrektion eine Formel aufgestellt, die von Stohmann verbessert wurde. Sie ist zum ersten Male in dem Flugblatte Nr. 7 des Magdeburger Vereins für Dampfkesselbetrieb veröffentlicht und lautet:

$$\text{Korrektion} = \frac{v - v'}{\tau' - \tau} \cdot \left(\frac{t_2 - t_1}{9} + \frac{t_1 + t_n}{2} + \sum_{1}^{n-1} (t) - n \cdot \tau \right) - (n - 1) \cdot v.$$

Hierin bedeutet:

$v =$ Mittel der vor der Zündung abgelesenen minutlichen Temperaturänderungen,

$v' =$ Mittel der im Nachversuche abgelesenen minutlichen Temperaturänderungen,

$\tau =$ Mittel der Temperaturablesungen des Vorversuches,

$\tau' =$,, ,, ,, ,, Nachversuches,

$t_1, t_2 \ldots t_n =$,, ,, ,, Hauptversuches,

$n =$ Anzahl der ,, ,, ,,

Die vierte Korrektur ist nötig, weil die käuflichen Thermometer, auch wenn es beste Fabrikate sind, fast nie fehlerfrei sind. Man darf daher zu kalorimetrischen Versuchen, wo schon $1/_{1000}$ Grad eine Rolle spielt, nur solche Thermometer benützen, die von der physikalisch-technischen Reichsversuchsanstalt geprüft sind, und deren Fehler alsdann in einem Prüfungsatteste niedergelegt sind. Ein derartiges Attest gibt z. B. an, daß das eingesandte Thermometer bei

+ 14 Grad	um	0,01		+ 20 Grad	um	0,01	Grad
+ 15 ,,	,,	0,02	Grad	+ 21 ,,	,,	0,01	zu hoch
+ 16 ,,	,,	0,01	zu hoch	+ 22 ,,	,,	0,01	zeigt
+ 17 ,,	,,	0,01	zeigt	+ 23 ,,	,,	0,01	
+ 18 ,,	,,	0,01		+ 24 ,,	ohne wesentliche		
+ 19 ,,	,,	0,01			Fehler ist.		

Die vorstehend angegebenen Fehler gelten nur unter der Voraussetzung, daß der Quecksilberfaden seiner ganzen Länge nach sich in der zu messenden Temperatur befindet. Wenn hingegen, wie es bei den vorliegenden Beobachtungen stets der Fall ist, ein Teil des Fadens aus dem Kalorimeterwasser, dessen Temperatur gemessen werden soll, herausragt, so ist zu der abgelesenen und nach den vorstehenden Fehlerangaben berichtigten Temperatur die Verbesserung $\dfrac{x(T - t)}{6300}$ hinzuzufügen, wobei x die in Graden ausgedrückte Länge des herausragenden Teiles des Quecksilberfadens, T die zu messende Temperatur, und t die mittlere Temperatur des herausragenden Fadens bedeutet. Letztere wird durch ein Hilfthermometer ermittelt, welches neben dem Versuchsthermometer so aufgehängt ist, daß sein Quecksilbergefäß sich in halber Höhe des herausragenden Quecksilberfadens befindet.

Es folgt nun eine vollständig durchgerechnete Heizwertbestimmung. Die untersuchte Kohle ist schlesische Steinkohle.

Zimmertemperatur: 20°.

Wasserwert des Kalorimeterwassers = 2100 g.

Gewicht des Eisendrahtes + Kohlenbrikettchen = 1,0959 g
Gewicht des Eisendrahtes allein   = 0,0187 g

Gewicht des Kohlenbrikettchens allein   = 1,0772 g

Gewicht der Chlorkalziumvorlage:

a) vor dem Versuche   = 48,2169 g
b) nach dem Versuche   = 48,7605 g

Gewicht des Gesamtwassers   = 0,5436 g
Gewicht des Wassers in O_2 = 0,0250 g

Gewicht des Wassers in der Kohle = 0,5186 g = **48,1**%

Gang der Temperaturen.

Nr.	Vorversuch		Hauptversuch		Nachversuch		Bemerkungen
	Ablesung $\tau =$	Diff. $v =$	Ablesung $t_1, t_2, t_3 \ldots =$	Korr. Ablesung $t =$	Ablesung τ'	Diff. v'	
1	18,752°	+	18,759°	18,749°	21,744°	—	
2	18,753	0,001°	19,170	19,160	21,742	0,002°	
3	18,754	0,001	20,530	20,520	21,738	0,004	
4	18,755	0,001	21,240	21,230	21,733	0,005	
5	18,756	0,001	21,590	21,580	21,728	0,005	
6	18,757	0,001	21,720	21,710	21,723	0,005	
7	18,758	0,001	21,749	21,739	21,718	0,005	
8	18,759	0,001	Diff.				
9	18,759	0,000	$t_n - t_1 =$	2,990°			
Sa.	168,803°	0,007°			152,126°	0,026°	
Mittel	18,756°	0,001°			21,732°	0,004°	

$$\text{Korrektion} = \frac{v - v'}{\tau' - \tau} \cdot \left(\frac{t_2 - t_1}{9} + \frac{t_1 + t_n}{2} + \sum_1^{n-1} (t) - n \cdot \tau \right) - (n - 1) \cdot v$$

$$= \frac{0,001 + 0,004}{21,732 - 18,756} \cdot \left(\frac{19,160 - 18,749}{9} + \frac{18,749 + 21,739}{2} \right.$$

$$\left. + \, 122,949 - 7 \cdot 18,756 \right) - 6 \cdot 0,001$$

$$= +0,014°.$$

Wirkliche Temperaturzunahme $= 2,990° + 0,014° = \mathbf{3,004°}$.

Wasserwert des Kalorimeterwassers $= 2100\,g$
Wasserwert des Kalorimeters $\quad = \quad 340\,g$ (aus Vorversuchen bestimmt).

$$\text{Sa.} = 2440\,g.$$

Im ganzen erzeugte Wärmemenge:

$$= 3,004 \cdot 2440 \text{ kal. (Grammkalorien).}$$
$$= 7329,76 \text{ kal.}$$

An dieser gesamten Wärmeentwicklung partizipieren:

a) die verbrannte Kohle,
b) der verbrannte Eisendraht,
c) die Bildungswärme geringer Mengen von Salpetersäure und Schwefelsäure.

Der gesuchte Heizwert der Kohle stellt sich dar in der Formel:

$$\text{Heizwert} = [a - (b + c)] : 1,0772,$$
$$= [7329,76 - (b + c)] : 1,0772.$$

0,0187 g Eisendraht geben bei vollständiger Verbrennung zu Eisenoxyd:

$$0,0187 \cdot 1601 \text{ kal.} = 29,9 \text{ kal.} \sim 30 \text{ kal.} = b \text{ kal.}$$

Für die gebildeten Säuren werden 10 kal. $= c$ kal. in Abzug gebracht. Also ist der gesamte, in der Bombe entwickelte Heizwert der Kohle

$$= [7329,76 - (30 + 10)] : 1,0772$$
$$= \sim 6767,3 \text{ kal.} = \text{oberer Heizwert.}$$

Für die festgestellten 48,1% Gesamtwasser in der Kohle sind in Abzug zu bringen:

$$48,1 \cdot 6 \text{ kal} = 288,6 \text{ kal.}$$

Der untere Heizwert der untersuchten Kohle beträgt also:

$$(6767,3 - 288,6) \text{ kal.} = \mathbf{6478,7 \text{ kal.}}$$

Einfluß des Feuchtigkeitsgehaltes auf den Heizwert eines Brennmaterials.

Der Heizwert eines Brennmaterials ist von dem bei der Verbrennung desselben zum Vorscheine kommenden Gesamtwasser abhängig. Dieses rührt zum größten Teile von dem hygroskopischen Wasser, also von der natürlichen Feuchtigkeit des Brennmateriales her.

Da letztere bei ein und demselben Brennmateriale großen Schwankungen unterworfen ist, so ist die Angabe des Heizwertes nur dann von Bedeutung, wenn gleichzeitig der Feuchtigkeitsgehalt angegeben ist, den das Brennmaterial zur Zeit der Untersuchung hatte.

Zusätze, wie z. B. „die Kohle wurde in lufttrockenem Zustande" oder „in grubenfeuchtem Zustande" untersucht, sind nichtssagend, da die Begriffe „lufttrocken" und „grubenfeucht" nichts weniger als feststehend sind.

Besonders bei Braunkohlen, die frisch gefördert, oft 50% und mehr Feuchtigkeit aufweisen, können bei der Wertschätzung bedeutende Irrtümer durch Nichtangabe des Feuchtigkeitsgehaltes der untersuchten Probe entstehen.

Es enthielt z. B. frisch geförderte Braunkohle:

$$
\begin{aligned}
C &= 32{,}1\% \quad \text{Kohlenstoff} \\
H &= 2{,}3\% \quad \text{Wasserstoff} \\
O &= 9{,}6\% \quad \text{Sauerstoff} \\
S &= 1{,}0\% \quad \text{Schwefel} \\
N &= 0{,}7\% \quad \text{Stickstoff} \\
\text{Asche} &= 10{,}0\% \quad \text{Asche} \\
H_2O &= \underline{44{,}3\%} \quad \text{Wasser} \\
&\ \ 100\%
\end{aligned}
$$

Der obere Heizwert der Kohle, durch das Kalorimeter bestimmt, ist

3109 Kal.

Das Gesamtwasser, nach der beschriebenen Methode festgestellt, beträgt 65%, und zwar

aus 9,6% Sauerstoff herrührend $\qquad = \dfrac{9{,}6}{8} \cdot 9\% = 10{,}8\%$

aus $\left(2{,}3 - \dfrac{9{,}6}{8}\right)\%$ Wasserstoff herrührend $= 1{,}1 \cdot 9\% = 9{,}9\%$

hygroskopisch $\qquad\qquad\qquad\qquad\qquad\qquad \underline{44{,}3\%}$

65,0%

Der untere Heizwert wird also: $(3109 - 65 \cdot 6)$ Kal.

$= 2719$ Kal.

100 g dieser Kohle wurden einige Tage an der Luft getrocknet und verloren dadurch 20 g Feuchtigkeit, so daß die restierenden 80 g Kohle noch $(44{,}3 - 20{,}0)$ g $= 24{,}3$ g $= 30{,}375\%$ Feuchtigkeit enthielten.

Der obere Heizwert der sog. lufttrockenen Kohle mit 30,375% Feuchtigkeit ergab sich zu

3886 Kal.,

also um **(3886 — 3109) Kal. = 777 Kal.** höher als derjenige der sog. grubenfeuchten Kohle.

Da für den Konsumenten nur jener Heizwert eines Brennmaterials von Belang ist, den es unmittelbar vor der Verfeuerung besitzt, so ist es naheliegend, das Brennmaterial auch in diesem Zustande zu kalorimetrieren.

Doch ist dieses Verfahren nicht immer durchführbar, da die Untersuchung nur mit pulverisierter Brennsubstanz (die ev. zu einem Brikettchen gepreßt wird) vorgenommen werden soll, und sich z. B. sehr feuchte Kohle gar nicht, oder doch nur mangelhaft zu Staub zermahlen läßt. In solchen Fällen ist man gezwungen, die zur Untersuchung bestimmte, größere Durchschnittsprobe ausgebreitet einige Tage an trockener Luft liegen zu lassen und durch öfteres Umschaufeln den Trocknungsprozeß zu beschleunigen.

Die so erhaltene, sog. lufttrockene Kohle wird zermahlen und dann nach der auf S. 94 angegebenen Methode so lange unterteilt, bis das zur Verbrennung in der Bombe gewünschte Quantum übrigbleibt.

Ein anderer Teil der zermahlenen Substanz wird zur Bestimmung des Feuchtigkeitsgehaltes benützt.

Der für die lufttrockene Kohle gefundene Heizwert muß alsdann noch auf den Feuchtigkeitsgehalt der Kohle im angelieferten Zustande (den man ja aus einer separat entnommenen Probe bestimmt) umgerechnet werden, wozu man mit genügender Genauigkeit folgende Beziehungen benützen kann:

Es sei

im angelieferten Zustande (Rohkohle)	im lufttrockenen Zustande:
H = Heizwert $\quad$ ⎫ von 100 g W = Feuchtigkeitsgehalt ⎭ Kohle. Würden 100 g Kohle vollständig **wasserfrei** gemacht werden, so blieben noch $(100 - W)$ g Verbrennliches, was dieselbe Wärmemenge liefert als 100 g Kohle im angelieferten Zustande. 1 g der wasserfreien Kohle liefert dann: $$H' = \frac{H}{100 - W} \text{ Kal.} = \text{Heizwert}$$ der wasserfreien Kohle.	h = Heizwert $\quad$ ⎫ von 100 g w = Feuchtigkeitsgehalt ⎭ Kohle. Würden 100 g Kohle vollständig **wasserfrei** gemacht werden, so blieben noch $(100 - w)$ g Verbrennliches, was dieselbe Wärmemenge liefert als 100 g Kohle im lufttrockenen Zustande. 1 g der wasserfreien Kohle liefert dann: $$h' = \frac{h}{100 - w} \text{ Kal.} = \text{Heizwert}$$ der wasserfreien Kohle.

Da aber $\qquad H' = h'$,

so ist

$$\frac{H}{100 - W} = \frac{h}{100 - w}$$

oder

$$H = \frac{100 - W}{100 - w} \cdot h.$$

Das Kalorimeter nach Parr.

Diese Einrichtung zur Bestimmung des Heizwertes von Brennmaterialien hat mit der zuletzt beschriebenen Krökerschen Bombe das eine gemeinsam, daß sie ebenfalls auf der von Berthelot angegebenen Idee aufbaut, wonach bei Heizwertbestimmungen während des Versuches Gase weder zugeführt, noch nach außen abgeleitet werden dürfen, daß vielmehr alle Vorgänge sich in dem geschlossenen Raume innerhalb des Kalorimeters abspielen müssen.

Im Unterschiede zur Krökerschen Bombe wird beim Parrschen Kalorimeter der zur Verbrennung nötige Sauerstoff erst durch die Verbrennung selbst entwickelt, und zwar aus einem Körper, der noch die Eigenschaft hat, die Verbrennungsprodukte im Augenblicke ihrer Entstehung an sich zu ketten, so daß also im Verbrennungsraume höherer Druck weder nötig ist, noch solcher erzeugt wird.

Als solcher Körper wird Natriumsuperoxyd (NaO) angewendet, welches die bei der Verbrennung entstehende Kohlensäure (CO_2) und das Wasser in Form von Natriumkarbonat bzw. Natriumhydrat bindet.

Das für den Versuch ausgewählte Brennmaterial wird mit einer gewissen Menge Natriumsuperoxyd gemischt, in ein absolut dicht verschließbares, zylindrisches Gefäß, die Patrone, gefüllt und durch ein glühendes Metallstiftchen zur Entzündung gebracht.

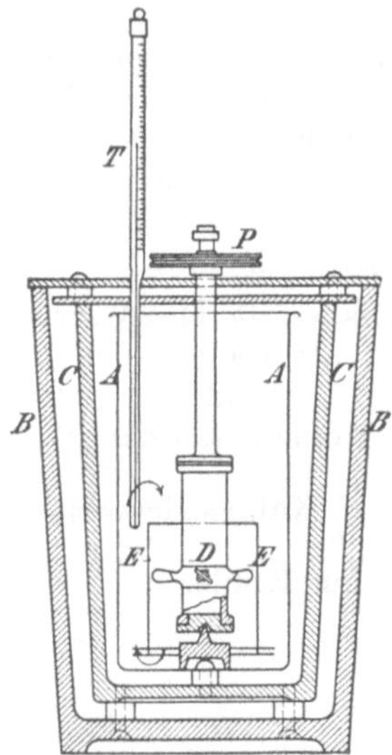

Die Patrone ist dabei im Kalorimeter untergebracht.

Dieses besteht, wie Fig. 43 zeigt, aus dem Messinggefäße A, welches sich zum Schutze gegen Einflüsse von außen in einem aus Hartpapier hergestellten Behälter C befindet, der aus dem gleichen Grunde von einem zweiten Hartpapiergefäße B umgeben ist. Ein doppelter Deckel verschließt diese beiden Gefäße C und B.

Die Patrone D ist in der Achse des ganzen Kalorimeters so angeordnet, daß sie unten mit einer körnerartigen Vertiefung im Boden auf einer auf einem Dreifuße ruhenden Spitze gelagert ist, während ihr oberer Teil durch den Doppeldeckel geführt ist und außen einen Schnurlauf P trägt. Auf dem besagten Dreifuße im Innern des Kalorimetergefäßes A ruht noch ein beiderseits offener Blechzylinder E, der die Patrone D bis über die Hälfte ihrer Höhe umgibt. Die Patrone befindet sich

Fig. 43.

während des Versuches in Rotation. Vier kleine, an ihrem Umfange sitzende Schraubenflügel setzen das Wasser in A in Bewegung, und es ist Aufgabe des Blechzylinders E, diese Zirkulation so zu leiten, daß sie in der durch den Pfeil angedeuteten Weise stattfindet. Der Antrieb der Patrone kann von einer kleinen Wasserturbine aus oder durch einen Elektromotor geschehen. Die dazu nötige Kraft ist sehr klein; es genügt schon die für eine 10 kerzige Glühlampe nötige Energiemenge.

In Fig. 44 ist die Patrone in etwas größerem Maßstabe im Schnitte dargestellt. Sie besteht in der Hauptsache aus einem zylindrischen Gefäße A, welches an beiden Enden mit einem Innengewinde versehen ist, unten, um den Verschlußdeckel B dicht einschrauben zu können, oben, um in gleicher Weise den zweiten Verschlußdeckel C gasdicht einsetzen zu können.

Zur sicheren Abdichtung dieser beiden Deckel werden Lederringe als Dichtung zwischen Deckel und Mantel eingesetzt.

Der obere Deckel C ist zu einem hohlen Stängelchen ausgebildet, in welchem ein in der Längsrichtung durchbohrter Stift E, der unten ein einfaches Ventil D trägt, beweglich angeordnet ist.

Eine Spiralfeder sorgt dafür, daß der Stift E stets seine höchste Stellung einnimmt, daß also das Ventil D für gewöhnlich geschlossen ist. Der obere Knopf des Stiftes ist abschraubbar, um jederzeit das Ventil D und die Spiralfeder herausnehmen und alle Teile gründlich reinigen zu können.

Da das Kalorimeter ein sehr rasches Arbeiten ermöglichen soll, so sind ihm verschiedene Hilfsapparate beigegeben; ebenso ist das noch zu beschreibende Verfahren beim Experimentieren selbst, obigem Zwecke entsprechend, nach ganz bestimmten Regeln zugeschnitten.

Vorbereitungen zum Versuche. Das Kalorimeter nebst allem Zubehör ist einige Stunden vor Ausführung des Versuches in den Experimentierraum zu bringen, damit alle Teile Zimmertemperatur angenommen haben. Das zur Verwendung kommende Kalorimeterwasser hat aus dem gleichen Grunde in einem beigegebenen Meßkolben, der, bis zu einer Strichmarke gefüllt, 2 Liter Wasser faßt, mindestens eine Stunde vor Beginn des Versuches im Versuchszimmer gestanden.

Da die Temperatursteigerung, die das Kalorimeterwasser während des Versuches erfährt, ca. 2—3° beträgt, und die Einflüsse der Umgebung des Kalorimeters auf die Temperatur des Kalorimeterwassers für praktische Zwecke unberücksichtigt bleiben können, wenn die Zimmertemperatur in der Mitte der Anfangs- und Endtemperatur des Wassers liegt, so kühlt man das im Meßkolben aufbewahrte Wasser unmittelbar vor dem Versuche um $1—1^1/_2°$ ab. Dieses Abkühlen geschieht am einfachsten, indem man den Meßkolben unter die Wasserleitung nimmt und ihn äußerlich von kälterem Wasser so lange berieseln läßt, bis ein in den Kolben eintauchendes Thermometer die gewünschte Temperatur anzeigt.

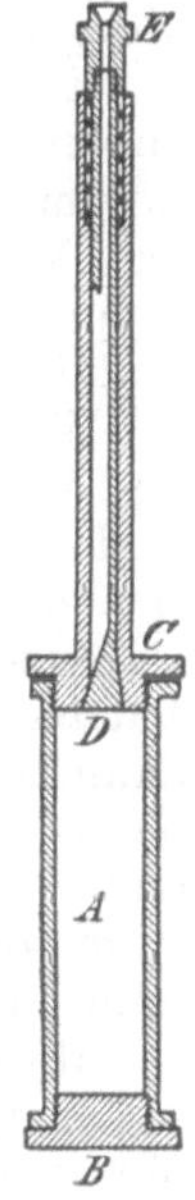

Fig. 44.

Der Dreifuß, ebenso wie der Zylinder E werden, nachdem sie gut abgetrocknet sind, in das aus dem Hartpapierbehälter genommene Kalorimetergefäß A (Fig. 43) gestellt; hierauf füllt man vorsichtig das Kalorimeterwasser aus dem Kolben in A ein.

Patrone, Deckel, Stängelchen, Ventil und Spiralfedern werden sorgfältig abgetrocknet.

Ebenso wie das Kalorimeterwasser nur dem Volumen nach bestimmt wurde, werden die zur Anwendung kommenden Reagenzien nicht gewogen, sondern volumetrisch abgemessen.

Die zu untersuchende Durchschnittsprobe der Kohle muß gut getrocknet sein; sie soll nur 2—3% Feuchtigkeit enthalten.

Braunkohle muß so weit zerkleinert werden, daß sie durch ein Sieb mit 0,3 mm Maschenweite geht, Steinkohle, Anthrazit und Koks sind noch feiner zu pulverisieren.

Die Patrone, deren Boden man eingeschraubt hat, stellt man auf einen Bogen weißes Papier und streicht nun mittels eines Pinsels die Kohlenprobe vom Uhrglase, auf welchem man sie abgewogen hat, in das Innere der Patrone. Daneben fallende Kohleteilchen werden natürlich von dem Papiere aus ebenfalls in die Patrone gepinselt.

In einem beigegebenen Meßbecher, der, wenn er bis zum Streichmaße gefüllt ist, gerade 10 g Natriumsuperoxyd enthält, gibt man dieses Reagenz ebenfalls in die Patrone und verschließt diese.

Es ist besonders sorgfältig darauf zu achten, daß das Natriumsuperoxyd möglichst wenig mit der atmosphärischen Luft in Berührung kommt, weshalb es in einer gut schließenden Glasflasche aufzubewahren ist. Mit feuchten Körpern, wie z. B. Kohle, Sägespäne usw. darf Natriumsuperoxyd nicht zusammengebracht werden, da sonst leicht ein Entzünden eintritt.

Wenn die Patrone geschlossen ist, wird der Knopf E zur Sicherung des Ventilschlusses nach oben gedrückt, und die Patrone tüchtig hin und her geschüttelt und zum Schlusse auf den Tisch gestoßen, damit sich der Inhalt zu Boden setzt.

Ausführung des Versuches. Man befestigt die Flügel an der Patrone und setzt letztere auf die Spitze des Dreifußes (Fig. 43); alsdann bedeckt man die Hartpapiergefäße mit dem Doppeldeckel, steckt den Schnurlauf auf das Stängelchen, legt die Treibschnur um, und setzt endlich das Thermometer T (Fig. 43) ein. Hierauf setzt man den Elektromotor oder die Wasserturbine in Betrieb. Die Rotation der Patrone muß im Sinne des Zeigers der Uhr erfolgen.

Alsdann beobachtet man die Temperatur des Kalorimeterwassers so lange, bis sie konstant geworden ist, was gewöhnlich nach 3 bis 4 Minuten eintritt. Nach festgestellter Temperaturkonstanz wird ein inzwischen in einer Bunsenflamme lebhaft rotglühend gemachtes Eisenstäbchen durch die Bohrung des Knopfes E gesteckt, letzterer rasch niedergedrückt, damit das Stäbchen in das Innere der Patrone gelangen kann, worauf man den Knopf ebenso rasch zurückgehen läßt, damit keine Gase aus der Patrone entweichen können. Dadurch, daß das Gemisch von Natriumsuperoxyd und Kohle zur Entzündung gekommen ist, fängt das Thermometer an, rasch zu steigen, bis nach Verlauf von ca. 5 Minuten das Temperaturmaximum eintritt. Dieses ist natürlich scharf zu beobachten, was leicht möglich ist, da das Thermometer T mit Sicherheit Ablesungen bis auf 0,005° gestattet. Der Versuch ist beendet.

Um sich zu überzeugen, ob aller Kohlenstoff verbrannt ist, legt man die von ihren Deckeln befreite Patrone in warmes Wasser (was auch schon zum Zwecke der gründlichen Reinigung nötig ist) und neutralisiert die Lösung der Verbrennungsrückstände in diesem Wasser mit Salzsäure.

Berechnung der Versuchsresultate.

Der Wasserwert des Kalorimeters einschließlich einer in das Wasser reichenden Eintauchlänge des Thermometers von 14 cm beträgt 123,5 g. Dieser Wert ändert sich durch Austausch der Patrone nicht, da sämtliche Patronen aus dem gleichen Materiale gefertigt und von demselben Gewicht sind.

$$
\begin{aligned}
\text{Wasserwert des Kalorimeterwassers} &= 2000 \text{ g} \\
\text{Summe der Wasserwerte} &= 2123,5 \text{ g} \\
\text{Gewicht des Eisenstäbchens (konstant)} &= 0,4 \text{ g} \\
\text{Spezifische Wärme des Eisens} &= 0,12 \text{ kal.} \\
\text{Temperatur der Rotglut} &= 700^\circ.
\end{aligned}
$$

Also Wärmemenge, die durch das glühende Eisenstäbchen zugeführt wurde

$$= 0,4 \cdot 700 \cdot 0,12 \text{ kal} = 33,6 \text{ kal.}$$

2123,5 kal. ergeben eine Temperaturerhöhung von 1°,
33,6 kal. ergeben eine Temperaturerhöhung von $0,015[8]^\circ$.

Man hat also für das glühende Eisenstäbchen einen korrigierenden Abzug von $0,015^\circ$ zu machen.

Abgelesene Temperaturerhöhung $= T^\circ$,
in Rechnung zu ziehende Temperaturerhöhung $t = T^\circ - 0,015^\circ$.

Wie nun genaue Versuche gezeigt haben, entfallen von der Temperaturerhöhung t° 73% auf die eigentliche Verbrennung und 27% auf die Reaktion der Verbrennungsprodukte mit dem Reagens.

Verbrennt man also 1 g Braunkohle, so sind

$$0,73 \cdot 2123,5 \cdot t \text{ kal.} = 1550,1 \cdot t \text{ kal.}$$
$$= \infty \, \mathbf{1550 \cdot t \text{ kal.}}$$

auf Rechnung der Kohle zu setzen.

Der Heizwert der Braunkohle findet sich also bei obiger Versuchseinrichtung einfach, wenn man die korrigierte Temperaturerhöhung mit 1550 multipliziert.

Ist Steinkohle zu untersuchen, so wiegt man nur 0,5 g der Durchschnittsprobe ab, vermischt diese mit 10 g Natriumsuperoxyd und mengt außerdem noch 0,5 g Weinsäure bei.

Für diese Weinsäuremenge sind nach diesbezüglichen Versuchen
in Abzug zu bringen: $0,835^\circ$
Für das glühende Eisenstäbchen sind in Abzug zu bringen: $0,015^\circ$
Insgesamt: $0,85^\circ$

Im übrigen ist der Rechnungsgang derselbe wie bei Braunkohle, nur ist die korrigierte Temperaturerhöhung t mit $2 \cdot 1550 = \mathbf{3100}$ zu multiplizieren, um den Heizwert von 1 g Steinkohle zu erhalten.

Bei Anthrazit mischt man außer 10 g Natriumsuperoxyd noch 0,5 g Weinsäure und 1 g Kaliumpersulfat bei, wodurch sich eine Gesamtkorrektur der abgelesenen Temperaturerhöhung von $0,99^\circ$ ergibt.

Die Probeentnahme.

Gleichgültig, ob es sich um die Bestimmung des Feuchtigkeitsgehaltes, oder des Aschegehaltes, oder des Heizwertes von Brennmaterialien handelt, stets wird die Richtigkeit der Untersuchung von der Genauigkeit der Probeentnahme abhängen. Die Herstellung einer richtigen Durchschnittsprobe, die lange nicht so einfach ist, wie häufig angenommen wird, ist ebenso wichtig wie die nachfolgende Untersuchung der Probe selbst.

Am schwierigsten ist das Ziehen der Durchschnittsprobe bei großstückigem Materiale (Stückkohle, Briketts usw.) und bei sehr ungleichmäßigen Brennstoffen (Förderkohle usw.), am leichtesten bei feinem oder pulverigem Materiale.

Handelt es sich darum, aus einem per Schiff oder Eisenbahn ankommenden Brennmateriale die Durchschnittsprobe zu entnehmen, so geschieht dies am besten in Verbindung mit der Ausladung oder der Kontrollwägung. Gewöhnlich werden ja die Brennmaterialien aus dem Schiffe oder dem Eisenbahnzuge in kleine Transportgefäße, wie Karren, Rollwagen u. dgl. gefüllt und in diesen zum Lagerplatze, ev. vorher noch auf eine Brückenwage befördert. Bei diesem Abladen in kleinere Transportgefäße gibt man nun jede 40. Schaufel beiseite; bei sehr gleichmäßigem Materiale genügt jede 80. Schaufel, bei sehr ungleichmäßigem Materiale ist es empfehlenswert, schon jede 20. Schaufel zu nehmen.

Von dieser so erhaltenen sog. großen Probe werden nun zunächst eventuell vorhandene größere Stücke möglichst zerkleinert; alsdann wird das Ganze auf einer Blechtafel durch Umschaufelung tüchtig durchgemischt und schließlich in einen rechteckigen Haufen von gleichmäßiger Schütthöhe (ca. 100—200 mm) ausgebreitet.

Nunmehr sind zwei Arten der weiteren Behandlung der großen Probe möglich:

1. Man teilt den Haufen mit einer Schaufel oder einer Latte durch Ziehen der Diagonalen (Fig. 45) in 4 dreieckige Haufen A, B, C, D. Zwei gegenüberliegende Teile, z. B. A und C werden nun beiseite geschaufelt, während die zurückbleibenden Teile D und B wiederum gut vermischt und alsdann abermals in einen rechteckigen Haufen geschaufelt werden. Es erfolgt wieder die Teilung durch die Diagonalen, die Beseitigung zweier gegenüberliegender Teile, das Vermischen der restierenden Teile usw. Dieses Verfahren wird so lange fortgesetzt, bis schließlich

nur noch ca. 10 kg als sog. kleine Durchschnittsprobe übrigbleiben, die in eine Blechbüchse gefüllt, und, nachdem letztere zugelötet ist, zur Heizwertbestimmung aufbewahrt werden.

2. Statt den rechteckigen Haufen durch die Diagonalen zu teilen, kann man ihn auch durch Linien parallel zu den Rechteckseiten schachbrettähnlich einteilen. Von jedem Felde wird dann mittels eines Löffels eine kleine Probe abgenommen und zu einem besonderen Haufen zusammengeschüttet. Nachdem letzterer tüchtig durchgeschaufelt ist, beginnt das Verfahren von neuem und wird so lange fortgesetzt, bis wiederum nur noch ca. 10 kg als kleine Durchschnittsprobe übrigbleiben.

Da bei dieser zweiten Methode der Teilung leichter Fehler entstehen können als bei der Teilung durch die Diagonalen, so ist darauf zu achten, daß die Zerkleinerung der großen Probe möglichst weit getrieben wird.

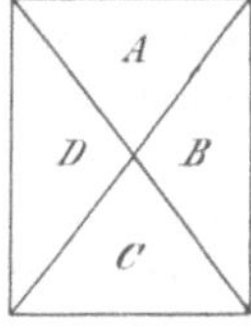

Fig. 45.

Die Erfahrung lehrt, daß eine Durchschnittsprobe um so schlechter gemischt ist, je größer sie ist, und daß durch Umschaufelung nur dann eine gute Vermischung erzielt wird, wenn es systematisch geschieht, so ist zwecks Erlangung einer recht zuverlässigen Durchschnittsprobe folgendes Verfahren empfehlenswert:

Die bei der Herstellung der kleinen Probe nach Methode 1 jeweils erhaltenen, gegenüberliegenden Dreiecke A und C (Fig. 45) werden in zwei schrägliegende, unten durch einfache Schieber verschlossene, trichterförmige Gefäße (Fig. 46) gefüllt, von denen aus die Materialien nach gleichzeitiger Öffnung der Schieber durch einen vertikal stehenden dritten Trichter auf eine Blechtafel fallen, auf welcher sie zu ebensolcher weiteren Behandlung vorbereitet werden. Dieses Verfahren fortgesetzt bis die gewünschte kleine Probe von ca. 10 kg übrigbleibt, gibt Gewähr für eine recht vollkommen gemischte Durchschnittsprobe.

Unmittelbar vor der Kalorimetrierung wird diese Probe auf einer sauberen Unterlage — einer Blechplatte oder kräftigen Gußeisenplatte — ausgebreitet und mit einem schweren Hammer so lange gestampft, bis die ganze Probe durch ein Sieb von 3 mm Maschenweite geht.

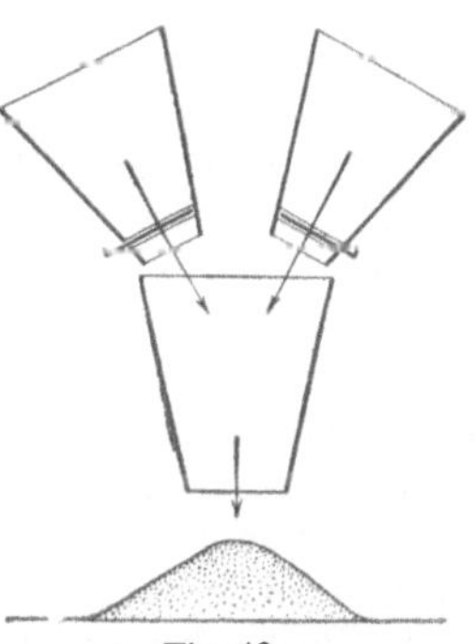
Fig. 46.

Alsdann gibt man ca. 100 g in eine verkorkbare, vorher im Trockenschranke (s. Fig. 48—51) aufbewahrte Glasflasche und versiegelt letztere. Diese Teilprobe wird später zur Bestimmung des Feuchtigkeitsgehaltes benützt. Der übrige Teil der Probe wird nach dem vorher angegebenen Verfahren so lange durch Diagonalen unterteilt, bis schließlich nur noch ca. 1 kg übrig bleibt. Diese Menge wird nun in einem gußeisernen, aufs sorgfältigste gereinigten Mörser zu Pulver gerieben. Dieses Pulver breitet man auf einer starken Glasplatte oder auf Glanzpapier aus und unterteilt es nach bekannter Manier so lange, bis die zur Untersuchung benötigte Materialmenge, also z. B. bei Steinkohle ca. 1 g übrigbleibt.

Handelt es sich darum, von der bei einem Verdampfungsversuche verwendeten Kohle eine Durchschnittsprobe zu entnehmen, so wird von jeder Karre, mit der die Kohle vor den Versuchskessel gefahren wird, eine Schaufel voll in eine Holzkiste mit Deckel geworfen. Diese Probe ist dann, wie vorher angegeben, auf ca. 10 kg zu reduzieren, welche Menge dann in eine Blechbüchse eingefüllt und, nachdem letztere mit einem aufgelöteten Deckel verschlossen ist, für die Kalorimetrierung aufbewahrt wird. Die weitere Behandlung ist die gleiche wie vorher angegeben wurde, nur mit dem Unterschiede, daß die Proben für die Feuchtigkeitsbestimmung während des Versuches in zwei- oder dreifacher Auflage entnommen werden.

Die vom Vereine deutscher Ingenieure aufgestellten Normen für Leistungsversuche an Dampfkesseln und Dampfmaschinen sagen in bezug auf die Entnahme von Durchschnittsproben folgendes:

„Von jeder Ladung (Karre, Korb u. dgl.) des zugeführten Brennstoffes wird eine Schaufel voll in ein mit einem Deckel versehenes Gefäß geworfen. Sofort nach Beendigung des Verdampfungsversuches wird der Inhalt des Gefäßes zerkleinert, gemischt, quadratisch ausgebreitet und durch die beiden Diagonalen in vier Teile geteilt. Zwei einander gegenüberliegende Teile werden fortgenommen, die beiden anderen wieder zerkleinert, gemischt und zerteilt. In dieser Weise wird fortgefahren, bis eine Probemenge von etwa 10 kg übrigbleibt, die in gut verschlossenen Gefäßen zur Untersuchung gebracht wird. Außerdem ist während des Versuches eine Anzahl von Proben in luftdicht verschließbare Gefäße zu füllen (Feuchtigkeitsproben).‟

Die von der Versuchsanstalt in Karlsruhe für die Probenahme von Brennmaterialien gegebenen Vorschriften lauten folgendermaßen:

„Von dem zu prüfenden Material wird beim Beladen oder Abladen eines Waggons jede zwanzigste oder dreißigste Schaufel beiseite in Körbe oder Eimer geworfen, wobei darauf zu achten ist, daß das Verhältnis von großen und kleinen Stücken in der Probe dem Verhältnis in der Lieferung entspricht. Bei grobstückigem Material soll diese erste Probe keinesfalls unter 300 kg betragen. Die Rohprobe im Gewicht von 250—500 kg wird auf einer reinen, festen Unterlage, am besten auf Eisen (ev. auf Beton, Steinfließen, Bohlen, z. B. dem Boden eines leeren Waggons oder dgl.) ausgebreitet und bis zur Walnußgröße kleingestampft. Dabei ist zu beachten, daß die Stücke beim Zerschlagen an ihrem Platz liegen bleiben müssen, und vor allem die schwerer zerschlagbaren Schiefer besonders gut zerkleinert werden. Holzstücke, Kieselsteine und Körper, die dem zur Untersuchung stehenden Material nicht eigen sind, müssen entfernt werden, keinesfalls aber dürfen Schiefer oder andere Unreinigkeiten, die dem Material angehören, ausgelesen werden. Nach dem Zerkleinern werden die Kohlen oder

der Koks durch wiederholtes Umschaufeln nach Art der Betonbereitung gemischt, quadratisch zu einer Schicht von 8—10 cm Höhe ausgebreitet und durch die beiden Diagonalen in vier Teile geteilt. Das Material in zwei gegenüberliegenden Dreiecken wird beseitigt, der Rest noch weiter zerkleinert, etwa auf Haselnußgröße, gemischt und abermals zu einem Viereck ausgebreitet, das in gleicher Weise behandelt wird. Vor jeder Teilung muß das Material so weit zerkleinert sein, daß die Probe auch dann nicht beeinflußt würde, wenn die zwei größten Stücke reine Steine wären und beide in einen Teil der Probe kämen. Also darf das größte Stück höchstens $^1/_{4000}$ der Probe wiegen. (Liegen z. B. 300 kg Probe, so darf das größte Stück nur 75 g wiegen usw.) In dieser Weise wird die Probe weiter geteilt, bis eine Probemenge von etwa 10 kg übrigbleibt, die in gut verschlossenen Gefäßen zur Untersuchung verschickt wird.

Ist der Wassergehalt maßgeblich, so ist die Probe sofort nach oder vor Feststellung des Gesamtgewichts der Ladung zu entnehmen und luftdicht zu verpacken. Bei sehr hohen Wassergehalten empfiehlt es sich, die ganze erste Probe (von 300 kg z. B.) sofort genau zu wiegen, an trockener, reiner Stelle auszubreiten, bis sie trocken ist, dann zurückzuwiegen, die kleine Probe in angegebener Weise zu ziehen und bei Einsendung den ermittelten Wasserverlust anzugeben. Man vermeidet auf diese Weise, daß die Probe während der Aufarbeitung Wasser verliert.

Liegen die Kohlen auf Lager, so sind mindestens an zehn verschiedenen Stellen Proben von je 25—30 kg zu entnehmen, die zusammengeschüttet zur Durchschnittsprobe verarbeitet werden. Bei grobstückigem Material soll die erste Rohprobe nicht unter 300 kg betragen.

Je ungleichmäßiger nach Stückgröße, Steingehalt und Feuchtigkeit die Kohle ist, desto größer ist diese erste Probe zu nehmen und desto sorgfältiger muß die Zerkleinerung und Mischung von Anfang an sein, um einen guten Durchschnitt zu erhalten."

Feuchtigkeitsbestimmung.

Von der grobkörnigen Durchschnittsprobe, die man, wie im vorigen Abschnitte angegeben, in eine Glasflasche gefüllt hatte, werden auf einem Uhrglase ca. 5—10 g gewogen, mit einem zweiten Uhrglase bedeckt (Fig. 47) und in einem Trockenschranke zwei Stunden hindurch einem Luftbade von 105 bis 110° ausgesetzt.

Fig. 47.

Die Fig. 48 zeigt einen einfachen, aus Eisenblechen hergestellten Trockenkasten mit einer durchlochten Blecheinlage, während der in Fig. 49 abgebildete Trockenkasten doppelwandig (die Innenwände aus starkem Kupfer, die Außenwände aus Stahlblech) ausgeführt ist. Bei ihm tritt, wie die Durchschnittszeichnung erkennen läßt, die kalte Luft von unten ein, strömt in schlangenförmigen Windungen zwischen den durch die Flamme stark erhitzten Bodenplatten hindurch und tritt dann durch zahlreiche kleine Öffnungen in den eigentlichen Trockenraum, aus welchem sie durch Öffnungen, die auf der oberen Platte mittels eines Schiebers reguliert werden können, entweicht. Für den Abzug der Verbrennungsgase, welche den doppelten Mantel des Trockenschrankes durchziehen, ist gleichfalls auf der Oberplatte des Schrankes ein regulierbarer Schieber angebracht.

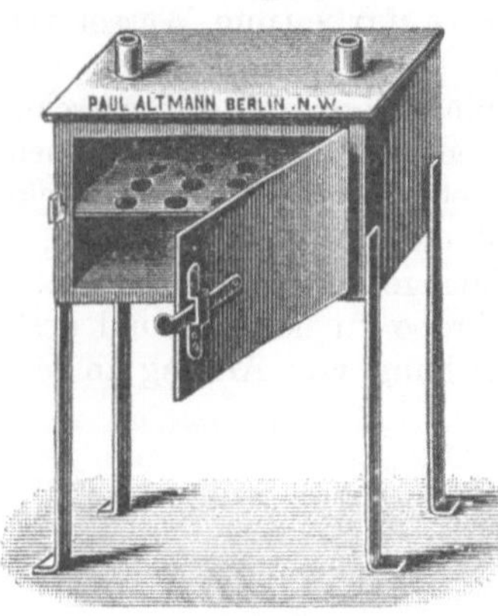

Fig. 48.

Durch diese Konstruktion des Trockenschrankes ist einerseits ein schnelles Trocknen, anderseits die größtmögliche Ausnützung der Wärmequelle erreicht. Es empfiehlt sich, diese Kästen mit einer starken Asbestumkleidung zu versehen, um die Wärmeausstrahlung der freien Mantelflächen möglichst zu beschränken.

Während bei den gewöhnlichen Trockenschränken, bei welchen die Erhitzung durch eine Flamme am Boden geschieht, der untere Teil des Innenraumes stets überhitzt wird, bleibt bei der Konstruktion nach Fig. 50 die Temperatur in allen Teilen des Trockenraumes kon-

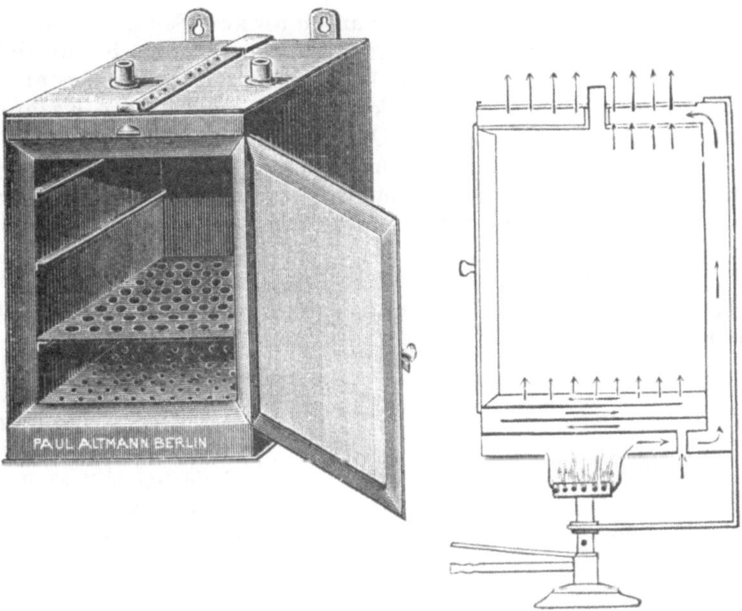

Fig. 49.

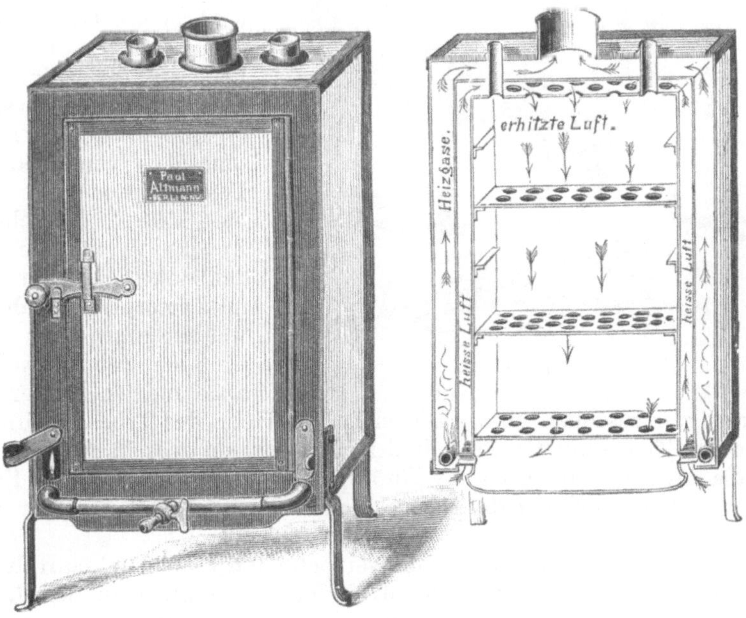

Fig. 50.

stant. Die Heizgase steigen von der unten an zwei Seiten eingeführten
Heizschlange an den Seitenwandungen des Apparates hoch und ziehen
oben an der Decke ab, während die Luft von unten in die innerhalb der
Heizkammern liegenden, den Trockenraum umschließenden Kammern
eintritt, sich daselbst erhitzt, durch Öffnungen an der Decke des Trockenraumes in diesen einströmt, um ihn unten wieder zu verlassen. Der
Apparat wird in vier verschiedenen Größen, entweder aus Stahlblech
oder Kupferblech, in beiden Fällen mit Asbestverkleidung ausgeführt.

Wenn es sich, wie es meistens der Fall ist, darum handelt, im Innern
des Trockenraumes eine nur innerhalb ganz enger und bestimmter
Grenzen schwankende Temperatur aufrechtzuerhalten, so muß die
Regulierung an dem Brenner, bzw. an dem Hahn der Heizschlange
vorgenommen werden. Einfacher läßt sich dieser Zweck bei dem in
Fig. 51 abgebildeten Trockenschrank von Burdakow erreichen,
bei welchem als Heizvorrichtung eine auf einem Sockel aufge-
schraubte, leicht auswechselbare Glühlampe dient. Je nach der
Leucht- bzw. Heizkraft der Glühbirne lassen sich im Innern des Trockenschrankes verschiedene Temperaturen von 60 bis 150° C erreichen.
Zwecks Ventilation ist der Deckel des Apparates mit Zuglöchern versehen,
welche gegen die am oberen Schrankrande angebrachten Löcher re-
gisterartig einzustellen sind. Die in halber Höhe des Trockenraumes
befindliche Trockenplatte kann in der Horizontalen gedreht werden, so
daß alle ihre Ausschnitte vor die Türöffnung kommen, wodurch das Einlegen bzw. Herausnehmen der zu trocknenden Proben sehr erleichtert ist.

Fig. 51.

Vor der abermaligen Wägung der getrockneten Probe muß man diese
vollständig erkalten lassen. Dies darf aber nicht offen an der Luft
geschehen, sondern muß in einem sog. Exsikkator vorgenommen

werden. Die Einrichtung dieses Apparates ist aus Fig. 52 vollständig
zu ersehen. Sollte er in Benützung genommen werden, so ist die untere
flache Schale einfach mit Schwefelsäure zu füllen.

Die Fig. 53 zeigt einen Exsikkator nach Nablenz. Derselbe wird in
seinem unteren Teile ebenfalls mit Schwefelsäure gefüllt. Zwecks Regulierung des Lufteintrittes in den beim Erkalten entstehenden, luftverdünnten Raum ist der Deckel mit einem Stopfenhahne versehen, der in den Griff
des Exsikkatordeckels derart eingeschliffen ist, daß der Stopfen nur wenig
aus dem Deckelknopfe hervorragt. Der Eintritt der Luft erfolgt durch
zwei, in halber Höhe des Deckelknopfes angebrachten Bohrungen, denen
zwei Löcher im Stopfen entsprechen. Diese Anordnung hat den Vorteil,
daß der Hahn vor Zerstörung durch Abstoßen möglichst geschützt ist.

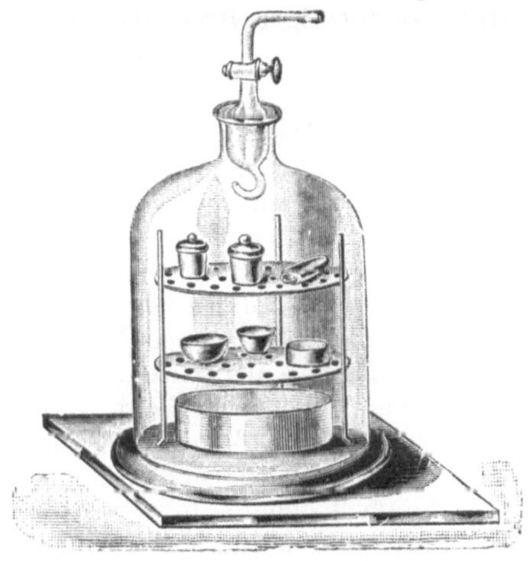

Fig. 52.

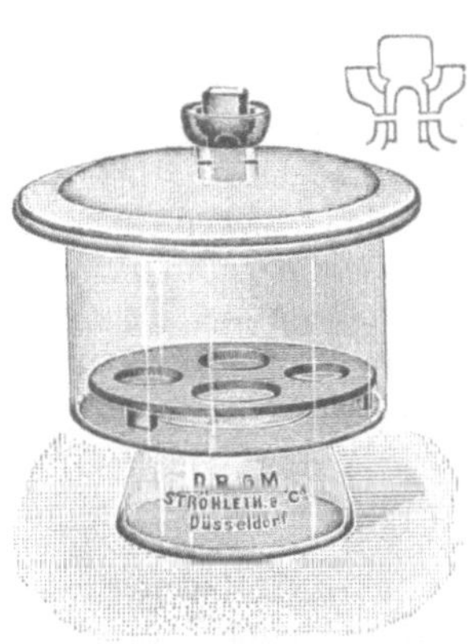

Fig. 53.

Die Wägung der erkalteten Probe gibt den Verlust an Feuchtigkeit
an, den man immer in Prozenten des Gewichtes der ursprünglich ein-
gewogenen feuchten Probe ausdrückt.

Um sicher zu sein, daß man sämtliche Feuchtigkeit ausgetrieben hat,
ist es nötig, die getrocknete Probe nach der Wägung abermals in den
Trockenschrank einzuführen und nochmals ca. 1 Stunde lang einer
Lufttemperatur von 105—110° auszusetzen. Zeigt die neue Wägung
der zum zweiten Male getrockneten und im Exsikkator erkalteten
Probe einen Unterschied im Vergleiche zum Gewichte nach der ersten
Trocknung, so ist das Verfahren so lange fortzusetzen, bis Gewichts-
konstanz eingetreten ist. Es ist besonders darauf zu achten, daß die
Trocknung nie offen, sondern stets in zugedeckten Gefäßen (Uhrgläsern,
Porzellantiegeln usw.) geschieht. Selbst dann mancht sich noch die
Einwirkung des Sauerstoffs der Luft auf die Brennmaterialprobe
geltend, indem aus derselben nicht nur Wasserdampf, sondern auch
Kohlensäure entweicht. Besonders bei Braunkohle ist der hierdurch
verursachte Fehler unter Umständen beträchtlich.

Die Bestimmung des Heizwertes gasförmiger und flüssiger Brennstoffe.

1. Die Bestimmung des Heizwertes gasförmiger Brennstoffe.

Hierzu ließe sich auch die im vorigen Abschnitte beschriebene Krökersche Bombe verwenden, doch wäre das Verfahren mit dieser ebenso kompliziert und zeitraubend wie für feste Brennstoffe. Die chemische Elementaranalyse, zu der man früher stets Zuflucht nahm, wird aber aus bereits dargelegten Gründen gerne umgangen, und man kann dies um so eher tun, als in dem Kalorimeter von Prof. Junkers ein Apparat gegeben ist, mit welchem man ebenso einfach, wie rasch und zuverlässig den Heizwert von brennbaren Gasen bestimmen kann. Das Junkerssche Kalorimeter bietet noch den ganz besonderen Vorteil, daß es kontinuierlich arbeitet, also die Ausführung einer ganzen Reihe von Heizwertbestimmungen ein und desselben Gases ermöglicht, ohne daß jede einzelne Bestimmung, wie es sowohl bei der Bombe, als auch bei der chemischen Elementaranalyse der Fall wäre, besonders vorbereitet wird. Dank dieses Vorzuges ist es möglich, innerhalb verhältnismäßig kurzer Zeit einen guten Durchschnittswert zu bestimmen, was z. B. bei Leuchtgas, welches, selbst wenn es aus großen Behältern entnommen wird, nicht selten seine Qualität rasch ändert, die Genauigkeit der gewonnenen Resultate wesentlich erhöht.

Das Prinzip des Apparates ist folgendes:

Das zu untersuchende Gas strömt dem Kalorimeter ununterbrochen zu und verbrennt im Apparate. Die dabei erzeugte Wärme geht an das Wasser restlos über, welches das Kalorimeter stetig durchfließt.

Um nun den Heizwert H eines Gases zu finden, ist nur die Feststellung folgender Größen nötig:

1. die Gasmenge G, welche innerhalb einer gewissen Zeit im Kalorimeter verbrennt;
2. die Wassermenge W, welche innerhalb derselben Zeit durch das Kalorimeter fließt;
3. die Temperaturerhöhung $T_a - T_e$, welche diese Wassermenge im Kalorimeter erfährt.

Der gesuchte Heizwert ist alsdann:

$$H = \frac{W \cdot (T_a - T_e)}{G} \,.$$

Die Einrichtung des Junkersschen Kalorimeters ist aus Fig. 54 deutlich zu ersehen:

Der Apparat besteht im wesentlichen aus einem herausnehmbaren, die Wasser- und die Verbrennungskammer in sich schließenden Innenkörper, einem Außenmantel mit Füßen, Boden, Deckel und der Wasser- und der Gasarmatur.

Gas- und Wasserweg werden in der Hauptsache von zwei konzentrisch angeordneten Blechmänteln begrenzt. Die Verbrennungsgase geben auf ihrem ganzen Wege ihre Wärme an von fließendem Wasser bespülte Blechwandungen ab, ohne mit dem Wasser in direkte Berührung zu kommen.

Die eigentliche Verbrennungskammer *1*, in welcher das Gas in einem gewöhnlichen, regulierbaren Bunsenbrenner *2* verbrannt wird, bezweckt nur in geringem Maße eine Wärmeübertragung an das Wasser, vielmehr soll in ihr eine vollkommene Verbrennung erreicht werden, verbunden mit einem guten Auftrieb der Verbrennungsprodukte.

Oben, wo die Verbrennungskammer kegelförmig abgeschlossen ist, ändern die heißen Gase ihre Strömungsrichtung, um in einen ringförmigen Spalt einzutreten.

Innerhalb der letzteren ist, im Kreise angeordnet, ein Lamellensystem *3* eingebaut, welches in seiner ganzen Ausdehnung von den heißen Gasen bestrichen wird und als der eigentliche, die Wärme aufnehmende Teil anzusehen ist. Durch Anwendung des Gegenstromprinzips zwischen Gas und Wasser findet hier eine restlose Wärmeabgabe an das Wasser statt. Durch den vernickelten und polierten Außenmantel, welcher eine ruhende Luftschicht umschließt, ist die Wärmeausstrahlung auf das denkbar geringste Maß beschränkt. Eine Sammelkammer *4* nimmt die bis auf Zimmertemperatur abgekühlten Gase auf, welche schließlich durch den schräg ansitzenden Abgasstutzen in die Atmosphäre abgeführt werden. Zur Regulierung des Verbrennungsvorganges bzw. des Luftüberschusses dient die verstellbare Drosselklappe *6*. Das Thermometer *5* ist zum Messen der Abgastemperatur bestimmt.

Der außerhalb des Kalorimeters angezündete Brenner *2* wird mit der Zwinge *7* über den Brennerstift *8* geschoben und durch eine Stellschraube festgeklemmt, wobei darauf zu achten ist, daß der Brenner zur Vermeidung der Wärmeausstrahlung nach unten möglichst tief in den Verbrennungsraum eingesetzt wird.

Die ringförmige Wasserkammer, in welche das Wasser an der untersten Stelle *9* eintritt, geht oben durch vier Verbindungsstutzen in eine erweiterte Sammelkammer über. Eine daselbst eingebaute Mischvorrichtung *10*, welche aus gegeneinander versetzten Tellern besteht, bezweckt die gleichmäßige Durchmischung des erwärmten Wassers, wodurch ein ruhiger Stand des Thermometers *27* erreicht wird. Das Wasser strömt spiralisch durch den Apparat, wodurch die Gewähr dafür gegeben ist, daß eine gute Bespülung und Kühlung des Lamellenheizkörpers stattfindet. Der Wasseranschluß erfolgt bei Stutzen *11*, und zwar entweder direkt von der Wasserleitung, oder aber von einem hochgelegenen

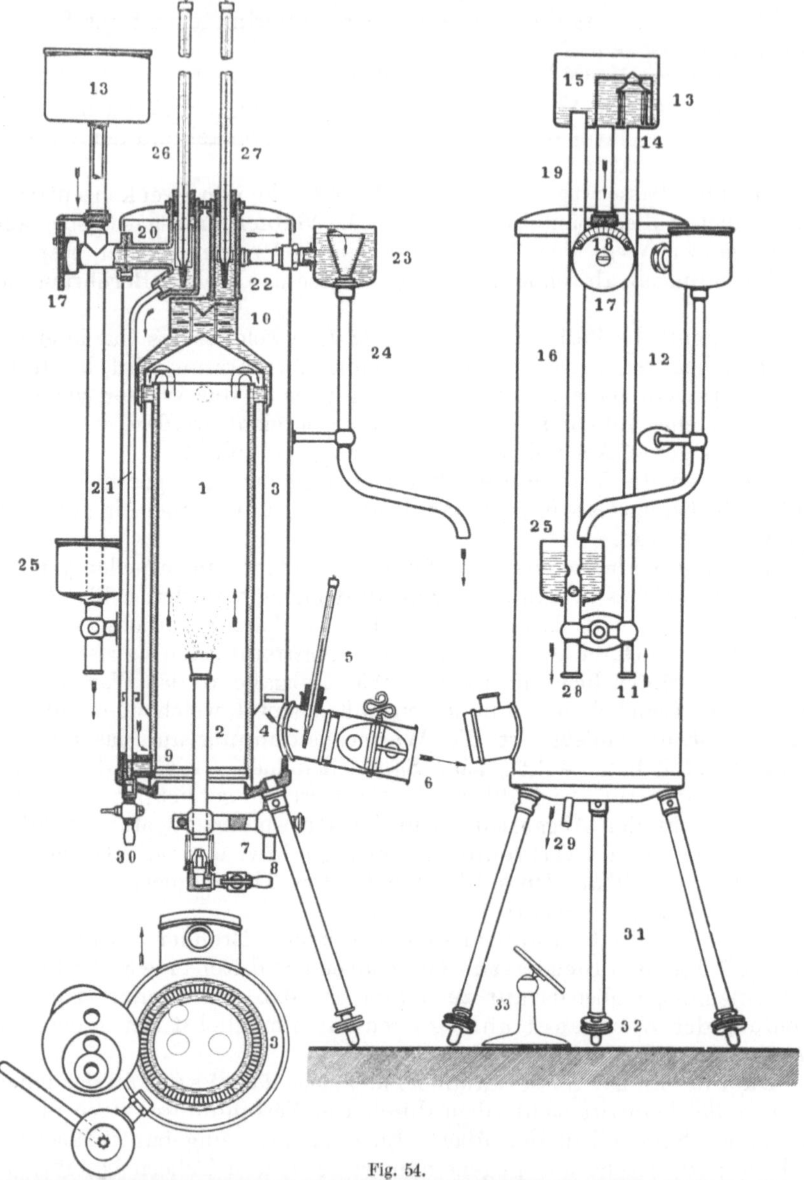

Fig. 54.

Wasserbehälter. Im ersten Falle hat man jedoch innerhalb kurzer Zwischenräume mit Temperaturschwankungen des zufließenden Wassers zu rechnen, so daß die Ablesungen an den betreffenden Thermometern häufiger wiederholt werden müssen, um ein richtiges Temperaturmittel zu erhalten. Bei Benutzung eines Wasservorratsbehälters dagegen ist das zufließende Wasser gleichmäßig auf Zimmertemperatur erwärmt, wodurch ein ruhiger Stand und ein leichtes Ablesen der Thermometer bedingt ist. Durch die Rohrleitung *12* tritt das Wasser in den oberen, kleinen Behälter *13*, und zwar zunächst durch ein Sieb *14* zwecks eines ruhigen Austrittes. Zur genauen Innehaltung des Beharrungszustandes im Kalorimeter ist neben der Regulierung des Gasstromes eine gleichmäßig zufließende Wassermenge notwendig. Die Wasserüberdruckhöhe wird zu diesem Zwecke stets konstant gehalten, indem man das Wasser über die Überlaufkante des Bechers *15* in die Rohrleitung *16* abfließen läßt. Durch den Regulierhahn *17* kann mit Hilfe der oberhalb angebrachten Skala *18* eine genaue Einstellung der Wassermenge vorgenommen werden. Mit der Veränderung der Wassermenge ändert sich auch die Temperatur des erwärmten Wassers, welche am besten so einzustellen ist, daß die mittlere Temperatur des Kalorimeters gleich der Zimmertemperatur ist, eine Wärmeaufnahme und -abgabe zwischen Instrument und Umgebung also nicht stattfinden kann.

Der Eintritt des Wassers in das Kalorimeter erfolgt durch die Rohrleitung *19* und den Stutzen *20*; durch das Rohr *21* fällt das Wasser nach unten, um durch den Stutzen *9* in den ringförmigen Wasserraum einzutreten und daselbst hoch zu steigen. Oben tritt das Wasser durch den Stutzen *22*, welcher mit der Auslaufvorrichtung *23* verbunden ist, aus dem Kalorimeter. Solange direkte Wassermessungen nicht beabsichtigt sind, läßt man das Wasser durch den Schwenkarm *24* in das untere Gefäß *25* ablaufen. Die beiden oben aus dem Deckel des Kalorimeters herausragenden Stutzen dienen zur Aufnahme der in $1/_{10}$° geteilten Thermometer *26* und *27*, welche zur Wassermessung des zu- und abfließenden Wassers, also zur Ermittlung der Temperaturdifferenz bestimmt sind. Um das Kalorimeter beim Füllen mit Wasser entlüften zu können, ist hinter dem Thermometer *26* ein Rohrstutzen angeordnet. Der Stutzen *28* führt das aus dem Überlauf und — solange keine Messung stattfindet — auch aus dem Schwenkarm *24* kommende Wasser ab.

Das aus den Verbrennungsgasen sich ausscheidende Kondenswasser sammelt sich in einer Rinne an und tropft durch den am Boden befindlichen Stutzen *29* ab. Durch den Hahn *30*, der an der tiefsten Stelle des Apparates sitzt, kann die Entleerung erfolgen.

Die lösbar gehaltenen Standfüße *31* besitzen verstellbare Fußschrauben *32*, so daß das Kalorimeter jedem Standorte angepaßt werden kann.

Um nach Einführung des Brenners die Flamme beobachten zu können, ist der verstellbare Spiegel *33* vorgesehen.

Die zweckmäßige Anordnung der Gesamteinrichtung ist aus Fig. 55 zu ersehen.

Am besten stellt man das Kalorimeter so auf, daß die oberen Thermometer bequem abgelesen werden können, der Wasserregulierhahn sich also links vom Kalorimeter befindet. Wenn man den Gasmesser so aufstellt, daß man seinen Zeiger beobachten kann, während man gleichzeitig das aus dem Kalorimeter abfließende Wasser zur Messung abfängt, so können sämtliche Ablesungen von einer Person ausgeführt werden.

Vorbereitung des Kalorimeters zum Versuche: Das zur Untersuchung kommende Gas muß dem Volumen nach gemessen werden. Es wird zu diesem Zwecke durch einen Gasmesser (eine Gasuhr) geleitet, der in der Junkersschen Ausführung folgendermaßen zu handhaben ist. Der Gasmesser (s. Fig. 55) ruht auf drei Stellschrauben, mittels welcher er genau horizontal eingestellt werden muß. Eine oben angebrachte Dosenlibelle zeigt an, wann diese Einstellung erreicht ist. Alsdann ist der Gasmesser mit Wasser zu füllen. Zu diesem Zwecke öffnet man die neben der Libelle befindliche vierkantige Schraube, ebenso wie die an der rechten Seite befindliche Schraube und gießt langsam durch die obere Öffnung so lange Wasser ein, bis dasselbe in der seitlichen Öffnung erscheint.

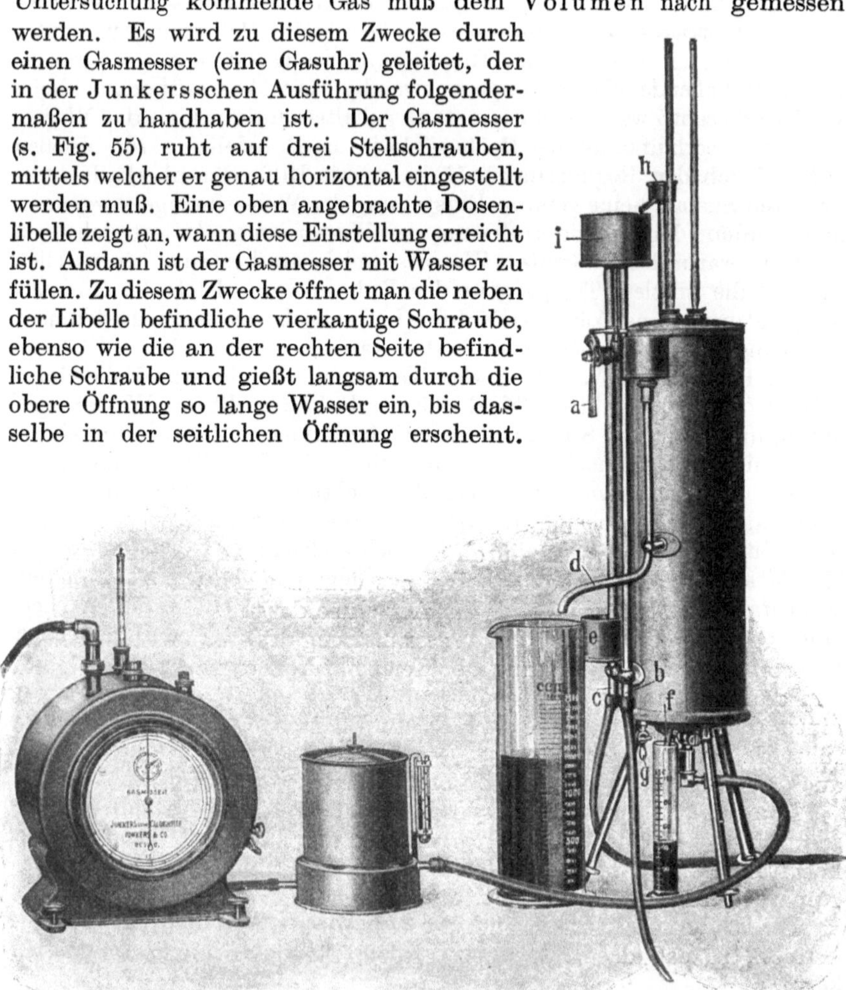

Fig. 55.

Der Gasmesser ist alsdann bis zur richtigen Höhe gefüllt, und können die beiden Schrauben wieder eingesetzt werden. (Soll der Gasmesser wieder entleert werden, so öffnet man die neben der Libelle befindliche vierkantige Schraube und die an der Rückwand angeordnete Abflußschraube.)

Nunmehr verbindet man die am Gasmesser mit „Eingang" bezeichnete Schlauchtülle mit der Gasleitung.

Um die Temperatur des zuströmenden Gases beobachten zu können, setzt man mittels Gummistopfens ein Thermometer in den hinter der Libelle befindlichen Stutzen, mit der Vorsicht, daß das Quecksilbergefäß des Thermometers nicht die Trommelwandung im Innern des Gasmessers berührt, und der Stopfen gut abdichtet.

Da der Inhalt der Trommel des Gasmessers 3 Liter beträgt, so bedeutet eine Umdrehung des großen Zeigers den Durchgang von 3 Liter Gas durch den Meßapparat. Mit Leichtigkeit lassen sich auch Bruchteile von Litern, ebenso wie Vielfache der Umdrehung des großen Zeigers ablesen.

Um zu erreichen, daß das Gas unter konstantem Drucke ausströmt, verbindet man die am Gasmesser mit „Ausgang" bezeichnete Schlauchtülle nicht direkt mit dem Brenner, sondern schaltet noch einen sog. nassen Druckregler (s. Fig. 55) dazwischen, der ebenfalls mit dem Kalorimeter geliefert wird. Zum Gebrauch ist dieser Druckregler bis zu etwa $^3/_4$ seiner Höhe mit Wasser zu füllen (ca. $^1/_2$ Liter). Seitlich am Druckregler ist mit kurzem Gummischlauch ein doppelt gebogenes Glasrohr an dem dazu bestimmten Stutzen angeschlossen. Das Glasrohr füllt man bis ungefähr zur Hälfte mit leicht gefärbtem Wasser und hat dadurch ein Manometer geschaffen, welches die Pressung des Gases im Druckregler abzulesen gestattet.

Ein- und Ausgangsstutzen sind am Druckregler durch Pfeile gekennzeichnet.

Den Gasdruck kann man durch Auflegen von Bleiplatten (die mit dem Druckregler geliefert werden) auf die Glocke beliebig vergrößern. Eine Platte von 20 g Gewicht erhöht den Gasdruck um 2 mm Wassersäule. Sollte aus Versehen bei der Füllung des Druckreglers mit Wasser solches in das zentrale Rohr, welches die Regulierteile enthält, gedrungen sein, so kann man dasselbe leicht durch Lösen der auf der Unterseite des Apparates befindlichen Verschraubung entfernen.

Den Ausgangsstutzen am Druckregler verbindet man durch einen Gummischlauch mit dem Brenner.

Noch sind am Kalorimeter selbst die nötigen Verbindungen herzustellen.

Der Stutzen *11* (Fig. 54) wird mit der Wasserleitung bzw. dem Wasservorratsbehälter verbunden. An den Überlaufstutzen *28* schließt man einen Gummischlauch an von solcher Länge, daß der Austritt des Wassers stets sichtbar ist. Das aus dem Röhrchen *29* ausfließende Kondenswasser wird in einem untergestellten, graduierten, kleinen Glasgefäße aufgefangen.

In Fig. 55 bedeutet *a* den Wasserregulierhahn, *b* den Stutzen für den Wasserzufluß, *c* denjenigen für den Überlauf, *d* den Schwenkarm, *e* den unteren Behälter, in welchen der Überlauf und — solange noch nicht gemessen wird — der Schwenkarm das Wasser auslaufen läßt, *f* das Ablfußröhrchen für das Kondenswasser, *g* den Hahn zum Entleeren des Apparates, *h* den Rohrstutzen (neuerdings ohne Becher) für die Entlüftung des Apparates, *i* oberer Behälter mit dem Wasserüberlauf.

Gang des Versuches: Zuerst füllt man das Kalorimeter durch Öffnen des Wasserleitungshahnes mit Wasser, wobei besonders darauf zu achten ist, daß nicht nur aus der Abflußleitung d (Fig. 55), sondern auch aus dem Überlaufe c Wasser austritt. Dann überzeugt man sich, ob die Leitung vom Gasmesser bis zum Brenner, den man aber noch nicht in das Kalorimeter eingesetzt hat, dicht ist, indem man die Hähne in der Gasleitung, am Gasmesser und am Brenner öffnet und die Glocke des Druckreglers einige Male auf und ab bewegt, um die Luft in derselben zu verdrängen und durch Gas zu ersetzen. Schließt man alsdann den Hahn am Brenner, so darf der große Zeiger des Gasmessers sich nicht bewegen. Nunmehr öffnet man den Brennerhahn abermals, entzündet das Gas, reguliert die Flamme als Bunsenflamme ein, läßt sie etwa 10 Minuten lang brennen, damit man sicher ist, daß die ganze Zuleitung mit dem zu prüfenden Gas angefüllt ist, überzeugt sich, ob das Wasser aus dem Schwenkarm *24*, der vorher über den Behälter *25* geführt wurde, ausfließt und setzt nunmehr den Brenner in das Kalorimeter ein.

Bezüglich der Größe der Flamme dient die Tatsache als ungefährer Anhalt, daß das Kalorimeter stündlich eine Wärmemenge von ungefähr 2000 Kal., im Mittel etwa 800 bis 1000 Kal. aufnehmen kann. Je kleiner der Heizwert des zu untersuchenden Gases ist, desto größer nimmt man also den stündlichen Konsum; z. B.

bei Leuchtgas . . . . 100—250 Liter

bei Generator- und Gichtgas . 400—500   „

Nach Einführung des Brenners steigt die Temperatur des Abflußwassers, bis nach einigen Minuten der Beharrungszustand erreicht ist, und das Thermometer *27* mit geringen Schwankungen auf einem Punkte stehenbleibt. Durch passende Stellung des Regulierhahnes *17* wird die Temperaturdifferenz zwischen Zu- und Abflußwasser auf 10 bis höchstens 20° eingestellt.

Ist mit Sicherheit der Beharrungszustand konstatiert, so führt man in dem Augenblicke, in welchem der große Zeiger des Gasmessers durch *1* oder durch eine andere ganze Zahl geht, durch schnelles Seitwärtsbewegen des Schwenkarmes d das Kalorimeterwasser in das große, geeichte Meßgefäß. Nach ein bis zwei vollen Umgängen des Zeigers oder auch mehr wird das Wasser durch schnelles Zurückschwenken des Auslaufarmes wiederum in die Tasse e zurückgeleitet. — Während dieser Zeit liest man in regelmäßigen, kleinen Zwischenräumen die Wassertemperaturen T_e und T_a (des ein- und austretenden Wassers) ab. Das aufgefangene Wasser wird bei oberflächlichen Versuchen nach ccm abgelesen, bei genaueren Versuchen dem Gewichte nach bestimmt. Zu obigen Temperaturnotierungen kommt noch die Angabe der Gastemperatur t_g und des augenblicklichen Barometerstandes.

Um in bezug auf das während der Verbrennung zur Abscheidung kommende Kondenswasser einen guten Durchschnittswert zu erhalten, ist es empfehlenswert, nach Schluß des eigentlichen Versuches noch drei oder sechs Liter Gas weiter zu verbrennen und dann erst das unter dem Ausflußröhrchen (*29*) stehende Gefäß wegzuziehen.

Beispiel. Bestimmung des Heizweites von Elberfelder Leuchtgas.

$$B = 737 \text{ mm}$$
Barometerstand: $B = 737$ mm
Gastemperatur: $t_g = 18{,}5°$.

Beobachtete Temperaturen des

eintretenden Wassers:	austretenden Wassers:
$T_e = 15{,}59°$	$T_a = 30{,}36°$
$= 15{,}59°$	$= 30{,}36°$
$= 15{,}58°$	$= 30{,}36°$
$= 15{,}58°$	$= 30{,}37°$
$= 15{,}58°$	$= 30{,}37°$
$= 15{,}58°$	$= 30{,}37°$
$= 15{,}58°$	$= 30{,}38°$
$= 15{,}57°$	$= 30{,}38°$
Summe: 124,65°	242,95°
Mittel $T_e = 15{,}58°$	$T_a = 30{,}37°$

Verbrannte Gasmenge $G = 0{,}006$ cbm (2 Umdrehungen des großen Zeigers).

Aufgefangene Wassermenge $W = 2{,}042$ kg (gewogen).

Oberer Heizwert

$$H_o = \frac{W \cdot (T_a - T_e)}{G} \text{ Kal. (für 1 cbm)}$$

$$= \frac{2{,}042 \cdot (30{,}37 - 15{,}58)}{0{,}006} \text{ Kal.} = 5033{,}53 \text{ Kal.}$$

Aufgefangenes Kondenswasser aus 0,018 cbm Gas ($= 6$ Umdrehungen des Gasuhrzeigers) $= 0{,}0175$ kg.

Auf 1 cbm Gas treffen also: 0,972 kg Kondenswasser.

Wenn nun bei der Verbrennung eines Gases dieses Wasser nicht, wie im Kalorimeter, zur Ausscheidung kommt, sondern in Dampfform mit den Abgasen fortgeht, so nimmt der Dampf die gesamte, seiner augenblicklichen Spannung entsprechende Wärmemenge mit, ohne daß diese Wärmemenge Arbeit geleistet hat. In solchen Fällen, wie z. B. beim Gasmotor usw., ist daher diese Wärmemenge vom oberen Heizwerte in Abzug zu bringen.

1 kg Wasserdampf von atmosphärischer Spannung hat bekanntlich einen Gesamtwärmegehalt von 636,7 Kal. Erfahren nun die Abgase des Kalorimeters und damit auch der in diesem enthaltene Wasserdampf eine Abkühlung bis zur Temperatur der Luft t_l — und dies strebt man ja bei genauen Versuchen mit dem Kalorimeter an —, so ist die pro 1 kg Wasserdampf frei werdende Wärmemenge

$$= (636{,}7 - t_l) \text{ Kal.}$$

In der Praxis setzt man für diesen Ausdruck gewöhnlich 600 Kal., was nur für den Fall korrekt ist, daß die Lufttemperatur $t_l = 36{,}7°$ beträgt.

Für obiges Beispiel ergibt sich demnach ein **unterer Heizwert**

$$H_u = 5033{,}53 \text{ Kal.} - 0{,}972 \cdot 600 \text{ Kal.} = \mathbf{4450{,}33\ Kal.}$$

Noch ist zu beachten, daß das untersuchte Gas unter ganz zufälligen Verhältnissen in bezug auf Temperatur und Druck gestanden hat, weshalb der zuletzt gefundene, untere Heizwert zu Vergleichen nicht geeignet ist, er muß vielmehr erst auf Gas von Normalverhältnissen, also 0° (= 273° abs.) und 760 mm Barometerstand reduziert werden.

1 cbm Gas von $(273 + t_g)°$ abs. Temp. u. B mm Barometerstand entsprechen x cbm Gas von 273° abs. Temp. u. 760 mm Barometerstand.

$$x = \frac{B \cdot 273 \cdot 1}{760 \cdot (273 + t_g)} \text{ cbm}$$

$$= \frac{737 \cdot 273 \cdot 1}{760 \cdot (273 + 18{,}5)} \text{ cbm}$$

$$= 0{,}908 \text{ cbm.}$$

Unter Normalverhältnissen hätte also eine Gasmenge von 0,908 cbm bereits einen unteren Heizwert von 4450,33 Kal. ergeben, so daß für 1 cbm Gas der

$$\text{reduzierte untere Heizwert} = \mathbf{4901\ Kal.}$$

sich ergibt.

Prof. Junkers selbsttätig anzeigendes Kalorimeter.

Die Funktion dieses neuen, automatisch wirkenden Kalorimeters (Fig. 56) beruht darauf, daß der aus der Formel zur Berechnung des Heizwertes $H = \dfrac{W \cdot (T_a - T_e)}{G}$ sich ergebende Quotient

$$\frac{W}{G} = \frac{\text{Wassermenge}}{\text{Gasmenge}}$$

konstant gehalten wird. Ist dieser Quotient z. B. bei einem für Leuchtgas eingerichteten, automatischen Kalorimeter $= \infty 0{,}36$, dann ist der gesuchte Heizwert $= 0{,}36\,(T_a - T_e)$ für 1 l Gas. Der Heizwert ist also eine Funktion des Temperaturzuwachses, und dieser ist der direkte Maßstab für den Heizwert.

Man kann bei konstantem $\dfrac{W}{G}$ den Heizwert schon an den Thermometern des Kalorimeters ablesen, und zwar sind hierzu, wie im vorhergehenden gezeigt wurde, zwei Ablesungen erforderlich: eine (T_e) am Kaltwasser-, die andere (T_a) am Warmwasserthermometer. Die Differenz dieser beiden Thermometerangaben ist dann mit dem bei jedem Instrumente bekannten Quotienten $\dfrac{W}{G}$ zu multiplizieren. Diese Rechnung und die vorhergehenden Ablesungen fallen nun bei dem automatischen Kalorimeter weg durch die Anwendung eines Thermoelementes, welches von dem Kalt- und Warmwasserstrom durchflossen wird. Die

Spannung des entstehenden thermo-elektrischen Stromes ist genau proportional der Temperaturdifferenz. Es ist also auch der Heizwert proportional der Spannung des erzeugten Stromes. Mißt man diese Spannung durch ein empfindliches Voltmeter, so sind die Angaben des letzteren ein Maßstab für den Heizwert. Die Skala dieses Voltmeters ist derart groß und deutlich, daß man den Heizwert bequem mit $\frac{1}{2}\%$ Genauigkeit ablesen kann. Das verwendete Voltmeter wird mit einer Kalorienskala versehen, an welcher der Heizwert direkt abgelesen werden kann. Auch wird es auf Wunsch mit einer selbsttätigen Registriervorrichtung ausgerüstet.

Dadurch, daß die Anzeige des Heizwertes auf elektrischem Wege erfolgt, ist der Vorteil geschaffen, daß die Ablesevorrichtung weit entfernt von dem eigentlichen Kalorimeter aufgestellt werden kann, und daß mehrere Anzeigevorrichtungen mit demselben Kalorimeter verbunden werden können.

Die Fig. 57 zeigt die schematische

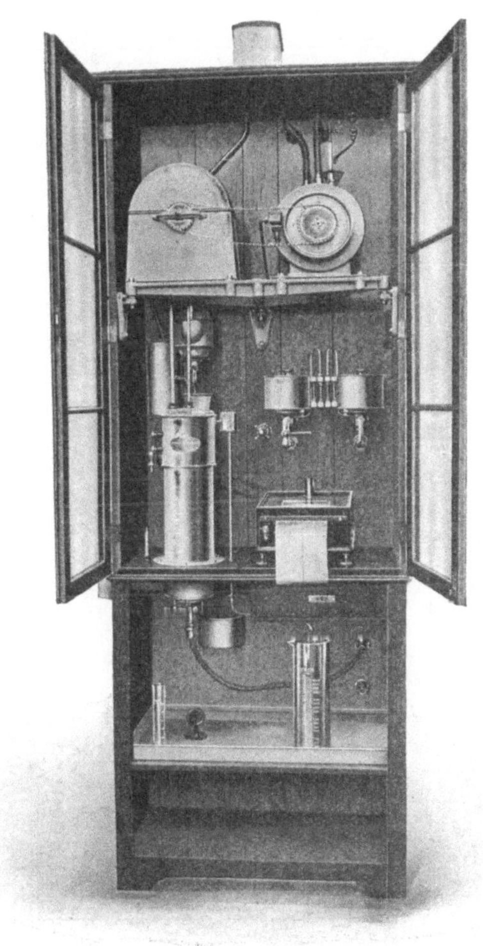

Fig. 56.

Anordnung des Kalorimeters. Die Konstanthaltung des Quotienten $\frac{W}{G}$ wird praktisch erreicht durch die zwangläufige Kuppelung eines Gasmessers *2* mit einem Wassermesser *1*, indem der pro Zeiteinheit verbrannten Gasmenge bzw. der Gasmenge pro Umdrehung des Messers stets eine ganz bestimmte, durch das Kalorimeter fließende Wassermenge entspricht, und die Änderung des einen auch die Änderung des anderen zur Folge hat.

Wie schon gesagt ,wird hierdurch die Temperaturerhöhung der direkte Maßstab für den Heizwert. Um aber die Ablesung noch einfacher zu gestalten, ist in den Kalt- und Warmwasserweg des Kalorimeters ein Thermoelement eingeschaltet.

Der Kalorimeterkörper, der die Gasflamme aufnimmt und die von derselben entwickelte Wärme an den durchfließenden Wasserstrom abgibt, ist in Fig. 57 mit *10* bezeichnet.

Unter *7* ist ein Zuflußregler dargestellt, der den Wasserzufluß zum Schwimmerkasten dem Bedürfnis entsprechend einstellt. *16* und *17* sind zwei Gasdruckregler, welche den Gasdruck vor und hinter dem Gasmesser innerhalb gewisser Grenzen gleichmäßig erhalten.

Der Zuflußregler *8* sorgt für eine möglichst gleichmäßige Wasserzufuhr zum Wassermesser.

Der Wasseranschluß erfolgt bei *6*. Das Wasser fließt zunächst zu dem auf dem Schranke befindlichen Zuflußregler *7*, welcher als

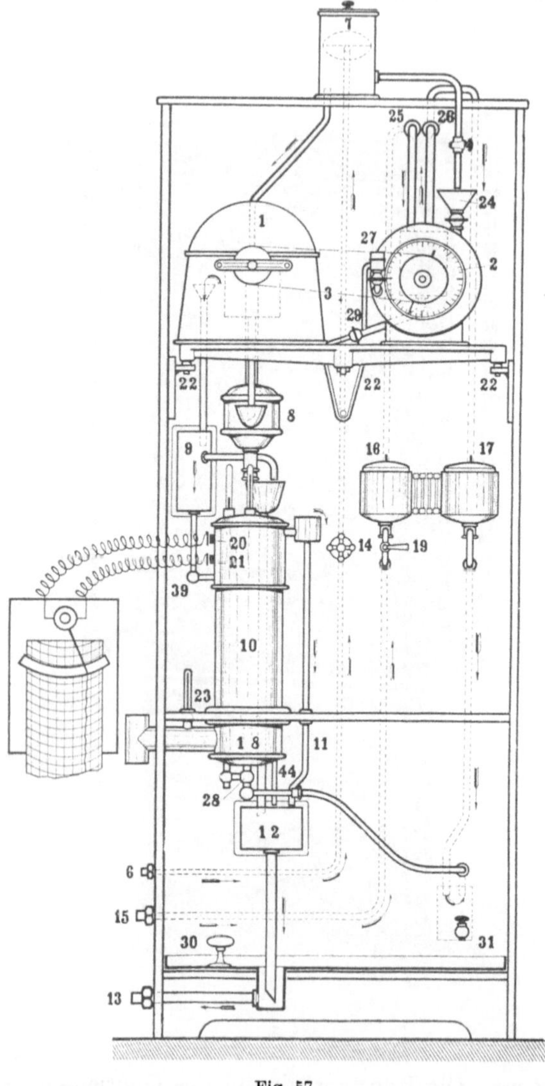

Fig. 57.

Schwimmerreservoir ausgebildet ist und die Wassermenge automatisch regelt.

Vor dem eigentlichen Eintritt des Wassers in den Wassermesser *1* wird durch den Regler *8* nochmals eine feinfühlige Regelung vorgenommmen. Durch eine im Innern des Wassermessers vorgesehene Überlaufvorrichtung tritt das Wasser in das Ausgleichgefäß *9* und sodann in das eigentliche Kalorimeter *10*. Das aus demselben ausfließende Wasser wird durch die Leitung *11* in das Gefäß *12* abgeführt. Das Abstellen des Wassers erfolgt durch den Hahn *14*. Das bei *15* angeschlossene Gas strömt durch den Druckregler *16* zum Gasmesser *2*, wird durch den Regler *17* nochmals reguliert und gelangt durch ein Entwässerungskästchen in den Brenner *18*.

Die Abführung der Verbrennungsprodukte geschieht durch den links am Schrank befindlichen Blechstutzen. Das An- und Abstellen des Gases erfolgt durch den Gashahn *19*. Das Thermoelement sitzt in der oberen Erweiterung des Kalorimeterkörpers *10*. Die Klemmschrauben *20* und *21* dienen zum Anschluß der Drähte, welche mit dem Millivoltmeter verbunden werden.

Soll der Apparat in Betrieb gesetzt werden, so sind zunächst die beiden Gashähne *19* und *28* zu öffnen. Nachdem der Wasserhahn *14* ebenfalls geöffnet ist, und durch das Auslaufrohr *11* des Kalorimeters Wasser in den unteren Behälter *12* abfließt, kann das Gas entzündet, und der Brenner in das Kalorimeter eingesetzt werden. Das Warmwasserthermometer beginnt hierauf sofort zu steigen und hat seinen Stillstand erreicht, sobald im Kalorimeter der Beharrungszustand eingetreten ist. Gleichzeitig beginnt nach Verbindung des Kalorimeters mit dem Millivoltmeter der Zeiger des letzteren auszuschlagen, womit die automatische Anzeige des Heizwertes begonnen hat.

Die Außerbetriebsetzung geschieht dadurch, daß der Brenner herausgenommen, die Gas- und Wasserhähne geschlossen, das Uhrwerk des Millivoltmeters ausgeschaltet und das System arretiert wird.

Das automatische Kalorimeter zeigt naturgemäß den oberen Heizwert des Gases an, d. h. den Heizwert, welcher sich ergibt, wenn das Gas unter dem jeweiligen Barometerstand und der jeweiligen Gastemperatur verbrennt, und wenn die Verbrennungsprodukte bis auf die Temperatur der Verbrennungsluft abgekühlt werden. Der in den Verbrennungsprodukten enthaltene Wasserdampf ist also vollständig kondensiert, und der Heizwert enthält die Kondensationswärme des Wasserdampfes.

Häufig ist eine Reduktion dieses oberen Heizwertes gar nicht nötig; z. B. bei Gasmaschinenuntersuchungen, wo das Gas in der Maschine und im Kalorimeter unter demselben Druck und annähernd derselben Temperatur steht, ist der Heizwert des Gases gerade unter diesen vorliegenden Druck- und Temperaturverhältnissen von Interesse.

Da das automatische Kalorimeter so eingerichtet ist, daß es den Heizwert auf einem Papierstreifen selbsttätig registriert, so ist es besonders da mit Vorteil zu verwenden, wo Heizwertschwankungen auftreten, die durch Vornahme von Stichproben nicht in genügendem Maße nachzuweisen sind, deren Kenntnis aber von Wichtigkeit ist, wie z. B. in gastechnischen Laboratorien für Daueruntersuchungen von Gasmaschinen, Generatoren usw.; in Gaserzeugungsbetrieben zur fortlaufenden Kontrolle des Heizwertes von Leuchtgas, Generatorgas,

Wassergas usw.; in Kokereien, Hochofenanlagen zur Überwachung der betr. Prozesse; in Gasmaschinenbetrieben.

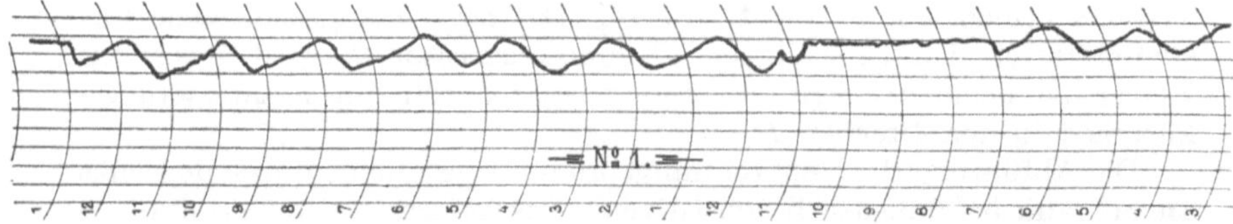

Fig. 58.

Diagramm *1* (Fig. 58) ist dem Registrierstreifen einer Leuchtgasanstalt entnommen und zeigt den Verlauf des Heizwertes unmittelbar hinter dem Ofen.

Diagramm *2* (Fig. 59) zeigt die Registrierung des Heizwertes des von einem Braunkohlengenerator zum Betriebe einer Gasmaschine

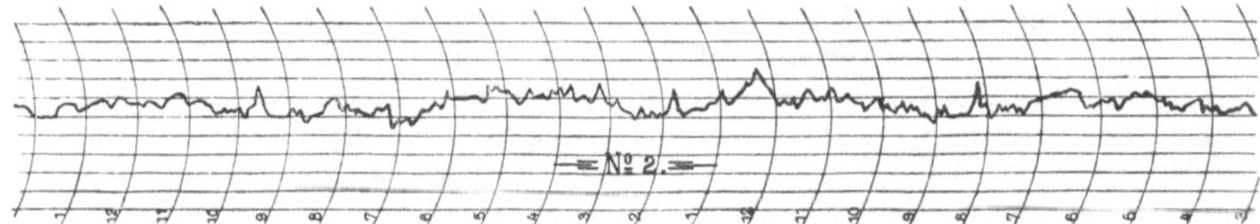

Fig. 59.

erzeugten Gases. Die Kenntnis des jeweiligen Heizwertes, der bei Generatorgas stark schwankt, ermöglicht es, durch entsprechende Schieberstellung Gang und Leistung der Maschine der Heizwertveränderung entsprechend zu regeln.

Prof. Junkers Abgas-Kalorimeter.

Dieses Instrument dient dazu, die in den Abgasen von Explosionsmaschinen enthaltene Wärmemenge zu bestimmen und so eine genaue Wärmebilanz aufstellen zu können.

Es ist nach den gleichen Prinzipien wie das Junkerssche Kalorimeter zur Heizwertbestimmung von Gasen und flüssigen Brennstoffen konstruiert. Außerdem ist es mit einem sicher wirkenden Wasserabscheider versehen, der die Menge des in den Abgasen enthaltenen Wasserdampfes zu messen ermöglicht.

Die Messung beschränkt sich lediglich auf zwei Temperaturablesungen und eine Feststellung der durch das Kalorimeter geflossenen Wassermenge. Alsdann ist

Wärmemenge = Temperaturdifferenz × Wassermenge

Fig. 60 zeigt die allgemeine Anordnung eines solchen Abgas-Kalorimeters.

Eichvorrichtung für Gasmesser nach Prof. Junkers.

Die große Genauigkeit, die sich mit dem Junkersschen Kalorimeter erreichen läßt, wird sehr häufig durch die Ungenauigkeit der Gasmesser ungünstig beeinflußt; hierzu gesellen sich nicht selten noch andere Fehlerquellen, wie z. B. ungenaue Wasserfüllung des Gasmessers, schlechte Aufstellung desselben, so daß es sehr wohl angezeigt ist, bei wichtigen Untersuchungen stets eine Eichung des Gasmessers vorzunehmen. Hierzu eignet sich der von Junkers & Co., Dessau,

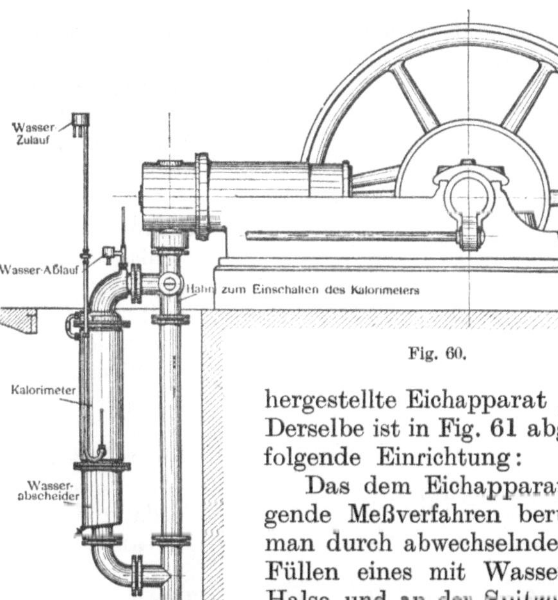

Fig. 60.

hergestellte Eichapparat ganz vorzüglich. Derselbe ist in Fig. 61 abgebildet und hat folgende Einrichtung:

Das dem Eichapparate zugrunde liegende Meßverfahren beruht darauf, daß man durch abwechselndes Entleeren und Füllen eines mit Wasser gefüllten, am Halse und an der Spitze geeichten Glasballons das Volumen von 1 Liter absaugt. Dieses Entleeren und Wiederfüllen des Ballons mit Wasser geschieht durch Tiefer- und Höherstellen eines mit dem Ballon i durch Gummischlauch verbundenen Niveaugefäßes. Zum Ein- und Auslassen des Gases dient ein Dreiweghahn g, welcher durch Vermittlung des bis nahe an die Spitze des Ballons reichenden Fortsatzes a der Hahnröhre den Ballon abwechselnd mit der Atmosphäre und mit dem zu eichenden Apparate verbindet.

Um Fehler beim Eichen zu vermeiden, ist vor Beginn der Eichung folgendes zu beachten:

Der zu eichende Gasmesser, das Füllwasser in demselben, der Glasballon i und das Wasser im Niveaugefäße sollen möglichst dieselbe, und zwar Zimmertemperatur haben. Man vermeide daher tunlichst die Erwärmung des Glasballons durch ausgeatmete Luft oder durch Körperwärme. (3° Temperaturunterschied im Glasballon und im Gasmesser bedeuten ca. 1% Meßfehler.) Es empfiehlt sich daher, die

Temperatur im Gasmesser und diejenige des Wassers im Niveaugefäße zu beobachten.

Zweckmäßig eicht man mit Luft, die durch den Gasmesser gesaugt wird. Will oder muß man mit Gas eichen, so muß vor Beginn der Eichung der Gasmesser einige Zeit in Tätigkeit gewesen sein, damit das Füllwasser mit den im Wasser löslichen Bestandteilen des Gases gesättigt ist. In diesem Falle leitet man am besten das abgemessene Gas durch das Mundstück g nach einem Brenner und verbrennt es daselbst.

Die Eichung selbst verläuft in folgender Weise: Man bringt zunächst durch Ansaugen von Luft durch den Gasmesser oder durch Verbrennenlassen einer entsprechenden Gasmenge den großen Zeiger des Gasmessers auf den Nullpunkt des Zifferblattes. Nachdem alle Schlauchverbindungen in solider Weise hergestellt sind, füllt man bei geschlossenem Hahne b das Niveaugefäß bis zu ca. $^2/_3$ seiner Höhe mit Wasser, welches schon längere Zeit im Versuchsraume gestanden hat. Alsdann stellt man das Niveaugefäß auf den Ständer d, öffnet den Durchgangshahn b, so daß Wasser vom Niveaugefäße nach dem Glasballon i abfließt. Damit die in letzterem enthaltene Luft durch das

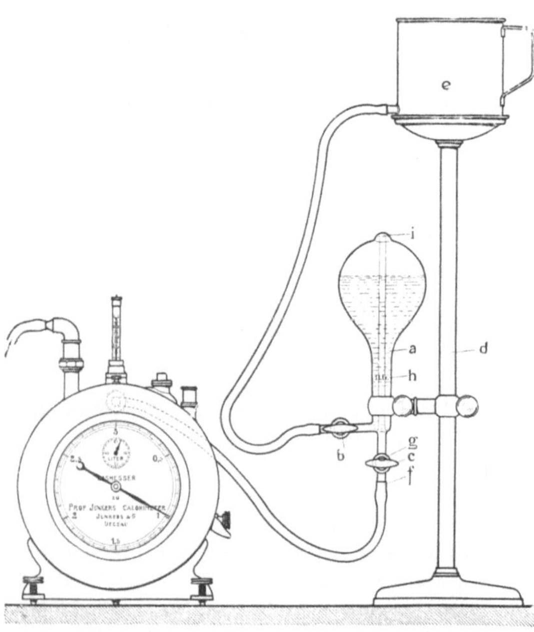

Fig. 61.

Röhrchen entweichen kann, ist gleichzeitig der Dreiweghahn c nach g hin geöffnet. Ist der Glasballon bis zur oberen Strichmarke mit Wasser gefüllt, so schließt man den Hahn b und öffnet den Dreiweghahn c nach f hin. Hierauf stellt man das Niveaugefäß auf den Experimentiertisch und öffnet den Hahn b. Dadurch fließt das Wasser aus dem Glasballon nach dem Niveaugefäße zurück. Ist der Wasserspiegel bis zur unteren Marke h am Halse des Glasballons gefallen, so schließt man den Hahn b, denn nunmehr ist genau 1 Liter Wasser abgelaufen und 1 Liter Luft oder Gas durch den Gasmesser nach dem Glasballon gesaugt worden. Der Unterschied zwischen der jetzigen Zeigerstellung und den Angaben des Zifferblattes gibt den Fehler des Gasmessers an.

Man öffnet nun den Dreiweghahn *c* nach *g* hin, setzt das Niveaugefäß *e* auf den Ständer *d*, öffnet auch den Hahn *b* und füllt auf diese Weise den Glasballon für eine zweite Messung wieder bis zur oberen Strichmarke. So fortschreitend erhält man die genauen Literteilstriche des Zifferblattes, sowie einen Korrektionsfaktor für je eine Trommelumdrehung.

2. Die Bestimmung des Heizwertes flüssiger Brennstoffe.

Bei der Bestimmung des Heizwertes flüssiger Brennstoffe, wie z. B. Petroleum, Benzin, Spiritus, wird aus schon bekannten Gründen ebenfalls die direkte Bestimmungsmethode angewendet, und zwar findet auch hierbei wegen der schon im vorigen Abschnitte angeführten Vorzüge das Junkerssche Kalorimeter Verwendung.

Die Vorbereitung des Kalorimeters zum Versuche ist dieselbe, wie sie im vorvorigen Abschnitte beschrieben wurde, nur daß Gasmesser und Gasdruckregler, und die hierfür nötigen Verbindungen in Wegfall kommen, so daß also die vorbereitenden Arbeiten hier noch einfacher sind. Die zu untersuchenden Brennstoffe, wie Benzin, Petroleum, Spiritus, Schmieröl gelangen in einer besonderen, von der Firma Junkers & Co., Dessau, hergestellten Lampe zur Verbrennung. Die Messung der im Kalorimeter verbrannten Flüssigkeitsmengen geschieht dem Gewichte nach unter Zuhilfenahme einer eigenartig konstruierten, ebenfalls von der genannten Firma ge-

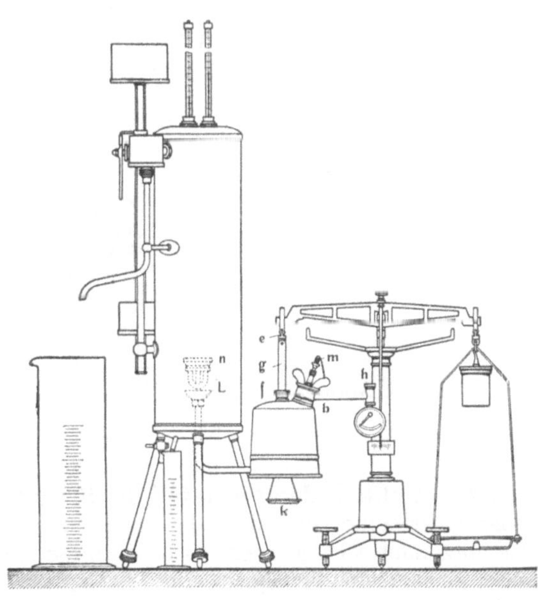

Fig. 62.

lieferten Wage, die in Fig. 62 in Verbindung mit dem Brenner und in zweckmäßiger Anordnung neben dem Kalorimeter dargestellt ist. Die eine Schneide dieser Wage trägt nicht wie gewöhnlich eine Wagschale, sondern nimmt direkt den Brenner auf.

Um die Lampe zu füllen, löst man die Flügelmutter *F* (Fig. 63), nimmt den Arm mit dem Manometer ab und gießt ca. 150 bis 200 ccm Brennstoff in den Behälter. Dann setzt man den Manometerarm wieder auf und schraubt die Füllöffnung fest zu. Nach Lösen der Mutter *N* ist die Lampe beliebig um das Gestänge *G* drehbar, so daß es leicht fällt, dem Brenner A die richtige Stellung im Verbrennungsraume zu geben. Durch einen untergehaltenen Spiegel ist außerdem die Lage des Brenners bequem zu kontrollieren. Die Ingangsetzung der Lampe, die natürlich vor Einführung derselben in den Verbrennungsraum geschehen muß, vollzieht sich so: Man füllt das Schälchen L unter dem Brennerkopfe A mit Spiritus und entzündet diesen. Die kleine Flügelschraube oberhalb des Ventils V schraubt man ganz nach oben (links herum), nimmt die Kapsel K ab, schraubt dann den Luftschlauch der beigegebenen Pumpe an das Ventilgewinde und die Luftpumpe an den Schlauch. Wenn der Spiritus in der kleinen Schale L fast verbrannt ist, preßt man mittels der Pumpe durch einige kräftige Kolbenstöße Luft in den

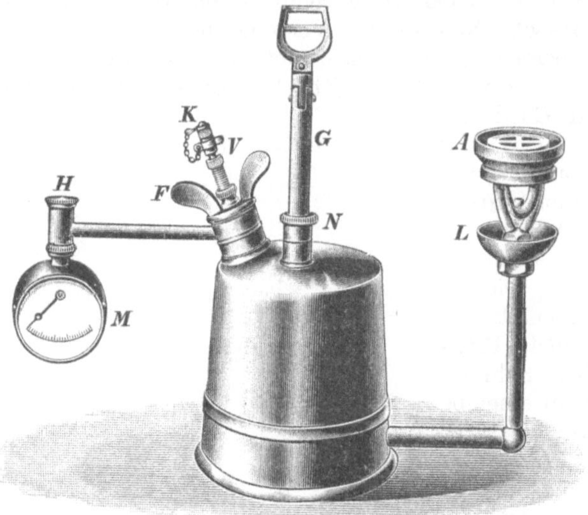

Fig. 63.

Behälter, wodurch der Brennstoff im Brenner aufsteigt und an dessen heißer Oberfläche vergast wird. Das aus der Brennerdüse ausströmende Gas entzündet sich an der Spiritusflamme und unterhält die Verbrennung, auch wenn der Spiritus in L ausgebrannt ist.

Wenn kein Gas ausströmt, so ist die Düse verstopft und muß mit der beigegebenen Nadel gereinigt werden. Nie benutze man eine andere Nadel, etwa Nähnadel, welche unfehlbar die Düse beschädigen würde.

Man preßt so viel Luft in den Behälter ein, daß eine gute, gleichmäßig brennende Flamme erzielt ist. Ist die Flamme zu groß, so kann durch Öffnen der Schraube H Luft abgelassen werden. Ist die Flamme richtig reguliert, so schraubt man die kleine Flügelmutter des Ventiles V wieder fest, entfernt die Pumpe und schraubt die Kapsel K auf das Gewinde.

Die Wärmeentwicklung pro Stunde soll, wie schon auf Seite 108 angegeben, etwa 800—1000 Kalorien betragen, also müssen ca.

100 g Petroleum, Benzin oder Schmieröl, resp. 130 g Spiritus in der Stunde verbrennen.

Soll die Lampe abgestellt werden, so öffnet man die Schraube H, wodurch sich der Luftdruck sofort verliert, und die Flamme erlischt.

Der Lampe sind zwei Brennerköpfe beigegeben, einer mit großer, der andere mit kleiner Düse. Der Kopf mit der großen Düse ist für wasserhaltige Brennstoffe (z. B. Spiritus), derjenige mit der kleinen Düse für kohlenstoffreiche Brennstoffe (z. B. Petroleum) bestimmt. Je mehr Kohlenstoffgehalt, desto kleiner muß die Düsenbohrung sein. Spiritus erfordert den geringsten Luftdruck, unter 200 mm, Mineral- und Schmieröl den höchsten. Vegetabilische und animalische Öle dürfen nur verbrannt werden, wenn sie bei höchstens 250° Siedepunkt vollständig flüchtig sind, ohne Kohle oder sonstige Rückstände zu hinterlassen. Nicht benutzbar sind also z. B. Rüböl, Baumöl, Knochenöl. Mineralschmieröle können untersucht werden, wenn sie bei 250° vollständig verdampfen. Bei schwer siedenden Ölen reicht die Vorwärmung durch die Spiritusflamme zuweilen nicht aus. Es kann alsdann der Brennerkopf mittels einer Lötlampe vorgewärmt werden.

Stoßweises Brennen tritt ein, wenn nicht genügend vorgewärmt, oder der Luftdruck zu hoch ist. Man öffne alsdann die Schraube H und wärme nochmals vor.

Nach dem Gebrauch ist die Lampe gut zu reinigen; sind Schmieröle verbrannt worden, zunächst mit Petroleum, dann mit Benzin. Darauf ist die Lampe mit einer Quantität des neu zu untersuchenden Brennstoffes auszuspülen; dann erst darf der zu einer neuen Untersuchung bestimmte Brennstoff eingefüllt werden.

Gang des Versuches: Nachdem die zu untersuchende, brennbare Flüssigkeit in den entsprechenden Brenner eingefüllt ist, wird dieser unter Beobachtung der zuletzt gegebenen Verhaltungsmaßregeln in Tätigkeit gesetzt und dann, wie in Fig. 62 gezeigt ist, mit der einen Seite des Wagebalkens in Verbindung gebracht. Alsdann füllt man das Gegengewicht mit so vielen Schrotkörnern, als zur Ausbalancierung des gefüllten Brenners nötig ist.

Wenn das Kalorimeter mit Wasser gefüllt ist, und dieses am Abflusse ausläuft, nimmt man den Brenner von der Wage ab, führt ihn in die Verbrennungskammer des Kalorimeters ein und hängt ihn dann wieder an die Wage. Das Thermometer am Warmwasseraustritt beginnt sofort zu steigen. Vermittels des Regulierhahnes am Kalorimeter ist die Wasserzufuhr so einzustellen, daß der Temperaturunterschied zwischen Zufluß- und Abflußwasser etwa 10—20° beträgt. Nach Erreichung des Beharrungszustandes, d. h. wenn das Thermometer zu steigen aufhört, legt man ein kleines Gewicht auf die Schale k, so daß der betreffende Wagebalken nach unten sinkt. Die Wage wird erst dann wieder ihren Gleichgewichtszustand erreichen, nachdem eine gewisse Brennstoffmenge verbrannt ist. In dem Augenblicke, in welchem der Zeiger der Wage durch den Nullpunkt geht, rückt man den Schwenkarm über das Meßgefäß. Gleichzeitig belastet man die Schale k mit 10—20 g und beginnt mit der Ablesung der beiden Thermometer, die in regelmäßigen Zwischenräumen zu erfolgen hat. Das Auffangen des Wassers, sowie das Ablesen der Thermometer wird in dem Augenblicke unterbrochen, in welchem ein abermaliges Heben der Lampe eintritt, und der Zeiger wiederum durch den Nullpunkt geht.

Alsdann sind 10—20 g Brennstoff verbrannt.

Beispiel: Brennflüssigkeit: Benzin.
Beobachtete Temperaturen des

eintretenden Wassers:	austretenden Wassers:
$T_e = 15{,}81°$	$T_a = 24{,}10°$
$= 15{,}81°$	$= 24{,}09°$
$= 15{,}81°$	$= 24{,}09°$
$= 15{,}81°$	$= 24{,}08°$
$= 15{,}81°$	$= 24{,}08°$
$= 15{,}81°$	$= 24{,}07°$
$= 15{,}81°$	$= 24{,}06°$
$= 15{,}81°$	$= 24{,}06°$
$= 15{,}81°$	$= 24{,}06°$
$= 15{,}81°$	$= 24{,}05°$
Summa: 158,1°	240,74°
Mittel: $T_e = 15{,}81°$	$T_a = 24{,}07°$

Verbrannte Benzinmenge $G = 0{,}002$ kg.
Aufgefangene Wassermenge $W = 2{,}562$ kg.

Heizwert (oberer) für 1 kg Benzin:

$$H = \frac{W \cdot (T_a - T_e)}{G} = \frac{2{,}562 \cdot (24{,}07 - 15{,}81)}{0{,}002} \text{ Kal.} = \mathbf{10581 \ Kal.}$$

Auch bei flüssigen Brennstoffen darf das bei der Verbrennung derselben entstehende Wasser in solchen Fällen, bei denen es in Dampfform den Arbeitsraum verläßt, nicht vernachlässigt werden; es muß vielmehr dieselbe Korrektion des oberen Heizwertes vorgenommen werden, wie sie bei den gasförmigen Brennstoffen ausgeführt wurde.

Beispiel: Die Untersuchung des bei einem Dieselmotor verwendeten Petroleums ergab folgende Werte:

Verbrannte Petroleummenge $G = 0{,}003$ kg
Mittlere Temperatur des Kalorimeterwassers b. Eintritte $T_e = \quad 9{,}650°$
Mittlere Temperatur des Kalorimeterwassers b. Austritte $T_a = 26{,}135°$
Aufgefangene Wassermenge $W = 1{,}990$ kg

$$\text{Oberer Heizwert} = H_o = \frac{W \cdot (T_a - T_e)}{G} = \mathbf{10\,935{,}05 \ Kal.}$$

Aufgefangenes Niederschlagwasser bei Verbrennung von 9 g Petroleum

$$= 11{,}43 \text{ g.}$$

Kondensationswärme des bei Verbrennung von 1 kg Petroleum entstehenden Niederschlagwassers

$$= \frac{11{,}43}{9} \cdot (636{,}7 - 17{,}0) \text{ Kal.} = 787{,}019 \text{ Kal.}$$

(Die Temperatur der Abgase war 17,0°.)

Unterer Heizwert $= H_u = (10\,935{,}05 - 787{,}019)$ Kal.
$$= \mathbf{10\,148{,}031 \text{ Kal.}}$$

Bei der Kalorimetrierung von schweren Erdölen genügt die Anwärmung des Brennerkopfes vermittels der unter demselben befindlichen Spiritusflamme nicht, vielmehr muß mit einer hochtemperierten Flamme, am besten mit einer Lötlampe der Brennerkopf bis zur Rotglut angewärmt werden, und dann erst darf auf den Flüssigkeitsbehälter Luftdruck gegeben und das Öl dem Brenner zugeführt werden. Bei besonders schweren Ölen ist es unter Umständen nötig, zwischen den einzelnen Versuchen den Brennerkopf ab und zu nachzuwärmen, um eine dauernde Vergasung zu erhalten.

Bei Vergasung schwerer Erdöle hat der Brennerkopf eine nur beschränkte Verwendungsdauer, da er sich mit Rückständen aus dem Öle zusetzt.

Bestimmung der Rauchstärke.

1. Bestimmung der Rauchstärke nach Fritzsche.

Fritzsche bestimmt die Rauchstärke nach dem Rußgehalte der Rauchgase.

Ein 15 cm weites Glasrohr B (Fig. 64), welches in den Schornstein führt, ist vermittels eines kurzen Gummischlauches C mit dem gleichweiten Glasrohre A verbunden, so daß die Glasrohrenden bei c dicht aneinander liegen.

Bei a verengt sich das Glasrohr A. Ein Gummischlauch D verbindet den engeren Teil a von A mit einem Aspirator. Letzterer muß so beschaffen sein, daß er die Bestimmung des Volumens der abgesaugten Gase ermöglicht. Diese Aufgabe löst der auf S. 58 beschriebene Doppelaspirator sehr einfach, wenn die Blechgefäße E und S (Fig. 34) geeicht

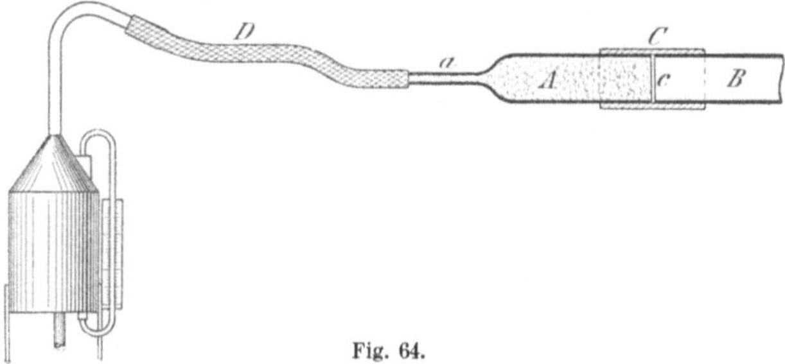

Fig. 64.

sind, und die Eichungsskala hinter dem entsprechenden Wasserstandsglase angebracht wird.

Das Glasrohr A (Fig. 64) ist von a bis c mit weißer, flockiger, loser Zellulose gefüllt.

Sind 20 l Rauchgas durch den Aspirator aus dem Schornsteine abgesaugt, so wird sich eine bestimmte Rußmenge in der Zellulose abgesetzt haben.

Man löst nun die Schlauchverbindung C, nimmt die obere, geschwärzte Zelluloseschichte bei c aus dem Rohre A, und gibt sie in eine weithalsige, ca. 300 ccm fassende Stöpselflasche. Hierauf füllt man 200 ccm Wasser in diese Flasche. Die zurückgebliebene Zellulose benützt man, um mit ihr sowohl das Rohr A als auch B gründlich auszuwischen und so allen Ruß auf ihr anzusammeln. Schließlich wird sie ebenfalls in die Stöpselflasche gegeben.

Nunmehr schüttelt man die Flasche tüchtig durch. Der Ruß löst sich im Wasser und färbt es braun.

Um die Farbe des so entstandenen Breies als Maß für die Rauchstärke benutzen zu können, füllt man bei allen derartigen Versuchen von der in der Stöpselflasche enthaltenen Flüssigkeit einen Teil in ein zylindrisches Glasgefäß von 50 mm Weite und vergleicht die dabei zum Vorschein kommende Färbung mit einer Farbenskala, die man sich für alle vorkommenden Fälle in folgender Weise hergestellt hat.

Man gibt in 6 weithalsige Stöpselflaschen von 300 ccm Inhalt je 2 g weiße, flockige Zellulose und gießt in jeder Flasche 200 ccm reines Wasser darauf.

Vorher hat man sich folgende Rußmengen abgewogen:

5 mg, 10 mg, 15 mg, 20 mg, 25 mg, 30 mg

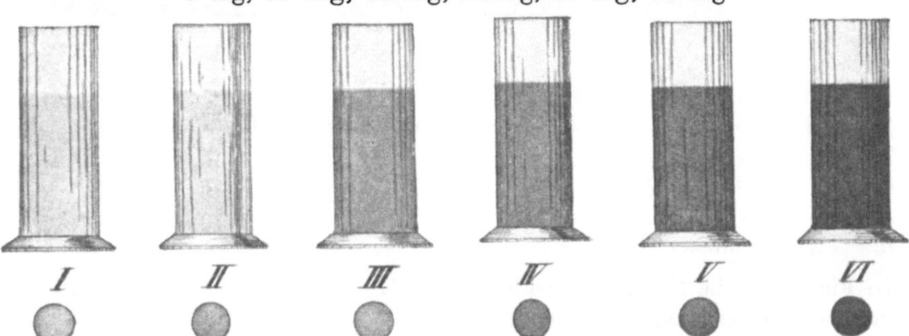

Fig. 65.

und füllt nun diese Rußmengen in die 6 Flaschen ein und schüttelt einige Minuten tüchtig durch.

In 6 bereit gestellte zylindrische Glasgefäße (Fig. 65) von 50 mm lichter Weite wird nun ein Teil des Inhaltes der Stöpselflaschen ausgegossen. Die Farbtöne in diesen Gefäßen werden verschieden sein. Man tuscht nun 6 kreisrunde, auf der Rückseite gummierte Papierscheiben von 25 mm Durchmesser so ab, daß ihre Farbtöne sich mit denjenigen der Flüssigkeiten in den 6 zylindrischen Gefäßen decken, klebt sie nebeneinander auf einem Papierstreifen auf und bezeichnet sie mit den Zahlen I bis VI wie folgt:

2 g Zellulose mit	5	10	15	20	25	30 mg	Ruß + 200 ccm Wasser
geben die Ruß- bzw. Rauchstärke Nr.	I	II	III	IV	V	VI	

2. Bestimmung der Rauchstärke nach Ringelmann.

Ringelmann vergleicht die Farbe des einem Schornsteine entströmenden Rauches direkt mit einer nach bestimmten Vorschriften hergestellten Farbenskala, die, in einer gewissen Entfernung vom Auge des Beobachters aufgestellt, verschiedene Nuancen von grau erkennen läßt.

Für die Konstruktion dieser Farbenskala benützt Ringelmann die Erscheinung, daß eine weiße Fläche, die sich kreuzende, schwarze Linien von bestimmter Strichstärke und in gewissen Abständen voneinander trägt, aus der Entfernung betrachtet, in einem grauen Tone erscheint, und zwar um so dunkler, je dicker die Striche sind, und je näher sie zusammen stehen.

Man zeichnet sich in 5 Quadrate von je 100 mm Seitenlänge sich rechtwinklig schneidende, tiefschwarze Linien, so daß die Strichstärke im

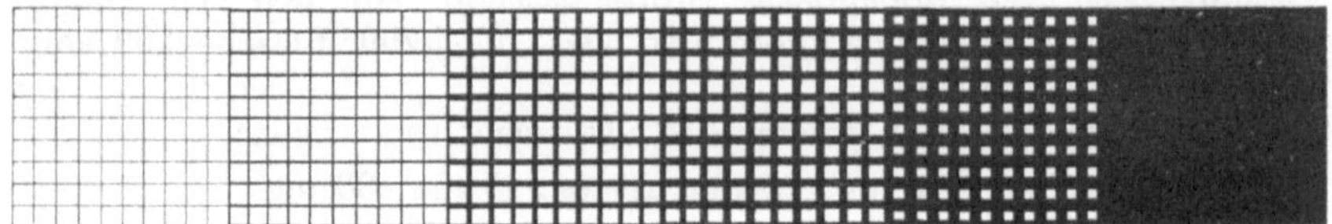

Fig. 66.

1. Quadrat so dünn wie möglich ist.
2. Quadrat = 1 mm u. die Seitenlänge der weißen Felder =9 mm ist
3.   „   = 2,3 „   „   „   „   „   „   „   =7,7 „   „
4.   „   = 3,7 „   „   „   „   „   „   „   =6,3 „   „
5.   „   = 5,5 „   „   „   „   „   „   „   =4,5 „   „
6.   „   = alles schwarz „   „   „   „   „   =0   „   „

In Fig. 66 ist die Skala in verkleinertem Maßstabe abgebildet. Sie wird in einer Entfernung von ungefähr 15—20 m vom Beobachter so aufgehängt, daß es möglich ist, mit einem Blicke den Rauch und die Skala ins Auge zu fassen und so dasjenige Quadrat festzustellen, dessen Farbton der Rauchfarbe am nächsten liegt.

Es bezeichnet dann

der Farbton des 1. Qudrates die Rauchstärke   I
   „   „   „ 2.   „   „   „   II
   „   „   „ 3.   „   „   „   III
   „   „   „ 4.   „   „   „   IV
   „   „   „ 5.   „   „   „   V
   „   „   „ 6.   „   „   „   VI

3. Die Bestimmung der Rauchstärke durch das Kapnoskop.

Das Kapnoskop (Rauchgucker) ist eine runde Kartonscheibe von 80 mm Durchmesser, welche auf einer Seite (Fig. 67) eine physikalisch richtig abgetönte Farbenskala in fünf Abstufungen trägt, während auf der Rückseite der Scheibe (Fig. 68) die den Farbenfeldern entsprechenden Rauchstärkengrade: 1. schwach 10%; 2. mäßig 40%; 3. mittelstark 60%; 4. stark 80%; 5. dicht und schwarz 100% angegeben sind.

Zum Zwecke der Rauchbeobachtung stellt man sich so auf, daß das Licht vom Rücken aus auf die in der Richtung gegen die Schornsteinmündung zu gehaltene Skala fällt und sucht nun jenes Farbenfeld

auf, dessen Ton sich mit der Rauchfarbe am besten deckt; dabei ist
es gleichgültig, ob man über den Rand der Scheibe oder durch ein
in der Mitte derselben befindliches Schauloch von 16 mm Durchmesser
nach der Schornsteinmündung hin visiert. Um die Skala vor Ver-

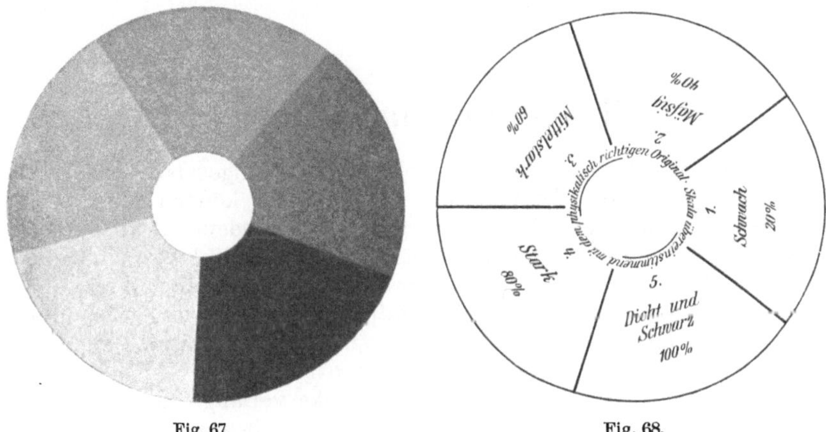

Fig. 67.   Fig. 68.

schmutzung zu schützen, ist sie in eine durchsichtige, farblose Zelluloid-
hülse gesteckt, in welcher sie auch während der Rauchbeobachtung
bleiben kann. Dem Kapnoskope ist noch eine Kurve beigegeben,
welche nach Versuchen von Lewicki den Zusammenhang zwischen
der durch das Kapnoskop ermittelten Rauchstärke und der Rußmenge in g pro 1 cbm Rauchgas ergibt.

Temperaturmessungen.

Alle Temperaturen werden in Celsiusgraden angegeben.

Zur Messung von Temperaturen bis ca. 350° können gewöhnliche Quecksilberthermometer benützt werden. (Der Siedepunkt von Quecksilber liegt bei 360°). Temperaturen von 350—550° lassen sich ebenfalls mit Quecksilberthermometern bestimmen, wenn zum Zwecke der Verzögerung des Siedepunktes das Meßrohr oberhalb des Quecksilbers unter Druck mit Stickstoff oder wasserfreier Kohlensäure gefüllt ist. Solche Thermometer heißen alsdann Pyrometer.

Von Thermometern für technische Zwecke verlangt man nicht nur, daß ihre Temperaturangaben richtig sind, sie sollen auch ein gewisses Maß von Widerstandsfähigkeit gegen Stoß, raschen Temperaturwechsel usw. besitzen. Bei der Anschaffung von Thermometern soll man stets nur gute Fabrikate berücksichtigen, gewöhnliche Handelsware — Produkte von Massenfabrikationen — zurückweisen.

Schon bei ca. 300° ist die Ausdehnung gewöhnlicher Glassorten so bedeutend und unregelmäßig, daß die Angaben des Thermometers falsch werden. Auch fangen derartige Glassorten schon verhältnismäßig früh an, weich zu werden.

Eine Glassorte, die diese Fehler in viel geringerem Maße besitzt, und daher zu Quecksilberthermometern sehr gut geeignet ist, ist das Jenaer Borosilikatglas 59III, welches erst bei ca. 650° eine gefährliche Plastizität annimmt.

Pyrometer zur Bestimmung der Rauchgastemperaturen müssen mit ihrem Quecksilbergefäße bis mindestens in die Mitte des Rauchkanales reichen, während die Skala von außen noch bequem ablesbar sein muß. Die Glaskapillare erhält daher stets eine bedeutende Länge und muß durch ein übergeschobenes Eisenrohr, welches unten durchlöchert ist, geschützt werden. Gewöhnlich besitzen diese Pyrometer einen auf diesem Eisenrohre verstellbaren Flansch, der die bequemere Einstellung verschiedener Eintauchhöhen ermöglicht (s. Fig. 69).

Um die Temperaturen von überhitztem Dampfe in Rohrleitungen zu messen, werden diese an den interessierenden Stellen (vor dem Überhitzer, hinter demselben, vor der Dampfmaschine) angebohrt und in der Bohrung mit Gewinde versehen. Mit entsprechendem Gewinde wird ein schmiedeeisernes, unten kugelförmig geschlossenes Rohrstück T (Fig. 70), welches bis über die Mitte des Rohrquerschnittes hinausreichen muß, eingeschraubt. In dieses Rohrstück wird hochsiedendes Öl gegossen und alsdann das Thermometer (Pyrometer) eingesetzt. Bei Neuanlagen finden sich gewöhnlich derartige Einrichtungen zur Messung der Dampftemperaturen vor.

Die Schwächung, welche das Rohr an der Anbohrstelle erleidet, ist durch eine Verstärkung a (Fig. 70) der Wandung aufgehoben. Damit ist gleichzeitig die Möglichkeit der Anbringung eines genügend langen Gewindes geschaffen.

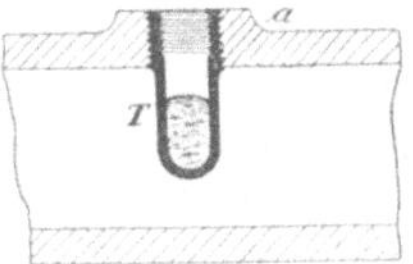

Fig. 70.

Das Institut für physikalische und technische Instrumente G. A. Schultze, Charlottenburg, fertigt für vorliegenden Zweck auch Pyrometer an (Fig. 71), bei welchen das Quecksilbergefäß in einer vollständig geschlossenen Stahlrohrhülse liegt, welche durch eine übergelötete Messinghülse gegen Rosten geschützt ist. Im Innern der Stahlrohrhülse befindet sich bei Beanspruchungen bis zu 300° Quecksilber, bei höheren Temperaturen ein metallisches Pulver. Beide Füllungen übertragen die Temperatur des Dampfes mit genügender Schnelligkeit auf das Pyrometer. Die Stahlrohrhülse trägt oben ein Gewinde, mit welchem es in die Dampfleitung eingeschraubt werden kann.

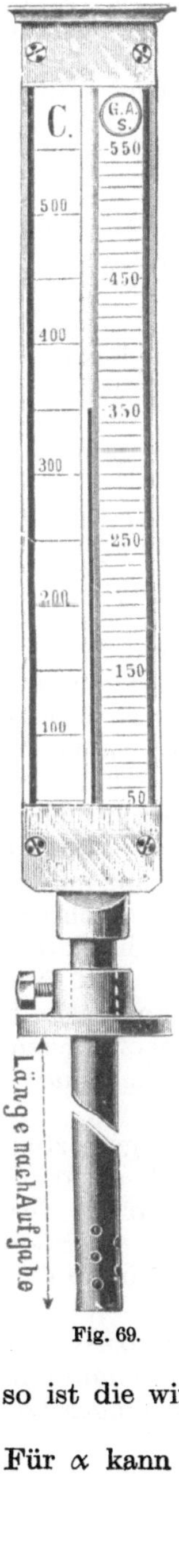

Korrektion des herausragenden Fadens.

Die Angaben der Quecksilberthermometer sind gemäß den üblichen Eichungsmethoden nur richtig, wenn nicht nur das Quecksilbergefäß, sondern auch die Kapillare, soweit sie mit Quecksilber gefüllt ist, der zu messenden Temperatur ausgesetzt ist. Dies ist aber bei technischen Temperaturmessungen fast nie der Fall, weshalb zu den abgelesenen Temperaturen ein Zuschlag zu machen ist, der um so größer ist, je länger das Thermometer und je kürzer dessen Eintauchlänge in jedem einzelnen Falle ist.

Bezeichnet t die abgelesene Temperatur, T die zu bestimmende Temperatur, α den scheinbaren Ausdehnungskoeffizienten von Quecksilber in Glas, n die Anzahl von Graden, die herausragen, t' die mittlere Temperatur des herausragenden Quecksilberfadens,

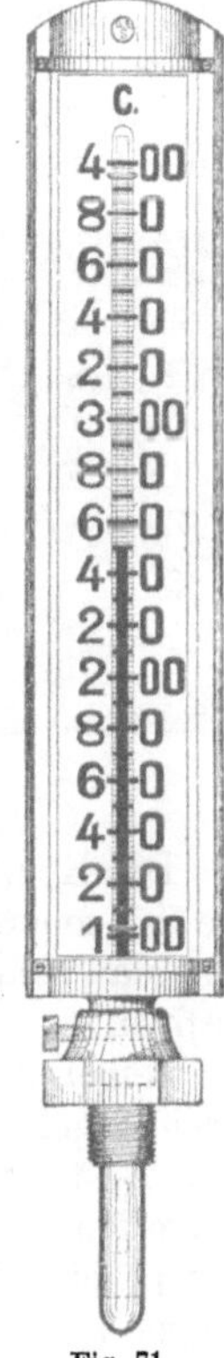

Fig. 69.

Fig. 71.

so ist die wirkliche Temperatur:

$$T = t + n \cdot \alpha \, (T - t') .$$

Für α kann mit genügender Genauigkeit 0,000155 gesetzt werden.

Die mittlere Temperatur des herausragenden Quecksilberfadens
bestimmt man durch ein kleines Thermometer, welches man in der Mitte
des herausragenden Fadens neben dem zu korrigierenden Thermometer
aufhängt. Wegen der guten Wärmeleitungsfähigkeit von Quecksilber
ist aber bei kurzen Quecksilberfäden das so bestimmte t' zu klein.
Um diesen Fehler auszugleichen, nimmt man in solchen Fällen
$\alpha = 0{,}000135$.

Die Segerkegel.

Ein sehr einfaches, besonders in der Tonindustrie häufig angewen-
detes, in der übrigen Technik viel zu wenig bekanntes Verfahren zur
Bestimmung hoher Temperaturen ist dasjenige mittels der Segerkegel.

Dies sind abgestumpfte, dreiseitige Pyramiden von 6 cm Höhe, die
eine Reihe systematisch zusammengesetzter, an Schwerschmelzbarkeit
zunehmender Silikatgemische darstellen. Sie sind in 59 verschiedenen
Nummern von der Königlichen Porzellanmanufaktur in Berlin oder
vom chemischen Laboratorium für Tonindustrie, Berlin NW 5 zu beziehen.

Um zu bestimmen, welche Temperatur an einer bestimmten Stelle
einer Feuerung herrscht, ist es erforderlich, die ersten Male eine größere

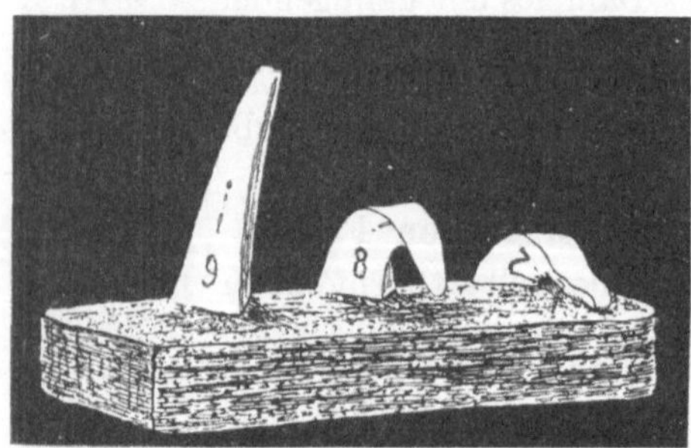

Fig. 72.

Reihe verschiednummeriger
Kegel, die man entsprechend
der zu erwartenden Tempe-
ratur ausgewählt hat, so einzusetzen, daß sie von außen
beobachtet werden können.
Da die Kegel beim Schmelzen
meist nach ein und derselben
Seite hinneigen, so schützt man
sie vor dem Umfallen, indem
man sie mit etwas feuchtem
Tone auf einer Schamotte-
platte festklebt (s. Fig. 72).

Die Kegel sollen vor Stichflammen geschützt werden; man umstellt
sie mit feuerfesten Steinen oder setzt sie direkt mit sog. Haubenlerchen
ein, das sind aus feuerfester Masse hergestellte, gewölbeartige Schutz-
kappen.

Zeigen z. B. die in das hintere Ende eines Flammrohres eingesetzten
drei Kegel nach Herausnahme das in Fig. 72 gegebene Bild, so kann
mit Bestimmtheit angenommen werden, daß die Temperatur an der
betreffenden Stelle dem Schmelzpunkt des Segerkegels *8* am meisten
entsprach, weil der Kegel *9* noch völlig scharfkantig steht, während der
Kegel *7* schon breitgeschmolzen ist.

Ein schwaches Biegen der Kegel ist nicht als Schmelzen anzusehen.
Wäre keiner der eingesetzten drei Segerkegel geschmolzen, so müßten
früher schmelzende Kegel, z. B. die Nummern *4a*, *5a*, *6a* eingesetzt
werden.

Das Verfahren mit den Segerkegeln gibt natürlich nur angenähert richtige Werte, aber keine absolut richtigen Temperaturen nach Celsiusgraden.

Folgende Tabelle gibt die Nummern der Segerkegel und die annähernden Mittelwerte ihrer Schmelzpunkte in Celsiusgraden, die bei neueren Messungen in Versuchsöfen gefunden wurden.

Seger-kegel Nr.	Gemessene Temperatur in °C	Seger-kegel Nr.	Gemessene Temperatur in °C	Seger-kegel Nr.	Gemessene Temperatur in °C
022	600	01a	1080	Die Nr. 21—25 inkl. werden nicht mehr hergestellt, weil ihre Schmelzpunkte zu nahe beieinander lagen.	
021	650	1a	1100		
020	670	2a	1120		
019	690	3a	1140		
018	710	4a	1160	26	1580
017	730	5a	1180	27	1610
016	750	6a	1200	28	1630
015a	790	7	1230	29	1650
014a	815	8	1250	30	1670
013a	835	9	1280	31	1690
012a	855	10	1300	32	1710
011a	880	11	1320	33	1730
010a	900	12	1350	34	1750
09a	920	13	1380	35	1770
08a	940	14	1410	36	1790
07a	960	15	1435	37	1825
06a	980	16	1460	38	1850
05a	1000	17	1480	39	1880
04a	1020	18	1500	40	1920
03a	1040	19	1520	41	1960
02a	1060	20	1530	42	2000

Die Sentinelpyrometer.

Eine den Segerkegeln ähnliche Einrichtung sind die von The Amalgams Co. Ltd., Sheffield nach Brearleys Angaben fabrizierten Sentinelpyrometer (Fig. 73). Sie bestehen in 20 mm hohen Zylindern von 12 mm Durchmesser, hergestellt aus Metalloxydsalzen oder Mischungen von solchen.

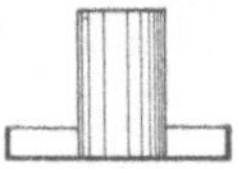

Die Schmelzpunkte der Metalloxydsalze markieren sich sehr scharf; es genügen schon 1—2° C Temperaturzuwachs, um den Übergang vom festen zum flüssigen Zustande zu veranlassen. Sinkt die Temperatur unter den Schmelz-

Fig. 73.

punkt, so gehen die Metalloxydsalze sofort wieder in den teigigen bzw. festen Zustand über. Da die Oberfläche der niedergeschmolzenen Sentinelzylinder, solange sie noch vollständig flüssig sind, spiegelglatt ist, während sich nach der Erstarrung kleine Kristalle ausscheiden, so geben diese Pyrometer auch Aufschluß über den Verlauf des Temperaturrückganges.

Die Sentinelpyrometer, die für jeden beliebigen Schmelzpunkt hergestellt werden können, finden ihrer schätzenswerten Eigenschaften

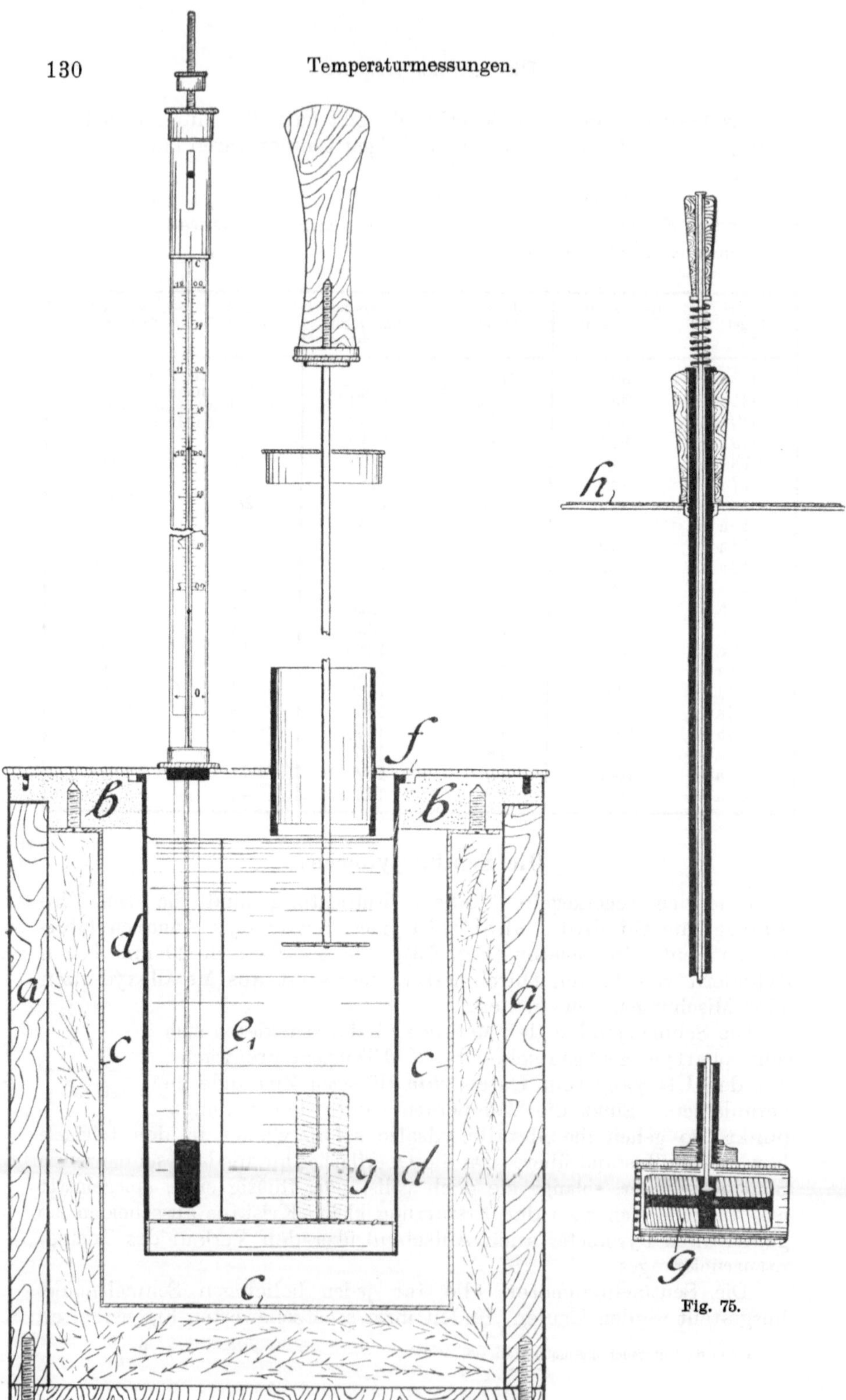

Fig. 74.

Fig. 75.

wegen für metallurgische Zwecke, insbesondere in der Härtetechnik gerne Verwendung, sind aber natürlich auch in vielen anderen Fällen ein einfaches Mittel zur Bestimmung hoher Temperaturen.

Kalorimetrische Wärmemessung.

Eine sehr einfache Methode zur Bestimmung hoher Temperaturen ist die kalorimetrische Wärmemessung.

Ein seinem Gewichte nach bestimmter Bolzen aus schwer schmelzbarem Metalle (Nickel, Platin) wird längere Zeit in die zu messende Wärmequelle gebracht und hierauf tunlichst rasch in eine genau abgewogene Menge Wasser geworfen. Aus der Temperaturerhöhung, die diese erfährt, läßt sich die Temperatur des Bolzens und damit die gesuchte Temperatur der Wärmequelle berechnen.

Da bei dieser an sich sehr einfachen Arbeitsmethode Fehler infolge des Einflusses der Umgebung auf die Temperatur des Wassers unvermeidlich sind, sollen derartige Wärme- resp. Temperaturmessungen nur mit eigens zu diesen Zwecken bestimmten Kalorimetern ausgeführt werden, weil nur dadurch diese Fehler sich auf ein Minimum reduzieren lassen.

Ein sehr einfaches und bequem zu handhabendes Instrument dieser Art ist das Kalorimeter von P. Fuchs, welches infolge besonderer Einrichtungen ein sehr rasches Arbeiten ermöglicht. Es ist in Fig. 74 abgebildet und hat folgende Einrichtung.

Das Kalorimeter besteht aus einem runden Gefäße a, welches durch einen Schieferdeckel b geschlossen ist. Unterhalb des Deckels ist der hochglanzpolierte, zylindrische Nickelmantel c befestigt. Der Raum zwischen c und a wird mit Asbest ausgefüllt. Das eigentliche, innen und außen hochglanzpolierte Kalorimetergefäß d hängt mit einer Verstärkung in der ringförmigen Öffnung des Deckels. Ein perforiertes Schutzblech verhindert das Berühren des Gefäßbodens durch den erhitzten Metallbolzen g. Das Unterteil des Thermometers wird durch e_1 geschützt.

Der Apparat wird durch den polierten Deckel f verschlossen, welcher in der einen Öffnung das Thermometer, in der anderen einen Rührer enthält.

Zur Temperaturbestimmung füllt man zuerst das Gefäß d mit Wasser, dessen Menge durch einen dem Instrumente beigegebenen, mit Marke versehenen Meßkolben ein für allemal bestimmt ist. Die Temperatur des Wassers muß zwischen 16° und 17° C liegen. Nachdem letzteres umgerührt ist, stellt man durch die Schraubvorrichtung des Thermometers den mit 0 bezeichneten Gradstrich der Skala genau auf den augenblicklichen Stand des Quecksilbers in der Thermometerkapillare ein. Sodann entfernt man den Rührer und bringt die Einführungsstange mit dem eingelegten Metallbolzen g, der durch den inneren federnden Halter vor dem Herausfallen bewahrt wird (Fig. 75), in die auf ihre Temperatur zu untersuchende Wärmequelle.

Für Temperaturen bis zu 1200° werden Nickelbolzen, für solche bis zu 1600° Platinbolzen angewendet.

Nach einigen Minuten wird der Metallbolzen die Temperatur seiner Umgebung angenommen haben, worauf man die Einführungstange herausnimmt und durch entsprechendes Neigen des unteren Teiles, sowie Anziehen des hinteren, kleinen Griffes den Bolzen g in das Wasser des Gefäßes d gleiten läßt.

Durch Umrühren mischt man sodann das Wasser und beobachtet den höchsten Stand des Quecksilberfadens, welcher direkt die Temperatur des Metallbolzens, resp. des Raumes, in welchem derselbe erhitzt wurde, in Celsiusgraden angibt.

Elektrische Pyrometer.

Bei diesen Instrumenten werden die sog. Thermoströme zum Messen von Temperaturen benützt. Derartige Ströme kommen bekanntlich dann zum Vorscheine, wenn man die Stelle, an welcher zwei verschiedene Metallstäbe (z. B. Antimon und Wismut) zusammengelötet sind, erwärmt, während die freien Enden mit den Klemmen eines empfindlichen Galvanometers verbunden sind. Es liegt in der Natur dieser Instrumente, daß sie in die Ferne wirkend sind, indem das Galvanometer 50, 100 und mehr Meter vom Elemente entfernt aufgestellt werden kann.

Der Gedanke, durch Thermoströme Temperaturen zu messen, war durch Le Chatelier in die Praxis übersetzt worden. Holborn und Wien brachten das Le Chateliersche Pyrometer in eine handlichere Form.

Das normale Thermoelement besteht, wie Fig. 76 zeigt, aus einem 0,6 mm starken und 1,5 m langen Platindraht und aus einem ebenso starken und gleich langen Draht aus einer Platin-Rhodiumlegierung. Die Verbindung T der Enden dieser Drähte darf nicht durch Lötung, sondern muß durch direktes Zusammenschmelzen geschehen. Ein Porzellanröhrchen J, durch welches der Platindraht so hindurchgesteckt ist, daß die Schweißstelle vor der einen Öffnung dieses Röhrchens liegt, verhindert einen Kontakt der beiden Drähte. Ein zweites, außen glasiertes Porzellanrohr B, welches an einem Ende halbkugelförmig geschlossen ist, schützt die Drähte noch gegen außen, was notwendig ist, da durch Ansatz von Ruß oder durch direkte Berührung mit der Flamme die elektromotorische Kraft des Elementes geändert werden würde.

In vielen Fällen wird es zu empfehlen sein, das Porzellanrohr B gegen mechanische Verletzungen und vor zu schroffen Temperaturschwankungen dadurch zu schützen, daß man es, wie Fig. 76 zeigt, mit Asbestschnur umwickelt und in ein Eisen-, Nickel- oder Schamotterohr D (Fig. 76) steckt, oder man füllt den Raum zwischen B und D mit kleinstückigem Quarz F aus. Unten ist das Rohr D durch eine Eisenkappe K abgeschlossen. Alsdann muß man darauf achten, daß dieses

Metallschutzrohr in glühendem Zustande sich nicht verbiegt und so die Porzellanröhre zum Bruche bringt. In solchen Fällen, in denen voraussichtlich diese Metallschutzrohre in Weißglut geraten, ist es ratsam, sie durch Schamotterohre zu ersetzen.

Handelt es sich um Messungen von kurzer Dauer, so erweist sich nicht selten das Bestreichen der Metallschutzrohre mit Lehm als vorteilhaft.

Ein nahtlos gezogens Nickelrohr leistet größeren Widerstand gegen die schädlichen Einflüsse oxydierender Gase als ein Eisenrohr.

Immer wird es ratsam sein, zu schroffe Temperaturschwankungen zu vermeiden; einerseits wird man das Thermoelement, ehe man es in hohe Temperaturen bringt, vorwärmen, anderseits es auch nur allmählich kalt werden lassen, wenn es nicht gleich weiter benützt wird.

Im allgemeinen soll man das Thermoelement nicht ohne Schutzrohr anwenden, da selbst jede leuchtende Flamme einen schädlichen Einfluß auf den glühenden Platindraht ausübt.

Sollte einer der Drähte reißen, so genügt schon ein inniges Zusammenwickeln der gerissenen Enden, um das Element wieder gebrauchsfähig zu machen.

Wenn das dünne Porzellanrohr in Stücke bricht, so ist dies so lange bedeutungslos, als ein Kontakt der Drähte ausgeschlossen ist.

Die Verbindung der Elementendrähte mit dem Galvanometer wird durch isolierte Kupferdrähte hergestellt, deren Widerstand aber 1 Ohm nicht überschreiten darf.

Für eine Entfernung zwischen Element und Galvanometer bis zu 100 m genügt solcher Draht in einer Stärke von 2 mm.

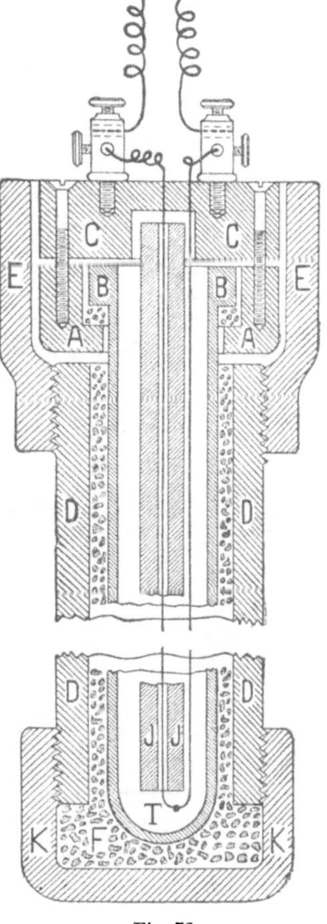

Fig. 76.

Das Galvanometer (Fig. 77) ist mit 2 Skalen ausgerüstet, von denen die eine die Temperaturen in Celsiusgraden angibt, während die andere die Ablesung der elektromotorischen Thermokräfte in Millivolt gestattet. Mit Hilfe dieser zweiten Skala kann das Galvanometer von Zeit zu Zeit durch Anschluß an ein Normalelement (z. B. Clarksches) geprüft werden.

Die Länge des Thermoelementes ist so auszuwählen, daß die Stelle, an welcher die Elementendrähte (Fig. 76) an die isolierten Kupferdrähte

nach dem Galvanometer angeschlossen sind, so weit von der Wärmequelle entfernt ist, daß ihre Temperatur nicht viel über Zimmertemperatur steigt.

Das Galvanometer (Fig. 77) zeigt nur dann richtig an, wenn es genau
horizontal aufgestellt ist. Um dies zu erreichen, sind die drei mit
Spitzenlagerung versehenen Fußschrauben so einzustellen, daß das

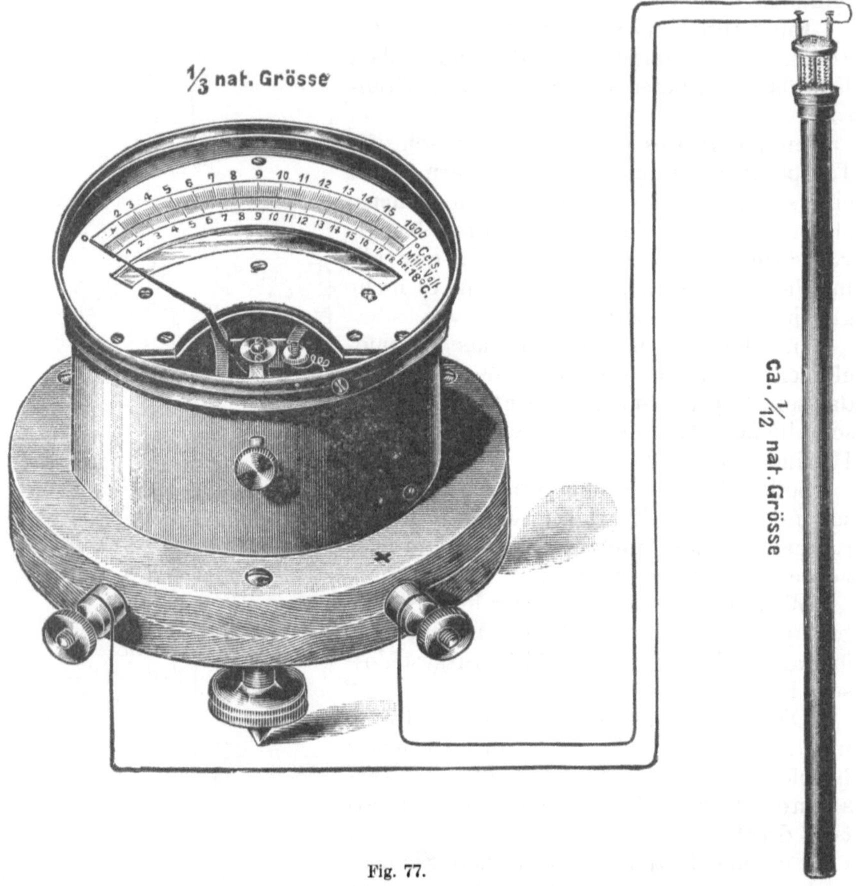

Fig. 77.

kleine, runde Metallscheibchen, welches auf der Achse des
den Zeiger tragenden kleinen Rahmens sitzt, genau in der
Mitte des kreisrunden Ausschnittes, in welchem es spielt,
sich befindet. Durch diese Einrichtung ist die sonst nötige Flüssig-
keitslibelle entbehrlich geworden.

Wird das Galvanometer nicht mehr benützt, so soll es arretiert
werden. Dies hat auf alle Fälle zu geschehen, wenn es transportiert
wird. Soll die Arretierung ausgelöst werden, was durch Herausschrauben
der am Gehäuse befindlichen Arretierungsschraube geschieht, so muß

dies vorsichtig und langsam vorgenommen werden. Die Auslösung hat stattgefunden, sobald der Zeiger zu schwingen beginnt.

Jedes Galvanometer wird nach dem zugehörigen, d. i. mitgelieferten Elemente von der Physikalisch-Technischen Reichsanstalt geeicht. Die Ergebnisse dieser Prüfung werden dem Instrumente in einer Tabelle beigegeben.

Die Angaben dieser Tabelle sind aber, gemäß dem Prüfungsverfahren der genannten Behörde, nur dann richtig, wenn die Verbindungsstelle der Elementendrähte mit den Zuleitungsdrähten in schmelzendem Eise sich befinden. Ist bei Benützung des Instrumentes die Temperatur dieser Stelle höher als $0°$, so muß man den Angaben des auf $0°$ eingestellten Galvanometers die Differenz in der Temperatur zurechnen.

Die Berücksichtigung dieser Temperaturdifferenz kann auch in der Weise geschehen, daß man die Skala des Galvanometers, nachdem der Zeiger zuerst auf Null eingespielt hat, mit Hilfe einer Kurbel so weit von links nach rechts verstellt, daß der freischwingende Zeiger nunmehr statt auf $0°$ auf die Temperatur der Verbindungsstelle zu stehen kommt. Die Ablesung des Galvanometers gibt dann ohne weiteres die gesuchte Temperatur.

Der Meßbereich des Le-Chatelier-Pyrometers geht bis $1600°$.

In neuerer Zeit wird von Keiser und Schmidt ein thermoelektrisches Pyrometer hergestellt, welches zum Messen von Temperaturen bis $600°$ bestimmt ist, und welches beim Gebrauch vertikal aufgehängt oder horizontal gelegt werden kann.

Die optischen Pyrometer von Wanner.

Theoretisches Prinzip der optischen Pyrometrie.

Den optischen Pyrometern liegt der Gedanke zugrunde, die Temperatur eines Körpers durch die Intensität des von ihm ausgestrahlten Lichtes zu messen. Zerlegt man dieses nämlich durch ein Prisma in sein Spektrum und beobachtet die Helligkeit einer bestimmten Farbe, z. B. Rot der Wasserstofflinie C, so findet man eine beträchtliche Zunahme der Intensität mit steigender Temperatur des strahlenden Körpers. Setzt man etwa die Strahlung bei $1000° = 1$, so steigt sie für $1500°$ auf den Wert 134 und erreicht bei $2000°$ das 2130fache.

Von Wanner und anderen experimentell nachgewiesen, wurde dieses Gesetz von Wien und Planck mathematisch formuliert, und zwar gilt für das sichtbare Gebiet merklich genau die Beziehung:

$$J = c_1 \cdot \lambda^{-5} \cdot e^{-\frac{c_2}{\lambda \cdot T}} \quad \text{(Wien-Plancksches Gesetz).}$$

Hierin bedeuten:

$J =$ die optisch beobachtete Intensität,

$T =$ die absolute Temperatur,

$a =$ die Wellenlänge (Farbe) der beobachteten Strahlen,

c_1 und $c_2 =$ zwei Konstanten,

$e =$ die Basis der natürlichen Logarithmen.

Da alle Größen bis auf J und T bekannt sind, bietet dieses Gesetz die Möglichkeit, durch Bestimmung von J die unbekannte Temperatur $t = T - 273$ zu ermitteln.

Ein dem obigen analoger Ausdruck folgt für eine Temperatur T_1, so daß sich das Verhältnis der Intensitäten bei zwei Temperaturen T und T_1 ergibt zu:

$$\frac{J}{J_1} = e^{\frac{c_2}{\lambda} \cdot \left(\frac{1}{T_1} - \frac{1}{T}\right)} = \frac{\operatorname{tg}^2 \alpha}{\operatorname{tg}^2 \alpha_1}$$

wenn man die Intensität mittels Polarisations-Vorrichtung mißt, und α und α_1 die zugehörigen Verdrehungswinkel am Polarisationsapparat bezeichnen. In anderer Form geschrieben lautet die Gleichung noch:

$$\log \frac{J}{J_1} = \log \frac{\operatorname{tg}^2 \alpha}{\operatorname{tg}^2 \alpha_1} = \frac{c_2}{\lambda} \cdot \left(\frac{1}{T_1} - \frac{1}{T}\right) \cdot \log e .$$

Es läßt sich also, falls die zu einer einzigen Temperatur und Wellenlänge gehörige Strahlungsintensität J bekannt ist, jede andere Temperatur auf optischem Wege bestimmen, vorausgesetzt natürlich, daß der zu betrachtende Körper bereits sichtbare Strahlen aussendet. Dieses ist von etwa 625° aufwärts der Fall. Hierbei muß noch auf eine Einschränkung bei Anwendung der Strahlungsgesetze hingewiesen werden. Diese haben nämlich nur volle Gültigkeit für einen absolut schwarzen Körper, d. h. einen solchen, der alle auftreffenden Strahlen absorbiert, infolgedessen auch Licht jeder Wellenlänge aussendet. Nach Kirchhoff läßt sich diese Bedingung am besten durch einen Hohlraum darstellen, dessen Wände konstant dieselbe Temperatur wie dieser selbst besitzen. Heizt man einen solchen z. B. auf elektrischem Wege, und läßt man die Strahlen durch eine kleine Öffnung in der Wand austreten, so hat man einen sog. schwarzen Strahler vor sich, auf den sich das oben erwähnte Gesetz anwenden läßt. Die gleichen Verhältnisse bieten aber fast sämtliche in der Industrie gebräuchlichen Öfen, und auch für alle anderen glühenden, festen und flüssigen Körper kann man ohne weiteres die Richtigkeit des Gesetzes annehmen, weil der Unterschied ihrer Strahlung gegen die des schwarzen Körpers bei hohen Temperaturen für die Fälle der Praxis überhaupt zu vernachlässigen ist.

Physikalisches Prinzip des Wanner-Pyrometers.

Das von Wanner auf Grund dieser Gesetzmäßigkeiten konstruierte optische Pyrometer besteht aus einem spektral-analytischen und einem photometrischen Teil. Ersterer dient dazu, das auf die beiden Spalte a und b auffallende Licht durch das Prisma G (Fig. 78) spektral zu zerlegen und durch die Linsen L_1 und L_2 das Spektrum in der Ebene des Spektralspaltes S_2 scharf abzubilden. S_2 ist so gestellt, daß nur Licht der roten Wasserstofflinie ($\lambda = 0{,}6563$) zur Beobachtung gelangen kann, alle anderen Farben aber abgeblendet werden. Der photometrische Teil des Apparates besteht aus dem Prisma K, dem Prisma P und dem Analysator N (Nikol). Durch K wird jedes der beiden Spektren

in zwei aufeinander senkrecht polarisierte Komponenten zerlegt, so
daß man in S_2 vier übereinander liegende Spektren erhielte. Der bre-
chende Winkel des Prismas P ist nun so berechnet, daß die beiden der
optischen Achse zunächst liegenden Bilder im Okularspalt aufeinander-
fallen, und deren Licht allein in das Auge des Beobachters gelangt. Da
ihre Schwingungsrichtungen senkrecht zueinander stehen, kann durch
Drehung des Analysators N gleichzeitig die Helligkeit des einen Bildes
geschwächt, die des anderen erhöht werden. Beleuchtet man nun noch
Spalt a durch eine konstante Vergleichslichtquelle, während b von dem
zu beobachtenden, glühenden Körper bestrahlt wird, so ist nur erforderlich, die beiden durch das Prisma P gebildeten Hälften des Gesichts-
feldes durch Drehen von N auf gleiche Helligkeit zu bringen, um das
Verhältnis der Intensitäten beider für eine bestimmte Wellenlänge zu
kennen. Nach dem eingangs Gesagten ist aber hiermit ein wissenschaft-

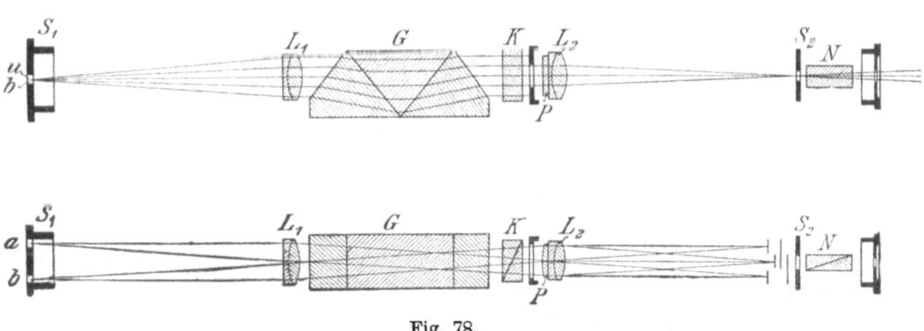

Fig. 78.

lich begründetes, genaues Maß für die Temperatur des strahlenden
Körpers gegeben.

Hinsichtlich der zu erreichenden Meßgenauigkeit möge kurz folgendes
gesagt sein:

Man nehme an, der zu messende Körper sei ein schwarzer Strahler,
so wird die Beobachtung nur noch von der Konstanz der Vergleichslichtquelle abhängen und von der Fähigkeit des Messenden, die beiden
Gesichtsfeldhälften auf gleiche Helligkeit einzustellen. Letzteres ist
aber für ein einigermaßen geübtes Auge auf etwa 1% möglich, was je
nach dem Temperaturbereich im Mittel einen Fehler von 1% in der
Temperaturbestimmung bedingt. Um eine genügende Konstanz der
Vergleichsnormale zu gewähren, kommen nur sorgfältig geprüfte und
gealterte Osramlampem zur Verwendung, deren Helligkeit durch eine
beigegebene Amylazetatlampe zeitweise kontrolliert werden kann. Da
der hieraus entstehende Fehler erfahrungsgemäß 1% nicht überschreitet,
kann man sagen, daß der gesamte Meßfehler im Höchstfalle 2% betragen kann, im allgemeinen jedoch unter 1% bleibt.

Der Hauptwert des Instrumentes liegt darin, daß es auf Grund eines
theoretisch abgeleiteten und praktisch bestätigten Gesetzes die Temperaturmessung ermöglicht, im Gegensatze zu anderen optischen Pyrometern, deren Angaben eine empirische Eichung zugrunde liegt.

Ausführungsformen des Wanner Pyrometers.

Dank eigenen Bemühungen und nicht zuletzt den wertvollen Anregungen hervorragender Institute z. B. der Physikalisch-Technischen Reichsanstalt und dem Bureau of Standards ist es der Herstellerin des Pyrometers, der Firma Dr. R. Hase, in Hannover, im Laufe der Jahre gelungen, sowohl Konstruktion, als auch äußere Ausführung desselben auf eine hohe Stufe technischer und wissenschaftlicher Vollkommenheit zu bringen.

Nach dem oben erläuterten Prinzip besteht jeder komplette Apparat aus folgenden Teilen:

1. Dem Spektral-Photometer, das zugleich die Vergleichslampe enthält.

2. Der Stromquelle mit Widerstand und Amperemeter.

3. Der Justiervorrichtung mit Amylazetatlampe.

Die Justierung des Pyrometers vor der Amylazetatlampe.

Die zu diesem Zwecke dienende Vorrichtung besteht aus einem Holzbrett M (Fig. 79), welches die Amylazetatlampe N und die Stativstange B trägt. Die Lampe wird bis zur Hälfte mit Amylazetat gefüllt. Auf die Dochthülse wird das Visier V, dessen einer Arm eine Mattscheibe enthält, aufgesteckt.

Die eiserne Stativstange B hält 2 Messingfedern, in welche das Photometer P mit seinem Mittelrohr eingeklemmt wird.

Man drückt nun das Photometer in die Messingfedern und dreht die Visiervorrichtung V der Amylazetatlampe N bis der Anschlag F sich an den geschwärzten Kopf H des Pyrometers anlegt, und schiebt das Pyrometer so weit wie möglich an die Lampe bzw. das Visier heran.

Hierbei ist der geschwärzte Teil des Pyrometers, in welchem sich die Glühlampe befindet, — wie aus der Zeichnung ersichltich — senkrecht nach unten zu stellen.

Nun zündet man den Docht der Amylazetatlampe an und läßt dieselbe ca. 10 Minuten lang brennen, um eine ruhige Flamme zu erzielen, und kontrolliert dann die Höhe der Flamme, deren gelbe Spitze scharf mit der Höhe der Visiervorrichtung V abschneiden muß.

Hierauf verbindet man den Steckkontakt S mit der Anschlußdose am Akkumulator und stellt den Zeiger Z am Okular O genau auf die für den Apparat angegebene Normalzahl (auf dem Teilkreis A) des Apparates ein. Sieht man nun durch das Okular in das Instrument, so erblickt man einen rot erhellten Kreis, dessen obere Halbkreisfläche von der Glühlampe und dessen untere von der Amylazetatlampe erleuchtet ist. Wenn beide Halbkreisflächen die gleiche Helligkeit zeigen, ist der Apparat zum Gebrauche fertig.

Ist die Helligkeit der beiden halbkreisförmigen Flächen voneinander verschieden, so dreht man die Griffschraube G des Regulierwiderstandes W so lange — nach links oder rechts —, bis die beiden Flächen gleichmäßig hell erscheinen.

Durch diese Regelung hat man die Stromstärke des Akkumulators so weit begrenzt, wie für die dem Apparat zugrunde gelegte Helligkeitsnormale der Glühlampe notwendig ist.

Die auf dem Amperemeter abgelesene, als Helligkeitskonstante bezeichnete Zahl K wird für den Gebrauch notiert.

Die Normalzahl eines Wanner Pyrometers bleibt stets für einen und denselben Apparat gleich, dagegen ändert sich die Helligkeitskonstante, sobald eine neue Glühlampe in das Pyrometer eingesetzt wird. Für diesen Fall ist stets die Einstellung vor der Amylazetatlampe notwendig, wobei in der vorher erwähnten Weise verfahren wird.

Läßt sich nicht durch Ausschaltung (Linksdrehen der Griffscheibe G) des ganzen Regulierwiderstandes W erreichen, daß das Glühlampenfeld in der Helligkeit dem Amylazetatlampenfelde gleich wird, so muß der Akkumulator neu geladen oder eine neue Glühlampe eingesetzt werden.

Welche von diesen Möglichkeiten vorliegt, ergibt sich durch Messen der Spannung der Akkumulatorenbatterie (mit einem Voltmeter), welche mindestens 5,7 Volt betragen muß.

Die Justierung des Pyrometer Wanner vor der Amylazetatlampe hat nur den Zweck, die Eigenschaften der Vergleichsglühlampe zu kontrollieren. Weil die Glühlampe sich im Laufe der Zeit, je nach dem Gebrauche wenig ändert, braucht die Einstellung vor der Amylazetatlampe nur in längeren Zeiträumen zu erfolgen.

Ist die Einstellung des Pyrometers gelungen, so empfiehlt sich für den mit dem Apparat bisher unbekannten Beobachter eine Übung.

Man legt das Pyrometer wie zur Einstellung vor der Amylazetatlampe in die Vergleichsvorrichtung, dreht den Zeiger am Okular nach irgendeiner Seite und versucht, ohne auf die Normalzahl zu achten, auf die früher beobachtete, gleiche Helligkeit der Halbkreise einzustellen. Kommt man bei diesen Übungen in der Einstellung bis auf $1/2$ oder $1/1$ Teilstrich an die Normalzahl heran, so hat sich das Auge genügend zu guten Beobachtungen in der Praxis vorbereitet.

Justierung des Pyrometers vor dem Gebrauche.

Man verbindet den Steckkontakt S mit der Anschlußdose und reguliert den Widerstand W so, daß die Helligkeitskonstante K auf diejenige Zahl zeigt, welche bei der vorher beschriebenen Justierung gefunden wurde. Diese Zahl ist jedem Instrumente beigegeben.

Vor jeder Ingebrauchnahme des Pyrometers, wenigstens aber täglich einmal, soll diese Justierung, die nur einige Sekunden in Anspruch nimmt, vorgenommen werden.

Durch Einsetzen einer neuen Glühlampe ändert sich die Zahl K und muß daher durch Justierung vor der Amylazetatlampe neu bestimmt werden.

Dies geschieht, indem man den Zeiger auf die Normalzahl stellt und den Regulierwiderstand so lange verstellt, bis die Helligkeit der im Apparat sichtbaren beiden Halbkreise vollkommen gleich ist.

Entsprechend seiner mannigfachen Verwendung wird der Apparat für mehrere Temperaturintervalle und in verschiedenen Ausführungsformen geliefert.

1. Das Pyrometer für Temperaturen von 840—2000° C bzw. 4000 und 7000° C.

Das Pyrometer (Fig. 79) ist wie ein Fernrohr gestaltet und trägt am Objektivende einen Kopf, in dem die elektrische Vergleichslampe

Fig. 79.

untergebracht ist. Am Okularende befindet sich der drehbare Analysator, verbunden mit einem Arm und Index, der die Drehung auf einer Kreisteilung abzulesen gestattet. Der nebenstehende Akkumulator ist dreizellig und trägt Strommesser, Regulierwiderstand und Stöpselkontakt. Die Einstellvorrichtung dient zugleich als Aufbewahrungsort, wenn der Apparat außer Gebrauch ist. Sie enthält die Amylazetatlampe und ein Stativ auf einem Brett mit Vorrichtung, um Photometer und Lampe in immer gleicher Lage zueinander zu bringen. Die der Kreisablesung entsprechende

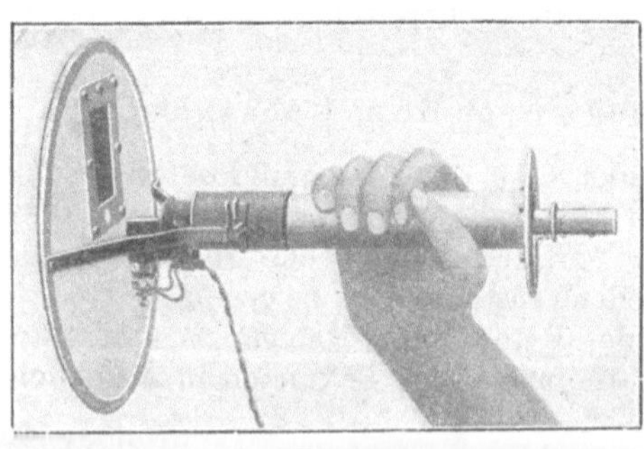

Fig. 80.

Temperatur wird aus einer beigegebenen Tabelle entnommen. Fig. 80 zeigt den Apparat in einer für technische Zwecke besonders geeigneten Ausführung. Das ganze Pyrometer ist in ein Schutzrohr gelegt, wodurch die empfindlichen Teile des Instrumentes gesichert und die

Justierschrauben vor Verstellung bewahrt bleiben. Ferner wird die Kreisteilung auf Wunsch zu einer Temperaturskala erweitert, so daß

die Temperatur direkt ablesbar ist, und sich der Gebrauch der Tabelle erübrigt. Für Messungen bis 4000 bzw. 7000° C wird die Lichtschwächung durch Rauchgläser erreicht, die mit geeigneter Fassung versehen sind und sich augenblicklich anbringen und auswechseln lassen. Sollte es für nötig erachtet werden, den Apparat noch besonders vor zu starker Strahlung zu schützen, so wird demselben noch ein Asbestschirm beigegeben, der mit einem Rauchglasfenster zum Schutze des Auges versehen ist.

Die Ausführung (Fig. 81) bildet eine weitere Ausbildungsform für stationäre Einrichtungen zur ständigen Ofenkontrolle. Das Pyrometer ist staubdicht in einem massiven Eisengehäuse eingeschlossen, und der ganze Apparat auf einem tragbaren Gestell befestigt. Letzteres besitzt Wände aus starkem Eisenblech, so daß ein absolut sicherer und verschließbarer Raum zur Aufnahme der Nebenapparate vorhanden ist. Ferner ist eine stabile Höhenverstellung durch Schraubenspindel mit Handrad angebracht,

Fig. 81.

sowie Horizontalbewegung und Neigen der Sehachse zur genauen Anvisierung vorgesehen. Durch zwei herunterklappbare Handhaben läßt sich der Apparat bequem von einer Beobachtungsstelle zur anderen transportieren.

Das Pyrometer für Temperaturen von 625° C aufwärts.

Da die starke Lichtschwächung durch die Polarisationsvorrichtung eine Beobachtung etwa unterhalb 800° nicht zuläßt, wurde, vielfachen Wünschen aus Kreisen der Technik entsprechend, ein Instrument konstruiert, das eine Temperaturmessung von etwa 625° an gestattet. In Ausführungsform (Fig. 82) enthält das Instrument keinen Spektralapparat, sondern eine annähernd monochromatische Rotglasscheibe und kann vermöge seiner Lichtstärke Temperaturen bis zu der angegebenen unteren Grenze (etwa den Beginn der sichtbaren Temperaturstrahlung) messen. Ein gerades Fernrohr mit okularem Objektiv hat einen rechtwinklig dazu stehenden Griff, in dem die Vergleichslampe und die polarisierenden Elemente untergebracht sind. Oberhalb des Griffes befindet sich der Teilkreis mit drehbarem Index zur Ablesung des Drehungswinkels bzw. der gemessenen Temperatur. Die Handlichkeit des Instrumentes ist außer der kompendiösen Form noch dadurch erhöht, daß der einzellige Akkumulator mit Amperemeter und Widerstand bequem an einem Riemen umgehängt und von dem Beobachter überall mitgeführt werden kann.

Faßt man die Vorzüge, die die optische Temperaturmeßmethode gegenüber anderen Meßverfahren bietet, kurz zusammen, so findet man:

Fig. 82.

1. die große Genauigkeit der Temperaturbestimmung;
2. die Schnelligkeit der Ablesung in wenigen Sekunden;
3. die einfache Bedienung des Apparates;
4. es ist nur ein Instrument für eine beliebige Anzahl von Beobachtungsfällen nötig;
5. dasselbe Instrument gestattet die Messung an allen überhaupt sichtbaren Punkten des Schmelzraumes, ermöglicht daher eine zuverlässige Kontrolle über die Temperaturverteilung im Innern des Ofens;
6. die zur Messung dienenden Instrumente kommen nicht mit der glühenden bzw. geschmolzenen Materie in Berührung, daher sind weder nennenswerte Abnutzungs- noch Betriebskosten vorhanden.

In seiner allerneuesten Form hat das Pyrometer eine Ausgestaltung erhalten, in der es hinsichtlich Handlichkeit und Widerstandsfähigkeit allen Anforderungen genügen dürfte. Alle vorstehenden Teile, wie Schrauben usw. sind vermieden und die gesamte Präzisionsoptik ist im Inneren des glatt verlaufenden Rohres untergebracht. Alle auswechselbaren Rauchgläser und Mattscheiben befinden sich ebenfalls im Instrumente und können vom Objektivende aus durch Drehen eines Knopfes vorgeschaltet werden. Der Teilkreis bietet in seiner Form und Ausführung einen wirksamen Schutz des Beobachters gegen fremdes Licht. Durch Verwendung von Magnaliumguß ist das Gewicht des Instrumentes auf ein Minimum reduziert.

Messung von Druckdifferenzen.
(Zugmessung.)

Jede Feuerungsanlage bedarf einer Einrichtung, welche die zur Verbrennung nötige Luftmenge in den Verbrennungsraum fördert, und welche gleichzeitig die ausgenützten Verbrennungsgase in solcher Höhe in die Atmosphäre überführt, daß eine erhebliche Belästigung der Umgebung vermieden ist.

Man bedient sich hierzu entweder des natürlichen Zuges, der durch die Wirkung eines Schornsteins erzeugt wird, oder eines künstlichen Zuges, dessen Erzeugung durch die Saug- oder die Druckwirkung eines Ventilators geschieht. Zuweilen kommt auch eine Kombination beider Methoden: Schornsteinzug, unterstützt durch Ventilatorwirkung, vor. Allgemein bildet aber die Anwendung des natürlichen Schornsteinzuges die Regel.

Die saugende Wirkung eines Schornsteins beruht auf dem Auftriebe, den die heißen, und daher spezifisch leichteren Abgase einer Feuerung in kälterer Umgebung der Atmosphäre erfahren. Der allgemeine Ausdruck „der Schornstein zieht" ist bei genauer Betrachtung der Vorgänge unrichtig, denn die Verbrennungsluft wird nicht in den Feuerraum gezogen, sondern vermöge des Überdruckes, den die atmosphärische Luft gegenüber dem Drucke der im Schornsteine befindlichen Gassäule hat, in den Feuerraum und durch die eventuell daranschließenden Heizkanäle gedrückt.

Die Differenz dieser beiden Drücke, den sog. Unterdruck, zu messen, ist Aufgabe derjenigen Instrumente, die man allgemein Zugmesser nennt.

Die einfachste Einrichtung zur Messung des Unterdruckes ist eine U-förmig gebogene Glasröhre, die zum Teil mit Wasser gefüllt ist (Fig. 83). Mit einem Millimetermaßstabe (ca. 50 bis 60 mm umfassend) ist dieses Glasrohr auf einem Brettchen derart befestigt, daß entweder der Maßstab oder das Glasrohr in vertikaler Richtung verschiebbar ist. Der eine Schenkel A des U-förmigen Glasrohres ist zu einem Schlauchstücke aufgekröpft und wird mittels eines dicht anschließenden Gummischlauches, der wieder in einem Stück Porzellanrohr (für niedrige Temperaturen genügt auch ein Glasrohr) endigt, mit demjenigen Raume verbunden, dessen Druckverhältnisse bestimmt werden sollen. Herrscht in diesem Raume ein geringerer Druck als der augenblicklich vorhandene, atmosphärische, so wird die Wassersäule in A höher stehen als in B.

Die Niveaudifferenz in Millimeter ist ein Maß für den Unterdruck. Die Einheit der Zugstärke, oder präziser gesagt, die Einheit des Unterdruckes ist 1 mm Wassersäule.

Die Messung des Unterdruckes direkt vor dem Rauchschieber ist für die Beurteilung der in die Feuerung eintretenden Luftmenge völlig belanglos. Sie gibt nur Aufschluß über die Zustände im Schornsteine selbst, in der Weise, daß eine Verringerung des Unterdruckes bei vollständig geöffnetem Rauchschieber auf die Ansammlung großer Flugaschenmengen am Eingang zum Schornsteine, oder bedeutender Rußmengen im Schornsteine, oder auf klaffende Risse im Schornsteinschafte schließen läßt.

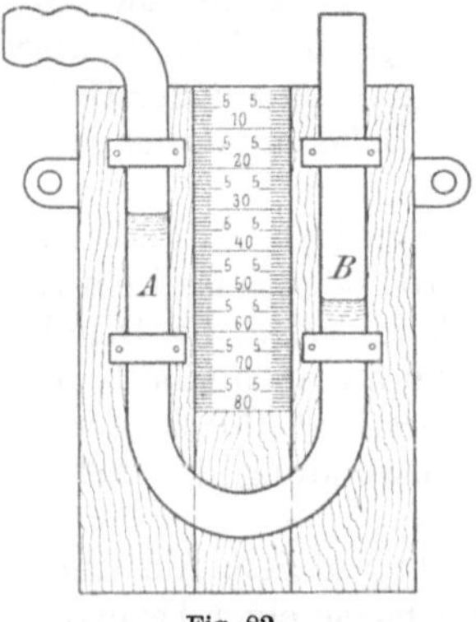

Fig. 83.

Für die Menge der in eine Feuerung eintretenden Luft sind noch von Einfluß:

1. die Widerstände, die die Abgase zwischen Rauchschieber und Rost, also in den Heizkanälen finden, insofern als diese Widerstände den vor dem Rauchschieber gemessenen Unterdruck verkleinern;

2. der Zustand der Wandungen der Heizkanäle. Befinden sich in diesen Wandungen Risse oder Löcher, die die Verbindung mit der Außenluft herstellen, so wird ein Teil des vor dem Rauchschieber gemessenen Unterdruckes dazu verwendet, durch diese Risse und Löcher Luft in die Heizkanäle zu drücken, die aber, weil hinter dem Feuerraume eingeführt, nicht mehr als Verbrennungsluft in Betracht kommen kann und mit Recht falsche Luft genannt wird;

3. ganz besonders die Widerstände, welche die Verbrennungsluft im Roste selbst findet. Ist z. B. der Rost sehr hoch mit frischem Brennmaterial beschickt, oder ist er stark verschlackt, so tritt infolge der hierdurch geschaffenen, großen Widerstände keine oder doch nur wenig Verbrennungsluft durch den Rost ein.

Es ist also direkt falsch, aus einem großen Unterdrucke, gemessen vor dem Rauchschieber, auf eine große Menge Verbrennungsluft zu schließen, da die im Roste und die zwischen Rost und Rauchschieber liegenden, den Zufluß der Verbrennungsluft stark beeinflussenden Reibungswiderstände außer acht gelassen sind. So wird z. B. in den beiden genannten Fällen der hohen Rostbeschickung und der starken Rostverschlackung der Zugmesser ein Maximum des Unterdruckes anzeigen, während in Wirklichkeit die Menge der in den Verbrennungsraum eintretenden Luft ein Minimum ist. Wird aber, um noch einen anderen Fall anzuführen, die Feuertür geöffnet, so wird die Angabe des Zugmessers zurückgehen, während nunmehr gerade ein Maximum der Luftmenge in den Feuerraum eintritt.

In Anbetracht dieser Umstände ist es viel korrekter, nicht vor dem Rauchschieber zu messen, sondern den im Feuerraume herrschenden Unterdruck zu bestimmen; doch ist auch hierbei zu beachten, daß ein kleiner Unterdruck (z. B. bei geöffneter Feuertür) eine große Luftmenge und umgekehrt, ein großer Unterdruck eine kleine Luftmenge anzeigt.

Bezeichnet man den Druck der Atmosphäre mit $\mathfrak{A}$ und ferner den Druck der Rauchgase

$$\text{am Rauchschieber} \quad \text{mit} \quad p_1,$$
$$\text{über dem Roste} \qquad ,, \quad p_2,$$

so ist der Unterdruck

$$\text{am Rauchschieber} = \mathfrak{A} - p_1$$
$$\underline{\text{über dem Roste} = \mathfrak{A} - p_2}$$
$$\text{Differenz} = \mathfrak{A} - p_1 - \mathfrak{A} + p_2 = p_2 - p_1 \,.$$

Ist der Rost z. B. mit Kohlengrieß hoch beschickt oder stark verschlackt, so wird p_2 wenig von p_1 verschieden sein, die Differenz $p_2 - p_1$ wird sehr klein werden, ebenso wie ja auch die Menge der zuströmenden Verbrennungsluft ein Minimum ist. Wird dagegen die Feuertür geöffnet, oder ist der Rost nur zum Teil und mit wenig Brennstoff bedeckt, so ist p_2 sehr groß, die Differenz $p_2 - p_1$ auch groß, ebenso wie jetzt die Menge der zuströmenden Verbrennungsluft ein Maximum ist.

Daraus folgt aber, daß die Differenz der Unterdrücke am Rauchschieber und über dem Roste in demselben Sinne sich ändert als die Menge der durch den Rost streichenden Verbrennungsluft.

Diese Differenz-Unterdruckmessung ist sehr einfach ausgeführt, indem man die beiden Enden der U-förmigen Glasröhre (Fig. 83) zu Schlauchstücken aufkröpft und das eine Ende mit dem Feuerraume, das andere mit dem Fuchskanale verbindet. Sollten die Schlauchleitungen zu lang werden, so ist zu empfehlen, an den Feuerraum und an den Fuchskanal je einen Zugmesser anzuschließen, an beiden Instrumenten gleichzeitig abzulesen und die Angaben sinngemäß zu subtrahieren.

Der in Fig. 83 abgebildete Zugmesser hat trotz seiner großen Einfachheit doch auch nicht zu unterschätzende Nachteile.

Bei jeder Messung muß der Maßstab (oder das Glasrohr) so verschoben werden, daß der Wasserspiegel im Schenkel B auf den Nullpunkt des Maßstabes einspielt; außerdem ist die Teilung der Skala (mm) sehr eng, was um so mehr ins Gewicht fällt, als die zu messenden Unterdrücke ohnehin nicht groß sind (für die gute Verbrennung von Steinkohle genügt ein Differenzunterdruck von 6—12 mm). Außerdem verschmutzt der Apparat sehr leicht.

In dem Bestreben, diese Mängel ganz oder teilweise zu beseitigen, sind eine Reihe von Zugmessern entstanden, die noch einfach zu nennen sind, und von denen einige wegen ihrer viel größeren Empfindlichkeit auch zur Messung von geringeren Unterdrücken Verwendung finden können, als wie sie in gewöhnlichen Feuerungsanlagen vorkommen.

Zugmesser Ebert.

Derselbe ist in Fig. 84 abgebildet. Ein etwa 60 mm im Lichten messender kurzer Glaszylinder mit kräftigem Fuße trägt oben einen dicht aufgesetzten Messingrand, gegen welchen mittels zweier Schrauben ein Messingdeckel gesetzt wird. Deckel und Messingrand liegen dicht aneinander, ausgenommen an 4 Stellen, an welchen im Rande ziemlich breite Furchen ausgespart sind, durch welche die atmosphärische Luft stets Zutritt zum Innern des Glaszylinders hat. Axial durch den Deckel hindurch ist mittels einer Stopfbüchse ein Messingrohr geführt, welches unten, also innerhalb des Glaszylinders, ein Glasröhrchen (ca. 4 mm

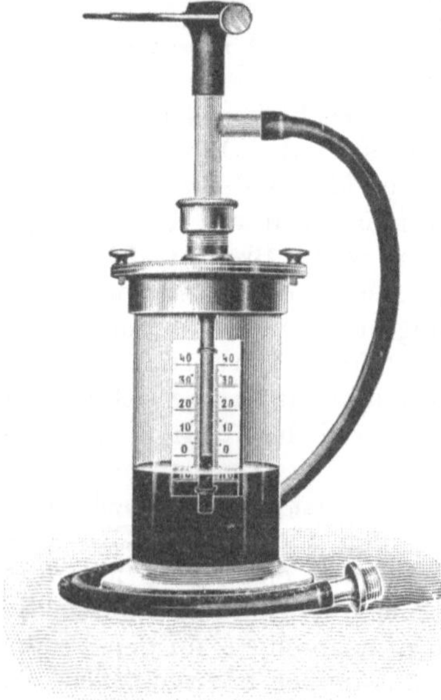

Fig. 84.

lichte Weite) trägt, mit daran befestigter Millimeterskala, 50 mm umfassend. Die Höhenlage dieser Skala kann durch Verschieben des Messingröhrchens innerhalb des Glaszylinders beliebig verändert und durch Anziehen der Stopfbüchse in jeder Stellung festgelegt werden. Die Skala trägt hinter dem Glasröhrchen einen dicken, schwarzen Strich, ein auch bei Wasserstandsgläsern für Dampfkessel angewandtes Mittel, den Wasserfaden recht deutlich sichtbar zu machen. Oben trägt die Messingröhre ein kurzes Stück Gummischlauch, welches, wie Fig. 84 zeigt, während des Betriebes mittels Quetschhahnes abgeschlossen ist.

Über ein seitlich abzweigendes, kurzes Rohrstück wird der Gummischlauch gezogen, der den Zugmesser mit der nach dem zu untersuchenden Raume führenden Leitung verbindet.

Um den Apparat in betriebsfertigen Zustand zu bringen, ist weiter nichts nötig, als nach Abnahme des Quetschhahnes ein beigegebenes Blechtrichterchen auf den kurzen Gummischlauch am oberen Ende der Messingröhre zu setzen und ca. 100 ccm destilliertes Wasser in den Glaszylinder einzufüllen. Um Luftblasen, die eventuell im Messingrohre oder im Glasröhrchen haften geblieben sind, zu beseitigen, bläst man nach Abnahme des Trichterchens durch die genannten Rohre. Nunmehr wird die Messingröhre so lange verschoben, bis der in der Glasröhre kapillar hochgezogene Wasserfaden auf den Nullstrich der Skala einspielt. Nach Aufsetzen des Quetschhahnes wird der Apparat sofort in Funktion treten, indem der Wasserspiegel in dem Glasröhrchen dem gesuchten Unterdrucke entsprechend steigt. Infolge des verhältnismäßig großen Durchmessers des Glaszylinders kann der Nullpunkt des Zugmessers längere Zeit hindurch als ein fixer angesehen werden.

Durch Öffnen des Quetschhahnes kann man jederzeit während des Betriebes die Richtigkeit der Nullpunktstellung kontrollieren und durch Verschieben des Messingrohres den Nullpunkt genau einstellen.

Der Segersche Zugmesser.

Der Segersche Zugmesser besteht aus einer U-förmigen Röhre A (Fig. 85), welche oben zu den im Durchmesser gleichen Gefäßen B und C erweitert ist. Neben der Röhre A ist ein in Schlitzen verschiebbarer und mit zwei Schrauben festzustellender Maßstab angebracht, an welchem die Druckdifferenz in Millimeter Wassersäule abgelesen wird.

Die enge Röhre A wird zuerst mit dunkelgefärbtem Phenol gefüllt, auf welches dann beiderseits eine klare, gesättigte Lösung von Phenol in Wasser, die sich mit der zuerst eingefüllten Flüssigkeit nicht mischt, gegossen wird. An der scharf abgegrenzten Berührungsstelle beider Flüssigkeiten erfolgt die Ablesung. Der Ausschlag dieser Berührungsfläche ist um so größer, je kleiner der Querschnitt von A im Verhältnisse zum Querschnitte von B und C ist.

Ist der zu messende Druck kleiner als der Atmosphärendruck, so verbindet man C mit demjenigen Raume, dessen Druck bestimmt werden soll; im entgegengesetzten Falle wird B mit diesem Raume verbunden.

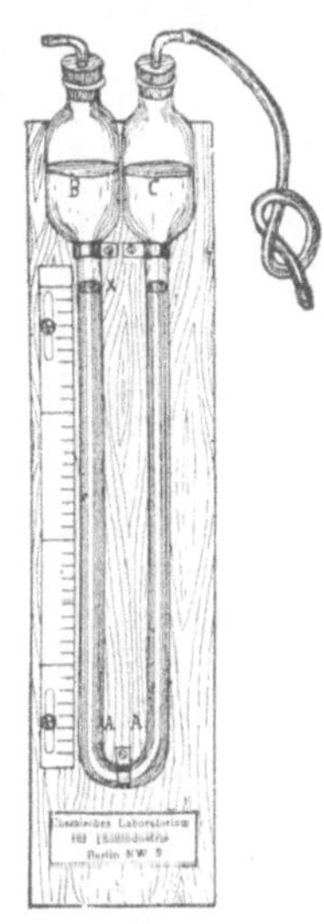

Fig. 85.

Der Zugmesser nach Rabe.

In eine U-förmig gebogene Röhre, deren Endquerschnitte sich oben gefäßartig erweitern (Fig. 86), werden zwei sich nicht mischende Flüssigkeiten von nahezu gleichem spezifischen Gewichte eingefüllt, derart, daß ihre Trennungsfläche sich im linken Schenkel unterhalb der Erweiterung einstellt. Diese Fläche bildet alsdann den Nullpunkt, der sich bei der geringsten Druckschwankung im Verhältnis des weiten zum engen Rohrquerschnitte verschiebt. Durch richtige Dimensionierung dieser Querschnitte ist es möglich, Pressungen von 1, $^1/_2$, $^1/_5$ und $^1/_{10}$ mm Wassersäule an der senkrechten Skala bequem abzulesen.

Um das Instrument gegen plötzlich auftretende Druckstöße oder gegen stärkere Druckschwankungen insofern unempfindlich zu machen, als es dadurch nicht in Unordnung geraten soll, hat der Rabesche Zugmesser noch eine besondere Einrichtung. Diese besteht zunächst darin, daß im unteren Teile des linken Rohrschenkels ein Sicherheitsgefäß A angebracht ist, in das die leichtere Flüssigkeit eintreten kann, ohne in den rechten Schenkel zu gelangen. Außerdem befindet sich in

dem oberen, erweiterten Teile des linken Schenkels bei c eine kleine
Kugel, welche sich bei plötzlich auftretendem Überdruck auf die Mündung der engen Röhre legt und diese so weit drosselt,
daß die leichtere Flüssigkeit nicht schußartig durch
die schwerere hindurchtreten kann und die Funktion
des Zugmessers stört. Diese Drosselung wirkt jedoch
nur in der Richtung des eintretenden Überdruckes, so
daß sich bei dessen Nachlassen sofort wieder normale
Verhältnisse einstellen. Um das Eindringen von Staub
in die oberen Gefäße zu verhindern und einen bequemen Anschluß der Meßleitungen zu ermöglichen,
sind die beiden Anschlüsse a und b nach vorne und
abwärts gerichtet.

Die Zug- und Druckmesser von Lux.

Diese in 12 verschiedenen Modellen hergestellten,
sog. einschenkligen Zug- und Druckmesser haben im
Prinzip die in Fig. 87 dargestellte Einrichtung. Das
oben geschlossene, unten verengte Gefäß A ist mit der
Verengung B luftdicht in einen Messingfuß eingesetzt,
der einen um 90° drehbaren Dreiweghahn und unterhalb
desselben einen rechtwinklig abzweigenden Schlauch-
anschlußstutzen enthält (Fig. 88). Im Innern von A,
mit dem engeren Teile B zu-
sammengeschmolzen, ist ein
ganz enges, oben offenes
Rohr C zu finden, welches
bis nahe an die obere Be-
grenzung von A reicht. Unten mündet in A ein ebenfalls
enges Standrohr D ein, welches oben trichterförmig erweitert ist, um das Eingießen
der Absperrflüssigkeit zu erleichtern. An der Stand-
röhre D ist der Maßstab E
verschiebbar angebracht. Um
den Apparat betriebsfertig
zu machen, stellt man den
Dreiweghahn so ein, daß sein
Griff horizontal steht, alsdann hat der Innenraum von
A nur Verbindung mit der
Atmosphäre, und zwar durch

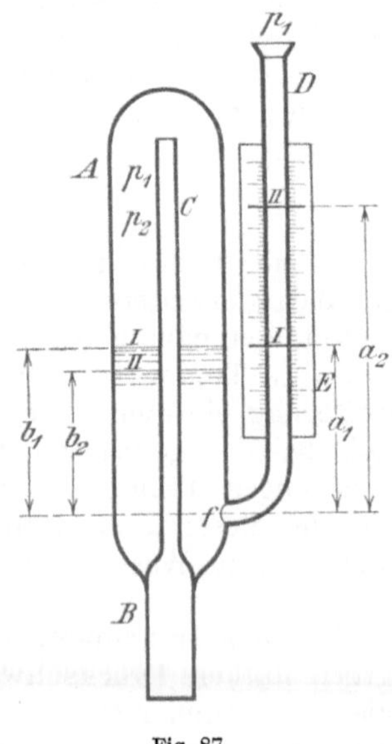

Fig. 86.

Fig. 87.

C und D. Alsdann gießt
man durch D Absperrflüssigkeit ein, die, ebenso wie der Maßstab E,
je nach dem Meßbereiche, für welchen das Instrument bestimmt sein

soll, verschieden ist. Es wird so viel Absperrflüssigkeit eingefüllt, daß der Spiegel derselben auf den Nullpunkt des Maßstabes E einspielt.

Öffnet man nunmehr den Dreiweghahn, so stellt sich in A sofort der zu messende Druck bzw. Zug ein, und der Flüssigkeitsspiegel in D wird sich dementsprechend verschieben.

Zur Feststellung der Theorie des Instrumentes zieht man am einfachsten die hydrostatischen Druckverhältnisse in der Fläche f (Einmündung von D in A, Fig. 87), bei zwei verschiedenen Zuständen in Betracht, nämlich 1. unter der Voraussetzung, daß im Innern von A und bei D derselbe Druck p_1 herrscht; 2. unter der Annahme, daß der Druck in A auf p_2 angewachsen, bei D aber konstant (p_1) geblieben

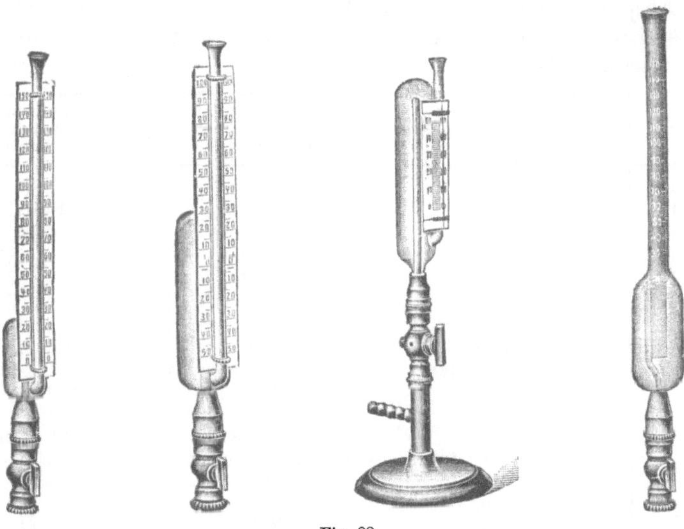

Fig. 88.

sei; dann ist mit den in Fig. 87 eingeschriebenen Bezeichnungen, und, wenn s das spezifische Gewicht der Absperrflüssigkeit bedeutet:

Fall 1 $\qquad f \cdot p_1 + f \cdot b_1 \cdot s = f \cdot p_1 + f \cdot a_1 \cdot s\,,$

Fall 2 $\qquad f \cdot p_2 + f \cdot b_2 \cdot s = f \cdot p_1 + f \cdot a_2 \cdot s\,.$

Gleichung 1 von Gleichung 2 subtrahiert:

$$p_2 + b_2 \cdot s - b_1 \cdot s - p_1 = a_2 \cdot s - a_1 \cdot s\,,$$
$$p_2 - p_1 = s \cdot (a_2 - a_1 + b_1 - b_2)\,,$$
$$p_2 - p_1 = s(x + b_1 - b_2)\,.$$

Es muß ferner sein:
$$F \cdot (b_1 - b_2) = fx\,,$$
also:
$$b_1 - b_2 = x \cdot \frac{f}{F}\,.$$

Demnach:

$$p_2 - p_1 = s \cdot x \cdot \left(1 + \frac{f}{F}\right),$$

also:

$$x = \frac{p_2 - p_1}{s \cdot \left(1 + \dfrac{f}{F}\right)},$$

d. h. der Ausschlag x wird um so größer, je kleiner das spezifische Gewicht der Absperrflüssigkeit, und je kleiner das Verhältnis $\dfrac{f}{F}$ ist.

Als Absperrflüssigkeit kommt Petroleum, oder Tetrachlorkohlenstoff oder Bromoform zur Anwendung, wodurch sich für die einzelnen Modelle folgende Meßbereiche ergeben:

Modell	Petroleumfüllung Meßbereich: mm Wassersäule	Tetrachlorkohlenstoff Meßbereich: mm Wassersäule	Bromoform Meßbereich: mm Wassersäule
A I	+ 150	+ 300	+ 500
A II	+ 300	+ 600	+ 1000
A III	+ 450	+ 900	+ 1500
AB I	− 50 + 100	− 100 + 200	− 150 + 350
AB II	− 70 + 230	− 140 + 460	− 200 + 800
AB III	− 100 + 350	− 200 + 700	− 300 + 1200
B I	− 50 oder − 25 + 25 oder + 50	− 100 oder − 50 + 50 oder + 100	− 150 oder − 75 + 75 oder + 150
B II	− 100 oder − 50 + 50 oder + 100	− 200 oder − 100 + 100 oder + 200	− 300 oder − 150 + 150 oder + 300
B III	− 150	− 300	− 500
B IV	− 300	− 600	− 1000
C I	+ 150	+ 300	+ 500
C II	+ 300	+ 600	+ 1000

Das Differentialmanometer von König.

Auf demselben Prinzip wie der Zugmesser von Seger, beruht auch das Differentialmanometer von A. König, welches in den Fig. 89[1]) und 90 dargestellt ist. Bei diesem ist das enge Ablesungsrohr in dem weiten Gefäße konzentrisch mit diesem angeordnet. Die Berührungsfläche zweier sich nicht mischender, verschiedenfarbiger (weiß und rot) Flüssigkeiten gibt durch die Abweichung von der Nullstellung die Größe des zu messenden Druckes gegenüber dem Drucke der Atmosphäre an. Die Ablesung erfolgt an einem verschiebbaren Maßstabe auf Milchglas in Millimeter Wassersäule.

---

[1]) Das innere Glasrohr R ist der Deutlichkeit halber etwas aus dem weiten Glasgefäße A herausgezogen.

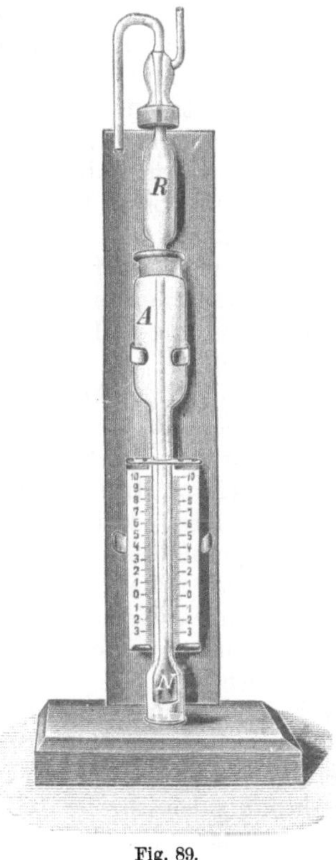

Fig. 89.

Das Instrument, welches in drei verschiedenen Ausführungen für Drücke bis zu 10, 20 und 30 mm Wassersäule zu haben ist, ist sehr empfindlich und eignet sich daher auch zum Messen kleiner Pressungsdifferenzen.

Die Zusammenstellung in den betriebsfertigen Zustand ist etwas umständlich und soll daher an der Hand der schematischen Darstellung des Instrumentes (Fig. 90) genauer beschrieben werden.

Die Füllung des Glaskörpers: Nach Entfernung des inneren Glasrohres wird die untere Erweiterung des äußeren Glasrohres mittels einer Pipette, deren obere Öffnung man zuerst, um das Eintreten der spezifisch leichteren weißen, in der gemeinsamen Aufbewahrungsflasche daher oben stehenden Flüssigkeit zu verhindern, mit dem Finger verschlossen, mit der roten Flüssigkeit gefüllt, so weit als die Erweiterung parallelwandig ist (bis a), wozu ca. 10 ccm Flüssigkeit erforderlich sind. Es schadet nicht, wenn die Pipette zugleich etwas von der farblosen Flüssigkeit mit einführt, man vermeide aber möglichst, die Innenwände des Rohres mit Tropfen der roten Flüssigkeit zu beschmutzen.

Auf die rote Flüssigkeit schichtet man die farblose Flüssigkeit und füllt damit die obere große Erweiterung des Glasrohres fast bis zur Hälfte (bis b).

Um ein Aufrühren der roten Flüssigkeit zu vermeiden, ist die farblose Flüssigkeit, namentlich anfangs, recht vorsichtig einzugießen.

Das innere Glasrohr wird an seinem oberen Ende mit einem Gummischlauche versehen und dann mit dem unteren Ende in das mit den Flüssigkeiten bereits beschickte äußere Rohr eingeführt, und zwar etwa bis zum unteren Teile der oberen großen Erweiterung (bis c). Vermittels des Gummischlauches, dessen freies Ende man in den Mund nimmt, saugt man helle Flüssigkeit auf, bis das innere Rohr in seiner oberen Erweiterung etwa bis zu drei Viertel damit gefüllt ist (etwa bis d). Der Gummischlauch wird alsdann mit der Zunge oder den Zähnen verschlossen, das innere Rohr vollständig in das äußere eingeschoben, und wenn der Glasstopfen aufsitzt, der Gummischlauch freigegeben.

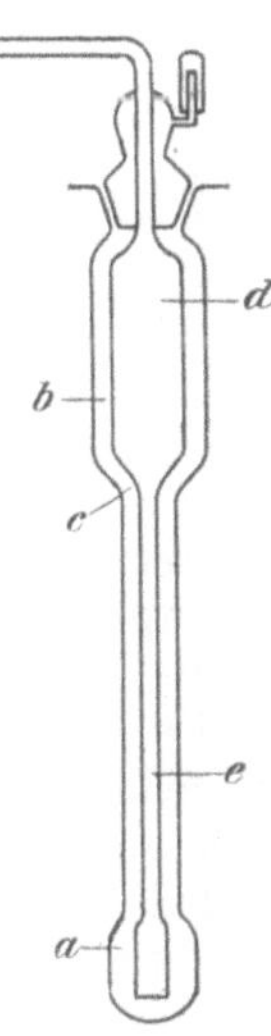

Fig. 90.

Einstellung der Marke: Man bläst vorsichtig in den Gummischlauch, bis ein paar Tropfen der farblosen Flüssigkeit unten aus dem inneren Rohre in die rote Flüssigkeit übertreten und beobachtet, welche Stelle die Marke (Berührungsfläche der beiden Flüssigkeiten) im inneren Rohre nach Wiederherstellung des Gleichgewichtes einnimmt. Liegt diese Stelle, welche dem Nullpunkte der Skala entsprechen soll, noch zu tief, so drückt man abermals einige Tropfen der farblosen Flüssig

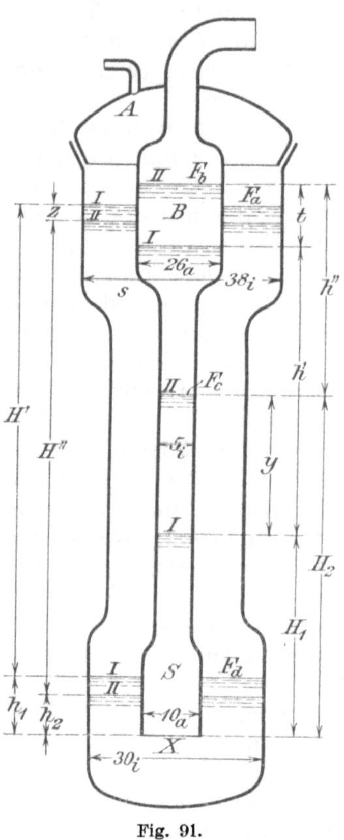

Fig. 91.

keit aus dem inneren Rohre nach außen über, beobachtet wieder und fährt so fort, bis die Berührungsfläche der beiden Flüssigkeiten die gewünschte Höhe erreicht hat (etwa bei e).

Sollte die Marke zu hoch gekommen sein, so muß das innere Rohr herausgezogen werden (wenigstens bis c), durch Ansaugen wiederum bis zu drei Viertel gefüllt werden und so fort, wie bei Neufüllung. Der richtig gefüllte Glaskörper wird dann wieder in das Stativ, in welchem das ganze Instrument gelagert ist, eingesetzt, und der Nullstrich der Skala auf die Marke eingestellt.

Es ist noch besonders zu bemerken, daß die Flüssigkeiten durch direktes Sonnenlicht verändert werden und deshalb im Dunkeln aufzubewahren sind. Auch muß der betriebsfertige Apparat so aufgestellt werden, daß er vor direkter Besonnung geschützt ist.

Nach längerem Gebrauche ist eine Reinigung des Instrumentes zu empfehlen. Zu diesem Zwecke gießt man zunächst die alten Flüssigkeiten aus, füllt hierauf den Glaskörper mit konzentrierter Schwefelsäure und läßt ihn einige Zeit damit stehen. Nach Entfernung der Schwefelsäure spült man so lange mit Wasser aus, bis alle Säure verschwunden ist. Vor der Neufüllung ist der Apparat sorgfältig zu trocknen, sei es durch Wärme, oder durch einen Luftstrom, oder durch Ausspülen mit Alkohol und Äther.

Da bei diesem und allen ähnlichen Instrumenten die Marke bei steigender Temperatur ebenfalls steigt und bei sinkender Temperatur fällt, so ist die Skala vor jeder Ablesung auf den Nullpunkt einzustellen.

Theorie des Zugmessers: Um festzustellen, in welchem Maßstabe das Instrument die Zugstärke angibt, stellt man die hydrostatischen Druckverhältnisse an der Fläche x (Fig. 91) unter zwei Bedingungen auf, nämlich erstens unter der Annahme, daß in A und B derselbe Gasdruck p_a herrscht, und zweitens unter der Voraussetzung, daß der Druck in A auf P_a angewachsen, während er in B konstant (p_a) geblieben ist. Unter Zugrundelegung der Fig. 91 gilt dann:

Fall 1 $\quad x \cdot p_a + x \cdot H' \cdot s + x \cdot h_1 \cdot S = x \cdot p_a + x \cdot H_1 \cdot S + x \cdot h' \cdot s$,

Fall 2 $\quad x \cdot P_a + x \cdot H'' \cdot s + x \cdot h_2 \cdot S = x \cdot p_a + x \cdot H_2 \cdot S + x \cdot h'' \cdot s$.

Gleichung 1 von Gleichung 2 subtrahiert:

$$P_a - p_a + s(H'' - H') + S(h_2 - h_1) = S \cdot (H_2 - H_1) + s(h'' - h')$$

S und s = spez. Gewichte der Flüssigkeiten.

Nun ist aber:
$$H' = H'' - (h_1 - h_2) + z,$$

ferner ist:
$$z \cdot F_u = F_d \cdot (h_1 - h_2) - F_c \cdot y,$$

$$z = \frac{F_d}{F_a}(h_1 - h_2) \quad \text{oder}$$

$$z = \frac{F_c}{F_a} \cdot y,$$

also:
$$H' = H'' - (h_1 - h_2) + \frac{F_d}{F_a} \cdot (h_1 - h_2)$$

oder:
$$H' = H'' - (h_1 - h_2) + \frac{F_c}{F_a} \cdot y,$$

ferner ist:
$$F_d \cdot (h_1 - h_2) = y \cdot F_c$$

oder:
$$h_1 - h_2 = y \cdot \frac{F_c}{F_d},$$

also:
$$h_2 - h_1 = -y \cdot \frac{F_c}{F_d}.$$

Außerdem ist:
$$h'' = h' - y + t$$
$$h' = h'' + y - t$$
$$h' = h'' + y - y \cdot \frac{F_c}{F_b}$$

$$t \cdot F_b = y \cdot F_c$$
$$t = \frac{F_c}{F_b} \cdot y$$

$$h' = h'' + y \cdot \left(1 - \frac{F_c}{F_b}\right).$$

Aus der durch Subtraktion entstandenen Gleichung wird nun:

$$P_a - p_a + s \cdot \left[(h_1 - h_2) - \frac{F_c}{F_a} \cdot y\right] + S \cdot \left(-y \cdot \frac{F_c}{F_d}\right) = S \cdot y + s \cdot \left[-y \cdot \left(1 - \frac{F_c}{F_b}\right)\right]$$

$$P_a - p_a + s \cdot \left(y \cdot \frac{F_c}{F_d} - y \cdot \frac{F_c}{F_a}\right) - S \cdot y \cdot \frac{F_c}{F_d} = S \cdot y - s \cdot y \cdot \left(1 - \frac{F_c}{F_b}\right)$$

$$P_a - p_a + s \cdot y \cdot \left(\frac{F_c}{F_d} - \frac{F_c}{F_a}\right) - S \cdot y \cdot \frac{F_c}{F_d} = S \cdot y - s \cdot y \cdot \left(1 - \frac{F_c}{F_b}\right)$$

$$P_a - p_a = y \cdot \left[S - s \cdot \left(1 - \frac{F_c}{F_b}\right) - s \cdot \left(\frac{F_c}{F_d} - \frac{F_c}{F_a}\right) + S \cdot \frac{F_c}{F_d}\right]$$

$$P_a - p_a = y \cdot \left[S \cdot \left(1 + \frac{F_c}{F_d}\right) - s \cdot \left(1 - \frac{F_c}{F_b} + \frac{F_c}{F_d} - \frac{F_c}{F_a}\right)\right].$$

Folglich:

$$y = \frac{P_a - p_a}{S \cdot \left(1 + \frac{F_c}{F_d}\right) - s \cdot \left(1 - \frac{F_c}{F_b} + \frac{F_c}{F_d} - \frac{F_c}{F_a}\right)}.$$

Es ist:

$$S = 0{,}827$$
$$s = 0{,}777$$
$$\frac{F_c}{F_a} = \frac{19{,}6 \text{ qmm}}{603{,}2 \text{ qmm}} = 0{,}032$$
$$\frac{F_c}{F_b} = \frac{19{,}6 \text{ qmm}}{452{,}4 \text{ qmm}} = 0{,}043$$
$$\frac{F_c}{F_d} = \frac{19{,}6 \text{ qmm}}{628{,}3 \text{ qmm}} = 0{,}031$$

dann wird:

$$y = \frac{P_a - p_a}{0{,}11},$$

also wird:

$$y = \infty\, 9 \cdot (P_a - p_a),$$

d. h. der Druckunterschied von Raum A und B wird in 9facher Vergrößerung angegeben.

(Die in Fig. 92 eingeschriebenen Maßzahlen sind die Durchmesser in Millimeter; die Indizes a und i bedeuten: außen bzw. innen gemessen.)

Der Arndtsche Zugmesser.

Dieses Instrument beruht auf dem Gesetze der kommunizierenden Röhren, indem zwei gebogene Blechbehälter F, F (Fig. 92) unter sich durch ein Rohr in Verbindung stehen. Das linke Gefäß F ist durch einen engen und dünnen Gummischlauch an einen am Gehäuse des Instrumentes festsitzenden Schlauchstutzen angeschlossen, welcher durch einen kurzen Schlauch und ein ca. 6 mm weites Eisenrohr mit dem Kanale verbunden ist, in welchem die Zugstärke gemessen werden soll. Das rechte Gefäß F ist oben offen, steht also mit der Atmosphäre direkt in Verbindung. Beide Gefäße sind fest mit einer um eine Schneide schwingende Blechscheibe verbunden, welche außerdem eine Justierschraube oben, eine ebensolche rechts seitlich und einen nach unten gehenden, ziemlich langen Zeiger trägt. Von der seitlichen Justierschraube aus führt eine Gelenkstange nach einer Schreibfeder, die vor

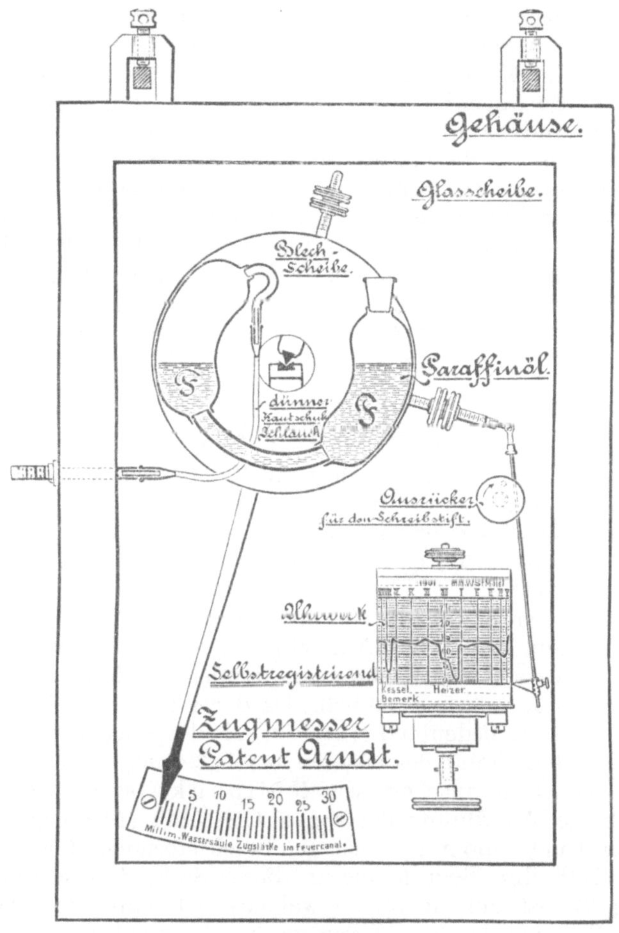

Fig. 92.

einem durch ein Uhrwerk angetriebenen Papierstreifen auf und abschwingt.

Soll das Instrument in Gebrauch genommen werden, so hängt man es unter Benutzung einer Wasserwage mittels der mit Stellschrauben versehenen zwei Ösen des Gehäuses an Haken auf, gibt auf die Schreibfeder etwas hygroskopische Tinte, gießt dann in das rechte Gefäß F so lange Paraffinöl ein, bis der Zeiger auf den Nullstrich der Skala einspielt; dann erst stellt man die Verbindung des linken, am Gehäuse befindlichen Schlauchstutzens mit dem Rauchgaskanale her, bzw. man öffnet den in dieser Leitung sitzenden Dreiweghahn. Die Zugstärke erstreckt sich sofort in den linken Behälter F und saugt den Flüssigkeitsspiegel daselbst hoch. Dadurch verschiebt sich der Schwerpunkt des Instrumentes, und der Zeiger macht einen der Zugstärke entsprechenden Ausschlag, der an der Skala direkt in Millimeter Wassersäule abgelesen werden kann. Gleichzeitig wird auch die Schreibfeder auf dem Papierstreifen einen vertikalen Strich schreiben, dessen Länge ein Maß für die augenblickliche Zugstärke ist. Das Uhrwerk erteilt der Trommel und damit auch dem Papierstreifen in 24 Stunden eine volle Umdrehung. In dieser Zeit wird die Feder eine Kurve aufzeichnen, deren Ordinaten die Zugstärken und deren Abszissen die Zeit angeben. Nach Ablauf von 24 Stunden ist der Registrierstreifen durch einen neuen zu ersetzen. Zu diesem Behufe wird mittels des Ausrückers die Feder vom alten Streifen abgehoben, und die Uhrwerkstrommel abgenommen.

Das Instrument kann auch als Differenzzugmesser benützt werden, wenn der rechte Behälter F ebenfalls durch eine Schlauchtülle und einen dünnen Schlauch mit einer zweiten Meßstelle verbunden wird.

Der Schumachersche Zugmesser.

Die Firma Wwe. Schumacher in Köln stellt einen Zugmesser her, der in der Hauptsache aus einem weiten, horizontalen Glasrohre und einem unter einem bestimmten Winkel daranschließenden, engen Glasrohre mit aufgekröpftem Ende und einer Skala besteht. Er ist in Fig. 93 abgebildet.

Das weite Glasrohr wird so weit mit Wasser gefüllt, daß der Wasserspiegel im engen Rohre auf Null einspielt. Alsdann wird das aufgekröpfte Ende des engen Rohres mit demjenigen Raume verbunden, dessen Unterdruck man messen will. Da der Wasserspiegel im horizontalen, weiten Rohre bedeutend größer ist, als derjenige im engen Rohre, so kann man den Stand des ersteren bei Inbetriebsetzung des Instrumentes als konstant ansehen, sein Nullpunkt ist also ein fixer.

Die schräge Anordnung der engen Glasröhre (Ablesungsröhre) ist bei verschiedenen anderen, noch zu beschreibenden Zugmessern zu finden, weshalb ihre Begründung an dieser Stelle durchgeführt sei.

B (Fig. 94) ist ein Gefäß, an welches sich unter dem Winkel β gegen die Horizontale das Ablesungsrohr A anschließt. Herrscht in den Räumen I und II derselbe Druck P, so wird das Wasser in B und A gleich hoch stehen.

Greift man zur näheren Betrachtung die Fläche f, mit welcher A und B zusammentreffen, heraus, so wird für den angenommenen Gleichgewichtszustand: Druck in I = Druck in II = P der Wasserspiegel in A und B um h über dem Schwerpunkte von f stehen.

Wird der Druck in II auf p verringert, so geht der Wasserspiegel in A um die Strecke l voran und steht also jetzt um H über dem Schwerpunkte von f. Dieselbe Wirkung ließe sich erzielen, wenn man in B so viel Wasser zugefüllt hätte, daß der Wasserspiegel in B um x (Fig. 94) gestiegen wäre. (Gleiche Drücke in I und II vorausgesetzt.) Es handelt sich nun darum, den Zusammenhang von $(P - p)$, x und l zu ermitteln.

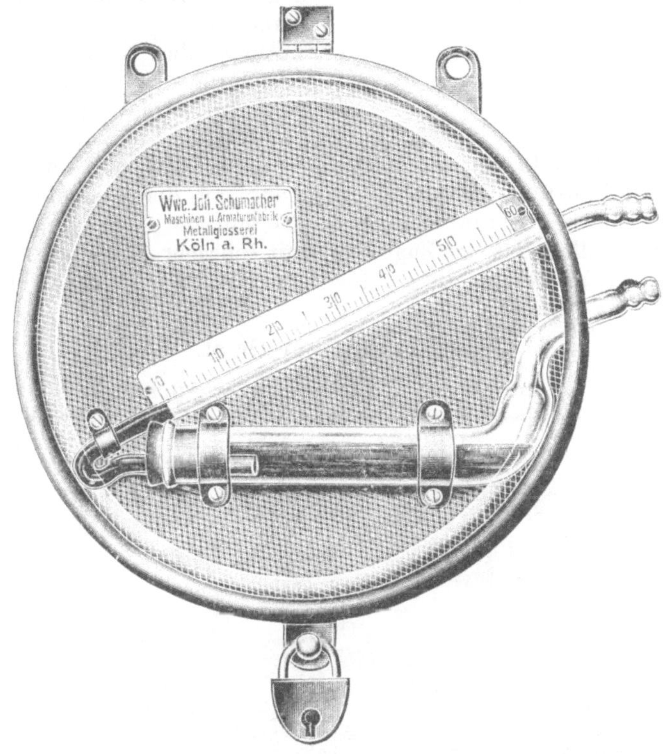

Fig. 93.

Nach den Gesetzen der Hydromechanik ist für den Gleichgewichtszustand in bezug auf f

$$P \cdot f + f \cdot h = f \cdot H + f \cdot p$$

oder:
$$f \cdot (P + h) = f \cdot (H + p)$$

oder:
$$P + h = p + H$$

oder:
$$P + h = p + h + x$$

hieraus:
$$x = P - p$$

oder:
$$l \cdot \sin \beta = P - p$$

folglich:

$$l = \frac{P - p}{\sin \beta}\,.$$

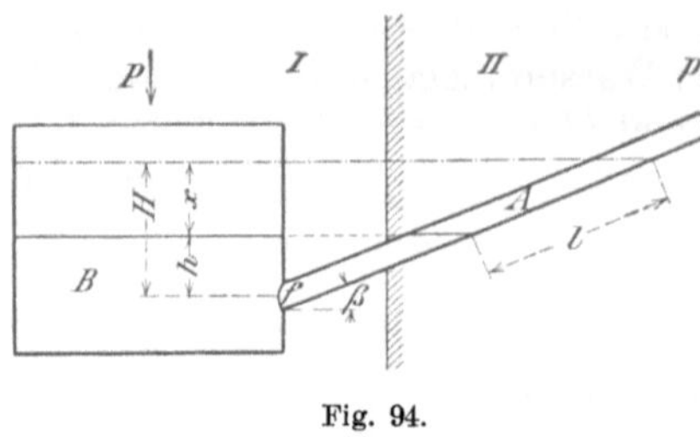

Fig. 94.

Ist z. B. $\sphericalangle \beta = 30°$, also $\sin\beta = 0{,}5$, so wird $l = 2\,(P - p)$, d. h. für jede Erhöhung der Wassersäule in B um 1 mm rückt der Wasserspiegel in A um 2 mm vor.

Wäre die Neigung von A gegen die Horizontale gleich 3%, also $\sin\beta = \frac{3}{100}$, so wäre $l = \frac{100}{3} \cdot (P - p)$, d. h. ändert sich der Druck im Raume II nur um 1 mm Wassersäule, während er im Raume I konstant bleibt, so verschiebt sich der Wasserspiegel in der Ablesungsröhre A um $\frac{100}{3}$ mm $= 33\frac{1}{3}$ mm.

Die Empfindlichkeit der Zugmesser mit schräger Ablesungsröhre ist also bedeutend größer als die der Instrumente mit U-förmig gebogener Röhre.

Zugmesser System Orsat.

Wie Fig. 95 im Aufrisse zeigt, besteht dieser Apparat in der Hauptsache aus einem Blechkasten, der vorne ein gläsernes Flüssigkeitsstandrohr trägt, derart, daß Kasten und Rohr kommunizierende Ge-

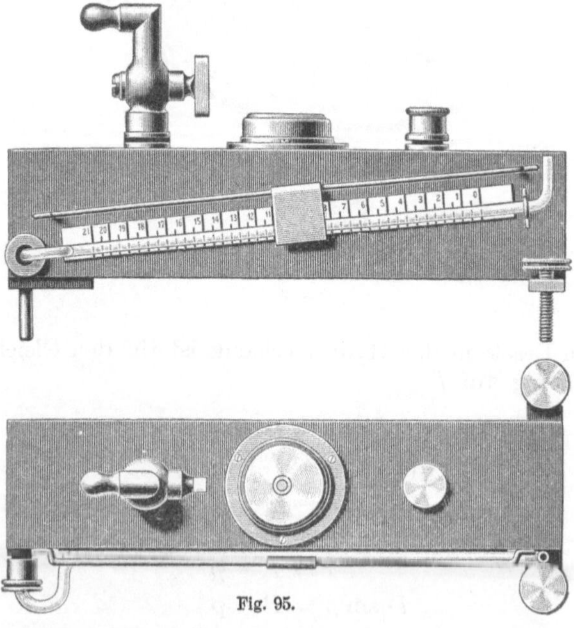

Fig. 95.

fäße bilden. Parallel zum Standrohre ist ein Maßstab angebracht, der gestattet, den jeweiligen Unter- bzw. Überdruck in Millimeter Wassersäule abzulesen. Die Neigung der Standröhre zum Horizont beträgt

1 : 10. Hierdurch, durch die erhebliche Querschnittsdifferenz der Flüssigkeitssäule im Blechkasten und in der Standröhre und durch den Umstand, daß man als Meßflüssigkeit einen spezifisch leichteren Körper als Wasser nimmt, nämlich Petroleum, werden die kleinsten Schwankungen in der zu messenden Zug- bzw. Druckstärke bedeutend vergrößert an dem Maßstabe abzulesen sein. Ein über dem Maßstabe gleitender Schieber gestattet die Fixierung eines bestimmten Standes der Petroleumsäule in der Glasröhre. Die Angaben des Apparates sind nur dann richtig, wenn er genau horizontal eingestellt ist. Dies zu ermöglichen, ist der Zweck der mit dem Blechkasten in Verbindung gebrachten Dosenlibelle und der zwei Stellschrauben, die in Fig. 95 ohne weiteres erkennbar sind. Die Verbindung des Apparates mit der Kontrollstelle geschieht durch einen Gummischlauch, der über den auf dem Blechkasten sitzenden Schlauchhahn gezogen wird.

Ätheranemometer.

Während die bisher betrachteten Instrumente zur Zugmessung nur die statischen Druckunterschiede zwischen zwei Räumen, wovon der eine gewöhnlich der atmosphärische Luftraum ist, zu messen gestatten, ist der Zweck der im folgenden noch beschriebenen zwei Instrumente der, den Unterschied zwischen dem statischen und dem dynamischen Drucke einer bewegten Luft- oder Gassäule zu bestimmen.

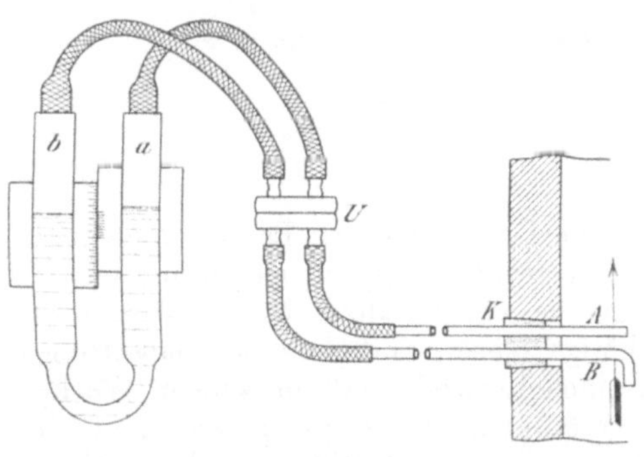
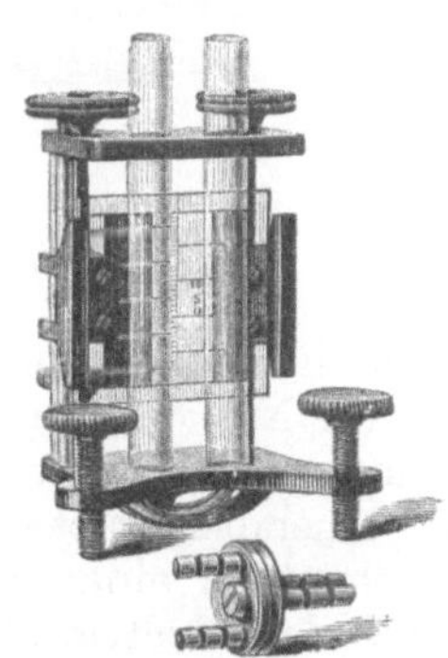

Fig. 96.   Fig. 97.

Aus dieser Differenz kann unmittelbar die Geschwindigkeit des Luft- oder Gasstromes berechnet werden.

Bei der Messung des statischen Druckes ist es besonders wichtig, daß dasjenige Rohr, welches in den bewegten Gasstrom hineinreicht und mit dem Meßinstrumente durch eine Schlauchleitung in Verbindung steht, senkrecht zur Stromrichtung ausmündet, wie z. B. das Rohr *A* in Fig. 97.

Bei der Messung des dynamischen Druckes muß dieses Rohrende parallel zur Stromrichtung, dieser entgegenlaufend, umgebogen sein, wie z. B. das Rohr *B* in Figur 96.

Die Messing- oder Glasrohre A und B (Fig. 96) sind mittels des Pfropfens K luftdicht in die Wandung des Kanals oder Schornsteins eingelassen, in welchem die Geschwindigkeit des Gasstromes gemessen werden soll. Die Enden dieser Rohre sollen bis ca. $^1/_6$ des Kanaldurchmessers in den Luft- oder Gasstrom hineinreichen. Durch Schläuche sind A und B mit dem Umschalter U verbunden. Dieser steht wiederum mit der halb mit Äther gefüllten U-förmigen Röhre des Anemometers in Verbindung.

Fig. 97 zeigt dieses Instrument, welches in Fig. 96 nur schematisch dargestellt ist, in der Ausführung nach Fletscher-Lunge, während Fig. 98 das Instrument in der Ausführung nach Fletscher-Swan zeigt.

Der Äther wird in dem Rohre a (Fig. 96) steigen, in b fallen, vorausgesetzt, daß der Luft- resp. Gasstrom die durch den Pfeil angegebene Richtung hat. Nach Ablesung der Niveaudifferenz mittels einer Noniusteilung wird zur Kontrolle der Umschalter U um 180° gedreht,

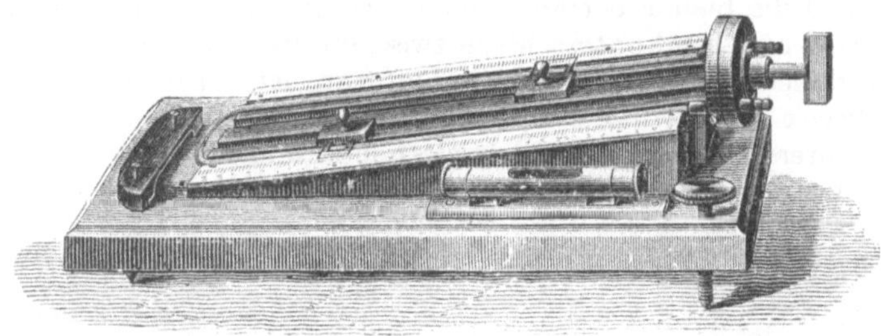

Fig. 98.

wodurch A mit b und B mit a in Verbindung tritt. Es muß sich jetzt dieselbe Niveaudifferenz wie vorhin ergeben, nur in entgegengesetzter Richtung. Professor Lunge hat für verschiedene Niveaudifferenzen am Ätheranemometer die zugehörige Geschwindigkeit des Gasstromes berechnet, in einer Tabelle zusammengestellt und in seinem Werke: Die Soda-Industrie, I, S. 316 veröffentlicht. Diese Tabelle gibt die Zahlen noch in englischem Maße an; sie ist auf Millimeter, bzw. Meter umgerechnet und hat nebenstehende Form (s. S. 161).

Die Spalte a der zweiten Tabelle gibt die im Gaskanal herrschende Temperatur, b diejenige Zahl, mit welcher man die in der Spalte b der Tabelle I gefundene Zahl multiplizieren muß, um die wirkliche Geschwindigkeit des Gasstromes zu erhalten.

Das Fletscher-Swansche Instrument (Fig. 98) ist im Prinzip das gleiche wie das Fletscher-Lungesche Anemometer, nur ist bei jenem die U-förmige Glasröhre schräg gelagert (mit einer Neigung von 1 : 10), so daß die Ausschläge des Ätherspiegels 10mal so groß sind als bei der vertikal angeordneten U-förmigen Röhre des Fletscher-Lungeschen Instruments (Fig. 97).

Tabelle I zur Reduktion der am Anemometer beobachteten Niveaudifferenzen auf Zuggeschwindigkeit.

a mm	b m	a mm	b m	a mm	b m	a mm	b m	a mm	b m	a mm	b m
0,1	0,575	1,4	2,040	2,7	2,833	5,0	3,855	10,0	5,452	19,0	7,515
0,2	0,771	1,5	2,111	2,8	2,885	5,2	3,931	10,5	5,586	20,0	7,710
0,3	0,944	1,6	2,181	2,9	2,935	5,4	4,006	11,0	5,718	21,0	7,900
0,4	1,090	1,7	2,248	3,0	2,986	5,6	4,080	11,5	5,846	22,0	8,086
0,5	1,205	1,8	2,313	3,2	3,077	5,8	4,152	12,0	5,972	23,0	8,268
0,6	1,341	1,9	2,376	3,4	3,179	6,0	4,223	12,5	6,095	24,0	8,448
0,7	1,442	2,0	2,438	3,6	3,271	6,5	4,395	13,0	6,216	25,0	8,620
0,8	1,560	2,1	2,498	3.8	3,361	7,0	4,561	13,5	6,334	30,0	9,443
0,9	1,636	2,2	2,557	4,0	3,448	7,5	4,721	14,0	6,450	35,0	10,199
1,0	1,724	2,3	2,615	4,2	3,569	8,0	4,876	15,0	6,677	40,0	10,903
1,1	1,808	2,4	2,671	4,4	3,616	8,5	5,026	16,0	6,896	45,0	11,565
1,2	1,889	2,5	2,726	4,6	3,698	9,0	5,172	17,0	7,108	50,0	12,190
1,3	1,966	2,6	2,779	4,8	3,777	9,5	5,314	18,0	7,314		

Hierin bedeutet: a = die abgelesene Niveaudifferenz in Millimetern, b = zugehörige Zuggeschwindigkeit in Metern.

Diese Zahlen gelten nur für eine Gastemperatur von 15°. Um auch für andere Temperaturen zuverlässige Geschwindigkeiten zu bekommen, hat Lunge noch eine zweite Tabelle gerechnet, die wie folgt lautet:

Tabelle II zur Korrektion der bei verschiedenen Temperaturen gemachten Beobachtungen der Zuggeschwindigkeiten.

a t^0 C	b	a t^0 C	b	a t^0 C	b	a t^0 C	b	a t^0 C	b	a t^0 C	b
—10	1,046	18	0,995	42	0,956	66	0,922	140	0,835	260	0,735
— 5	1,036	20	0,991	44	0,953	68	0,919	150	0,825	270	0,728
0	1,027	22	0,988	46	0,950	70	0,916	160	0,815	280	0,721
2	1,023	24	0,985	48	0,947	75	0,912	170	0,806	290	0,715
4	1,020	26	0,981	50	0,944	80	0,903	180	0,797	300	0,709
6	1,016	28	0,978	52	0,941	85	0,899	190	0,788	320	0,697
8	1,012	30	0,975	54	0,938	90	0,890	200	0,780	340	0,685
10	1,009	32	0,972	56	0,935	95	0,884	210	0,772	360	0,676
12	1,005	34	0,968	58	0,933	100	0,878	220	0,764	400	0,654
14	1,003	36	0,965	60	0,930	110	0,867	230	0,756	450	0,631
15	1,000	38	0,962	62	0,927	120	0,856	240	0,749	500	0,603
16	1,998	40	0,959	64	0,924	130	0,845	250	0,742		

Das Mikromanometer von Krell.

Ein Instrument, welches besonders bei der Messung ganz geringer Druckdifferenzen ($^1/_{10}$ mm Wassersäule und darunter) vorzügliche Dienste leistet, ist das Mikromanometer von Krell, eine besonders den Bedürfnissen der Technik Rechnung tragende Verbesserung des Differentialmanometers von Professor Recknagel. Da dieses Mikromanometer, welches in der Technik noch viel zu wenig Anwendung findet, den wichtigsten Bestandteil verschiedener hydrostatischer Meßinstrumente bildet, so sei es hier näher beschrieben.

Wie aus Fig. 99 zu erkennen ist, besteht das Mikromanometer aus folgenden wichtigen Teilen:

Die eiserne Grundplatte b ist mit der Dose a aus einem Stücke gegossen. Letztere ist genau auf 100 mm Durchmesser ausgebohrt und durch einen aufschraubbaren Deckel absolut dicht verschließbar.

Mit Hilfe einer Metallschraube c ist unter einem gewissen Neigungswinkel gegen den Horizont die Glasröhre e mit der Dose a verbunden. Im Innern der letzteren findet diese Glasröhre noch eine Fortsetzung durch ein hakenförmig gekrümmtes Metallröhrchen. Durch die Dose einerseits und durch den Bügel f mit Stellschraube anderseits ist die Glasröhre e fest mit der Fundamentplatte b verbunden. Um diese unter Verwendung der drei Stellschrauben p genau in die Horizontale

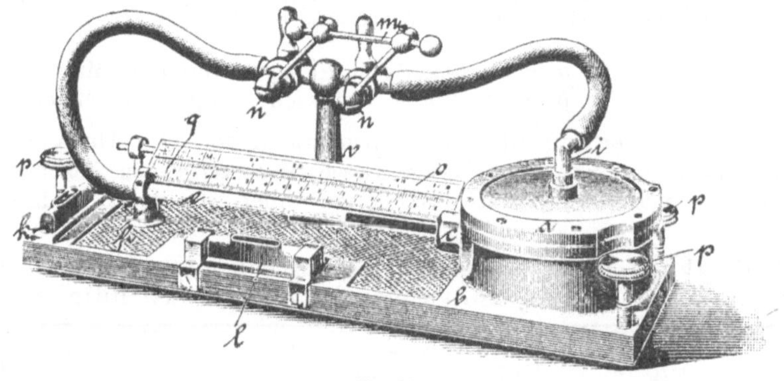

Fig. 99.

einstellen zu können, sind zwei senkrecht zueinander stehende Wasserwagen l und k vorhanden. Durch zwei Stellschräubchen kann die Wasserwage l in vertikaler Richtung verstellt werden, während die zweite Wasserwage k fest mit der Fundamentplatte b verbunden ist.

Die Dose a trägt oben eine Öffnung, durch welche hindurch das Einfüllen der Sperrflüssigkeit geschieht. Der in achsialer Richtung durchbohrte Pfropfen i dient zum Verschlusse dieser Öffnung. Ein Stativ v trägt zwei Dreiweghähne n. Der Verlauf der Bohrungen der letzteren ist außen am Küken angezeichnet und auch aus der Fig. 99 zu ersehen. Der eine dieser beiden Dreiweghähne ist mit dem freien Ende der Glasröhre e, der andere mit dem Pfropfen i durch Schlauchleitung verbunden. Außerdem können die Dreiweghähne durch Schlauchleitungen mit jenen Räumen in Verbindung gebracht werden, deren Druckunterschied gemessen werden soll.

Damit für den Fall, daß der Druck in dem einen Raume den Druck im Aufstellungsraume des Instrumentes um mehr über- oder unterschreitet als das Mikromanometer zu messen eingerichtet ist, die Sperrflüssigkeit nicht aus der Röhre e geschleudert wird, müssen die beiden

Dreiweghähne n zu gleicher Zeit geöffnet werden. Zu diesem Zwecke sind die Küken beider Hähne durch die Querstange m miteinander verbunden.

Durch das Mikromanometer können nur ganz kleine Druckdifferenzen gemessen werden. Je nach dem Neigungswinkel der Röhre e zum Horizonte ist die zu messende Maximal-Druckdifferenz eine ganz bestimmte. Das Instrument wird jetzt mit fünf verschiedenen Neigungsverhältnissen der Röhre e ausgeführt, und zwar hat das

Mikromanometer A ein Neigungsverhältnis von $1:400$,
Mikromanometer B ein Neigungsverhältnis von $1:200$,
Mikromanometer C ein Neigungsverhältnis von $1:100$,
Mikromanometer D ein Neigungsverhältnis von $1:50$,
Mikromanometer E ein Neigungsverhältnis von $1:10$.

Wie schon beim Schumacherschen Zugmesser gezeigt wurde, sind, da die Meßlänge der Röhre e stets 200 mm beträgt, die zu messenden Maximal-Druckdifferenzen beim

Mikromanometer $A = $ 0,5 mm Wassersäule
„ $B = $ 1,0 „ „
„ $C = $ 2,0 „ „
„ $D = $ 4,0 „ „
„ $E = $ 20,0 „ „

Die Eichung des Mikromanometers.

Die Meßlänge, welche auf dem Rohre e (Fig. 100) eingeätzt ist, beträgt, wie schon angegeben, bei jedem Mikromanometer 200 mm. Da es bis jetzt noch nicht gelungen ist, absolut gerade Glasrohre von überall gleichem Querschnitte herzustellen, so ist für genauere Messungen eine Eichung der Ablesungsröhre innerhalb der Meßlänge von 200 mm nötig.

Diese Eichung wird nach Krells Angaben folgendermaßen ausgeführt:

Auf Grund der Formel von Recknagel $m = \dfrac{10\,p}{n \cdot q}$ kann für jedes Mikromanometer das Volumen derjenigen Flüssigkeitsmenge (als Sperrflüssigkeit verwendet man am besten durch Fuchsin rot gefärbten Alkohol von spez. Gew. 0,8) bestimmt werden, welche in die Dose a nachzufüllen ist, damit der Meniskus der Sperrflüssigkeit vom Nullpunkte der Skala aus um 200 mm, also auf den Endpunkt der Skala vorrückt.

In obiger Formel bedeutet m das Übersetzungsverhältnis des Mikromanometers, $n = 200$ mm, q den Querschnitt der Dose a in Quadratzentimetern, also $q = 78,5$ qcm; p ist das Gewicht der nachzufüllenden Alkoholmenge, also $\dfrac{p}{0,8} = v = $ deren Volumen.

Man füllt nun die Dose a (Fig. 99) so weit mit Sperrflüssigkeit, daß deren Meniskus sich auf den Nullpunkt der Skala einstellt. Neben der Ablesungsröhre e hat man einen Maßstab unverrückbar angebracht, auf welchem vorläufig nur die mit dem Nullpunkte und dem Punkte 200 mm korrespondierenden Punkte markiert sind.

Man eicht nun eine Pipette genau auf $\dfrac{v}{8}$ ccm, füllt sie bis zum Eichungsstriche mit Sperrflüssigkeit und gibt diese in die Dose. Die Stellung, welche der Meniskus nunmehr einnimmt, wird auf dem Maßstabe markiert. (In Fig. 100 mit A). Verfährt man genau in derselben Weise noch siebenmal, indem man immer die Pipette bis zur Marke $\dfrac{v}{8}$ ccm füllt und den Inhalt dann in die Dose a entleert, so hat man die Meßlänge 0—200 mm in 8 Teile geteilt, die unter sich zwar gleichwertig, in ihrer Länge aber wegen der Fehler in der Ablesungsröhre verschieden sind. Der Wert der so gefundenen Intervalle $= \dfrac{200}{8}$ mm = 25 mm.

Indem man nun von der Annahme ausgeht, daß die in einem solchen Intervalle von 25 mm Länge vorhandenen Fehler der Ablesungsröhre vernachlässigt werden können, teilt man auf dem Maßstabe jede der Strecken $0\,A$, $A\,B$ usw. bis $G\,200$ (Fig. 100) in 25 gleiche Teile und nummeriert diese Teile wie in einem gleichmäßigen Maßstabe.

Die so erhaltene Skala heißt kompensierte Skala.

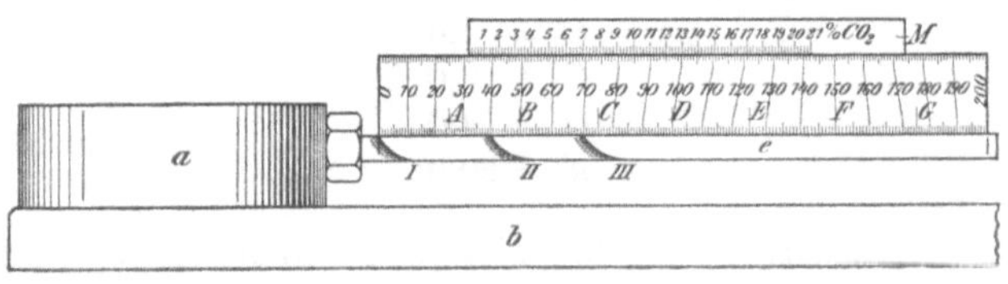

Fig. 100.

Diese Eichungsmethode hat den Vorteil, daß sie eine Kontrolle für die richtige Neigung der Ablesungsröhre zum Horizonte ergibt, indem der Meniskus der Sperrflüssigkeit nach dem Aufgeben der letzten Pipettenfüllung auf den Endteilstrich 200 mm des Maßstabes einspielen muß. Sollte dies nicht der Fall sein, so müßte mit Hilfe der nächst der Wasserwage k (Fig. 99) befindlichen Stellschraube das ganze Instrument so lange in seiner Schrägstellung geändert werden, bis die gewünschte Einstellung des Meniskus der Sperrflüssigkeit auf den Teilstrich 200 mm stattfindet. Die Längswasserwage l (Fig. 99) wird dann durch die Schrauben r und s auf den Horizont eingestellt und in dieser Lage endgültig befestigt. Selbstverständlich muß während dieser Korrektur der Neigung der Ablesungsröhre e die Querwasserwage k stets auf den Horizont einspielen.

Die Verwendung des Mikromanometers ist eine vielfältige. Es dient nicht nur zur Bestimmung der Druckunterschiede in zwei verschiedenen Räumen, sondern bildet auch noch den Hauptbestandteil verschiedener anderer Instrumente, so z. B. des Pneumometers (hydrostatischer Luftgeschwindigkeitsmesser), des hydrostatischen Windindikators (Winddruckmesser), des hydrostatischen Pyrometers usw.

Es sind zwar stets Druckdifferenzen, die das Mikromanometer mißt, doch sind in jedem einzelnen Falle diese Differenzen, deren Maßeinheit ja 1 mm Wassersäule ist, noch in ein besonderes Maß umzurechnen.

Der Krellsche Zugmesser.

Dieses einfache und handliche Instrument, welches sowohl für
Unter- als auch für Überdruckmessungen gebraucht werden kann,
beruht auf dem im vorstehenden erläuterten Prinzipe. Es ist in Fig. 101

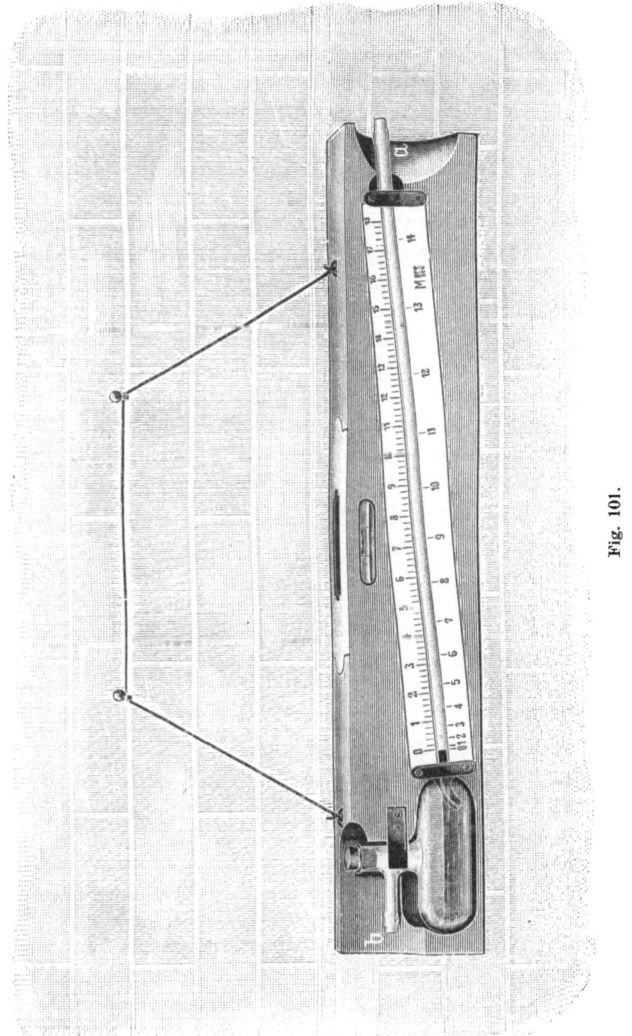

Fig. 101.

abgebildet, aus welcher die Einrichtung des Instrumentes ohne weiteres
zu ersehen ist.

Ist eine Zugmessung beabsichtigt, so wird die Schlauchverbindung
bei *a* hergestellt, während bei Druckmessungen der Schlauch bei *b*
angeschlossen wird.

Um das Instrument gebrauchsfertig zu machen, hängt man es an der Wand des Kesselmauerwerkes mittels einer Schnur, in der aus Fig. 101 ersichtlichen Weise auf und gießt in den linken Behälter gefärbten Alkohol von 0,8 spez. Gew. ein, so lange bis die an der oberen Seite des Holzrahmens eingelassene Libelle auf Mitte einspielt; dabei muß die Flüssigkeitssäule bis zum Nullstriche der oberen schrägen Skala reichen, weil nur dann das Meßrohr das für die Eichung giltige Steigungsverhältnis hat. Alsdann schließt man bei Zugmessungen den von der Meßstelle kommenden Schlauch bei a an und bringt die Libelle abermals auf Mitte. Der Stand der Flüssigkeitssäule an der oberen Skala abgelesen, ergibt sofort den herrschenden Zug in Millimeter Wassersäule. Bei Überdruckmessungen verfährt man genau ebenso.

Ist die zwischen zwei verschiedenen Stellen der Feuerzüge vorhandene Druckdifferenz zu beobachten, so wird die Stelle des stärkeren Zuges mit a, die des geringeren Zuges mit b verbunden, und die Libelle wieder auf Mitte eingestellt. Der Flüssigkeitsstand im Meßrohre gibt die Differenz der Unterdrücke an den beiden Beobachtungsstellen an. Die große Teilung der Skala läßt Ablesungen bis auf $^1/_{10}$ mm Wassersäule zu.

Die aus Fig. 101 erkenntliche, untere Skala ermöglicht die Bestimmung der Geschwindigkeit strömender Luft oder Gase, doch soll hierauf nicht näher eingegangen werden. Das Instrument ist auch ohne diese Geschwindigkeitsskala zu beziehen.

Polarplanimeter.

Zur Bestimmung des Flächeninhaltes
beliebig begrenzter, ebener Figuren bedient man sich der Planimeter, deren
einfachste Form die Polarplanimeter
sind.

Für maschinentechnische Zwecke
werden fast ausschließlich nur letztere
benützt, weshalb diese allein hier näher
betrachtet werden sollen.

Bei allen Polarplanimetern, gleichgültig welcher Konstruktion sie sind,
finden sich folgende Hauptteile (Fig.
102) vor:

Ein längerer Arm, der Fahrarm,
welcher an einem Ende einen Metallstift,
den Fahrstift F trägt. Auf dem Fahrarme verschiebbar angeordnet ist eine
Metallhülse K (Fig. 103), die zwischen
zwei kurzen, nach unten gehenden Armen
die Achse einer Rolle D (Fig. 103) trägt.
Der Umfang dieser Rolle (Limbus) ist
in 100 gleiche Teile geteilt; links von
ihr, auf einem Kreissegmente ist ein
rückläufiger Nonius angebracht, der eine
Skala von 10 gleichen Teilen trägt, die
also in ihrer Summe ebenso groß sind
als 9 Teile der Rolle D. Die Achse dieser
Rolle ist in der Mitte auf einer kurzen
Strecke zur Schnecke ausgebildet, die in
ein kleines Schneckenrad eingreift. Auf
der Achse des letzteren sitzt die horizontale Zählscheibe G (Fig. 103), welche
in 10 gleiche Teile geteilt ist.

Hat sich die Rolle D um 100 ihrer
Teilstriche weiter gedreht, also eine Umdrehung ausgeführt, so ist die Zählscheibe G um einen Teilstrich weiter

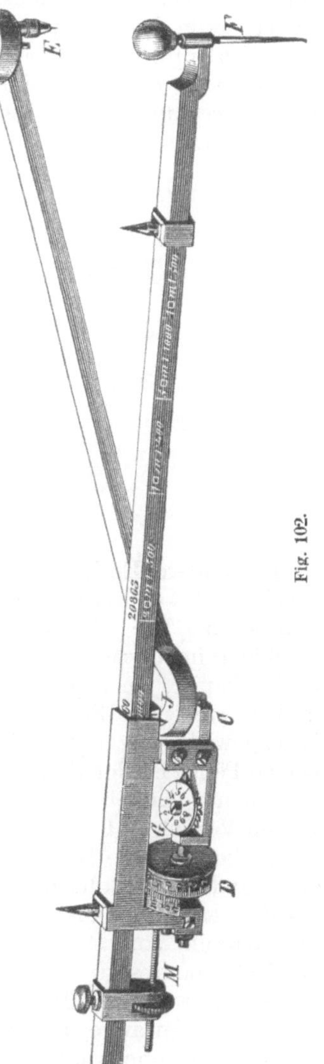

Fig. 102.

gegangen. Zur Fixierung der Stellungen der Zählscheibe G ist an dem
links von ihr hervorragenden Arme ein Index angebracht, während für
die Rolle D der Nullpunkt des Nonius als Index gilt.

Die Stellung der Hülse am geteilten Fahrarme wird ebenfalls durch
einen Index bestimmt, der sich an der Hülse bei K (Fig. 103) befindet.

Eine Mikrometerschraube M (Fig. 102) ermöglicht eine ganz scharfe
Einstellung der Hülse K am Fahrarme.

In bezug auf die Anordnung des Polarmes I können zwei Typen
von Planimetern unterschieden werden: entweder ist dieser Arm
mit einer vertikalen Achse an einem Ende einerseits in der Hülse,
anderseits in dem Lappen C (Fig. 102) drehbar angeordnet; dies ist das
gewöhnliche Polarplanimeter; oder aber der Polararm bildet einen
Teil für sich, der erst beim Gebrauch des Instrumentes mit dem Fahrarm in geeigneter Weise verbunden wird. Dies sind die sog. Kompensationsplanimeter.

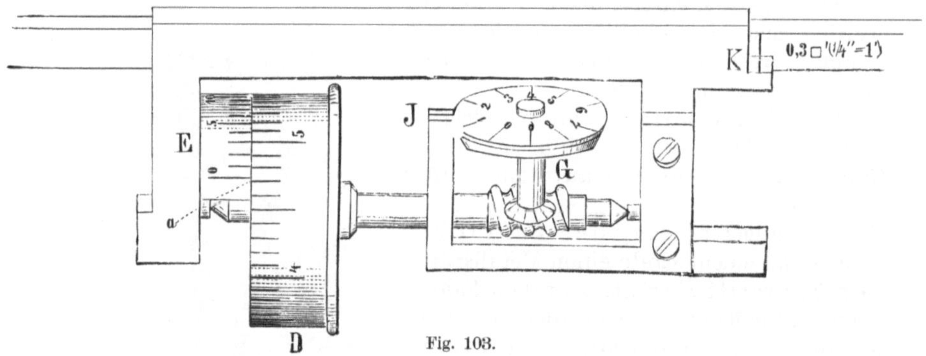

Fig. 103.

Das andere Ende des Polarmes trägt den sog. Pol des Planimeters,
welcher ein Nadelpol E (Fig. 102) oder ein Gewichtspol A (Fig. 119)
sein kann. Die Fixierung des Instrumentes auf der Zeichenfläche
geschieht im ersten Falle durch leichtes Eindrücken der Nadelspitze
in das Papier, im letzten Falle dadurch, daß man einen Kugelzapfen K
in das Gesenk der Polplatte A legt, die ihrerseits nur mit der durch das
Eigengewicht erzeugten Reibung auf der Zeichenfläche haftet. In
beiden Fällen ist der Polarm noch durch das kleine Gewicht p zu belasten.

Die mit Kugelpol ausgerüsteten Planimeter haben den schätzenswerten Vorteil, daß sich bei ihnen durch einfaches Verschieben der Polplatte die Meßrolle bequem auf Null einstellen läßt. Die Aufschreibung
des Standes der Rolle bei Beginn der Umfahrung fällt damit fort. Bei
Planimetern mit Nadelpol müßte zum Zwecke der Einstellung auf Null
die Meßrolle von Hand gedreht werden. Um aber ein Rostigwerden
des Rollenrandes zu verhindern, soll jede Berührung desselben peinlich
vermieden werden. Man wird also bei Instrumenten mit Nadelpol
sowohl am Anfange, als wie auch am Ende der Umfahrung eine Ablesung zu machen haben.

Die Lage des Planimeters zu der zu umfahrenden Figur muß so gewählt werden, daß sich die Figur mit dem Fahrstifte bequem umkreisen läßt; dabei soll der Fahrarm, wenn er seine extremsten Stellungen einnimmt, noch nicht am Ende seiner Bewegungsfähigkeit angelangt sein.

Die günstigste Stellung des Planimeters erhält man, wenn man den Fahrstift J annähernd in den Mittelpunkt der fraglichen Figur setzt und den Pol P so einstellt, daß die verlängert gedachte Rollenebene durch den Pol P geht, wie in den Fig. 104 und 105 dargestellt ist.

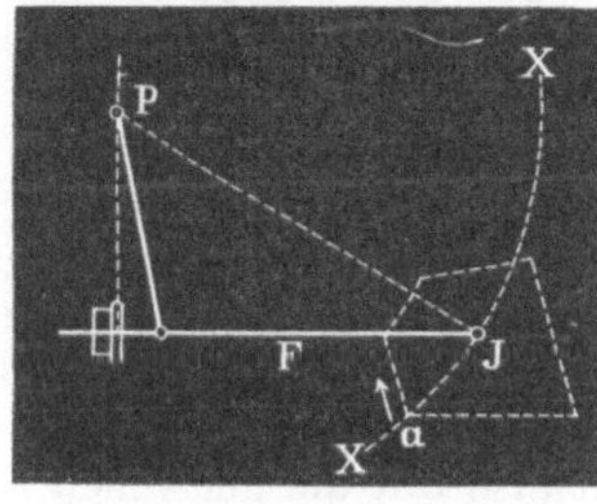
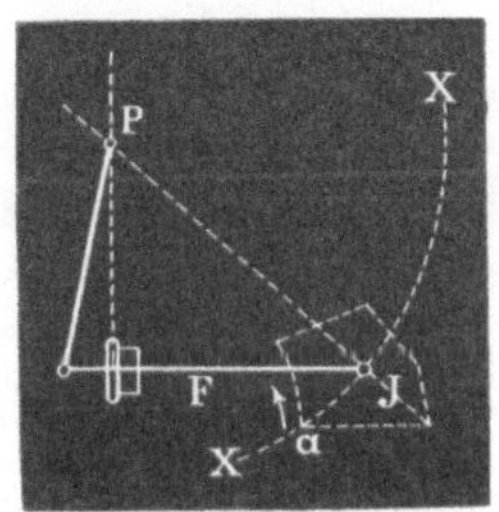

Fig. 104.   Fig. 105.

Zum Verständnis der Arbeitsweise des Polarplanimeters führen zwei Sätze, die wie folgt lauten:

1. Umfährt man mit dem Fahrstifte F eines Polarplanimeters eine geschlossene, ebene Figur, so ist die algebraische Summe aller Flächenteile, die zwischen zwei aufeinanderfolgenden Stellungen des Fahrarmes liegen, gleich dem Flächeninhalte der vom Fahrstifte F umfahrenen, geschlossenen Figur.

2. Umfährt man mit dem Fahrstifte F eines Polarplanimeters eine geschlossene, ebene Figur, so ist die algebraische Summe aller Flächenteile, die zwischen je zwei aufeinanderfolgenden Stellungen des Fahrarmes liegen, durch die algebraische Summe aller Abwicklungen der Rolle D (Fig. 103) direkt bestimmt.

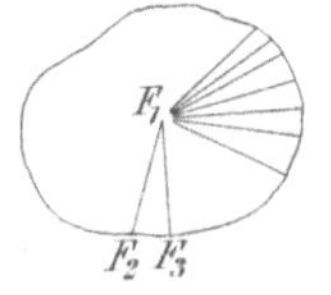

Fig. 106.

Der erste dieser beiden Sätze ist am einfachsten auf graphischem Wege bewiesen.

Jede geschlossene, ebene Figur läßt sich leicht in eine große Anzahl kleiner Dreiecke zerlegen, indem man z. B. von einem Punkte F_1 (Fig. 106) innerhalb der Figur Strahlen, eng aneinanderliegend, nach dem Umfange der Figur zieht. ($F_1 F_2$, $F_1 F_3$ usw. in Fig. 106.)

Es sei $F_1 F_2 F_3$ (Fig. 107) ein auf diese Weise entstandenes Dreieck, welches vom Fahrstifte F des Planimeters in der Richtung $F_1 - F_2 - F_3$ umfahren werde. E (Fig. 107) sei der Pol des Planimeters. Alsdann ist $I F_1$ die Anfangsstellung des Fahrarmes. Ist der Fahrstift nach F_2 gekommen, so nimmt der Fahrarm die Stellung $II F_2$ ein, und die Fläche, die zwischen dieser Stellung und der Anfangsstellung liegt, ist die mit vollen Strichen schraffierte $F_1 F_2 II I$.

Der Fahrstift gelangt auf seinem weiteren Wege nach F_3, der Fahrarm hat jetzt die Stellung $F_3 III$ und zwischen dieser und der vorhergehenden Stellung liegt die Fläche $F_2 F_3 III II$, welche punktiert schraffiert ist.

Geht endlich der Fahrstift von F_3 nach seiner Anfangsstellung F_1 zurück, so liegt zwischen den beiden letzten Stellungen des Fahrarmes die in Fig. 107 mit Strichpunkt schraffierte Fläche $F_1 F_3 III I$.

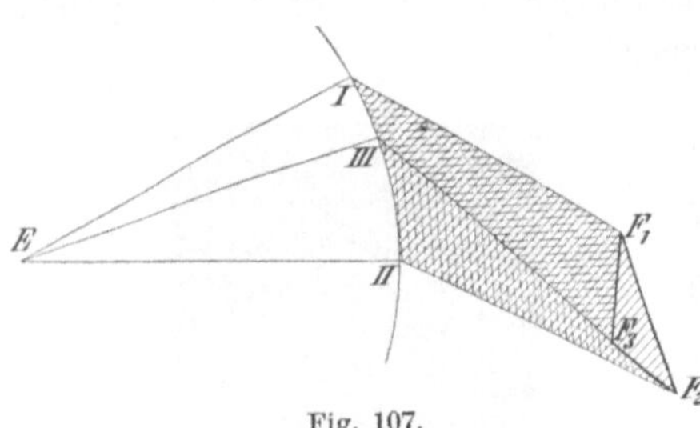
Fig. 107.

Ein zwischen zwei benachbarten Fahrarmstellungen liegender Flächenteil ist nur dann als positiv anzusehen, wenn die zweite Stellung des Fahrarmes rechts von der ersten Stellung desselben liegt, vorausgesetzt, daß man von der Drehachse des Fahrarmes in der Richtung gegen den Fahrstift sieht.

Im vorliegenden Falle (Fig. 107) ist also nur die mit vollen Strichen schraffierte Fläche positiv, während sowohl die strichpunktierte, als auch die mit punktierten Linien schraffierte Fläche negativ ist.

Bei der Summierung sämtlicher Flächenteile wird durch die negativen Flächen ein Teil der positiven Fläche (nämlich der mit zwei Strichlagen schraffierte) zu Null gemacht, und zwar so viel, daß nur noch die Dreiecksfläche $F_1 F_2 F_3$ als positiv übrigbleibt. In der Fig. 107 sind

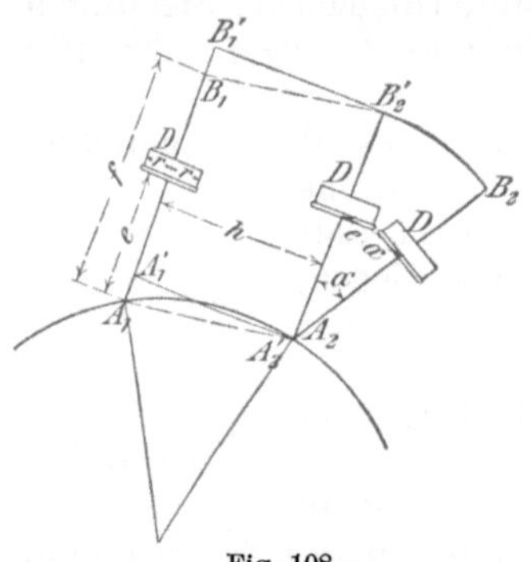
Fig. 108.

also die doppelt schraffierten Flächenteile als Null zu betrachten; als positiver Rest bleibt nur noch die einfach schraffierte Dreiecksfläche.

Zum Beweise des zweiten Satzes diene Fig. 108, in welcher $A_1 B_1$ die eine Stellung des Fahrarmes, $A_2 B_2$ die benachbarte Stellung desselben bedeute. Den Übergang von $A_1 B_1$ nach $A_2 B_2$ kann man sich in folgender Weise bewerkstelligt denken:

Der Fahrarm wird zuerst in der Richtung seiner Geraden verschoben und gelangt also von $A_1 B_1$ nach $A_1' B_1'$. Hierbei hat eine Drehung der mit dem Fahrarme verbundenen Rolle D nicht stattgefunden, die Rolle D hat nur eine Gleitbewegung ausgeführt. — Hierauf wird der Fahrarm parallel mit sich selbst so weit verschoben, daß er in die Stellung $A_2' B_2'$ kommt; dabei war die Lage $A_1' B_1'$ so gewählt, daß $A_1' A_2'$ und also auch $B_1' B_2'$ senkrecht auf $A_2' B_2'$ stehe.

Bei dieser Parallelverschiebung wird die Rolle D nur eine drehende Bewegung ausführen, und zwar wird sie sich um einen Bogen abwälzen, der gleich der Höhe h des Parallelogramms $A_1 B_1 B_2' A_2'$ ist.

Um von $A_2' B_2'$ nach $A_2 B_2$ zu gelangen, muß der Fahrarm einen Kreissektor $A_2 B_2' B_2$ bestreichen, wobei die Rolle D ebenfalls nur eine drehenden Bewegung ausführen wird.

Es sei nun (Fig. 108):

$r =$ Radius der Rolle D,

$e =$ Entfernung der Rolle D von der Drehachse des Fahrarmes,

$f =$ Länge des Fahrarmes,

$\beta =$ Winkel, um welchen sich die Rolle D bei der Bewegung des Fahrarmes von $A_1' B_1'$ nach $A_2' B_2'$ dreht,

$r \cdot \beta =$ Länge des hierbei von der Rolle D abgewickelten Bogens,

$\gamma =$ Winkel, um welchen sich die Rolle D bei der Bewegung des Fahrarmes von $A_2' B_2'$ nach $A_2 B_2$ dreht,

$r \cdot \gamma =$ Länge des hierbei von der Rolle D abgewickelten Bogens,

so ist:

$$h = r \cdot \beta \quad (\beta \text{ mit Hilfe von } r \text{ ausgedrückt}),$$

folglich ist der Inhalt des Parallelogramms:

$$A_1 B_1 B_2' A_2' = f \cdot h = f \cdot r \cdot \beta = P .$$

Der Inhalt des Sektors:

$$A_2' B_2' B_2 = \tfrac{1}{2} f^2 \alpha = S \quad (\alpha \text{ im Bogenmaße ausgedrückt}).$$

Ferner ist aber:

$$r \cdot \gamma = e \cdot \alpha ,$$

folglich:

$$\gamma = \frac{e \cdot \alpha}{r} .$$

Geht der Fahrarm aus der Stellung $A_1 B_1$ in die Stellung $A_2 B_2$ über, bestreicht er also die Fläche $(P + S)$, so hat sich die Rolle D um den Winkel δ gedreht; es ist demnach:

$$\delta = \beta + \gamma ,$$

$$\delta = \beta + \frac{e \cdot \alpha}{r}$$

oder:

$$\beta = \delta - \frac{e \cdot \alpha}{r} .$$

Es war:

$$P = f \cdot r \cdot \beta ,$$

also:

$$P = f \cdot r \cdot \left(\delta - \frac{e \cdot \alpha}{r} \right)$$

oder:

$$P = f \cdot r \cdot \delta - f \cdot e \cdot \alpha .$$

Ferner war:

$$S = \tfrac{1}{2} f^2 \alpha$$

also:

$$P + S = f \cdot r \cdot \delta - f \cdot e \cdot \alpha + \tfrac{1}{2} f^2 \cdot \alpha$$

oder:

$$P + S = f \cdot r \cdot \delta + \tfrac{1}{2} \alpha \cdot (f^2 - 2 f \cdot e) .$$

In Wirklichkeit beschreibt der Fahrarm eine große Anzahl solcher Parallelogramme P und Sektoren S, so daß die Summe aller bestrichenen Flächenteile sein wird:

$$\Sigma(P + S) = f \cdot r \cdot \Sigma\delta + \tfrac{1}{2}\Sigma \cdot \alpha \cdot (f^2 - 2f \cdot e).$$

Ist nach dem Umfahren einer geschlossenen Figur der Fahrarm wieder in seine Anfangsstellung zurückgekehrt, so ist offenbar die Summe aller Drehungswinkel der Rolle

1. $\Sigma\alpha = 0$, wenn der Pol außerhalb der umfahrenen Figur liegt.
2. $\Sigma\alpha = 2\pi$, wenn der Pol innerhalb der umfahrenen Figur liegt.

Im ersten Falle wird also:

$$\Sigma(P + S) = f \cdot r \cdot \Sigma\delta = \boldsymbol{c} \cdot \boldsymbol{\Sigma\delta}.$$

Im zweiten Falle:

$$\Sigma(P + S) = f \cdot r \cdot \Sigma\delta + \pi \cdot (f^2 - 2f \cdot e) = \boldsymbol{c} \cdot \boldsymbol{\Sigma\delta} + \boldsymbol{c'}.$$

Hiermit ist also bewiesen, daß die vom Fahrarme eines Polarplanimeters beim Umfahren einer geschlossenen, ebenen Figur bestrichene Fläche, gleichgültig ob der Pol des Instrumentes innerhalb oder außerhalb der umfahrenen Figur liegt, durch die Größe der Abwälzung der Rolle D bestimmt ist, denn sowohl c, als auch c' in obigen Formeln sind Größen, welche lediglich von den Dimensionen des Planimeters abhängen, es sind also Konstanten.

Da aber die Summe der vom Fahrarme bestrichenen Flächenteile gleich der Fläche der umfahrenen Figur ist, so ist letztere unter Zuhilfenahme einer Konstanten einfach durch die algebraische Summe aller Umdrehungen der Rolle D bestimmt, die daher den Namen Meßrolle führt.

Wenn möglich, soll man das Umfahren einer Figur mit innen liegendem Pole vermeiden. Es ist daher zu empfehlen, größere Figuren in mehrere kleine zu zerlegen, und diese für sich mit außen liegendem Pole zu planimetrieren.

Die Größe der Abwälzung der Meßrolle D kann mit Hilfe des Nonius leicht bis auf Tausendstelteile des Rollenumfanges geschehen. Die Zählscheibe G gibt die ganzen Umdrehungen von D an, die Teilung des Rollenumfanges die Zehntel- und Hundertstel- und der Nonius die Tausendstelumdrehungen. Jede Rollenablesung ergibt also eine vierstellige Zahl. In Fig. 103 ist z. B. die Ablesung von Zählscheibe, Rolle und Nonius = 1473, denn:

der feste Index steht zwischen dem 1. und 2. Teilstriche der Zählscheibe; es ist also vom Nullpunkte der Rolle D aus erst eine volle (oder tausend tausendstel Umdrehungen) Rollenumdrehung gemacht worden.

Als erste Zahl der Ablesung ergibt sich also: 1000
Der Nullpunkt des Nonius steht zwischen den Ziffern 4 und 5 der Rolle; es sind also vom Nullpunkte der Rolle aus erst volle 4 Hundertstel abgewickelt worden.

—————
1000

Übertrag: 1000

Die zweite Zahl der Ablesung heißt: also: 400

Von den zwischen 4 und 5 liegenden Zehnerteilstrichen der Rolle hat der siebente den Nullpunkt des Nonius passiert;

dies ergibt als dritte Zahl der Ablesung: 70

Von den Teilstrichen des Nonius korrespondiert der dritte mit einem Striche der Rollenteilung,

so daß die letzte Zahl der Ablesung lautet: 3

Die volle Rollenablesung ist also: 1473

Da im Antriebe der Zählscheibe G in geringem Maße toter Gang vorhanden ist (wegen der Leichtigkeit der Bewegung), so steht nicht immer — wenn der Nullstrich der Meßrolle D mit dem Nullstriche des Nonius korrespondiert — ein Teilstrich der Zählscheibe gerade dem festen Index gegenüber; doch sind Zweifel bezüglich der Ablesung hierbei ausgeschlossen. Man bewegt in diesem Falle die Zählscheibe leicht mit dem Finger so viel hin und her, als ihr Spielraum gestattet und ersieht dann sofort aus der mittleren Stellung des Index, welcher Teilstrich der Zählscheibe als erste Ziffer der Ablesung genommen werden muß.

Die einfachsten, besten und daher in der Praxis am weitesten verbreiteten Polarplanimeter sind das Amslersche, das Ottsche und das Coradische Planimeter.

Das Amslersche Polarplanimeter.

Für maschinentechnische Zwecke wird von den verschiedenen Amslerschen Polarplanimetern am häufigsten die Ausführung Nr. VI (großes Modell) benützt. Dieselbe ist in Fig. 102 abgebildet.

Auf dem Fahrarme dieses Planimeters sind folgende Marken angebracht:

0,1 □ cm	200 □ cm 1 : 50	100 □ cm 1 : 40	0,05 □ cm	100 □ cm 1 : 50
40 □ cm 1 : 20	50 □ cm 1 : 25		500 □ cm 1 : 100	

Soll nun z. B. in einem Plane, der im Verhältnis von 1 : 100 gezeichnet ist, die wirkliche Größe einer durch eine unregelmäßige Kurve begrenzten Fläche bestimmt werden, so stellt man die Hülse K (Fig. 103) so auf dem Fahrarme ein, daß der Index K (Fig. 103) mit derjenigen Strichmarke auf dem Fahrarme zusammenfällt, hinter welcher der Maßstab 1 : 100 angegeben ist. Hierauf stellt man das Planimeter auf die horizontal gelagerte Zeichnung, drückt den Pol, also die Nadelspitze E, leicht in das Papier außerhalb der Figur, an beliebiger Stelle, aber so, daß man die Figur bequem mit dem Fahrstifte F umfahren kann, also unter Beachtung der zu Anfang dieses Kapitels gegebenen Regel, und beschwert den Pol mit dem dem Instrumente beigegebenen Gewichtchen.

Der Fahrstift wird nun auf einen zu markierenden Punkt der Figur gesetzt, und der Stand der Rolle D und der Zählscheibe G abgelesen. Hierbei ergebe sich beispielsweise die Zahl 1324. Die Teilungen der Rolle, des Nonius und des Zählscheibchens sind auf weißes Zelluloid aufgetragen.

Es ist vielfach üblich, vor Beginn des Umfahrens die Zählscheibe G
und die Rolle D auf Null einzustellen, doch ist dies unnötig und auch
nicht zu empfehlen, weil hierbei ein Anfassen der Meßrolle unvermeidlich
ist. Jede Berührung des stählernen Meßrollenrandes mit der bloßen
Hand soll aber wegen der damit verbundenen Anrostungen unterlassen
werden.

Nunmehr umkreist man mit dem Fahrstifte F von links nach rechts,
also im Sinne des Zeigers der Uhr die Figur bis der Fahrstift wieder
in seiner Anfangsstellung angelangt ist. Alsdann wird abermals der
Stand der Rolle D und des Zählscheibchens G abgelesen, wobei sich die
Zahl 2658 ergeben mag.

Es war also: zweite Ablesung: 2658
                    erste Ablesung : 1324
                    Differenz   : 1334

Um nun den gesuchten Flächeninhalt zu finden, multipliziert man
diese Differenz mit demjenigen Faktor, der auf dem Fahrarme rechts
von dem zu $1:100$ gehörigen Teilstriche angegeben ist, also in diesem
Falle mit 500 qcm.

Gesuchte Fläche $= 1334 \cdot 500$ qcm
$\qquad\qquad\quad = 667\,000$ qcm

Wäre der Plan im Verhältnisse $1:50$ gezeichnet gewesen, so findet
man auf dem Fahrarme zwei zugehörige Marken. Man wählt hiervon
diejenige Einstellung, die den kürzesten Fahrarm ergibt, aber doch gestattet, daß man die Figur bei außen liegendem Pole umfahren kann.
Es ist dies der mit

$\qquad$ 200 qcm $1:50$
$\qquad\quad$ 50 qcm $1:25$ bezeichnete Teilstrich.
Es sei:

                    zweite Ablesung: 4009
                    erste Ablesung : 0674
                    Differenz   : 3335

Gesuchte Fläche $= 3335 \cdot 200$ qcm
$\qquad\qquad\quad = 667\,000$ qcm

Wäre in dem ersten Falle, wo der Plan im Verhältnisse von $1:100$
gezeichnet war, die erste Rollenablesung z. B. 8976 gewesen, so hätte
sich als zweite Ablesung 0310 ergeben. Dies muß natürlich zu 10 310
ergänzt werden. Dann ist wieder die Differenz der Rollenablesungen:

$$10\,310 - 8\,976 = 1334.$$

Liegt die zu bestimmende Figur in natürlicher Größe vor, was
beispielsweise bei Dampfdruckdiagrammen stets der Fall ist, so ist die
Hülse des Planimeters auf jenen Teilstrich des Fahrarmes einzustellen,
hinter welchem ein besonderer Maßstab nicht angegeben ist, also entweder auf den Teilstrich 0,1 qcm oder auf den Teilstrich 0,05 qcm.

Die Differenz der Rollenablesungen ist mit 0,1 qcm resp. 0,05 qcm zu multiplizieren, um den wahren Flächeninhalt der umfahrenen Figur in qcm zu erhalten. Dividiert man diesen Inhalt durch die Länge des Diagramms, so erhält man dessen mittlere Höhe in cm. Berücksichtigt man endlich noch den Maßstab der Indikatorfeder, mit welcher das planimetrierte Diagramm erzeugt wurde, so ist der dem Diagramme entsprechende, mittlere spezifische Dampfdruck bestimmt.

Betrachtet man die allgemeine Formel, welche für die Berechnung einer beliebigen, vom Polarplanimeter umfahrenen, ebenen Fläche gefunden wurde, und welche für außen liegenden Pol lautete:

$$\Sigma(P + S) = f \cdot r \cdot \Sigma \delta,$$

so läßt sich die mittlere Diagrammhöhe noch einfacher bestimmen.

Der Flächeninhalt $\Sigma(P + S)$ erscheint als Rechteck, dessen eine Seite gleich der Länge f des Fahrarmes ist, während die andere Seite durch die Länge der Gesamtrollenabwicklung $r\,\Sigma d$ gebildet wird. Stellt

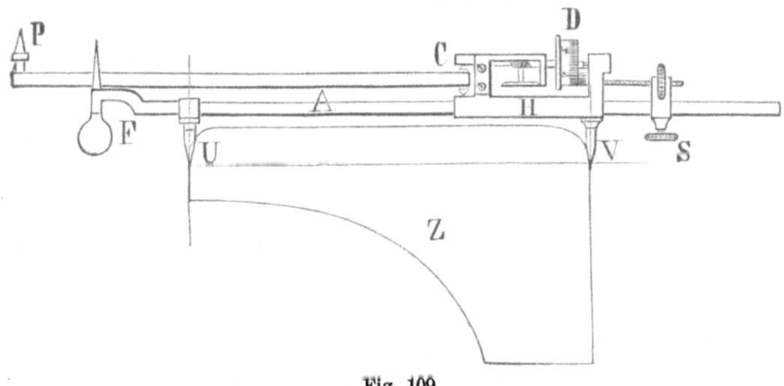

Fig. 109.

man also den Fahrarm des Planimeters so ein, daß seine Länge (zwischen dem Fahrstifte F und der Gelenkachse C (Fig. 102) gleich der Diagrammlänge ist, so ist die algebraische Summe der Rollenabwälzungen $\Sigma \delta$ direkt ein Maß für die mittlere Diagrammhöhe.

Um letztere in Millimeter zu erhalten, ist $\Sigma \delta$ unter Berücksichtigung der Größe des Rollenradius r noch mit einem konstanten Faktor zu multiplizieren. Dieser wird von Amsler jedem Instrumente beigegeben. Er ist für das Planimeter Nr. VI = 0,06.

Um den Fahrarm scharf auf die Diagrammlänge einstellen zu können, trägt das Planimeter Nr. VI zwei Stahlspitzen (Fig. 109), von denen die eine Spitze U (Fig. 109) fest mit dem Fahrarme F und die andere Spitze V mit der Hülse H verbunden ist. Die Entfernung dieser beiden Spitzen muß nun gleich der Länge des Diagrammes gemacht werden. Zu diesem Zwecke kehrt man das zusammengeklappte Instrument um, so daß die beiden Spitzen nach unten, gegen das Diagrammblatt gerichtet sind; dann setzt man die Spitze U fest auf das eine Ende des Diagrammes, löst die Schraube S, verschiebt die Hülse H und damit die Spitze V so lange, bis letztere auf das andere Ende des Diagrammes trifft; dann stellt man S fest und kann mittels der Mikrometerschraube M (Fig. 102) die genaue Einstellung von V bewerkstelligen. Dann kehrt man das Instrument wieder um, setzt es in der gewöhnlichen Weise auf eine geeignete Unterlage und umfährt, wie schon angegeben, das Diagramm.

Die Teilstriche auf dem Fahrarme kommen bei dieser Art der Messung nicht in Betracht.

Es sei z. B.:

$$\begin{aligned}
\text{zweite Ablesung} &: 2307 \\
\text{erste Ablesung} &: 1996 \\
\hline
\text{Differenz} &: 311
\end{aligned}$$

Dann ist die mittlere Diagrammhöhe $= \; 0{,}06 \cdot 311$ mm
$$= 18{,}66 \text{ mm}$$

Um daraus den mittleren Dampfdruck im Zylinder der Dampfmaschine zu finden, muß man, wie schon erwähnt, den Maßstab der Indikatorfeder kennen.

Entsprechen z. B. 10 mm der Diagrammhöhe einem Dampfdrucke von 1 kg pro 1 qcm, so ist der dem planimetrierten Diagramm entsprechende

$$\text{mittlere Dampfdruck} = \frac{18{,}66 \text{ mm}}{10 \text{ mm}} \cdot 1 \text{ kg/qcm} = 1{,}866 \text{ kg/qcm.}$$

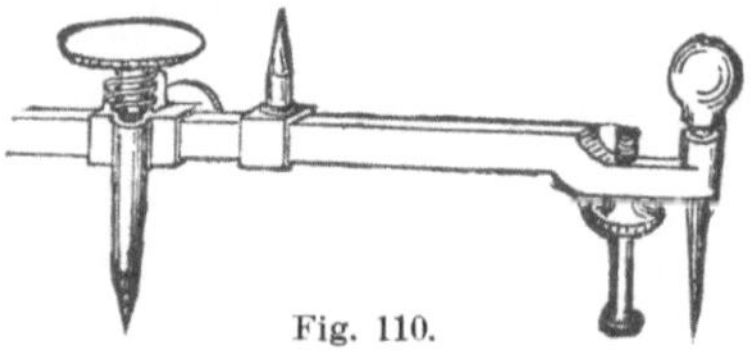

Zur raschen Auffindung des 0,06-fachen Betrages der beim Planimetrieren von Dampfdruckdiagrammen gewöhnlich vorkommenden Rollenablesungsdifferenzen dient Tabelle 1 im Anhange.

Fig. 110.

Für vorstehendes Beispiel, wo die Differenz der Rollenablesungen 311 war, findet sich in der Horizontalreihe der Zahl 31 in Spalte 1 das 0,06 fache von 311 angegeben zu 18,66.

Für alle Diagramme gleicher Länge ist die Einstellung des Fahrarmes in seiner Hülse dieselbe; man hat daher für eine Reihe gleichlanger Diagramme die Einstellung nur einmal zu machen. In diesem Falle kommt die von Amsler seinem Planimeter auf Wunsch beigegebene Hebeschraube (Fig. 110) der Einfachheit der Manipulation sehr zu statten. Während des Umfahrens eines Diagrammes wird die Hebeschraube etwas in die Höhe geschraubt, so daß ihre Spitze die Papierfläche nicht berührt. Ist das Diagramm umfahren, so schraubt man die Hebeschraube etwas nach unten. Dabei drückt ihre Spitze gegen die Papierfläche und hebt dadurch den Fahrstift vom Diagrammblatte ab. Man zieht dann das Diagrammblatt unter dem Fahrstifte hervor, ohne dessen Stellung zu ändern und schiebt ein neues Diagrammblatt an Stelle des gemessenen, worauf man den Fahrstift wieder senkt und die Messung des neuen Diagrammes beginnt. Beim vorsichtigen Heben und Senken des Fahrstiftes wird an der Stellung der Meßrolle nichts geändert, so daß die Ablesung nach dem Umfahren eines Diagrammes als Anfangsablesung für das folgende Diagramm benutzt werden kann. Man hat also bei Anwendung der Hebeschraube nur halb so viele Rollenablesungen zu machen als ohne dieselbe.

Die Coradischen Polarplanimeter.

Von den mehrfachen Coradischen Planimeterkonstruktionen sei hier — weil besonders für die Bestimmung der mittleren Diagrammhöhen am geeignetsten — das Kompensationspolarplanimeter und das Präzisionsscheibenplanimeter beschrieben.

1. Das Kompensationspolarplanimeter.

Dieses Kompensationsplanimeter unterscheidet sich von den bisher beschriebenen Planimetern durch die Konstruktion der Verbindung des Polarmes P mit dem Fahrarme A (Fig. 111). Diese erfolgt nicht durch eine stets mit dem Fahrarme in Zusammenhang bleibende Achse, sondern wird durch ein Kugelgelenk bewirkt, welches lösbar ist und sich in der Hülse des Fahrarmes befindet. Die Kugel, welche aus Stahl gefertigt und fein poliert ist, ist mit dem linken Ende des Polarmes

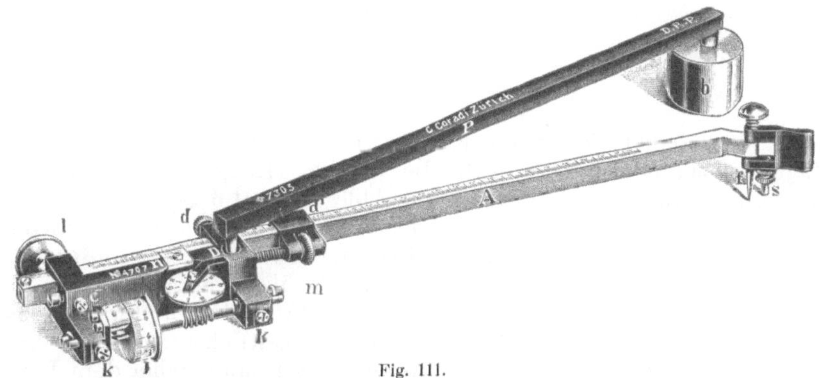

Fig. 111.

P (Fig. 111) verbunden und wird einfach in die Öffnung D an der Fahrarmhülse eingelegt.

Der Pol wird durch einen am rechten Ende des Polarmes P eingeschraubten Messingzylinder b gebildet, dessen untere Fläche nicht eben, sondern giebelartig geformt ist, so daß eine zum Polararme rechtwinklig stehende Kante entsteht, um welche sich derselbe so weit senken kann, daß sein linksseitiges Ende, die Kugel, sicher im Kugelgelenke D der Fahrarmhülse ruht. Unten, in der Achse des Messingzylinders b steckt ein kleiner Stahlstift, welcher durch eine Druckschraube gehalten wird. Beide Enden dieses Stiftes sind zu feinen Spitzen ausgebildet, von denen die untere nur ganz wenig über die Giebelkante des Messingzylinders b vorsteht. Zur Fixierung des Poles genügt es schon, diese Spitze leicht auf das Papier aufzusetzen.

Der Fahrarm A trägt eine sehr einfache Einrichtung (Fig. 112) zur bequemen Handhabung des Fahrstiftes. Neben dem Fahrstifte f befindet sich ein drehbarer Flügelgriff b nebst Stütze s, welche mit Hilfe einer Schraube so reguliert werden kann, daß die Spitze des Fahrstiftes f sich knapp über dem Papiere befindet, ohne es indessen zu berühren. Die Spitze des Fahrstiftes kann infolgedessen scharf sein und gestattet, die Umrisse einer Figur genau nachzufahren, indem sich die Stütze um den Fahrstift dreht. Durch leichten Druck auf den Knopf des Fahrstiftes kann dessen Spitze jederzeit in das Papier gedrückt werden.

Zur Einstellung des mit Millimeterteilung versehenen Fahrarmes A in der Hülse dient ein an letzterer befestigter Nonius. Ein Mikrometer-

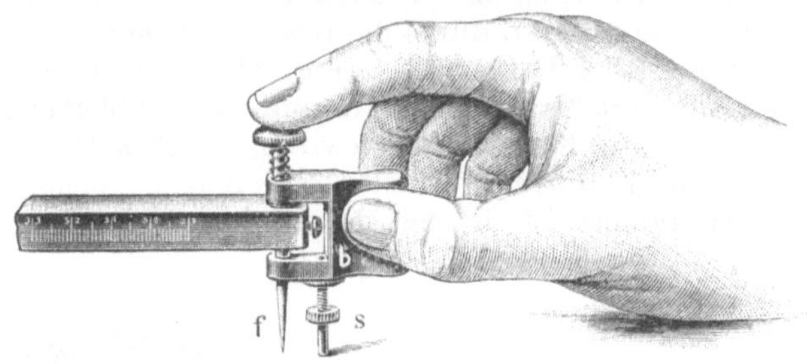

Fig. 112.

werk m ermöglicht leicht, den Fahrarm ganz scharf auf eine bestimmte Länge einzustellen; so ist z. B. die in Fig. 113 gezeichnete Stellung des Nonius am Fahrarme durch die Ablesung 301,6 gegeben.

Die beschriebene Konstruktion des Polarmes hat den großen Vorteil, daß der Fahrarm zu beiden Seiten des Polarmes aufgestellt werden kann. Die zu Anfang des Kapitels über Polarplanimeter auf elementarem Wege bewiesene Proportionalität zwischen der Abwicklung der Meßrolle und der vom Fahrarme bestrichenen Fläche hört sofort auf, wenn die Achse der Meßrolle nicht genau parallel dem Fahrarme ist. Umfährt man nun eine geschlossene, ebene Figur zweimal, und zwar einmal mit dem Pole links, das zweite Mal mit dem Pole rechts vom Fahrarme, so wird der aus der ev. nicht parallelen Lage von Meßrollenachse und Fahrarm resultierende Fehler eliminiert, indem er einmal im positiven, das andere Mal im negativen Sinne das Resultat beeinflußt.

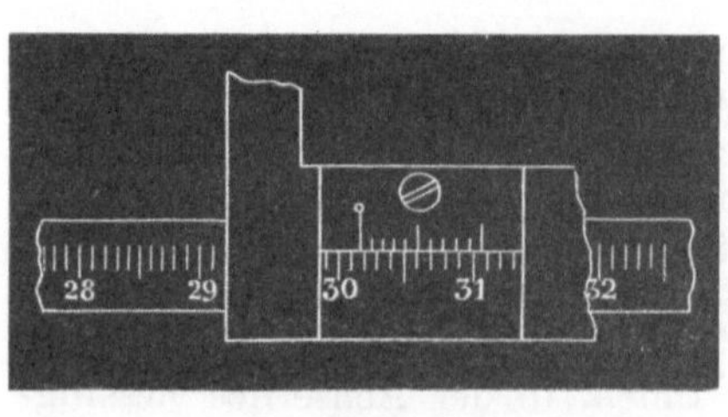

Fig. 113.

Je eine symmetrische Stellung des Fahrarmes zur Figur mit Pol rechts und links vom Fahrstabe erhält man ohne weiteres, wenn man zunächst den Fahrstift in die Mitte der zu messenden Fläche bringt und den Pol so wählt, daß die verlängerte Rollenebene durch den Pol geht. Man läßt nun den Pol P an dieser Stelle, bringt den Fahrarm nach der ersten Umfahrung der Figur in die gestreckte Stellung und schiebt ihn alsdann unter dem Polarme auf die entgegengesetzte Seite.

Fig. 114 bezeichnet zwei symmetrische Lagen von Fahrarm und Figur mit Pol **links** und **rechts** vom Fahrarme aus einer Polstellung P.

Fig. 115 stellt zwei symmetrische Lagen von Fläche J und Fahrarm F vor aus zwei Polstellungen P' und P''. Auf beide Arten kann der genannte Fehler kompensiert werden.

Ein weiterer Vorteil der **Coradi**schen Anordnung des Polarmes ist der, daß der Fahrarm eine Winkelbewegung von fast 180° links und rechts vom Polarme ausführen kann, daß man also mit einem Male

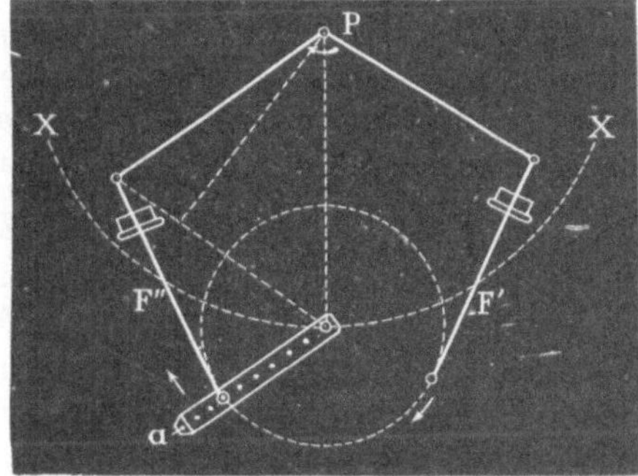

Fig. 114.

größere Flächen umfahren kann als es bei den früheren Konstruktionen möglich ist. Endlich ist der Umstand, daß das Instrument infolge der leichten Trennung von Polarm und Fahrarm in zwei Einzelteilen im Etui aufbewahrt werden kann, ebenfalls als Vorteil in bezug auf die gute Erhaltung des Instrumentes anzusehen.

Soll nun mit Hilfe eines Kompensationsplanimeters der wirkliche Inhalt einer in einem bestimmten Verhältnisse gezeichneten, ebenen Figur festgestellt werden, so entnehme man zunächst der jedem Instrumente beigegebenen Tabelle die für dasselbe bestimmte und mit

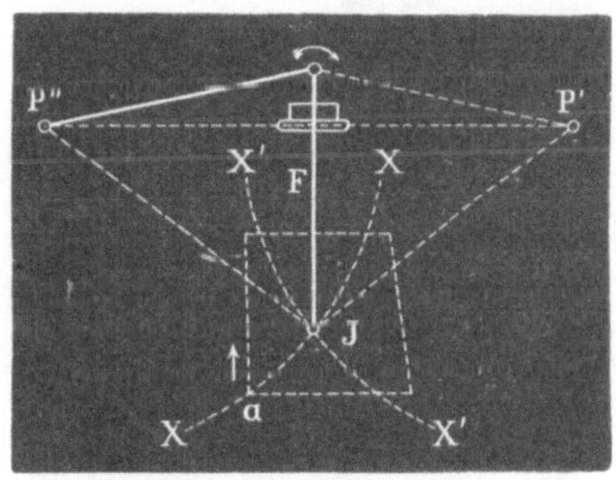

Fig. 115.

dem Zeichenmaßstabe wechselnde Fahrarmlänge. Diese Tabelle sei z. B. folgender Art:

Konstante	Verhältnisse	Einstellung des Nonius am Fahrarme	Wert der Noniuseinheit			
23154	1 : 1000	318,3	10 qm	(1 : 1)	10	qmm
	1 : 500	255,1	2 „	(1 : 1)	8	„
	1 : 2500	203,5	40 „	(1 : 1)	6,4	„
	1 : 2000	158,8	20 „	(1 : 1)	5	„
	1 : 5000	126,9	100 „	(1 : 1)	4	„

Ist die fragliche Figur also im Verhältnisse von 1 : 500 gezeichnet, so ist die Einstellung des Nonius am Fahrarme gemäß dieser Tabelle durch die Zahl 255,1 gegeben.

Nach einer der früher angegebenen Regeln stellt man das Planimeter in die günstigste Lage zur Figur und versucht durch provisorisches

Umfahren, ob die Figur sich ohne Anstoß umkreisen läßt. Alsdann stellt man den Fahrstift auf einen zu markierenden Punkt der Begrenzungslinie der Figur und notiert nun die Ablesung an Meßrolle und Zählrad. Diese ergebe z. B. die Zahl 4307. Dann führt man den Fahrstift in der Richtung des Uhrzeigers am Umfange der Figur entlang, bis auf den Ausgangspunkt zurück und liest dann abermals den Stand von Meßrolle und Zählrad ab. Die zweite Ablesung ergebe die Zahl 4784. Es war also:

$$\begin{array}{ll} \text{zweite Ablesung:} & 4784 \\ \text{erste Ablesung} & : 4307 \\ \hline \text{Differenz:} & 477 \end{array}$$

Wert der Noniuseinheit aus der Tabelle = 2 qm.
Folglich: Gesuchte Fläche = $477 \cdot 2$ qm = 954 qm.

Ist die mittlere Höhe eines Indikator-Diagrammes zu bestimmen, so mißt man zunächst die genaue Länge dieses Diagrammes ab und stellt

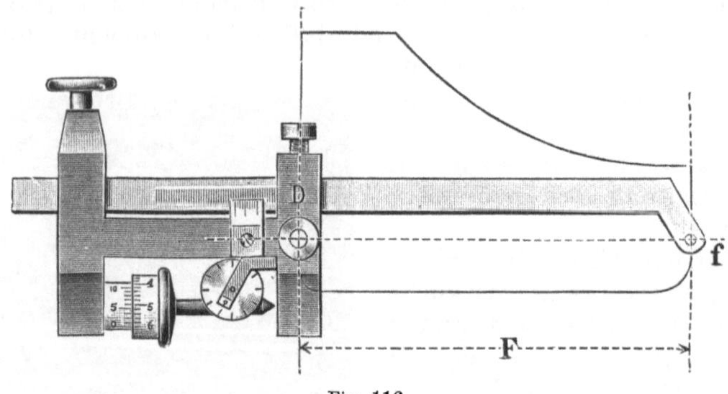

Fig. 116.

den Fahrarm des Planimeters auf diese Länge ein, unter Berücksichtigung des Umstandes, daß die Fahrarmteilung in halben Millimetern ausgeführt ist. Die Umfahrung des Diagrammes und die Ablesung der Meßrolle und der Zählscheibe erfolgt in der gewöhnlichen Weise. Multipliziert man bei dem in der Fig. 111 dargestellten Planimeter die Differenz der Rollenablesungen mit 0,06, so erhält man die gesuchte, mittlere Höhe des Diagrammes in Millimeter. Auch hier läßt sich also die im Anhange gegebene, beim Amslerplanimeter zuerst angeführte Tabelle der 0,06fachen Beträge der Ablesungsdifferenzen vorteilhaft benützen. Man kann die Einstellung der Fahrstablänge auf die Basislänge des Diagrammes auch dadurch erreichen, daß man, wie Fig. 116 zeigt, bei abgenommenem Polarme die Fahrstiftspitze f auf das eine Ende der Basis einstellt und die Hülse verschiebt, bis das andere Ende der Basis in der Mitte des kleinen Loches im Kugellager des Poles erscheint.

Mit Hilfe der in der dritten Vertikalreihe der dem Planimeter beigegebenen Tabelle (S. 179) angeführten Zahlen läßt sich die mittlere Diagrammhöhe auch finden, ohne daß man den Fahrarm auf die Diagrammlänge einstellt. Ist die Einstellung des Nonius am Fahrarm z. B. gleich 255,1, also dem Maßstabe 1 : 500 entsprechend, so gibt die kleine Tabelle in der dritten Vertikalreihe an, daß für das Verhältnis 1 : 1, also für natürliche Größe, der Wert der Noniuseinheit 8 qmm beträgt. Ergibt sich also z. B. bei der Fahrarmeinstellung 255,1 als Differenz der Rollenablesungen die Zahl 301, so ist der Flächeninhalt des Diagrammes

$$= 301 \cdot 8 \text{ qmm} = 2408 \text{ qmm}.$$

War die Diagrammlänge $= 100$ mm, so ist die mittlere Diagrammhöhe $= 24{,}08$ mm.

Für einen Indikatorfedermaßstab von 10 mm $= 1$ kg/qcm, ergibt sich ein mittlerer, spez. Dampfdruck auf den Kolben der Dampfmaschine von 2,408 kg/qcm.

Ist die zu berechnende Figur groß, so wird der Pol des Instrumentes innerhalb der Figur gewählt. Polarm und Fahrarm führen alsdann eine volle Umdrehung um den Pol aus. Die Differenz der Rollenablesungen ist dann von einer in der ersten Vertikalreihe der Tabelle S. 179 angegebenen Konstanten zu subtrahieren.

Ist z. B. eine in natürlicher Größe gezeichnete, ebene Figur so groß, daß der Pol des Planimeters innerhalb der Figur aufgestellt werden muß, und ist der Nonius am Fahrarm auf 255,1 eingestellt, der Wert der Noniuseinheit also laut Tabelle gleich 8 qmm, so ist die Größe der Figur, wenn

die zweite Rollenablesung: 8996
die erste Rollenablesung : 2988
also die Differenz: 6008

beträgt, durch einfache Rechnung bestimmt wie folgt:

Konstante aus der Tabelle: 23 154
+ zweite Rollenablesung   : 8 996
Summe: 32 150

— erste Rollenablesung: 2 988
Differenz: 29 162

Gesuchte Fläche $= 29\,162 \cdot 8$ qmm
$= 233\,296$ qmm.

2. Das Präzisionsscheibenplanimeter.

Dieses Planimeter (Fig. 117) besteht in der Hauptsache aus zwei getrennten Teilen, der Polscheibe P und dem eigentlichen Planimeter $F\,A$, welches als besonderen Teil noch eine Aluminiumscheibe S besitzt. Genau im Mittelpunkte von P ist eine kleine, stählerne Kugel befestigt, die den Pol des Instrumentes darstellt. Das Lager p des Polarmes A wird durch eine halbzylindrische, polierte Stahlrinne gebildet von genau dem gleichen Durchmesser der Kugel. Diese Rinne ist schräg angeordnet, so daß, wenn sie auf die Kugel aufgesetzt wird, der Polarm A durch sein Eigengewicht so weit nach abwärts sinkt, daß das um eine vertikale Achse drehbare und fein verzahnte Rädchen r in den ebenso gezahnten Rand der Polscheibe P eingreift. Die Achse dieses Rädchens trägt oben die Scheibe S und ist in zwei Körnern gelagert, von denen der untere einer Korrektionsschraube angehört. Fahrarm F und Polarm A sind durch eine vertikale, ebenfalls in zwei Körnern gelagerte, oben korrigierbare Achse verbunden. Das zusammengestellte Instrument ruht auf

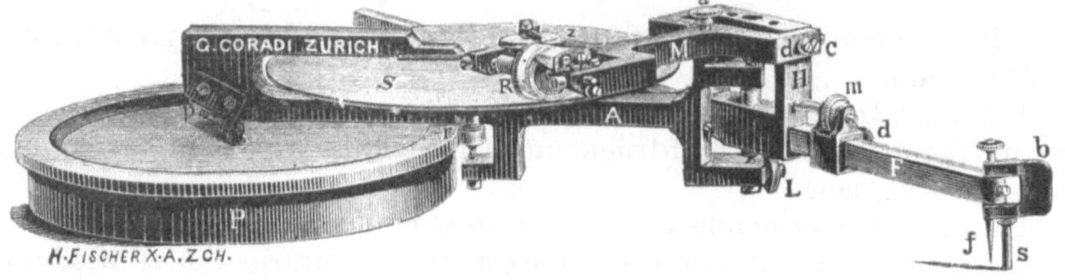

Fig. 117.

drei Punkten, dem Pole p, der Fahrspitze s und dem Laufrädchen L. Erfolgt eine Drehung des Polarmes A um p, so wickelt das Rädchen r auf dem Rande der Polscheibe P eine Stecke ab, die proportional dem Wege der Fahrarmachse ist und versetzt dabei gleichzeitig die Scheibe S in eine proportionale Bewegung.

Über der Scheibe S befindet sich der um eine Spitzenachse drehbare Rahmen M. Die Achse dieses Rahmens ist parallel dem Fahrarme

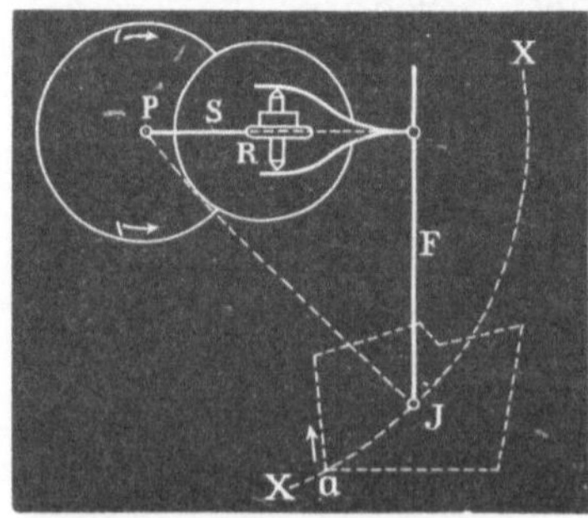

Fig. 118.

in der Hülse H gelagert. Die nach dem Fahrstifte s zu gelegene Spitze dieser Achse sitzt in einem exzentrischen Körner der Schraube d, wodurch eine geringe Verstellbarkeit der Rahmenachse erzielt ist. Die Druckschraube c legt die Körnerschraube d fest.

Der Rahmen M enthält die Planimeterlaufrolle R, welche während der Messung auf der Scheibe S aufliegt. Sobald das Instrument nicht mehr gebraucht wird, muß R von S abgehoben werden, was durch Niederschrauben des Schräubchens a bewirkt wird.

Der Fahrarm F ist 35 cm lang, und je nach seiner Einstellung in der Hülse H, variiert der Wert der Noniuseinheit zwischen 0,5 qmm und 2 qmm.

Auf der Polscheibe P befinden sich zwei Marken mit Pfeilen, welche denjenigen Teil der Polrandverzahnung angeben, der die gleichmäßigste Abwicklung des Rädchens r ergibt. Beim Messen soll also — wie Fig. 118 angibt — die Scheibe S stets innerhalb dieser Marken bleiben. Die Scheibe S ist mit Papier beklebt. Die Abwicklung der Laufrolle R auf ihr ist proportional der vom Fahrstifte f umfahrenen Fläche.

Da nun das Laufrädchen L und der Führungsstift s auf dem Papiere aufruhen, so ist das Scheibenplanimeter besonders zu Messungen auf rauher, unebener Unterlage geeignet.

Für die direkte Bestimmung der mittleren Höhe von Indikatordiagrammen ist der Fahrarm in halbe Millimeter geteilt. Der Index dieser Teilung gibt genau den Abstand der Fahrstiftspitze von der Fahrarmdrehachse, also die Fahrarmlänge in halben Millimetern an. Wird der Fahrarm auf die Länge des Diagrammes eingestellt, so ergibt sich die mittlere Diagrammhöhe einfach durch Multiplikation der Ablesung mit 0,01.

Die Ottschen Polarplanimeter.

1. Das einfache Polarplanimeter.

Das Polarplanimeter mit fester Verbindung von Polarm P und Fahrarm F ist in Fig. 119 dargestellt. Der verstellbare Fahrarm ist mit einer durchlaufenden Teilung in $\frac{1}{2}$ mm und besonderen Einstellmarken für die Noniuswerte 10, 8, 6,4, 5 und 4 qmm versehen. Eine im Etui untergebrachte Tabelle enthält Angaben über die Noniuswerte, Fahrarmeinstellungen und die Konstante beim Arbeiten mit Pol innerhalb der zu planimetrierenden Fläche. Die mit einem glasharten Laufrande versehene Meßrolle M liegt von oben her völlig frei,

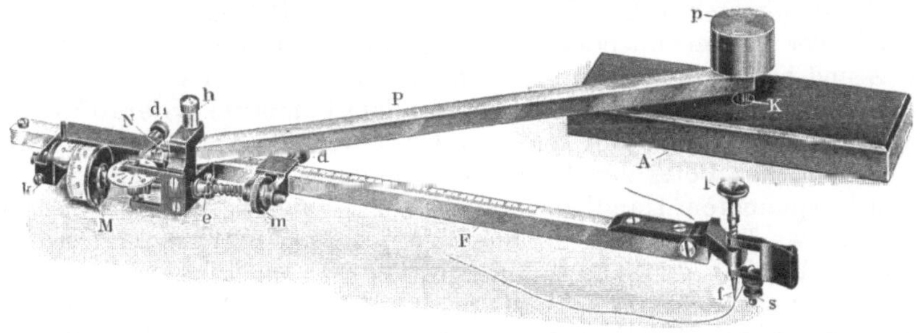

Fig. 119.

so daß sie sich gut ablesen läßt. Diese Ablesung wird noch dadurch erleichtert, daß die Teilung auf weißes Zelluloid aufgetragen ist, während der Rollenrahmen von mattschwarzer Farbe ist.

Um das Umfahren der Figur möglichst bequem zu gestalten, ist am Fahrstifte f ein Flügelgriffchen angebracht, dessen Stützschraube S so eingestellt wird, daß der Fahrstift f nicht auf dem Papier gleitet, sondern um Haaresbreite von diesem absteht.

Will man den Anfangspunkt der Umfahrung markieren, so genügt ein leiser Druck auf den Knopf l, um die Spitze von f etwas in das Papier einzudrücken.

Zur genauen Einstellung des Fahrarmes F dient der Nonius N und das Mikrometerwerk m. Außerdem sind auf dem Fahrarme, wie schon erwähnt, besondere Strichmarken angebracht, die sich bei richtiger

Einstellung des Rollenrahmens mit einer abgeschrägten Kante desselben decken müssen. So ist z. B. bei dem Teilstriche 333,3 des Fahrarmes eine solche Strichmarke zu finden, denn laut Tabelle ist bei
Figuren, die im Maßstabe 1 : 1 gezeichnet sind, der Rollenrahmen auf
den Teilstrich 333,3 des Fahrarmes einzustellen.

In welche Stellung der Fahrarm zur Hülse zu bringen ist, ist also
von Fall zu Fall aus der jedem Instrumente beigegebenen Tabelle zu
entnehmen. Diese lautet z. B.

Planimeter Nr.	Maßstab der Zeichnung	Wert der Noniuseinheit	Einstellung des Fahrarmes	Konstante
7244	1 : 1	0,00001 qm	333,3	20500
	1 : 500	2 qm	266,7	
	1 : 1000	5 qm	166,7	
	1 : 2000	20 qm	166,7	
	1 : 5000	100 qm	133,3	

Um den Inhalt einer in einem bestimmten Maßstabe, z. B. 1 : 1000
gezeichneten Figur mittels des Planimeters zu finden, stellt man den
an der Hülse des Fahrarmes angebrachten Nonius auf den in obiger
Tabelle angegebenen Punkt, also z. B. auf 166,7; alsdann korrespondiert
auch der dem Nonius gegenüberliegende Index mit einem am Fahrarme
angegebenen Striche. Zur leichteren Einstellung des Nonius dient wieder
eine Mikrometerschraube. Nun setzt man das Pollagergewicht A in
die Nähe der zu berechnenden Figur, legt die Polkugel K in das Gesenke
von A und beschwert sie durch das kleine Gewicht p. Das Instrument
ruht nun auf dem Pole, der Meßrolle und dem Fahrstifte. Hierauf überzeugt man sich durch provisorisches Umfahren der Figur davon, daß
die Stellung des Poles zur Figur das Umfahren derselben ermöglicht.

Zur bequemeren Handhabung und zur Erlangung des genauesten
Resultates wird das Instrument am günstigsten in der Weise aufgestellt,
wie es in den Fig. 104 und 105 dargestellt ist.

Hierauf setzt man die Fahrstiftspitze auf einen leicht zu merkenden
Punkt der Figur (z. B. auf eine Ecke), stellt durch Verschieben
des Pollagergewichtes den Nullpunkt der Meßrolle auf den Nullpunkt
des zur letzteren gehörigen Nonius und notiert sich den Stand der
Zählscheibe; dieselbe stehe auf 7.

Nunmehr beginnt die eigentliche Messung, indem die Fahrstiftspitze
genau auf der Grenzlinie der Figur in der Richtung des Zeigers
der Uhr bis wieder genau auf den Ausgangspunkt zurückgeführt wird.
Alsdann liest man die Stellung der Meßrolle ab. Die Zählscheibe stehe
zwischen 7 und 8, die Meßrolle stehe auf 215, so folgt daraus, daß sich
die Meßrolle um 215 Noniuseinheiten vorwärts bewegt hat; diese Ablesung (215) wird mit dem in der Tabelle für den betreffenden Maßstab
angegebenen Werte der Noniuseinheit multipliziert; bei dem angenommenen Maßstabe 1 : 1000 ist

$$215 \cdot 5 \text{ qm} = 1075 \text{ qm}$$

der gesuchte Flächeninhalt der Figur.

Ist die fragliche Figur, z. B. ein Dampfdruckdiagramm, nicht im Verhältnis von 1 : 1000, sondern in natürlicher Größe gezeichnet, so ist bei der in obigem Beispiele angenommenen Einstellung des Fahrarmes der Wert der Noniuseinheit nicht 5 qm, sondern

$$\frac{5\ \text{qm}}{1000 \cdot 1000} = 0{,}000005\ \text{qm} = 5\ \text{qmm}.$$

Der Inhalt des Diagramms wäre also:

$$215 \cdot 5\ \text{qmm} = 1075\ \text{qmm}.$$

Ist die Diagrammlänge = 100 mm, so ist die

$$\text{mittlere Diagrammhöhe} = \frac{1075}{100}\ \text{mm} = 10{,}75\ \text{mm}.$$

Für einen Indikatorfedermaßstab von 10 mm = 1 kg/qcm ergibt sich also ein

$$\text{mittlerer, spez. Dampfdruck von}\ \frac{10{,}75}{10}\ \text{kg/qcm} = 1{,}075\ \text{kg/qcm}.$$

Das Ottsche Polarplanimeter wird in neuerer Zeit auch zur direkten Bestimmung der mittleren Höhe von Indikatordiagrammen eingerichtet. Zu diesem Zwecke ist, ganz so wie beim Amslerschen Planimeter, sowohl auf dem Fahrarme, als auch auf der Hülse je eine Stahlspitze angebracht. Bringt man diese beiden Spitzen vor der Umfahrung des Diagrammes in einen Abstand voneinander, der gleich der Diagramm- länge ist, so bestimmt sich die mittlere Diagrammhöhe direkt aus der Differenz N der Rollenablesungen und einer Konstanten.

Es ist:

$$\text{mittlere Diagrammhöhe} = 0{,}06\ N.$$

Die Konstante hat nur dann den Wert 0,06, wenn der Umfang des Rollenrandes genau 60 mm beträgt. Dies ist aber bei solchen Instru- menten, welche für die Bearbeitung von Indikatordiagrammen bestimmt sind, stets der Fall.

Handelt es sich darum, große Flächen, die mit Aufstellung des Poles außerhalb nicht mehr bestrichen werden können, in einem einzigen Zuge zu umfahren, dann muß der Pol innerhalb der Figur aufgestellt werden, und es spielt nunmehr der sog. Nullkreis eine Rolle (Fig. 120 und 121).

Ist nämlich das Instrument so aufgestellt, daß die verlängert ge- dachte Rollenebene durch den Pol geht, und gleichzeitig der Fahrarm senkrecht auf dieser Ebene steht, so heißt derjenige Kreis, dessen Radius R gleich dem Abstande des Poles vom Fahrstifte f' ist, der Null- kreis. In bezug auf diesen Kreis besteht die Eigenart, daß bei seiner Umfahrung die Meßrolle sich nicht dreht, sondern nur in der Richtung ihrer Achse gleitet.

Handelt es sich um die Bestimmung einer Fläche Q, welche größer als der Nullkreis ist, so stellt man das Planimeter so auf, wie in Fig. 120 mit ausgezogenen Linien angegeben ist. In bezug auf den zwischen der

Begrenzungslinie der Figur und dem Nullkreise gelegenen Flächenstreifen, der durch Schraffur noch besonders hervorgehoben ist, ist das
Instrument mit Pol außerhalb des Streifens aufgestellt. Um zunächst
den Flächeninhalt dieses Streifens zu bestimmen, umfährt man, von
Punkt f ausgehend, zunächst die äußere Randlinie im Sinne des Zeigers
der Uhr, bis man wieder an dem Punkte f angelangt ist; dann geht man
auf einer Geraden bis zum Nullkreis, umfährt diesen im entgegengesetzten
Sinne des Uhrzeigers und kehrt schließich auf der Geraden zum Punkte f
zurück.

Beim Umfahren der Randlinie hat sich die Meßrolle um N Noniuseinheiten gedreht; die Umfahrung des Nullkreises hat eine weitere Abwicklung der Meßrolle nicht zur Folge gehabt, sie hätte also ebensogut
unterbleiben können; d. h. mit anderen Worten: der Inhalt der schraf-

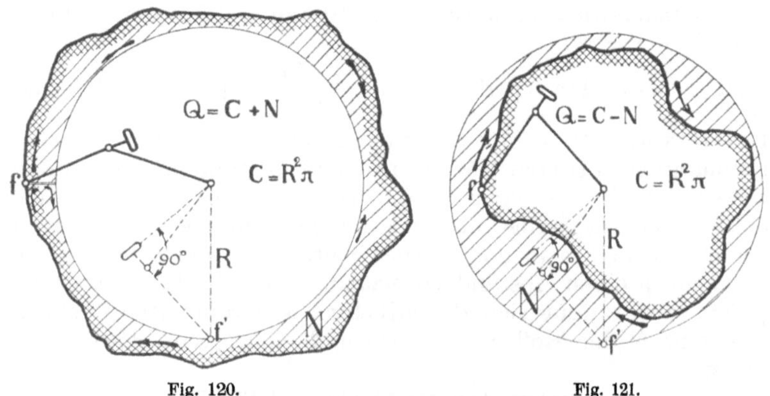

Fig. 120.Fig. 121.

fierten Fläche ist schon durch die Rollenabwälzung N beim Umfahren
der Randlinie bestimmt.

Da nun der Inhalt $C = R^2\pi$ des Nullkreises bekannt ist (der Radius R
des Nullkreises = ca. 27,5 cm), so ergibt sich der gesuchte Flächeninhalt:

$$Q = N + C.$$

Wählt man nun ein für allemal beim Umfahren großer Flächen diejenige
Planimetereinstellung, bei welcher der Wert der Noniuseinheit $n =$
0,1 qcm beträgt, so gibt die Konstante in der Tabelle (S. 184), multipliziert mit $n = 0,1$ qcm den Inhalt des Nullkreises an.

Die Entscheidung darüber, ob die umfahrene Fläche größer oder
kleiner als der Nullkreis ist, kann sehr leicht durch Betrachtung der
Gesamtabwälzung der Meßrolle bei Umfahrung im Sinne des Uhrzeigers
getroffen werden. Ist diese Gesamtabwälzung positiv, so ist die umfahrene Fläche größer, ist sie negativ, so ist die Fläche kleiner als der
Nullkreis.

Wie die Fig. 121 zeigt, ergibt sich in letzterem Falle der gesuchte
Flächeninhalt:

$$Q = C - (- N).$$

Um eine positive Rollenabwälzung zu bekommen, ist zu empfehlen, die Umfahrung nicht im Uhrzeigersinn, sondern entgegengesetzt vorzunehmen; alsdann wird

$$Q = C - N.$$

Beispiel. Es soll der Flächeninhalt einer Ellipse mit den Achsen 60 cm und 40 cm bestimmt werden.

Einstellung des Planimeter so, daß der Wert der

Noniuseinheit = 0,1 qcm.

Umfahrung entgegengesetzt dem Drehsinne des Uhrzeigers.

Konstante C = 20 500
Rollenabwälzung $N =$ 1 660
$C - N =$ 18 840

Inhalt der Ellipse   = 18 840 · 0,1 qcm = 1884 qcm.

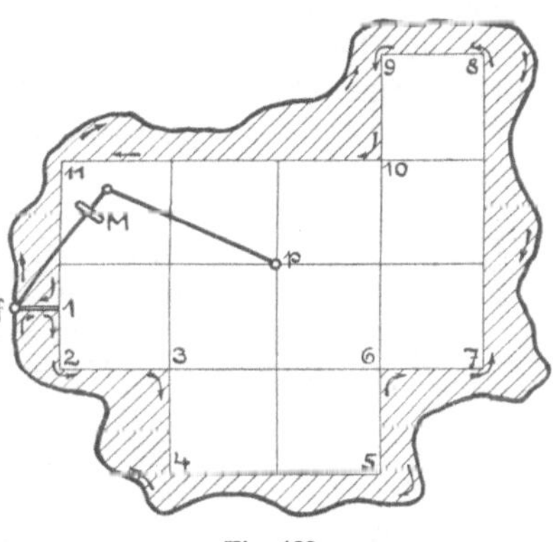

Fig. 122.

Etwas einfacher gestaltet sich die Bestimmung großer Flächen, wenn man innerhalb derselben Quadrate (oder auch Dreiecke) von bestimmter Größe durch Linien abgrenzt und dann nur den Inhalt des umliegenden Flächenstreifens, der in Fig. 122 schraffiert ist, durch das Planimeter bestimmt. Dabei ist zuerst die Randlinie im Uhrzeigersinn und dann die Linie f, 1, 2, 3, ... 10, 11, 1, f im entgegengesetzten Sinne zu umfahren.

2. Das Kompensationsplanimeter.

Dasselbe ist in Fig. 123 abgebildet. Meßrolle M und Zählscheibchen dieses Instrumentes sind in einem besonderen, schwarzgefärbten Rahmen untergebracht, der sich längs des Fahrarmes F verschieben und mittels der beiden Schräubchen d_1 und d_2 an bestimmter Stelle festklemmen läßt. Der Polarm P ist ein selbständiger und im Etui gesondert aufbewahrter Teil, der an einem Ende den eigentlichen Pol in Form eines zylindrischen Gewichtes p trägt, während das andere Ende den in einer kleinen Kugel endigenden Zapfen G aufweist. Soll das Instrument in Benützung genommen werden, so verkoppelt man Polarm und Fahrgestell dadurch miteinander, daß man den Zapfen G in das tiefe Gesenke des Rollenrahmens einlegt. Aus der giebelartig abgeschrägten Grundfläche des Polgewichtes p ragt eine feine Nadelspitze etwas vor. Diese Polnadel soll bei Aufstellung des Instrumentes nicht ins Papier eingedrückt, sondern nur leicht auf dasselbe gestellt werden, so daß das Polgewicht frei balancieren kann. Die Nadel soll stets nur in scharfem

Zustande gebraucht werden. Ist sie stumpf geworden, oder abgebrochen,
so löst man mit Hilfe des in Form eines kleinen Stahlblechstücks g
(Fig. 124) dem Planimeter beigegebenen Schraubenziehers das Klemm-
schräubchen im Polgewichte p und dreht den beiderseits angespitzten

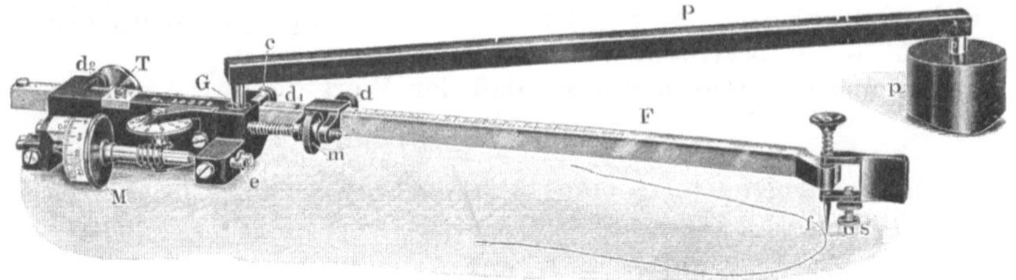

Fig. 123.

Nadelstift um, resp. ersetzt ihn durch einen neuen. Auf der Rückseite
des Schraubenziehers befindet sich eine Aussparung, die für die richtige
Bemessung des vorragenden Teiles der Nadel dient, wenn die Lehre
in der in Fig. 124 angedeuteten Weise an die unterste Kante des Polgewichtes gehalten wird.

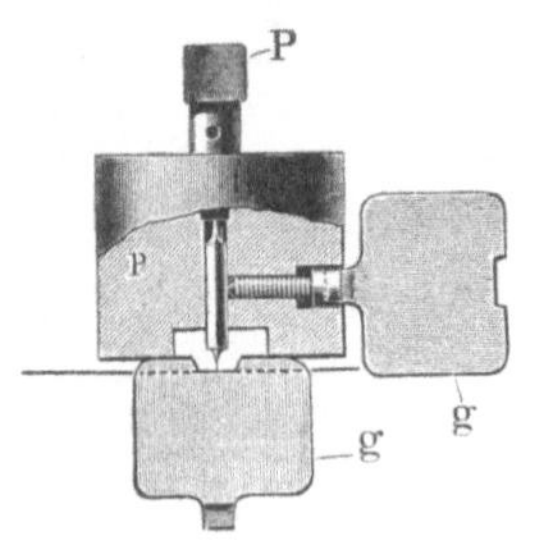

Fig. 124.

Soll der Rollenrahmen verschoben werden,
so löst man zunächst die drei Schräubchen d_1,
d_2 und d, bringt ihn von Hand annähernd in
die richtige Stellung, klemmt das Schräubchen d
fest und stellt mit der Mikrometerschraube m
den Nonius auf die richtige Zahl ein. Alsdann
sind die Schräubchen d_1 und d_2 leicht anzu-
ziehen. Bei richtiger Aufstellung ruht das Fahrgestell auf der Meßrolle M, dem Fahrstifte f
und dem Rädchen T, ist also für sich in jeder
Lage im Gleichgewicht.

Für die Handhabung des Planimeters etwas bequemer ist die Ausführung des Polarmes mit Kugelpol statt mit Nadelpol. Wie Fig. 125
zeigt, liegt hier das Polgewicht p nicht direkt auf dem Papier auf,
sondern in einer Aussparung eines Metallprismas S. Der eigentliche Pol

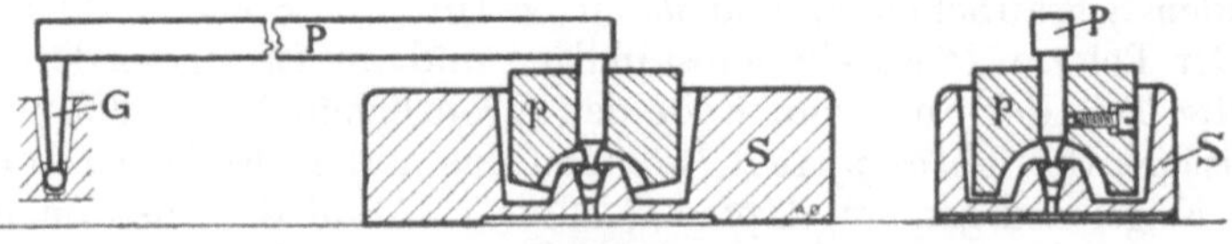

Fig. 125.

wird nicht durch eine Nadelspitze, sondern durch einen Kugelzapfen
gebildet, der in S gelagert ist. Dieser Kugelpol hat den Vorteil, daß ein
Einreißen des Papieres unmöglich gemacht ist, und daß durch einfaches
Verschieben des Prismas S die Meßrolle vor Beginn der Planimetrierung
bequem auf einen gewünschten Teilstrich eingestellt werden kann.

3. Das Universalplanimeter.

Das Universalplanimeter ist geeignet für Flächenmessungen und für die Bestimmung der Mittelordinate sowohl von bandförmigen (Fig. 126) als auch von scheibenförmigen Registrierungen (Fig. 127). Der Noniuswert ist unveränderlich und zwar für Flächenmessungen gleich 10 qmm.

Die Fig. 128—132 zeigen die einzelnen Teile des Universalplanimeters. Je nachdem man das Fahrgestell TFM in Verbindung mit

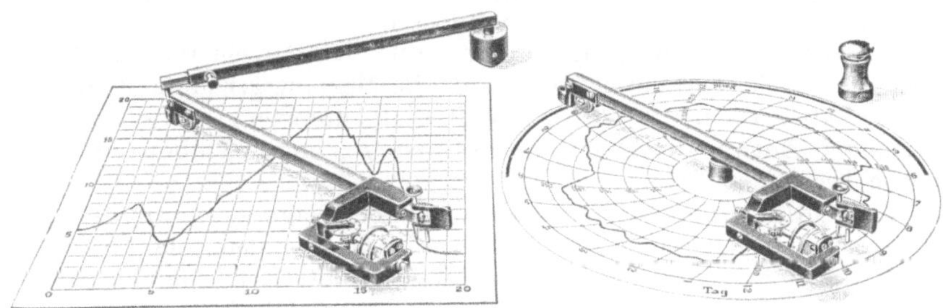

Fig. 126.   Fig. 127.

dem Polarm GPp, der Führungswalze ABC oder dem Zentrum D bringt, erhält man ein Polarplanimeter, ein Rollplanimeter oder ein Radialplanimeter. In jeder dieser Anwendungsarten weist das Instrument charakteristische, besonders vorteilhafte Eigenschaften auf.

Bei Benützung als Polarplanimeter mit dem gewöhnlich beigegebenen, festen Polarm braucht kein Unterschied gemacht zu werden zwischen

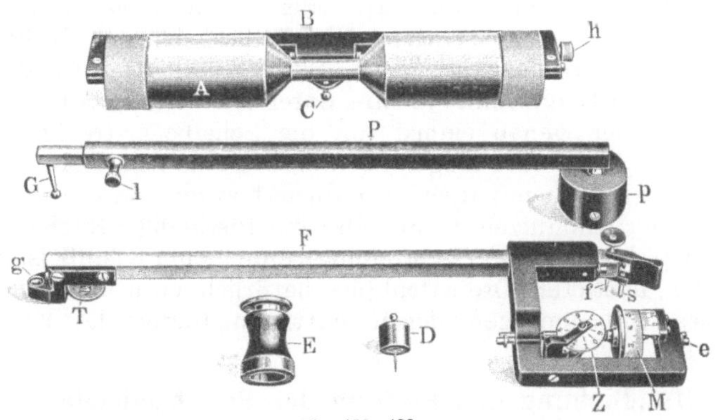

Fig. 128—132.

Stellungen mit Pol außerhalb und innerhalb der Figur. Man erhält in beiden Fällen genau dieselbe Rollenablesung, denn die Konstante für Pol innen ist gleich Null.

Dies erkennt man ohne weiteres, wenn man daran denkt, daß die Konstante dem Inhalt des Kreises entspricht, den der Fahrstift bei Drehung des Instrumentes um den Pol beschreibt, wenn es so aufgestellt ist, daß die Rollenebene in der Richtung des Radius steht. Da nun beim Universalplanimeter Fahrarm, Polarm und Abstand der Rollenebene vom Gelenk g gleich groß sind, schrumpft bei ihm dieser Kreis auf einen Punkt zusammen.

Die Rolle macht infolge ihrer Lage dicht beim Fahrstift denselben Weg wie dieser und wird daher zur Annehmlichkeit des Beobachters dauernd im Auge behalten. Abwicklungsfehler der Rolle infolge unbemerkten Gleitens über Bewegungshindernisse, wie Papierränder, Gummireste usw. sind also ausgeschlossen.

Die besondere Bewegungsart der Rolle, bei der ein reines Gleiten überhaupt nicht vorkommt, beeinflußt die Messungsgenauigkeit in günstigem Maße. Bei der Benützung als Radialplanimeter geht die Genauigkeit durch Angabe des Resultates auf fast $^1/_{100}$ mm weit über das praktische Bedürfnis hinaus.

Das Radialplanimeter kann ebensowohl bei Diagrammen mit gradlinigen, wie mit bogenförmigen Ordinaten gebraucht werden, solange sie eine gleichmäßige Teilung haben. Sein Gebrauch gestaltet sich folgendermaßen:

Man legt das Diagramm auf ein Reißbrett und drückt das einem hohen Reißnagel gleichende Zentrum D (siehe Fig. 128—132) mit Hilfe der beigegebenen Eindrückvorrichtung E senkrecht in den Mittelpunkt des Diagramms. Dann wird das Fahrgestell so daraufgestellt, daß der kugelförmige Kopf des Zentrums in die Längsrinne auf der Unterseite des Fahrstabs eingreift, wodurch dieser eine zwangsläufige Führung in bezug auf den Mittelpunkt des Diagramms erhält. Jetzt bringt man den Fahrstift auf den Anfangspunkt der Registrierung, notiert sich den Stand der Rolle, folgt rechtsläufig der Kurve bis zum Endpunkt, fährt auf dessen Ordinate nach auswärts oder einwärts bis zum gleichen Mittenabstand wie beim Anfangspunkt und liest dann die Rolle wieder ab. Die Differenz beider Ablesungen, geteilt durch 100, gibt den mittleren Radius des Diagrammes in mm unter der Voraussetzung, daß die Registrierung sich genau einmal um die Scheibe erstreckt. Ist die Registrierung kürzer oder länger, so muß die erhaltene Rollenablesung auf eine ganze Scheibenumdrehung reduziert werden, was beispielsweise bei 24 stündiger Umlaufzeit der Scheibe und 16 stündiger Registrierdauer durch Multiplikation mit $^{24}/_{16}$ erreicht würde. Zum Schluß ist zur Erhaltung der mittleren Ordinatenhöhe natürlich noch der Radius des Basiskreises von dem gefundenen mittleren Radius des Diagramms abzuziehen.

Handhabung und Prüfung der Polarplanimeter.

Jedes Planimeter, gleichgültig, welcher Konstruktion es ist, ist ein zwar einfaches, aber doch sehr empfindliches Instrument. Die geringste Beschädigung eines seiner subtilen Organe hat den Verlust der Genauigkeit zur Folge. Oft sind solche Beschädigungen aus der äußeren Beschaffenheit des Instruments gar nicht zu erkennen; deshalb ist es wohl am Platze, die allgemeinen und wichtigsten Regeln für die Handhabung und Prüfung der Polarplanimeter kurz zusammenzustellen.

I. Regeln für die Handhabung der Polarplanimeter.

1. Das Papier, auf welchem die zu planimetrierende Figur gezeichnet ist, muß glatt und auf horizontaler Unterlage ausgebreitet sein.

2. Der Rand der Meßrolle soll während des Umfahrens der Figur den Papierrand nicht überschreiten. Ist dies aber nicht zu vermeiden, so stoße man an das Papier ein Blatt von derselben Stärke.

3. Es ist stets darauf zu achten, daß das Planimeter vor dem Umfahren der Figur nach einer der früher angegebenen Regeln in die günstigste Stellung zu der zu messenden Figur gebracht wird.

4. Um beim Umfahren einer Figur seitliche Abweichungen des Fahrstiftes von der Begrenzungslinie sofort zu erkennen, ist es am besten, man beobachtet den Fahrstift fortwährend in der Richtung der Begrenzungslinie.

5. Beim Planimetrieren von geradlinig begrenzten Figuren ist es nicht empfehlenswert, zur Führung des Fahrstiftes ein Lineal zu verwenden, weil dadurch leicht ein konstanter Fehler in das Resultat kommt, indem der Fahrstift möglicherweise nur rechts oder nur links von der Begrenzungsgeraden abweicht, während beim Umfahren mit freier Hand sich unwillkürlich annähernd ebensogroße Abweichungen nach rechts wie nach links einstellen, die in ihrer algebraischen Summe sich gänzlich oder doch fast ganz aufheben.

6. Der Rand der Meßrolle ist auf das Peinlichste vor Rost und Beschädigungen zu schützen.

7. Polarm, Fahrarm und Fahrstift dürfen nicht verbogen werden.

8. Der Lagerung von Meßrolle und Polarm hat man stets die größte Schonung angedeihen zu lassen.

9. Die Spitzen der Meßrollenachse und der Polarmachse sollen von Zeit zu Zeit mit feinem Öle ganz wenig geschmiert werden.

10. Bei sehr kleinen Figuren, ebenso wie bei Figuren, die in einem sehr kleinen Maßstabe (z. B. 1 : 2500) gezeichnet sind, ist der größeren Genauigkeit wegen ein mehrmaliges Umfahren zu empfehlen.

11. Um die Umfahrung einer Figur mit Pol innerhalb derselben möglichst zu vermeiden, empfiehlt es sich, größere Figuren in mehrere kleine zu zerlegen, und diese mit Pol außerhalb zu planimetrieren.

II. Regeln für die Prüfung der Polarplanimeter.

1. Die Meßrolle muß sich sehr leicht drehen und darf deshalb etwas Spiel in ihren Lagern haben.

2. Zwischen Meßrolle und Nonius muß ein kleiner Zwischenraum sein.

3. Der Polarm soll sich in seinen Lagern leicht drehen, ohne jedoch Spiel zu haben.

4. Die Prüfung der Genauigkeit des Planimeters kann auf zweifache Weise geschehen:

a) Man umfährt mit einer bestimmten Einstellung des Fahrarmes eine mit scharfen Linien gezeichnete, einfache Figur, z. B. ein Dreieck, Rechteck oder Quadrat und vergleicht den durch das Planimeter ge-

fundenen Inhalt mit dem auf geometrischem Wege ermittelten. Da
aber selbst bei größter Sorgfalt Umfahrungsfehler vorkommen, so ist
folgende Prüfungsmethode besser:

b) Jedem Planimeter ist ein kleines Lineal, Kontroll-Lineal genannt,
beigegeben. Dieses ist z. B. in der Coradischen Ausführung (Fig. 133)
ein dünnes, mit einer Einteilung in 8 oder 10 cm versehenes Messing-
lineal. Im Schnittpunkte des Teilstriches 0 cm mit der Längsmittellinie des Lineals ist eine feine Nadelspitze eingesetzt, die durch den
übergreifenden Kopf einer Schraube gehalten wird. In den Schnittpunkten eines jeden der übrigen Teilstriche mit der Längsmittellinie
ist je eine kleine, kegelförmige Vertiefung angebracht, in welche die
Spitze des Fahrstiftes des Planimeters gesetzt werden kann. Man drückt
nun die Nadelspitze so weit in das Papier ein, daß das Kontrollineal
glatt aufliegt, schraubt die Stütze s (Fig. 111, 112, 123) in die Höhe, setzt
den Fahrstift in eine der kegelförmigen Vertiefungen und umfährt nun,
indem man mit der einen Hand leise auf den Fahrstift drückt, die Führung desselben aber mit Hilfe des Kontroll-Lineals vornimmt, eine
Kreisfläche von bekanntem Radius. Um hierbei genau wieder auf den

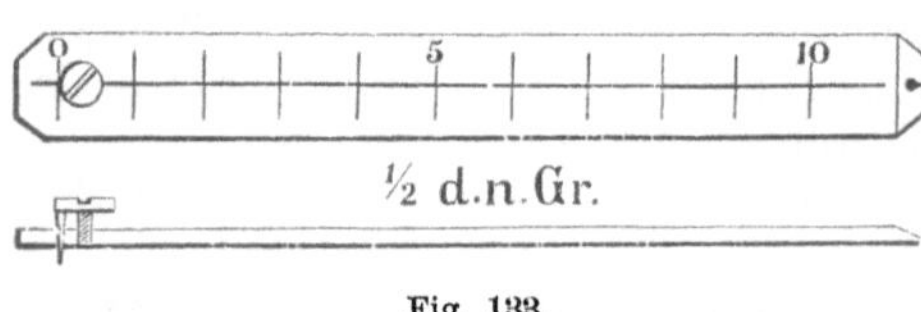

Fig. 133.

Ausgangspunkt zurückkehren
zu können, trägt das rechte
Ende (Fig. 133) des Lineals
eine abgeschrägte Fläche, auf
welcher ein Strich als Index
eingraviert ist. Durch Vergleichung der aus der Plani-
meterablesung gefundenen Kreisfläche mit der berechneten Kreisfläche
läßt sich kontrollieren, ob der angegebene Wert der Noniuseinheit bei der jeweilig eingestellten Fahrarmlänge richtig
ist. Fällt die Ablesung zu groß aus, so ist der Fahrarm zu verlängern;
bei zu kleiner Ablesung ist eine Verkürzung desselben nötig. (Nur vom
Mechaniker ausführbar.)

Für den Gebrauch des Kontrollineals hat Coradi eine Tabelle (S. 193)
berechnet, aus welcher die Differenz $(L_2 - L_1)$ der Rollenablesungen zu
entnehmen ist, welche sich ergeben, wenn man mit einem fehlerlosen
Planimeter Kreise von verschiedenen Radien (1—10 cm und 1—4'' engl.)
umfährt.

Diese Tabelle gibt gleichzeitig den Wert f an, den die Noniuseinheit
hat, wenn das Planimeter auf diejenige Fahrarmlänge eingestellt ist,
die dem Maßstabe des Planes oder der Figur entspricht, und die auch
auf der dem Planimeter beigegebenen kleinen Tabelle (S. 179) angegeben ist.

Außerdem ist aus dieser Tabelle (S. 193) auch noch derjenige Wert f_0
zu ersehen, welcher der Noniuseinheit für die bestimmte, eingestellte
Fahrarmlänge zukommt, wenn die umfahrene Figur in natürlicher Größe
gezeichnet ist.

Hat man also z. B. eine im Maßstab 1 : 500 gezeichnete Figur zu
planimetrieren, so ist laut Tabellchen S. 179 der Fahrstab auf die Länge

Differenz der Ablesungen ($L_2 - L_1$) für einmalige Umfahrung von Kreisen von 1—10 cm bzw. 1—4″

f_0 = Wert der Noniuseinheit für 1:1 (qmm)	Maßstab der Figur $\frac{1}{n}$	f = Wert der Noniuseinheit für den Maßstab der Figur (qm)	1 cm	2 cm	3 cm	4 cm	5 cm	6 cm	7 cm	8 cm	9 cm	10 cm
10	1:1000	10	0,03,14	0,12,56	0,28,27	0,50,26	0,78,54	1,13,09	1,53,93	2,01,06	2,54,47	3,14,16
7	1:3333⅓	100	0,03,49	0,13,96	0,31,41	0,55,85	0,87,26	1,25,66	1,71,04	2,23,40	2,82,74	3,49,06
$8\tfrac{8}{9}$	1:1500	20	0,03,53	0,14,13	0,31,80	0,56,54	0,88,35	1,27,23	1,73,17	2,26,18	2,86,27	3,53,42
8	1:500	2	0,03,92	0,15,70	0,35,33	0,62,83	0,98,17	1,41,37	1,92,41	2,51,33	3,18,09	3,92,70
7,5	1:2000	30	0,04,18	0,16,75	0,37,69	0,67,02	1,04,72	1,50,79	2,05,24	2,68,08	3,39,29	4,18,88
$\tfrac{250}{36}$	1:2400	40	0,04,52	0,18,09	0,40,71	0,72,38	1,13,09	1,62,86	2,21,66	2,89,52	3,66,43	4,52,39
6,4	1:1250	10	0,04,90	0,19,63	0.44,18	0,78,54	1,22,71	1,76,71	2,40,51	3,14,16	3,97,61	4,90,85
6,25	1:4000	100	0,05,02	0,20,10	0,45,23	0,80,42	1,25,66	1,80,95	2,46,30	3,21,69	4,07,15	5,02,65
$\tfrac{50000}{8281}$	1:1820	20	0,05,20	0,20,81	0,46,82	0,83,24	1,30,08	1,87,28	2,54,95	3,32,96	4,21,38	5,20,31
$\tfrac{400000}{74529}$	1:2730	40	0,05,85	0,23,41	0,52,67	0,93,64	1,46,39	2.10,69	2,86,82	3,74,57	4,74,03	5,85,35
$\tfrac{640}{125}$	1:6250	200	0,06,13	0,24,54	0,55,22	0,98,17	1,53,36	2,20,88	3,00.63	3,92,70	4,96,98	6,13,56
5	1:2000	20	0,06,28	0,25,13	0,56,54	1,00,52	1,57,08	2,26,19	3,07,86	4,02,12	5,08,89	6,28,32
$\tfrac{3125}{648}$	1:1440	10	0,06,81	0,26,06	0,58,62	1,04,24	1.62,86	2,34,50	3,19,18	4,16,96	5,27,63	6,51,44
$4\tfrac{4}{9}$	1:3000	40	0,07,06	0,28,26	0.63,61	1,13,09	1,76,71	2,54,47	3,46,34	4,52,36	5,72,54	7,06,84
4	1:5000	100	0,07,85	0,31,41	0,70,68	1,25,66	1,69,34	2,82,74	3,84,82	5,02,66	6,36,18	7,85,40
3,2	1:2500	20	0,09,81	0,39,27	0,88,35	1,57,08	2.45,43	3,53,42	4,81,02	6,28,32	7,95,19	9,81,75
0,0125 □″	Österreich. Maß 1″ = 40′	20 □′	0,03,62	0,14,48	0,32,59	0,57,95	0,90,54	1,30,39	1,77,47	2,31,80	2,93,37	3,62,19
0,01 „	1″ = 20′	4 „	0,04,52	0,18,11	0,40,74	0,72,44	1,13,18	1,62,09	2,21,85	2,89,76	3,66,71	4,52,75
			1″	2″	3″	4″						
0,0125 „	Englisches Maß 1″ = 40′ (1:480)	20 „	0,25,13	1,00,53	2,26,19	4,02,12						
$\tfrac{1}{90}$	1″ = 30′ (1:360)	10 „	0,28,27	1,13,09	2,54,47	4,52,39						
0,01	1″ = 100′ (1:1200)	100 „	0,31,41	1,25,66	2,82,74	5,02,66						
0,0144	Russisches Maß 1″=100 Saschen*	Dessätine** 0,06	0,21,81	0,87,26	1,96,35	3,49,06						
0,012	1″=100 Saschen*	0,05	0,26,18	1,04,72	2,35,62	4,18,87						

* 1 Saschen = 2,133 m
** Dessätine = 2400 □ Saschen = 1,0925 ha

Tabelle
zum Gebrauche des Kontrollineals.

255,1 einzustellen; der Wert f der Noniuseinheit ist dann nach derselben Tabelle 2 qm; für eine in natürlicher Größe vorliegende Figur wäre dieser Wert 8 qmm, welche Zahlen auch aus der Tabelle S. 179 zu entnehmen sind. Umfährt man nun mit Hilfe des Kontrollineals einen Kreis von 4 cm Radius einmal, so muß sich, ein fehlerloses Planimeter vorausgesetzt, als Differenz der Rollenablesungen die Zahl 628,3 herausstellen.

Dies ergibt für den Maßstab 1 : 500

$$\text{einen Kreisinhalt} = 628{,}3 \cdot 2 \text{ qm} = 1256{,}6 \text{ qm}$$

und für den Maßstab 1 : 1

$$\text{einen Kreisinhalt} = 628{,}3 \cdot 8 \text{ qmm} = 5026{,}4 \text{ qmm}.$$

Für solche Verhältnisse, welche in der Tabelle S. 179 nicht angegeben sind, läßt sich der zugehörige Wert der Noniuseinheit leicht berechnen. Ist dieser Wert für das Verhältnis $\dfrac{1}{n} = f$, so ist er bei der gleichen Fahrarmlänge für das Verhältnis $\dfrac{1}{m} \cdot \dfrac{1}{n} = f \cdot m^2$.

Es ist z. B.

$$\text{für } \frac{1}{1500} \text{ der Wert } f = 20 \text{ qm,}$$

dann ist

$$\text{für } \frac{1}{2 \cdot 1500} = \frac{1}{3000} \text{ der Wert } f = (20 \cdot 2^2) \text{ qm} = 80 \text{ qm.}$$

5. Die wichtigste Prüfung am Planimeter ist entschieden diejenige, die Aufschluß über die Exaktheit des Rollenrandes zu geben imstande ist. Umfährt man ein und dieselbe Figur oftmals hintereinander, so müßten bei ungeänderter Fahrarmeinstellung die Ablesungsdifferenzen gleichbleiben.

Am einfachsten bedient man sich bei dieser Prüfung wieder des Kontrollineals. Man stellt das Planimeter so ein, daß sein Fahrarm die größtmögliche Länge hat. Wird also z. B. ein Amslersches Planimeter Nr. 6 angenommen, so bringt man den Fahrarm auf die Marke $\begin{vmatrix} 0{,}1\,\square\,\text{cm} \\ 40\,\square\,\text{cm} \; 1:20 \end{vmatrix}$ und umfährt nun unter Anwendung des Kontrollineals einen Kreis von 100 mm Durchmesser ca. 70—80 mal, nach jeder Umfahrung die Ablesungsdifferenz notierend. Es werden sich dann geringe Schwankungen in diesen Differenzen zeigen; doch soll bei einem guten Instrumente der Unterschied zwischen der größten und der kleinsten Differenz 3—4 Noniuseinheiten nicht überschreiten, nur dann hat man eine Gewähr für eine tadellose Beschaffenheit des Rollenrandes. Ist dies der Fall, so werden die Ablesungsdifferenzen bald größer, bald kleiner als die theoretisch richtige Differenz, die in diesem Falle 785,4 beträgt, sein; zeigen sie aber bis zu einer gewissen Stelle eine kontinuierliche Zunahme und von da ab eine ebensolche Abnahme, oder umgekehrt, so ist dies ein Zeichen dafür, daß der Limbus der Meßrolle und der Rand der Meßrolle exzentrisch sind, ein Fehler, der nur vom Verfertiger des Instrumentes beseitigt werden kann. Das gleiche gilt von Unregelmäßigkeiten am Rollenrande selbst.

Für Amslersche Polarplanimeter wurde von v. Bauernfeind eine mögliche Genauigkeit der Planimetrierung von $\frac{1}{1800}$, und für gewöhnliche Fälle eine solche von $\frac{1}{600}$ (der zu bestimmenden Fläche) festgestellt. Für die übrigen, bis jetzt behandelten Planimeter ist die Genauigkeit nicht minder groß.

Das Schneidenradplanimeter.

In neuerer Zeit ist von Fieguth ein sowohl in der Konstruktion als auch in der Handhabung sehr einfaches Instrument erfunden worden, welches ebenfalls zur Bestimmung des Flächeninhaltes beliebig begrenzter, ebener Figuren dient und den Namen Schneidenradplanimeter trägt. Es ist in Fig. 134 perspektivisch dargestellt. P ist der Polarm, der am freien Ende eine Nadelspitze, den Pol, enthält. Der Fahrarm F ist am freien Ende mit einem Fahrstifte ausgerüstet, während er am anderen Ende winkelhebelartig umgebogen ist, derart, daß M

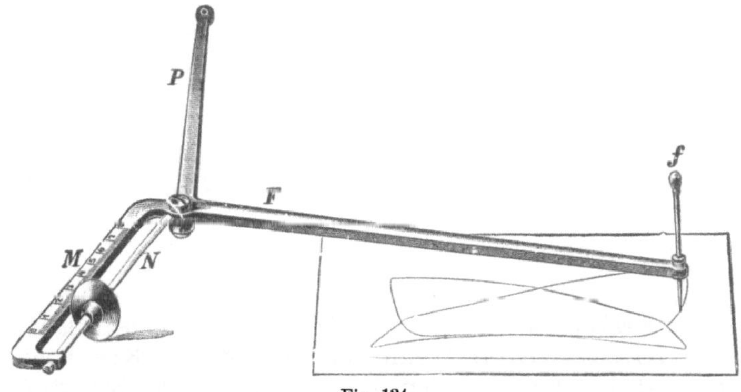

Fig. 134.

senkrecht zu F steht. Dieser Winkelhebel FM ist mit P scharnierartig verbunden. Parallel zu M ist eine dünne Stange N angebracht, auf welcher ein kleines Rädchen, das Schneidenrad, mit möglichst geringer Reibung gleiten kann. Außerdem trägt M einen Maßstab von bestimmter Teilung.

An der Hand der beiden schematischen Fig. 135 und 136 soll die Handhabung und die Theorie des Instrumentes erläutert werden.

Das Schneidenradplanimeter mißt den Inhalt einer ebenen Fläche, indem beim Umfahren der Fläche mit dem Fahrstifte f (Fig. 134) das Schneidenrad wechselnde Stellungen auf der Stange N (Fig. 134) einnimmt, und das Produkt aus der Entfernung der Anfangs- und Endstellung des Schneidenrades und der Länge l des Fahrarmes gleich ist dem Inhalte der umfahrenen Fläche. Der Weg, den das Schneidenrad

zurücklegt, wird an einer parallel zur Stange N (Fig. 134) angebrachten
Skala M bestimmt, deren Teilung im Verhältnisse zur Länge l des Fahrarmes so gewählt ist, daß der Inhalt direkt abgelesen werden kann.

An einer Fläche $a\,b\,c\,d$ (Fig. 135 und 136) soll nachgewiesen werden,
daß das Produkt aus der Verschiebung s des Schneidenrades und der
Fahrarmlänge l gleich ist dem Inhalte dieser Fläche. Die Figur $a\,b\,c\,d$
ist aus 4 Kreisbögen zusammengesetzt, die im Verhältnisse zu den
Dimensionen des Instrumentes so gewählt sind, daß beim Befahren des
Bogens $d\,a$ mit dem Fahrstifte f die Stange N mit dem Polarme P stets
eine Gerade bildet ($d\,a$ ist also ein aus dem Mittelpunkte e mit $e\,f$ als
Radius beschriebener Kreisbogen). Die Kreisbögen $a\,b$ und $d\,c$ sind aus
den Mittelpunkten o bzw. o' mit dem Radius l beschrieben. Beim Befahren eines jeden dieser beiden Kreisbögen wird daher der Fahrarm l
nur eine Schwingung um den Drehpunkt o bzw. o' ausführen, während
die jeweilige Lage des Polarms P ungeändert bleibt (nämlich $e\,o$ bzw. $e\,o'$).

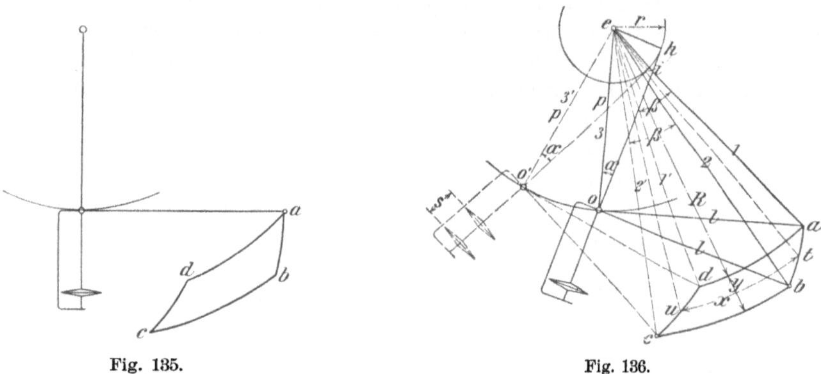

Fig. 135.   Fig. 136.

Der vierte Kreisbogen $b\,c$ ist ebenfalls aus e beschrieben, läuft also
parallel zum Kreisbogen $a\,d$. Wenn der Fahrstift den Kreisbogen $b\,c$
befährt, so wird der Winkel α, den die Verlängerung der Stange N mit
dem Polarme P, nachdem der Fahrstift in b angekommen ist, einschließt,
konstant bleiben.

Solange bei der Bewegung des Fahrstiftes f die Stange N und der
Polarm P in eine Gerade fallen, wird eine Verschiebung des Schneidenrades auf der Stange N nicht stattfinden. Dasselbe beschreibt einen
Kreisbogen um den Mittelpunkt e. Eine Verschiebung des Schneidenrades auf der Stange N findet auch dann nicht statt, wenn der Fahrarm l nur eine Schwingung um den Punkt o ausführt, während der Polarm seine augenblickliche Stellung beibehält. In diesem Falle bewegt
sich das Schneidenrad auf einem aus dem Punkte o beschriebenen
Kreise.

Aus dem Vorhergehenden folgt ohne weiteres, daß beim Umfahren
der Figur $a\,b\,c\,d$ nur beim Entlangfahren des Bogens $b\,c$ eine Verschiebung des Schneidenrades auf der Stange N stattfinden wird.

Die Größe dieser Verschiebung soll durch folgende Betrachtung festgestellt werden.

In Fig. 136 sind zwei verschiedene Stellungen des Planimeters schematisch dargestellt. Der Fahrstift f hat, wenn die eine Stellung in die andere übergegangen ist, den Kreisbogen $b\,c$ (mit e als Mittelpunkt) beschrieben. Die Verlängerung der Stange N schließt in beiden Stellungen mit dem Polarme P den Winkel α ein. Man fälle in der ersten Stellung $b\,o\,e$ vom Punkte e aus eine Senkrechte $e\,h$ auf die Verlängerung der Stange N und beschreibe mit $e\,h$ aus e einen Kreis, so wird in allen Stellungen des Planimeters die Verlängerung der Stange N eine Tangente an diesen Kreis sein, natürlich vorausgesetzt, daß der Fahrstift f stets auf dem aus e mit $e\,b$ als Radius beschriebenen Kreise verbleibt.

Man kann sich nun die Verschiebung des Schneidenrades auf der Stange N dadurch zustande kommend denken, daß ein Faden, an welchem das Schneidenrad befestigt ist, sich auf dem Kreise h aufwickelt. Die Bahn des Schneidenrades wird also eine Kreisevolvente sein; die Größe seiner Verschiebung auf der Stange N wird gleich demjenigen Stücke des imaginären Fadens sein, welches sich beim Übergange von der ersten Planimeterstellung in die zweite auf dem Kreise h aufwickelt, also gleich dem Bogen $i\,h$.

Denkt man sich in Fig. 136 die Geraden $c\,h$, $c\,a$, $c\,b$, $c\,o$, $o\,h$, $o\,a$ und $o\,b$ als ein starres System von Stäben, welches durch Drehung um den Punkt e allmählich in die zweite, punktiert gezeichnete Lage $e\,i$, $e\,d$, $e\,c$, $e\,o'$, $o'\,i$, $o'\,d$ und $o'\,c$ gebracht wird, so sind zweifellos alle durch den Punkt e gehenden Stäbe um denselben Winkel verdreht worden. Es wird also sein:

$$\sphericalangle\,a\,e\,d = \sphericalangle\,b\,e\,c = \sphericalangle\,h\,e\,i = \sphericalangle\,\beta\,.$$

Halbiert man den Kreisbogen $a\,b$ in t und beschreibt aus e mit $e\,t$ als Radius einen neuen Kreisbogen, so wird dieser auch den Kreisbogen $c\,d$ (in u) halbieren. $u\,t$ ist alsdann das arithmetische Mittel der Kreisbögen $a\,d$ und $b\,c$. Denkt man sich $e\,t$ und $e\,u$ ebenfalls zu dem vorhin angenommenen starren Stabsystem gehörend, so ist $e\,u$ diejenige Lage, welche von $e\,t$ nach der Verdrehung des Systems eingenommen wird, und es ist also

$$\sphericalangle\,t\,e\,u = \sphericalangle\,\beta\,.$$

Nach dem Gesetze der Ähnlichkeit ergibt sich:

$$r : \left(R + \frac{y}{2}\right) = \operatorname{arc}h\,i\,\text{*)} : \operatorname{arc}t\,u\,.$$

Ferner ist im Dreiecke $e\,o\,b$ nach dem Kosinussatze:

$$(R + y) = \sqrt{p^2 + l^2 - 2p\,l \cdot \cos(90° + \alpha)}\,.$$

Im Dreiecke $e\,o\,h$ ist:

$$p = \frac{r}{\sin \alpha}\,.$$

---

*) $\operatorname{arc}h\,i = $ Bogen $h\,i$.

Im Dreiecke $e\,o\,a$ ist:

$$p^2 = R^2 - l^2\,.$$

Ferner ist:

$$\cos(90° + \alpha) = -\sin\alpha\,.$$

Folglich wird:

$$R + y = \sqrt{R^2 - l^2 + l^2 - 2\frac{r}{\sin\alpha}\cdot l\cdot(-\sin\alpha)}$$

oder:

$$R + y = \sqrt{R^2 + 2r\,l}$$

oder:

$$2R\cdot y + y^2 = 2r\,l$$

oder:

$$y\cdot\left(R + \frac{y}{2}\right) = r\,l$$

oder:

$$y:l = r:\left(R + \frac{y}{2}\right)\,.$$

Nach früherem war:

$$r:\left(R + \frac{y}{2}\right) = \operatorname{arc} h\,i : \operatorname{arc} t\,u\,.$$

Also:

$$y:l = \operatorname{arc} h\,i : \operatorname{arc} t\,u$$

oder:

$$y\cdot\operatorname{arc} t\,u = l\cdot\operatorname{arc} h\,i$$

oder:

$$y\cdot x = l\cdot s\,.$$

Da das Produkt $y\cdot x$ den Flächeninhalt der Figur $a\,b\,c\,d$ bedeutet, so ist durch die letzte Gleichung bewiesen, daß der Flächeninhalt der umfahrenen Figur gleich ist dem Produkte aus der Fahrarmlänge l und der Verschiebung s des Schneidenrades auf der Stange N.

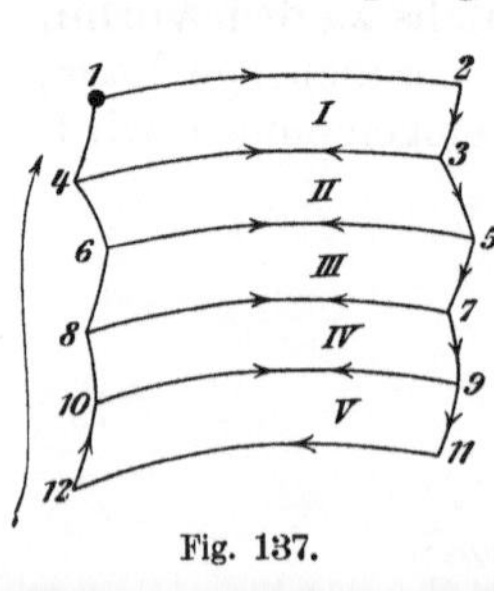

Fig. 137.

Läge die Begrenzungslinie $a\,d$ dem Pole näher, oder weiter von diesem entfernt, so würde sich beim Befahren dieses Bogens auch eine Verschiebung (s_0) ergeben. Die Gesamtverschiebung S wäre alsdann $S = s + s_0$ bzw. $S = s - s_0$.

Man kann sich nun jede beliebige, krummlinig begrenzte, ebene Fläche aus einer großen Anzahl solcher Flächenstücke von der Form $a\,b\,c\,d$, aber mit ganz minimaler Höhe y, zusammengesetzt denken. Durch Umfahren eines jeden einzelnen dieser Flächenteile und durch Summierung der gefundenen Flächeninhalte ergibt sich der Inhalt der ganzen Figur. Man erhält aber hierdurch, wie folgende Betrachtung zeigen soll, dasselbe Resultat, welches sich auch ergibt, wenn man nur den Umfang der Figur umfährt.

In Fig. 137 sei in vergrößertem Maßstabe ein in fünf Flächenelemente der Form $abcd$ (Fig. 135) zerlegter Flächenteil dargestellt. Die Umfahrung beginne im Punkte *1* und nehme folgenden Verlauf:

von	*1*	nach	*2*,	von	*7* nach *8*,
„	*2*	„	*3*,	„	*8* „ *7*,
„	*3*	„	*4*,	„	*7* „ *9*,
„	*4*	„	*3*,	„	*9* „ *10*,
„	*3*	„	*5*,	„	*10* „ *9*,
„	*5*	„	*6*,	„	*9* „ *11*,
„	*6*	„	*5*,	„	*11* „ *12*,
„	*5*	„	*7*, ferner	„	da über *10, 8, 6, 4*
					nach *1*.

Dann sind die Langseiten *3—4, 5—6, 7—8, 9—10* doppelt, und zwar einmal in der einen, das andere Mal in der entgegengesetzten Richtung befahren worden. Da nun aber das Befahren einer Strecke, hin und wieder zurück, das Schneidenrad wieder in seine ursprüngliche Stellung zurückbringt, so ist die aus der Befahrung der Fläche in der oben angegebenen Weise resultierende Verschiebung des Schneidenrades genau dieselbe, die sich ergeben hätte, wenn nur der Umfang der Figur umfahren worden wäre.

Gebrauchsanweisung: Das Instrument gibt den Inhalt der umfahrenen Fläche in Quadratzentimetern an. Jeder Strich der 80teiligen Skala M (Fig. 134) gilt für 1 qcm und kann man bis auf Zehntel-Quadratzentimeter genau ablesen. Die noch meßbare Fläche kann bis zu ca. 2500 qcm groß sein.

a) Verfahren beim Ausmessen von Indikatordiagrammen.

Man stelle das Instrument so auf, daß der Fahrstift auf einen leicht zu merkenden Punkt des Diagrammes zu stehen kommt. Das Schneidenrad bringe man auf den Nullpunkt der Skala und umfahre das Diagramm im Sinne des Zeigers der Uhr. Aus der Stellung des Schneidenrades lese man dann den Inhalt der umfahrenen Figur ab. Beträgt z. B. die Ablesung 25,7 qcm, die Länge des Diagrammes 10 cm, und ist das Maß der verwendeten Indikatorfeder 10 mm $=$ 1 kg, so berechnet sich der mittlere Dampfdruck auf den Kolben der Dampfmaschine zu

$$p_m = \frac{25,7}{10 \cdot 1} \text{ kg/qcm} = \mathbf{2,57 \text{ kg/qcm.}}$$

Beim Umfahren achte man darauf, daß das Schneidenrad innerhalb seiner Begrenzungen freien Spielraum behält. Man erreicht dieses fast immer, wenn man den Polarm so stellt, daß derselbe mit dem Fahrarm einen Winkel bildet, der etwas weniger als 90° beträgt.

b) Verfahren beim Ausmessen größerer Flächen.

Beim Umfahren von Flächen, die mehr als 80 qcm Inhalt haben, ist erforderlich, daß man, sobald das Schneidenrad am Ende der Skala,

also auf 80 oder 0 qcm angelangt ist, anhält und dasselbe um eine
beliebig zu wählende Anzahl von Teilstrichen zurück- bzw. vorausstellt.
Bei größeren Flächen muß man dieses Verfahren mehrmals wiederholen.
Man notiert dann jedesmal die Anzahl der Teilstriche mit dem Vor-
zeichen + oder —, je nachdem man das Schneidenrad von 80 nach 0,
oder von 0 nach 80 zu verstellt hat. Zum Schlusse addiert man diese
so erhaltenen Zahlen zu der an der Skala selbst abzulesenden Anzahl
Quadratzentimeter und erhält auf diese Weise den Gesamtinhalt der
Fläche.

c) Verfahren beim Ausmessen mit innenliegendem Pole.

Beim Ausmessen von sehr großen Flächen (bis zu etwa 2500 qcm
Inhalt) legt man den Pol des Planimeters ungefähr in die Mitte der
Fläche und verfährt ganz so, wie vorstehend unter b beschrieben. Man erhält so entweder eine positive oder negative Anzahl von Quadratzentimetern. Um nun den richtigen Inhalt der umfahrenen Figur zu erhalten,
addiert man zu dieser positiven oder negativen Anzahl von Quadratzentimetern eine Konstante, die z. B. beim Planimeter Nr. 180 = +1499,9 qcm
(= Inhalt desjenigen Kreises, bei welchem das Schneidenrad beim Umfahren keine seitliche Verschiebung erleidet) beträgt.

Über Wildas Flächen- und Diagrammesser siehe: Leistungsversuche an Dampfkesseln und Dampfmaschinen, Abschnitt III.

Indikatoren.

Man faßt unter dem Begriffe Indikatoren alle jene Instrumente zusammen, deren Aufgabe es ist, die Untersuchung von Motoren auf ihre Leistung und — in fast allen Fällen — auch auf die Wirkungsweise der motorischen Substanz im Motorzylinder hin zu ermöglichen.

Ihnen fast allen gemeinsam ist die Art und Weise, wie sie die gewünschten Aufschlüsse erteilen, indem sie nämlich Kurven (Diagramme) aufzeichnen, aus denen es möglich ist, die Verhältnisse der Motore nach allen Richtungen hin gründlich zu studieren.

Man kann die Indikatoren einteilen wie folgt:

1. Indikatoren gewöhnlicher Art, mit Kolben, Feder und Schreibzeug, bei denen das gezeichnete Diagramm das Ergebnis aus zwei Bewegungen ist: einer wagrechten des Papierblattes in genauer Übereinstimmung mit der Bewegung des Motorkolbens, und einer senkrechten des Schreibstiftes im Verhältnisse der im Motorzylinder auftretenden Spannungen. Die aus dem Diagramme zu berechnende Leistung des Motors ist also die indizierte Leistung.

2. Der integrierende Indikator oder Leistungszähler, das einzige Instrument dieser Art, welches keine Kurve aufzeichnet, bei dem vielmehr aus der Bewegung der (Papier-) Trommel und derjenigen des Indikatorkolbens die Verstellung eines Räderzählwerkes resultiert. In dieser Arbeitsweise ist auch der Grund zu finden, weshalb dieser Indikator nur die indizierte Durchschnittsleistung für eine längere Beobachtungszeit ergibt, nicht aber einen Einblick in die Arbeitsvorgänge im Innern des Motors gewährt.

3. Der Torsionsindikator. Die Arbeitsweise dieses Instrumentes ist von Grund aus verschieden von derjenigen der übrigen Indikatoren, indem es durch Aufzeichnen einer Kurve die effektive Leistung des Motors aus der Torsion der Motorwelle bestimmt.

Gleichgültig welcher Konstruktion ein Indikator ist, stets muß im Auge behalten werden, daß es sich um ein Präzisionsinstrument handelt, welches eine zarte Bedienung und eine sorgfältige Behandlung auch außerhalb des Gebrauches erfordert.

I. Die Indikatoren der gewöhnlichen Art.

Der Indikator nach Rosenkranz mit innen liegender Feder.

(Warmfeder-Indikator.)

Dieser Indikator (Fig. 138) wird in drei Größen gebaut, nämlich:
Größe I:
   Durchmesser der Papiertrommel = 50 mm.
   Größte Diagrammlänge = 130 mm.
   Größte Diagrammhöhe = 75 mm.
   Umdrehungen { ohne Anhaltevorrichtung = 500.
   pro Minute { mit Anhaltevorrichtung = 400.

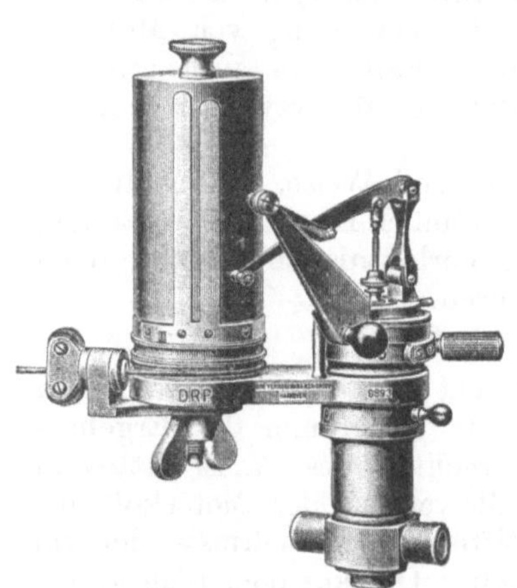

Fig. 138.   Fig. 139.

Größe II:
   Durchmesser der Papiertrommel = 40 mm.
   Größte Diagrammlänge = 90 mm.
   Größte Diagrammhöhe = 50 mm.
   Umdrehungen { ohne Anhaltevorrichtung = 750.
   pro Minute { mit Anhaltevorrichtung = 600.
Größe III:
   Durchmesser der Papiertrommel = 30 mm.
   Größte Diagrammlänge = 60 mm.
   Größte Diagrammhöhe = 30 mm.
   Umdrehungen { ohne Anhaltevorrichtung = 1500.
   pro Minute { mit Anhaltevorrichtung = 1100.

Die Geradführung des Schreibstiftes mit möglichst gleichmäßiger,
d. h. dem Kolbenwege proportionaler Teilung wird bei diesem, ebenso
wie bei allen anderen, noch zu beschreibenden Indikatoren Rosenkranzscher Bauart durch Anwendung des unverkürzten Evans-Len-
kers erreicht. Dies ist ein Ellipsenlenker, bei welchem aber die Ellipse
in einen Kreis übergeht, sobald man den Gegenlenker G (Fig. 139) halb so
lang ausführt als den Schreibstifthebel H, der Radius dieses Kreises = G.

Die Punkte A, B und D (Fig. 139) liegen in allen Stellungen des Indikatorkolbens in einer Geraden. Konstruiert man (Fig. 139) für fünf verschiedene, gleichweit voneinander abstehende Kolbenstellungen die zugehörigen Schreibstiftstellungen *1, 2, 3, 4, 5*, so findet man, daß diese auf einer Geraden liegen, die durch die Punkte *1, 2, 3, 4 ,5* in fünf gleiche Teile geteilt wird.

Die Geradführung des Schreibstiftes und die Proportionalität des Schreibstiftweges mit dem Wege des Indikatorkolbens sind unerläßliche Bedingungen für das Zustandekommen eines brauchbaren Diagrammes; sie sind auch das Kriterium für ein korrekt konstruiertes und ebenso ausgeführtes Schreibzeug. Es darf nicht unerwähnt bleiben, daß die bei Indikatoren üblichen Geradführungen durch Hebelkombinationen ihrer Aufgabe nicht vollständig gerecht werden, indem erstens der Schreibstiftweg eine, allerdings wenig von der Geraden abweichende Kurve ist, die je nach der Güte der Konstruktion drei oder fünf Punkte mit der Geraden gemeinsam hat und daher eine drei- bezw. fünfpunktige Gerade genannt wird; und indem zweitens völlige Proportionalität nur in diesen gemeinsamen Punkten vorhanden ist.

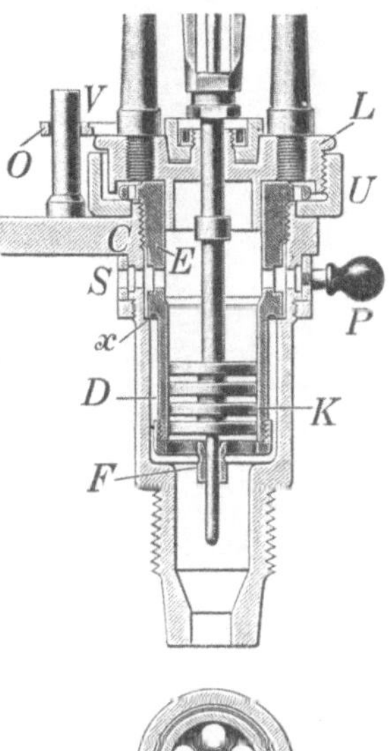

Fig. 140.

Bei sämtlichen Rosenkranzschen Indikatoren ist der Schreibstiftweg eine fünfpunktige Gerade.

Das Schreibzeug ist drehbar auf dem Deckel R des Indikatorzylinders angeordnet und wird mit der Kolbenstange durch ein abschraubbares Kugelgelenk B (Fig. 139) verbunden.

Der Zylinder ist, wie die Figuren 140 und 143 zeigen, mit einem Dampfmantel ausgerüstet, der in einfacher Weise dadurch zustande kommt, daß in den Zylinder C ein Zylindereinsatz E eingeschraubt ist, der unten bei D einen Dampfmantel von solcher Länge bildet, daß der Indikatorkolben auch in seinen äußersten Stellungen sich innerhalb des Mantelbereiches befindet. Um dem Zylindereinsatze E ungehinderte Ausdehnung zu ermöglichen, liegt E auch in seinem oberen Teile nicht an C an, sondern ist gegen den Außenzylinder außer im oberen Gewinde nur in der Ringfläche bei x abgedichtet. Die Vorteile dieser Einrichtung sind verschiedener Art: Vor allem wird die Ausdehnung im Kolbenkörper K und im Zylinder D eine so gleichmäßige, daß selbst bei hohen Dampftemperaturen ein Klemmen des Kolbens so gut wie ausgeschlossen ist. Ferner kann der Einsatz E mit Hilfe des gerieften Randes N bequem herausgeschraubt, nachgesehen, gereinigt und eventuell durch einen neuen ersetzt werden.

Soll der Kolben zwecks Schmierung oder Reinigung aus dem Zylinder genommen werden, so muß man den Deckel R herausschrauben, was etwas langwierig, und in warmem Zustande auch lästig ist. Diesen Übelstand vermeidet der in neuerer Zeit bei allen Rosenkranzschen Indikatoren zur Anwendung kommende Momentverschluß (Fig. 140, 141, 142).

Der mittelst des Griffes H (Fig. 141) drehbare Ring U (Fig. 140 u. 141), der durch den oberen Rand des Zylindereinsatzes E festgehalten wird, besitzt Innengewinde, welches an drei Stellen des Umfanges unterbrochen ist. Das Gewinde des Deckels L ist in entsprechender Weise ebenfalls an drei Stellen des Umfanges unterbrochen. Bringt man nun durch Drehen des Griffes H in die Stellung H_1 (siehe Grundriß Fig. 141) die Gewindeaussparungen des Ringes U mit den Gewindeteilen des Deckels L in Korrespondenz, so ist der Verschluß gelöst, und man kann den Deckel samt Kolben abnehmen, bezw. herausziehen.

Beim Einsetzen von Kolben und Deckel bringt man den Griff H

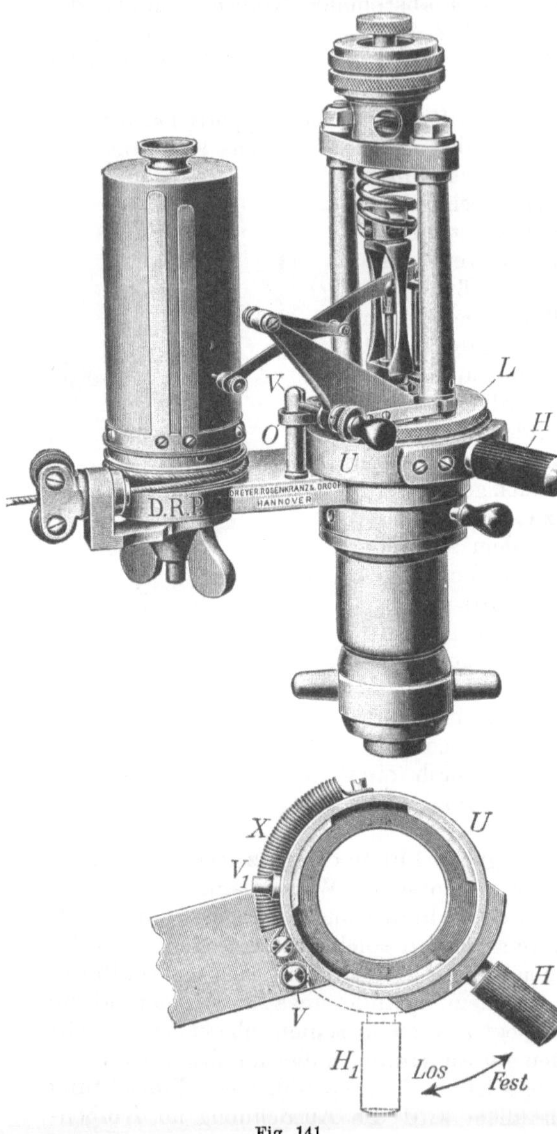

Fig. 141.

ebenfalls in die Stellung H_1 und führt Kolben nebst Deckel so ein, daß die Öse V des Deckels über den Stift O geführt werden kann. Läßt man den Griff los, so dreht sich dieser und damit auch der Ring U, durch die Kraft der Feder X betätigt, von selbst zurück, wodurch die Gewinde-

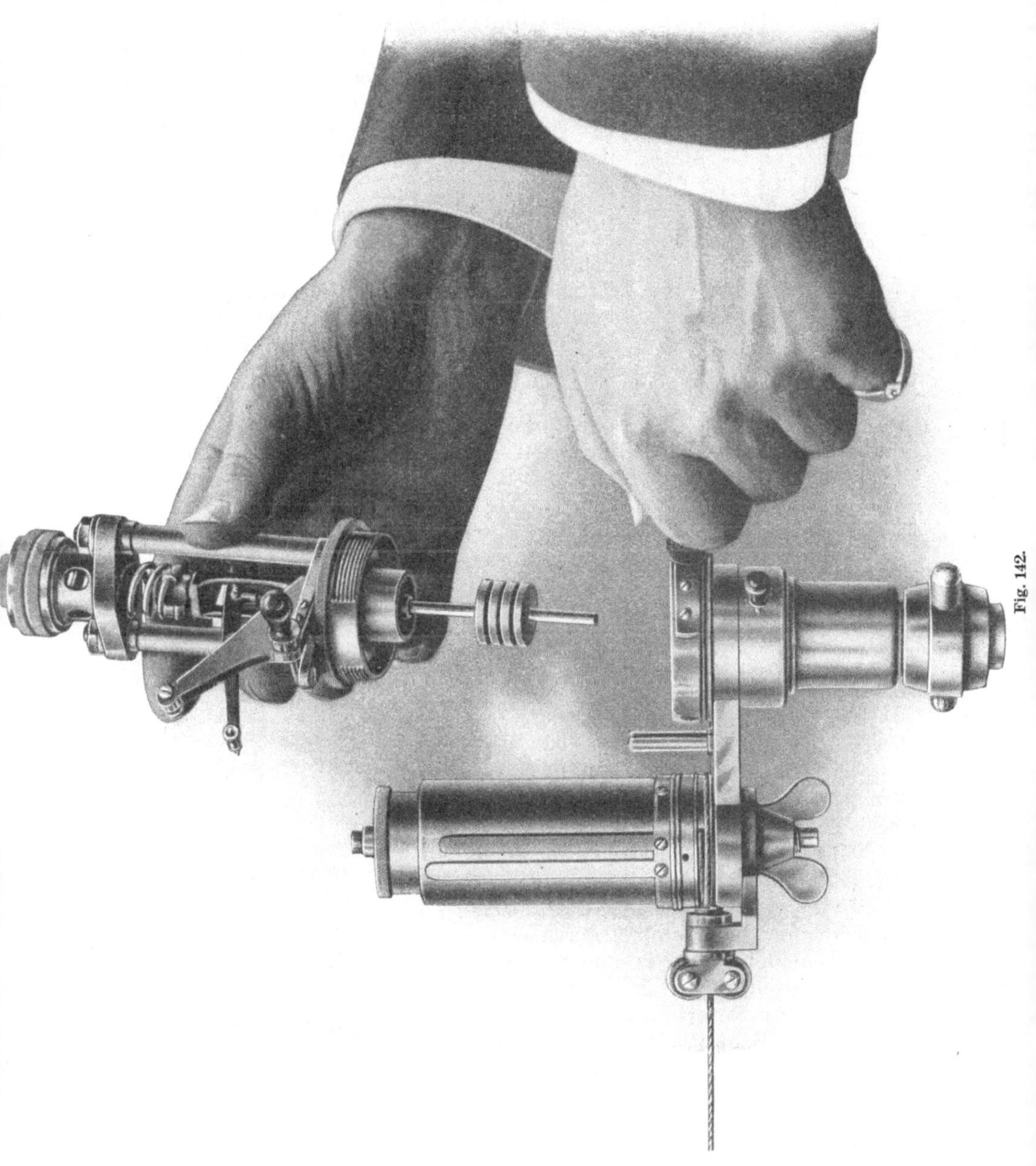

Fig. 142.

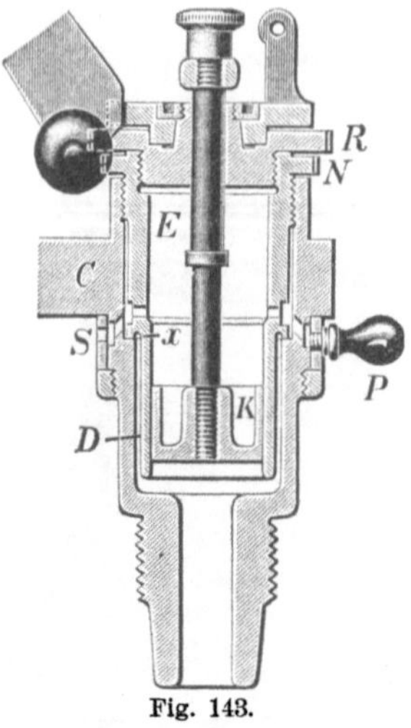

Fig. 143.

teile von U und L in Eingriff kommen, und der Verschluß in sicherer Weise erzielt ist.

Der Indikatorkolben K älterer Konstruktion (Fig. 143) ist ein mit Schmierrillen versehener Hohlkörper, der mit seiner Nabe auf das untere Ende der Kolbenstange geschraubt ist. Die Kolbenstange ist oben, wo sie durch den Deckel R geht, und unten im Kolben geführt.

Der Kolben neuerer Konstruktion (Fig. 140) ist ein sog. Lamellenkolben, der aus vier Scheiben von gleicher Stärke besteht und durch die durchgehende Kolbenstange sowohl oben im Deckel L, als auch unten im durchlochten Boden F des Zylindereinsatzes D geführt ist. Dieser Kolben dient lediglich nur der Abdichtung; die Kolbenreibung, und damit die Abnützung von Kolben und Zylinderwandung fallen dadurch sehr gering aus. Da die Lamellen eine Art Labyrinthdichtung bilden, ist die Abdichtung des Kolbens eine besonders gute.

Schmutzteilchen, die sich bei der alten Konstruktion zwischen Kolben und Zylinderwandung festsetzten und die Kolbenreibung vermehrten, sondern sich bei der neuen Ausführung in den Räumen zwischen den Lamellen ab. Der Gang dieser Lamellenkolben ist ein besonders leichter und gleichmäßiger.

Ein mittels des Knopfes P drehbarer Ringschieber S (Fig. 140) ermöglicht in jeder Lage des Indikators den Abfluß des Kondenswassers ohne Belästigung des Indizierenden.

Die stählernen Papiertrommeln werden ohne und mit Anhaltevorrichtung ausgeführt. In beiden Fällen erfolgt die Rückdrehung der Trommel durch eine Schraubenfeder. Die Trommel ohne Anhaltevorrichtung ist in Fig. 144 abgebildet. Der Unterteil jeder Trommel besitzt zwei Schnurläufe S, in welche sich die zum Antriebe dienenden Schnüre einlegen.

Zum Einhängen der Schnur besitzen die Schnurrollen Schlitze, die in ein Rundloch (Fig. 145) auslaufen. Dadurch fällt es leicht, den Knoten

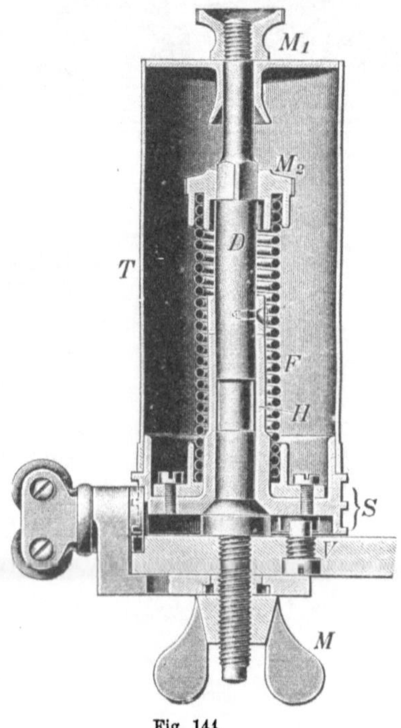

Fig. 144.

der Schnur in den Schlitz einzuführen, ohne die Papiertrommel abzunehmen.

Ist ein Anspannen der Feder F nötig geworden, so
wird nach Lösen des Knopfes M_1 die Trommel T abgezogen, die Mutter M_2 hochgehoben und so weit verdreht, bis die Feder die richtige Spannung hat,; alsdann
wird M_2 wieder auf das Vierkant der Trommelachse D
gesetzt. V ist eine Anschlagschraube. Die Flügelmutter M wird nur
dann abgenommen, wenn der Indikator mit einem Hubverminderer
verschraubt werden soll.

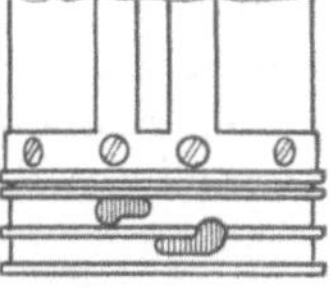

Fig. 145.

Die Trommel mit Anhaltevorrichtung ist in Fig. 146 abgebildet. Bei
ihr ist die eigentliche Trommel T
vom Schnurkranze S getrennt. Die
Trommelspindel ist zweiteilig, die
innere Spindel steht fest, und trägt
oben, außerhalb des Trommeldeckels
das lose aufgesetzte Sperrädchen R
mit Konus C. Der niederschraubbare
Knopf K ist unten mit der gleichen
Konizität ausgedreht. Wird nun K
niedergeschraubt, so wird der Konus C
festgeklemmt und die Papiertrommel
steht still. Wird aber K wieder hoch-
geschraubt, so nimmt die Trommel
samt Sperrädchen an der Drehung
des Schnurkranzes teil.

Der Normalkolben hat 20 mm
Durchmesser und ist für Drucke bis
20 kg/qcm anwendbar.

Für höhere Drucke werden
Riedlerkolben angewendet und
zwar für Drucke bis 80 kg/qcm
Kolben mit 10 mm Durch-
messer und besonderem Zy-
lindereinsatz D (Fig. 147),

für Drucke bis 200 kg/qcm
Kolben mit 6,3 mm Durch-
messer und besonderem Einsatz E_1 (Fig. 148),

für Drucke bis 500 kg/qcm
Kolben mit 4 mm Durch-
messer und besonderem Einsatz E_1 (Fig. 148).

Der Einsatzzylinder E_1, in welchem der Kolben K sich bewegt, und
durch welchen auch ein Dampf-

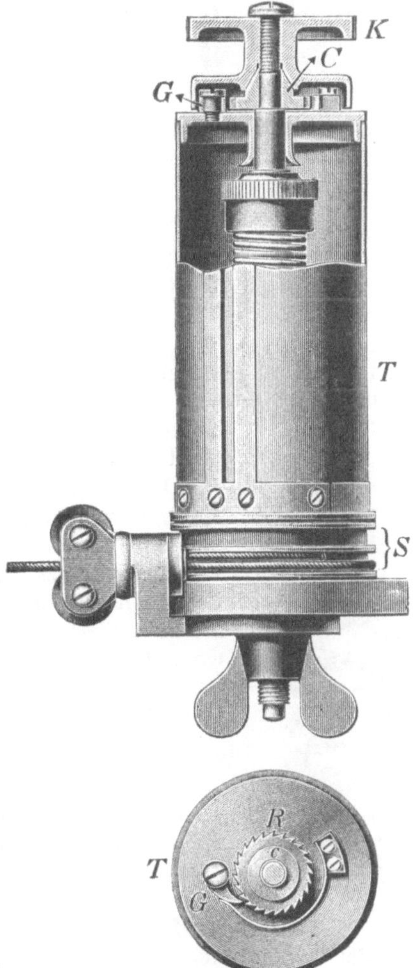

Fig. 146.

mantel gebildet wird, ist in den unteren Teil G des Indikators eingeschraubt (Fig. 148).

Als Kolbenfedern kommen doppelt gewundene Schraubenfedern in Anwendung (Fig. 149). Die Enden dieser Federn sind in sog. Federmut-

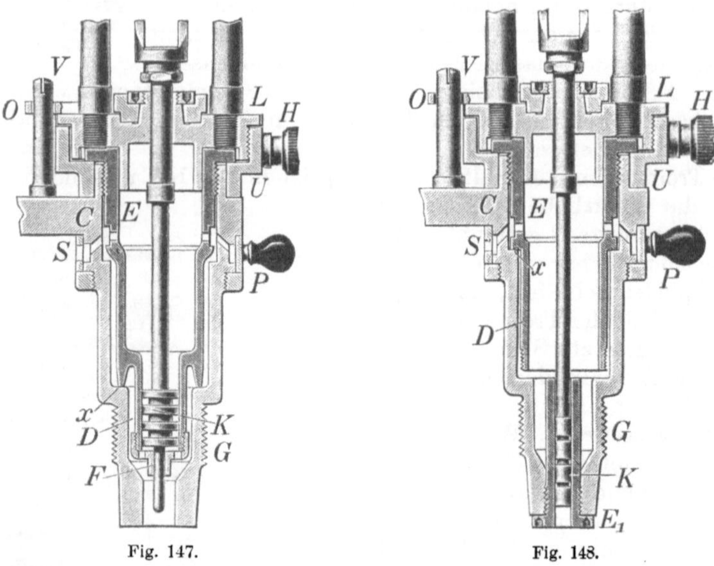

Fig. 147.Fig. 148.

tern M und M_1 eingestemmt, die mit Gewinde versehen sind. Das obere, größere Gewinde (in M) wird an den Zapfen des Indikator-Zylinderdeckels geschraubt, während die untere Mutter M_1 auf die Kolbennabe aufgesetzt wird.

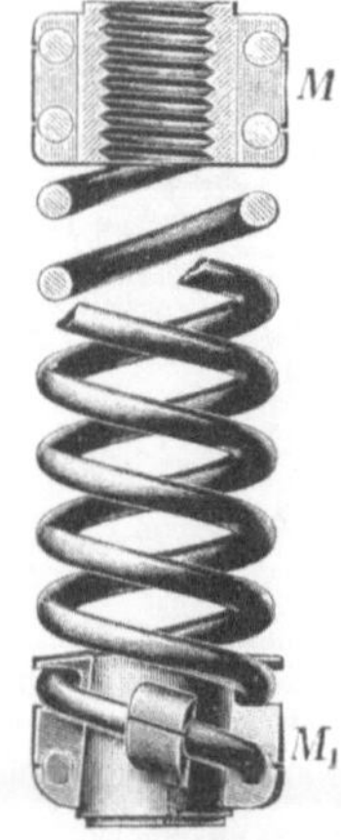

Die Federn sind sowohl für Überdruck als auch für Vakuum verwendbar. Da der Federmaßstab für innenliegende Kolbenfedern unter Berücksichtigung des Wärmeeinflusses festgestellt ist, so lassen sich derartige Federn nicht ohne weiteres für kalten Druck benutzen; hierzu müssen vielmehr besonders geeichte Federn verwendet werden.

Der Indikator nach Rosenkranz mit außen liegender Feder.

(Kaltfeder-Indikator.)

Dieser Indikator wird ausgeführt entweder so, daß die Feder auf Druck (Fig. 141), oder so, daß sie auf Zug (Fig. 150) beansprucht ist. In beiden Fällen gibt es wieder die schon eingangs angeführten drei Ausführungsgrößen.

Fig. 149.

Bei beiden Ausführungen (Fig. 151 u. 152) ist der Federträger A durch zwei hohle Stahlsäulen F getragen.

Zwecks Einsetzens einer neuen Feder wird zunächst die Druckmutter N (Fig. 151) abgeschraubt, der Kopf $M R$ herausgenommen und die Feder bei G_1 auf diesen Kopf geschraubt; alsdann führt man Kopf und Feder durch den Federträger A ein, schraubt das untere Ende der Feder bei G auf die gegabelte Kolbenstange B, dann setzt man die Druckmutter N ein und zieht sie fest an.

Bei der Anordnung nach Fig. 152 ist das Einsetzen einer neuen Feder noch einfacher. Nach Abnahme des Knopfes M wird die Feder F_1 mit ihrem Kopfe G auf den Federhalter A geschraubt. Setzt man M wieder auf das oberste Ende der durch die Feder gehenden Kolbenstange K_1 auf. so ist die Befestigung der Feder erledigt.

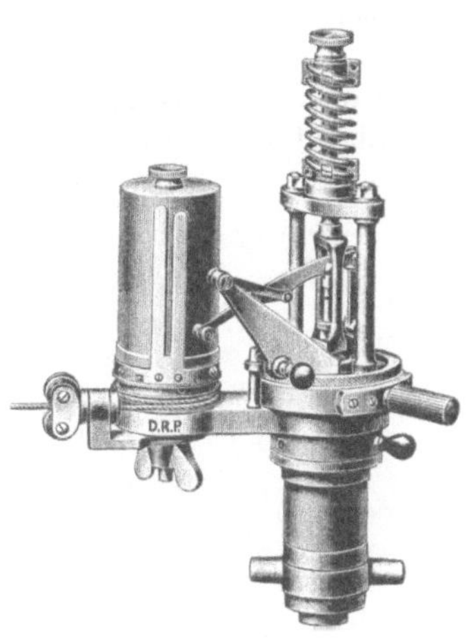

Fig. 150.

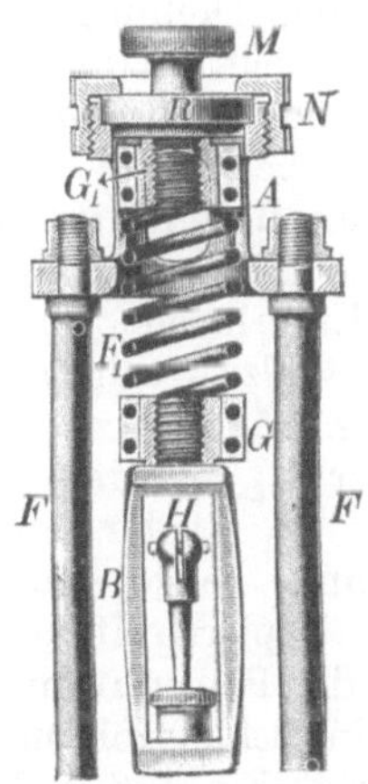

Fig. 151.

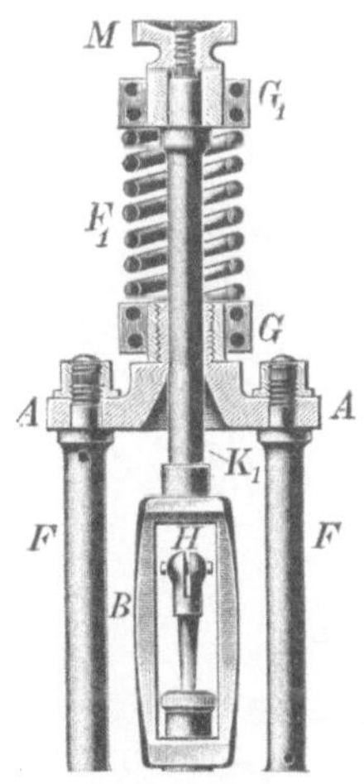

Fig. 152.

Der Indikator für fortlaufende, geschlossene Diagramme nach Rosenkranz.

Durch besondere Konstruktion der Papiertrommel (Fig. 154) ist es möglich, auf **einem** Papierstreifen, also ohne Papierwechsel, eine größere Anzahl fortlaufender, geschlossener Diagramme aufzunehmen, was besonders bei der Indizierung solcher Maschinen von Vorteil ist, deren Belastung rasch oder fortwährend wechselt (z. B. Bergwerksdampfmaschinen).

    Dabei liegen die Diagramme nebeneinander, wie Fig. 153
zeigt.

    Bei der Papiertrommel nach Fig. 154—158 wird, wenn es sich um
das Einsetzen eines neuen Papierstreifens handelt, zuerst der

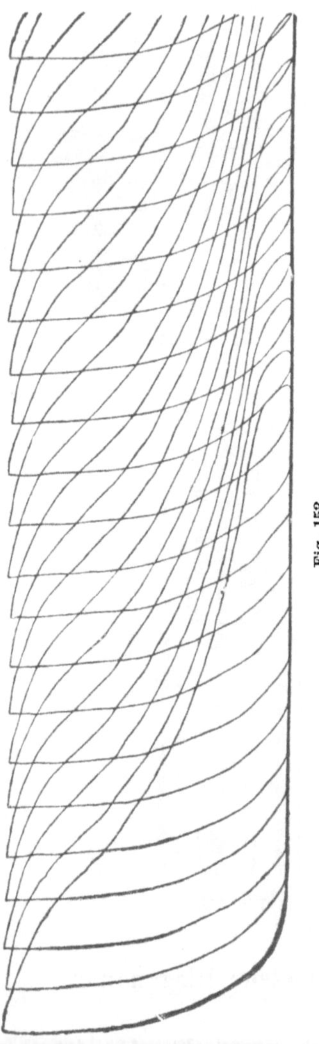

Knopf M_1 abgeschraubt und dann die
Hülse M_2 samt dem darin sitzenden
Gesperre abgezogen. Der aufgerollte
Papierstreifen wird dann von oben her
über den Dorn der Hülse a (Fig. 155
u. 156) gesteckt, so daß das äußere, freie
Papierende durch den Schlitz dieser
Hülse hervorsieht. Nun führt man
diesen Streifen, wie in Fig. 155 durch die
strichpunktierte Linie angegeben ist,
zwischen den Walzen 1 und 2 heraus
und zwar in solcher Länge, daß er bequem über die Papiertrommel geschoben
werden kann, leitet ihn über die Führungsrolle 3 und steckt ihn endlich in
den Schlitz z der Aufwickelwalze b, um
die er sich bei der Drehung derselben
von Hand aufwickelt. Um Spannung
in das Papierband zu bekommen, ist
die an dem Hebelarm A (Fig. 155)
sitzende und um den Punkt D drehbare Spannwalze 1 federnd angeordnet.
Während des Einbringens des Papiers
muß man diese Walze 1 durch Drücken
am Griff 1 (Fig. 154) etwas abfedern.
Wird die Mutter M_2 mit dem Gesperre
und der Knopf M_1 wieder aufgesetzt,
so ist die Trommel betriebsfertig. Der
Vorschub des Papierstreifens erfolgt
beim Rücklauf der Papiertrommel, welcher durch die im Schnurgehäuse untergebrachte Feder F (Fig. 156 u. 157) veranlaßt wird.

    Die Trommel kann auch zur Auf-
nahme von Einzeldiagrammen benutzt
werden. Dreht man nämlich die Mutter
M_1 links, so daß sie fest auf M_2 aufsitzt, so wird mittels des in Fig. 158
im Grundriß gezeichneten Gesperres die Kuppelung mit dem Rädchen, welches oben auf der Aufwickelwalze b sitzt, bewirkt, und man
erhält fortlaufende Diagramme. Dreht man M_1 nach rechts, so
schwingt die Papiertrommel, ohne den Papierstreifen weiter zu ziehen,
und man kann Einzeldiagramme aufnehmen.

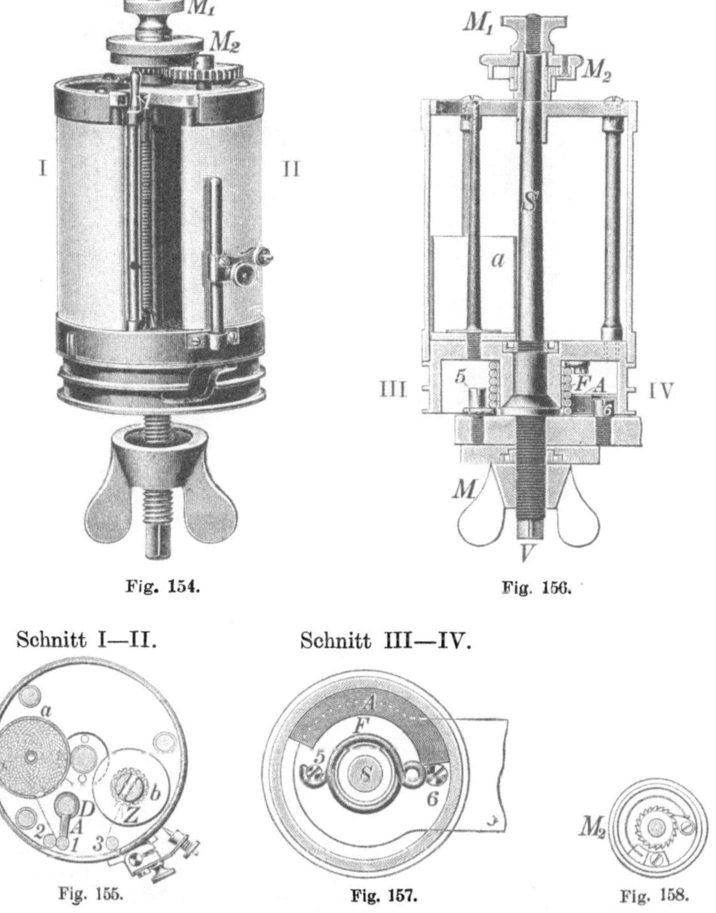

Fig. 154.

Fig. 156.

Schnitt I—II.

Schnitt III—IV.

Fig. 155.

Fig. 157.

Fig. 158.

Der Indikator nach Schäffer und Budenberg mit innen liegender Feder.

Die Fig. 159 und 160 zeigen die zwei üblichen Ausführungen dieses Indikators. Bei der Konstruktion nach Fig. 159 ist die Indikatorfeder von außen nicht zugänglich, während bei der Ausführung nach Fig. 160 dies durch Öffnungen im Gehäuse der Fall ist. Dadurch ist die Schmierung des Kolbens während des Betriebes sehr erleichtert, und auch die Bildung eines Gegendruckes über dem Kolben selbst im Falle, daß letzterer undicht ist, ausgeschlossen. Außerdem ist die Kolbenfeder vor starker Erwärmung geschützt. Fig. 161 zeigt den ersten Indikator im Schnitt.

Die Kolben d beider Konstruktionen laufen in einem besonderen, einen Dampfmantel bildenden Zylindereinsatz e, der leicht herausgenommen werden kann.

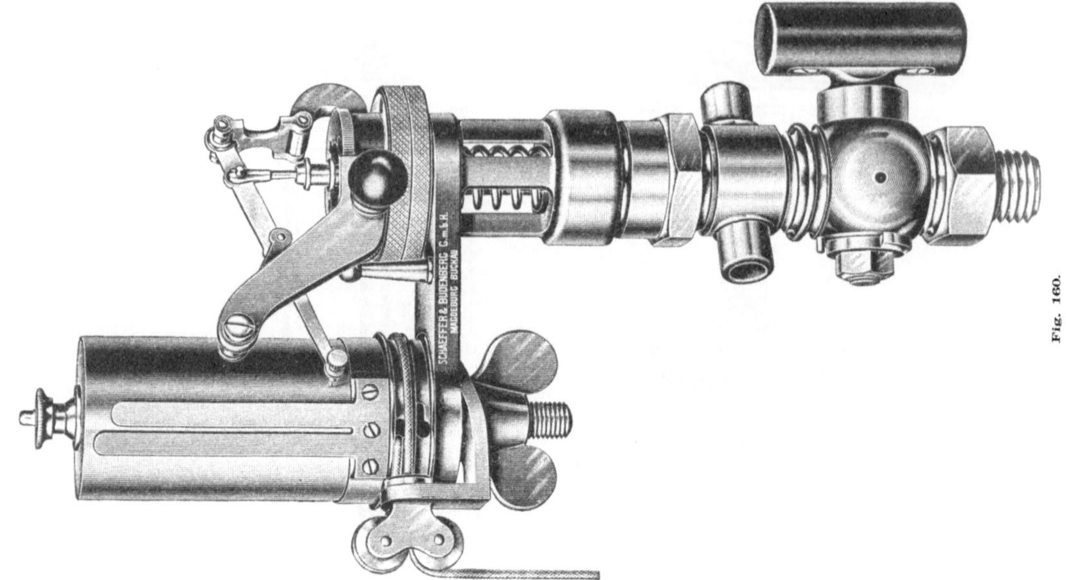

Fig. 160.

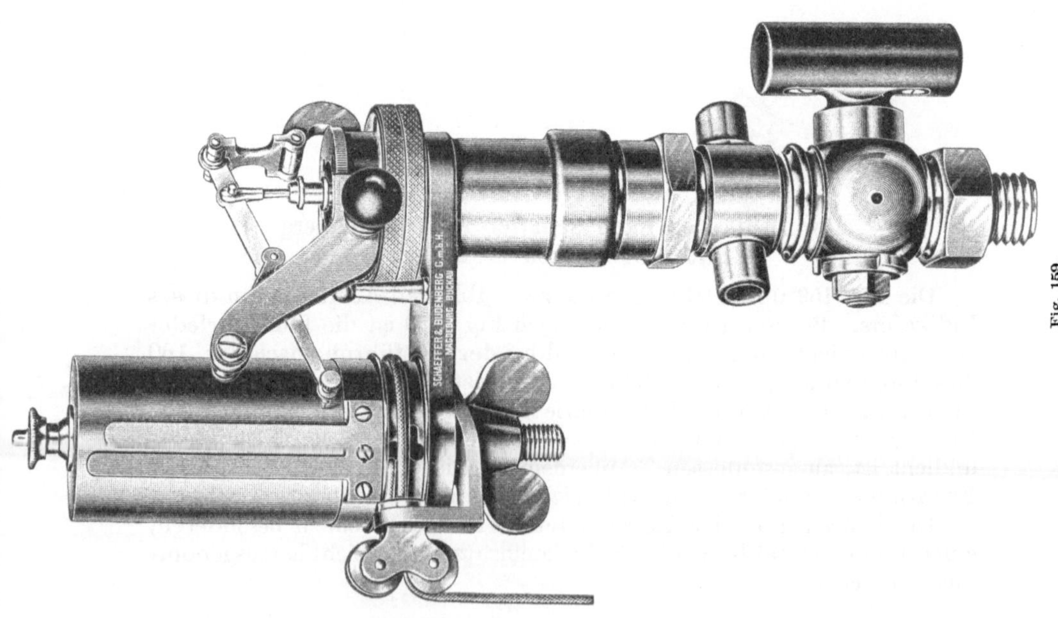

Fig. 159.

Man schraubt zu diesem Zwecke mittels eines Sechskantschlüssels, der auf das Sechskant des Dampfmantels *c* paßt, den letzteren los und kann ihn dann samt Anschlußkonus *a* und Anschlußmutter *b* abnehmen.

Der Durchmesser des normalen Kolbens beträgt 20,27 mm und ist unter Benutzung einer entsprechenden Kolbenfeder für Drucke bis zu 25 kg/qcm und bis 600 Maschinenumdrehungen pro Minute verwendbar.

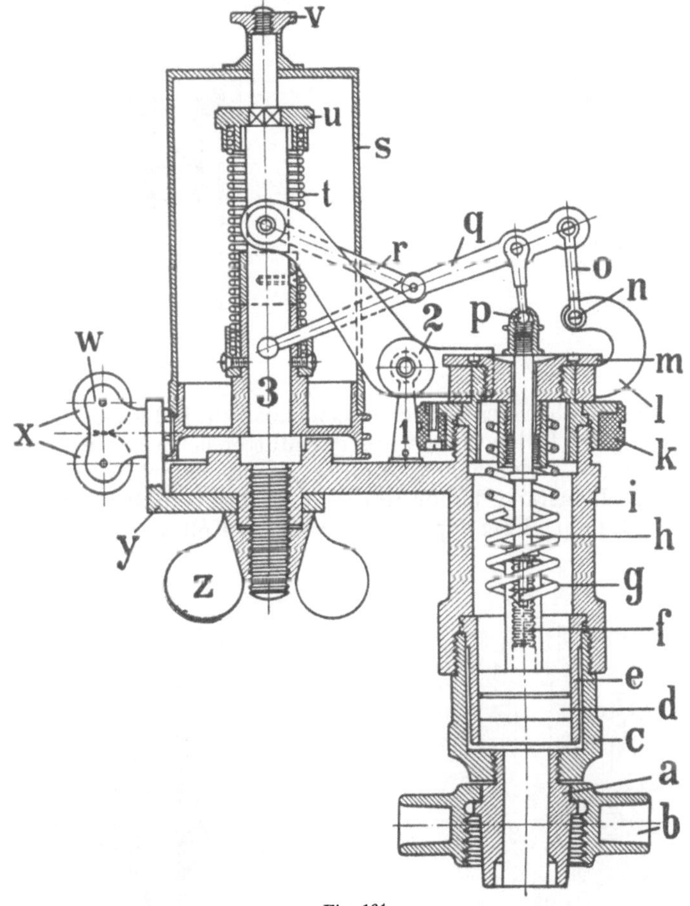

Fig. 161.

Außer dem normalen Kolben lassen sich für höhere Drucke kleinere Kolben verwenden, die dann entweder in besonderen Zylindereinsätzen oder im Konus *a* (Fig. 161) oder in einem besonders eingeschraubten Konus arbeiten.

Für Drucke bis 50 kg verwendet man einen Kolben von 14,33 mm Durchmesser (Fig. 162), während Drucke bis zu 100 kg mit einem Kolben von 10,13 mm Durchmesser (Fig. 163) indiziert werden. Bei noch höheren

Drucken laufen die Kolben im Konus und zwar für Drucke bis 150 kg im normalen Konus von 8,27 mm (Fig. 164) innerem Durchmesser und bei Drucken bis 200 kg in einem besonders eingeschraubten Stahlkonus mit 7,16 mm innerem Durchmesser (Fig. 165).

Beim Einsetzen der Kolbenfeder verfährt man wie folgt: Zunächst schraubt man die mit dem Schreibzeuge verbundene Überwurfmutter k

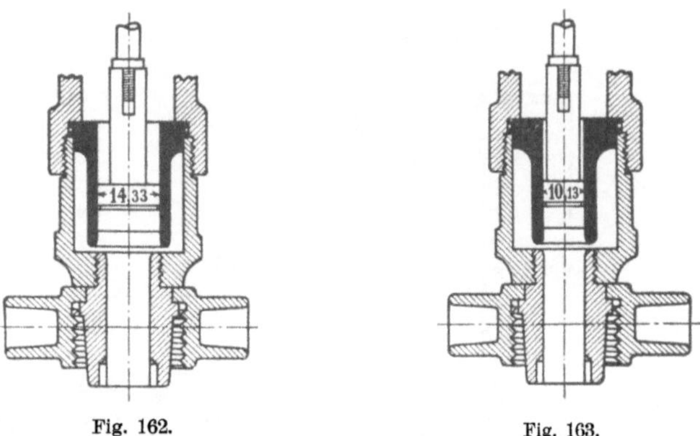

Fig. 162. Fig. 163.

ab, nimmt den Kolben d samt Schreibzeug aus dem Indikator heraus und schraubt dann die Kolbenstange aus der Mutter bei p heraus. Alsdann schraubt man unter Zuhilfenahme eines besonderen Schlüssels den Kolben von der Kolbenstange los, dreht die im Kolben befindliche Schraube f zurück, legt die Kugel der doppelt gewundenen Kolbenfeder h (Fig. 166)

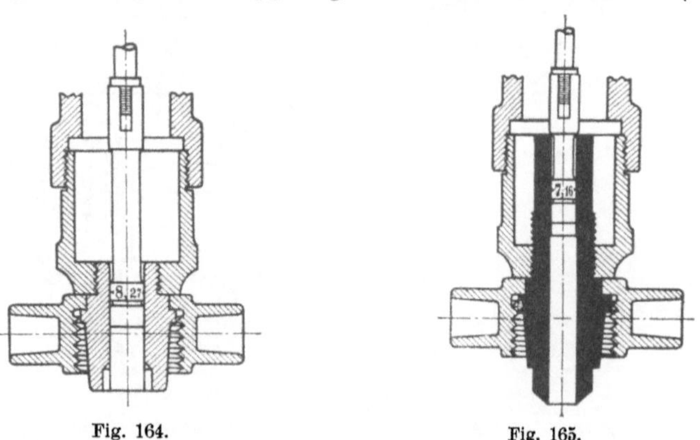

Fig. 164. Fig. 165.

in den am Kolben befindlichen Schlitz und schraubt die Kolbenstange auf dem Kolben wieder fest. Nun zieht man die Schraube f so lange an, bis die Feder h in dem Schlitze ohne toten Gang sich mäßig schwer hin und her bewegen läßt. Den oberen Federkopf schraubt man dann auf den Gewindezapfen des Deckels m und setzt das Ganze wieder in den Indikator ein.

Soll die Papiertrommel *s* abgenommen werden, um der Trommelfeder *t* eine stärkere oder schwächere Spannung zu geben, so braucht man nur die Mutter *v* zu lösen und kann dann die Trommel *s* abziehen. Dann hebt man den oberen Federkopf *u* über das an der Trommelachse *3* befindliche Vierkant hinweg, gibt ihm eine viertel oder halbe Drehung nach rechts oder links und läßt ihn dann, ohne loszulassen, auf das Vierkant zurückgehen.

Der Schnurrollenträger *y* ist um die Trommelachse drehbar und kann mittels der Flügelmutter *z* in jeder Lage festgeschraubt werden. Der Schnurrollenhalter *w* ist ebenfalls drehbar, so daß es leicht fällt, das Ganze so anzuordnen, daß die Schnur in einer der Rillen der beiden Rollen *x* läuft.

Die Papiertrommeln werden je nach Wunsch mit oder ohne Anhaltevorrichtung, oder mit Einrichtung zur Aufnahme fortlaufender Diagramme ausgeführt.

Die Kolbenfedern sind, wie Fig. 166 zeigt, doppelt gewunden, besitzen oben einen vierflügeligen Federkopf und unten eine Kugel, mit welcher sie im Kolben gelagert sind. Einseitige Reibungen des Kolbens sind dadurch so gut wie ausgeschlossen.

Fig. 166.

Der Indikator nach Richards.

Dies ist auch ein Indikator mit innen liegender Feder (Fig. 167). Er wird nur in einer Größe, nämlich mit 50 mm Trommeldurchmesser und mit dem normalen Kolben von 20,27 mm Durchmesser gebaut und ist in dieser Ausführung für Drucke bis 15 kg verwendbar.

Charakteristisch für diesen Indikator ist die Konstruktion der Geradeführung, bei welcher die großen Massen derselben ungünstig wirken und besonders die Expansionslinie des Diagrammes verzerren. Aus dem gleichen Grunde ist der Indikator nur für Maschinen von geringer Tourenzahl zu gebrauchen.

Der Indikator nach Thompson.

Dieser Warmfeder-Indikator (Fig. 168) wird in zwei Größen ausgeführt. Als kleines Modell mit einem Trommeldurchmesser von 42 mm ist er geeignet für eine Tourenzahl bis zu 600 pro Minute. Das Schreibzeug hat alsdann eine Hebelübersetzung von 1 : 3,5, während beim großen Modell mit 50 mm Trommeldurchmesser diese Übersetzung 1 : 4 beträgt, und eine Anwendbarkeit bis zu 400 Umdrehungen pro Minute vorliegt.

Der Kolben ist aus Stahl gefertigt und bewegt sich in dem Rotgußzylinder infolge des größeren Ausdehnungskoeffizienten von Rotguß selbst bei hochüberhitztem Dampf frei im Zylinder. Für die Indizierung von Dieselmotoren wird das kleine Modell mit stärkerem Schreibhebel mit einer stählernen Papiertrommel (statt einer Aluminiumtrommel) versehen; auch werden für diesen Zweck dem Instrumente drei ver-

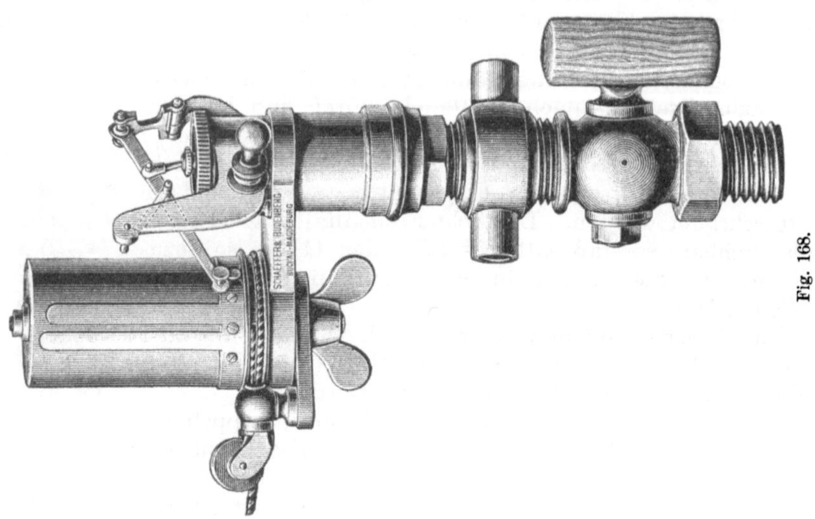

Fig. 168.

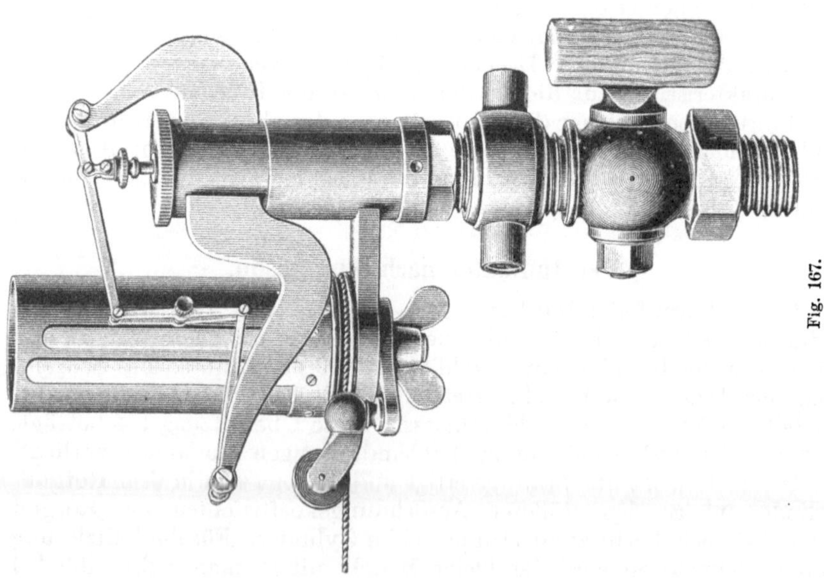

Fig. 167.

schiedene Kolben beigegeben, und zwar für Drucke bis 15 kg ein Kolben mit 20,27 mm, für Drucke bis 60 kg ein solcher mit 10,13 mm und für Drucke bis 150 kg ein Kolben mit 6,4 mm Durchmesser.

Die Schäffer- und Budenbergschen Indikatoren mit kühl liegender Feder.

Bei diesen ist die Feder auf Zug beansprucht. Der in Fig. 169 dargestellte Indikator wird in zwei Ausführungen geliefert, und zwar als Großmodell mit 50 mm Trommeldurchmesser für Maschinen bis zu 400 Umdrehungen pro Minute, und als Normalmodell mit 42 mm Trommeldurchmesser bis zu 500 Touren pro Minute gebrauchsfähig.

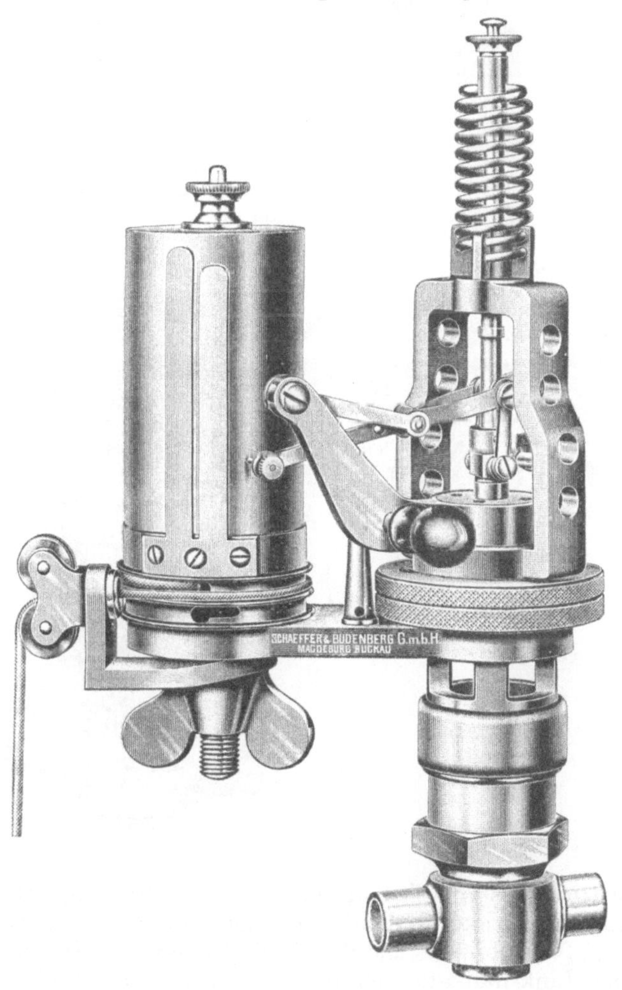

Fig. 169.

Der in Fig. 170 abgebildete Indikator ist dadurch gekennzeichnet, daß der Schreibstifthebel durch eine Gegenlenkvorrichtung hindurchgeführt ist, wodurch sich die Masse dieser Vorrichtung **auf** beide Seiten

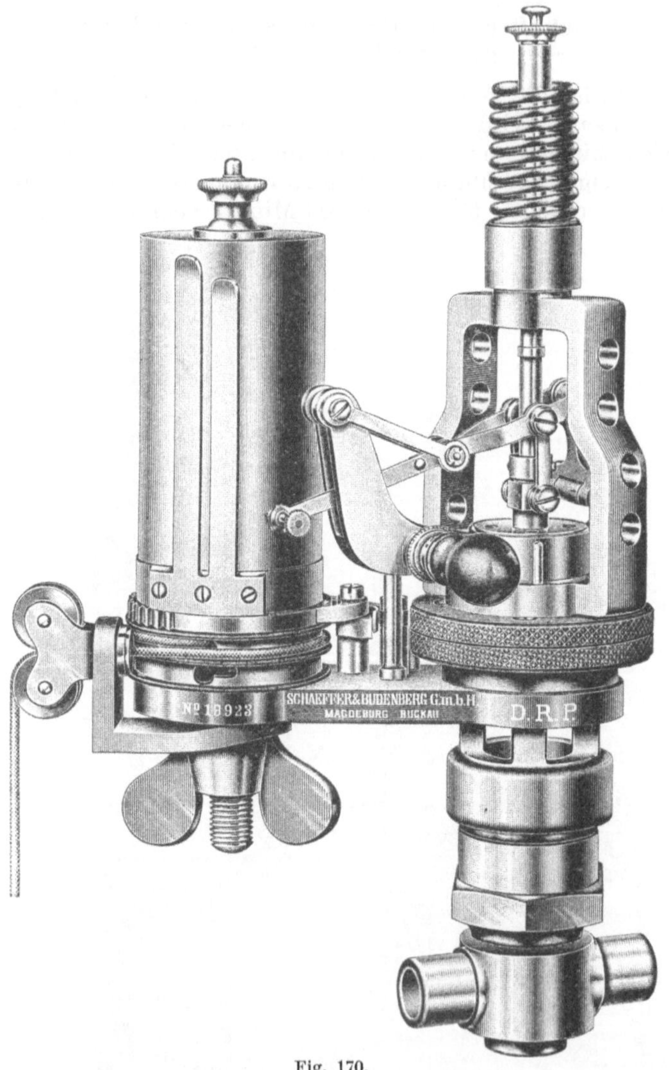

Fig. 170.

des Schreibstifthebels verteilt und eine einseitige Schwungwirkung vermieden wird. Gleichzeitig ist damit auch der Vorteil erreicht, daß durch Umsetzen des Schreibzeuges und der Papiertrommel das Instrument als Rechts- oder Linksindikator gebraucht werden kann. (Siehe Fig. 180 und 181.)

Dieser Indikator, der nicht nur für Dampfmaschinen, sondern auch für Explosionsmotore geeignet ist, wird in vier verschiedenen Ausführungen geliefert:

	Trommel- durchmesser	Umdrehung pro Minute
Großmodell	50 mm	400
Normalmodell	42 „	500
Kleinmodell 1	42 „	700
Kleinmodell 2	30 „	1000

Bezüglich der für die ev. vorkommenden Drucke zu verwendenden Kolbengrößen gilt bei beiden Indikatoren (Fig. 169 u. 170) das schon auf Seite 213 Gesagte. Zu dem Indikator Fig. 170 gehört eine Feder von besonderer Konstruktion (Fig. 171). Es ist dies eine doppelt und enggewundene Feder, die mit ihrem Fuß durch eine Verschraubung und nicht durch Lötung verbunden ist. Die Austrittsenden der beiden Windungen sind im Fuß einander gegenüber angeordnet, so daß die Feder mit einem zur Drehachse senkrechten Querschnitt aus der Verschraubung heraustritt und in diesem Querschnitt auf Zug beansprucht wird.

Was die Auswechselung der Kolbenfeder, die Herausnahme des Kolbens, das Auswechseln des Einsatzzylinders und das Abnehmen der Papiertrommel anbetrifft, so dürften hierüber die Fig. 169 und 170 genügenden Aufschluß geben.

Fig. 171.

Der Maihak-Indikator.

Dies ist ebenfalls ein Indikator mit außen, also kühl liegender Feder (Fig. 172 u. 174) und zwar ist die Feder auf Zug beansprucht. Er wird in drei verschiedenen Größen ausgeführt, nämlich:

Größe I für Maschinen bis ca. 250 Umdrehungen pro Minute.

  Größte Diagrammhöhe = 70 mm.
  Größte Diagrammlänge = 125 mm.
  Trommeldurchmesser = 50 mm.

Dieser Indikator ergibt ein großes Diagramm und ist gegeignet zur Indizierung von Dampfmaschinen mit gesättigtem und überhitztem Dampf; ferner auch für Pumpen, Kompressoren und Kältemaschinen.

Größe II für Maschinen bis ca. 500 Umdrehungen pro Minute.

  Größte Diagrammhöhe = 50 mm.
  Größte Diagrammlänge = 90 mm.
  Trommeldurchmesser = 40 mm.

Dieses Instrument empfiehlt sich zur Verwendung bei schnellaufenden Dampfmaschinen und bei Verbrennungskraftmaschinen, insbesondere auch bei Dieselmotoren.

Größe III für Maschinen bis ca. 1500 Umdrehungen pro Minute.

  Größte Diagrammhöhe = 35 mm.
  Größte Diagrammlänge = 70 mm.
  Trommeldurchmesser = 30 mm.

Diese Ausführung eignet sich für alle Schnelläufer.

Die Fig. 174 u. 175 zeigen den Indikator im Schnitt und im Grundriß. Als besonders charakteristisches Merkmal ist hervorzuheben, daß beim Maihak-Indikator das Schreibgestänge den Federträger umgibt, während beim Staus-Indikator, ebenso wie bei verschiedenen anderen Indikatoren mit außen liegender Feder, die umgekehrte Anordnung zu finden ist.

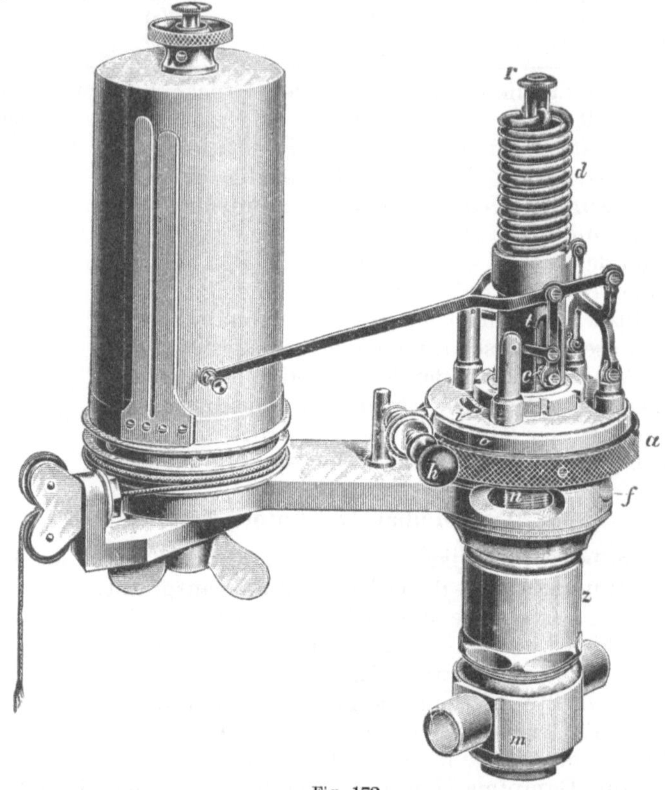

Fig. 172.

Die doppelgängige, aus einem Draht gewundene Crosby-Feder trägt an ihrem oberen Ende, welches die größte Bewegung macht, eine kleine Kugel, und diese legt sich zentrisch in den geschlitzten, oberen Drehkopf $k^1 k^2$ der Kolbenstange. Durch das Schräubchen r wird die Kugelgelenkverbindung zwischen Feder und Kolbenstange geschlossen. Durch diese Federbefestigung ist eine zentrale Druckaufnahme gesichert. Der Federträger t ist mit dem Indikatordeckel b aus einem Stück hergestellt; er enthält zwei gegenüberliegende Öffnungen t^1, durch welche ein Teil der Kolbenstange k freigelegt ist. An dieser Stelle wird mittels eines Querstiftes c das den Federträger t gegabelt umgreifende Schreibgestänge lösbar mit der Kolbenstange gekuppelt.

Wenn der Querstift c gelöst, die Feder d und das Schräubchen r abgenommen sind, kann die Kolbenstange zum Zwecke der Reinigung nach unten herausgezogen werden.

Das Schreibgestänge hat die Grundform des Crosby-Schreibzeuges mit einer Übersetzung von 1 : 6. Die drei Punkte $s^1\, c\, q$ liegen in einer Geraden. Die Gabelung des Schreibhebels l bedingt eine doppelte Lenkeranordnung, wodurch das Gestänge aber eine größere Widerstandsfähigkeit gegen seitliche Drücke erhält. Vier kurze Stahlsäulchen $s\,s^1$ tragen das Schreibzeug. Diese Säulchen sind in der gut geführten Drehscheibe O befestigt, welche durch die Griffschraube h bewegt wird. In einem Schlitze dieser Drehscheibe befindet sich der im Indikatordeckel b befestigte Stift i, der einen genügend großen Ausschlag von O und damit des Schreibzeuges gestattet.

Der Zylinderdeckel b, der unten mit einer Wärmeschutzplatte g versehen ist, wird mittels der Überwurfmutter a am Indikatorkörper befestigt. Der Rand der Überwurfmutter a ist durch einen Hartgummiüberzug gut wärmeisoliert. Solange a nicht fest angezogen ist, kann das Schreibgestänge im Kreise herumgedreht werden, wodurch der Indikator für den Rechts- und Linksgebrauch geeignet ist. (Siehe Fig. 180 und 181.)

Der Indikatorkörper a^1 hat zwei längliche Fenster f, durch welche jeder Druckbildung über dem Kolben vorgebeugt ist. Auch kann durch diese Öffnungen Öl zur Kolbenschmierung in den Zylinder eingeführt werden. Der Indikatorzylinder z^1 ist in den Indikatorkörper a^1 eingeschliffen und wird von dem in a^1 eingeschraubten Unterteil z gehalten. Wenn mittels eines Schraubenschlüssels, der auf das Sechskant x aufgesetzt wird, das Unterteil z abgeschraubt ist, kann sowohl der Zylinder z^1 als auch der Kolben e leicht ausgewechselt werden.

Der glasharte Kolben e ist aus einem Stück Stahl sehr dünnwandig hergestellt und mit drei Schmierrillen versehen. Seine Nabe ist auf das schwach konische Kolbenstangenende aufgeschliffen und durch die Schraube v lösbar befestigt. Die Nase w sichert die Arbeitslage des Kolbens, während der Anschlag n seinen Hub begrenzt. Dieser Anschlag

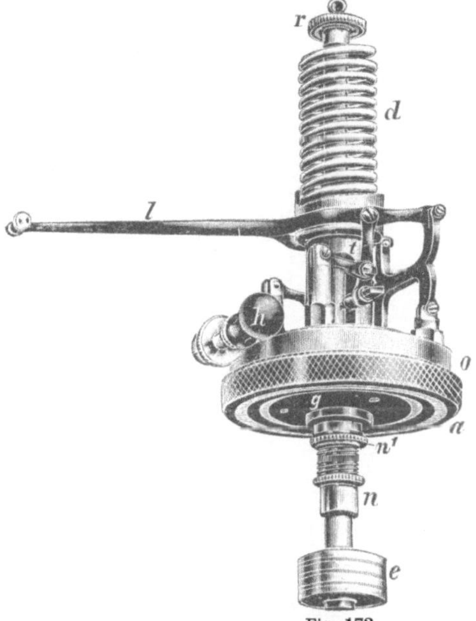

Fig. 173.

ist mit dem Deckel b verbunden, kann verstellt und durch die Gegen-
mutter n^1 gesichert werden.

Die Überwurfmutter m dient zur Verbindung des Indikators mit dem
Indikatorhahn.

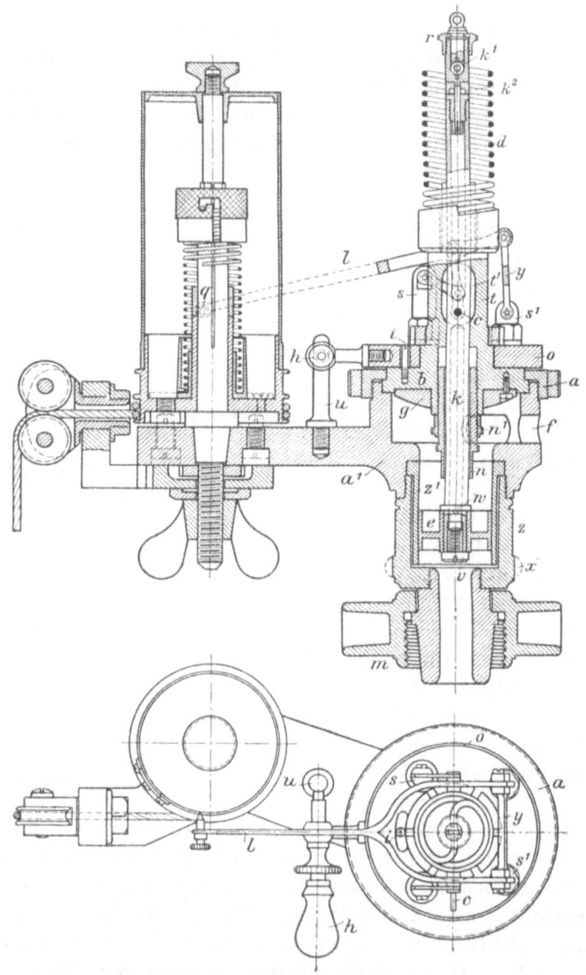

Fig. 174 und 175.

Die Papiertrommel, welche in den Fig. 176 u. 177 genauer dargestellt
ist, und zwar in der Ausführung mit Friktions-Anhaltevorrichtung, kann
durch Drehen des Schraubkopfes k (Fig. 176 u. 177) etwas gehoben oder
gesenkt und dadurch während des Ganges aus- bzw. eingerückt werden,
wobei die von den Schnurkränzen i ablaufenden Schnüre gespannt
bleiben.

Der Papierzylinder t sitzt mittels der Hülse c drehbar auf der Mutter d, welche durch Drehung der Schraube k auf dem Gewindeteil g der Spindel auf und ab bewegt werden kann.

Schraubt man k nach abwärts (Fig. 177), so wird der federnde Stift s durch Berührung mit dem Boden 2 nach unten gedrückt und springt in die Öffnung r ein. Dadurch erhält der Papierzylinder die richtige Stellung zum Papierhalter; gleichzeitig setzt sich der Konus 1 des Bodens 2 auf den Konus 3 des Federfußes f und kuppelt so endgültig den Papier-

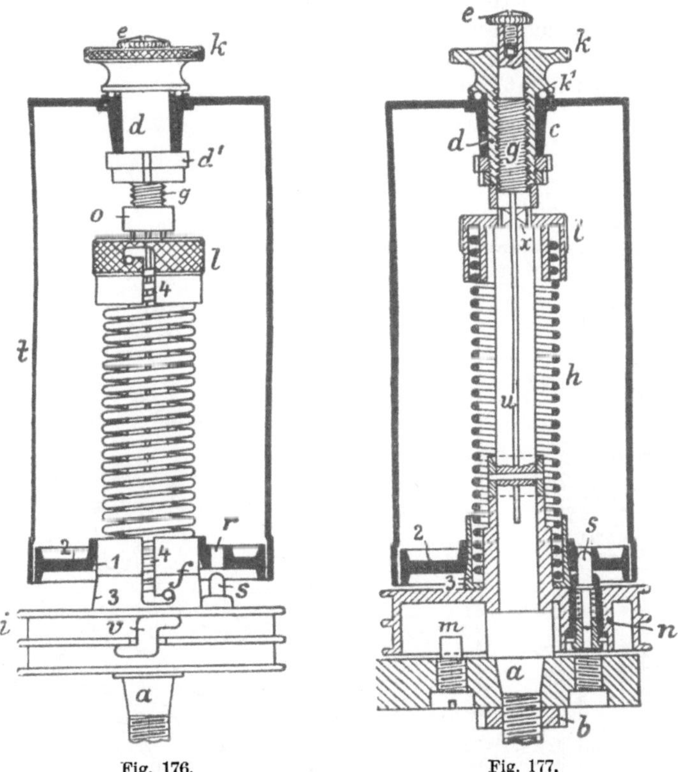

Fig. 176.   Fig. 177.

zylinder mit dem Unterteil i; t macht nun die Drehung von i mit. Die Rückdrehung von t wird durch die Schraubenfeder h bewirkt, welche in den Federfuß f und den Federkopf l mit Bajonettverschluß 4—4 eingesetzt ist.

Schraubt man k nach aufwärts (Fig. 176), so wird die Kupplung 1—3 und r—s gelöst, und der Papierzylinder steht still, während i weiterschwingt.

Soll der Papierzylinder abgehoben werden, so ist nur nötig, die Schraube e zu entfernen und die Schraube k nach oben zu drehen; man kann dann bequem die Feder h, welche mit dem Federkopfe l auf dem Vierkant x sitzt, mehr oder weniger spannen.

Um eine Beschädigung des Trommeldeckels durch zu tiefes Herabschrauben von k zu verhindern, wird über die Trommelspindel lose ein Anschlagring o geschoben, dessen Höhe so bemessen ist, daß in der Stellung Fig. 177 d an o anschlägt. Zur Vermeidung der Reibung zwischen dem Trommeldeckel und der Schraube k ist zwischen diesen beiden Teilen die Kugellagerung k^1 eingeschaltet.

Die Schmierung der unteren Gleitflächen geschieht durch die Nute u.

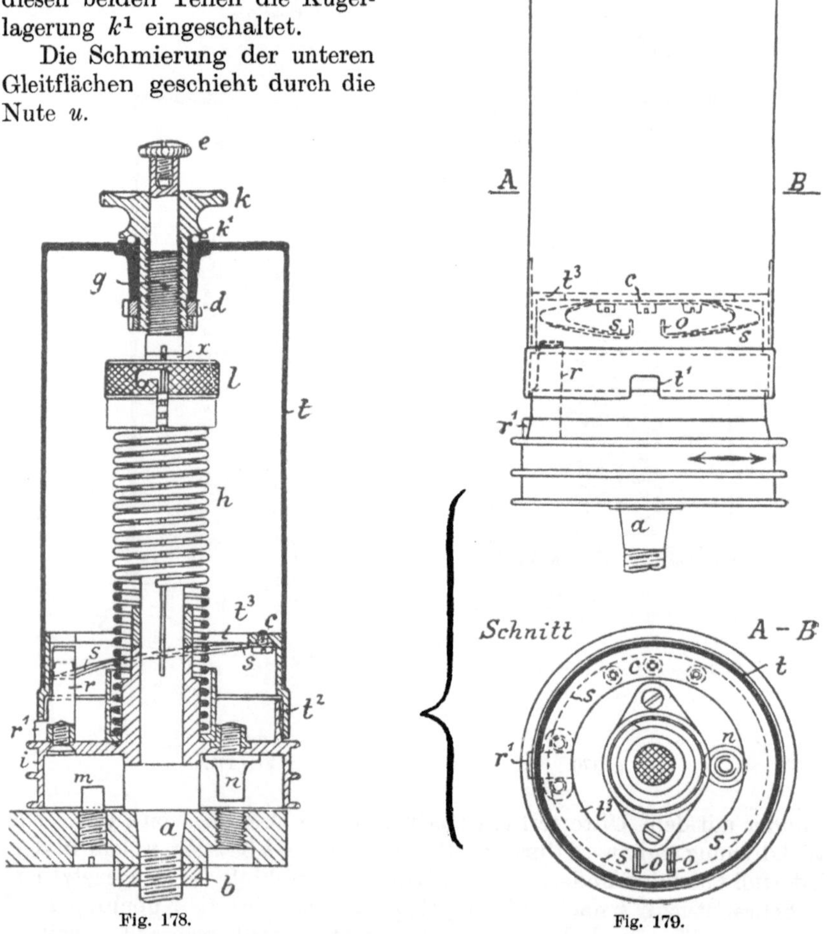

Fig. 178. Fig. 179.

Soll die Papiertrommel gegen eine andere ausgewechselt werden, so ist nur nötig, die eingekerbte Mutter b der mit Konus a eingesetzten Spindel mit einem Hakenschlüssel zu lösen.

Im Gegensatz zu dieser Friktions-Anhaltevorrichtung werden in neuester Zeit die Papiertrommeln mit einer Anhaltevorrichtung aus-

gerüstet, welche als wichtigste Teile zwei Blattfedern und eine Zahn-
kupplung enthält. Die Fig. 178 u. 179 zeigen diese Trommel in ein- und
ausgerücktem Zustande.

Das Auf- und Niederschrauben des Papierzylinders t geschieht genau
wie bei der vorher beschriebenen Trommelkonstruktion. Im Unterteil t^2
des Papierzylinders befindet sich eine Ringplatte t^3, an welcher zwei
halbkreisförmig gebogene Blattfedern s und s bei c befestigt sind. Die
Enden o dieser Federn sind nach oben gebogen; die Federn selbst sind

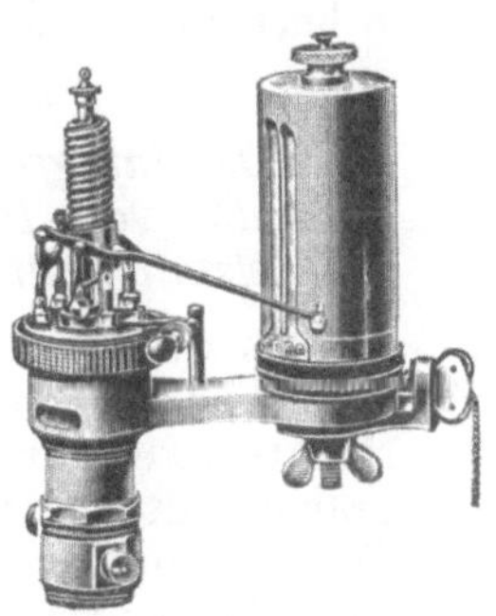

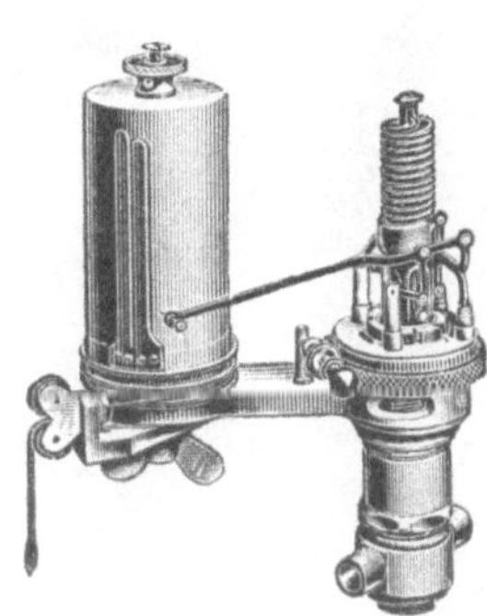

Fig. 180.　　　　　　　　　　　　Fig. 181.

so nach unten abgebogen, daß zwei federnde, schiefe Ebenen entstehen.

Der schwingende Unterteil i trägt einen mittels Schrauben befestigten
Stahlzapfen r, der bei entkuppeltem Papierzylinder die Federn $s\,s$ nicht
berührt. Wird t heruntergeschraubt, so kommt r auf den Federn zum
Schleifen, die dabei sanft eingebogen werden, bis der Zapfen r zwischen
$o\,o$ einspringt und festgehalten wird.

Dies ist eine elastische Voreinkupplung. Die endgültige, feste
Kupplung geschieht durch einen festen, mit r verbundenen Zahn r^1,
der beim Herabschrauben von t stoßfrei in die Aussparung t^1 eingeführt
wird.

Die Trommelfeder h hat dieselbe Konstruktion wie bei Fig. 176 u. 177,
sie kann hier jedoch im Durchmesser größer gehalten werden.

Der Indikator System Thompson.

Bei diesem Warmfeder-Indikator (Fig. 182) ruht das Schreibzeug auf
der Drehscheibe o; der Deckel wird durch eine wärme-isolierte Über-
wurfmutter a in gleicher Weise wie beim Maihak-Indikator befestigt; die
Fenster f ermöglichen einen Luftumlauf unter dem Deckel und eine
Kühlung der Kolbenfeder. Die Auswechselung von Einsatzzylinder und
Kolben geschieht wie beim Maihak-Indikator nach Abschraubung des
Mantels Z mittels eines auf das Sechskant x aufgesetzten Mutter-
schlüssels.

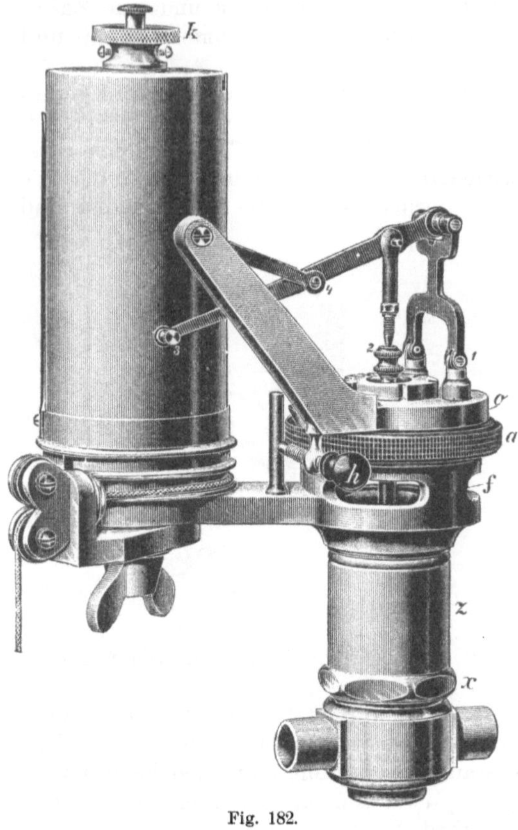

Fig. 182.

Die ebenfalls von der Firma **Maihak** ausgeführten

Crosby-Indikatoren

sind Warmfeder-Instrumente, die mit Trommeln von 30, 40 und 50 mm Durchmesser, erstere für Schnelläufer, zu haben sind.

II. Der integrierende Indikator von Böttcher. (Leistungszähler.)

Das durch den Indikator gewöhnlicher Konstruktion erlangte Diagramm läßt die Höhe der Dampfspannungen bei jeder beliebigen Stellung des Dampfmaschinenkolbens genau erkennen und dient auch dazu, Fehler aller die Arbeit des Dampfes beeinflussenden Organe der Maschine zu erkennen; endlich wird es auch benützt zur Berechnung der auf den Kolben übertragenen Arbeit des Dampfes (inditzierte Leistung). Dieses Rechnungsresultat hat jedoch nur Gültigkeit für jenen Kolbenhub, für welchen die Aufnahme des Diagrammes erfolgte, und darf nur dann auf eine längere Arbeitszeit ausgedehnt werden, wenn sowohl in der Eintrittsspannung als in dem Expansionsgrade keinerlei Änderungen notwendig werden.

Bei den meisten Maschinen wechseln jedoch die Widerstände, und es muß demnach auch die Dampfzuströmung in irgendeiner Weise reguliert werden. Hierdurch fallen die indizierten Leistungen fast für jeden Kolbenhub verschieden aus, weshalb es notwendig erscheint, will man genau über die mittlere Leistung der Maschine orientiert sein, eine große Anzahl von Diagrammen aufzunehmen und zu berechnen. Strong genommen müßte die Aufnahme ohne Unterbrechung für eine Arbeitsdauer, in welcher alle auftretenden Änderungen der Widerstände vorkommen, stattfinden. Die gewöhnlichen, allgemein in Gebrauch stehenden Indikatoren ermöglichen jedoch nur die Aufnahme eines einzelnen Diagrammes, und es bedarf einer entsprechenden Zeit, bis nach

Abnahme und Auswechselung des Papieres wieder eines erhalten werden kann.

Alle inzwischen stattgehabten, die Dampfarbeit beeinflussenden Vorfälle werden daher nicht verzeichnet, und da diese, als zufällige, nicht bekannt sind, können sie einer Berechnung oder Schätzung nicht unterzogen werden.

Aus diesem Grunde wird durch die Aufnahme einzelner Diagramme, selbst durch den gewandtester Experimentator, ein vollständig entsprechendes Endresultat nicht erreicht werden können, wenngleich bei Dampfmaschinen, die im allgemeinen gleichmäßig arbeiten, der aus einer beträchtlichen Anzahl Diagramme gerechnete, mittlere Weit der Leistung als genügend genau angenommen zu werden pflegt.

Es gibt allerdings Indikatoren, vermittels welchen ohne Unterbrechung eine mehr oder weniger große Zahl sog. fortlaufender Diagramme aufgenommen werden kann.

Die Berechnung aber einer großen Zahl derselben ist, selbst bei Anwendung eines Planimeters, umständlich, weshalb die Aufnahme fortlaufender Diagramme für den vorliegenden Zweck ebenfalls nicht vollständig geeignet erscheint; Indikatoren dieser Art sind vielmehr dazu bestimmt, ein Bild zu geben, aus welchem die Einwirkung der Veränderungen der die Dampfkraft beeinflussenden Umstände beurteilt werden kann.

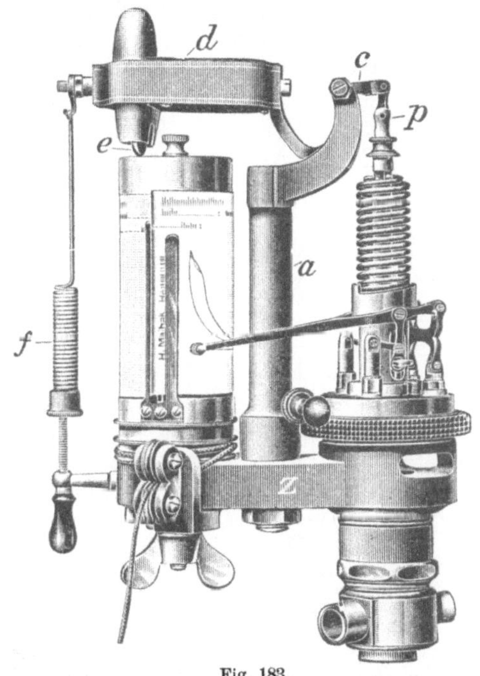

Fig. 183.

Sonach ist es wünschenswert, Indikatoren zu besitzen, mittels welchen die Leistung einer Dampfmaschine für beliebig lange Zeit, wie dies bei Versuchen zur Feststellung des Dampfverbrauches der Fall ist, mit genügender Genauigkeit und auf einfachere Weise ermittelt werden kann.

Für diesen speziellen Zweck müssen natürlich die Indikatoren in anderer Weise funktionieren wie die gewöhnlichen, und zwar derart, daß sie einen Zählapparat in Bewegung setzen, aus dessen Angaben die indizierte Leistung der Maschine berechnet werden kann.

Derartige Indikatoren werden integrierende genannt.

Der Böttchersche integrierende Indikator oder Leistungszähler hat folgende Einrichtung:

15*

Die mit dem Arme Z (Fig. 183) des Maihak-Indikators verschraubte Säule a trägt den Rahmen d, in welchem die Zählerrolle e gelagert ist. Vom oberen Punkte p der Indikatorkolbenstange aus wird durch den Winkelhebel c der Rahmen d und mit ihm die Zählerrolle e auf der Stirnfläche der Papiertrommel radial verschoben. Eine geeichte Feder f drückt die Rolle e mit einem bestimmten Adhäsionsdruck gegen die Lauffläche. Die Achse von e trägt eine Schnecke, welche die Drehbewegung auf ein einfaches Stirnräderzählwerk übermittelt. Aus der an letzterem während eines bestimmten Zeitintervalls festgestellten Ablesungsdifferenz ergibt sich direkt die in der Beobachtungszeit indizierte, mittlere Leistung der Maschine.

Die theoretischen Grundlagen des Leistungszählers mögen an der Hand der Fig. 184 abgeleitet werden.

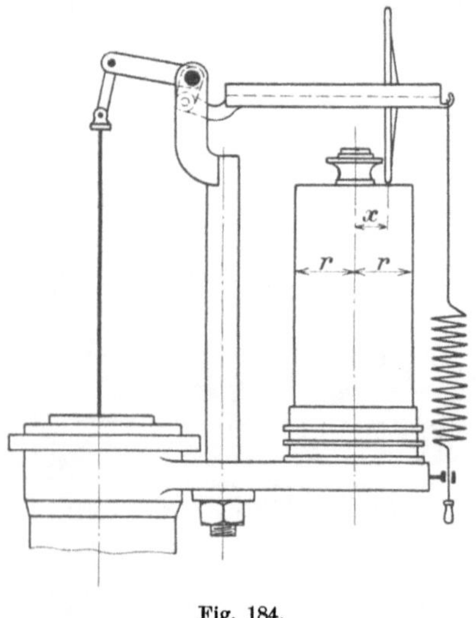

Fig. 184.

Der Weg, welchen ein Punkt des Umfanges der Papiertrommel in einer gewissen Zeit zurücklegt, ist infolge der zwischengeschalteten Hubreduktionsvorrichtung (siehe S. 231) kleiner als der in der gleichen Zeit vom Maschinenkolben zurückgelegte Weg.

Das Verhältnis dieser beiden Wege sei mit A, der Radius der Papiertrommel mit r und ein beliebiger Maschinenkolbenweg mit s bezeichnet, dann ist der diesem Wege s entsprechende Verdrehungswinkel $d\alpha$ der Papiertrommel:

$$d\alpha = A \cdot \frac{ds}{r}.$$

Befindet sich der Berührungspunkt der Zählerrolle e im Abstande x von der Achse der Papiertrommel, so ist der Umfangsbogen du, welcher sich bei der Drehung der Trommel um den Winkel $d\alpha$ abgewickelt hat, der Entfernung x proportional, also gilt die Gleichung:

$$du = x \cdot d\alpha = x \cdot A \cdot \frac{ds}{r}.$$

Die Entfernung x ändert sich wegen der Winkelhebelverbindung zwischen der Hülse d und dem Punkte p der Kolbenstange umgekehrt proportional der Änderung des indizierten Dampfdruckes p_i, also ist:

$$x = C \cdot p_i,$$

worin C eine Konstante des Apparates bedeutet; folglich wird:

$$du = C \cdot p_i \cdot A \cdot \frac{ds}{r},$$

oder:

$$du = \frac{C \cdot A}{r} \cdot p_i \cdot ds.$$

Faßt man $\dfrac{C \cdot A}{r}$ zu einer neuen Konstanten B zusammen, so ist:

$$du = B \cdot p_i \cdot ds \, .$$

Integriert man für eine bestimmte Beobachtungszeit, so erhält man

$$U = B \cdot \int p_i \cdot ds \, ,$$

d. h. der in dieser Beobachtungszeit abgewickelte Bogen U, oder auch die in dieser Zeit festgestellte Differenz z der Zählerablesungen, ist der indizierten Arbeit proportional.

Wäre diese Zeit hindurch die Maschine indiziert worden, derart, daß für jeden Maschinendoppelhub ein Diagramm zur Aufnahme gekommen wäre, und bezeichnet man den mittleren Flächeninhalt all dieser Diagramme mit f, so ist f der geleisteten Arbeit und damit auch der Ablesungsdifferenz $\dfrac{z}{n_z}$ für eine Umdrehung proportional. n_z bezeichnet die in der Beobachtungszeit gezählten Maschinenumdrehungen.

Demnach gilt:

$$f = D \cdot \frac{z}{n_z} \, ,$$

worin D wiederum eine Apparatenkonstante bedeutet.

Bezeichnet man die Länge der Basis der aufgenommenen Diagramme mit b, so ist dies auch die Länge des Schwingungsbogens, gemessen am äußeren Umfange der Papiertrommel; und ist ferner der Maßstab der verwendeten Indikatorfeder $= m$, so ergibt sich der mittlere indizierte Druck zu:

$$p_i = \frac{f}{b \cdot m} = \frac{D \cdot z}{b \cdot m \cdot n_z} \, .$$

Für die indizierte Leistung einer Dampfmaschine wird später noch die Formel abgeleitet:

$$N_i = \frac{p_m \cdot Q \cdot n \cdot s}{30 \cdot 75} \, .$$

Hierin bedeutet:

p_m = mittlerer Dampfdruck aus einem Diagramm berechnet,
Q = wirksame Maschinenkolbenfläche in qcm,
n = Zahl der Umdrehungen der Maschine pro Minute,
s = Maschinenhub in Metern.

Da Q und s konstante Größen sind, kann man setzen:

$$\frac{Q \cdot s}{30 \cdot 75} = E \, ,$$

also wird:

$$N_i = E \cdot p_m \cdot n \, ,$$

oder

$$N_i = E \cdot D \cdot \frac{z \cdot n}{b \cdot m \cdot n_z} \, .$$

Bezeichnet man die Beobachtungszeit in Minuten mit t_z, so ist

$$\frac{n_z}{n} = t_z\,; \qquad \text{also} \qquad \frac{n}{n_z} = \frac{1}{t_z}\,,$$

folglich wird:

$$N_i = \frac{E \cdot D}{b \cdot m} \cdot z \cdot \frac{1}{t_z}\,,$$

oder

$$N_i = F \cdot \frac{z}{t_z}\,,$$

nachdem man $\dfrac{E \cdot D}{b \cdot m}$ als neue Konstante F ausgedrückt hat.

Beispiel. Bei einer liegenden Auspuffmaschine beträgt

der Zylinderdurchmesser $\qquad\qquad\qquad D = 240$ mm,

der Kolbenstangendurchmesser $\begin{cases} \text{vorn:} & d_v = 45 \text{ mm,} \\ \text{hinten:} & d_h = 35 \text{ mm,} \end{cases}$

der Hub $\qquad\qquad\qquad\qquad\qquad s = 520$ mm,

die Umdrehungszahl pro Minute $\qquad n = 105.$

Bei dieser Maschine wurde der Leistungszähler 4 Minuten lang beobachtet, wobei sich eine Anfangsablesung von 642,8 und eine Endablesung von 663,5 ergab. Die in derselben Zeit festgestellte Umdrehungszahl betrug 421. Die Basis der gleichzeitig aufgenommenen Indikatordiagramme ist genau 50 mm lang; der Maßstab der verwendeten Indikatorfeder ist 4 mm = 1 kg, also ist zu setzen:

$$\text{Leistungszähler} \begin{cases} & t_z = 4 \quad \text{Minuten} \\ & n_z = 421 \qquad\;\; \text{,,} \\ \text{Endablesung} & = 663,5 \\ \text{Anfangsablesung} & = 642,8 \end{cases} \Big\}\; \text{Konstante } D = 8950$$

$$\overline{\qquad\qquad\qquad \text{Unterschied } z = 20,7 \qquad\qquad\qquad}$$

$$\begin{matrix} b = 50 \text{ mm} \\ m = 4 \text{ mm/kg} \end{matrix} \Big\}\; \text{Konstante } F = 4,56$$

Folglich:

$$\text{mittlere Diagrammfläche:} \quad f = D \cdot \frac{z}{n_z} = 8950 \cdot \frac{20,7}{421}$$

$$\mathbf{f = 440 \ qmm.}$$

Daraus folgt eine

$$\text{mittlere Diagrammhöhe:} \quad h_m = \frac{440}{50} \text{ mm}$$

$$h_m = 8,8 \text{ mm.}$$

folglich:

$$\text{mittlerer Dampfdruck:} \quad p_m = \frac{8,8}{4} \text{ kg/qcm}$$

$$p_m = 2,2 \text{ kg/qcm.}$$

Ferner ist die
mittlere wirksame Kolbenfläche $Q_m = 439{,}63$ qcm, also
die indizierte Leistung

$$N_i = \frac{p_m \cdot Q_m \cdot n \cdot s}{30 \cdot 75} = \frac{2{,}2 \cdot 439{,}63 \cdot 105 \cdot 0{,}52}{30 \cdot 75} \text{ PS,}$$

$$N_i = 23{,}5 \text{ PS.}$$

Rechnet man die Leistung direkt aus der Differenz der Zählerablesungen und der Beobachtungszeit, so ergibt sich:

$$N_i = \frac{F \cdot z}{t_z} = \frac{4{,}56 \cdot 20{,}7}{4} \text{ PS}$$

$$N_i = 23{,}6 \text{ PS.}$$

Die Hubverminderungseinrichtungen.

Der Hub der Dampfmaschine ist stets größer als der Umfang der Indikatorpapiertrommel, deshalb muß zwischen den Mitnehmer an der Dampfmaschine und den Indikatoren der bisher beschriebenen Art eine Hubverminderungseinrichtung geschaltet werden. Die Konstruktion dieser Einrichtungen muß derart sein, daß die zwischen der Kreuzkopfbewegung und der Trommelab- bzw. Aufwickelung unbedingt nötige Proportionalität nicht gestört wird.

Bei Schnelläufern, bei denen oft das Einhängen der Indikatorschnur in den Mitnehmer Schwierigkeiten verursacht, fällt der Hubverminderungseinrichtung noch die Aufgabe zu, dieses Einhängen zu erleichtern.

Ihrem Wesen nach bestehen die Hubverminderungseinrichtungen entweder in

Rollenkombinationen oder in Hebelkombinationen.

Der gebräuchlichste Rollenhubverminderer, der direkt mit dem Indikator verbunden wird, ist der in den Fig. 185 und 186 abgebildete.

Die Indikatorschnur wird auf der Aluminiumrolle R mit so viel Windungen aufgewickelt, daß ihre Gesamtlänge größer als der zu erwartende Dampfmaschinenhub ist. Das freie Ende der Indikatorschnur wird über die Führungsrolle P_1, die in dem verstellbaren Arm g_1 gelagert ist, gelegt und mit einem Messing- oder Eisenring fest verknüpft. An diesen Ring wird dann die nach dem Mitnehmer führende, mit einem Eisenhaken endigende Schnur verbunden.

Zwecks Verbindung der Hubverminderungseinrichtung mit dem Indikator löst man zunächst die Flügelmutter M_I, setzt den Arm V auf das nach unten vorstehende Ende der Papiertrommelachse und schraubt beide Teile mit der Zentriermutter M_{II} fest.

Die Rückdrehung der Rolle R geschieht durch eine kräftige Spiralfeder F, die in dem Gehäuse H untergebracht ist. Damit die einzelnen Schnurwindungen sich nicht übereinander, sondern nebeneinander auf der Rolle R aufwickeln, ist die Achse W der letzteren mit flachem Gewinde versehen; die Rolle R folgt bei Drehung den Gängen dieses Gewindes, so daß sich die Schnur in Schraubenwindungen aufwickelt.

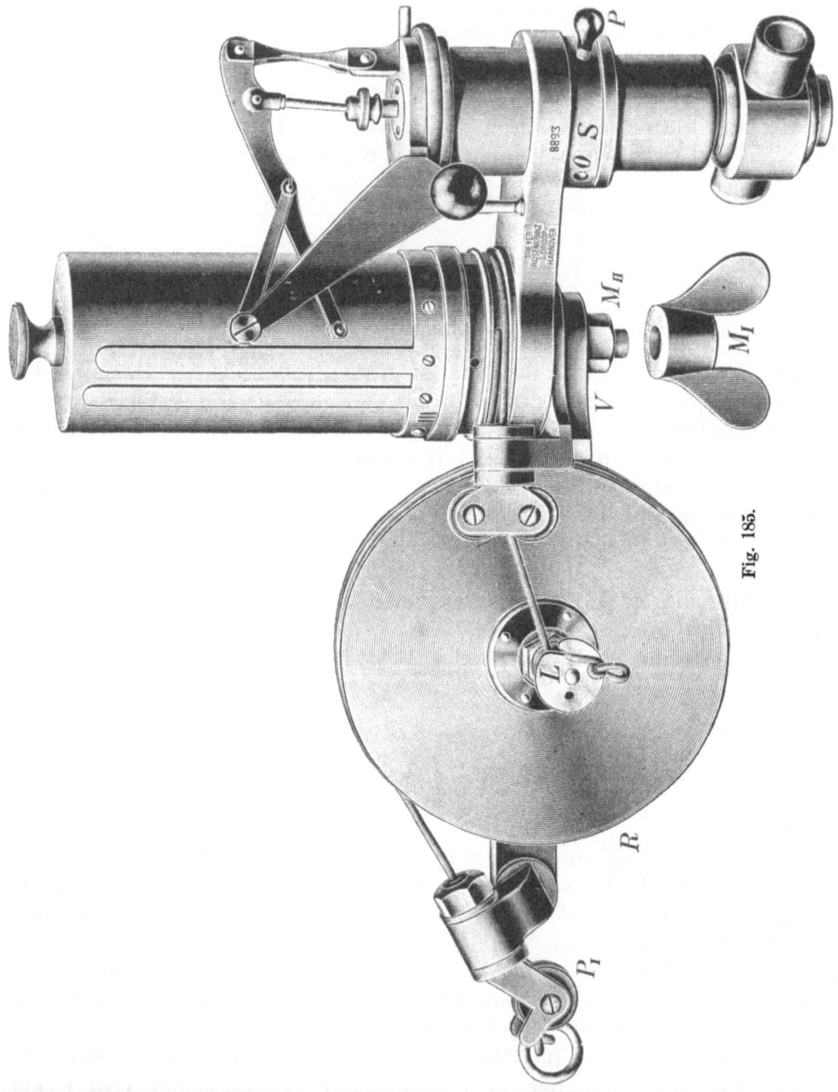

Eine Hubverminderung wird nun dadurch erzielt, daß die die Papiertrommel antreibende Schnur sich auf einer kleinen Rolle aufwickelt. Diese eigentliche Verminderungsrolle wird so über das dünnere, glatte Ende der Achse W geschoben, daß sie sich relativ zu dieser Achse nicht drehen kann, wohl aber die Drehungen der Achse bzw. der Rolle R mitmachen muß. Die von der Papiertrommel kommende Schnur wird über diese Verminderungsrolle geschlungen, im Einschnitte derselben festgeklemmt, mit ihrem Ende um die vorstehende Achse W gewickelt und schließlich mittels der geränderten Mutter L gegen die Verminderungsrolle geklemmt. Dabei soll stets darauf geachtet werden, daß die Papiertrommel noch nicht an ihrem Hubende angekommen ist, wenn der Mitnehmer in einer seiner beiden Totpunktlagen sich befindet.

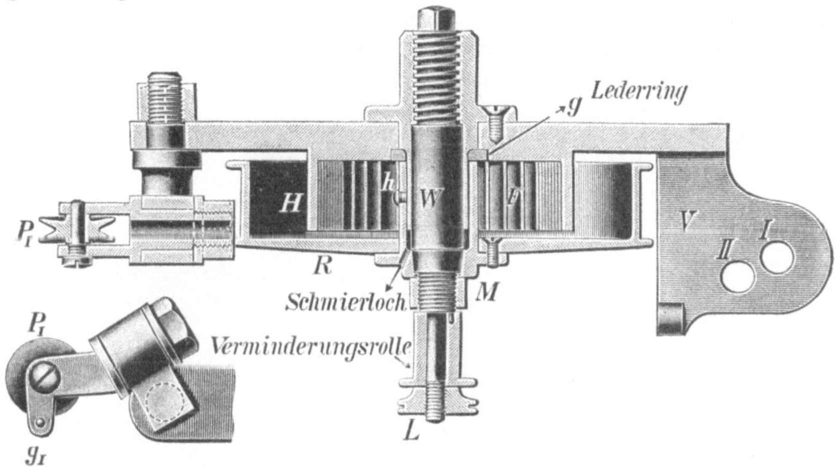

Fig. 186.

Je nachdem der Hub der zu indizierenden Maschine größer oder kleiner ist, wählt man eine Verminderungsrolle mit kleinerem oder größerem Durchmesser. Bei richtiger Wahl der Rolle ergibt sich eine Diagrammlänge von ca. 115—120 mm. Für Hübe über 1500 mm läßt man die Papiertrommelschnur direkt auf der Achse W auflaufen und klemmt ihr Ende mit einem Knoten in der Kerbe der Mutter L fest.

Der aus Fig. 186 zu erkennende Lederring g hat den Zweck, bei einem plötzlichen Reißen der nach dem Mitnehmer führenden Schnur und einem dadurch veranlaßten rapiden Rückdrehen der Rolle R ein Festbremsen der letzteren zu verhindern.

Die Hubverminderungsrolle von Maihak für hohe Tourenzahlen.

Diese Einrichtung unterscheidet sich von der vorhergehenden hauptsächlich in zwei Punkten, indem zunächst ihre Achse parallel zur Papiertrommelachse angeordnet ist, und indem ferner die die Rückdrehung bewirkende Spiralfeder in Wegfall gekommen ist. Die Rückdrehung der Rolle wird von der Papiertrommelfeder übernommen, deren Spannung dementsprechend einzustellen ist.

Die Rolle d (Fig. 187) wird mit dem geraden Arme c unter der Indikatortrommel befestigt nach Fortnahme des Schnurrollenhebels, der hier entbehrlich wird. Die Rollenspindel e ist mittels flachen Gewindes und oben und unten durch zylindrische Führungen im Körper e^1 gelagert; sie trägt unten die Aluminiumrolle d, die vermöge des Gewindes sich bei jeder Umdrehung um das Maß der Schnurdicke auf- und abbewegt, so daß ein Übereinanderlaufen der Schnur verhindert ist. Der Rollenkörper e^1 trägt ferner den Schnurführungsarm k, der im Kreise drehbar und durch die Klemmschraube k^1 in jeder gewünschten Lage festgestellt werden kann.

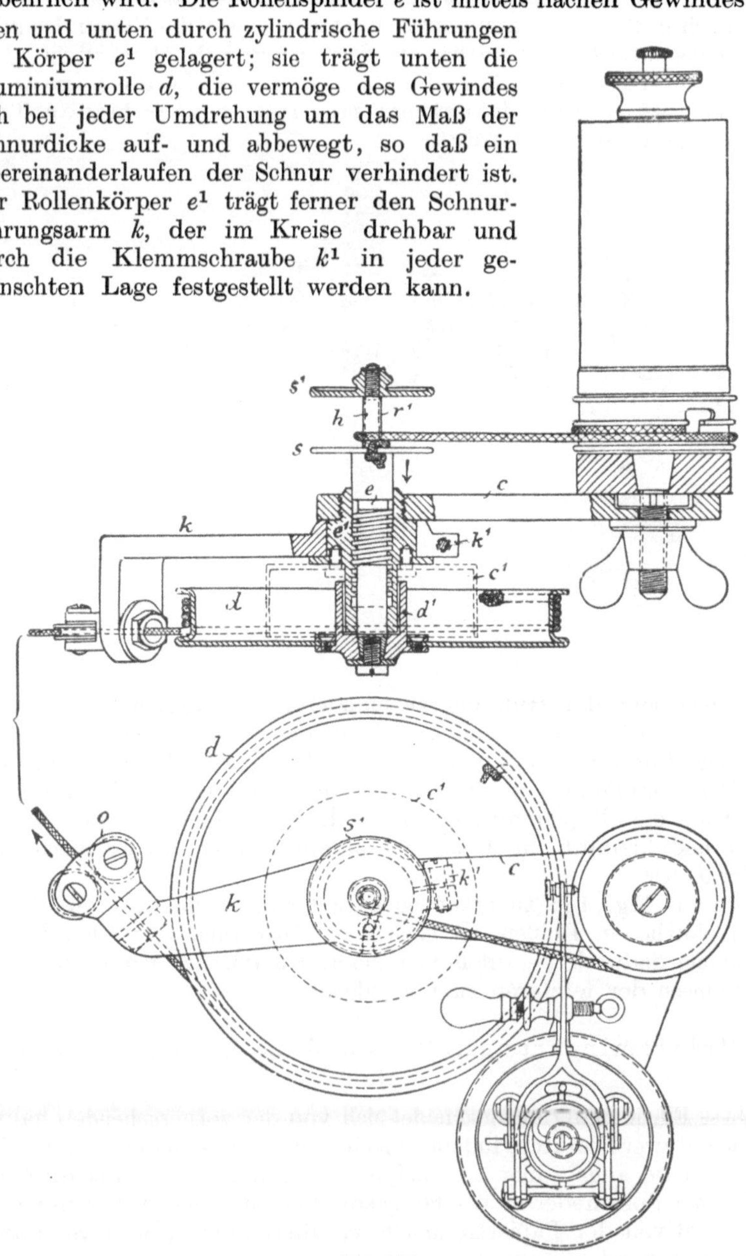

Fig. 187.

Der im Arme k gelagerte und um seine Achse drehbare Kopf enthält zwei Rollen o, zwischen denen die zum Mitnehmer gehende Schnur hindurchgeführt wird.

Nach Entfernung der am Achsenende aufgeschraubten Scheibe s^1 wird je nach dem Hube der Maschine ein entsprechend großes Röllchen r^1 auf h geschoben und mit s^1 befestigt. Die Indikatorschnur wird einmal um das Röllchen r^1 gelegt und dann mit einem Knoten in den Schlitz der Scheibe s geklemmt. Sind k und o passend eingestellt, so kann die Schnur ohne weiteres nach allen Richtungen abgeleitet werden.

Da die Schnurzugstellen annähernd gleich weit vom Tragarme c, aber zu verschiedenen Seiten desselben, abliegen, ist die Spindel e gut geführt und damit ein leichter Gang der Rolle d erzielt.

Der Hubverminderer nach Stanek.

Dies ist zwar auch ein Rollenhubverminderer (siehe Fig. 188 u. 189), unterscheidet sich aber von den vorher beschriebenen beiden Einrichtungen dieser Art dadurch, daß er nicht direkt mit dem Indikator verschraubt zu werden braucht, sondern in jeder beliebigen Lage an Fundamentschrauben, an Schrauben des Zylinderdeckels oder an irgendwelchen hervorstehenden Dornen usw. mit Hilfe des Ringes R und der drei Klemmschrauben p (Fig. 190) befestigt werden kann. In die Öffnung x dieses Ringes wird ein Stahldorn D (Fig. 188 u. 189) eingeschraubt, der zur Aufnahme des eigentlichen Hubverminderers dient. Dabei ist es gleichgültig, ob derselbe neben, unter, oder über der Maschine zu stehen kommt, weil die Leitrollen jeden beliebigen Winkel zur Ableitung der Schnüre zum Indikator und zum Mitnehmer der Maschine gestatten.

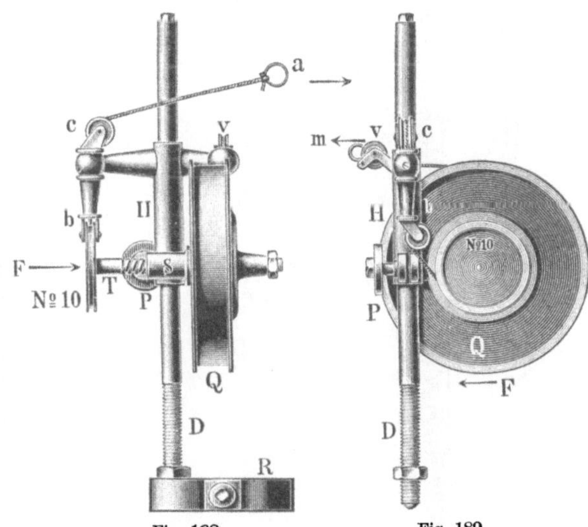

Fig. 188.   Fig. 189.

Die Hülse H wird über den Dorn D geschoben und kann durch die Klemmschraube P sowohl in der Höhe als auch in der Drehung um D innerhalb ziemlich weiter Grenzen festgehalten werden. Bei S nimmt die Hülse eine Stahlspindel T auf, die mit flachem Linksgewinde versehen ist und sich also in der Hülse S verschieben kann. Mit der Spindel T

fest verbunden ist die Trommel Q, welche die über das Röllchen v zum Mitnehmer führende Schnur aufnimmt. Wird die Trommel Q von

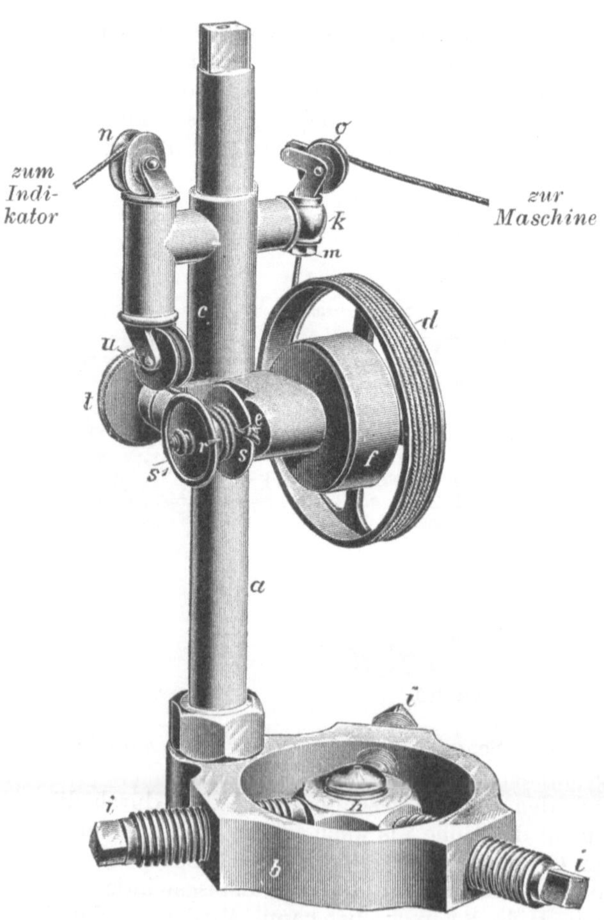

Fig. 190.

der Maschine aus bewegt, so wandert sie den Schraubengängen von T entsprechend hin und her, wodurch die Schnurwindungen sich nebeneinander aufwickeln. Die Rückdrehung der Trommel wird durch eine kräftige Spiralfeder veranlaßt. Die Breite von Q ist so bemessen, daß acht Schnurwindungen nebeneinander Platz haben, was einer Hublänge von 4 m entspricht.

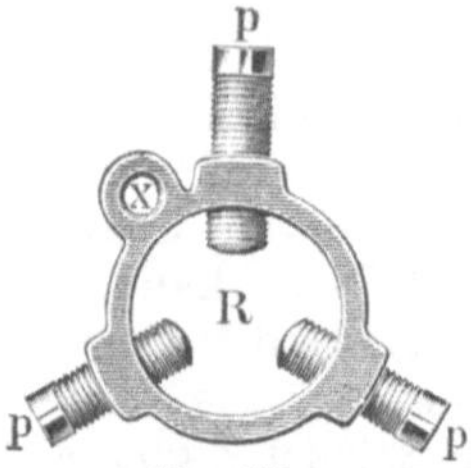

Das andere Ende der Spindel T ist mit Innengewinde versehen und dient zur Aufnahme der dem Maschinenhube entsprechend auszuwählenden, eigentlichen Verminderungsrolle. Von dieser aus führt die Schnur über die feste Leitrolle b und das bewegliche Röllchen c zur Papiertrommel des Indikators. Der Pfeil a bedeutet die Richtung zum Indikator, der Pfeil m diejenige nach der Maschine.

In Fig. 191 ist der Staneksche Hubverminderer in der Ausführung von Maihak dargestellt.

Der eigentliche Reduktor ist ähnlich wie die auf Seite 235 beschriebene Einrichtung gebaut. Die Rolle d trägt die nach dem Mitnehmer an der Maschine führende Schnur; f ist das Gehäuse für die Rückdrehfeder; im Schlitze e der Scheibe s ist der Endknoten der um das auswechselbare Röllchen r gewundenen, zum Indikator führenden Schnur festgeklemmt während

Fig. 191.

die Scheibe s^1 das Röllchen r auf der Achse der Schnurtrommel d festhält. Diese ganze Reduktionseinrichtung ist mit der Hülse c und der Klemmschraube t auf der Stahlstange a in beliebiger Lage zu befestigen.

Die vom Indikator kommende Schnur führt über das im Kreise drehbare Röllchen n und wird durch das Röllchen u auf die eigentliche Reduktionsrolle r geführt. Die zur Maschine führende Schnur wird von d aus über das Röllchen o geleitet. Letzteres ist im Kopfe k im Kreise drehbar und kann durch die Mutter m in jeder Lage festgestellt werden. Die Säule a wird

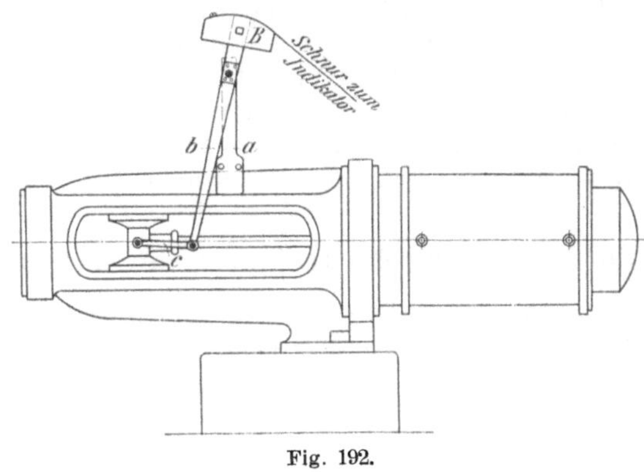

Fig. 192.

in dem Ringe b festgeschraubt, der durch drei Schrauben i mit einer Mutter h oder einem sonstigen Teile des Maschinengestells verbunden wird.

Diejenigen Hubverminderungseinrichtungen, welche in Hebelkombinationen bestehen, sind in bezug auf die Erhaltung der Proportionalität zwischen Kreuzkopfweg und Papiertrommelweg meist nicht ganz einwandfrei. Sie können daher bei Maschinen mit hoher Tourenzahl, bei denen das Ein- und Aushängen des Hakens von Hand sehr schwierig, wenn nicht ganz unmöglich ist, nur als Notbehelf angesehen werden.

Fig. 192 zeigt eine solche Einrichtung. Der Holzhebel b trägt ein ebenfalls aus Holz gefertigtes Segment B, von welchem aus die zum Indikator führende Schnur abläuft. Die Schiene a ist am Fraimen der Maschine befestigt und trägt den Drehpunkt für b.

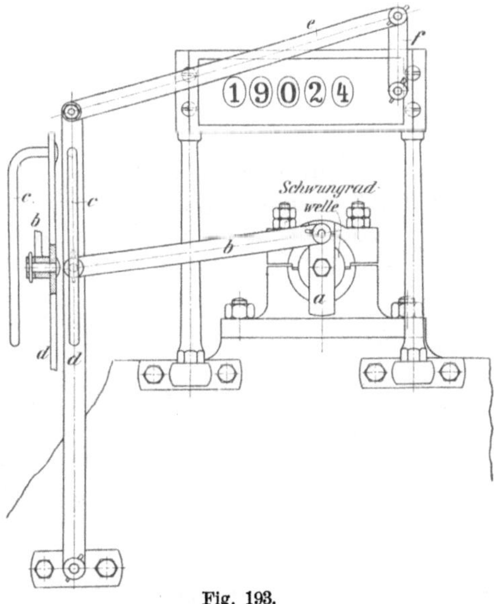

Fig. 193.

Ein am Kreuzkopfe drehbar angeordneter Lenker c setzt den Hebel b und damit auch das Segment B in schwingende Bewegung.

Eine ähnliche Einrichtung, wie sie mit Vorteil bei kleinen Gasmotoren Anwendung findet, ist in Fig. 193 abgebildet.

Von der Schwungradwelle aus wird *a* in Rotation versetzt. Der Hebel *b* gerät dadurch in schwingende Bewegung und überträgt diese auf den an einem fixen Punkte des Gestelles drehbar angeordneten Hebel *d*. Mit diesem fest verbunden ist das hakenförmig gebogene Rundstäbchen *c*, in welch letzteres die Indikatorschnur eingehängt wird. Der Hebel *d* setzt außerdem durch Vermittelung des Hebels *e* noch den Hebel *f* in schwingende Bewegung, und von letzterem aus wird der fest auf dem Gestelle des Motors montierte Tourenzähler betätigt. Sämtliche Hebel dieser Anordnung sind aus Schmiedeeisen hergestellt.

Die Anbringung des Indikators an der zu indizierenden Maschine.

Die Art der Anbringung des Indikators richtet sich nach der Bauart der Maschinen. Diese ist aber eine so vielfältige, daß es unmöglich ist, alle vorkommenden Fälle hier zu behandeln. Große Dampfmaschinen werden gewöhnlich mit einer vollständigen Einrichtung zum Indizieren geliefert. Für kleinere Maschinen können folgende allgemeine Regeln aufgestellt werden:

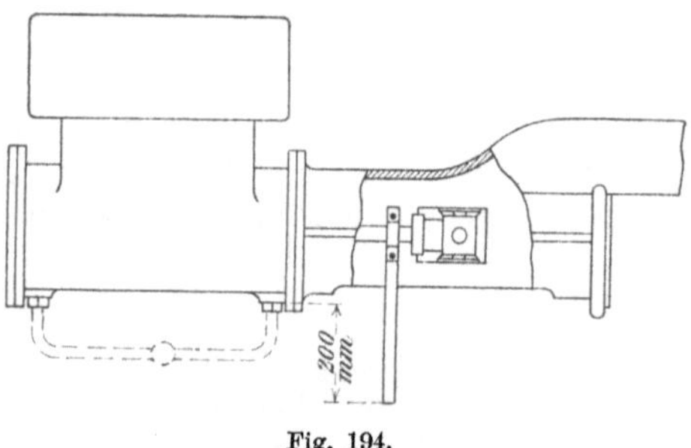

Fig. 194.

Die meisten Dampfzylinder sind an beiden Enden mit Anbohrungen versehen, welche zum Einschrauben der Indikatorhähne dienen. Diese Anbohrungen sind entweder durch Kopfschrauben verschlossen (Fig. 194) oder sie enthalten bereits die Indikatorhähne (Fig. 195).

Diese Anbohrungen im Zylinder sollen dasjenige Gewinde haben, für welches die zur Verwendung kommenden Indikatorhähne eingerichtet sind. Gewöhnlich findet man bei letzteren $^3/_4''$ engl. oder $1''$ engl. Gewinde. Paßt aber das Gewinde des Indikatorhahnes nicht in dasjenige der Anbohrung, so müssen Zwischenstücke nach Fig. 196 angefertigt werden. Ist eine Maschine noch nicht mit Indikatorhähnen ausgerüstet, so empfiehlt es sich, dieselben für beständig an der Maschine anzubringen, da alsdann bei Vornahme eines Indikatorversuches die Anbringung und Abnahme der Instrumente keinerlei Störung im Betriebe verursacht. Am besten ist es, solche Hähne zu

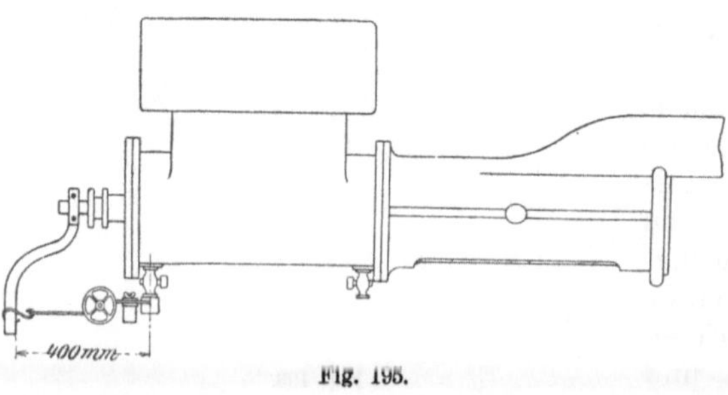

Fig. 195.

nehmen, welche oben die konische Normalbohrung und Außengewinde
für die Muffenmutter des Indikators tragen, so daß letzterer ohne
weiteren Zwischenhahn aufgeschraubt werden kann. Um Unfälle durch
unbefugtes Öffnen der Indikatorhähne in Zeiten, wo die Maschine nicht
indiziert wird, zu vermeiden, schraubt man auf das
Außengewinde der Hähne eine Überwurfmutter.

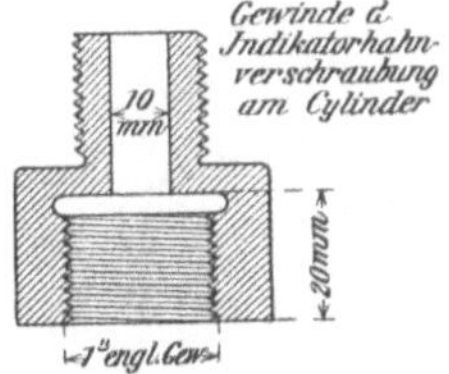

Fig. 196.

Haben die Dampfzylinder alter Maschinen keine
Verschraubungen für Indikatorhähne, so müssen
entweder die Zylinderdeckel angebohrt und mit
Kniestutzen (Fig. 197), welche oben 1″ engl. Mut-
tergewinde erhalten, oder mit Winkelhähnen versehen werden. Die Kniestutzen müssen mindestens
10 mm Bohrung haben und in der Länge so be-
messen sein, daß der Indikator über den Rand des Zylinderflansches
zu stehen kommt. Unnötige Länge und scharfe Winkel sind zu vermeiden. Ist aber bei der Bauart der Maschine das Einschrauben solcher
Kniestutzen in den Zylinderdeckel nicht ausführbar, so sind an den

Zylinderenden seitliche Anbohrungen vorzunehmen und geeignete Zwischenstutzen zur Aufnahme der Indikatorhähne ein-
zuschrauben, wie aus Fig. 198
zu ersehen ist. Die Stelle der
Durchbohrung muß aber so
gewählt werden, daß sie nicht
durch die Kolbenringe bei den
äußersten Stellungen des Kolbens verdeckt oder abgeschlossen wird (Fig. 198). Um dies

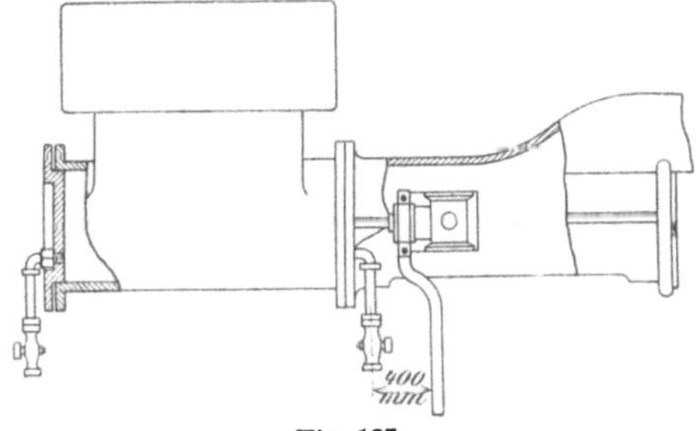

Fig. 197.

zu erreichen, fällt in vielen Fällen die Einbohrung zum Teil in den
Flansch des Zylinders. Hat der Zylinder einen Dampfmantel, so ist
dies bei den Anbohrungen zu beachten.

Die Indikatoren können senkrecht oder wagrecht, oder in jeder Zwi-
schenlage angeordnet werden,
müssen aber mit wenig Aus-
nahmen parallel zueinander
stehen.

Mehrfach ist noch die Anordnung zu finden, daß von den
Anbohrungen K, K (Fig. 199a)
der Zylinderenden Rohrleitungen
nach einem in der Mitte der
Zylinderlänge befindlichen Drei-

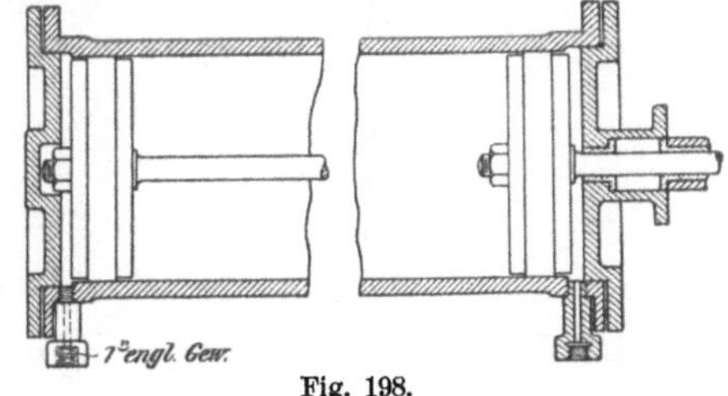

Fig. 198.

weghahne D führen (in Fig. 194 punktiert eingezeichnet), der alsdann zur
Aufnahme eines Indikators R eingerichtet ist, der durch die Schnur s
von dem im Kreuzkopfe eingeschraubten Mitnehmer a angetrieben
wird. Durch entsprechende Umstellung des Hahnes D (Fig. 199b)

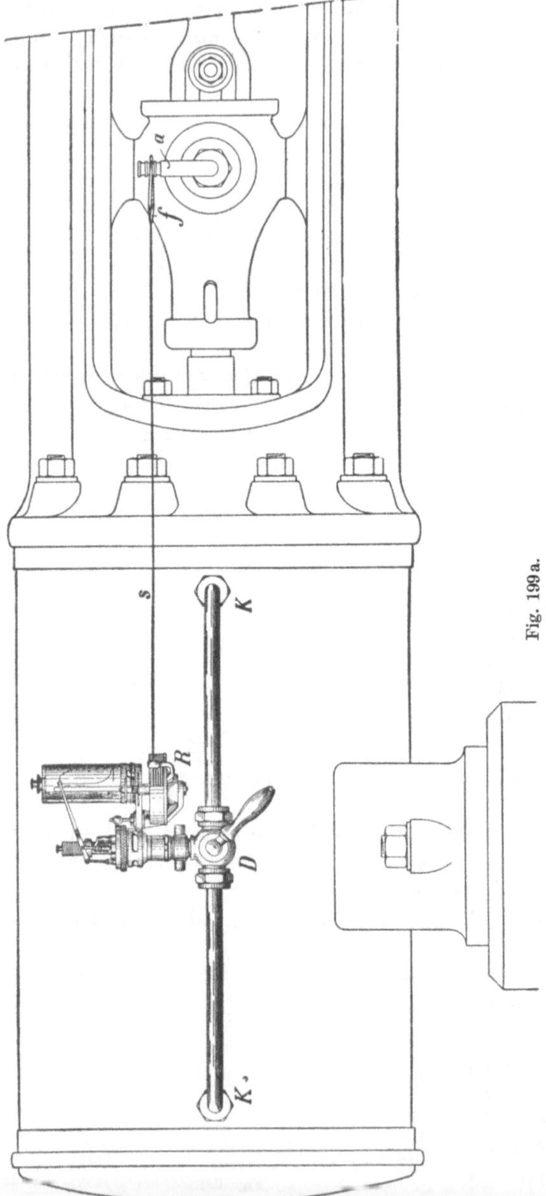

können dann die Diagramme beider Zylinderseiten auf ein einziges Diagrammblatt gezeichnet werden. Abgesehen davon, daß hiermit die Übersichtlichkeit über den Verlauf der einzelnen Diagrammlinien etwas leidet, kommen durch besagte Anordnung der Rohrleitung zum Indikator — auch wenn diese Leitung noch so gut isoliert ist — Fehler in das Diagramm, die leicht zu Trugschlüssen Veranlassung geben können. (Siehe Abschnitt: Fehlerhafte und richtige Diagramme.)

Die Papiertrommel des Indikators muß eine der Bewegung des Dampfmaschinenkolbens proportionale Bewegung machen. Zu diesem Zwecke wird die zum Antriebe der Papiertrommel dienende Schnur an einem Mitnehmer befestigt, der entweder mit dem Kreuzkopfe oder der Kolbenstange der Dampfmaschine fest verbunden ist.

Dieser Mitnehmer wird entweder aus Flacheisen hergestellt (Fig. 200 bis 202) und mittels Schelle an der Kolbenstange (Fig. 200 und 201) oder am Kreuzkopfe (Fig. 202) befestigt, oder er wird aus Rundeisen hergestellt und in den Kreuzkopf eingeschraubt (Fig. 203—205).

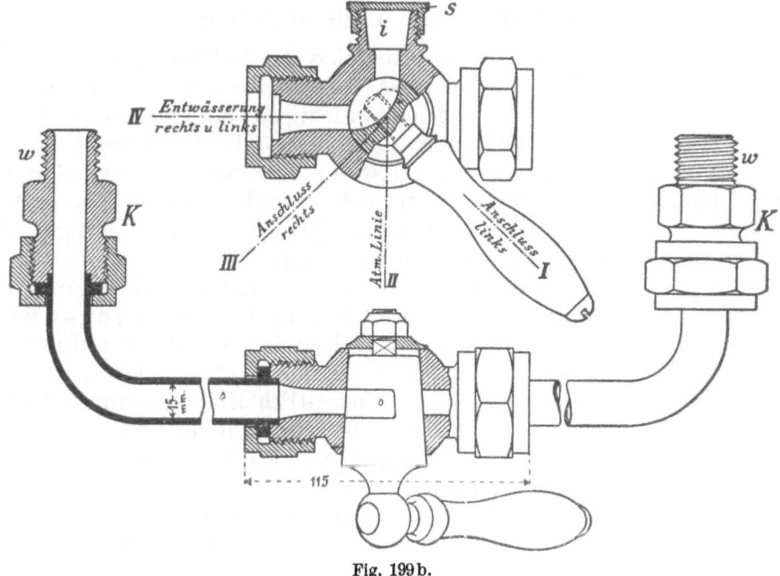

Fig. 199 b.

Der Mitnehmer mit Schelle ist jedoch vielfach vorzuziehen, da derselbe durch Drehung in jede für die Lage des Indikators am besten passende Stellung gebracht werden kann.

Bei kleineren Maschinen ist der Mitnehmer zu kröpfen (Fig. 195 und 107), damit derselbe bei der äußersten Stellung mindestens noch 400 mm Abstand vom Indikatorhahne hat.

Befinden sich die Indikatorverschraubungen oben auf dem Rücken des liegenden Dampfzylinders, so macht die Form der Kreuzkopfführungen es gewöhnlich nötig, dem Mitnehmer die in Fig. 202 aufgeführte Gestalt zu geben.

Die Länge des Mitnehmers ist so zu bemessen, daß sein Ende ungefähr 200 mm über die Verschraubung am Zylinder hinausragt (Fig. 194).

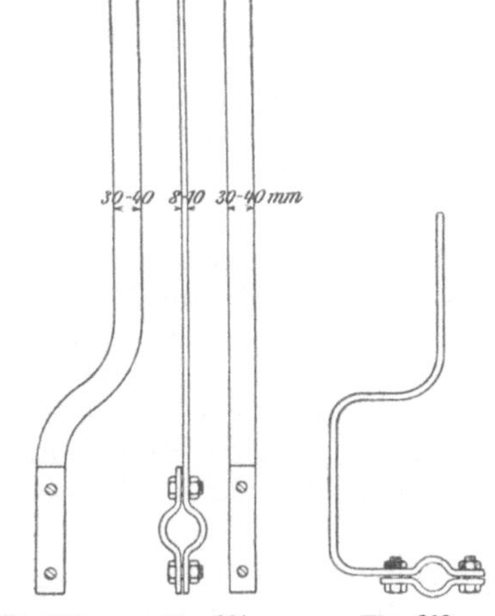

Fig. 200.   Fig. 201.   Fig. 202.

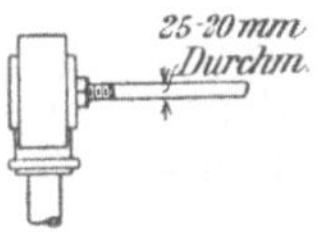

Fig. 203.

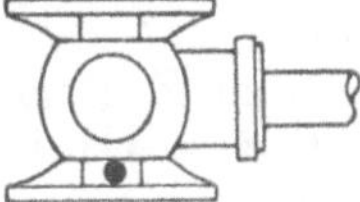

Fig. 204.

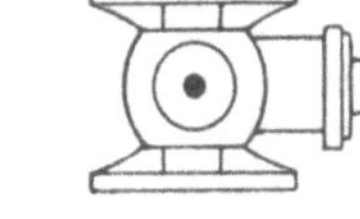

Fig. 205.

Die Prüfung der Indikatorfedern.

Die Kenntnis des genauen Maßstabes der Indikatorfedern ist zur richtigen rechnerischen Auswertung der aufgenommenen Indikatordiagramme unerläßlich. Vor jedem wichtigen Indikatorversuche ist daher eine erneute Feststellung resp. Kontrolle des Maßstabes der zur Verwendung kommenden Indikatorfedern auszuführen. Da sich die Indikatorfedern durch öfteren Gebrauch verändern, so ist eine solche Kontrolle in gewissen Zwischenräumen für jede in regelmäßiger Benutzung befindliche Indikatorfeder angezeigt.

Der Verein deutscher Ingenieure hat im Einvernehmen mit der Physikalisch-Technischen Reichsanstalt folgende Bestimmungen über die Feststellung der Maßstäbe für Indikatorfedern aufgestellt.

1. Jeder Indikator, dessen Federn geprüft werden sollen, ist vorher auf seinen Zustand, insbesondere hinsichtlich Kolbenreibung, Dichtheit und auf toten Gang des Schreibzeuges zu untersuchen.

2. Die Indikatorfedern sind durch Gewichtsbelastung zu prüfen.

3. Die Federn sind in Verbindung mit dem Schreibzeug zu prüfen.

4. Jede Feder, die beim Gebrauch des Indikators höhere Temperaturen annimmt, ist im allgemeinen kalt und warm, und zwar bei etwa 20° C (Zimmertemperatur) und bei 100° C zu prüfen.

5. Die Federn sind mit mehrstufiger Belastung zu prüfen, und zwar in mindestens 5 Stufen oberhalb der atmosphärischen Linie und in wenigstens 3 Stufen unterhalb derselben. In den Prüfschein sind alle Einzelwerte der Untersuchung aufzunehmen.

6. Der Durchmesser des Indikatorkolbens wird bei Zimmertemperatur gemessen.

Die Prüfung der Indikatorfedern kann geschehen:

A. durch Flüssigkeitsdruck, und zwar, indem man den Indikatorkolben   1. in kaltem,
                                            2. in warmem Zustande belastet.

Die Kommission, welche die Bestimmungen über die Feststellung der Maßstäbe für Indikatorfedern ausarbeitete, hat es für geboten erachtet, von diesen zwei Prüfungsmethoden abzusehen, und zwar von 1., weil nach Versuchen der Physikalisch-Technischen Reichsanstalt nur unter gewissen Voraussetzungen und nur für stärkere Federn bei Drücken über 2 kg/qcm korrekte Resultate zu erwarten sind; von 2., weil es schwer ist, die Indikatorfeder längere Zeit auf einer gewissen konstanten Temperatur zu erhalten. Beide Methoden ergeben aber bei gewissenhafter Durchführung brauchbare, wenn auch nicht wissenschaftlich exakte Resultate, deshalb sollen sie hier behandelt werden.

B. durch Gewichtsbelastung, und zwar, indem man den Indikatorkolben   3. in kaltem
                                            4. in warmem Zustande belastet, oder
indem man die Indikatorfeder allein, also ohne Kolben,
                                            5. in kaltem
                                            6. in warmem Zustande belastet.

Bei der Berechnung des Federmaßstabes muß der Durchmesser des Indikatorkolbens genau festgestellt und etwaige Abweichungen von 20 mm berücksichtigt werden.

A. Prüfung durch Flüssigkeitsdruck.

1. Der Indikatorkolben wird in kaltem Zustande belastet.

Hierzu kann eine Einrichtung verwendet werden, wie sie von Dreyer, Rosenkranz & Droop, Hannover, hergestellt wird, und wie sie in Fig. 206 abgebildet ist.

Ein Preßzylinder von geringem Durchmesser ist mit Glyzerin gefüllt. Der Indikator wird mit der zu prüfenden Feder bei J aufgeschraubt. Ein massiver Kolben K von 20 mm Durchmesser (also gleich dem gewöhnlichen Durchmesser der Indikatorkolben) taucht in den Preßzylin-

der. Der zu einer Stange ausgebildete obere Teil des Kolbens K_1 kann mit Gewichten G belastet werden, von denen jedes dem Drucke von 1 kg auf 1 qcm entspricht. Ein Manometer F mit doppelter Skala dient zur Kontrolle der durch Auflegen von Gewichten G geschaffenen Belastung.

Man belastet nun, von der Belastung Null ausgehend, die Feder fortschreitend von kg zu kg (für je 1 qcm Kolbenfläche) bis zur Höchstlast, für welche die Feder überhaupt bestimmt ist. Das Maß der Zusammendrückung der Feder erhält man, indem man nach jedesmaliger Änderung der Belastung,

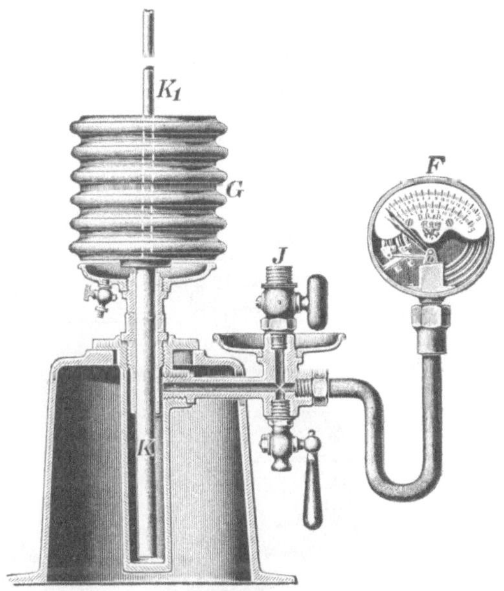

Fig. 206.

also nach jedesmaligem Auflegen eines Gewichtes G den Indikatorhahn J öffnet, den Indikator-Schreibstift leise gegen die Papiertrommel drückt und diese von Hand aus in Bewegung setzt. Dabei darf nie versäumt werden, daß der Kolben K vor dem Andrücken des Schreibstiftes mit der Hand gedreht wird, weil dann erst die Reibung vom Kolben K überwunden ist, und der volle Belastungsdruck auf das Manometer F und den Indikatorkolben übertragen wird.

Man kann bei der Prüfung auch den umgekehrten Weg einschlagen, indem man den Kolben K zuerst mit der Höchstlast der Feder beschwert und dann durch Abnahme von Gewichtsstücken G die Be-

lastung fortschreitend von kg zu kg (für je 1 qcm Kolbenfläche) verkleinert.

Man kann also eine Indikatorfeder mit der beschriebenen Prüfungseinrichtung, ebenso wie mit allen noch zu beschreibenden Einrichtungen
dieser Art, durch Belastung und durch Entlastung prüfen. Die dabei
erhaltenen Systeme von Parallellinien sollen fernerhin als Eichdiagramme bezeichnet werden.

2. Der Indikatorkolben wird in warmem Zustande belastet.

Diese Prüfung könnte am einfachsten erfolgen, indem man den Indikator direkt an einem Dampfkessel anschraubt. Die Vorteile dieses Verfahrens bestehen darin, daß man während der Prüfung Temperatur-
verhältnisse im Indikator herbeiführen kann, die annähernd denen entsprechen, die beim Gebrauche des Indikators an der Dampfmaschine

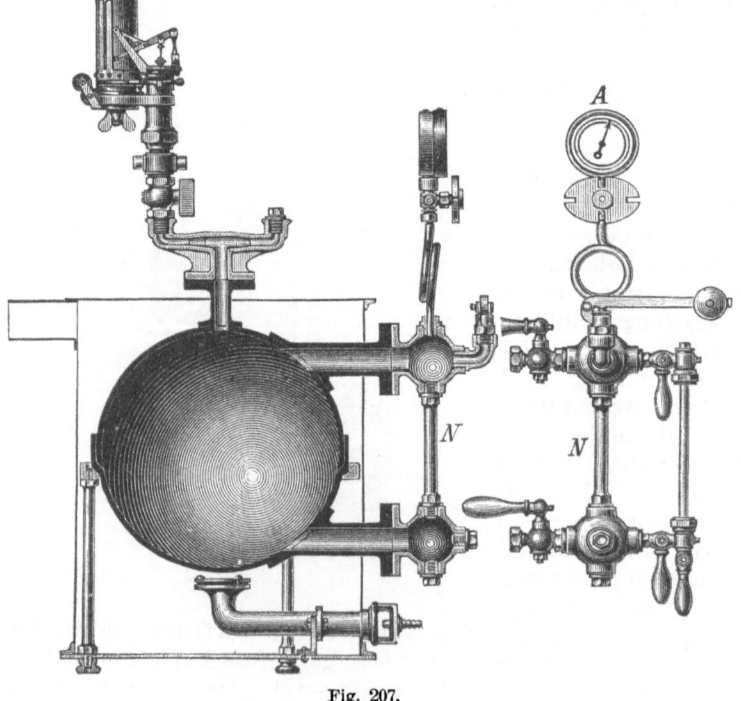

Fig. 207.

sich vorfinden, daß ferner die Belastung des Indikatorkolbens sich ganz
gleichmäßig über dessen Fläche verteilt, und daß man gleichzeitig
Indikatoren verschiedener Konstruktion und mit verschiedenen Kolben-
durchmessern prüfen kann.

Als Nachteil des Verfahrens fällt wohl der Umstand am meisten ins
Gewicht, daß man mit der Bemessung des Prüfungsdruckes in Rück-

sicht auf den Betrieb an sehr enge Grenzen gebunden ist. Durch Anschaffung eines nur zur Federprüfung dienenden kleinen Kessels ist man auch von dieser Kalamität befreit.

Die Firma Dreyer, Rosenkranz & Droop, Hannover, fertigt zu genanntem Zwecke einen kupfernen Kessel an, mit 300 mm Durchmesser und für Dampfdruck bis 20 Atm. benutzbar.

Wie Fig. 207 zeigt, ist dieser Kessel zur Aufnahme zweier Indikatoren eingerichtet und mit vollständiger Armatur, als Wasserstandszeiger (N) mit Füllhahn, Sicherheitsventil, Gasheizung, sowie mit Doppelkontrollmanometer (A) versehen. Das Ganze ist zum Schutze mit einem Blechmantel umkleidet.

Der Bayerische Revisionsverein verwendet eine Einrichtung[1]), wie sie in Fig. 208 abgebildet ist. Ihr Hauptbestandteil ist ein kleiner kupferner, für 12 Atm. gebauter Dampfkessel mit Gasheizung. Der Indikator wird direkt an denselben angeschraubt und mit Dampfdruck geprüft. Zur Beobachtung des Druckes wird ein mit dem Kessel in Verbindung stehendes, zuverlässiges Kontrollmanometer verwendet. Die Prüfung geschieht in folgender Weise: Man heizt zunächst auf den höchsten zulässigen Druck der zu prüfenden Feder und läßt dann den

Fig. 208.

Druck sinken, während man von Atmosphäre zu Atmosphäre Diagrammlinien (Gerade) schreibt. Natürlich kann man auch bei steigendem Dampfdrucke prüfen. Damit der Dampfdruck beim Öffnen des Indikatorhahnes nicht zu stark zurückgeht, darf der Kupferkessel nicht zu klein gewählt werden. Den Indikatorhahn längere Zeit vor Erreichung des beabsichtigten Prüfungsdruckes zu öffnen und zu warten, bis der gewünschte Druck erreicht ist, ist nicht empfehlenswert, da hierdurch die Erwärmung der Indikatorfeder viel weiter getrieben wird als beim

---

[1]) Siehe Jahrg. 1901 der Zeitschr. d. Bayer. Rev.-Vereins.

Indizieren an der Dampfmaschine. Der Indikatorhahn soll daher erst kurz vor Eintritt des Prüfungsdruckes geöffnet und nach dem Ziehen der Diagrammlinie sofort wieder geschlossen werden.

B. Prüfung durch Gewichtsbelastung.

3. Der Indikatorkolben wird in kaltem Zustande belastet.

Die Prüfungseinrichtung des Bayerischen Revisionsvereins.

Diese Einrichtung ist in den Fig. 209 und 210 dargestellt, und zwar zeigt die Fig. 209 die Feststellung des Druck-, Fig. 210 die Feststellung des Vakuummaßstabes. Für die kalte Prüfung ist natürlich der in beiden Figuren abgebildete Dampfkessel nicht erforderlich.

Man schraubt den Indikator mit der zu prüfenden Feder an das Gestell an, befestigt die Gewichtsaufhängevorrichtung am Schreibzeuge und belastet mit den Gewichten, welche so bemessen sind, daß jedes derselben bei einem Kolbendurchmesser von 20 mm einer Federbelastung von 1 kg/qcm entspricht.

Die Universal-Prüfungseinrichtung von Rosenkranz.

Bei denjenigen Prüfungseinrichtungen, die ein Anwärmen des Indikators durch Dampf ermöglichen, ergeben sich durch das unvermeidlicherweise zur Entstehung kommende Kondenswasser mancherlei Störungen und Unbequemlichkeiten. Auch gibt das bei den meisten Einrichtungen nötige Wechseln der Indikatorstellung für die Prüfung bei Vakuum und bei Druck leicht die Veranlassung zu Fehlern.

Diese Übelstände zu beseitigen und eine möglichst genaue Untersuchung zu gewährleisten, ist der Zweck der Rosenkranzschen Einrichtung. Sie besteht, wie die Fig. 211 zeigt, aus einer Säule S, die mit Hilfe von drei Fußschrauben und eines an der Rückseite der Säule befindlichen Lotes genau senkrecht eingestellt werden kann. Der Indikator wird bei J an den hohlen Querarm aufrecht aufgeschraubt und behält diese Stellung bei allen Prüfungsarten. Ein auf Schneiden gelagerter Wagebalken H trägt links ein Gehänge 1, welches durch die Zange P mit der Indikatorkolbenstange verbunden ist, während die rechte Seite des Wagebalkens bei 2 eine Stange N mit Belastungsgewichten G trägt.

Jedes dieser Gewichte ist so bemessen, daß es für einen Durchmesser des Indikatorkolbens von 20 mm eine Belastung von 1 kg/qcm repräsentiert, nur das zuerst aufzulegende Gewicht ist leichter und gibt erst mit der Stange N zusammen diese Belastung.

Für kleinere Belastungsintervalle, und besonders für die Prüfung auf Vakuum werden dem Apparate noch Gewichte für je 0,1 kg/qcm Kolbenbelastung beigegeben.

Diese Belastung der Feder auf Vakuum geschieht, wie in Fig. 211 punktiert eingezeichnet ist, direkt, d. h. ohne Wagebalken, indem die Indikatorkolbenstange mit einem nach unten hängenden Bügel B (Fig. 211 und 212) verbunden wird und die Gewichte G_1 auf ein an diesen

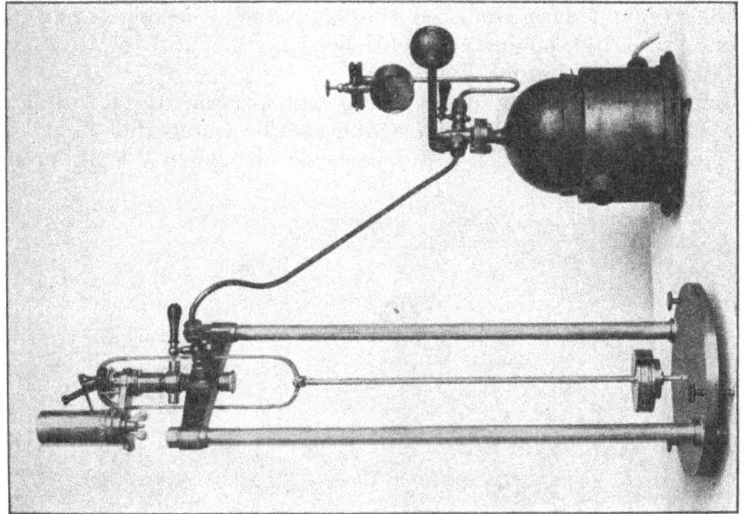

Fig. 210.

Fig. 209.

Bügel angehängtes Stängelchen geschoben werden. Der Vorteil dieser
Einrichtung besteht darin, daß die Diagramme für Überdruck und Vakuum auf e i n Diagrammblatt geschrieben, also auf nur e i n e Atmosphärenlinie bezogen werden können.

Die Dampfzuführung bei der Prüfung mit angewärmtem Indikator
erfolgt bei D durch ein Schraubenregulierventil. Durch das Ventil D_1
und das Röhrchen R fließt das Kondenswasser ab. Beide Ventile D und

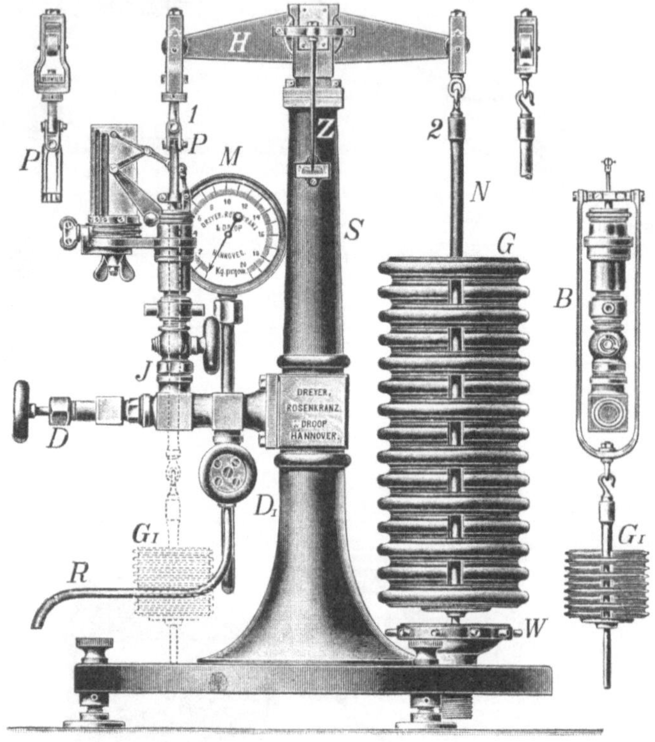

<table>
<tr><td>Fig. 211.</td><td>Fig. 212.</td></tr>
</table>

D_1 dienen im Vereine mit dem Manometer M zur Einstellung und Konstanthaltung eines bestimmten Dampfdruckes, bzw. einer bestimmten
Temperatur im Indikator.

Der Indikator kann entweder nur mit Dampfdruck, also ohne Anwendung von Gewichten geprüft werden. Zur Erzeugung des nötigen
Dampfes dient der in Fig. 218 abgebildete Kupferkessel; oder man wärmt
den Indikator unter Zuhilfenahme des Wiebe - Schwirkusschen
Thermometereinsatzes (Fig. 213) bis zu einer gewissen Temperatur
vor. Um dieses Thermometer anbringen zu können, entfernt man die
Indikatorfeder und befestigt es alsdann mittels des Schräubchens D an
der Kolbenstange. Temperaturmessungen können also nur vor oder

nach dem Versuche vorgenommen werden, und muß dann durch Regelung der Ventile D und D_1 und mit Hilfe des Manometers M der gewünschte Zustand festgehalten werden.

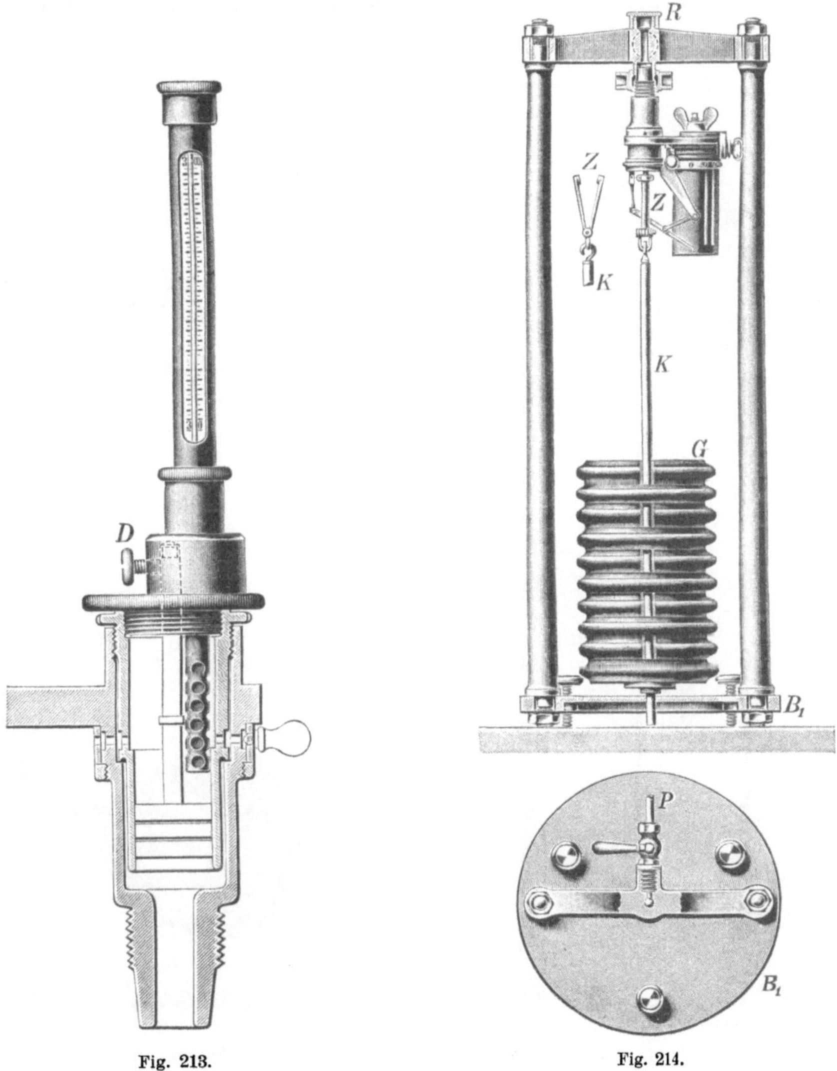

Fig. 213.

Fig. 214.

Um eine Überlastung der Feder beim Prüfen zu verhindern, ist die mit einem Lederringe besetzte Platte W in die Grundplatte eingeschraubt und kann also in ihrer Höhenlage verstellt werden. Die Gewichte G können sich auf W auflagern, während die Stange N frei schwingt.

Die Prüfungseinrichtung nach Strupler.

In eine Messinggrundplatte B_1 (Fig. 214 und 215), die mittels dreier
Stellschrauben horizontal ausgerichtet werden kann, sind zwei schmiedeeiserne, ca. 25 mm starke und 800 mm hohe Säulen eingeschraubt, welche

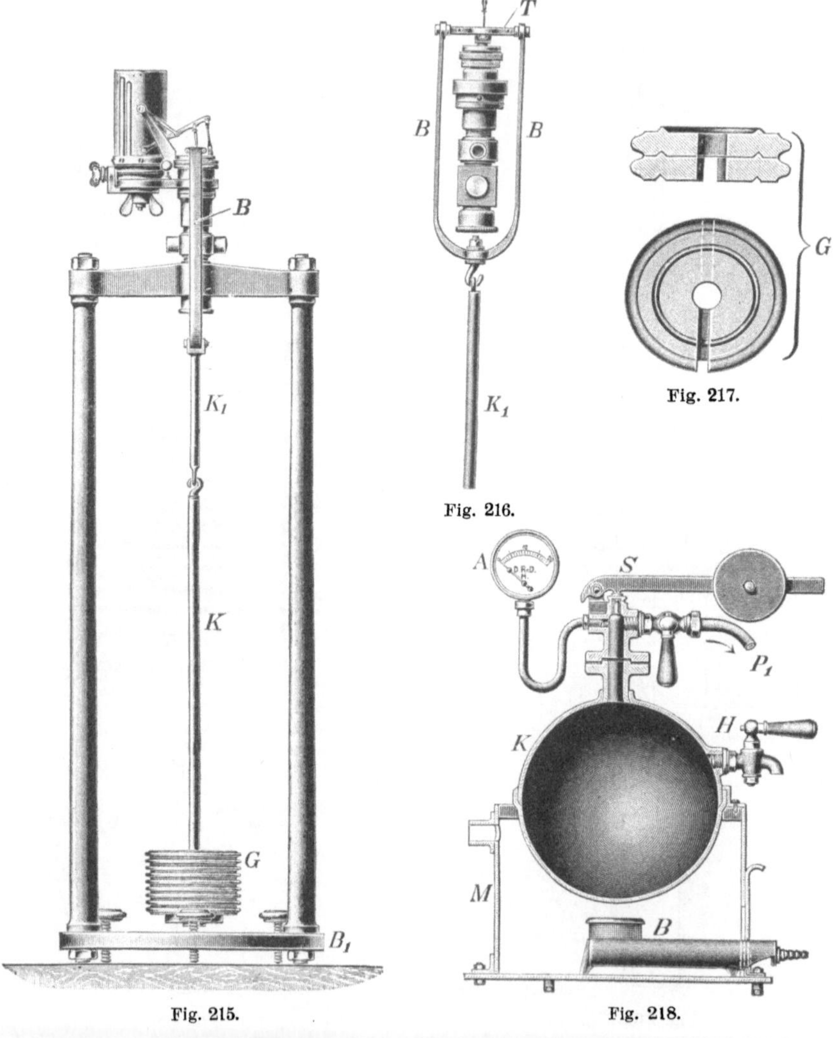

Fig. 215.   Fig. 218.

Fig. 216.

Fig. 217.

oben durch eine Brücke R (Fig. 214) verbunden sind. Letztere ist zur
Aufnahme des Indikators eingerichtet, der bei Druckprüfung nach unten
hängend (Fig. 214), bei Vakuumprüfung nach obenstehend (Fig. 215)
in die Brücke eingeschraubt wird. Im ersten Falle wird die Klemme Z
(Fig. 214), im letzten Falle die Traverse T des Bügels B (Fig. 216) mit

der Indikatorkolbenstange verbunden. Die Zugstange K nimmt die mit Einschnitten versehenen Belastungsgewichte G (Fig. 217) auf. Um einseitige Belastungen zu vermeiden, wechselt man die Lage dieser Einschnitte. Bei den ersten Gewichten sind Zange, Bügel und Druckstange in der Weise berücksichtigt, daß diese Gewichte um die entsprechenden Gewichtsunterschiede leichter gehalten sind als die übrigen Gewichte.

In den Fig. 214 und 215 ist die Prüfung von Warmfeder-Indikatoren Rosenkranzscher Bauart dargestellt. Mit geringen Änderungen ist die Struplersche Prüfungseinrichtung auch für Kaltfeder-Indikatoren und für Indikatoren anderer als der Rosenkranzschen Bauart zu gebrauchen.

Die Prüfungseinrichtungen von Maihak.

In einer kräftigen Messinggrundplatte p (Fig. 219) sind zwei Stahlsäulen S befestigt, welche oben die Traverse t tragen. Letztere ist für die Aufnahme des Indikators in umgekehrter Lage bestimmt. Durch drei Schrauben r und unter Zuhilfenahme der Libelle l wird die Grundplatte genau horizontal eingestellt.

Vor dem Aufschrauben des Indikators wird bei demselben die den Kolben sichernde Schraube (bei Maihak- und Staus-Indikatoren) entfernt und an ihre Stelle das Gestänge $c\,d$ eingeschraubt. Dieses Gestänge endigt oben in einer Kette, welche eine Schneide s trägt. Mit dieser Schneide hängt das Gestänge an dem linken Arme des Wagebalkens w. Der Zweck dieser Einrichtung ist ein doppelter:

1. wird dadurch die Möglichkeit der Ausgleichung des auf der Feder lastenden Gestängegewichtes sowie der Kolbenreibung geschaffen;

2. kann die Feder auch auf Vakuum (Druck) geprüft werden.

Zu ersterem Zwecke wird der Indikator zunächst ohne Feder an die Traverse t geschraubt und zur Entlastung des Gestänges, welches in dieser Lage die Feder belasten würde, am rechten Ende des Wagebalkens w das Gewicht i angehängt.

Hiernach wird die Feder aufgeschraubt und an Stelle des gewöhnlich benutzten Schlußschräubchens r (Fig. 172) ein solches r' (Fig. 219) benutzt, welches nach unten mit einem kleinen Gewindezapfen zur Aufnahme des Gewichtsgestänges $k\,f$ versehen ist.

Nunmehr zieht man auf dem auf der Papiertrommel aufgespannten Diagrammblatt die Nullinie.

Vor Beginn der Belastung muß der Wagebalken w so eingestellt werden, daß er, wenn später die Feder mit der halben Maximallast beschwert ist, horizontal steht. Dadurch erreicht man es, daß der Wagebalken bei voller Belastung der Feder gleichweit nach oben und nach unten ausschlägt, der Zug in der Kette also stets in annähernd senkrechter Richtung erfolgt.

Die Feder bewegt sich bei maximaler Belastung durchschnittlich um ca. 10 mm; die Länge des mit der Schneide des Wagebalkens verbundenen Zeigers n ist das Doppelte der Länge eines Wagebalkens; die Spitze des

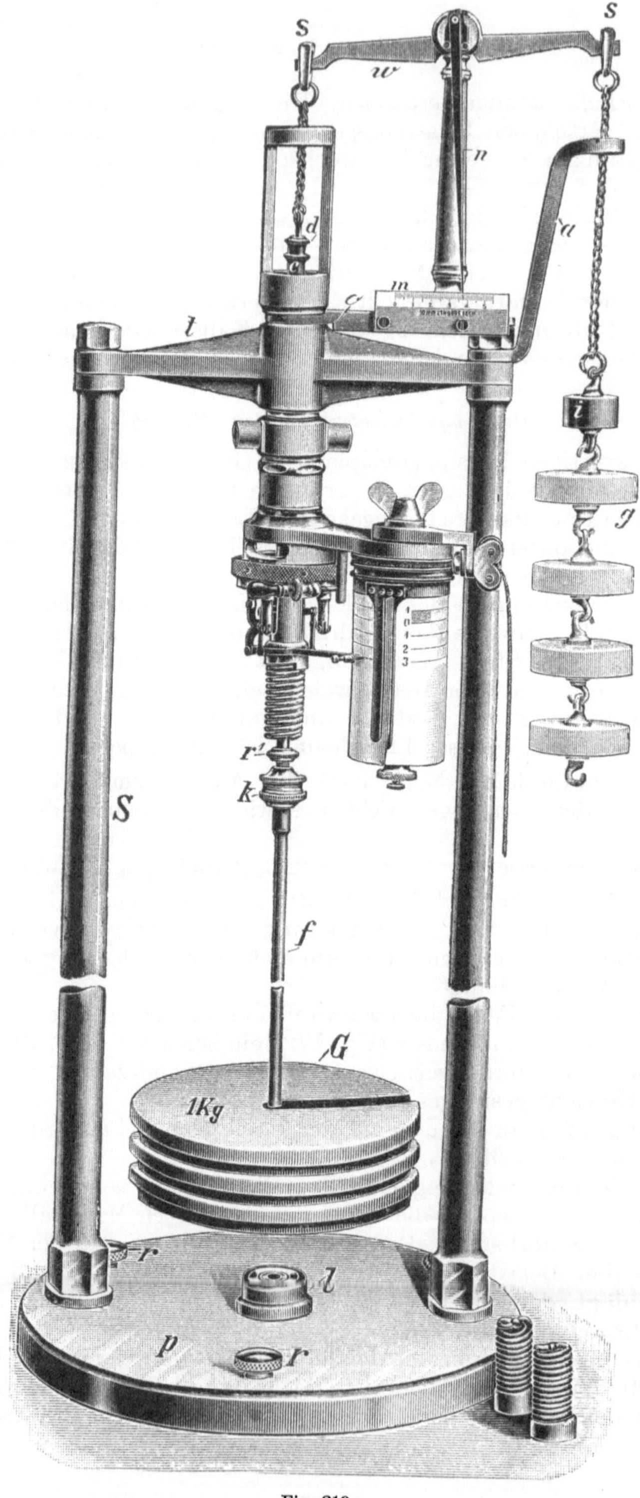

Fig. 219.

Zeigers n würde also, wenn die Federbelastung von Null bis zur Maximallast ansteigt, auf der Millimeterteilung des Maßstabes m einen Weg von ca. 20 mm zurücklegen. In der Nullstellung des Schreibstiftes ist der Zeiger n um 10 mm nach links einzustellen. Diese Einstellung geschieht durch Drehung am Schraubkopfe d, wodurch die linksseitige, zur Schneide s des Wagebalkens führende Kettchenverbindung verlängert oder verkürzt wird. Ganz kleine Differenzen werden mittels eines Stellgewichtes ausgeglichen. Jetzt wird das Gestänge f für die Gewichte G mit der Kugelgelenkschraube k an den Gewindezapfen r' geschraubt. Durch vorsichtiges sukzessives Auflegen der Gewichtsplatten G wird die Feder auf Zug belastet bis zu der der Feder entsprechenden Maximallast. Die Gewichte G sind für den Kolbendurchmesser 20,27 mm berechnet. Sie können so ausgewählt werden, daß 1 qcm der Kolbenfläche durch eine Gewichtsplatte entweder mit 1 kg oder mit $^1/_2$ kg belastet ist. Zur bequemeren Handhabung und um eine Nachjustierung leichter bewirken zu können, sind die Gewichte G aus Hartblei hergestellt. Für die Belastung von 1 kg/qcm Kolbenfläche wiegt eine Platte 3,228 kg. Die Platten liegen ohne Zentrier-Nut und -Feder glatt aufeinander. Zum bequemen Anfassen werden die 1 kg-Gewichtsplatten mit einem Rande (Fig. 217) versehen. Da das Gestänge $k\,f$ die Feder mit genau $^1/_{10}$ kg/qcm belastet, ist die zuerst aufzulegende 1 kg bzw. $^1/_2$ kg-Gewichtsplatte um den entsprechenden Betrag leichter gehalten.

Die Gewichtsplatten sollen so aufeinander gelegt werden, daß sich die Schlitze derselben nicht decken.

Nach Erreichung der höchsten Zugbelastung geht man durch Abnahme der Gewichte G wieder zur Nullinie zurück und belastet nun die Feder auf Druck (entsprechend dem Vakuum im Maschinenzylinder), indem man den rechten Wagebalken durch Gewichte g belastet, von denen jedes $^1/_{10}$ kg/qcm entspricht.

Sowohl bei der Belastung auf Zug als auch bei derjenigen auf Druck zieht man erst dann die Linie auf dem Diagrammblatt, nachdem man die Feder durch leichten Druck auf das oberste Gewicht in Schwingungen versetzt hat und nachdem der Schreibstift wieder zur Ruhe gekommen ist.

Nach Abnahme der Gewichte g muß sich die Nullinie genau wieder mit der anfangs gezogenen decken.

Als ein besonderer Vorteil der beschriebenen Einrichtung ist es anzusehen, daß die Prüfung von der höchsten Zugbelastung zurück durch die Nullinie bis zur Vakuumlinie und wieder zurück bis zur Nullinie erfolgen kann, ohne die Lage des Indikators ändern zu müssen.

4. Der Indikatorkolben wird in warmem Zustande belastet.

Sind die Federn warm zu prüfen, entsprechend dem Zustande, in welchem sie sich beim Indizieren an der Dampfmaschine befinden, so ist bei der Einrichtung des Bayerischen Revisionsvereins nur nötig, den Dampfkessel (Fig. 208) in der in den Fig. 209 und 210 dargestellten

Weise mit dem Belastungsgestelle zu verbinden. Die Feder wird vor ihrer Belastung mit Kesseldampf, dessen Spannung annähernd gleich der halben zulässigen Federspannung ist, vorgewärmt.

Bezüglich des Einflusses der Federtemperatur auf den Maßstab der Feder hat Eberle durch eine Reihe von Versuchen nachgewiesen, daß sich schon bei Anwärmung der Feder mit Dampf von Atmosphärenspannung annähernd die gleichen Maßstäbe ergeben wie bei Anwärmung mit Dampf von 12 Atm. Spannung. Er schloß daraus, daß der Fehler, der dadurch entstehen kann, daß die Federn nicht genau bei derjenigen Temperatur geprüft werden, bei welcher sie verwendet werden, sehr gering sein wird; denn der Unterschied in den Maßstäben der mit Dampf von Atmosphärendruck und von 12 Atm. Spannung angewärmten Federn ergab sich in den von ihm beobachteten Fällen zu nur 0,2 %. Deshalb mag es auch als berechtigt erscheinen, diejenigen Federn, welche zur Indizierung von Dampfmaschinen — wenigstens von solchen, die mit gesättigtem Dampfe arbeiten — verwendet werden, mit Dampf von der halben zulässigen Federspannung vorzuwärmen.

Will man bei der Struplerschen Prüfungseinrichtung den Indikator vor der Gewichtsprobe entsprechend anwärmen, so geschieht dies mit Hilfe des kleinen kupfernen Dampfkessels K (Fig. 218), der mit Manometer A, Sicherheitsventil S, Probierhahn H, Anschlußhahn P_1 und Schutzmantel M ausgerüstet ist. Die Heizung geschieht durch einen Gasbrenner B. Mittels eines bei P_1 anzuschließenden Kupfer- oder Messingröhrchens wird die Verbindung mit der Prüfungseinrichtung bei P (Grundriß Fig. 214) hergestellt, wobei natürlich die obere Indikatoranschlußöffnung in der Brücke R durch eine Kapselmutter geschlossen werden muß.

Für Indikatoren mit außen — also kühl — liegender Feder fallen diese Betrachtungen natürlich fort.

5. Die Indikatorfeder allein wird in kaltem Zustande belastet.

Da bei den meisten Indikatoren die Reibung des Kolbens zweifellos störenden Einfluß auf das Ergebnis der Federprüfung ausübt, so ist es üblich, bei der Prüfung stets zwei Linien zu schreiben, und zwar die eine nach schwachem Zusammendrücken, die andere nach schwachem Ziehen an der Feder, und so den durch die Reibung verursachten Fehler zu beseitigen. Manche, beim Indizieren recht gute Instrumente ergaben aber bei diesbezüglichen Versuchen von Eberle, besonders bei den höheren Belastungsstufen der Federn zwischen beiden Linien so große und durch mehr oder minder starken Händedruck so sehr beeinflußbare Abstände, daß die Ergebnisse nicht mehr als objektiv richtig angesehen werden können, da sie sich als von der mehr oder minder zarten Handhabung seitens des Prüfenden in beträchtlichem Maße abhängig zeigten.

Die Prüfung des Schreibzeuges.

Zwischen dem Wege des Indikatorkolbens und des Schreibstiftes muß Proportionalität bestehen, weil nur dann eine wirklich gute Feder sich als solche erweisen kann. Durch falsche Stellung der Gelenkpunkte des Schreibzeuges oder durch Verbiegung der Schreibzeugarme wird diese Proportionalität gestört. Es ist daher wichtig, vor jeder Federprüfung das Schreibzeug zu prüfen. Dies kann ebenfalls durch Aufnahme von Eichdiagrammen geschehen, und zwar mit Hilfe eines Mikrometers oder mittels Paßstücken.

1. Prüfung mit dem Mikrometer.

Der Indikator wird mit der dreh- und feststellbaren Klaue $n\,k$ (Fig. 220) an dem Ständer S befestigt. Je nach der Größe der Indikator-

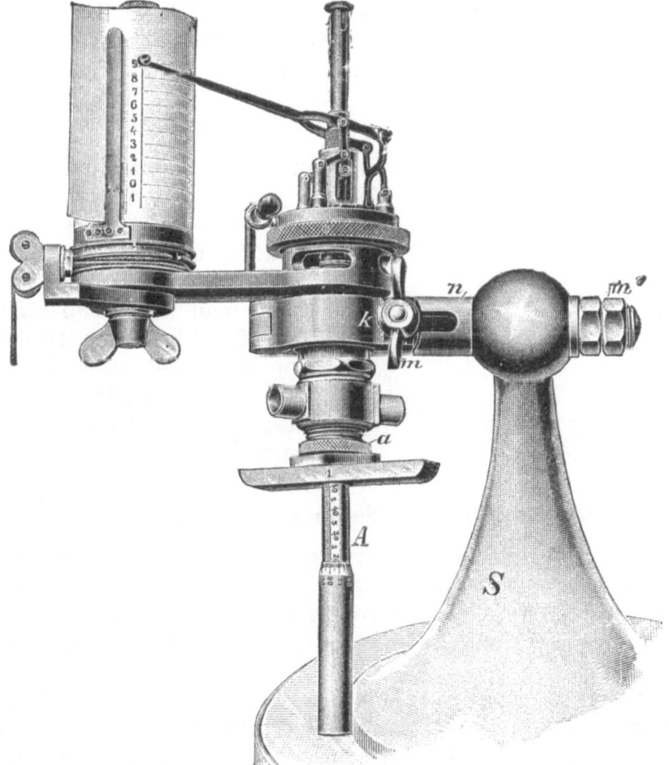

Fig. 220.

verschraubung wird das Mikrometer A mittels der Schraube a oder a^1 (Fig. 221) mit dem Indikator so verbunden, daß die Schraube s (Fig. 221) mit ihrem Ende s^1 oder mit einem daran geschraubten Verlängerungsstücke 1, 2 oder 3 den Indikatorkolben in seiner tiefsten Lage berührt.

Dann stellt man die Schraubhülse des Mikrometers auf Null und zieht mit dem Schreibstifte eine Linie, indem man die Papier-

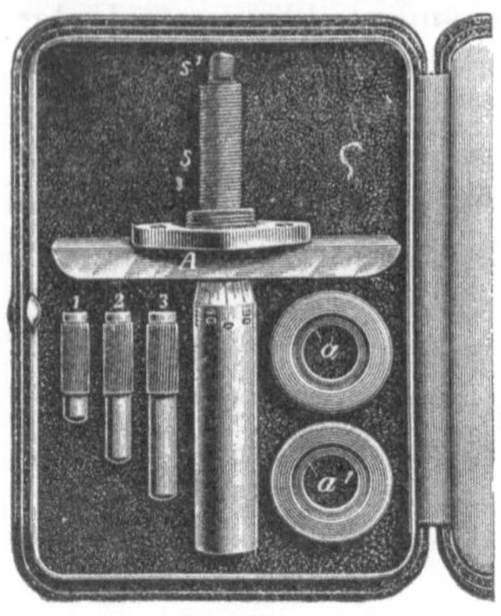

Fig. 221.

trommel mittels der Indikatorschnur bewegt. Nach einer ganzen Umdrehung der Schraubhülse hebt sich der Indikatorkolben genau um 1 mm. Zieht man dann wieder eine Linie, so muß diese von der Nullinie einen dem Übersetzungsverhältnis des Schreibzeuges entsprechenden Abstand haben (bei der Übersetzung 1 : 6 also 6 mm). Dieses Verfahren setzt man fort bis zur höchsten Schreibstiftlage und führt ev. die Prüfung auch rückwärts aus, wobei die Berührung von Kolben und Schraube s durch leichten Druck auf den Schreibstifthebel sicherzustellen ist.

2. Prüfung mit Paßstücken.

An Stelle der Indikatorfeder werden nacheinander fünf Paßstücke (Fig. 222) eingeschraubt, die bei Zimmertemperatur den fünf gleichweit

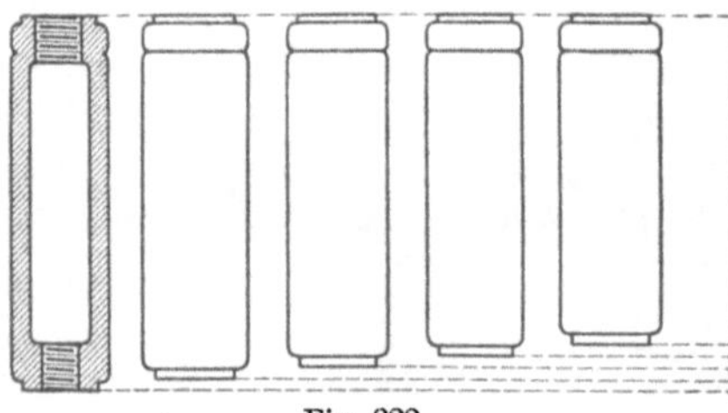

Fig. 222.

voneinander entfernt liegenden Teilungspunkten des gesamten Schreibstiftweges entsprechen. Zieht man nach Einsetzung je eines Stückes durch Drehen der Papiertrommel eine Linie mit dem Indikatorstift, so müssen diese Linien gleichen Abstand voneinander haben.

Berechnung des Maßstabes der Warmfeder.

Die für innenliegende Indikatorfedern von seiten der Fabriken angegebenen Maßstäbe beziehen sich auf Zimmertemperatur. Bei höheren Temperaturen ändert sich nicht nur der Elastizitätsmodul des Federdrahtes, sondern auch der Federkerndurchmesser und damit auch der Federmaßstab.

Mit Hilfe des Temperaturkoeffizienten, d. h. der Veränderung der Elastizität der Feder pro 1° C und 1 kg, bezogen auf 1 mm des Warmfedermaßstabes, läßt sich der Federmaßstab für höhere Temperaturen als die Kaltprüfungstemperatur berechnen wie folgt:

Bezeichnet t = Temperatur der Kaltprüfung,

i = Maßstab für diese Temperatur,

T = die durch den Wiebe-Schwirkusschen Einsatz ermittelte, höhere Temperatur,

k = Temperaturkoeffizient = 0,0004,

so ist der Maßstab J für T^0

$$J = i + (T - t) \cdot i \cdot k = i \left[1 + (T - t)\, k \right].$$

Ist z. B.

$$t = 20°,\ i = 5 \text{ mm (für 1 kg/qcm)},\ T = 140°,$$

so wird:

$$J = 5 + (140 - 20) \cdot 5 \cdot 0{,}0004 = (5 + 0{,}24)\ \text{mm} = \mathbf{5{,}24\ mm}.$$

Meßapparat für Eichdiagramme (Bauart Staus).

Um die bei der Prüfung der Indikatorfedern und des Schreibzeuges erhaltenen Eichdiagramme möglichst genau ausmessen zu können,

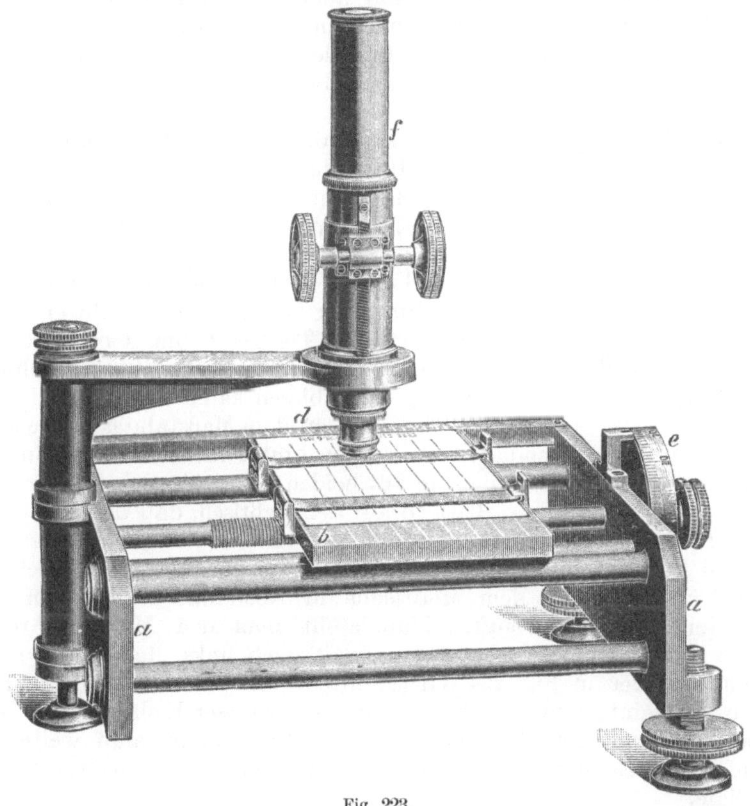

Fig. 223.

empfiehlt es sich, den in Fig. 223 dargestellten Meßapparat zu Hilfe zu nehmen.

Dieser, mit Absicht schwer gehaltene Apparat besteht in der Hauptsache aus zwei Wangen a, die durch Querstreben zu einem Gestell verbunden sind, einem durch ein Mikrometerwerk verschiebbaren Meßtisch b und dem Mikroskop f. Durch zwei Stellschrauben kann der Apparat horizontal eingestellt werden, was durch eine auf den Tragarm des Mikroskopes aufgesetzte Libelle zu erkennen ist.

Da das Mikroskop eine ca. 25fache lineare Vergrößerung ergibt, erscheinen die Eichlinien, selbst wenn sie mit scharf gespitztem Schreibstift gezogen sind, als schmale Flächenstreifen. Deshalb besitzt das Fadenkreuz des Okulares eine besondere Einrichtung. Es besteht, wie Fig. 224 zeigt, aus vier parallelen Fäden, die durch einen fünften Faden senkrecht halbiert werden. Das in seiner Hülse drehbare Okular muß derart eingestellt sein, daß die anvisierte Eichlinie genau in der Mitte der beiden inneren Fäden zwischen denselben verläuft. Ist die Einstellung des Okulares derart geschehen, daß die Eichlinien scharf im Gesichtsfelde erscheinen, so soll auch bei Seitwärtsbewegung des Auges das Fadenkreuz unverrückbar zum Bilde erscheinen; es soll also jede Parallaxe vermieden sein. Ist dies nicht der Fall, so verstellt man nach Herausnahme des Okulares die dem Auge zunächst liegende Linse so lange, bis die Parallaxe verschwindet.

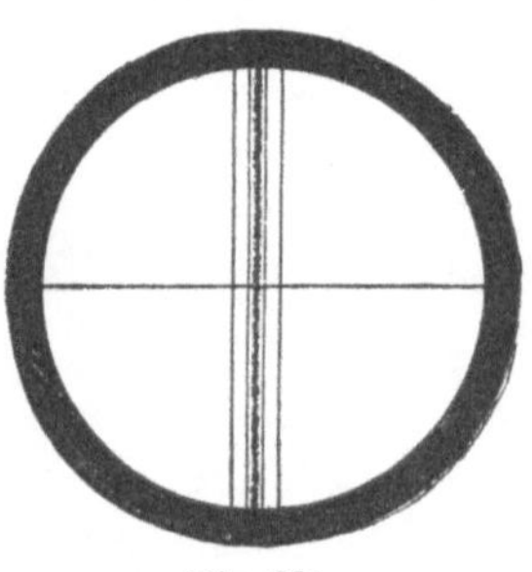

Fig. 224.

Zum Festhalten der Eichdiagramme dienen zwei aufklappbare Blattfedern, die das Diagrammblatt auf den Meßtisch d drücken.

Die Mikrometerschraube wird durch ein Handrädchen bewegt; der Umfang der Meßtrommel e ist in 100 Teile geteilt. Einer vollen Umdrehung der Schraube entspricht eine Verschiebung des Tisches b um 1 mm, so daß man also an der Meßrolle Verschiebungen von $^1/_{100}$ mm ablesen kann. Die ganzen Millimeter werden an dem Maßstabe d festgestellt.

Bevor nun ein Eichdiagramm ausgewertet wird, zieht man eine der Eichlinien ganz durch, so daß sie auf beiden Seiten bis zum Papierrande reicht, und legt dann das Blatt so auf den Meßtisch, daß die atmosphärische Linie, oder die unterste Eichlinie nach rechts gegen die Meßtrommel zu liegt und außerdem so, daß die durchgezogene Eichlinie parallel zu den auf dem Meßtische in Abständen von 1 cm eingravierten Linien verläuft. Nun stellt man den Meßtisch durch Drehen der Mikrometerschraube so weit nach links, daß die unterste Eichlinie in der in Fig. 224 dargestellten Weise zwischen den inneren Fäden erscheint, und liest hierauf die Lage dieser Eichlinie am Maßstabe d und an der Meßtrommel e ab. Dann dreht man weiter bis zur nächsten Eichlinie, liest wieder ab und fährt so fort bis zur letzten Eichlinie.

Um den allenfalls in der Schraube vorhandenen toten Gang für die Messung unschädlich zu machen, empfiehlt es sich, den Meßtisch zur Einstellung der Linien unter das Fadenkreuz stets in der gleichen Richtung, am besten von links nach rechts heranzuführen und, falls man zu weit gedreht hat, den Meßtisch genügend weit zurückzubewegen und von neuem einzustellen.

Berechnung des mittleren Federmaßstabes.

Man kann nur dann von einem Federmaßstabe sprechen, wenn die Indikatorfeder Proportionalität besitzt, d. h. wenn die Zusammendrückungen bzw. Auseinanderzerrungen proportional den Belastungen bzw. Entlastungen sind. Solche absolute Proportionalität findet sich aber bei keiner Indikatorfeder vor; man berechnet sich daher aus den bei der Prüfung einer Feder gewonnenen Resultaten einen sog. mittleren Federmaßstab. Dies kann nach 4 Methoden geschehen.

Es ergab z. B. die Prüfung der 10 kg-Feder eines Dreyer, Rosenkranz und Droopschen Indikators großen Modells folgende Werte:

Prüfungs-gewicht g kg/qcm	Prüfung durch Belastung		
	Schreibstifthub h von der Atmosphärenlinie aus gemessen mm	Quotient: $\dfrac{\text{Schreibstifthub}}{\text{Gesamtbelastung}}$ $= \dfrac{h}{g} = m$	Zunahme des Schreibstifthubes mm
$g_1 = 0{,}5$	$h_1 = 3{,}1$	$\dfrac{h_1}{g_1} = 6{,}20$	$h_2 - h_1 = 6{,}1$
$g_2 = 1{,}5$	$h_2 = 9{,}2$	$\dfrac{h_2}{g_2} = 6{,}13$	$h_3 - h_2 = 6{,}1$
$g_3 = 2{,}5$	$h_3 = 15{,}3$	$\dfrac{h_3}{g_3} = 6{,}12$	$h_4 - h_3 = 6{,}2$
$g_4 = 3{,}5$	$h_4 = 21{,}5$	$\dfrac{h_4}{g_4} = 6{,}14$	$h_5 - h_4 = 6{,}5$
$g_5 = 4{,}5$	$h_5 = 28{,}0$	$\dfrac{h_5}{g_5} = 6{,}22$	$h_6 - h_5 = 6{,}4$
$g_6 = 5{,}5$	$h_6 = 34{,}4$	$\dfrac{h_6}{g_6} = 6{,}25$	$h_7 - h_6 = 6{,}0$
$g_7 = 6{,}5$	$h_7 = 40{,}4$	$\dfrac{h_7}{g_7} = 6{,}21$	$h_8 - h_7 = 6{,}1$
$g_8 = 7{,}5$	$h_8 = 46{,}5$	$\dfrac{h_8}{g_8} = 6{,}20$	$h_9 - h_8 = 6{,}2$
$g_9 = 8{,}5$	$h_9 = 52{,}7$	$\dfrac{h_9}{g_9} = 6{,}20$	$h_{10} - h_9 = 6{,}3$
$g_{10} = 9{,}5$	$h_{10} = 59{,}0$	$\dfrac{h_{10}}{g_{10}} = 6{,}21$	
Sa. $= 50{,}0$	$310{,}1$	$61{,}88$	$55{,}9$

1. Methode:

Man berechnet sich für jedes Belastungsintervall den zugehörigen Maßstab, also die Quotienten $\dfrac{h_1}{g_1}, \dfrac{h_2}{g_2} \ldots \dfrac{h_{10}}{g_{10}}$, und bildet aus den so erhaltenen Maßstäben das arithmetische Mittel. Es wird dann:

$$\text{Mittlerer Federmaßstab} = \frac{61{,}88}{10} = \mathbf{6{,}188 \ mm.}$$
(bei Belastung)

2. Methode:

Diese besteht darin, daß man das arithmetische Mittel der Differenzen zweier aufeinander folgender Schreibstifthübe bildet. Es wird dann:

$$\text{Mittlerer Federmaßstab} = \frac{55{,}9}{9} = \textbf{6,211 mm.}$$
$$\text{(bei Belastung)}$$

3. Methode:

Diese wurde von Eberle angegeben. Man dividiert den bei der Gesamtbelastung konstatierten Gesamtschreibstifthub durch die Gesamtbelastung. Es wird dann:

$$\text{Mittlerer Federmaßstab} = \frac{h_{10}}{g_{10}} = \frac{59{,}0}{9{,}5} = \textbf{6,210 mm.}$$
$$\text{(bei Belastung)}$$

4. Methode:

Diese wurde von Meyer angegeben. Nach ihr erhält man den mittleren Federmaßstab, wenn man die Summe aller Schreibstifthübe, jeden von der Atmosphärenlinie aus gerechnet, durch die Summe aller Prüfungsgewichte dividiert. Es wird dann:

$$\text{Mittlerer Federmaßstab} = \frac{h_1 + h_2 + \cdots + h_{10}}{g_1 + g_2 + \cdots + g_{10}}$$
$$\text{(bei Belastung)}$$

$$= \frac{310{,}1}{50{,}0} = \textbf{6,202 mm.}$$

Für gewöhnliche Indikatorversuche genügt es, für jede Feder, die in Benutzung kommt, einen mittleren Federmaßstab nach einer der obigen vier Methoden zu berechnen und denselben von Zeit zu Zeit zu kontrollieren. Bei wissenschaftlichen Untersuchungen dagegen und bei Garantieversuchen, bei denen es sich um Objekte von hohem Anschaffungswerte oder um beträchtliche Konventionalstrafen handelt, ist man gezwungen, diejenigen Fehler, die in der mangelhaften Proportionalität der Indikatorfedern zu suchen sind, in eingehender Weise zu berücksichtigen. Auch hierzu stehen verschiedene Methoden, drei an der Zahl, zur Verfügung, nämlich:

1. die Methode von Eberle,
2. die Methode von Schröter,
3. die Methode von Schröter - Koob.

Selbstverständlich ist, daß bei wichtigen Untersuchungen nur solche Indikatorfedern benützt werden sollen, die wesentliche Proportionalitätsfehler nicht aufweisen.

1. Methode von Eberle zur Berücksichtigung der Proportionalitätsfehler von Indikatorfedern.

Das in Fig. 225 abgebildete Diagramm des Hochdruckzylinders einer stehenden 1500pferdigen Kompoundmaschine mit Corlißsteuerung ist mit der Indikatorfeder geschrieben, deren Prüfungsergebnisse bereits auf Seite 259 angeführt sind.

Innerhalb der einzelnen Belastungsintervalle waren die Maßstäbe folgende:

Belastungsintervall kg/qcm	0,0 bis 0,5	0,5 bis 1,5	1,5 bis 2,5	2,5 bis 8,5	8,5 bis 4,5	4,5 bis 5,5	5,5 bis 6,5	6,5 bis 7,5	7,5 bis 8,5	8,5 bis 9,5
Maßstab mm	6,2	6,1	6,1	6,2	6,5	6,4	6,0	6,1	6,2	6,3

Eberle trägt nun diese 10 verschiedenen Maßstäbe auf einer Senkrechten zur Atmosphärenlinie $A\,L$, von letzterer ausgehend, auf und zieht durch die entsprechenden Punkte Horizontallinien. Dadurch wird

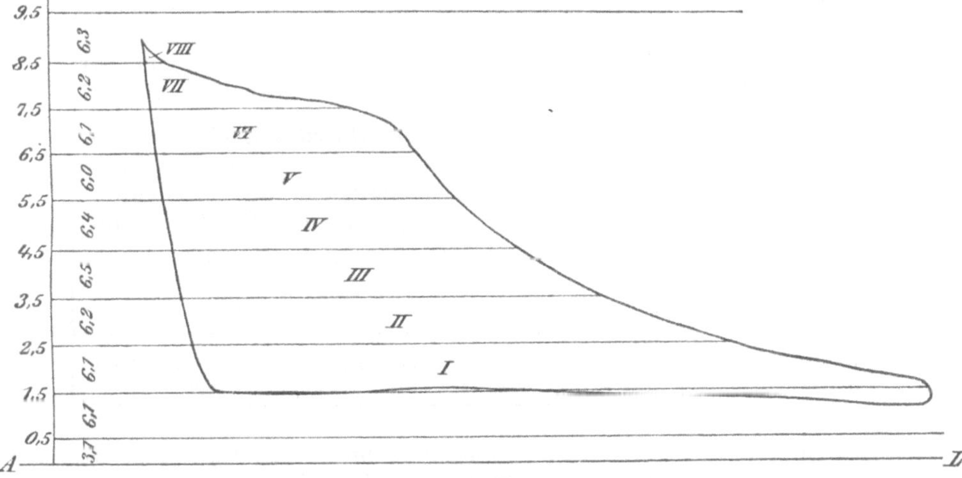

Fig. 225.

die Diagrammfläche in verschiedene Horizontalstreifen geteilt. In obigem Diagramme fällt der an der Atmosphärenlinie $A\,L$ anliegende Streifen nicht auf die Diagrammfläche, während der nächstfolgende Streifen nur zum kleinsten Teile mit der Diagrammfläche zusammenfällt, weshalb diese beiden Horizontalstreifen bei der nun folgenden Berechnung vollständig außer acht gelassen werden. Erst die Streifen *I* bis *VIII* fallen auf die Diagrammfläche.

Man planimetriert nun jeden einzelnen Streifen, berechnet sich die zugehörige mittlere Höhe (die Länge des vollständigen Diagrammes als Grundlinie genommen) und

Nr. des Feldes	Mittlere Höhe mm	Maßstab mm	Mittlerer Druck kg/qcm
VIII	0,065	6,3	0,010
VII	0,580	6,2	0,093
VI	1,729	6,1	0,283
V	2,029	6,0	0,338
IV	2,512	6,4	0,392
III	2,995	6,5	0,461
II	3,478	6,2	0,560
I	5,507	6,1	0,903
	18,895		3,040

bestimmt aus dieser mit Hilfe des zu jedem Streifen gehörigen, durch vorangegangene Prüfung festgestellten Federmaßstabes den jedem Streifen entsprechenden mittleren Druck. Dann erhält man die Zahlen der umstehenden Tabelle.

Der mittlere Federmaßstab ist alsdann:

$$\frac{18,895}{3,040} \text{ mm} = \mathbf{6,215 \text{ mm}}.$$

Wie ein Blick auf die Fig. 225 zeigt, sind bei dieser Methode die für die Belastungsintervalle 0—0,5 kg und 0,5—1,5 kg geltenden Einzelmaßstäbe außer acht gelassen, und das mit Recht, denn diese Drücke kommen im Diagramm nicht vor.

2. Methode von Schröter zur Berücksichtigung der Proportionalitätsfehler von Indikatorfedern.

In Fig. 226 ist wieder das Diagramm des Hochdruckzylinders einer stehenden 1500 pferdigen Kompoundmaschine mit Corlißsteuerung abgebildet. Die Prüfung der Indikatorfeder hatte für die einzelnen Belastungsintervalle die folgenden, bereits angeführten Maßstäbe ergeben:

Belastungsintervall kg/qcm	0,0 bis 0,5	0,5 bis 1,5	1,5 bis 2,5	2,5 bis 3,5	3,5 bis 4,5	4,5 bis 5,5	5,5 bis 6,5	6,5 bis 7,5	7,5 bis 8,5	8,5 bis 9,5
Maßstab mm	6,2	6,1	6,1	6,2	6,5	6,4	6,0	6,1	6,2	6,3

Auf einer Senkrechten zur Atmosphärenlinie $A\,L$ trägt man die diesen Belastungsintervallen entsprechenden Maßstäbe auf, wodurch die Punkte 0,5, 1,5, 2,5 ... 9,5 erhalten werden. Alsdann halbiert man die Abstände dieser Teilpunkte und zieht durch die Halbierungspunkte Parallelen zur Atmosphärenlinie. Von den Schnittpunkten dieser Halbierungslinien mit dem Diagramm fällt man Senkrechten auf die Atmosphärenlinie $A\,L$. Dadurch wird das Diagramm in eine Anzahl vertikaler Streifen geteilt, die in Fig. 226 mit römischen Ziffern I bis XVII bezeichnet sind. (Die Ziffern XIII bis XVI sind des beengten Platzes wegen fortgelassen.) Die außerhalb der Diagrammfläche liegenden Streifen wurden der Deutlichkeit halber schraffiert. Diese Streifen sind negativ in Rechnung zu ziehen. Es wird nun jeder Streifen für sich planimetriert und der gefundene Inhalt in ein Rechteck verwandelt, dessen Grundlinie gleich der Länge des ganzen Diagrammes ist (in obigem Beispiele = 103,5 mm).

Die zu dieser Grundlinie gehörige Höhe sei bei den einzelnen Vertikalstreifen mit $h(I)$, $h(II)$ usw. bis $h(XVII)$ bezeichnet. Jede dieser Höhen wird nun durch den zu dem entsprechenden Vertikalstreifen gehörenden Maßstabe dividiert, wodurch man die den einzelnen Streifen entsprechenden mittleren Drücke $p(I)$, $p(II) \ldots p(XVII)$ erhält.

Der Maßstab, der zum Streifen I gehört, ist derjenige, der bei der Prüfung der Feder für die Belastung 8,5 kg gefunden wurde. Zum Streifen VI z. B. gehört der für 3,5 kg Belastungsgewicht gefundene Maßstab. Man findet also diese Maßstäbe aus der Tabelle auf Seite 259, wo sie allgemein mit $\dfrac{h}{g} = m$ bezeichnet sind.

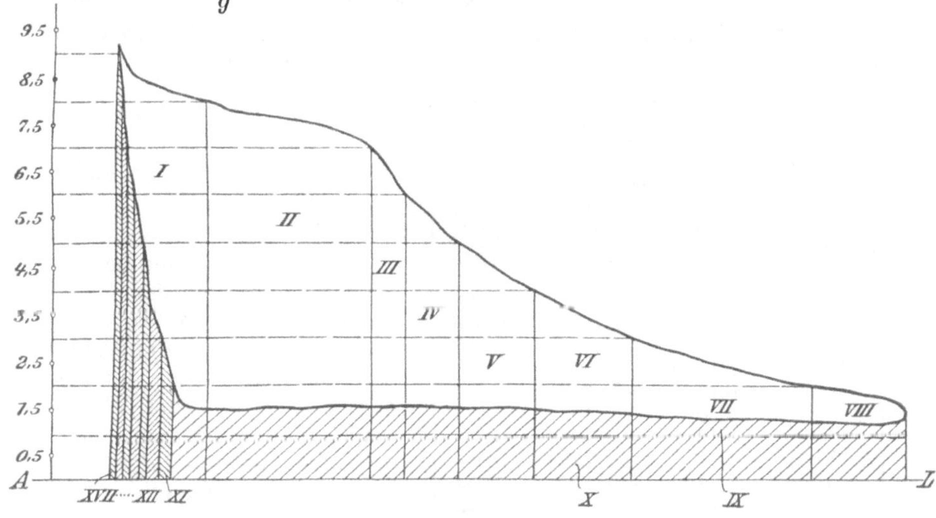

Fig. 226.

Es wird also:

$$p(I) = \frac{h(I)}{m(I)},$$

$$p(II) = \frac{h(II)}{m(II)},$$

$$\vdots \qquad \vdots$$

$$p(XVII) = \frac{h(XVII)}{m(XVII)}.$$

Man erhält alsdann den mittleren Druck des Diagrammes:

$$P = p(I) + p(II) + \ldots + p(XVII)$$

$$= \frac{h(I)}{m(I)} + \frac{h(II)}{m(II)} + \ldots + \frac{h(XVII)}{m(XVII)},$$

allgemein:

$$P = \sum \frac{h}{m}.$$

Es ist aber auch:

$$P = \frac{\text{Mittlere Höhe des ganzen Diagrammes}}{\text{Mittlerer Maßstab des ganzen Diagrammes}} = \frac{H}{M},$$

woraus sich ergibt:

$$\sum \frac{h}{m} = \frac{H}{M},$$

folglich:

$$M = \frac{H}{\sum \dfrac{h}{m}} = \frac{\Sigma h}{\sum \dfrac{h}{m}}.$$

Die folgende Tabelle enthält die Ergebnisse des nach der Methode von Prof. Schröter ausgewerteten Diagrammes in Fig. 226.

Streifen Nr.	Maßstab kg/qcm	Mittlere Höhe h mm	Mittlerer Druck $\dfrac{h}{m}$
I	6,20	6,208	1,001
II	6,20	9,455	1,525
III	6,21	2,196	0,353
IV	6,25	2,292	0,366
V	6,22	2,483	0,399
VI	6,14	2,387	0,388
VII	6,12	3,629	0,593
VIII	6,13	1,146	0,187
IX	6,13	—2,865	—0,467
X	6,20	—5,157	—0,831
XI	6,12	—0,382	—0,062
XII	6,14	—0,286	—0,046
XIII	6,22	—0,382	—0,061
XIV	6,25	—0,286	—0,045
XV	6,21	—0,286	—0,046
XVI	6,20	—0,382	—0,061
XVII	6,20	—0,573	—0,092
		19,197	3,101

Mittlerer Maßstab:

$$M = \frac{\Sigma h}{\sum \dfrac{h}{m}} = \frac{19,197}{3,101} = \mathbf{6{,}190}.$$

Die beiden vorher besprochenen Methoden der Zerlegung in Horizontal- bzw. Vertikalstreifen bergen den Fehler in sich, daß sie auf der Annahme beruhen, der Federmaßstab eines Streifens gehe plötzlich in denjenigen des benachbarten Streifens über, während es doch sehr wahrscheinlich ist, daß diese Änderung sich allmählich vollzieht. Diesem Umstande trägt die

3. Methode von Schröter - Koob zur Berücksichtigung der Proportionalitätsfehler von Indikatorfedern

Rechnung.

Man könnte diese Methode auch das Verfahren der Umzeichnung nennen.

Das ausgezogene Diagramm in Fig. 227 sei mit einer Indikatorfeder mit mangelhafter Proportionalität geschrieben, während das punktiert dargestellte Diagramm angenommenerweise mit einer Feder, die vollkommene Proportionalität besitze, aufgenommen sei, und zwar unter genau denselben Verhältnissen in bezug auf Belastung, Dampfspannung usw. wie das ausgezogene Diagramm.

Im ersten Falle hat ein beliebiger Punkt A der Diagrammkurve den Abstand h von der Atmosphärenlinie AL. Der Federmaßstab für diesen Punkt A sei gemäß der Federprüfungsergebnisse $= m$.

Der Dampfdruck p im Punkte A ist dann:

$$p = \frac{h}{m}.$$

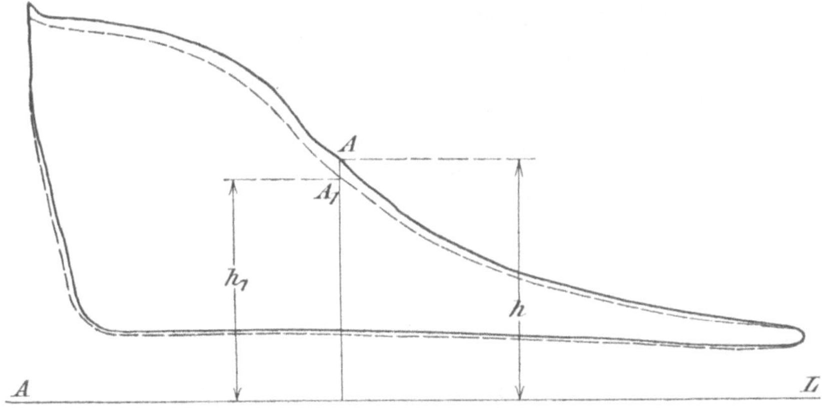

Fig. 227.

Im zweiten Falle hätte der Punkt A die Lage A_1; sein Abstand von der Atmosphärenlinie sei $= h_1$.

Der Dampfdruck im Punkte A_1 fände sich dann zu:

$$p_1 = \frac{h_1}{M_1},$$

wobei M_1 den für das ganze, punktierte Diagramm geltenden Federmaßstab bedeutet.

Es ist dann:

$$\frac{h}{m} = \frac{h_1}{M_1},$$

folglich:

$$h_1 = M_1 \cdot \frac{h}{m}.$$

Mit Hilfe dieser Gleichung lassen sich für alle jene Punkte des ausgezogenen Diagrammes, deren Federmaßstäbe bekannt, resp. durch Prüfung gefunden sind, diejenigen Ordinaten bestimmen, die sich bei Anwendung einer Indikatorfeder mit vollkommener Proportionalität ergeben hätten. Man kann also das vom Indikator geschriebene, aber **verzerrte Diagramm** in das entsprechende **reguläre Diagramm** umzeichnen.

Bezeichnet:

P = mittleren Dampfdruck aus dem verzerrten Diagramm berechnet,
H = mittlere Höhe des verzerrten Diagrammes,
F = Fläche des verzerrten Diagrammes,
M = mittleren Maßstab des verzerrten Diagrammes,
P_1 = mittleren Dampfdruck aus dem regulären Diagramme berechnet,
H_1 = mittlere Höhe des regulären Diagrammes,
F_1 = Fläche des regulären Diagrammes,
M_1 = mittleren Maßstab des regulären Diagrammes,

so ist für das reguläre Diagramm:

mittlerer Dampfdruck $P_1 = \dfrac{H_1}{M_1}$,

für das verzerrte Diagramm ist:

mittlerer Dampfdruck $P = \dfrac{H}{M}$.

M soll nun so bestimmt werden, daß:

$$P = P_1$$

wird, oder

$$\frac{H}{M} = \frac{H_1}{M_1} ,$$

folglich muß

$$\boldsymbol{M = M_1 \cdot \frac{H}{H_1}}$$

sein.

Zur Auffindung von M ist nur nötig, durch Planimetrieren die mittleren Höhen H und H_1 des verzerrten bzw. regulären Diagrammes zu suchen und ihren Quotienten mit demjenigen Maßstabe M_1 zu multiplizieren, welcher der absolut proportionalen Indikatorfeder zukäme.

In Fig. 228 ist das Diagramm des Niederdruckzylinders der schon vorher durch das Hochdruckdiagramm gekennzeichneten 1500 pferdigen Dampfmaschine wiedergegeben. Es ist mit einer Indikatorfeder geschrieben, deren Prüfung folgende Resultate ergab:

Nr.	Druck in kg/qcm	Schreibstifthub in mm	Federmaßstab
1	0,5	12,4	24,8
2	1,0	25,1	25,1
3	0,5	12,2	24,4
4	1,0	24,6	24,6

Das Diagramm soll für einen konstanten Maßstab $M_1 = 24$ mm umgezeichnet werden. Dazu gibt Koob[1]) folgendes Verfahren an:

Man trägt sich zuerst in einem Koordinatensysteme (Fig. 228) die in der Tabelle angegebenen Resultate der Federprüfung so auf, daß die Abszissen x den bei der Prüfung gefundenen Schreibstifthüben gleich sind, während die Ordinaten y denjenigen Schreibstifthüben gleich sind, die sich bei der Feder ergeben hätten, wenn letztere vollkommene Proportionalität besessen hätte (hier also 1 kg = 24 mm).

Es wird also für den

Punkt 1 die Abszisse $x = 12{,}4$ mm, die Ordinate $y = 0{,}5 \cdot 24 = 12$ mm,

„ 2 „ „ $x = 25{,}1$ „ „ „ $y = 1{,}0 \cdot 24 = 24$ „

„ 3 „ „ $x = 12{,}2$ „ „ „ $y = 0{,}5 \cdot 24 = 12$ „

„ 4 „ „ $x = 24{,}6$ „ „ „ $y = 1{,}0 \cdot 24 = 24$ „

Die Abszissenachse ist so gewählt, daß sie in die verlängerte Atmosphärenlinie des Diagrammes fällt.

Man verbindet dann die Punkte 1 und 3 einerseits mit den Punkten 2 bzw. 4, anderseits mit dem Koordinatenursprung 0 durch gerade Linien.

---

[1]) Jahrg. 1901 der Zeitschr. d. Bayer. Rev.-Vereins.

Soll nun für einen beliebigen Punkt D des verzerrten Diagrammes der entsprechende Punkt des zugehörigen regulären Diagrammes gefunden werden, so trägt man seine Ordinate x_0 in dem Koordinatensysteme als Abszisse auf. Die zugehörige Ordinate y_0 ist die Ordinate des gesuchten Punktes des regulären Diagrammes.

III. Der Torsionsindikator.

Für die Indizierung von Dampfturbinen kann keiner der im vorhergehenden behandelten Indikatoren in Betracht kommen, man muß sich hierzu des Torsionsindikators bedienen.

Dieses von Föttinger angegebene, äußerst sinnreiche Instrument hat das Hooksche Elastizitätsgesetz zur Grundlage, welches folgendes besagt: Wird eine schmiedeeiserne Welle vom Radius R durch ein Moment M verdreht, so ist der Verdrehungsbogen s dem Drehmomente direkt proportional.

Zieht man bei einer Welle zwei im Abstande L liegende Querschnitte in Betracht, und torsiert man diese Welle, so werden zwei ursprünglich parallele Radien sich um einen gewissen Winkel bzw. um einen bestimmten Bogen gegeneinander verschieben, und dieser Bogen wird der Verdrehungsbogen genannt. Seine Beziehung zum torsierenden Momente M ist durch folgende Gleichung gegeben:

$$s = M \cdot \frac{L \cdot R}{G \cdot J}.$$

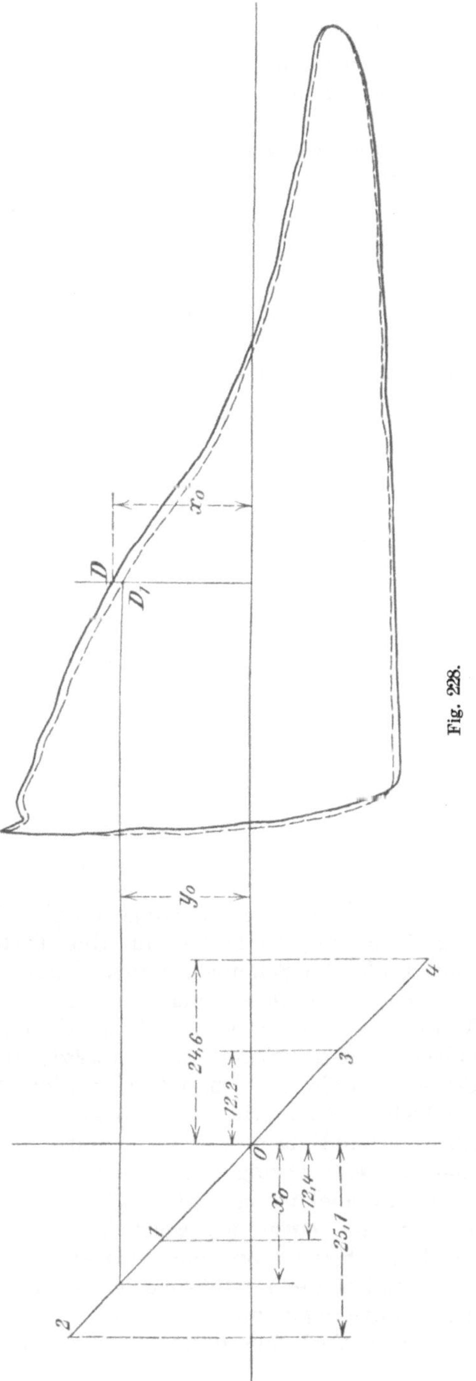

Hierin bedeutet:

$s =$ Verdrehungsbogen in cm,
$M =$ Drehmoment in cm/kg,
$R =$ Länge des zum Bogen s gehörigen Radius in cm,
$L =$ Entfernung der Beobachtungsquerschnitte in cm,
$G =$ Schubelastizitätsmodul des Wellenmaterials in kg/cm^2,
$J =$ das polare Trägheitsmoment des Wellenquerschnittes in cm^4, also

$$J = \frac{\pi \cdot d^4}{32}\,.$$

Wie die in Fig. 229 gegebene schematische Darstellung des Indikators zeigt, besteht derselbe aus einem Meßrohre, zwei Scheiben, einem Hebelwerke und einer Schreibtrommel.

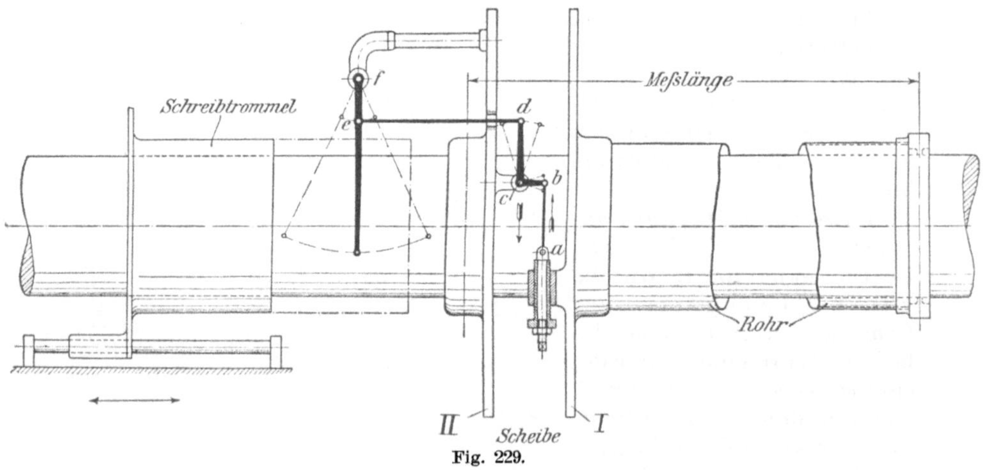

Fig. 229.

Das Meßrohr, dessen Länge möglichst groß gewählt wird, sitzt mit seinem rechten Ende fest auf der Turbinenwelle, während das freie, linke Ende die Scheibe I trägt. Dieser gegenüber ist eine gleichgroße Scheibe II direkt auf der Welle festgeklemmt. Da das Meßrohr die Verdrehung, welche die Welle an dem (rechten) Aufklemmquerschnitt erleidet, auf die Scheibe I überträgt, so ist die Größe der Verdrehung der beiden Scheiben I und II gegeneinander ein Maß für die Verwindung der Welle auf die Länge L, also auch ein Maß für die Drehkraft, welche diese Verwindung verursacht. Da die relative Verdrehung der Scheibenumfänge sehr gering ist, so bedient man sich zu ihrer Vergrößerung zweier ungleicharmiger Hebel $a\,b\,c\,d$ und ef. Der kleine Bogen, um den sich die Scheibenumfänge gegeneinander verdrehen, beträgt ca. 1,5—3 mm; durch die Hebelanordnung wird er auf das 15—30fache vergrößert.

Bezüglich der Ausführung der Schreibtrommel sind zwei verschiedene Konstruktionen typisch: entweder ist die Trommel feststehend (Fig. 229), oder sie rotiert, allerdings mit verminderter Geschwindigkeit, um die

Welle (Fig. 230). Im ersten Falle ist sie auf einem Schlitten in axialer Richtung verschiebbar, so daß man sie zwecks Abnahme des Diagrammblattes und Neuaufziehen eines solchen jederzeit bequem aus dem Bereiche des Schreibstiftes bringen kann. Im zweiten Falle wird die lose auf der Welle sitzende Schreibtrommel durch das Vorgelege $r\,s$ angetrieben, wobei das Übersetzungsverhältnis so gewählt ist, daß die Schreibtrommel sich erst nach 2, 3 oder 4 Wellenumläufen einmal gedreht hat. Die ganze Diagrammlänge umfaßt alsdann die Kurven von ebensoviel Touren. Da das Zahnrad s, und mit ihm die Schreibtrommel auf der Vorgelegswelle verschiebbar ist und von einer auf der Vorgelegswelle aufgekeilten Kupplungsscheibe getrennt werden kann, so ist es nicht schwer, die Schreibtrommel stillzusetzen.

Das Diagramm des Torsionsindikators hat eine Form ähnlich der des Tangentialdruckdiagrammes. Die aus ihm berechnete Leistung ist die effektive.

Der Torsionsindikator nach Föttinger hat bei der Indizierung

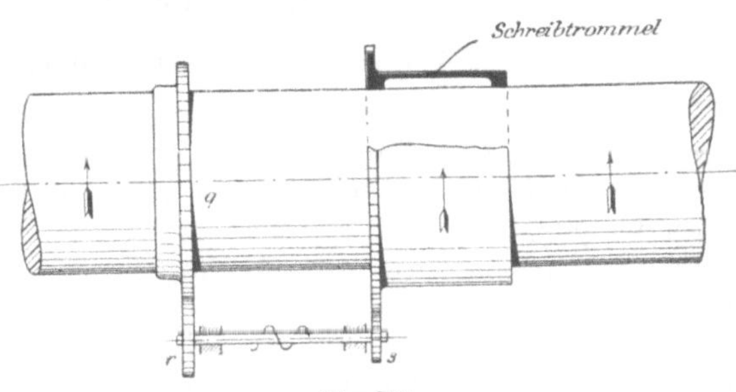

Fig. 230.

großer Schiffsdampfturbinen bereits hervorragende Dienste geleistet, und es ist zu vermuten, daß die ihm zugrunde liegende Meßmethode sich ganz allgemein auf den Maschinenbetrieb ausdehnen läßt.

Die konstruktive Ausbildung des Indikators erheischte die Überwindung vieler, zum Teil nicht unbeträchtlicher Schwierigkeiten; die heute vorliegenden Ausführungsformen lassen an Zuverlässigkeit und Genauigkeit nichts zu wünschen übrig.

Die in neuerer Zeit im Prüffelde der A. E. G., Turbinenfabrik, Berlin, an einer 3000 pferdigen Schiffsturbine vorgenommenen Garantieversuche, bei welchen die Leistung durch eine Wasserbremse und gleichzeitig durch einen zwischen Turbine und Bremse geschalteten Torsionsindikator nach Föttinger gemessen wurde, ergaben bei sechs Versuchen folgende Abweichungen der Torsionspferdestärken von den Bremspferdestärken:

Versuch Nr.	Abweichung in %
1	$+0{,}29$
2	$+0{,}07$
3	$\pm 0{,}00$
4	$-0{,}04$
5	$-0{,}11$
6	$+0{,}04$

Leistungsversuche an Dampfkesseln und Dampfmaschinen.

I. Normen[1]).

Allgemeine Bestimmungen.

Derartigen Versuchen werden die vom Vereine deutscher Ingenieure, dem internationalen Verbande der Dampfkessel-Überwachungsvereine und dem Vereine deutscher Maschinenbauanstalten aufgestellten Normen zugrunde gelegt.

Es ist wünschenswert, durch Angabe der wichtigsten Verhältnisse der untersuchten Anlagen und der Umstände, unter welchen die Ergebnisse erzielt worden sind, dahin zu wirken, daß diese Ergebnisse nicht nur für den einzelnen Fall benutzt werden können, sondern auch allgemeinen Wert erhalten. Zu diesem Zwecke ist es erforderlich, daß alle Angaben einheitlich nach Maßgabe der eingangs angeführten und nachfolgend wiedergegebenen Normen gemacht werden.

1. **Gegenstand der Untersuchung einer Dampfkesselanlage** kann sein:

a) die Menge des stündlich auf 1 qm Heizfläche erzeugten Dampfes (quantitative Leistung);

b) die Verdampfungszahl, d. h. die Anzahl der Kilogramm Wasser von bestimmter Temperatur, die durch 1 kg näher bezeichneten Brennstoffes in Dampf von gewisser Spannung und Temperatur verwandelt werden (Brennstoffverbrauch);

c) der Wirkungsgrad der Dampfkesselanlage, d. h. das Verhältnis der an den Inhalt des Dampfkessels abgegebenen Wärmemenge zu dem Heizwerte des verbrauchten Brennstoffes;

d) die einzelnen in der Dampfkesselanlage stattfindenden Wärmeverluste.

Bemerkung. Bei Überhitzern und Vorwärmern, welche keinen Bestandteil des zu untersuchenden Dampfkessels bilden, jedoch von derselben Wärmequelle geheizt werden, sind auch deren Leistungen festzustellen, jedoch getrennt von denen des Dampfkessels.

---

[1]) Als Separatabdruck vom Verein Deutscher Ingenieure, Berlin NW 7 zu beziehen.

2. **Gegenstand der Untersuchung einer Dampfmaschine** kann sein:

a) die indizierte Arbeit und die Nutzarbeit;

b) der mechanische Wirkungsgrad, d. h. das Verhältnis der Nutzarbeit zur indizierten Arbeit;

c) der Dampfverbrauch für eine Pferdestärkenstunde (PS/Std.);

d) der Wärmewert des für eine PS/Std. verbrauchten Dampfes;

e) die Schwankungen der Umlaufszahlen bei wechselnder Belastung.

Bemerkung. Sollen Dampfkessel und Dampfmaschinen nicht bloß in bezug auf ihre Leistung, sondern auch nach anderen Richtungen beurteilt werden, so ist die Anlage in ihren einzelnen Teilen einer besonderen Durchsicht zu unterwerfen. Die Rücksichten auf Dauerhaftigkeit und Betriebssicherheit bedingen in erster Linie den hierbei anzulegenden Maßstab. Bei Dampfmaschinen ist hierbei dem Ölverbrauche Beachtung zu schenken.

Zahl und Dauer der Untersuchungen, zulässige Schwankungen.

3. Zahl und Dauer der Versuche haben sich nach dem Zwecke der Untersuchung zu richten und sind unter Berücksichtigung der Anlage- und Betriebsverhältnisse — bei Versuchen von besonderer Wichtigkeit, deren Ergebnisse z. B. für die Abnahme, für Abzüge oder Prämien maßgebend sind, auch nach der Bedeutung des damit verknüpften Interesses — gemäß Nr. 4—6 zu bemessen und vorher zu vereinbaren.

4. Um die zu untersuchende Anlage im Betriebe kennen zu lernen, die zur Verwendung kommenden Vorrichtungen zu prüfen und die Beobachter und Hilfskräfte anzuweisen, empfiehlt es sich, Vorversuche anzustellen.

5. Für Untersuchungen von besonderer Wichtigkeit sind mindestens zwei Versuche hintereinander auszuführen, die nur dann als gültig erachtet werden, wenn sie nicht durch Störungen unterbrochen worden sind, und wenn ihre Ergebnisse nicht um mehr voneinander abweichen. als unvermeidlichen Beobachtungsfehlern zugeschrieben werden darf. Aus Versuchen mit annähernd gleichen Ergebnissen wird der Mittelwert als endgültig angenommen.

6. Handelt es sich um die Ermittelung des Brennstoffverbrauches, so ist ein Versuch von mindestens 10 stündiger Dauer, handelt es sich um die Menge des erzeugten oder verbrauchten Dampfes, so ist ein Versuch von mindestens 8 stündiger Dauer zu machen.

Eine kürzere Dauer — beim Brennstoffverbrauch mindestens 8, beim Dampfverbrauch von mindestens 6 Stunden — ist zulässig, wenn die zu untersuchende Anlage durchaus gleichmäßig beansprucht ist.

Wird die Menge des erzeugten odes verbrauchten Dampfes durch Oberflächenkondensation festgestellt, so genügt ein kürzerer Versuch, dessen Dauer nach den Schwankungen des Betriebes zu bemessen ist.

Soll lediglich der mechanische Wirkungsgrad einer Dampfmaschine festgestellt werden, so genügen Versuche von kurzer Dauer.

Bei den vorstehenden Zeitangaben ist vorausgesetzt, daß keine Unterbrechung oder Störung des Versuches stattfindet.

7. Wie weit von der zugesagten Leistung abgewichen werden darf, ohne die Zusage als verletzt erscheinen zu lassen, ist vor den Versuchen (sei es im Liefervertrage, sei es bei Aufstellung des Versuchsplanes) zu vereinbaren. Ist keine andere Vereinbarung getroffen, so gilt die Zusage noch erfüllt, wenn die durch den Versuch ermittelte Zahl um nicht mehr als 5% ungünstiger ist als die zugesicherte Zahl. Innerhalb derselben Grenzen muß der zugesicherte Verbrauch an Brennstoff oder Dampf auch dann noch innegehalten werden, wenn bei Schwankungen während des Versuches die Belastung der Dampfmaschine im Mittel während des ganzen Versuches um nicht mehr als $\pm 7,5\%$, im einzelnen in der Regel um nicht mehr als $\pm 15\%$ von der dem zugesicherten Brennstoff- oder Dampfverbrauche zugrunde gelegten Beanspruchung oder Belastung abgewichen ist.

Bemerkung. Da es bei Leistungsversuchen oft nicht möglich ist, eine Dampfmaschine mit derjenigen Nutzleistung arbeiten zu lassen, auf welche sich die im Vertrage ausgesprochene Zusage bezieht, so empfiehlt es sich, auch für größere und kleinere Leistungen Zahlen des voraussichtlichen Dampfverbrauches in den Vertrag aufzunehmen. Dasselbe gilt sinngemäß auch für Dampfkessel.

Versuche mit festgestelltem Regulator sind zulässig; jedoch ist dies im Versuchsberichte zu erwähnen.

8. Unmittelbar nach Inbetriebnahme einer Anlage soll kein Abnahmeversuch ausgeführt werden; dem Lieferanten wird zu eigenen Versuchen und zu den etwa nötigen Verbesserungen eine Frist eingeräumt, deren Dauer und sonstige Bedingungen möglichst bei Abfassung des Lieferungsvertrages festzustellen sind.

Maße und Gewichte für die Berechnungen.

9. Alle Wärmemessungen (Wärmeeinheiten, Temperaturen) beziehen sich auf das 100 teilige Thermometer (Celsius).

10. Ist ohne nähere Angabe vom Dampfdrucke die Rede, so ist darunter stets der Überdruck über den Druck der Atmosphäre zu verstehen.

Spannungen, welche geringer sind als der Druck der Atmosphäre, werden als Vakuum angegeben. Man versteht unter Vakuum den Unterschied zwischen der atmosphärischen und der zu messenden Spannung, beide von Null an gerechnet.

Die Maßeinheit für den Überdruck und für das Vakuum ist der Druck von 1 kg auf 1 qcm oder die metrische Atmosphäre.

Die absolute Dampfspannung erhält man, wenn man zum jeweiligen atmosphärischen Drucke den Überdruck hinzurechnet bzw. vom atmosphärischen Drucke das Vakuum abzieht.

11. Die Zugstärke wird in Millimeter Wassersäule angegeben[1]).

12. Unter Heizfläche ist bei Dampfkesseln der Flächeninhalt der einerseits von den Heizgasen, andererseits vom Wasser berührten Wandungen zu verstehen. Sind noch andere Wandungen vorhanden, durch welche Wärme in den Kessel übergeht, und sollen sie berücksichtigt werden, so ist deren von den Heizgasen bespülte Fläche besonders anzugeben.

Alle Heizflächen sind auf der Feuerseite zu messen.

13. Der Heizwert ist auf 1 kg urspsünglichen Brennstoffes (ohne Abzug von Asche, Feuchtigkeit usw.) bezogen in WE (Wärmeeifheiten = Kalorien) anzugeben. Die Berechnung geschieht unter der Voraussetzung, daß der im Brennstoffe enthaltene Wasserstoff zu dampfförmigem Wasser verbrennt, und daß auch die Feuchtigkeit des Brennstoffes dampfförmig wird.

14. Die Verdampfung durch 1 kg ursprünglichen Brennstoffes und die Verdampfung auf 1 qm Heizfläche sind auf Wasser von 0° und trocken gesättigten Dampf von 100° (636,722 WE) berechnet anzugeben.

Zur Erleichterung dieser Umrechnung hat der Verfasser dieses Buches Reduktionstabellen berechnet, die im Anhange untergebracht sind.

Man nennt diejenige Anzahl von Kilogramm Wasser von gegebener Temperatur, die 1 kg Brennmaterial in einem Dampkessel wirklich verdampft, die Bruttoverdampfung.

Rechnet man, wie in den Normen vorgeschrieben, und was zu Vergleichzwecken unerläßlich ist, diese Verdampfung auf Dampf von 100° (636,722 WE) aus Wasser von 0° erzeugt, um, so erhält man die Nettoverdampfung oder auch reduzierte Verdampfung.

Mit Hilfe der angeführten Reduktionstabellen läßt sich die Berechnung der reduzierten Verdampfung für alle Spannungen von 4,0 bis 12,75 At. Überdruck und für Speisewassertemperaturen von 0° bis 120° in bequemer Weise ausführen.

Ergibt z. B. ein Verdampfungsversuch, daß 1 kg Steinkohle 7,24 kg Dampf von 8,8 At. Überdruck aus Speisewasser von 60° erzeugt, so gibt die Tabelle auf S. 349 für die genannte Spannung und die vorliegende Speisewassertemperatur den Reduktionsfaktor 0,943 an, so daß sich also die

$$\text{reduzierte Verdampfung zu } 0{,}943 \cdot 7{,}24 \text{ kg} = \mathbf{6{,}83} \text{ kg}$$

ergibt.

15. Die für die Beurteilung der Dampfmaschine maßgebenden Spannungen und Temperaturen des einströmenden Dampfes sind unmittelbar vor dem Eintritte in die Dampfmaschine, diejenigen des ausströmenden Dampfes im Ausströmrohre unmittelbar nach dem Austritte aus dem Dampfzylinder zu messen.

16. Für die Leistung einer Dampfmaschine gilt als Maßeinheit die Pferdestärke (PS) gleich 75 Sekundenmeterkilogramm. Falls keine weitere Bezeichnung angegeben ist, versteht man darunter stets die Nutzleistung. Soll die indizierte Leistung damit gemeint sein, so ist dies ausdrücklich auszusprechen. Die Angabe des Dampfverbrauches dagegen bezieht sich, wenn nicht anders bestimmt, auf die indizierte Leistung.

Die Angabe in nominellen Pferdestärken ist unstatthaft.

---

[1]) Siehe S. 143.

17. Als Maß für die Nutzleistung der Dampfmaschine wird der Unterschied zwischen der indizierten Leistung bei der jeweiligen Belastung (N_i oder i. PS) und der Leistung beim Leerlauf (N_l), als Maß des mechanischen Wirkungsgrades das Verhältnis dieses Unterschiedes zur indizierten Leistung angesehen:

$$\left(\frac{N_i - N_l}{N_i}\right).$$

Hinsichtlich strenger Bestimmung der Nutzleistung und des mechanischen Wirkungsgrades vgl. Nr. 36.

18. Ist der Wärmewert des für 1 PS/Std. verbrauchten Dampfes zu berechnen, so gilt 0° als Anfangstemperatur des Speisewassers.

Ausführung der Untersuchungen.

19. Zu Anfang und zu Ende jedes Versuches sollen überall gleiche Verhältnisse vorhanden sein; Dampfkessel und Dampfmaschine sollen sich während des ganzen Versuches im Beharrungszustande befinden.

20. Handelt es sich um die Bestimmung des erzeugten oder des verbrauchten Dampfes, so sind alle für den Versuch nicht zur Anwendung kommenden Dampf- und Wasserrohre vom Versuchskessel und der Versuchsmaschine abzusperren, am besten mittels Blindflansche, die möglichst nahe am Dampfkessel und der Dampfmaschine anzubringen sind.

Untersuchung einer Dampfkesselanlage.

21. Art, Zahl und Dauer der Versuche sind nach Maßgabe der „Allgemeinen Bestimmungen" (Nr. 1—8) zu vereinbaren.

22. Die Konstruktions- und Betriebsverhältnisse der Dampfkesselanlage sind möglichst vollständig anzugeben und durch Zeichnungen zu erläutern; insbesondere sollen bei vollständigen Untersuchungen in diesen Angaben enthalten sein:

a) die Heizfläche des Dampfkessels gemäß Nr. 12;

b) die von den Heizgasen bespülten Überhitzer- und Vorwärmerheizflächen;

c) der Inhalt des Wasser- und Dampfraumes, der Speisewasservorwärmer und der von den Heizgasen geheizten Dampfüberhitzer;

d) die Verdampfungsoberfläche.

Bemerkung. Die vorstehenden Angaben, insofern sie vom Wasserstande beeinflußt werden, müssen dem bei der Untersuchung tatsächlich beobachteten Wasserstande entsprechen.

e) die gesamte und die freie Rostfläche; die Größe etwaiger Schwelplatten ist besonders anzugeben;

f) der Querschnitt der Feuerzüge an den wesentlichen Stellen;

g) der mittlere Zugquerschnitt der sämtlichen für den Versuch in Betracht kommenden Absperrvorrichtungen während des Versuches;

h) die Höhe des Schornsteines (von der Rostfläche aus gemessen) und dessen Querschnitt an der Ausmündung oder an der engsten Stelle.

23. Vor dem Versuche ist der Dampfkessel zu reinigen, innerlich und äußerlich zu untersuchen, auf seine Dichtheit zu prüfen und in ordnungsmäßigen Zustand zu bringen.

24. Bei Beginn des Versuches muß sich der Dampfkessel tunlichst im Beharrungszustande befinden; er muß deshalb nach der Reinigung, bevor der Versuch beginnt, je nach seiner Beschaffenheit einen oder mehrere Tage im normalen Betriebe gewesen sein, und zwar mit demselben Brennstoffe und derselben Beanspruchung wie während des Versuches.

25. Wasserstand und Dampfdruck sollen während des ganzen Versuches möglichst auf gleicher Höhe erhalten werden; sie werden zu Anfang und zu Ende, sowie während des Versuches viertelstündlich vermerkt. Falls Überhitzer vorhanden, sind die Temperaturen der Gase vor und hinter dem Überhitzer, diejenigen des Dampfes dicht hinter dem Überhitzer viertelstündlich festzustellen.

Bemerkung. Geringe Abweichungen des Wasserstandes oder des Dampfdruckes am Ende des Versuches sind, falls sie sich nicht vermeiden lassen, nach ihrem Wärmewerte, entsprechend den Spannungen am Anfang und am Ende des Versuches, in Rechnung zu ziehen.

Besondere Sorgfalt verlangen in dieser Beziehung die Wasserrohrkessel und ähnliche Konstruktionen mit stark schwankendem Wasserspiegel, bei denen außerdem während der Dampfentwicklung die Wassermasse durch die im Wasser enthaltenen Dampfblasen erheblich vergrößert erscheint.

26. Das Speisewasser wird entweder gewogen oder nach seinem Rauminhalte in geeichten Gefäßen gemessen; im letzteren Falle ist der Inhalt der Gefäße nach der Temperatur des Wassers zu berichtigen. Bei Versuchen von besonderer Wichtigkeit ist nur Wägung zulässig.

Die Speisungen müssen regelmäßig und womöglich ununterbrochen geschehen; ist ununterbrochene Speisung nicht möglich, so sind mindestens 10 Minuten vor Beginn und ebenso vor Schluß des Versuches Speisungen zu vermeiden.

Die Temperatur des Speisewassers wird im Behälter, aus welchem gespeist wird, gemessen, bei genauen Versuchen je nach Umständen auch kurz vor dem Eintritte in den Dampfkessel, und zwar bei jeder Speisung, mindestens aber halbstündlich.

Die Speisung durch Injektoren ist bei genauen Leistungsversuchen an Dampfkesseln unstatthaft.

Es ist unzulässig, zur Speisung Dampfpumpen zu verwenden, deren Abdampf mit dem Speisewasser in Berührung kommt, es sei denn, daß die dem Speisewasser auf diese Weise zugeführte Wärme- und Wassermenge genau bestimmt werden kann.

Alles Leckwasser an den Ausrüstungsteilen, sowie etwa an ihnen ausgeblasenes Wasser ist aufzufangen und in Rechnung zu bringen.

27. Versuche, bei welchen nachweisbar erhebliche Wassermengen durch den Dampf mitgerissen werden, sind ungenau, solange nicht Ver-

fahren und Vorrichtungen bekannt sind, welche es möglich machen, diese Wassermengen genau zu ermitteln.

28. Zum Beginne des Versuches muß das Feuer in einen normalen Zustand der Beschickung und Reinigung gebracht, Asche und Schlacke aus dem Aschenfall entfernt werden; ist es nicht möglich, den Aschenfall zu leeren (Schrägrostfeuerungen), so sind die Rückstände darin vor und nach dem Versuche auf eine bestimmte Höhe zu bringen und abzugleichen. In demselben Zustande, wie beim Beginn, muß sich das Feuer am Ende des Versuches befinden. Die Dauer und der Brennstoffverbrauch des Anheizens werden vermerkt, bleiben aber außer Berechnung.

Der während des Versuches zur Verwendung kommende Brennstoff ist zu wägen.

29. Um eine richtige Durchschnittsprobe dieses Brennstoffes zu erlangen, kann man in folgender Weise verfahren[1]):

Von jeder Ladung (Karre, Korb und dgl.) des zugeführten Brennstoffes wird eine Schaufel voll in ein mit einem Deckel versehenes Gefäß geworfen. Sofort nach Beendigung des Verdampfungsversuches wird der Inhalt des Gefäßes zerkleinert, gemischt, quadratisch ausgebreitet und durch die beiden Diagonalen in vier Teile geteilt. Zwei einander gegenüberliegende Teile werden fortgenommen, die beiden anderen wieder zerkleinert, gemischt und geteilt. In dieser Weise wird fortgefahren, bis eine Probemenge von etwa 10 kg übrigbleibt, welche in gut verschlossenen Gefäßen zur Untersuchung gebracht wird. Außerdem ist während des Versuches eine Anzahl von Proben in luftdicht verschließbare Gefäße zu füllen (Feuchtigkeitsproben, siehe auch S. 98).

30. Die Zusammensetzung des Brennstoffes ist durch chemische Analyse zu ermitteln. Es soll der Gehalt an Kohlenstoff (C), Wasserstoff (H), Sauerstoff (O), Schwefel (S), Asche (A) und Wasser in Prozenten des Brennstoffgewichtes angegeben werden. Der Gehalt des Brennstoffes an Stickstoff (N) kann unberücksichtigt bleiben. Das Verhalten in der Hitze ist durch Verkokungsprobe zu ermitteln.

31. Der Heizwert des Brennstoffes ist kalorimetrisch zu ermitteln.

Bemerkung. Auf Grund der chemischen Analyse kann der Heizwert von Steinkohlen und Braunkohlen annähernd mittels der sogenannten Verbandsformel:

$$81\,C\,^2) + 290\left(H - \frac{O}{8}\right) + 25\,S - 6\,W$$

berechnet werden.

32. Die Temperatur der abziehenden Heizgase wird an der Stelle, wo sie den Kessel verlassen, jedenfalls aber vor dem Schieber, durch Quecksilberthermometer oder thermoelektrische Pyrometer gemessen. Diese Geräte sind mit sorgfältiger Abdichtung in den Rauchkanal so einzusetzen, daß sich die Quecksilberkugel oder die Lötstelle mitten im

---

[1]) Siehe auch S. 94.
[2]) Verschiedentlich findet man hier auch 80° C angegeben (s. auch S. 73).

Gasstrom befindet. Die Ablesungen erfolgen möglichst oft, längstens aber viertelstündlich, und zwar womöglich bei Entnahme der Gasproben.

Die Temperatur der in die Feuerung tretenden Luft wird nahe der Feuerung gemessen, wobei das Thermometer vor Wärmestrahlung zu schützen ist. Aus den einzelnen Ablesungen wird das Mittel genommen.

33. Während des Heizversuches werden entweder ununterbrochen oder in gleichmäßigen Zwischenräumen möglichst oft, längstens aber alle 20 Minuten, durch ein luftdicht neben dem Thermometer eingesetztes Rohr, dessen untere Mündung mitten in den Gasstrom reicht, Gasproben entnommen. Der Gehalt an Kohlensäure (CO_2) ist regelmäßig zu bestimmen. Vollständige Untersuchungen der Heizgase auf Kohlensäure, Sauerstoff, Kohlenoxyd oder Stickstoff sind nach Bedarf vorzunehmen. Hierzu dienen am besten Durchschnittsproben, welche mittels gleichmäßig saugender Aspiratoren entnommen werden (siehe auch S. 55).

Soll der Verlust durch unvollständig verbrannte Gase festgestellt werden, so ist die Zusammensetzung der Gase nach genauen Verfahren festzustellen, da hierfür die üblichen Verfahren der technischen Gasanalysen nicht ausreichen.

Um zu ermitteln, wieviel Luft in die Feuerzüge eindringt, können an verschiedenen Stellen derselben Gasproben entnommen und auf ihren Gehalt an Kohlensäure und Sauerstoff untersucht werden.

Bemerkung. Auf einfache Weise kann man in der Regel starke Undichtheiten des Mauerwerkes nachweisen, indem man den im Betriebe befindlichen Rost mit stark rauchendem Brennstoffe beschickt und hierauf den Zugschieber schließt, oder auch dadurch, daß man beobachtet, ob die Flamme eines an dem Kesselmauerwerke entlang bewegten Lichtes angesaugt wird.

Für die Berechnung der Wärme, die in den abziehenden Heizgasen verloren geht, ist die Zusammensetzung derjenigen Heizgase maßgebend, die neben dem Thermometer entnommen sind.

Untersuchung einer Dampfmaschinenanlage.

34. Art, Zahl und Dauer der Versuche sind nach Maßgabe der „Allgemeinen Bestimmungen" (Nr. 1—8) zu vereinbaren.

35. Die Konstruktions- und Betriebsverhältnisse der Dampfmaschine sind möglichst vollständig anzugeben und durch Zeichnung zu erläutern; insbesondere sollen bei vollständigen Untersuchungen in diesen Angaben enthalten sein:

    a) die Bauart der Maschine; Beschreibung und Zeichnung ihrer Hauptteile; die Abmessungen der Zylinder; die Größe der schädlichen Räume; der Kolbenhub und sonstige in Betracht kommende Abmessungen;

    b) die normale Umlaufzahl, deren zulässige Schwankungen und der Ungleichförmigkeitsgrad;

    c) die Spannung und die Temperatur des Dampfes, mit dem die Dampfmaschine arbeiten soll, und die höchste Spannung, für die sie gebaut ist;

d) die Leistung, auf welche sich der zugesagte Dampfverbrauch und der mechanische Wirkungsgrad beziehen, die zugesagte größte Leistung und die entsprechenden Füllungsgrade;

e) der für die indizierte oder für die Nutzleistung zugesagte Dampfverbrauch;

f) die im Vertrage vorausgesetzte Temperatur und Menge des Einspritz- oder Kühlwassers und das dieser Voraussetzung entsprechende Vakuum.

Im Sinne des Absatzes 2 der Einleitung liegt es außerdem, die Länge und den Durchmesser der Dampfzu- und -ableitungsrohre, die Entwässerungsvorrichtungen, die Weite der Dampfkanäle, die Abmessungen der Luftpumpen, sowie die Bauart und Betriebsverhältnisse der Dampfkesselanlage anzugeben.

36. Eine strenge Ermittelung der wirklichen Nutzleistung und damit der sogenannten zusätzlichen Reibung ist nur mittels der Bremse möglich; jedoch ist dieses Verfahren bei größeren Maschinen schwierig und mit Gefahren verknüpft und deshalb nur ausnahmsweise anzuwenden (vgl. Nr. 17).

Ist eine Dynamomaschine mit der Dampfmaschine unmittelbar gekuppelt, so kann aus der dem Anker der Dynamomaschine entnommenen elektrischen Arbeit die Nutzarbeit der Dampfmaschine bestimmt werden, falls der Wirkungsgrad des Ankers der Dynamomaschine unter den obwaltenden Temperatur- und Belastungsverhältnissen genau bekannt ist.

Die Geräte, mit denen die elektrischen Messungen vorgenommen werden, müssen geeicht sein.

37. Die Indikatoren sind möglichst unmittelbar am Zylinder ohne lange und scharf gekrümmte Zwischenleitungen anzubringen, und zwar an jedem Zylinderende ein Indikator. Zu dem Zwecke ist jedes Zylinderende mit einer Bohrung für 1″ Whitworth zu versehen.

Die Indikatoren und ihre Federn sind vor und nach dem Versuche entweder durch unmittelbare Belastung oder an offenen Quecksilber- bzw. Eichmanometern bei einer der mittleren Dampfspannung des Versuches entsprechenden Temperatur zu prüfen. Ergeben sich Unterschiede, so ist der Mittelwert maßgebend. Sind tägliche Federprüfungen während der Versuchszeit ausführbar, so sind diese vorzuziehen.

Die Maßstäbe sehr schwacher Vakuumfedern sind in derselben Lage zur Wagrechten zu berichtigen, welche sie während des Versuches innehaben.

38. Bei Leistungsversuchen, die zur Ermittelung des Dampfverbrauches dienen, sind folgende Regeln zu beobachten:

Der Versuch soll nicht eher beginnen, als bis in der Maschine und den Meßgeräten Beharrungszustand bezüglich der Kräfte und Temperaturen eingetreten ist.

Erstreckt sich der Versuch bei regelmäßigem Fabrikbetriebe auf die Dauer eines Arbeitstages, so sind die erste und die letzte Stunde des Arbeitstages von der eigentlichen Versuchszeit auszuschließen, ebenso die Tage vor und nach Sonn- und Feiertagen.

Dampfspannung, Belastung der Maschine und Überhitzungstemperatur (s. Bemerkung zu Nr. 40) müssen während der Versuchsdauer möglichst gleichmäßig erhalten werden, erforderlichenfalls ist die Gleichmäßigkeit der Belastung künstlich herzustellen (vgl. Nr. 7).

Die Umlaufzahl der Maschine wird durch Hubzähler gemessen und stündlich vermerkt. Bei wechselnder Belastung empfiehlt es sich, die Schwankungen der Umlaufzahl mit Hilfe eines Tachographen oder dergleichen zu ermitteln.

In regelmäßigen Zwischenräumen (alle 10—20 Minuten) werden der Wasserstand und die Spannung im Kessel, die Spannung, und falls der Dampf überhitzt ist, die Temperatur unmittelbar vor der Maschine, die Spannungen in den Zwischenbehältern, im Ausströmrohre unmittelbar hinter dem Dampfzylinder und im Kondensator, außerdem die Temperaturen des Einspritzwassers oder des Kühlwassers, sowie des ausfließenden Kondensationswassers vermerkt. Der Barometerstand ist gebotenenfalls mehrmals zu verzeichnen, und ebenso, falls ein Gradierwerk benutzt wird, die Temperatur und der Feuchtigkeitsgehalt der Luft.

Während des Versuches sind alle 10—20 Minuten (womöglich gleichzeitig mit den soeben genannten Ablesungen) Diagramme an jedem Zylinderende abzunehmen, bei starken Schwankungen der Belastung tunlichst noch öfter. Die Diagramme erhalten Ordnungsnummern und Angaben über die Zeit der Entnahme.

Die Diagrammflächen werden mit Hilfe eines Polarplanimeters oder in anderer zuverlässiger Weise ausgerechnet, und zwar der Sicherheit wegen wiederholt.

Der Durchmesser des Dampfzylinders (in möglichst betriebswarmem Zustande) und der Kolbenhub sind zu messen, der Querschnitt der Kolbenstange in Rechnung zu ziehen.

39. Der Dampfverbrauch wird durch das in den Dampfkessel gespeiste Wasser gewogen bzw. gemessen (vgl. Nr. 26). Es ist unzulässig, zur Speisung Dampfpumpen zu verwenden, welche ihren Dampf aus demselben Dampfkessel entnehmen wie die zu untersuchende Dampfmaschine, oder deren Abdampf mit dem Speisewasser in unmittelbare Berührung kommt, es sei denn, daß der Dampfverbrauch dieser Pumpen genau ermittelt werden kann.

Bei Oberflächenkondensation kann der Dampfverbrauch der Dampfmaschine durch das Gewicht des niedergeschlagenen Dampfes festgestellt werden.

Die Berechnung des Dampfverbrauches aus dem Diagramme ergibt kein richtiges Maß dieses Verbrauches und ist daher unstatthaft.

Das in der Dampfleitung niedergeschlagene Wasser muß vor dem Eintritte in die Maschine abgefangen und von der Speisewassermenge abgezogen werden.

Das innerhalb der Maschine (Zwischenbehälter, Mantel usw.) niedergeschlagene Wasser gehört zum Dampfverbrauche der Maschine und soll möglichst an jeder Entnahmestelle getrennt bestimmt werden.

Bemerkung. Die Vorrichtungen zum Abfangen des niedergeschlagenen Wassers (Kühlschlangen u. dgl.) sind derart einzurichten, daß Verluste durch Wiederverdampfung vermieden werden; zu dem Ende soll es in diesen Vorrichtungen auf mindestens 40° abgekühlt werden.

40. Bedeutet t_1 die Sättigungstemperatur, die zum Drucke des einströmenden Dampfes unmittelbar vor der Dampfmaschine gehört, t_1' die Temperatur des überhitzten Dampfes an derselben Stelle, so ist der Wärmewert von 1 kg des verbrauchten Dampfes (s. Nr. 18) ausgedrückt durch:

$$606{,}5 + 0{,}305\, t_1 + 0{,}48\, (t_1' - t_1) \text{ Kal.}$$

Hiernach ermittelt sich der Wärmewert des für 1 PS/Std. verbrauchten Dampfes.

Bemerkung. Bei Ermittelung der Temperatur des überhitzten Dampfes ist darauf zu achten, daß der Siedepunkt der Flüssigkeit, in welche das Thermometer eintaucht, höher liegt als die zu messende Temperatur des Dampfes.

41. Die Dichtheit der Kolben, Dampfmäntel, Schieber und Ventile usw. ist nicht durch Indikatormessungen zu prüfen, sondern durch besondere Versuche an der betriebswarmen Maschine, derart, daß die eine Seite des Kolbens, Ventils usw. bei abgespreiztem Schwungrade mit Dampf belastet wird. Diese Belastung geschieht bei normalem Dampfdrucke, und die betreffenden Dichtungsflächen sind für undicht zu erachten, wenn der Dampf in anderer Form, als in der von feinem Nebel oder Wasserperlen, auf der anderen Seite zum Vorscheine kommt.

II. Berechnung der Leistung einer Dampfmaschine aus dem Dampfdruckdiagramme.

Angenommen ist eine liegende, einzylindrige Auspuffmaschine mit Ridersteuerung, welche bei der Indizierung die in den Fig. 231 und 232 abgebildeten Diagramme ergab.

Die hier in Betracht kommenden Hauptabmessungen der Maschine sind folgende:

$$\text{Zylinderdurchmesser} \ldots\ldots\ldots D = 240 \text{ mm}$$

$$\text{Kolbenstangendurchmesser} \begin{cases} \text{Kurbelseite: } d_v = 45 \text{ mm} \\ \text{Deckelseite: } d_0 = 35 \text{ mm} \end{cases}$$

$$\text{Hub} \ldots\ldots\ldots\ldots\ldots s = 520 \text{ mm}$$

$$\text{Umdrehungszahl pro Minute} \ldots\ldots n = 83.$$

Bezeichnet man ferner noch die vom Dampfe gedrückte Kolbenfläche allgemein mit Q (qcm) und den während eines Hubes auf diese Fläche wirksamen mittleren Dampfdruck mit p_m (kg/qcm), so ist:

die Arbeit während eines Hubes = Kraft $\times$ Weg $= p_m \cdot Q \cdot s$ m/kg.

Da die Hublänge s bei einer Umdrehung zweimal vom Kolben bestrichen wird, so ist der von letzterem zurückgelegte Weg bei n Umdrehungen pro Minute

$$= n \cdot 2 \cdot s.$$

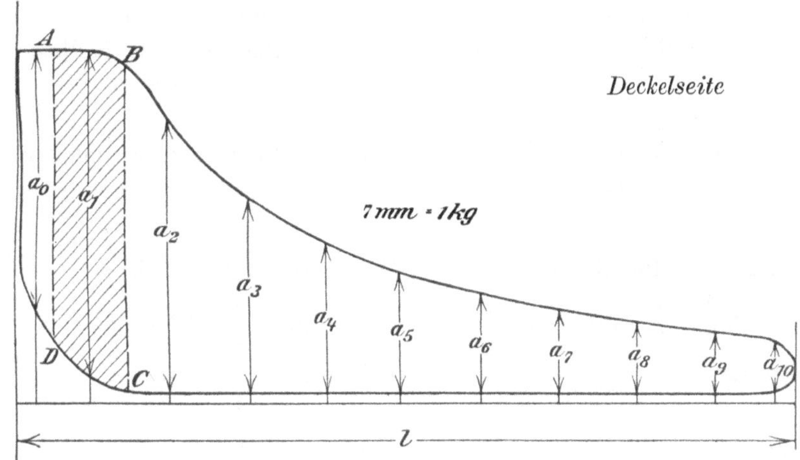

Fig. 231.

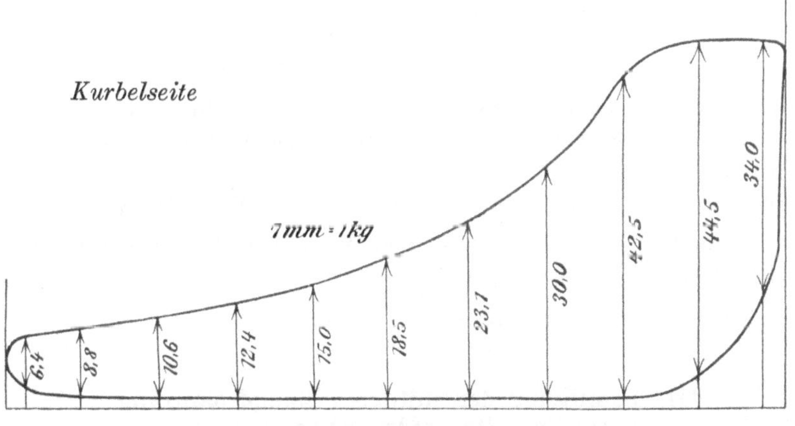

Fig. 232.

Also Kolbenweg pro Sekunde $= \dfrac{n \cdot 2 \cdot s}{60} = \dfrac{n \cdot s}{30}$ Meter.

Also Leistung der Maschine $=$ Arbeit in 1 Sekunde:

$$= p_m \cdot Q \cdot \frac{n \cdot s}{30} \text{ Sekundenkilogramm-Meter}$$

oder in Pferdestärken (PS)

$$= \frac{p_m \cdot Q \cdot n \cdot s}{30 \cdot 75} = N_i \,.$$

Da unter Q die wirksame Kolbenfläche verstanden ist, so muß bei ihrer Berechnung die Querschnittsfläche der Kolbenstange entsprechend berücksichtigt werden. Es ergibt sich demnach für die

<table>
<tr><td align="center">Kurbelseite:</td><td align="center">Deckelseite:</td></tr>
<tr><td align="center">Querschnittsfläche des Kolbens</td><td align="center">Querschnittsfläche des Kolbens</td></tr>
<tr><td align="center">$= \dfrac{D^2 \pi}{4}$,</td><td align="center">$= \dfrac{D^2 \pi}{4}$,</td></tr>
<tr><td align="center">Querschnittsfläche d. Kolbenstange</td><td align="center">Querschnittsfläche d. Kolbenstange</td></tr>
<tr><td align="center">$= \dfrac{d_\mathfrak{v}^2 \cdot \pi}{4}$.</td><td align="center">$= \dfrac{d_\mathfrak{h}^2 \pi}{4}$.</td></tr>
</table>

<table>
<tr><td align="center">Wirksame Kolbenfläche:</td><td align="center">Wirksame Kolbenfläche:</td></tr>
<tr><td align="center">$Q_\mathfrak{v} = \dfrac{\pi}{4} \cdot (D^2 - d_\mathfrak{v}^2)$,</td><td align="center">$Q_\mathfrak{h} = \dfrac{\pi}{4} \cdot (D^2 - d_\mathfrak{h}^2)$,</td></tr>
<tr><td align="center">Leistung:</td><td align="center">Leistung:</td></tr>
<tr><td align="center">$N_i' = \dfrac{p_m' \cdot \dfrac{\pi}{4} \cdot (D^2 - d_\mathfrak{v}^2) \cdot n \cdot s}{30 \cdot 75}$.</td><td align="center">$N_i'' = \dfrac{p_m'' \cdot \dfrac{\pi}{4} \cdot (D^2 - d_\mathfrak{h}^2) \cdot n \cdot s}{30 \cdot 75}$.</td></tr>
</table>

Der Faktor $\dfrac{\dfrac{\pi}{4} \cdot (D^2 - d_\mathfrak{v}^2) \cdot s}{30 \cdot 75}$ resp. $\dfrac{\dfrac{\pi}{4} \cdot (D^2 - d_\mathfrak{h}^2) \cdot s}{30 \cdot 75}$ ist für jede

Maschine eine Konstante, die ein für allemal berechnet wird. Sie sei mit $C_\mathfrak{v}$ resp. $C_\mathfrak{h}$ bezeichnet, so daß sich für die **indizierte Leistung** ergibt:

Kurbelseite: $N_i' = C_\mathfrak{v} \cdot p_m' \cdot n$ | Deckelseite: $N_i'' = C_\mathfrak{h} \cdot p_m'' \cdot n$.

Das arithmetische Mittel dieser beiden Werte gibt alsdann die Leistung N_i der ganzen Maschine

$$N_i = \frac{N_i' + N_i''}{2}.$$

III. Ermittlung der mittleren Dampfspannung aus dem Dampfdruckdiagramme.

Das Prinzip der Arbeitsweise der gewöhnlichen Indikatoren ist kurz folgendes:

Der Indikatorkolben und damit auch der Schreibstift wird, übereinstimmend mit dem Dampfdrucke auf der indizierten Zylinderseite, bewegt, während gleichzeitig die Papiertrommel den Weg des Dampfmaschinenkolbens (allerdings in reduziertem Maße) mitmacht. Aus der hieraus folgenden Entstehungsweise der Dampfdruckdiagramme ist sofort zu ersehen, daß für jede Stellung des Dampfmaschinenkolbens, als Abszisse gemessen, die zugehörige Dampfspannung auf der indizierten Seite des Dampfzylinders durch die zugehörige Ordinate gemessen werden kann.

Die mittlere Höhe des Dampfdruckdiagrammes wird also auch ein Maß für die gesuchte mittlere Dampfspannung p_m sein.

Drückt man den Flächeninhalt des Diagrammes als Rechteck aus, dessen Länge gleich der Diagrammlänge ist, so ergibt die Höhe dieses Rechtecks die mittlere Diagrammhöhe.

Die mittlere Höhe des Dampfdruckdiagrammes kann gefunden werden:

a) auf rechnerischem Wege,

b) mit Hilfe des Polarplanimeters.

Die **rein rechnerische Bestimmung** ist umständlich und ungenau und wird nur ausgeübt, wenn kein Planimeter zur Hand ist. Man teilt die ganze Diagrammlänge l in zehn gleiche Teile (Fig. 231) und zieht die entsprechenden Ordinaten a_1, a_2, $a_3 \ldots a_9$. Das erste und letzte Zehntel wird nochmals in vier gleiche Teile geteilt, so daß die Ordinaten a_0 und a_{10} im Abstande von $\dfrac{l}{40}$ von den Begrenzungsordinaten des Diagrammes zu liegen kommen.

Man kann nun jede Ordinate als Mittellinie eines Trapezes betrachten, dessen Höhe $= \dfrac{l}{10}$ ist, nur die Höhe des zu a_0 und a_{10} gehörigen Trapezes ist $\dfrac{l}{20}$. Für die Ordinate a_1 ist z. B. $A\,BC\,D$ das zugehörige Trapez (Fig. 231).

Diagrammfläche $F = $ Summe sämtlicher Trapeze:

$$F = a_0\,\frac{l}{20} + a_1\,\frac{l}{10} + a_2 \cdot \frac{l}{10} + \ldots + a_9 \cdot \frac{l}{10} + a_{10} \cdot \frac{l}{20}\,,$$

$$F = \frac{l}{10} \cdot \left(\frac{a_0}{2} + a_1 + a_2 + \ldots + a_9 + \frac{a_{10}}{2}\right).$$

Auf dieser Methode der Flächenberechnung durch Zerlegung in schmale Trapeze und Addition der Inhalte derselben beruht der

Flächen- und Diagrammesser von Wilda.

Derselbe besteht in einem auf einer transparenten Tafel aufgezeichneten, an einem Lineale zu verschiebenden Liniennetze (Fig. 233 u. 234).

Die Handhabung dieser sehr einfachen Einrichtung ist folgende: Man legt den Flächenmesser derart auf die zu messende Figur, daß deren Begrenzungslinie links und rechts auf zwei der dünn gezeichneten, im übrigen aber beliebig zu wählenden Vertikalen fällt. In Fig. 233 gibt die zweite Lage von unten des diagrammähnlichen Linienzuges diese Anfangsstellung an. Bei dieser fällt also die linke Begrenzungslinie der Figur auf die erste, die rechte Begrenzung auf die zwischen 12 und 13 liegende, dünn gezeichnete Vertikale, so daß der ganze geschlossene Linienzug zwölf stark ausgezogene Vertikale, jede zweimal, schneidet. Die so entstehenden Abschnitte spielen die Rolle der Trapezmittellinien.

Nunmehr legt man ein Lineal L (Fig. 233) an den linken Rand des Flächenmessers und verschiebt diesen so lange nach oben, bis die untere Zahl 1 (in Fig. 233 mit $\odot$ bezeichnet, auf die untere Begrenzung des

Linienzuges fällt (unterste Lage in Fig. 233). Da, wo oben die durch *1* gehende, stark gezogene Vertikale geschnitten wird, liest man links am Rande den Inhalt des in Fig. 233 unten schraffierten Flächenelementes ab. Dieser beträgt also 1,05 qcm.

In der gleichen Höhe mit dem eben maßgebend gewesenen Schnittpunkte wird auf der Vertikalen durch *2* eine Nadel- oder Zirkelspitze

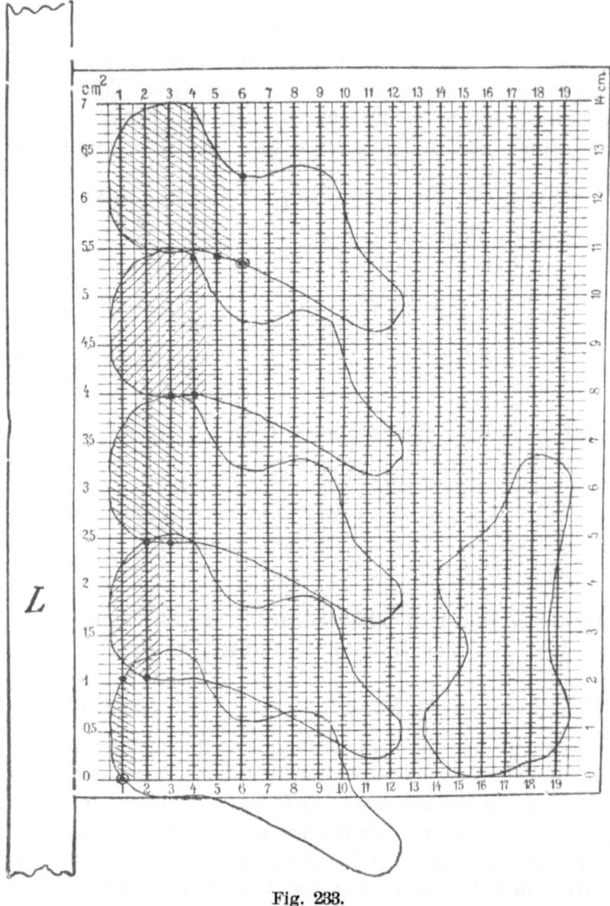

Fig. 233.

eingesetzt und der Flächenmesser am Lineale so weit nach unten geschoben, bis die Spitze auf die untere Begrenzungslinie der zu messenden Figur fällt (Lage 2 von unten in Fig. 233). Die obere Begrenzung wird dann von derselben Vertikalen *2* in der Höhe 2,45 geschnitten; der Inhalt des schraffierten Flächenteiles (1. Trapez + 2. Trapez) beträgt 2,45 qcm. In der gleichen Höhe wird die Spitze auf die Vertikale *3* gesetzt, der Flächenmesser so weit nach unten geschoben, bis die Spitze auf die untere Begrenzung der Fläche fällt und links am Rande der Inhalt des schraffierten Teiles (1. Trapez + 2. Trapez + 3. Trapez) zu 3,975 qcm abgelesen.

Ist in dieser Weise der Flächenmesser fünfmal verschoben (oberste Stellung in Fig. 233), so zeigt sich, daß bei einer sechsten Verschiebung die Vertikale *6* den Linienzug nicht mehr in zwei Punkten schneiden würde, denn der innerhalb der Figur liegende Abschnitt der Vertikalen *6*

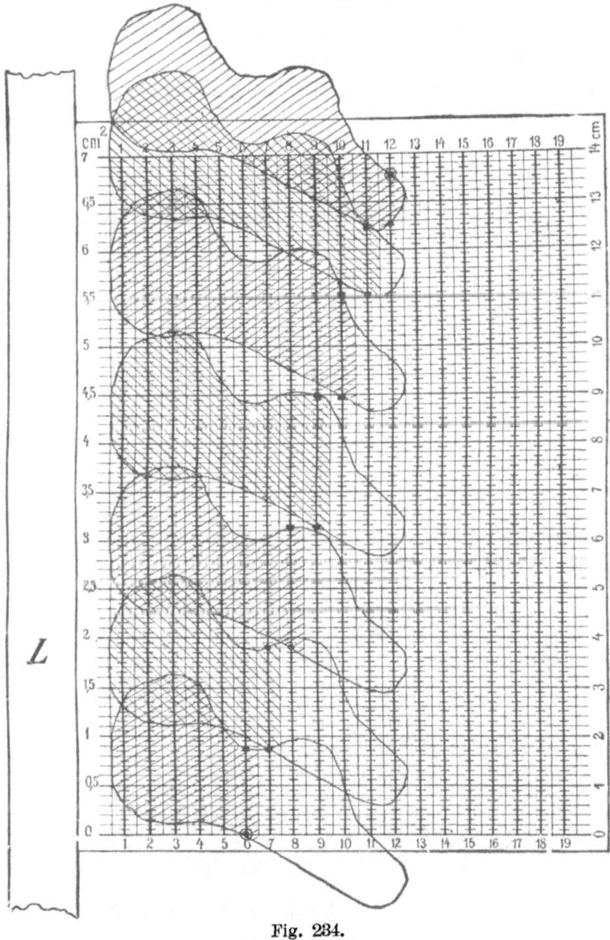

Fig. 234.

umfaßt nahezu neun Teile, während der außerhalb der Figur liegende, nach oben hin noch übrigbleibende Abschnitt nur ca. sieben und einhalb Teile ausmacht.

Die Vertikale *5* ergibt die Ablesung 6,5 qcm. Diese Zahl merkt man sich und verschiebt nun den Flächenmesser so weit nach oben, bis der unterste Punkt der Vertikalen *6*, also die untere Zahl *6* auf den mit ⊙ bezeichneten Punkt der unteren Begrenzungslinie der Figur zu liegen kommt. Diese Stellung ist in Fig. 234 unten abgebildet. Analog wie vorher setzt man die Nadelspitze nacheinander auf die Vertikalen *7, 8, 9, 10, 11* und endlich auf *12* (oberste Stellung in Fig. 234) und liest in der Höhe des oberen Schnittpunktes der Vertikalen *12* mit der Begrenzungslinie den Inhalt 6,8 qcm ab.

Der Inhalt der ganzen Figur ist dann:

$$(6,5 + 6,8)\ \text{qcm} = 13,3\ \text{qcm}.$$

Natürlich brauchen die Zwischenablesungen mit Ausnahme derjenigen von 6,5 qcm nicht gemacht werden.

Berechnet man aus der für F zuletzt angegebenen Formel die mittlere Diagrammhöhe a_m, so wird diese:

$$a_m = \frac{F}{l} = \frac{1}{10}\left(\frac{a_0}{2} + a_1 + a_2 + \ldots + a_9 + \frac{a_{10}}{2}\right).$$

Dividiert man diesen Wert noch durch den Maßstab der Indikatorfeder, so ist der dem Diagramm entsprechende mittlere Dampfdruck p_m gefunden.

Für das in Fig. 231 dargestellte Diagramm der Deckelseite ergibt sich:

$$a_m = \frac{1}{10}\cdot\left(\frac{34,0}{2} + 43,0 + 36,0 + 25,8 + 19,7 + 16,0 + 13,0 + 11,3\right.$$
$$\left. + 9,2 + 8,1 + \frac{6,2}{2}\right)\ \text{mm}$$
$$= \mathbf{20,22\ mm.}$$

Da der Federmaßstab 7 mm = 1 kg ist, so rechnet sich die **mittlere Dampfspannung** zu:

$$p_m'' = \frac{20,22\ \text{mm}}{7\ \text{mm}}\cdot 1\ \text{kg} = \mathbf{2,89\ kg.}$$

Es wird dann weiter:

Indizierte Leistung:
$$N_i'' = \frac{\dfrac{\pi}{4}\cdot(D^2 - d_b^2)\cdot s}{30\cdot 75}\cdot p_m''\cdot n = C_b\cdot p_m''\cdot n$$
$$= \frac{\dfrac{\pi}{4}\cdot(24^2 - 3,5^2)\cdot 0,52}{30\cdot 75}\cdot 2,89\cdot 83\ \text{i. PS}$$
$$= \mathbf{0,1022}\cdot 2,89\cdot 83\ \text{i. PS}$$
$$= \mathbf{24,51\ i.\ PS.}$$

Für das in Fig. 232 dargestellte Diagramm der **Kurbelseite** wird:

$$a_m = \frac{1}{10}\cdot\left(\frac{34,0}{2} + 44,5 + 42,5 + 30,0 + 23,1 + 18,5 + 15,0 + 12,4\right.$$
$$\left. + 10,6 + 8,8 + \frac{6,4}{2}\right)\ \text{mm}$$
$$= \mathbf{22,56\ mm.}$$

Also mittlere Dampfspannung:

$$p_m' = \frac{22{,}56 \text{ mm}}{7 \text{ mm}} \cdot 1 \text{ kg} = \mathbf{3{,}22 \text{ kg}}.$$

Es wird dann weiter:

Indizierte Leistung: $N_i' = \dfrac{\dfrac{\pi}{4} \cdot (D^2 - d_v^2) \cdot s}{30 \cdot 75} \cdot p_m' \cdot n = C_v \cdot p_m' \cdot n$

$$= \frac{\dfrac{\pi}{4} \cdot (24^2 - 4{,}5^2) \cdot 0{,}52}{30 \cdot 75} \cdot 3{,}22 \cdot 83 \text{ i. PS}$$

$$= 0{,}1008 \cdot 3{,}22 \cdot 83 \text{ i. PS}$$

$$= \mathbf{26{,}94 \text{ i. PS}}.$$

Indizierte Leistung der Maschine:

$$N_i = \frac{N_i' + N_i''}{2} = \frac{26{,}94 + 24{,}51}{2} \text{ i. PS}$$

$$= \mathbf{25{,}7 \text{ i. PS}}.$$

Viel rascher führt die **Planimetrierung der Diagramme** zum Ziele. Angenommen, es stehe ein Coradisches Planimeter zur Verfügung, wie es auf Seite 177 beschrieben worden ist. Der Noninus desselben werde auf die Marke 318,3 eingestellt, dann ist laut Tabelle der Wert der Noniuseinheit 10 qm (für den Maßstab 1 : 1000).

Für das in Fig. 231 dargestellte Diagramm der Deckelseite ergibt sich z. B.:

$$\begin{array}{ll}
\text{die Anfangsstellung der Laufrolle sei:} & 9502 \\
\text{,, Endstellung ,, ,, wird:} & 9707 \\
\hline
\text{Differenz:} & 205
\end{array}$$

Fläche des Diagrammes, wenn es im Maßstabe 1 : 1000 gezeichnet wäre,

$$= 2050 \text{ qm}.$$

Die wirkliche Größe der Diagrammfläche ist also:

$$F = \frac{2050 \text{ qm}}{1000 \cdot 1000} = 0{,}002\,050 \text{ qm}$$

$$= 2050 \text{ qmm}.$$

Länge des Diagrammes:

$$l = 102{,}5 \text{ mm}.$$

Also mittlere Höhe:

$$a_m = \frac{F}{l} = \frac{2050}{102{,}5} \text{ mm}$$

$$= \mathbf{20 \text{ mm}}.$$

Folglich mittlere Spannung:

$$p_m'' = \frac{20 \text{ mm}}{7 \text{ mm}} \cdot 1 \text{ kg} = \mathbf{2{,}86 \text{ kg}.}$$

Indizierte Leistung:

$$N_i'' = 0{,}1022 \cdot 2{,}86 \cdot 83 \text{ i. PS}$$
$$= \mathbf{24{,}26 \text{ i. PS}.}$$

Für das in Fig. 232 dargestellte Diagramm der **Kurbelseite** ergibt sich z. B.:

$$\begin{array}{l}
\text{die Anfangsstellung der Laufrolle sei: } 1018 \\
\text{,, \quad Endstellung \qquad ,, \qquad ,, \quad wird: } 1247 \\
\hline
\qquad\qquad\qquad\qquad\qquad\qquad \text{Differenz: } \quad 229
\end{array}$$

Fläche des Diagrammes, wenn es im Maßstabe 1 : 1000 gezeichnet wäre,

$$= 2290 \text{ qm}.$$

Die wirkliche Größe der Diagrammfläche ist also:

$$F = \frac{2290 \text{ qm}}{1000 \cdot 1000} = 0{,}002290 \text{ qm}$$
$$= 2290 \text{ qmm}.$$

Länge des Diagrammes:

$$l = 102{,}2 \text{ mm}.$$

Also mittlere Höhe:

$$a_m = \frac{F}{l} = \frac{2290}{102{,}2} \text{ mm}$$
$$= \mathbf{22{,}40 \text{ mm}.}$$

Folglich mittlere Spannung:

$$p_m' = \frac{22{,}40 \text{ mm}}{7 \text{ mm}} \cdot 1 \text{ kg} = \mathbf{3{,}20 \text{ kg}.}$$

Indizierte Leistung:

$$N_i' = 0{,}1008 \cdot 3{,}20 \cdot 83 \text{ i. PS}$$
$$= \mathbf{26{,}77 \text{ i. PS}.}$$

Indizierte Leistung der Maschine:

$$N_i = \frac{N_i'' + N_i'}{2} = \frac{24{,}26 + 26{,}77}{2} \text{ i. PS}$$
$$= \mathbf{25{,}51 \text{ i. PS}.}$$

Die rein rechnerische Auswertung der Diagramme ergab 25,7 i. PS, ein Resultat, welches gut mit dem Ergebnisse der planimetrischen Behandlung der Diagramme übereinstimmt.

Noch etwas einfacher wird die Planimetrierung, wenn man dieselbe mit einem Instrumente vornimmt, welches speziell für Diagramme eingerichtet ist, wie es z. B. bei dem auf Seite 173 beschriebenen Amslerschen Planimeter der Fall ist. Man macht den Spitzenabstand (siehe

Amslersches Planimeter) gleich der Diagrammlänge und erhält z. B. für das Diagramm der Deckelseite:

die Anfangsstellung der Laufrolle sei: 8649
,, Endstellung ,, ,, wird: 9982

Differenz: **333**

Da die Konstante des Instrumentes = 0,06 ist, so wird die mittlere Diagrammhöhe aus der Tabelle im Anhange:

$$a_m = 19{,}98 \text{ mm.}$$

Für das Diagramm der Kurbelseite werde z. B.:

die Anfangsstellung der Laufrolle: 1742
,, Endstellung ,, ,, wird: 2115

Differenz: **373**

Folglich (aus Tabelle im Anhange)

$$a_m = 22{,}38 \text{ mm.}$$

Nicht selten werden Diagramme erhalten, bei denen sich einzelne Kurven überschneiden, wie es z. B. in den Fig. 235 und 236 der Fall ist. Dies sind die Leerlaufsdiagramme einer liegenden Einzylindermaschine ohne Kondensation mit Allan-Steiner-Steuerung. Um den Verlauf der Kurven deutlich erkennen zu können, sind die Atmosphärenlinien nicht durchgezogen, sondern nur außerhalb der Diagramme durch kurze Striche angedeutet.

Wie Fig. 236, das Diagramm der Kurbelseite, besonders deutlich zeigt, ist während der zweiten Hälfte des Hubes der Druck des expandierenden Dampfes kleiner als der Gegendruck. (Die Expansionskurve liegt rechts

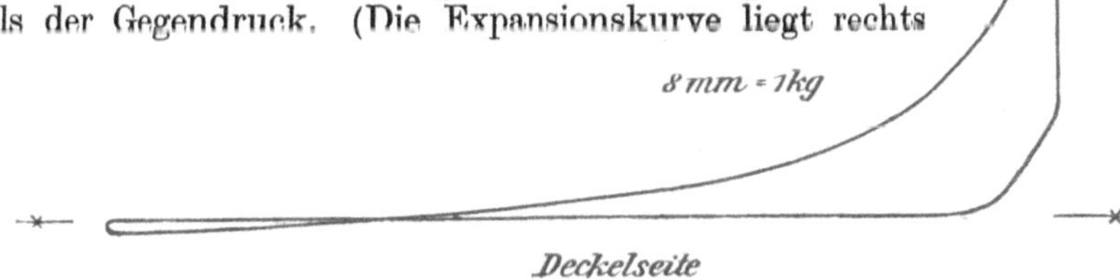

Fig. 235.

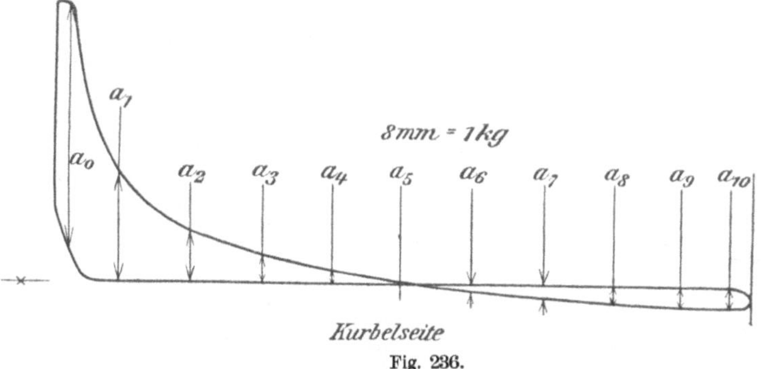

Fig. 236.

von der Ordinate a_5 ab unterhalb der Gegendrucklinie.) Die Schleife rechts von der Ordinate a_5 repräsentiert daher keine positive Arbeit der Dampfmaschine, sondern einen Arbeitsverbrauch derselben, der zur Überwindung des Gegendruckes aufgewendet werden muß, und den die Maschine aus dem im Schwungrade angesammelten Arbeitsvorrate deckt. Diese Schleife ist daher negativ in Rechnung zu ziehen, so daß sich für die mittlere Höhe des Diagrammes in Fig. 236 ergibt:

$$a_m = \frac{1}{10} \cdot \left(\frac{30}{2} + 13{,}9 + 6{,}2 + 2{,}9 + 1{,}1 \pm 0{,}0 - 1{,}1 - 1{,}8 \right.$$
$$\left. - 2{,}3 - 2{,}6 - \frac{2{,}2}{2} \right) \text{mm}$$
$$= 3{,}02 \text{ mm}.$$

Da der Federmaßstab 8 mm $=$ 1 kg ist, so wird der mittlere Druck:

$$p_m' = 0{,}377 \text{ kg}.$$

Ähnlich sind die Verhältnisse beim Diagramme der Deckelseite (Fig. 235).

Die Fig. 237 und 238 zeigen die Diagramme einer Einzylinder-Auspuffmaschine mit Kulissensteuernng, bei welcher die Kompression zu hoch getrieben ist, so daß der Kompressionsenddruck höher ist als der Druck des in den Zylinder eintretenden Frischdampfes. Die schraffierten Flächen sind wieder negative Leistungen der Dampfmaschine. Sie sind in analoger Weise zu berücksichtigen, wie es bei den Schleifen der Diagramme Fig. 235 und Fig. 236 der Fall war.

Werden Diagramme mit derartigen Überschneidungen, wie sie in den Fig. 235—238 dargestellt sind, mit dem Planimeter bearbeitet, so sub-

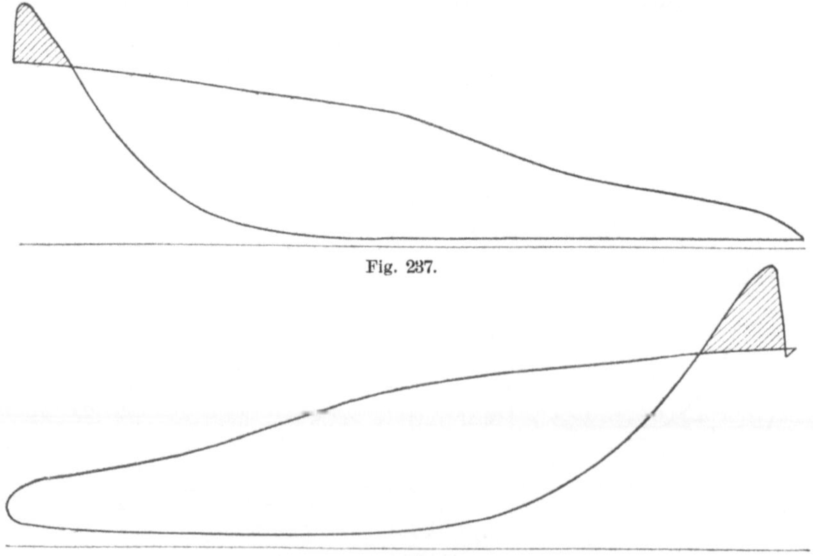

Fig. 237.

Fig. 238.

trahieren sich die im vorigen als negativ bezeichneten Schleifen von selbst, vorausgesetzt, daß die Umfahrung der Diagramme in der richtigen Weise geschieht, indem bei den Überschneidungspunkten der Fahrstift des Planimeters den befahrenen Kurvenzug (Kompressionslinie, Expansionslinie usw.) nicht verläßt.

IV. Ausgeführte Leistungsversuche an Dampfanlagen.

1. Leistungsversuch zum Zwecke der Bestimmung des Dampfverbrauches einer liegenden Kompound-Auspuffmaschine.

Dampfmaschine:

Hochdruckzylinder: $\Phi = 240$ mm; Hub $= 520$ mm,
Kolbenstangendurchmesser: vorn 45 mm,
    ,,   ,,   hinten 35 mm,
wirksame Kolbenfläche vorn: $O_v = 436{,}4$ qcm,
    ,,   ,,   hinten: $O_h = 442{,}68$ qcm,
Steuerung: Doppelschiebersteuerung (Rider),

Leistung: vorn
$$N_i = \frac{O_v \cdot H \cdot p'_m \cdot n}{30 \cdot 75} = c \cdot n \cdot p'_m = 0{,}1008 \cdot n \cdot p'_m \,,$$

,, hinten
$$N_i = \frac{O_h \cdot H \cdot p''_m \cdot n}{30 \cdot 75} = c \cdot n \cdot p''_m = 0{,}1023 \cdot n \cdot p''_m \,,$$

Niederdruckzylinder: $\Phi = 360$ mm; Hub $= 520$ mm,
Kolbenstangendurchmesser: vorn 45 mm,
    ,,   ,,   hinten 35 mm,
wirksame Kolbenfläche vorn: 1001,46 qcm,
    ,,   ,,   hinten: 1007,74 qcm,
Steuerung: einfache Flachschiebersteuerung,

Leistung: vorn
$$N_i = \frac{O_v \cdot H \cdot p'_m \cdot n}{30 \cdot 75} = c \cdot n \cdot p'_m = 0{,}2314 \cdot n \cdot p'_m \,,$$

,, hinten
$$N_i = \frac{O_h \cdot H \cdot p''_m \cdot n}{30 \cdot 75} = c \cdot n \cdot p''_m = 0{,}2329 \cdot n \cdot p''_m \,,$$

Dampfkessel:
Einflammrohrkessel (Seitrohrkessel) mit Dampfsammler, Heizfläche 35,8 qm; Rostfläche 1,14 qm.

Einrichtung des Versuches:
Speisewasser: gewogen.
Speisung: mittels Worthingtonpumpe kontinuierlich.
Speisewasser durch Vorwärmer gedrückt.
Kohle: westfälischen Ursprungs.
Kondensate wurden abgefangen von:
der Hauptdampfleitung, der Speisepumpe,
vom Mantel des Hochdruckzylinders,
  ,,   ,, des Niederdruckzylinders und des Receivers.
Sämtliche Beobachtungen, ebenso die Aufnahmen der Indikatordiagramme erfolgten viertelstündlich.

Zusammenstellung der Versuchsresultate.

Nr.		
1	Dauer des Versuches . . . . Std.	8
2	Speisewasserverbrauch im ganzen . . . . kg	4725,5
3	Temperatur des Speisewassers	
	a) vor dem Vorwärmer . . . . °C	8,4
	b) hinter dem Vorwärmer . . . . °C	94,8
4	Speisewasserverbrauch in 1 Stunde auf 1 qm Heizfläche. kg	16,5
5	Spannung des Dampfes . . . . .Überdruck at	6,0
6	Kohlenverbrauch im ganzen . . . . kg	629,0
7	Kohlenverbrauch pro Stunde und qm des Rostes . . . „	69,0
8	Gesamtrückstände . . . . „	79,0
9	Rückstände in % der verfeuerten Kohle . . . . %	12,6
10	1 kg Kohle verdampfte Wasser . . . . kg	7,51
11	1 kg Kohle verwandelt Wasser von 0° in Dampf von 100° „	6,62
12	Zugstärke in mm Wassersäule . . . . mm	9,6
13	Kohlensäuregehalt der Rauchgase im Fuchs . . . . .Vol.-%	9,86
14	Sauerstoffgehalt „ „ „ „ . . . . . . „	8,76
15	Vielfaches der theoretischen Luftmenge	1,68
16	Fuchstemperatur . . . . °C	222,0
17	Kesselhaustemperatur . . . . „	23,8
18	Differenz dieser beiden Temperaturen . . . . „	198,2
19	Schornsteinverluste in % der erzeugten Wärmemengen . %	15,2
20	Aufgefangene Kondensationswassermengen	
	a) aus dem Mantel des Hochdruckzylinders . . . kg	146,81
	b) „ „ „ „ Niederdruckzylinders . . „	135,37
	c) „ „ „ „ Receivers . . . . „	136,65
	d) „ „ Receiver . . . . „	38,25
	e) „ der Hauptdampfleitung. . . . . „	86,0
	f) „ „ Auspuffleitung der Dampfpumpe . . „	287,9
	Summe der beiden letzten . . . . „	373,9
21	Dampfverbrauch der Maschine in 8 Stunden . . . . . „	4351,6
22	„ „ „ „ 1 Stunde . . . . . . „	544,0
23	Mittlere Dampfspannung	
	im Hochdruckzylinder $\{$ a) vorn . . . . „	1,88
	b) hinten . . . . . . „	1,80
	im Niederdruckzylinder $\{$ a) vorn . . . . „	0,72
	b) hinten . . . . . . „	0,76
24	Umdrehungszahl der Maschine pro Minute	121,0
25	Leistung der Maschine (als Mittel der in der Hilfstabelle angegebenen Einzellasten gerechnet)	
	Hochdruckzylinder $\{$ a) vorn $\frac{1}{2} \cdot 23{,}42$ b) hinten $\frac{1}{2} \cdot 22{,}35$ . . .i. PS	22,88
	Niederdruckzylinder $\{$ a) vorn $\frac{1}{2} \cdot 20{,}11$ b) hinten $\frac{1}{2} \cdot 21{,}38$ . . . „	20,74
26	Gesamtleistung in indizierten PS . . . . „	43,62
27	„ „ Watt . . . . Watt	20692
28	Effektive Leistung (aus der elektrischen Leistung berechnet mit $\eta_\delta = 0{,}85$) . . . . .e.PS	33,0
29	Dampfverbrauch pro 1 Stunde und 1 indizierte PS . . kg	12,5
30	„ „ 1 „ „ 1 effektive PS . . . „	16,48
31	Nutzwirkung der Dampfmaschine (diejenige der Dynamomaschine zu $\eta_\delta = 0{,}85$ angenommen) . . . %	75,9

Diagramme,

welche der während des ganzen Versuches festgestellten, mittleren Maschinenleistung entsprechen (Fig. 239—242).

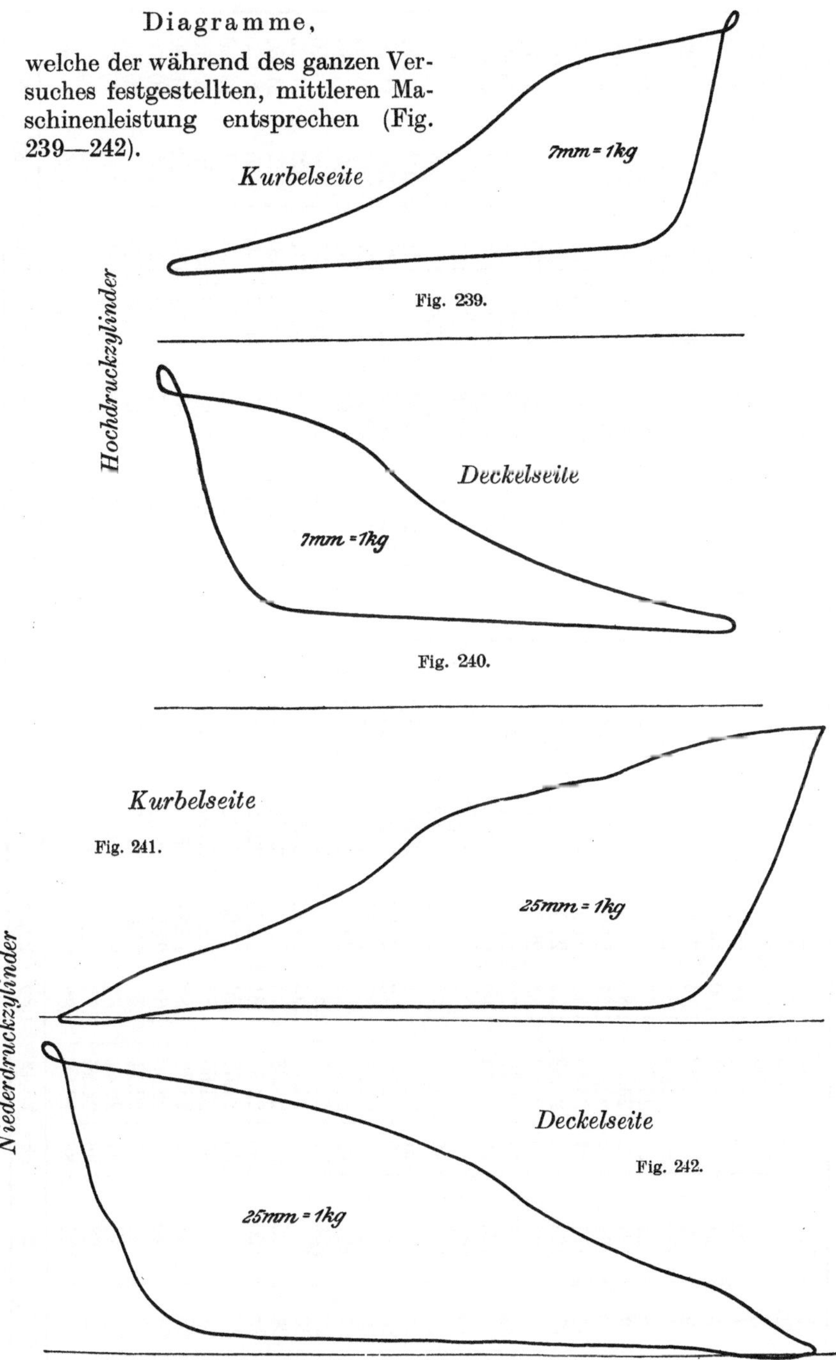

Hilfstabelle zur Berechnung der Maschinenleistung.

Nr.	Touren-zahl	Hochdruckzylinder					Niederdruckzylinder					Gesamtleistung			
		p_m vorn	N_i vorn	p_m hinten	N_i hinten	Gesamt-leistung	p_m vorn	N_i vorn	p_m hinten	N_i hinten	Gesamt-leistung	N_i	Volt	Ampere	Watt
1	122	1,83	25,05	1,79	22,34	23,69	0,76	21,46	0,77	21,88	21,67	45,36	130	157	20410
2	123	1,90	23,56	1,87	23,52	23,54	0,73	20,75	0,72	20,63	20,70	44,24	130	155	20150
3	119	1,85	22,00	1,76	21,42	21,71	0,75	20,66	0,74	20,51	20,58	42,29	129	158	20482
4	123	1,79	22,20	1,78	22,39	22,29	0,74	21,07	0,73	20,91	20,99	43,28	127	158	20166
5	121	2,08	25,37	2,00	24,76	25,06	0,77	21,57	0,77	21,70	21,63	46,69	127	164	20928
6	120	1,90	22,92	1,84	22,60	22,76	0,76	21,11	0,79	20,08	20,59	43,35	130,8	162	21190
7	119	1,89	22,68	1,89	24,95	23,81	0,75	20,66	0,76	21,06	20,86	44,67	131	162	21222
8	124	1,90	25,71	1,76	22,33	24,02	0,72	20,67	0,73	21,08	20,87	44,89	131	156	20436
9	121	1,90	23,13	1,85	22,90	23,01	0,71	19,89	0,76	21,42	20,87	43,88	131	156	20436
10	121	1,81	22,02	1,77	21,91	21,96	0,76	21,29	0,79	22,26	21,77	43,73	130	161	20930
11	121	1,91	23,35	1,77	21,91	22,63	0,73	20,45	0,76	21,41	20,93	43,56	130	160	20800
12	122	1,78	21,89	1,75	21,84	21,86	0,74	20,90	0,75	21,31	21,10	42,96	130	156	20280
13	121	1,78	21,72	1,83	22,66	22,19	0,71	19,89	0,73	20,57	20,23	42,42	130	157	20410
14	121	1,78	21,72	1,76	21,79	21,75	0,71	19,89	0,78	21,86	20,97	42,72	131	160	20960
15	119	1,85	21,08	1,69	20,57	20,82	0,71	19,56	0,83	23,00	21,28	42,10	130	156	20280
16	123	1,82	22,61	1,67	21,01	21,81	0,64	18,21	0,78	22,35	20,28	42,09	131	148	19388
17	121	1,83	22,23	1,73	21,42	21,82	0,73	20,45	0,81	22,83	21,64	43,46	131	156	20416
18	121	1,81	22,08	1,71	21,17	21,62	0,74	20,73	0,85	23,95	22,34	43,96	131	162	21222
19	119	1,90	22,80	1,72	20,93	21,86	0,68	18,53	0,83	23,00	20,76	42,62	132	160	21120
20	123	1,92	23,81	1,87	23,52	23,66	0,75	20,53	0,79	22,64	22,60	46,26	132	162	21384
21	121	1,92	23,42	1,85	22,90	23,10	0,77	21,57	0,79	22,26	21,91	45,01	132	162	21384
22	121	2,02	24,64	1,87	23,15	23,89	0,74	20,73	0,78	21,98	21,35	45,24	131	160	20960
23	119	2,01	24,12	1,90	23,12	23,62	0,74	20,39	0,87	22,17	21,28	44,90	131	162	21222
24	123	1,94	24,06	1,77	22,27	23,16	0,76	21,64	0,76	21,77	21,70	44,86	130	162	21060
25	120	1,93	23,35	1,81	22,23	22,79	0,64	17,78	0,72	17,79	17,78	40,57	130	160	20800
26	120	1,96	23,62	1,79	21,98	22,80	0,65	18,06	0,71	19,85	18,95	41,75	130	153	19890
27	120	1,95	23,60	1,82	22,35	22,97	0,66	18,61	0,69	19,29	18,95	41,92	130	159	20670
28	121	1,91	23,30	1,88	23,27	23,28	0,71	19,89	0,78	21,97	20,93	44,21	130	162	21080
29	120	1,90	22,90	1,81	22,23	22,61	0,65	18,06	0,75	20,96	19,01	41,62	130	159	20670
30	120	1,83	22,14	1,76	21,61	21,87	0,71	19,72	0,73	20,40	20,06	41,93	130	160	20800
31	119	1,87	22,44	1,82	22,15	22,29	0,72	19,84	0,74	20,51	20,17	42,46	131	160	20960
32	123	1,96	24,56	1,72	21,64	23,10	0,65	18,51	0,68	19,48	18,99	42,09	130	159	19630
33	122	1,86	22,88	1,82	22,71	22,79	0,73	20,62	0,77	22,64	21,63	44,42	132	160	21120
Mittel:	121	1,887	23,425	1,80	22,35	22,73	0,72	20,117	0,76	21,38	20,768	43,62	130,36	158,91	20692

Gesamtleistung der Maschine: $N_i = 43{,}50$ PS.

2. Garantieversuche zum Zwecke der Bestimmung des Dampfverbrauches einer 3000 pferdigen Triple-Kompoundmaschine.

A. Bestimmung der Konstanten für die Maschinenleistung.

Die Maschine ist eine stehende, vierzylindrige Triple-Kompoundmaschine mit Ventilsteuerung. Hoch- und Mitteldruckzylinder sind über den beiden Niederdruckzylindern angeordnet (siehe Fig. 243). Letztere haben Kondensation.

Durchmesser des Hochdruckzylinders $\quad= 865\,$mm $= 86{,}5\,$cm,

„ „ Mitteldruckzylinders $\quad= 1250\,$mm $= 125\,$cm,

„ „ Niederdruckzylinders je $= 1550\,$mm $= 155\,$cm,

Gemeinsamer Hub $\qquad\qquad\qquad\qquad\quad= 1300\,$mm $= 1{,}3\,$m.

Die Durchmesser der Kolbenstangen sind:

beim Hochdruckzylinder (einseitig) $\qquad$ unten $= 150\,$mm $= 15\,$cm,

„ Mitteldruckzylinder (einseitig) $\qquad$ unten $= 150\,$mm $= 15\,$cm,

bei jedem Niederdruckzylinder (zweiseitig) oben $= 150\,$mm $= 15\,$cm,

$\qquad\qquad\qquad\qquad\qquad\qquad$ unten $= 200\,$mm $= 20\,$cm.

Bei einer Eintrittsspannung des Dampfes in den Hochdruckzylinder von 12 Atmosphären und bei 85 minutlichen Umdrehungen sollen die Leistungen der Maschine sein:

bei 11%	18%	25%	35%	50%	Füllung
ca. 1740	2270	2800	3330	3860	i. PS
ca. 1500	2000	2500	3000	3500	effekt. PS

Da die Maschine für überhitzten Dampf gebaut ist, so ist beim Hochdruckzylinder der Dampfmantel weggelassen, während der Mitteldruckzylinder und die beiden Niederdruckzylinder Dampfmäntel besitzen.

In Anbetracht der großen Dimensionen der Dampfzylinder und der hauptsächlich im Hochdruckzylinder herrschenden hohen Temperaturen ist es nötig, bei der Berechnung der Zylinderkonstanten (siehe auch S. 282) für Hoch- und Mitteldruckzylinder die durch die Wärme verursachten Vergrößerungen der Zylinderdurchmesser zu berücksichtigen.

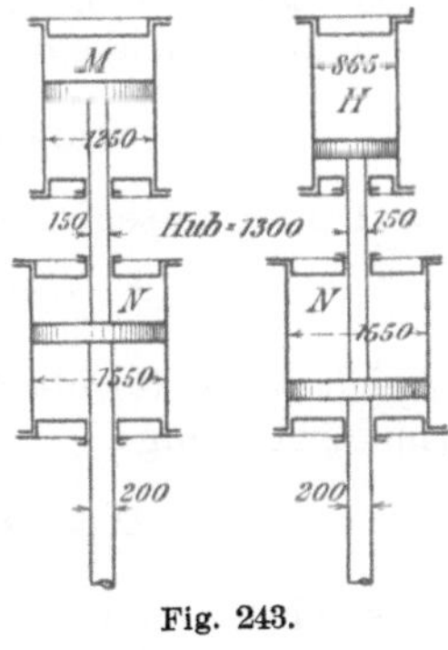

Fig. 243.

Der Einfachheit halber sind diese Konstanten für $n = 100$ Umdrehungen pro Minute berechnet.

Bestimmung der Konstanten:

a) für den Hochdruckzylinder:

Zylinderbohrung . . . . . $D = 865{,}1\,$mm (Stichmaß),

Kolbenstangen- $\left\{\begin{array}{l}\text{Kurbelseite } d_u = 150\,\text{mm,}\\ \text{Deckelseite } d_o = 0\,\text{mm,}\end{array}\right.$

durchmesser

Hub . . . . $s = 1{,}3\,$m.

Kurbelseite (unten):	Deckelseite (oben):

Zylinderfläche

$$= \frac{D^2 \pi}{4} = 5877{,}9 \text{ qcm,}$$

Kolbenstangenfläche

$$= \frac{d_u^2 \pi}{4} = 176{,}7 \text{ qcm.}$$

Zylinderfläche

$$= \frac{D^2 \pi}{4} = 5877{,}9 \text{ qcm,}$$

Kolbenstangenfläche

$$= \frac{d_o^2 \pi}{4} = 0 \text{ qcm.}$$

Wirksame Kolbenfläche

$$= \frac{D^2 \pi}{4} = \frac{d_u^2 \pi}{4} = \mathbf{5701{,}2 \ qcm.}$$

Indizierte Leistung

$$N_i' = \frac{\left(\dfrac{D^2 \pi}{4} - \dfrac{d_u^2 \pi}{4} \right) \cdot s}{30 \cdot 75} \cdot n \cdot p_m'$$

$$= \frac{5701{,}2 \cdot 1{,}3}{30 \cdot 75} \cdot 100 \cdot p_m'$$

$$= \mathbf{329{,}4 \cdot p_m' \,.}$$

Wirksame Kolbenfläche

$$= \frac{D^2 \pi}{4} - \frac{d_o^2 \pi}{4} = \mathbf{5877{,}9 \ qcm.}$$

Indizierte Leistung

$$N_i'' = \frac{\left(\dfrac{D^2 \pi}{4} - \dfrac{d_o^2 \pi}{4} \right) \cdot s}{30 \cdot 75} \cdot n \cdot p_m''$$

$$= \frac{5877{,}9 \cdot 1{,}3}{30 \cdot 75} \cdot 100 \cdot p_m''$$

$$= \mathbf{339{,}6 \cdot p_m'' \,.}$$

Die Zahlen 329,4 und 339,6 sind die Konstanten ohne Berücksichtigung der Wärmeausdehnung.

Ausdehnungskoeffizient für Gußeisen $= 0{,}0000111$.

Also Durchmesservergrößerung bei 300° (überhitzter Dampf)

$$= 0{,}0000111 \cdot 300 \cdot 865{,}1 \text{ mm} = 2{,}88 \text{ mm.}$$

Folglich ist die für überhitzten Dampf von 300° in Rechnung zu ziehende Zylinderbohrung:

$$D' = (865{,}1 + 2{,}88) \text{ mm} = \sim 868 \text{ mm.}$$

Es wird nun für die

Kurbelseite (unten):	Deckelseite (oben):

Korrigierte Zylinderfläche

$$= \frac{D'^2 \pi}{4} = 5917{,}4 \text{ qcm.}$$

Kolbenstangenfläche

$$= \frac{d_u^2 \pi}{4} = 176{,}7 \text{ qcm.}$$

Korrigierte Zylinderfläche

$$= \frac{D'^2 \pi}{4} = 5917{,}4 \text{ qcm.}$$

Kolbenstangenfläche

$$= \frac{d_o^2 \pi}{4} = 0 \text{ qcm.}$$

Wirksame korrigierte Kolbenfläche

$$= \frac{D'^2\pi}{4} - \frac{d_u^2\pi}{4} = 5740{,}7 \text{ qcm.}$$

Indizierte Leistung

$$N_i' = \frac{\left(\dfrac{D'^2\pi}{4} - \dfrac{d_u^2\pi}{4}\right)\cdot s}{30\cdot 75}\cdot n\cdot p_m'$$

$$= \frac{5740{,}7\cdot 1{,}3}{30\cdot 75}\cdot 100\cdot p_m'$$

$$= 331{,}7\cdot p_m' \quad\ldots\ldots \text{(Ia)}$$

Wirksame korrigierte Kolbenfläche

$$= \frac{D'^2\pi}{4} - \frac{d_o^2\pi}{4} = 5917{,}4 \text{ qcm.}$$

Indizierte Leistung

$$N_i'' = \frac{\left(\dfrac{D'^2\pi}{4} - \dfrac{d_o^2\pi}{4}\right)\cdot s}{30\cdot 75}\cdot n\cdot p_m''$$

$$= \frac{5917{,}4\cdot 1{,}3}{30\cdot 75}\cdot 100\cdot p_m''$$

$$= 341{,}9\cdot p_m'' \quad\ldots\ldots \text{(Ib)}$$

Die Konstanten für überhitzen Dampf von 300° und 100 Umdrehungen pro Minute sind also 331,7 bzw. 341,9.

Für gesättigten Dampf von 12 Atmosphären Spannung (190,57°) und $n = 100$ minutlichen Umdrehungen rechnen sich die Konstanten wie folgt:

Durchmesservergrößerung

$$- 0{,}0000111\cdot 190{,}57\cdot 865{,}1 \text{ mm} - 1{,}83 \text{ mm.}$$

Korrigierte Zylinderbohrung:

$$D' = (865{,}1 + 1{,}83 \text{ mm} = \sim\! 867 \text{ mm.}$$

Kurbelseite (unten):

Korrigierte Zylinderfläche

$$= \frac{D'^2\pi}{4} = 5903{,}8 \text{ qcm.}$$

Kolbenstangenfläche

$$= \frac{d_u^2\pi}{4} = 176{,}7 \text{ qcm.}$$

Deckelseite (oben):

Korrigierte Zylinderfläche

$$= \frac{D'^2\pi}{4} = 5903{,}8 \text{ qcm.}$$

Kolbenstangenfläche

$$= \frac{d_o^2\pi}{4} = 0 \text{ qcm.}$$

Wirksame korrigierte Kolbenfläche

$$= \frac{D'^2\pi}{4} - \frac{d_u^2\pi}{4} = 5727{,}1 \text{ qcm.}$$

Indizierte Leistung

$$N_i' = \frac{\left(\dfrac{D'^2\pi}{4} - \dfrac{d_u^2\pi}{4}\right)\cdot s}{30\cdot 75}\cdot n\cdot p_m'$$

$$= \frac{5727{,}1\cdot 1{,}3}{30\cdot 75}\cdot 100\cdot p_m'$$

$$= 330{,}9\cdot p_m' \quad\ldots\ldots \text{(IIa)}$$

Wirksame korrigierte Kolbenfläche

$$= \frac{D'^2\pi}{4} - \frac{d_o^2\pi}{4} = 5903{,}8 \text{ qcm.}$$

Indizierte Leistung

$$N_i'' = \frac{\left(\dfrac{D'^2\pi}{4} - \dfrac{d_o^2\pi}{4}\right)\cdot s}{30\cdot 75}\cdot n\cdot p_m''$$

$$= \frac{5903{,}8\cdot 1{,}3}{30\cdot 75}\cdot 100\cdot p_m''$$

$$= 341{,}1\cdot p_m'' \quad\ldots\ldots \text{(IIb)}$$

b) Für den Mitteldruckzylinder:

Zylinderbohrung . . . . $D = 1249{,}1$ mm (Stichmaß),
Kolbenstangen- $\begin{cases} \text{Kurbelseite} & d_u = 150 \text{ mm,} \\ \text{Deckelseite} & d_o = 0 \text{ mm,} \end{cases}$
durchmesser
Hub . . . . $s = 1{,}3$ m.

Kurbelseite (unten):	Deckelseite (oben):
Zylinderfläche	Zylinderfläche
$= \dfrac{D^2 \pi}{4} = 12254{,}21$ qcm.	$= \dfrac{D^2 \pi}{4} = 12254{,}21$ qcm.
Kolbenstangenfläche	Kolbenstangenfläche
$= \dfrac{d_u^2 \pi}{4} = 176{,}7$ qcm.	$= \dfrac{d_o^2 \pi}{4} = 0$ qcm.

Wirksame Kolbenfläche	Wirksame Kolbenfläche
$= \dfrac{D^2 \pi}{4} - \dfrac{d_u^2 \pi}{4} = 12077{,}51$ qcm.	$= \dfrac{D^2 \pi}{4} - \dfrac{d_o^2 \pi}{4} = 12254{,}21$ qcm.
Indizierte Leistung	Indizierte Leistung
$N_i' = \dfrac{\left(\dfrac{D^2 \pi}{4} - \dfrac{d_u^2 \pi}{4}\right) \cdot s}{30 \cdot 75} \cdot n \cdot p_m'$	$N_i'' = \dfrac{\left(\dfrac{D^2 \pi}{4} - \dfrac{d_o^2 \pi}{4}\right) \cdot s}{30 \cdot 75} \cdot n \cdot p_m''$
$= \dfrac{12077{,}51 \cdot 1{,}3}{30 \cdot 75} \cdot 100 \cdot p_m'$	$= \dfrac{12254{,}21 \cdot 1{,}3}{30 \cdot 75} \cdot 100 \cdot p_m''$
$= 697{,}81 \cdot p_m'.$	$= 708{,}02 \cdot p_m''.$

Die Zahlen 697,91 und 708,02 sind die Konstanten ohne Berücksichtigung der Wärmeausdehnung.

In der Annahme, daß der in den Mitteldruckzylinder eintretende, gesättigte Dampf noch eine Spannung von 3,5 Atmosphären, also eine Temperatur von 147° besitzt, ist die in Rechnung zu ziehende Durchmesser-Vergrößerung

$$= 0{,}0000111 \cdot 147 \cdot 1249{,}1 \text{ mm} = \infty\, 2{,}04 \text{ mm.}$$

Korrigierte Zylinderbohrung:

$$D' = (1249{,}1 + 2{,}04) \text{ mm} = \mathbf{1251{,}14 \text{ mm.}}$$

Es wird nun für die

Kurbelseite (unten):	Deckelseite (oben):
Korrigierte Zylinderfläche	Korrigierte Zylinderfläche
$= \dfrac{D'^2 \pi}{4} = 12294{,}27$ qcm.	$= \dfrac{D'^2 \pi}{4} = 12294{,}27$ qcm.
Kolbenstangenfläche	Kolbenstangenfläche
$= \dfrac{d_u^2 \pi}{4} = 176{,}7$ qcm.	$= \dfrac{d_o^2 \pi}{4} = 0$ qcm.

Wirksame korrigierte Kolbenfläche

$$= \frac{D'^2\pi}{4} - \frac{d_u^2\pi}{4} = 12117{,}57 \text{ qcm.}$$

Indizierte Leistung

$$N_i' = \frac{\left(\dfrac{D'^2\pi}{4} - \dfrac{d_u^2\pi}{4}\right)\cdot s}{30\cdot 75}\cdot n\cdot p_m'$$

$$= \frac{12117{,}57\cdot 1{,}3}{30\cdot 75}\cdot 100\cdot p_m'$$

$$= \mathbf{700{,}126}\cdot p_m' \ \ldots \ \text{(III a)}$$

Wirksame korrigierte Kolbenfläche

$$= \frac{D'^2\pi}{4} - \frac{d_o^2\pi}{4} = 12294{,}27 \text{ qcm.}$$

Indizierte Leistung

$$N_i'' = \frac{\left(\dfrac{D'^2\pi}{4} - \dfrac{d_o^2\pi}{4}\right)\cdot s}{30\cdot 75}\cdot n\cdot p_m''$$

$$= \frac{12294{,}27\cdot 1{,}3}{30\cdot 75}\cdot 100\cdot p_m''$$

$$= \mathbf{710{,}335}\cdot p_m'' \ \ldots \ \text{(III b)}$$

c) Für die Niederdruckzylinder:

Zylinderbohrung . . . . . . $D = 1550{,}2$ mm (Stichmaß),

Kolbenstangen- {Kurbelseite $d_u = 200$ mm,

durchmesser {Deckelseite $d_o = 150$ mm,

Hub . . . . $s = 1{,}3$ m.

Kurbelseite (unten):

Zylinderfläche

$$= \frac{D^2\pi}{4} = 18874{,}1 \text{ qcm.}$$

Kolbenstangenfläche

$$= \frac{d_u^2\pi}{4} = 314{,}16 \text{ qcm.}$$

Deckelseite (oben):

Zylinderfläche

$$= \frac{D^2\pi}{4} = 18874{,}1 \text{ qcm.}$$

Kolbenstangenfläche

$$= \frac{d_o^2\pi}{4} = 176{,}71 \text{ qcm.}$$

Wirksame Kolbenfläche

$$= \frac{D^2\pi}{4} - \frac{d_u^2\pi}{4} = 18559{,}94 \text{ qcm.}$$

Indizierte Leistung

$$N_i' = \frac{\left(\dfrac{D^2\pi}{4} - \dfrac{d_u^2\pi}{4}\right)\cdot s}{30\cdot 75}\cdot n\cdot p_m'$$

$$= \frac{18559{,}94\cdot 1{,}3}{30\cdot 75}\cdot 100\cdot p_m'$$

$$= \mathbf{1072{,}35}\cdot p_m' \ . \ . \ . \ \text{(IVa)}$$

Wirksame Kolbenfläche

$$= \frac{D^2\pi}{4} - \frac{d_o^2\pi}{4} = 18697{,}39 \text{ qcm.}$$

Indizierte Leistung

$$N_i'' = \frac{\left(\dfrac{D^2\pi}{4} - \dfrac{d_o^2\pi}{4}\right)\cdot s}{30\cdot 75}\cdot n\cdot p_m''$$

$$= \frac{18697{,}39\cdot 1{,}3}{30\cdot 75}\cdot 100\cdot p_m''$$

$$= \mathbf{1080{,}29}\cdot p_m'' \ . \ . \ . \ \text{(IVb)}$$

Laut Garantie soll der **Dampfverbrauch der Maschine** pro indizierte Pferdestärke und Stunde innerhalb der Leistungsgrenzen von 2000—3000 indizierten Pferdestärken bei einem Admissionsdrucke von 12 Atmosphären und **gesättigtem Dampfe**

$$5\tfrac{1}{4} \text{ kg}$$

nicht übersteigen, und zwar verstanden nach Abzug des Kondenswassers aus der Dampfzuleitung, aber einschließlich desjenigen aus den Dampfmänteln.

Bei überhitztem Dampfe von mindestens 300°, beim Eintritte in den Hochdruckzylinder gemessen, garantiert die Erbauerin einen Dampfverbrauch von nicht über

$$4^1/_4 \text{ kg,}$$

innerhalb derselben Leistungsgrenzen wie oben verstanden.

Festzustellen, ob diese Garantien erfüllt werden, ist der Zweck dieser Versuche.

Zur Orientierung über die herrschenden Betriebsverhältnisse und zur Prüfung der getroffenen Versuchseinrichtungen wurden drei Vorversuche ausgeführt, von denen jeder 4 Stunden dauerte, deren Ergebnisse hier aber nicht aufgenommen sind.

B. Untersuchung der Beobachtungsinstrumente.

1. Eichung des Speisewasserreservoirs.

Diejenigen Betriebskessel, welche den Dampf ausschließlich für die zu untersuchende Dampfmaschine lieferten, erhielten ihr Speisewasser aus einem hochgelegenen, großen, schmiedeeisernen Reservoir, welches vor den Versuchen geeicht worden war.

Diese Eichung fand in der üblichen Weise statt. Mit dem Reservoir in Verbindung stand ein langes Wasserstandsglas. Unmittelbar hinter diesem war ein schmales, mit Zeichenpapier beklebtes Brett unverrückbar angebracht. Das Reservoir war hoch gefüllt; der Wasserstand wurde auf das Zeichenpapier projiziert und der Abstand der Projektion von einer fixen Marke am unteren Ende des Zeichenpapieres festgestellt. Hierauf wurde in ein tariertes Gefäß Wasser aus dem Reservoir fließen gelassen, und durch Projektion des neuen Wasserstandes die Höhendifferenz ermittelt (das tarierte Gefäß faßte genau 189 kg Wasser). Diese Manipulation wurde so lange fortgesetzt, bis der Wasserspiegel gerade noch im Wasserstandsglase zu sehen war. Dabei ergaben sich folgende Zahlen (s. Tabelle S. 301).

Es entsprechen also:

919,7 mm Höhendifferenz = 5859   kg Wasser von 14°
oder 100   mm   ,,   = 637,055 kg   ,,   ,,   14°.

Für jede andere Wassertemperatur als die beim Eichen des Reservoirs vorhanden gewesene ist eine **Korrektion** des gemessenen **Wasservolumens** bzw. Wassergewichtes vorzunehmen.

Es sei: t = Eichtemperatur des Speisewassers,

T = mittlere Wassertemperatur, während eines Versuches gefunden,

V = Volumen des Wassers bei der Versuchstemperatur T,

v = entsprechendes Volumen des Wassers bei der Eichtemperatur t,

α = kubischer Ausdehnungskoeffizient von Wasser,

β = kubischer Ausdehnungskoeffizient des Reservoirmaterials (Schmiedeeisen).

| Stand des Wasserspiegels über dem Fixpunkte am | | Höhendifferenz | Entsprechendes Wassergewicht | Wasser-temperatur |
Anfange mm	Ende mm	mm	kg	° C
1879,5	1849,5	30,0	189,0	14,0
1849,5	1820,0	29,5	189,0	14,0
1820,0	1791,0	29,0	189,0	14,0
1791,0	1761,0	30,0	189,0	14,0
1761,0	1731,0	30,0	189,0	14,0
1731,0	1701,5	29,5	189,0	14,0
1701,5	1672,0	29,5	189,0	14,0
1672,0	1641,5	30,5	189,0	14,0
1641,5	1612,5	29,0	189,0	14,0
1612,5	1583,5	29,0	189,0	14,0
1583,5	1554,0	29,5	189,0	14,0
1554,0	1524,0	30,0	189,0	14,0
1524,0	1494,0	30,0	189,0	14,0
1494,0	1465,5	28,5	189,0	14,0
1465,5	1436,5	29,0	189,0	14,0
1436,5	1408,0	28,5	189,0	14,0
1408,0	1378,0	30,0	189,0	14,0
1378,0	1348,0	30,0	189,0	14,0
1348,0	1317,5	30,5	189,0	14,0
1317,5	1287,5	30,0	189,0	14,0
1287,5	1257,5	30,0	189,0	14,0
1257,5	1228,5	29,0	189,0	14,0
1228,5	1198,8	29,7	189,0	14,0
1198,8	1168,8	30,0	189,0	14,0
1168,8	1138,8	30,0	189,0	14,0
1138,8	1108,8	30,0	189,0	14,0
1108,8	1078,8	30,0	189,0	14,0
1078,8	1049,3	29,5	189,0	14,0
1049,3	1019,8	29,5	189,0	14,0
1019,8	989,8	30,0	189,0	14,0
989,8	959,8	30,0	189,0	14,0
		919,7	5859,0	

Eine Erhöhung der Wassertemperatur hat auch eine Erhöhung der Temperatur der Gefäßwandungen zur Folge. Steigenden Temperaturen werden daher relative Volumenvergrößerungen des Wassers entsprechen, d. h. es kommt die scheinbare Ausdehnung von Wasser in Schmiedeeisen in Betracht.

Die kubischen Ausdehnungen der festen Körper sind im allgemeinen wesentlich geringer als diejenigen der Flüssigkeiten.

Es ist:

scheinbare Volumenzunahme $E = v \cdot [1 + \alpha \, (T - t)] - v \cdot [1 + \beta \cdot (T - t)]$.

Für die Volumeneinheit, also $v = 1$, wird die scheinbare Volumenzunahme:

$$e = 1 + \alpha \, (T - t) - [1 + \beta \cdot (T - t)]$$
$$= \alpha \, (T - t) - \beta \, (T - t) \, .$$

Es ist daher:

$$V = v + E$$
$$= v + v \cdot [1 + \alpha \, (T - t)] - v \, [1 + \beta \, (T - t)]$$
$$= v \cdot \{1 + 1 + \alpha \, (T - t) - 1 - \beta \, (T - t)\}$$
$$= v \cdot \{1 + \alpha \cdot (T - t) - \beta \cdot (T - t)\} \, ,$$

hieraus findet sich:

$$v = \frac{V}{1 + \alpha \, (T - t) - \beta \, (T - t)} \, .$$

Da die Ausdehnung des Wassers in den einzelnen Temperaturintervallen eine verschiedene ist, so müßten für α ebenso viele Werte bekannt sein als Intervalle auftreten. Es ist deshalb einfacher, man faßt den Ausdruck $\alpha \, (T - t)$ in obiger Formel auf als die Volumenvergrößerung, welche die Einheit des Volumens bei der Erhöhung der Temperatur von $t°$ auf $T°$ erfährt und bezeichnet in diesem Sinne $\alpha \, (T - t)$ mit z; alsdann findet man das der Eichtemperatur entsprechende Volumen bzw. Gewicht aus:

$$v = \frac{V}{1 + z - \beta \cdot (T - t)} \, .$$

Der Wert von z kann für verschiedene Temperaturintervalle aus folgender Tabelle gerechnet werden.

Volumen des Wassers (bei $4° = 1$).

Temperatur	Volumen	Temperatur	Volumen	Temperatur	Volumen
0	1,000 123	10	1,000 267	20	1,001 769
1	1,000 068	11	1,000 361	21	1,001 984
2	1,000 030	12	1,000 468	22	1,002 208
3	1,000 007	13	1,000 588	23	1,002 442
4	1,000 000	14	1,000 721	24	1,002 683
5	1,000 008	15	1,000 866	25	1,002 940
6	1,000 031	16	1,001 023	26	1,003 204
7	1,000 068	17	1,001 193	27	1,003 477
8	1,000 121	18	1,001 374	28	1,003 758
9	1,000 187	19	1,001 566	29	1,004 048
				30	1,004 346

Würden z. B. während eines zehnstündigen Versuches 341 850 Liter Wasser von $25°$ Durchschnittstemperatur gemessen, während die Eichtemperatur $14°$ war, so ist das korrigierte Wassergewicht:

$$= \frac{341850}{1 + (1,002\,940 - 1,000\,721) - 0,000\,0363 \, (25 - 14)} \; \text{kg}$$
$$= 341\,228 \; \text{kg}.$$

Der kubische Ausdehnungskoeffizient von Schmiedeeisen ist dabei zu $0,0000\,363$ angenommen.

$$\text{Differenz} = (341\,850 - 341\,228) \; \text{kg} = 622 \; \text{kg}.$$

2. Prüfung der Indikatorenfedern.

Die Verteilung der Indikatoren an der zu untersuchenden Dampfmaschine war folgende:

Hochdruckzylinder	oben	Nr. 3219,	unten	Nr. 3220,
Mitteldruckzylinder	„	Nr. 3860,	„	Nr. 3861,
rechter Niederdruckzylinder	„	Nr. 3942,	„	Nr. 3943
linker Niederdruckzylinder	„	Nr. 4298,	„	Nr. 4299.

Die vor dem Versuche durchgeführte Prüfung der Federn geschah
bei einer Zimmertemperatur von 20° durch Belastung mit Gewichten,
die so gewählt waren, daß jedes Gewicht bei einem Indikatorkolbendurchmesser von 20 mm einem Drucke von 1 kg pro 1 qcm entsprach.

Die bei derselben Temperatur (20°) vorgenommene genaue Messung
der Indikatorkolbendurchmesser ergab:

Indikator Nr.	Kolben-durchmesser mm	Indikator Nr.	Kolben-durchmesser mm
3219	20,10	3220	20,00
3860	20,05	3861	19,95
3942	20,00	3943	20,05
4298	20,01	4299	20,01

Infolge der Erwärmung der Indikatorzylinder während des Indizierens
erfahren die Kolbendurchmesser eine Vergrößerung, die bei der Bestimmung des Federmaßstabes zu beachten ist.

Die mittleren, für die einzelnen Indikatoren in Rechnung zu bringen-
den Temperaturen betragen nach Schätzung:

für die Indikatoren am Hochdruckzylinder: 200°,
„ „ „ „ Mitteldruckzylinder: 130°,
„ „ „ an den Niederdruckzylindern: 50°.

Der lineare Ausdehnungskoeffizient α des Indikatorkolbenmaterials
Messing ist 0,000019.

Dann ist:

Indikator Nr.	3219	3220	3860	3861	3942	3943	4298	4299	
Durchm. bei 20°	20,1	20,0	20,05	19,95	20,0	20,05	20,01	20,01	mm
Durch Wärme-Aus-dehnung vergröß. Durchmesser	20,17	20,07	20,09	19,99	20,01	20,06	20,02	20,02	mm
In Rechnung zu ziehende vergröß. Kolbenfläche $F=$	319,360	316,198	316,832	313,686	314,314	315,887	314,628	314,628	qmm
Kolbenfläche für 20 mm Durchm. $f=$	314,159	314,159	314,159	314,159	314,159	314,159	314,159	314,159	qmm
$\eta = \dfrac{F}{f} =$	1,0166	1,0064	1,0085	0,9985	1,0004	1,0055	1,0015	1,0015	
	oben	unten	oben	unten	oben	unten	oben	unten	
	Hochdruck-zylinder		Mitteldruck-zylinder		rechter Nieder-druckzylinder		linker Nieder-druckzylinder		

Der experimentell bei Zimmertemperatur (20°) festgestellte Federmaßstab ist mit obiger Zahl η zu multiplizieren, um den wahren Federmaßstab zu erhalten.

Es ergibt sich dann:

Indikator Nr.	3219	3220	3860	3861	3942	3943	4298	4299	
Experimentell gefundener Feder- maßstab	3,924	3,948	9,337	9,826	22,200	22,160	22,080	22,389	mm = 1 kg
Wahrer Feder- maßstab	3,989	3,973	9,416	9,811	22,209	22,282	22,113	22,423	mm = 1 kg
	oben	unten	oben	unten	oben	unten	oben	unten	
	Hochdruck-zylinder		Mitteldruck-zylinder		rechter Nieder-druckzylinder		linker Nieder-druckzylinder		

3. Untersuchung des Wattmeters.

Zur Bestimmung der effektiven Leistung der Versuchsdampf-
maschine wurden an dem Wattmeter (Nr. 24 783), welches in die Strom-
leitung von der von der Versuchsmaschine getriebenen Dynamomaschine
zum Schaltbrette eingebaut ist, viertelstündliche Ablesungen gemacht.
Die Prüfung dieses Instrumentes wurde durch Vergleichung mit einem
an dieselbe Leitung angeschlossenen Normalinstrumente ausgeführt.
Dabei ergaben sich bei verschiedenen Belastungen folgende Zahlen:

Wattmeter Nr. 24 783	Normalinstrument	Differenz
1650 Kilowatt	1679 Kilowatt	+29 Kilowatt
1675 ,,	1703 ,,	+28 ,,
1700 ,,	1734 ,,	+34 ,,
1725 ,,	1760 ,,	+35 ,,
1750 ,,	1790 ,,	+40 ,,
1775 ,,	1823 ,,	+48 ,,
1800 ,,	1855 ,,	+55 ,,
1825 ,,	1880 ,,	+55 ,,
1850 ,,	1910 ,,	+60 ,,
1875 ,,	1950 ,,	+75 ,,
1900 ,,	1990 ,,	+90 ,,
1925 ,,	2015 ,,	+90 ,,
2000 ,,	2090 ,,	+90 ,,
2100 ,,	2190 ,,	+90 ,,

4. Untersuchung der Thermomoter.

Die Temperatur des Dampfes unmittelbar vor dem Eintritte in den
Hochdruckzylinder wurde durch ein Stabthermometer gemessen, welches
sowohl vor, als auch nach dem Versuche durch Vergleichung mit einem
geeichten Normalinstrumente geprüft wurde.

Für den nur in Betracht kommenden Skalenpunkt bei $+300°$ ergaben sich folgende Korrekturen:

Das Instrument zeigte zu wenig:

<table>
<tr><td>vor dem Versuche</td><td>nach dem Versuche</td></tr>
<tr><td>um 2,6°</td><td>um 2,6°</td></tr>
</table>

Diese Temperatur ist zu den abgelesenen Temperaturen hinzuzufügen.

C. Versuchsresultate.

a) Versuch mit gesättigtem Dampfe.

Sämtliche Beobachtungen und die Abnahme der Diagramme geschahen viertelstündlich.

Anfang des Versuches 7 Uhr 50 Min. Vormittag,
Ende des Versuches 5 Uhr 40 Min. Nachmittag.
Versuchsdauer: $9^5/_6$ Stunden.

Anfangsstellung des Hubzählers 000321 um 8 Uhr Vormittag,
Endstellung des Hubzählers 045422 um 5 Uhr Nachmittag.
Insgesamt: 45101 Doppelhübe in 9 Stdn.,

also Umdrehungszahl pro Minute: $n = 83{,}52$.

Die Vorgänge bzw. Beobachtungen am Speisewasserreservoir sind in folgender Tabelle zusammengestellt:

Anfang	Ende	Differenz	$t = °C$
1800	260	1620	28,0
1840	225	1615	28,0
1900	210	1690	29,0
1870	190	1680	30,0
1842	190	1652	30,0
1890	150	1740	30,0
1880	180	1700	29,0
1820	170	1650	29,5
1910	210	1700	29,5
1875	200	1675	29,0
1880	240	1640	29,0
1865	190	1675	28,5
1890	180	1710	28,5
1890	170	1720	29,0
1800	1519	281	29,0
		Sa. 23 748	i. M. 29,0

Gemäß den auf S. 300 angegebenen Eichungsergebnissen entsprechen:

100 mm Höhendifferenz = 637,055 kg Wasser von 14° (Eichungstemp.),

also

23 748 mm Höhendifferenz = 151287,821 kg Wasser von 14° (Eichungstemp.).

Diese Wassermenge auf 29° (Versuchstemperatur) umgerechnet, ergibt nach der Formel auf S. 302

$$v = \frac{V}{1 + z - \beta \cdot (T - t)}$$

$$= \frac{151\,287,821}{1 + (1,004048 - 1,000\,721) - 0,0000363\ (29 - 14)}\ \text{kg}$$

$$= 150\,868,030\ \text{kg}.$$

Es wurde abgefangen:

$$
\begin{aligned}
\text{Schlabberwasser} &= 25,000\ \text{kg} \\
\text{Kondenswasser aus der Dampfleitung} &= 140,000\ \text{,,} \\
\hline
\text{Insgesamt:}\ & 165,000\ \text{kg}
\end{aligned}
$$

Demnach ist das Gewicht der der Dampfmaschine innerhalb $9^5/_6$ Stunden zugeführten Dampfmenge

$$= (150\,868,030 - 165,000)\ \text{kg,}$$
$$= \mathbf{150\,703,030\ kg.}$$

In 1 Stunde zugeführt: **15325,732 kg** Dampf.
Kohlenverbrauch:

$$
\begin{aligned}
155\ \text{Karren à } 150\ \ \text{kg} &= 23\,250\ \text{kg} \\
1\ \text{Karre à } 261,5\ \text{kg} &= 261,5\ \text{kg} \\
\hline
\text{Insgesamt:}\ 23\,511,5\ \text{kg}
\end{aligned}
$$

Die Belastung der Dampfmaschine wurde während der ganzen Versuchsdauer tunlichst konstant gehalten. Die aufgenommenen Diagramme wurden mittels eines Amslerschen Polarplanimeters ausgewertet, wobei sich für die mittleren Höhen die in folgender Tabelle zusammengestellten Werte ergaben.

Hieraus berechnet sich die Leistung der einzelnen Zylinder wie folgt:

Hochdruckzylinder.

Nach Gleichg. (IIa) Seite 297 $N_i' = 330,9 \cdot p_m'$ unten $\}$ für $n = 100$ Um-
,, ,, (IIb) ,, 297 $N_i'' = 341,1 \cdot p_m''$ oben $\int$ drehungen p. 1 Min.
für $n = 83,52$.

$$N_i' = 0,8352 \cdot 330,9 \cdot 3,98\ \text{i. PS} = 1099,94\ \text{i. PS}$$
$$N_i'' = 0,8352 \cdot 341,1 \cdot 4,20\ \text{i. PS} = 1196,52\ \text{i. PS}$$

$$\text{Leistung des Hochdruckzylinders} = N_i = \frac{N_i' + N_i''}{2}$$

$$= \frac{1099,94 + 1196,52}{2}\ \text{i. PS}$$

$$= \mathbf{1148,2\ i.\ PS.}$$

Nr. Diagrammsatz	Zeit der Ab-nahme	Mittlere Diagrammhöhe in mm								Spannung am Hoch-druck-zylinder Atm.	Vakuum in % des abs. Vakuums
		Hochdruck-zylinder		Mitteldruck-zylinder		Rechter Niederdruck-zylinder		Linker Niederdruck-zylinder			
		unten	oben	unten	oben	unten	oben	unten	oben		
1	8⁰⁰	15,98	16,75	14,00	13,81	11,41	11,90	11,75	11,47	12,8	69,5
2	8¹⁵	15,74	16,73	14,03	13,76	11,40	11,89	11,74	11,46	12,7	69,5
3	8³⁰	15,44	16,69	14,01	13,80	11,33	11,81	11,66	11,39	12,8	69,3
4	8⁴⁵	15,49	16,66	14,00	13,72	11,30	11,78	11,63	11,36	12,8	69,3
5	9⁰⁰	15,88	16,60	14,08	13,74	11,29	11,78	11,64	11,35	12,8	69,2
6	9¹⁵	16,01	16,63	14,06	13,74	11,32	11,80	11,74	11,44	13,0	69,0
7	9³⁰	16,02	16,70	14,03	13,75	11,31	11,79	11,65	11,36	13,0	69,2
8	9⁴⁵	15,94	16,72	14,02	13,74	11,30	11,79	11,66	11,36	12,8	69,2
9	10⁰⁰	15,92	16,70	14,00	13,80	11,32	11,80	11,65	11,37	12,8	69,3
10	10¹⁵	15,46	16,69	14,01	13,79	11,36	11,83	11,68	11,40	12,8	70,0
11	10³⁰	15,56	16,69	13,99	13,75	11,33	11,80	11,65	11,38	12,7	70,0
12	10⁴⁵	15,90	16,65	14,03	13,72	11,35	11,83	11,68	11,40	12,8	69,8
13	11⁰⁰	15,64	16,66	14,04	13,72	11,31	11,80	11,66	11,38	12,6	69,8
14	11¹⁵	15,89	16,68	14,03	13,74	11,32	11,81	11,66	11,38	12,8	69,7
15	11³⁰	15,89	16,68	14,05	13,75	11,28	11,76	11,61	11,34	12,8	69,7
16	11⁴⁵	15,86	16,69	14,07	13,75	11,29	11,77	11,62	11,35	12,8	69,8
17	12⁰⁰	15,88	16,62	14,03	13,78	11,32	11,81	11,66	11,38	12,9	70,0
18	12¹⁵	15,83	16,69	14,01	13,81	11,33	11,81	11,67	11,39	12,5	69,8
19	12³⁰	15,89	16,73	14,00	13,76	11,33	11,80	11,65	11,38	12,8	69,8
20	12⁴⁵	15,89	16,70	14,02	13,75	11,34	11,82	11,67	11,40	12,9	70,0
21	1⁰⁰	15,89	16,72	14,03	13,80	11,37	11,85	11,70	11,43	12,8	69,7
22	1¹⁵	15,42	16,72	14,08	13,75	11,34	11,81	11,66	11,39	13,0	69,8
23	1³⁰	15,44	16,69	14,06	13,73	11,33	11,81	11,67	11,30	13,0	69,8
24	1⁴⁵	15,88	16,70	14,03	13,74	11,30	11,78	11,62	11,36	12,8	69,8
25	2⁰⁰	15,89	16,69	14,01	13,74	11,34	11,82	11,67	11,40	12,8	69,8
26	2¹⁵	15,86	16,68	14,02	13,73	11,33	11,81	11,66	11,39	12,7	70,0
27	2³⁰	15,88	16,69	14,02	13,75	11,33	11,80	11,65	11,39	12,7	69,8
28	2⁴⁵	15,84	16,70	14,03	13,74	11,34	11,82	11,67	11,40	12,5	69,8
29	3⁰⁰	15,82	16,67	14,04	13,72	11,32	11,80	11,66	11,38	12,6	69,8
30	3¹⁵	15,89	16,69	14,03	13,75	11,32	11,80	11,65	11,38	12,6	69,5
31	3³⁰	15,88	16,69	14,02	13,76	11,35	11,83	11,67	11,41	12,6	69,8
32	3⁴⁵	15,68	16,72	14,03	13,78	11,35	11,83	11,67	11,42	12,8	69,9
33	4⁰⁰	15,88	16,71	14,03	13,74	11,33	11,80	11,66	11,39	12,8	69,8
34	4¹⁵	15,88	16,71	14,04	13,73	11,36	11,84	11,69	11,41	13,0	70,0
35	4³⁰	15,86	16,70	14,07	13,72	11,35	11,83	11,69	11,41	13,0	69,8
36	4⁴⁵	15,88	16,69	14,03	13,72	11,33	11,81	11,65	11,39	12,6	69,7
37	5⁰⁰	15,82	16,69	14,06	13,72	11,32	11,80	11,65	11,38	12,8	69,7
38	5¹⁵	15,86	16,70	14,09	13,73	11,33	11,81	11,66	11,39	12,6	69,6
39	5³⁰	15,87	16,69	14,03	13,75	11,32	11,79	11,64	11,38	12,8	69,8
Mittel =		15,81	16,69	14,03	13,75	11,33	11,81	11,66	11,39	12,7	69,6
Mittl. p_m =		3,98	4,20	1,43	1,46	0,51	0,53	0,52	0,52		

20*

Mitteldruckzylinder.

Nach Gleichg. (IIIa) Seite 299 $N_i' = 700{,}126 \cdot p_m'$ unten $\Big\}$ für $n = 100$ Um-
,,   ,,   (IIIb) ,,   299 $N_i'' = 710{,}335 \cdot p_m''$ oben $\Big\}$ drehungen pro
für $n = 83{,}52$.   1 Min.

$$N_i' = 0{,}8352 \cdot 700{,}126 \cdot 1{,}43 \; \text{i. PS} = 836{,}19 \; \text{i. PS}$$
$$N_i'' = 0{,}8352 \cdot 710{,}335 \cdot 1{,}46 \; \text{i. PS} = 866{,}17 \; \text{i. PS}$$

$$\text{Leistung des Mitteldruckzylinders} = N_i = \frac{N_i' + N_i''}{2}$$

$$= \frac{836{,}19 + 866{,}17}{2} \; \text{i. PS}$$

$$= \mathbf{851{,}2 \; i. \; PS.}$$

Niederdruckzylinder rechts.

Nach Gleichg. (IVa) Seite 299 $N_i' = 1072{,}35 \cdot p_m'$ unten $\Big\}$ für $n = 100$ Um-
,,   ,,   (IVb) ,,   299 $N_i'' = 1080{,}29 \cdot p_m''$ oben $\Big\}$ drehungen pro
für $n = 83{,}52$.   1 Min.

$$N_i' = 0{,}8352 \cdot 1072{,}35 \cdot 0{,}51 \; \text{i. PS} = 456{,}77 \; \text{i. PS}$$
$$N_i'' = 0{,}8352 \cdot 1080{,}29 \cdot 0{,}53 \; \text{i. PS} = 478{,}20 \; \text{i. PS}$$

$$\text{Leistung des rechten Niederdruckzylinders} = N_i = \frac{N_i' + N_i''}{2}$$

$$= \frac{456{,}77 + 478{,}20}{2} \; \text{i. PS}$$

$$= \mathbf{467{,}5 \; i. \; PS.}$$

Niederdruckzylinder links.

Nach Gleichg. (IVa) Seite 299 $N_i' = 1072{,}35 \cdot p_m'$ unten $\Big\}$ für $n = 100$ Um-
,,   ,,   (IVb) ,,   299 $N_i'' = 1080{,}29 \cdot p_m''$ oben $\Big\}$ drehungen pro
für $n = 83{,}52$.   1 Min.

$$N_i' = 0{,}8352 \cdot 1072{,}35 \cdot 0{,}52 \; \text{i. PS} = 465{,}73 \; \text{i. PS}$$
$$N_i'' = 0{,}8352 \cdot 1080{,}29 \cdot 0{,}52 \; \text{i. PS} = 469{,}17 \; \text{i. PS}$$

$$\text{Leistung des linken Niederdruckzylinders} = N_i = \frac{N_i' + N_i''}{2}$$

$$= \frac{465{,}73 + 469{,}17}{2} \; \text{i. PS}$$

$$= \mathbf{467{,}5 \; i. \; PS.}$$

Gesamtleistung der Maschine.

Hochdruckzylinder	$=$	1148,2 i. PS
Mitteldruckzylinder	$=$	851,2 i. PS
Rechter Niederdruckzylinder	$=$	467,5 i. PS
Linker Niederdruckzylinder	$=$	467,5 i. PS
Sa.	$=$	2934,4 i. PS
	$= \sim$	**2934 i. PS.**

Dampfverbrauch pro 1 i. PS und 1 Stunde bei gesättigtem Dampfe

$$= \frac{15\,325{,}732}{2934} \text{ kg}$$

$$= \textbf{5{,}22 kg.}$$

Die Garantie ist also erfüllt!

Die Kesselanlage.

Zur Erzeugung des Dampfes dienten Wasserröhrenkessel, die ähnlich den bekannten Steinmüllerkesseln gebaut, also mit je zwei Wasserkammern und einem Oberkessel ausgerüstet waren.

Um jede Überanstrengung und damit die Gefahr des Mitreißens von Wasser durch den Dampf zu vermeiden, waren vier solcher Kessel für die Versuchsmaschine in Betrieb, während ein fünfter Kessel derselben Konstruktion lediglich den Dampf für die Speisepumpe lieferte.

Heizfläche eines Kessels	—	303 qm
Gesamtheizfläche	=	1212 qm
Rostfläche eines Kessels (Planrost)	=	6,4 qm
Gesamtrostfläche	=	25,6 qm.

Die wichtigsten, in bezug auf die Dampfkesselanlage gemachten Beobachtungen sind in nachfolgender Tabelle zusammengestellt.

Verdampfungsversuch

am 17. Juli 1902 an den Kesseln Nr. 1, 2, 3, 4.

Kohlensorte: Schlesische Steinkohle mit 6350 Kal. Heizwert.

Versuchsdauer	Stdn.	$9^5/_6$
Kohlen verfeuert total	kg	23511,5
„ pro Stunde und qm Rostfläche	„	93,4
Herdrückstände total	„	2069,912
„ in % der verfeuerten Kohle	%	8,8
Verbrennliches in denselben	%	15,15
Speisewasser verdampft total	kg	150 860,030
in 1 Stunde auf 1 qm Heizfläche	„	12,6
-Temperatur	°C	29,0
Dampfspannung Atm. Übdr.		13,25
Heizgase[1]): CO_2-Gehalt am Kesselende Vol.-%		7,49
O „ „ „ „		12,61
Vielfaches der theor. Luftmenge		2,51
Temperatur am Kesselende	°C	240,0
Temperatur der Verbrennungsluft	°C	25,0
Differenz dieser beiden Temperaturen	°C	215,0
Zugstärke am Kesselende in mm Wassersäule		16,4

[1]) Untersucht im Fuchse des dem Schornsteine zunächst liegenden Kessels Nr. 4.

Zugstärke über dem Roste in mm Wassersäule		5,2	
1 kg Kohle verdampfte Wasser bei den Versuchsbedingungen	kg	6,411	
1 kg Kohle erzeugt aus Wasser von 0° Dampf von 100°	,,	6,412	

Wärmebilanz.	Kalorien	%
Nutzbar gemacht zur Dampfbildung	4086	64,35
Verloren in den Herdrückständen	82	1,30
,, ,, ,, Heizgasen	1203	18,94
,, durch Strahlung, Leitung, Ruß (als Rest berechnet)	979	15,41
Sa.	6350	100%

b) Versuch mit überhitztem Dampfe.

Die wichtigsten, hierauf bezüglichen Ergebnisse sind folgende:

Dauer des Versuches	Stdn.	10¼
Der Maschine in 1 Stunde zugeführte Dampfmenge	kg	12 184,925
Dampfspannung im Ventilkasten des Hochdruckzylinders	Atm. Übdr.	12,75
Entsprechende Temperatur des gesättigten Dampfes	°C	193,162
Mittlere Dampftemperatur im Ventilkasten	°C	304,0
Also Überhitzung des Dampfes	°C	110,838
Leistung der Maschine: Hochdruckzylinder	i. PS	1 089,4
Mitteldruckzylinder	i. PS	799,9
rechter Niederdruckzylinder	i. PS	502,2
linker Niederdruckzylinder	i. PS	494,8
Insgesamt:	i. PS	2 886,3
Dampfverbrauch pro 1 Stunde und indizierte Pferdestärke	kg	4,22

Die Garantie ist also erfüllt!

V. Fehlerhafte und richtige Diagramme.

Zur Beurteilung der Vorgänge im Zylinder einer Dampfmaschine, ebenso wie zur Berechnung der Leistung des Dampfes im Zylinder dient das vcm Indikator geschriebene Dampfdruckdiagramm, auch Indikatordiagramm genannt. Sollen die Schlüsse, die man aus demselben zieht, ein den Vorgängen in der Maschine wirklich entsprechendes Bild geben, so ist erforderlich, daß die Aufzeichnungen des Indikators fehlerlos geschehen, d. h. nur unter der Einwirkung des im Zylinder herrschenden Dampfdruckes auf den von der Maschine in richtiger Weise betätigten Indikator zustande kommen.

Die Umstände, durch welche die Angaben des Indikators fehlerhaft werden können, sind verschiedener Art. Sie liegen entweder

a) in der Art der Anbringung des Indikators an der Maschine, oder
b) im Indikator selbst.

Es soll daher auf beide Punkte näher eingegangen werden.

A. Die Art der Anbringung des Indikators an der zu indizierenden Maschine beeinflußt die Form der Diagramme.

Mehrfach ist noch die Anordnung zu finden, daß von den Anbohrungen der Zylinderenden Rohrleitungen nach einem in der Mitte der Zylinderlänge befindlichen Dreiweghahne führen (Fig. 198), der alsdann zur Aufnahme eines Indikators eingerichtet ist. Durch entsprechende Umstellung des Hahnes können dann die Diagramme beider Zylinderseiten auf ein einziges Diagrammblatt gezeichnet werden. Abgesehen davon, daß hiermit die Übersichtlichkeit über den Verlauf der einzelnen Diagrammlinien etwas leidet, kommen durch besagte Anordnung der Rohrleitung zum Indikator — auch wenn diese Leitung noch so gut isoliert ist — Fehler in das Diagramm, die leicht zu Trugschlüssen Veranlassung geben können.

In den Fig. 244, 245 und 246 sind die Diagramme einer dreifachen Expansionsmaschine eines Ozeandampfers mit den Hauptdaten wiedergegeben. Sie sind aufgenommen mit der zuletzt beschriebenen Art der Rohrleitung zum Indikator.

Um den Einfluß dieser Art der Rohrleitung auf die Form der Diagramme kennen zu lernen, wurde beim Niederdruckzylinder einer stehenden 1200 pferdigen Kompoundmaschine die Rohrleitung beseitigt, so daß auf jeder Zylinderseite ein Indikator direkt in die Zylinderwandung eingeschraubt werden konnte. Das bei genau derselben Füllung und derselben Kesselspannung erhaltene Diagramm wurde über das im ersten Falle erhaltene gezeichnet. Fig. 247 zeigt die beiden Diagramme. Das mit Rohrleitung erhaltene Diagramm ist punktiert, während das nach Abnahme der Rohrleitung sich ergebende Diagramm ausgezogen gezeichnet ist.

Mittlerer Druck aus dem punktierten Diagramme = 0,97 kg. Mittlerer Druck aus dem ausgezogenen Diagramme = 0,91 kg.

Die lichte Weite der Indikatorbohrung in der Wandung des Dampfzylinders soll 10 mm, keinesfalls unter 8 mm sein. Nachdem der Indikator angeschraubt ist, öffnet man, noch bevor der Indikatorkolben und das Schreibzeug eingesetzt sind, den Indikatorhahn und läßt kurze Zeit Dampf ausblasen. Man kann sich auf diese Weise leicht überzeugen, ob die Anbohrungen im Zylinder und die Hahnbohrungen selbst vollständig frei sind.

Daß eine zu enge Indikatorbohrung oder eine zum Teil verstopfte Anbohrung die Aufzeichnungen des Indikators vollständig unbrauchbar machen kann, zeigt das in Fig. 248 abgebildete Diagramm. Es stammt von einer liegenden, einzylindrigen Auspuffmaschine her. Das aus-

Mittlerer Druck aus dem Diagramm: *5,48* Atm.

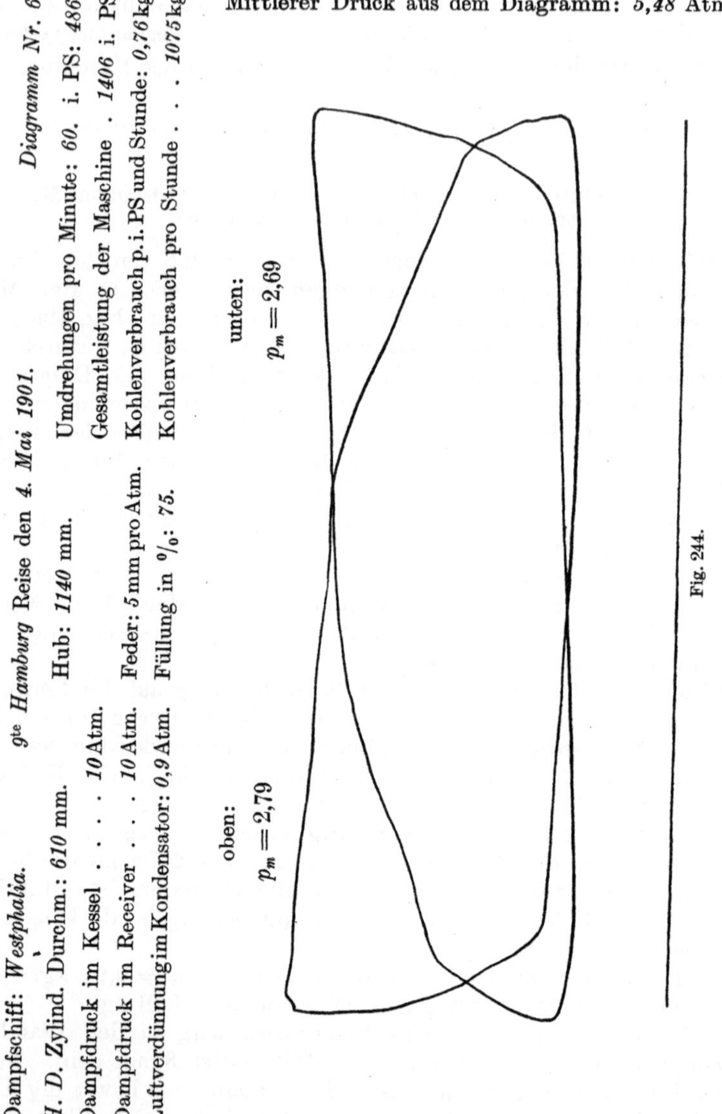

gezogene Diagramm ist bei teilweise verstopfter Bohrung, das punktiert gezeichnete bei derselben Belastung und der gleichen Eintrittsspannung aber bei vollständig freier Indikatorbohrung aufgenommen.

Die zum Antriebe der Papiertrommel dienende Schnur, kurz Indikatorschnur genannt, kann leicht zu Verzerrungen der Diagramme Veranlassung geben. Wenn sie sehr lang ist, so gerät sie während des

Mittlerer Druck aus dem Diagramm: *2,06* Atm.

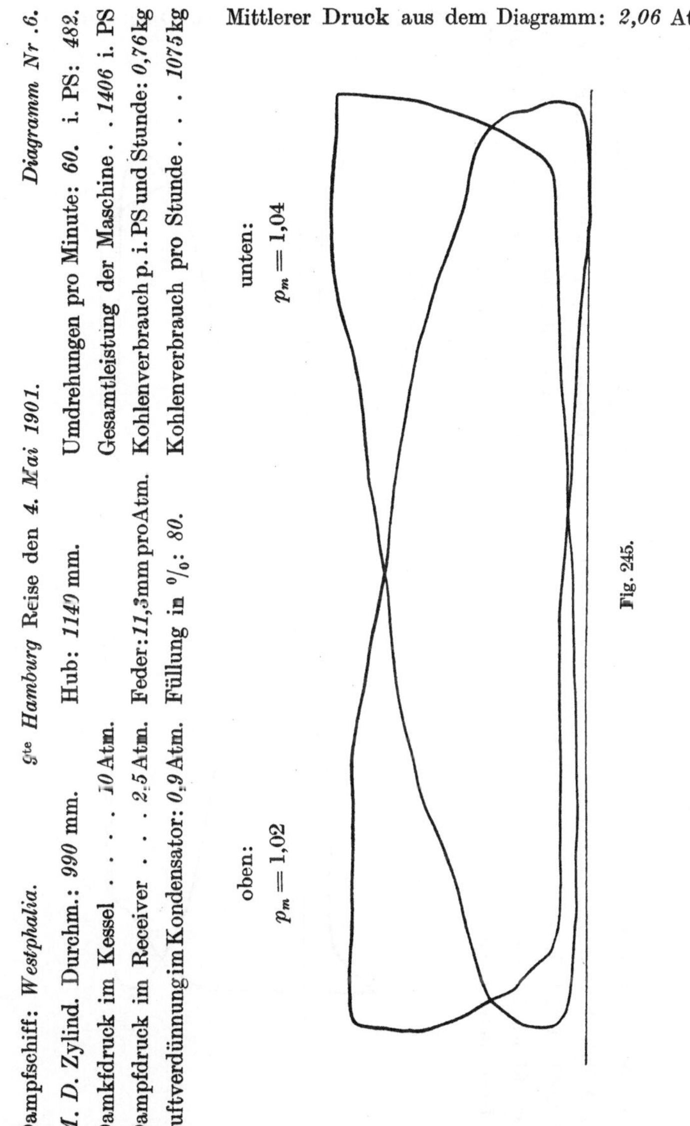

Indizierens in peitschende Bewegung, die sich im Diagramme in
der aus Fig. 249 ersichtlichen Weise bemerkbar macht.

Neue Indikatorschnüre haben oft die Eigenschaft, sich während
des Indizierens zu längen. Dadurch ändern sich auch die Längen
der Diagramme, wie solches aus den in Fig. 250 abgebildeten Diagrammen deutlich zu ersehen ist. Sie stammen von einer liegenden

Mittlerer Druck aus dem Diagramm: *0,7* Atm.

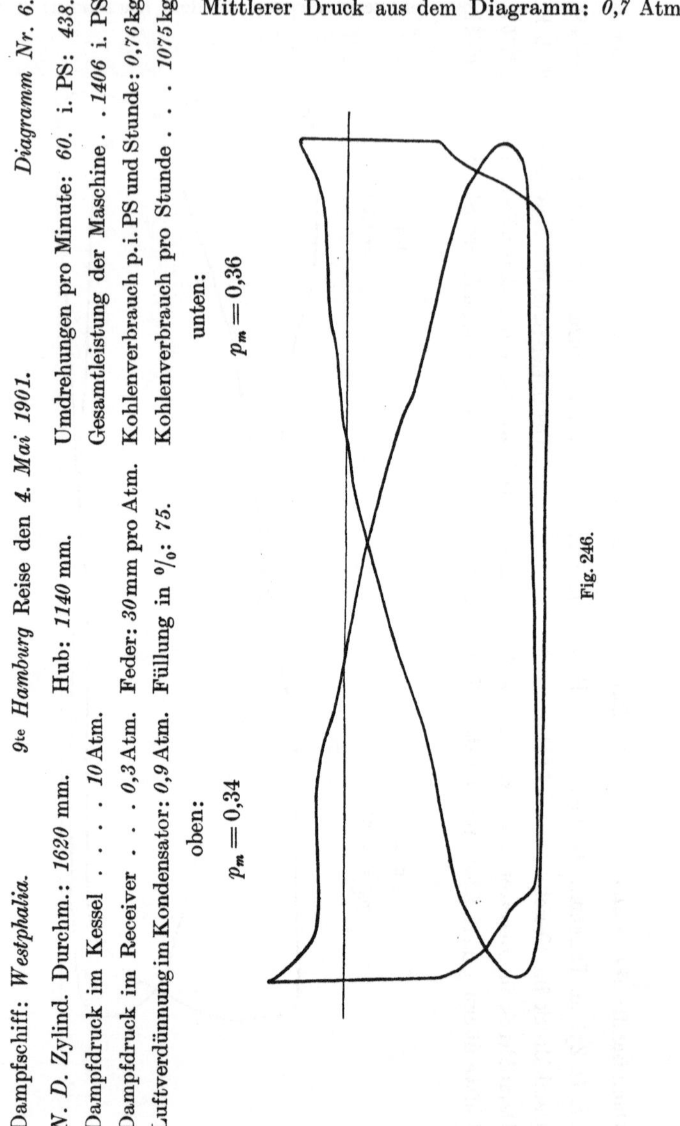

Fördermaschine her. Aufgenommen sind zehn Diagramme während einer Förderung.

Wenn die Länge der Indikatorschnur zu groß ist, so kommt die Papiertrommel eher an ihren Umkehrpunkt als der Mitnehmer und bleibt kurze Zeit still stehen, wodurch die Diagramme, wie die Fig. 251 und 252 zeigen, nicht vollständig ausgeschrieben werden.

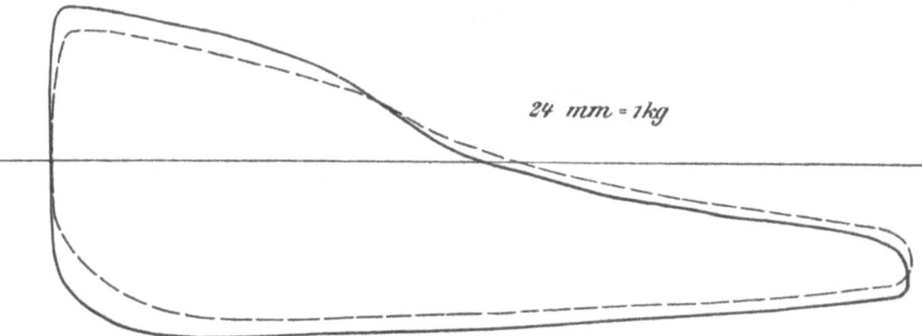

Fig. 247.

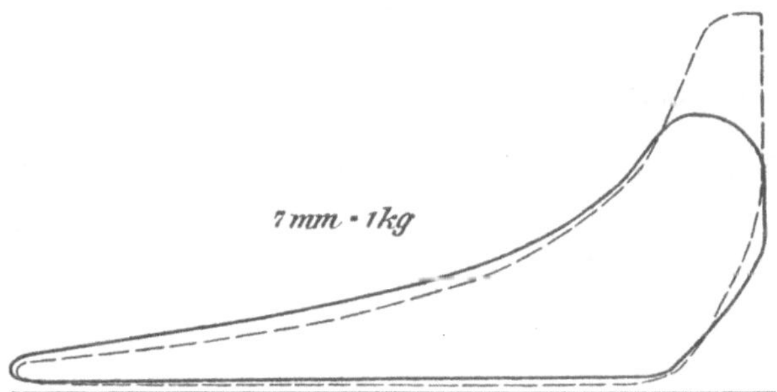

Fig. 248.

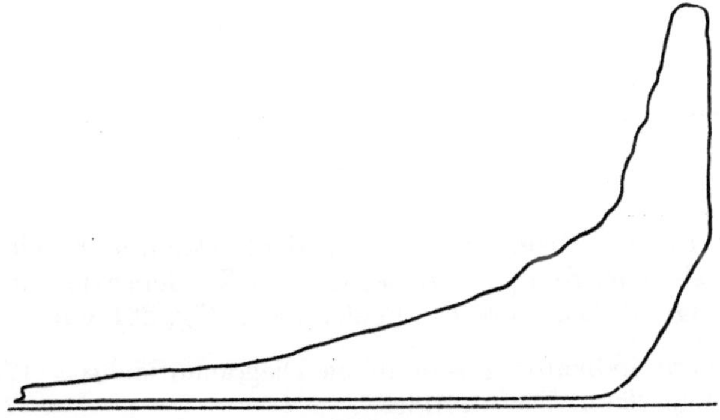
Fig. 249.

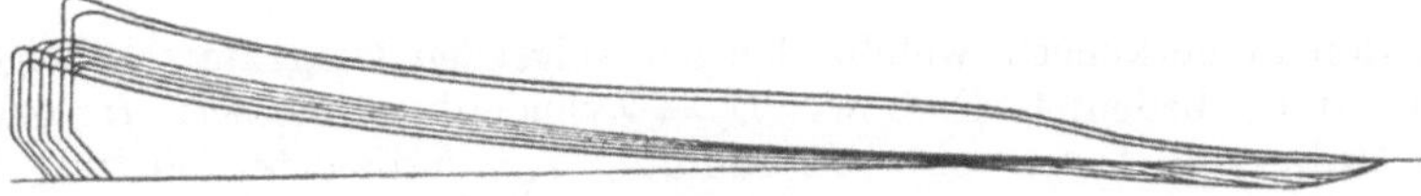
Fig. 250.

Einzylindrige, liegende Auspuffmaschine

$$D = 240 \text{ mm},$$
$$H = 520 \text{ mm},$$
$$n = 84.$$

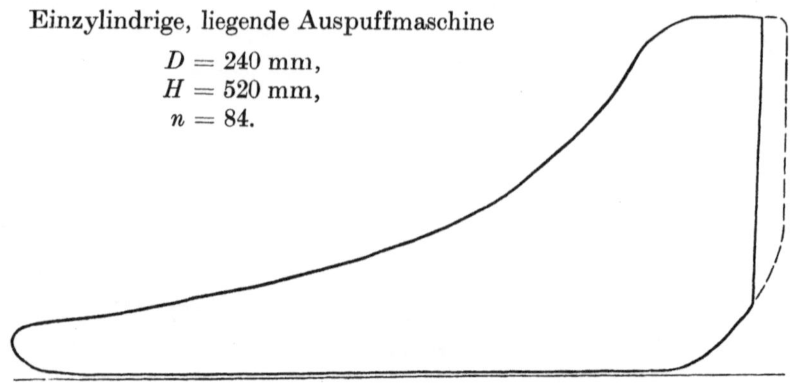

Fig. 251.

Die Indikatorpapiertrommel stößt an, bevor der Mitnehmer an seinem toten Punkte angekommen ist. Das punktiert umränderte Stück der Diagrammfläche wird nicht aufgezeichnet.

Inhalt der vom Indikator gezeichneten Diagrammfläche = 2020 qmm,
Inhalt des fehlerlosen Diagrammes   = 2140 qmm.

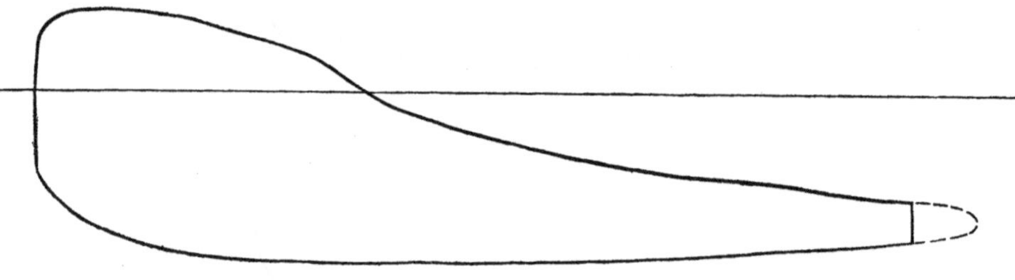

Fig. 252.

Fig. 252 ist das Diagramm des Niederdruckzylinders einer 1200-pferdigen, stehenden Kompoundmaschine mit Kondensation und Corliß-hahnsteuerung. Es liegt derselbe Fehler wie in Fig. 251 vor.

Inhalt der vom Indikator gezeichneten Diagrammfläche = 1720 qmm,
Inhalt des fehlerlosen Diagrammes   = 1750 qmm.

B. Fehler am Indikator selbst und Einfluß derselben auf die Form der Diagramme.

In den Bemerkungen, welche den nachfolgenden Diagrammen beigegeben sind, bedeutet D bzw. D_1 = Zylinderdurchmesser, H bzw. H_1 = Hub, n = Tourenzahl pro Minute, N_i = indizierte Leistung in Pferdestärken.

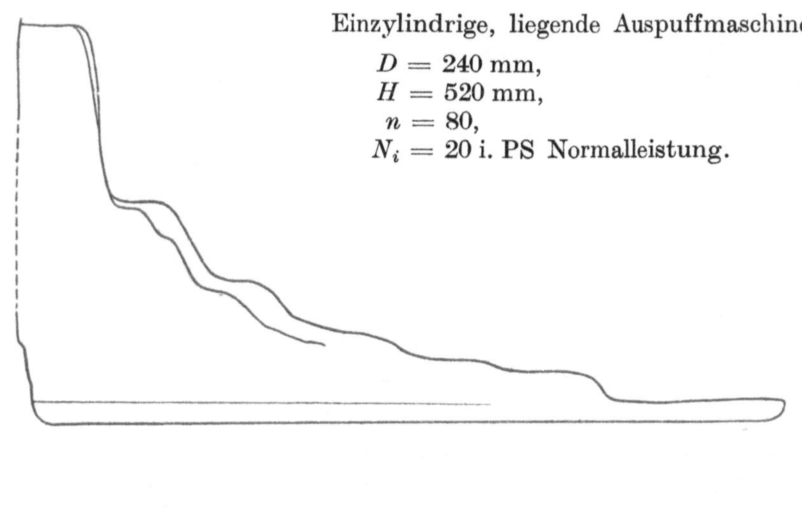

Einzylindrige, liegende Auspuffmaschine.

$$D = 240 \text{ mm},$$
$$H = 520 \text{ mm},$$
$$n = 80,$$
$$N_i = 20 \text{ i. PS Normalleistung.}$$

Fig. 253.

Infolge eingedrungenen, in der Maschine rückständig gebliebenen Formsandes reibt der Indikatorkolben sehr stark.

Einzylindrige, liegende Auspuffmaschine.

$$D = 240 \text{ mm},$$
$$H = 520 \text{ mm},$$
$$n = 80,$$
$$N_i = 20 \text{ i. PS.}$$

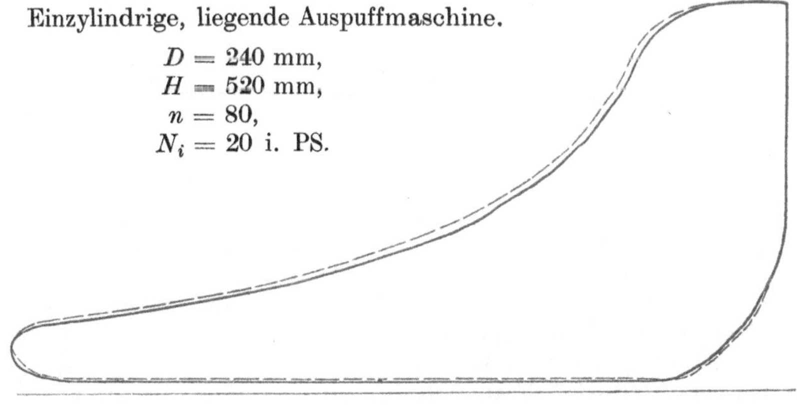

Fig. 254.

Das punktiert gezeichnete Diagramm ergab sich bei starkem Drücken des Indikatorschreibstiftes gegen die Papiertrommel; das mit glattem Striche geschriebene Diagramm wurde bei zartem Andrücken des Schreibstiftes erhalten.

Einzylindrige, liegende Kondensationsmaschine. Der Schreibstift steht zu weit nach hinten vor und stößt deshalb an einen Gelenkarm des Schreibzeuges. Die Folge hiervon ist die Stufe in der Expansions- und in der Kompressionslinie.

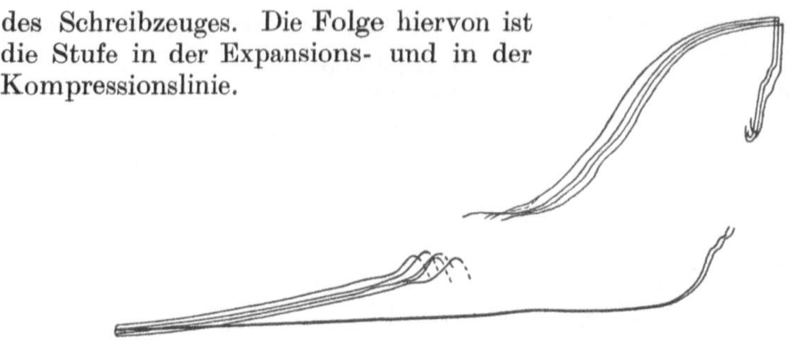

Fig. 255.

Diagramm des Niederdruckzylinders einer liegenden Kompoundmaschine ohne Kondensation.

$D = 240$ mm, $D_1 = 360$ mm,
$H = 520$ mm, $n = 120$,
$N_i = 40$ i. PS.
Federmaßstab:
25 mm = 1 kg.

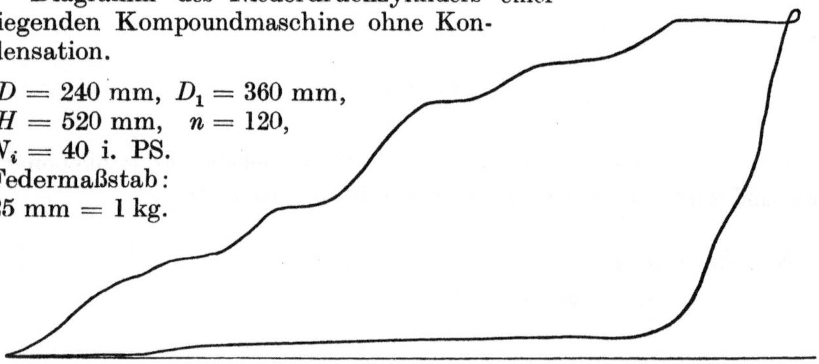

Fig. 256.

Schwache Indikatorfedern geraten in Schwingungen, die sich besonders in der Expansionslinie des Diagrammes (Fig. 256) bemerkbar machen.

Diese Schwingungen markieren sich noch stärker, wenn sich oberhalb des Indikatorkolbens Wasser gebildet hat, wie Fig. 257, das Leerlaufsdiagramm des Niederdruckzylinders der zuletzt charakterisierten Maschine zeigt.

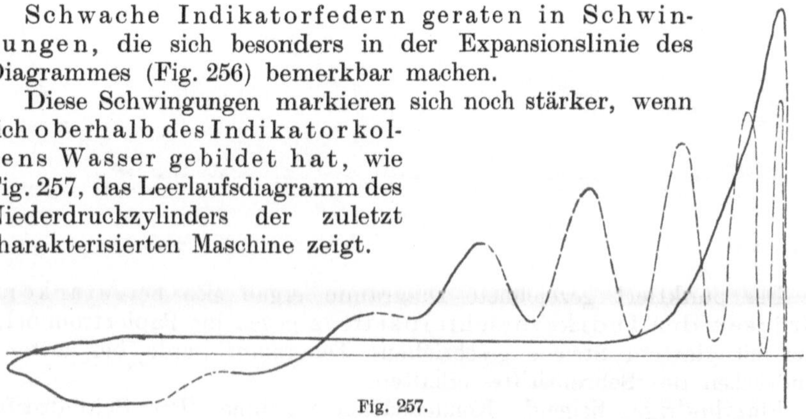

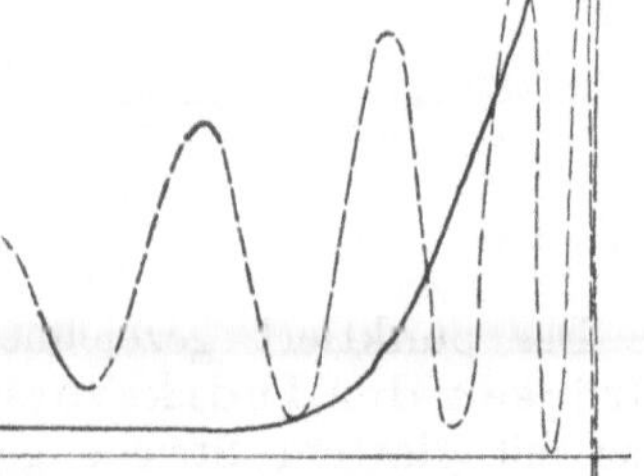

Fig. 257.

C. Fehler an der Dampfmaschine.

Das Indikatordiagramm wird nicht nur zur Berechnung der indizierten Leistung einer Dampfmaschine benützt, sondern es fällt ihm noch die sehr wichtige Aufgabe zu, Aufschluß über den Zustand der Maschine, speziell ihrer Steuerung zu geben. Da es nicht immer leicht ist, aus dem Verlaufe der Diagrammkurven die richtigen Schlüsse zu ziehen, so sind im folgenden noch verschiedene, der Praxis entnommene Diagramme zusammengestellt, die durch ihre Form auf beachtenswerte Fehler an der Maschine schließen lassen. Wo es möglich war, sind auch die nach Beseitigung der festgestellten Mängel erhaltenen (Normal-) Diagramme wiedergegeben.

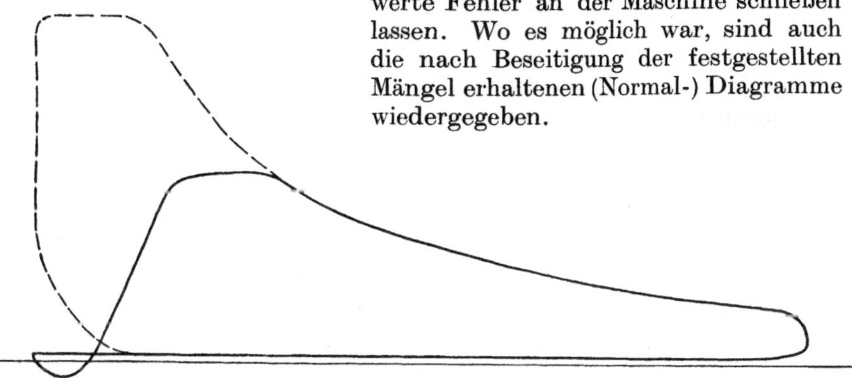

Fig. 258.

Einzylindrige, liegende Auspuffmaschine mit Ridersteuerung.

$$D = 240 \text{ mm,}$$
$$H = 520 \text{ mm,}$$
$$n = 80,$$
$$N_i = 20 \text{ i. PS.}$$

Der Grundschieber ist falsch eingestellt. Die Grundschieberstange muß verkürzt werden. Das punktiert ergänzte Diagramm ergab sich nach Abstellung des Fehlers.

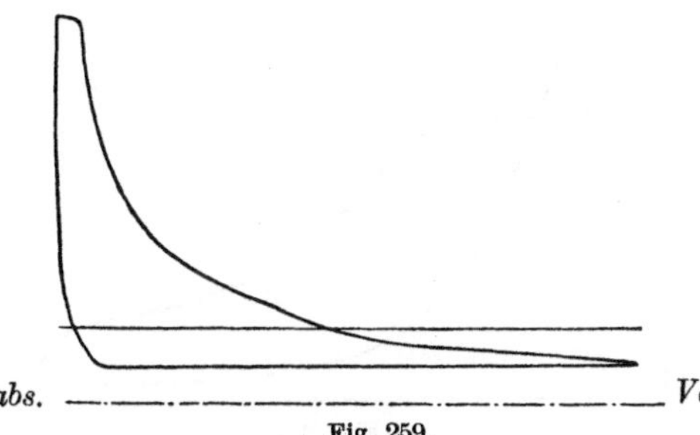

Einzylindrige, liegende Kondensationsmaschine.

$$D = 250 \text{ mm,}$$
$$H = 650 \text{ mm,}$$
$$n = 60,$$
$$N_i = 20 \text{ i. PS.}$$

Die Kondensation ist sehr mangelhaft. Kraftverlust ca. 22%.

Einzylindrige, liegende Auspuffmaschine.

$$D = 220 \text{ mm},$$
$$H = 458 \text{ mm},$$
$$n = 55.$$

Der Dampf tritt erst bei 0,3 des Hubes ein; verspäteter Dampfaustritt; Mangel jeder Expansion.

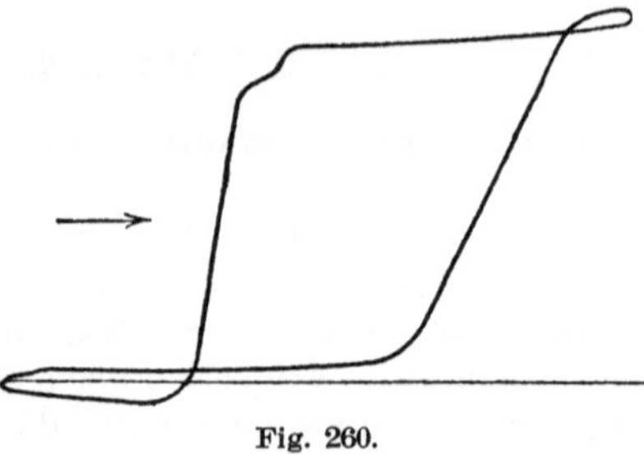

Fig. 260.

Einzylindrige, liegende Kondensationsmaschine.

$$D = 566 \text{ mm},$$
$$H = 850 \text{ mm},$$
$$n = 65,$$
$$N_i = 66 \text{ i. PS.}$$

Verspäteter Dampfeintritt; gegen Ende der Expansion strömt nochmals frischer Dampf ein; verzögerter Dampfaustritt nach dem Kondensator. Kraftverlust ca. 70%.

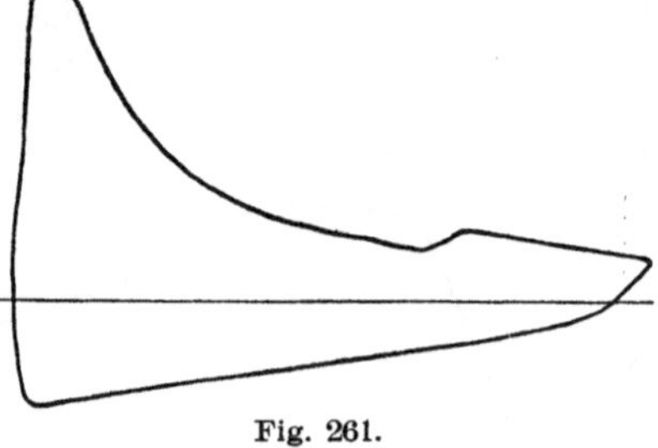

Fig. 261.

Einzylindrige, liegende Auspuffmaschine.

$$D = 670 \text{ mm},$$
$$H = 1440 \text{ mm},$$
$$n = 36,$$
$$N_i = 87 \text{ i. PS.}$$

Expansion fehlt; ganz mangelhafter Dampfaustritt; Kompression tritt zu früh ein.

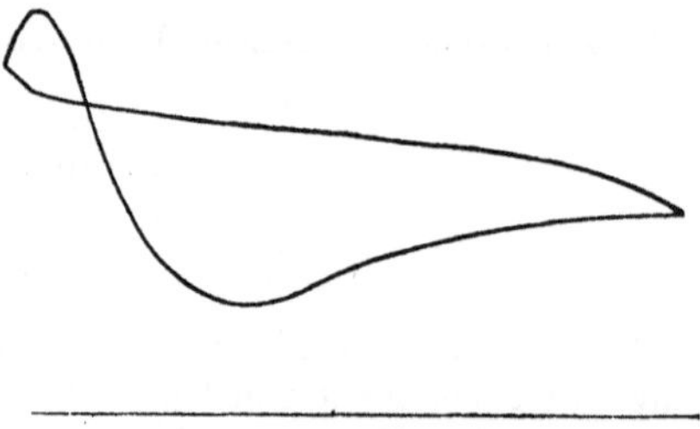

Fig. 262.

Einzylindrige, liegende Auspuffmaschine.

$$D = 350 \text{ mm},$$
$$H = 050 \text{ mm},$$
$$n = 78,$$
$$N_i = 28 \text{ i. PS.}$$

Die Kompression erfolgt zu früh.

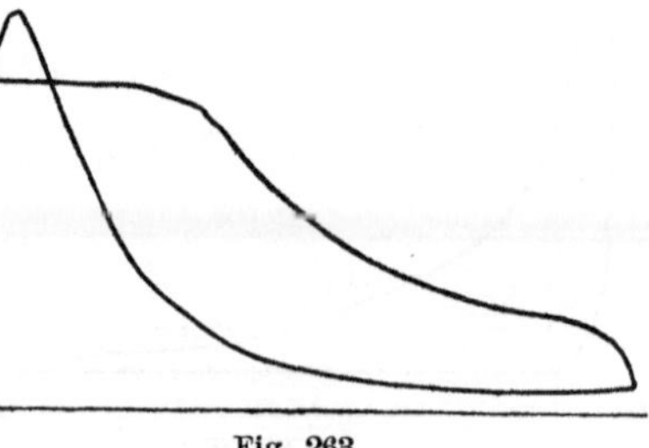

Fig. 263.

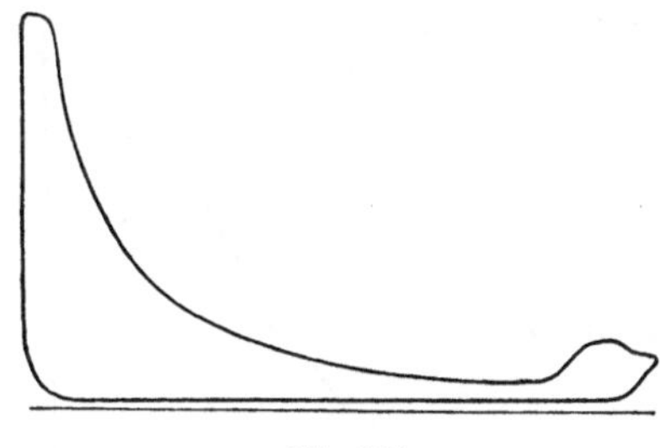

Fig. 264.

Einzylindrige, liegende Auspuffmaschine.

$$D = 270 \text{ mm},$$
$$H = 520 \text{ mm},$$
$$n = 38,$$
$$N_i = 4 \text{ i. PS.}$$

Der Expansionsschieber läßt am Ende des Kolbenhubes nochmals Dampf einströmen. Kraftverlust ca. 67%.

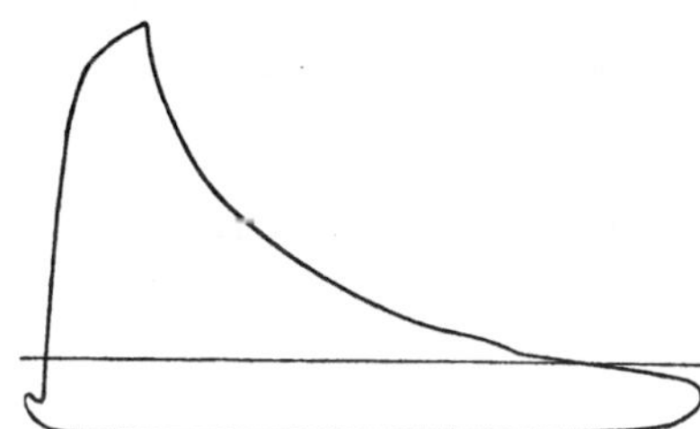

Fig. 265.

Einzylindrige, liegende Kondensationsmaschine.

$$D = 480 \text{ mm},$$
$$H = 1000 \text{ mm},$$
$$n = 48,$$
$$N_i = 75 \text{ i. PS.}$$

Der Dampfeintritt erfolgt zu spät. Kraftverlust ca. 10%.

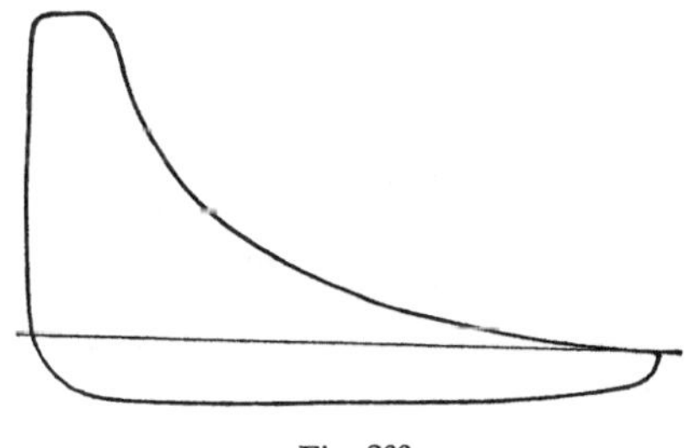

Fig. 266.

Nach Abstellung des Fehlers ergab sich nebenstehendes Diagramm (Fig. 266).

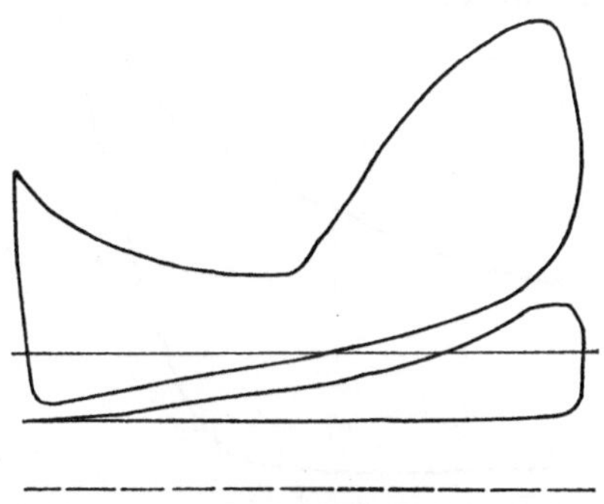

Fig. 267.

Woolfsche Maschine.

$$D = 235 \text{ mm},$$
$$D_1 = 415 \text{ mm},$$
$$H = 713 \text{ mm},$$
$$H_1 = 1022 \text{ mm},$$
$$n = 40.$$

Die Steuerung ist vollständig in Unordnung. Der Dampfeintritt erfolgt erst in der Mitte des Hubes. Kraftverlust ca. 40%.

Einzylindrige, liegende Auspuffmaschine mit Ridersteuerung.

$$D = 240 \text{ mm,}$$
$$H = 520 \text{ mm,}$$
$$n = 80,$$
$$N_i = 20 \text{ i. PS.}$$

Der Dampfkolben ist stark undicht.

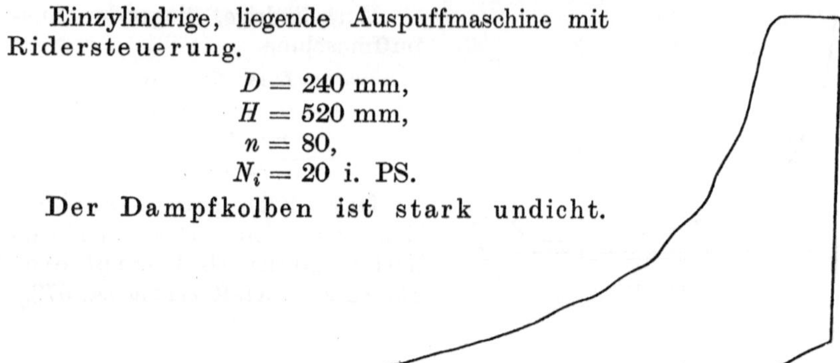

Fig. 268.

Die gleiche Maschine wie vorher.
Die Auspuffleitung ist zu eng.

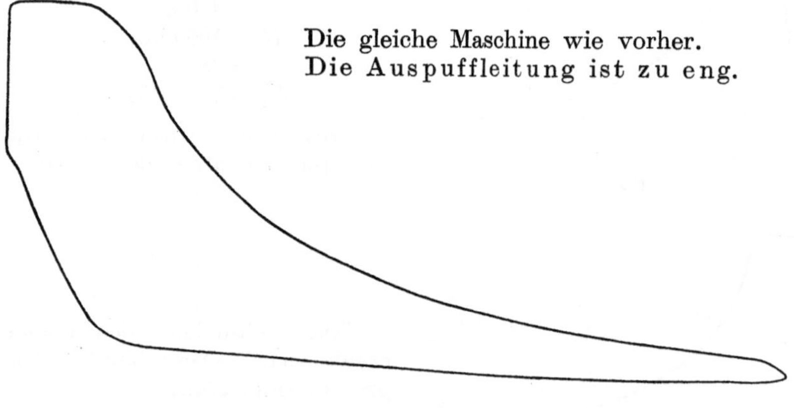

Fig. 269.

Die gleiche Maschine wie vorher.
Die Schieber sind sehr stark undicht.

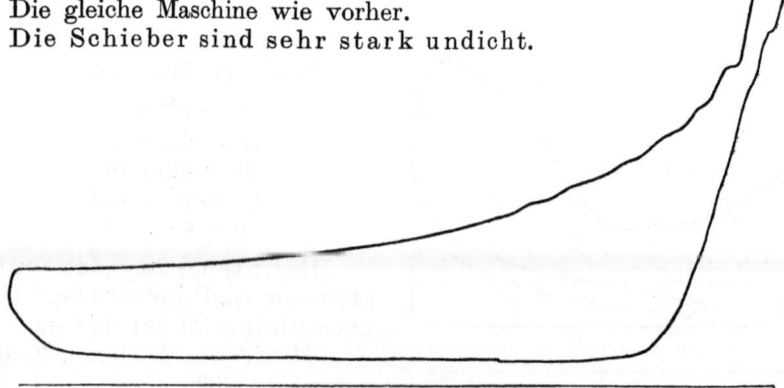

Fig. 270.

Die gleiche Maschine wie vorher.
Der Dampfeintritt erfolgt zu spät.

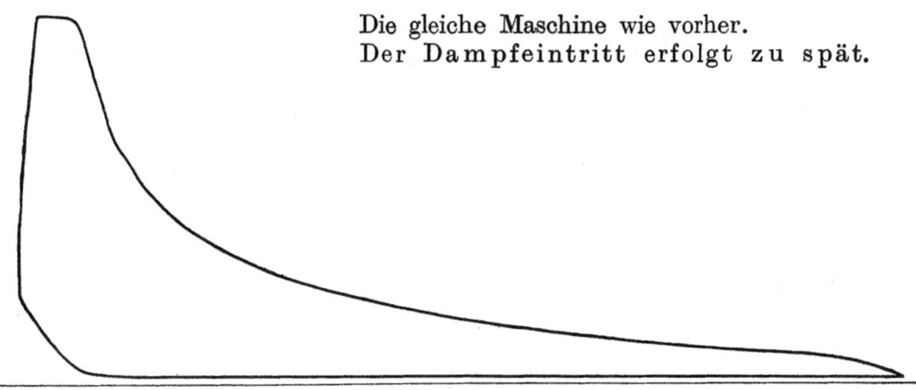

Fig. 271.

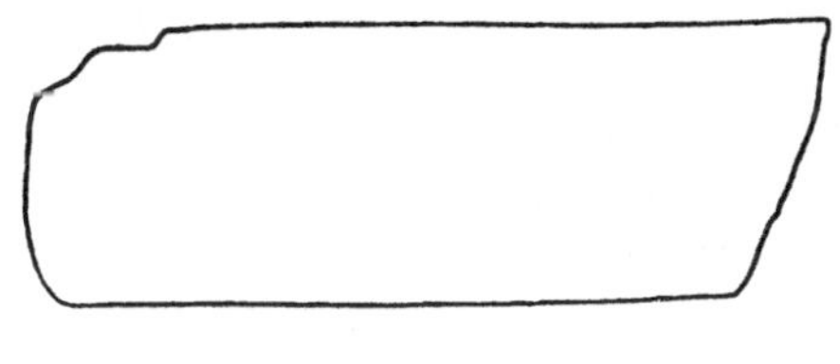

Fig. 272.

Einzylindrige, liegende Auspuffmaschine.

$$D = 120 \text{ mm},$$
$$H = 260 \text{ mm},$$
$$n = 100,$$
$$N_i = 15 \text{ i. PS.}$$

Federmaßstab
7 mm = 1 kg.

Der Gegendruck beträgt 2 Atmosphären, ist also sehr

hoch. Die Maschine muß deshalb mit nahezu voller Füllung arbeiten. Ursache des hohen Gegendruckes: Der Auspuffdampf geht durch einen Röhrenvorwärmer, dessen Rohre sehr stark undicht sind, so daß Wasser in den Dampfraum des Vorwärmers eintritt. Dieses Wasser setzte im Innern der Rohre viel Kesselstein ab, wodurch der dem Auspuffdampfe zur Verfügung stehende, freie Querschnitt stark verengt wurde.

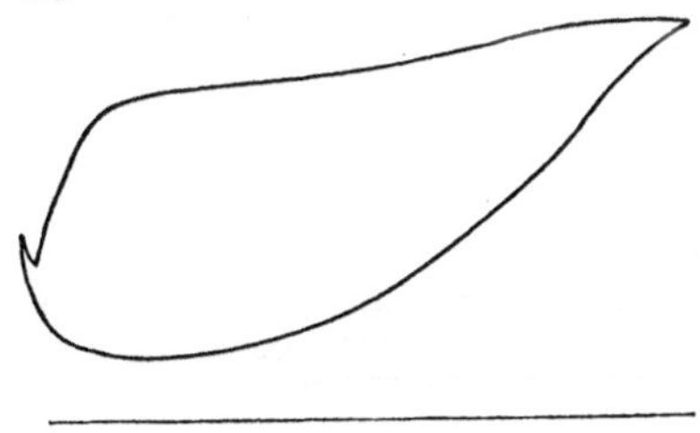

Einzylindrige, liegende Auspuffmaschine.

$$D = 600 \text{ mm},$$
$$H = 1270 \text{ mm},$$
$$n = 67,$$
$$N_i = 75 \text{ i. PS.}$$

Fig. 273.

Die Dampfeinströmung erfolgt zu spät. Expansion fehlt. Der Dampfaustritt erfolgt ebenfalls zu spät und zu langsam.

Liegende, einzylindrige Auspuffmaschine.
Kompression fehlt vollständig. Der Dampfeintritt erfolgt verzögert.

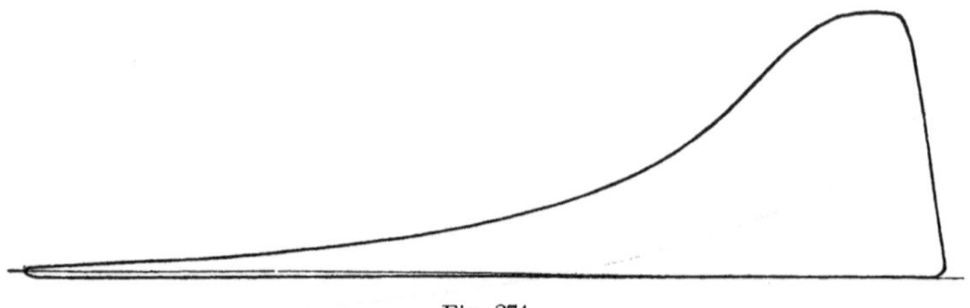

Fig. 274.

Liegende, einzylindrige Auspuffmaschine.

$$D = 240 \text{ mm}, \quad H = 520 \text{ mm},$$
$$n = 80, \quad N_i = 20 \text{ i. PS.}$$

Falsch eingestellter Riderschieber. Der Dampfeintritt erfolgt zu früh; der Dampfaustritt erfolgt zu spät; der Gegendruck ist zu hoch.

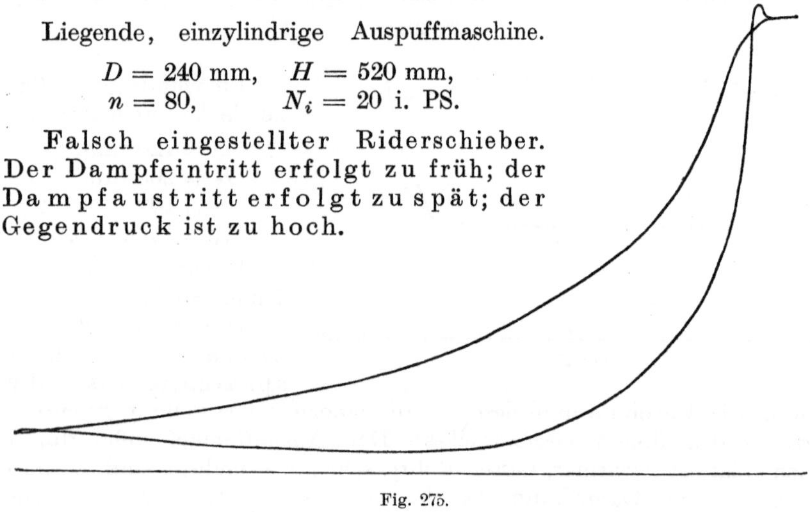

Fig. 275.

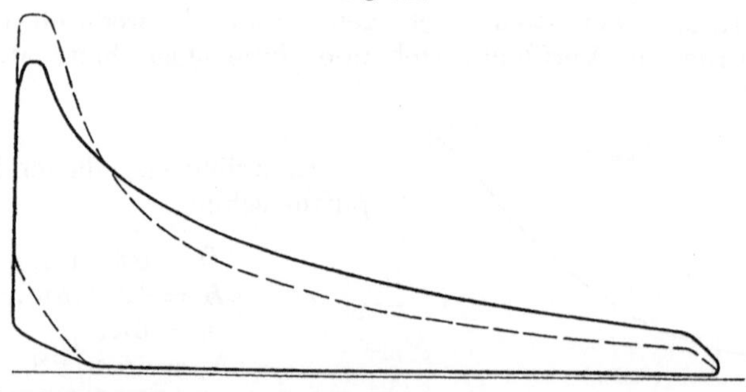

Fig. 276.

Dieselbe Maschine wie vorher. Das punktiert gezeichnete Diagramm ist das normale. Das ausgezogene Diagramm ergab sich nachdem der schädliche Raum künstlich vergrößert worden ist.

VI. Das Rankinisieren der Diagramme.

Dieses Verfahren der Umzeichnung der Diagramme zum Zwecke der Kontrolle der Vorgänge in der Dampfmaschine wurde zuerst von Rankine angegeben, und zwar für Woolfsche Maschinen. Es ist jedoch auf alle Dampfmaschinen mit mehrstufiger Expansion anwendbar.

Der Gedanke, der dem Rankineschen Verfahren zugrunde liegt, ist folgender:

Zu Anfang der Expansionsperiode ist im Hochdruckzylinder ein Dampfvolumen vorhanden, welches gleich ist dem Füllungsvolumen plus dem (ebenfalls mit Dampf ausgefüllten) schädlichen Raume des Zylinders. Das Dampfvolumen, welches am Ende der Expansionsperiode im Niederdruckzylinder vorhanden ist, setzt sich zusammen aus dem Volumen des Niederdruckzylinders plus dem schädlichen Raume desselben.

Die Leistung der in den Hochdruckzylinder eingetretenen Dampfmenge könnte theoretisch dieselbe sein, die sich ergeben würde, wenn die gleiche Dampfmenge mit der Eintrittsspannung des Hochdruckzylinders direkt in den Niederdruckzylinder eingetreten wäre und darin ihre Gesamtexpansion vollführt hätte.

Es bezeichne:

$v =$ Volumen des Hochdruckzylinders
$q =$ Kolbenfläche des Hochdruckzylinders   einer Kompound-
$V =$ Volumen des Niederdruckzylinders   maschine mit
$Q =$ Kolbenfläche des Niederdruckzylinders   dem Hube $= h$.

Dann ist:

$$v = q \cdot h = \text{Volumen des Hochdruckzylinders,}$$
$$V = Q \cdot h = \text{Volumen des Niederdruckzylinders.}$$

Denkt man sich den Durchmesser des Niederdruckzylinders auf denjenigen des Hochdruckzylinders reduziert, so müßte bei ungeändert bleibendem Volumen der Hub des Niederdruckzylinders sich umändern in H.

Es wäre dann:

$$V = q \cdot H.$$

Es war:

$$v = q \cdot h.$$

Also:

$$V : v = H : h.$$

Oder:

(1)
$$H = h \cdot \frac{V}{v}.$$

Man denke sich nun ferner den reduzierten Niederdruckzylinder direkt an den Hochdruckzylinder angegliedert (wie in Fig. 277 gezeichnet).

Zur Erzielung einer bestimmten Maschinenleistung muß der Hochdruckzylinder bei der Anfangsspannung p_1 die Füllung s empfangen. Am Ende der Expansionsperiode im Hochdruckzylinder hat dieses Dampfgewicht noch die Spannung p.

Das theoretische Diagramm ist in Fig. 277 über den Hochdruckzylinder gezeichnet.

Tritt nun dieses Dampfgewicht mit der Spannung p in den angesetzten, reduzierten Niederdruckzylinder, so bringt es offenbar die Füllung h hervor und expandiert dann, wie das in Fig. 277 über dem reduzierten Niederdruckzylinder gezeichnete, theoretische Diagramm zeigt, bis auf die Spannung p_0.

Für die Punkte A und B des Hochdruckdiagrammes (Fig. 277) gilt dann:

$$p_1 \cdot s = p \cdot h\,{}^1).$$

Für die Punkte C und D des Niederdruckdiagrammes (Fig. 277) gilt:

$$p \cdot h = p_0 \cdot H = p_0 \cdot h \cdot \frac{V}{v}\,.$$

Folglich:

$$(2) \qquad p_1 \cdot s = p_0 \cdot h \cdot \frac{V}{v}\,.$$

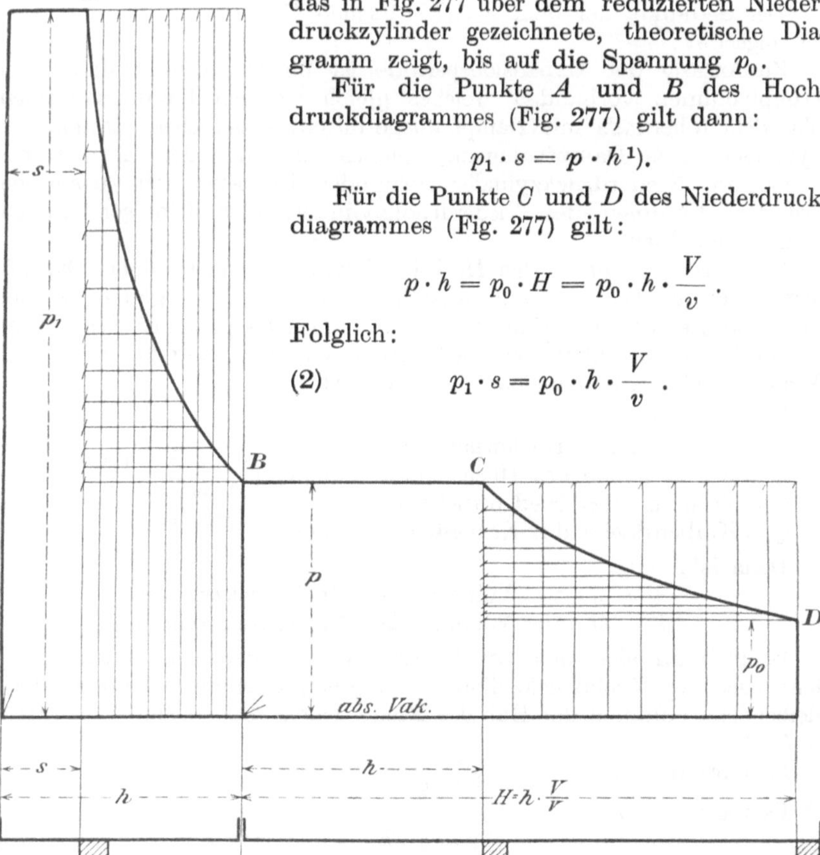

Fig. 277.

Diese Gleichung (2) ist sofort anwendbar auf das Diagramm einer Dampfmaschine, bei welcher der Dampf bei der Füllung s mit der Spannung p_1 in den Zylinder eintritt, und bei welcher er am Ende

---

[1]) Vorausgesetzt, daß die Expansionskurve eine Mariotte ist.

des Hubes $h \cdot \dfrac{V}{v}$ den Zylinder mit der Spannung p_0 verläßt. Fig. 278 stellt dieses theoretische Diagramm dar.

Die Wirkung einer bestimmten, in den Hochdruckzylinder einer Kompoundmaschine eintretenden Dampfmenge ist also (theoretisch) genau dieselbe, als wenn das gleiche Dampfgewicht mit derselben Spannung direkt in den Niederdruckzylinder (dessen Hub h bei gleichbleibendem Zylinderdurchmesser allerdings im Verhältnisse der Zylindervolumina $\dfrac{V}{v}$ vergrößert ist) eingetreten wäre.

Auf Grund dieser theoretischen Deduktion sind verschiedene Methoden der Rankinisierung von Diagrammen aufgebaut worden, von denen die bekannteste die im nachfolgenden erläuterte ist.

Zur Rankinisierung können nur die Diagramme jener Zylinderseiten kommen, die der Dampf unmittelbar hintereinander passiert, also z. B. bei einer Kompoundmaschine mit um 180° versetzten Kurbeln die Diagramme der:

Deckelseite des Hochdruckzylinders und der Kurbelseite des Niederdruckzylinders, ebenso wie diejenigen der

Kurbelseite des Hochdruckzylinders und der Deckelseite des Niederdruckzylinders.

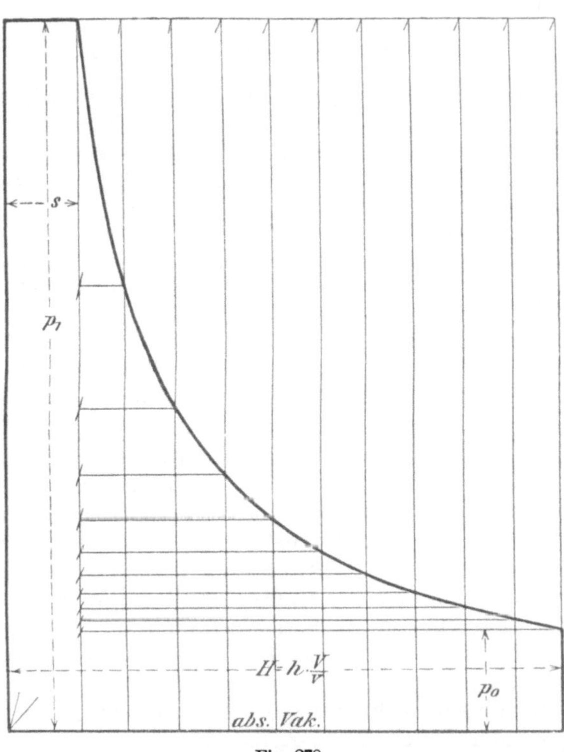

Fig. 278.

Die zusammengehörigen Diagramme müssen zunächst auf gleiche Länge l (die im übrigen beliebig ist) gebracht werden. Diese Bedingung ist in der Ableitung der Gleichung (1) begründet.

Beide Diagramme sind im gleichen Maßstabe zu zeichnen (und zwar wählt man stets den Maßstab des Niederdruckdiagrammes). Diese Bedingung ist in Gleichung (2) begründet.

Die reduzierte Länge l des Niederdruckdiagrammes wird im Verhältnisse $\dfrac{V}{v}$ der Zylindervolumina vergrößert. Auch diese Forderung ist in Gleichung (2) begründet.

In den Fig. 279—282 sind die Diagramme einer 1500 pferdigen, stehenden Kompoundmaschine mit Corliß - Bonjoursteuerung abgebildet.

Die hier in Betracht kommenden Hauptabmessungen der Maschine sind:

<table>
<tr><td colspan="2">Hochdruckzylinder:</td><td colspan="2">Niederdruckzylinder:</td></tr>
<tr><td>Zylinderdurchmesser =</td><td>800 mm,</td><td>Zylinderdurchmesser =</td><td>1450 mm,</td></tr>
<tr><td>schädlicher Raum =</td><td>2%,</td><td>schädlicher Raum =</td><td>5%,</td></tr>
<tr><td>Hub</td><td>= 1100 mm,</td><td>Hub</td><td>= 1100 mm,</td></tr>
<tr><td>Federmaßstab: 1 kg =</td><td>6 mm,</td><td>Federmaßstab: 1 kg =</td><td>24 mm.</td></tr>
</table>

Die Länge l, auf welche sämtliche vier Diagramme, deren Rankinisierung beabsichtigt ist, zu bringen sind, sei hier zu 60 mm angenommen. Als gemeinsamer Druckmaßstab werde derjenige des Niederdruckdiagrammes, also 24 mm = 1 kg gewählt.

Der Arbeitsdampf strömt von der Hochdruckdeckelseite (oben) nach der Niederdruckkurbelseite (unten), und von der Hochdruckkurbelseite (unten) nach der Niederdruckdeckelseite (oben), woraus ja die Zusammengehörigkeit der entsprechenden Diagramme folgt.

Für Betriebe mit großen Dampfmaschinen, die regelmäßig indiziert werden, und deren Diagramme öfters zur Rankinisierung kommen, ist es sehr empfehlenswert, sich durch Druck ein Liniennetz herstellen zu lassen, welches die sonst ziemlich zeitraubende Arbeit des Rankinisierens wesentlich erleichtert.

Auf der Tafel im Anhang sind die obigen Diagramme mit Hilfe eines solchen Liniennetzes rankinisiert. Die linke Seite gibt die Diagramme nur punktweise an, um das Liniennetz deutlicher erkennen zu lassen.

In einem rechtwinkligen Koordinatensystem $x\,x$, $y\,y$ zieht man zu beiden Seiten der y-Achse je eine Parallele zu dieser, deren Abstand von der y-Achse dem schädlichen Raume des Hochdruckzylinders entspricht. Diese Gerade ist auf der linken Seite des Liniennetzes mit 0 bezeichnet; sie ist von der y-Achse um $\frac{6,0}{100} \cdot 2\,$mm (entsprechend 2% schädlichem Raume) abgerückt.

Die x-Achse gilt als Linie des absoluten Vakuums. Von ihr aus trägt man den Maßstab des Niederdruckdiagrammes, also 24 mm so oftmals auf der y-Achse ab, daß man den höchsten, im Hochdruckzylinder auftretenden Dampfdruck noch in das Netz bekommt und zieht durch die Teilpunkte Parallelen zur x-Achse. Die der letzteren zunächst liegende Parallele entspricht der Atmosphärenlinie der Originaldiagramme; sie ist mit AL bezeichnet, während die übrigen Parallelen die römischen Ziffern I, II, III ... X tragen.

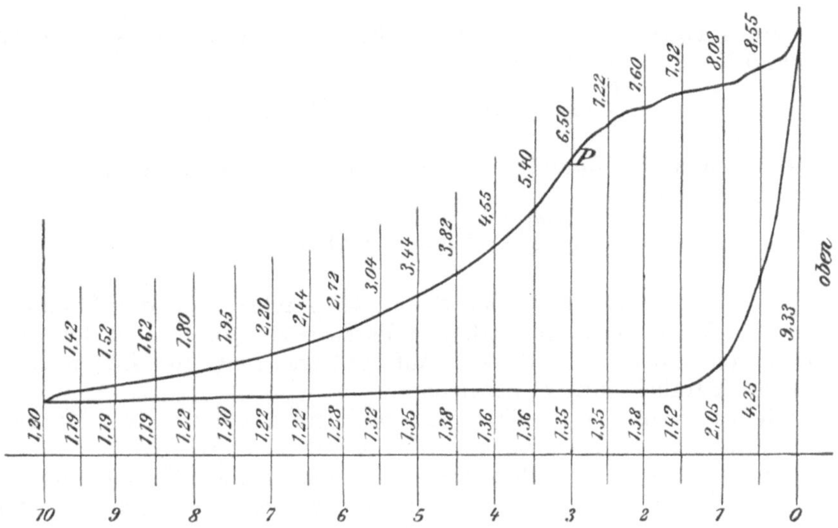

Fig. 279.

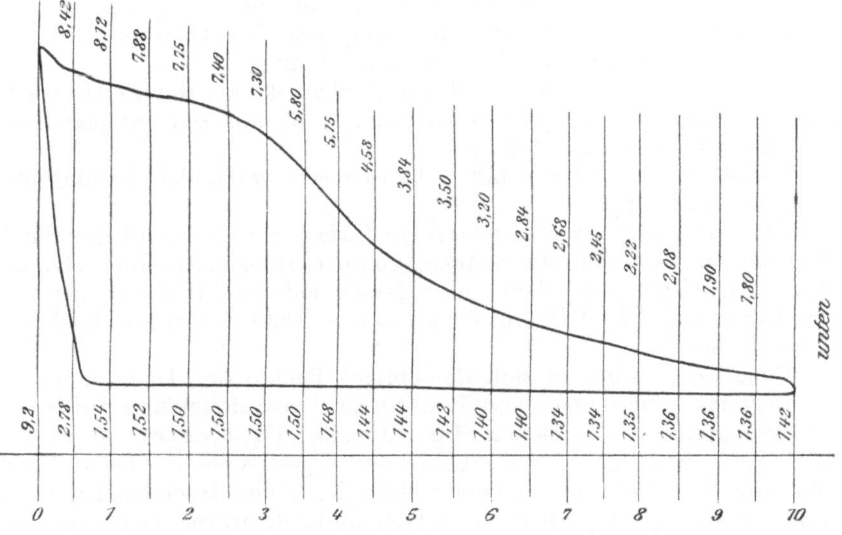

Fig. 280.

Die Länge l des Niederdruckdiagrammes ist $\dfrac{V}{v}$ mal zu vergrößern; sie wird also

$$\frac{V}{v} \cdot l = 3,28 \cdot 60 \text{ mm} = 196,8 \text{ mm.}$$

Der schädliche Raum des Niederdruckzylinders in bezug auf die neue Länge beträgt:

$$\frac{196,8}{100} \cdot 5 \text{ mm} = 9,84 \text{ mm.}$$

Man zieht daher auf beiden Seiten der y-Achse, von der Linie des absoluten Vakuums ausgehend, je 1 Parallele zur y-Achse in dem Abstande von 9,84 mm von dieser. Auf der linken Seite des Liniennetzes ist diese Parallele mit O' bezeichnet.

Die rankinisierten Diagramme sind also um den Betrag der schädlichen Räume von der y-Achse abgerückt.

Nun trägt man von den Linien der schädlichen Räume aus die Diagrammlängen, also 60 mm für das Hochdruckdiagramm, und 196,8 mm für das Niederdruckdiagramm, nach links und rechts ab, teilt jede Länge in 10 gleiche Teile und zieht durch die so erhaltenen Teilpunkte Parallelen zur y-Achse. Diese sind mit $1, 2, 3 \ldots 10$ bzw. mit $1', 2', 3' \ldots 10'$ bezeichnet.

Die Abstände der Horizontalen: abs. Vak., $AL, I, II, III \ldots X$ teilt man wieder in je 10 Unterteile und zieht die entsprechenden Parallelen zur x-Achse.

Die Originaldiagramme (Fig. 279—282) teilt man ebenfalls in 10 oder besser in 20 gleiche Vertikalstreifen. Auf jede Teilungslinie, mit Ausnahme der ersten und letzten, fallen dann zwei Diagrammpunkte. Man bestimmt die diesen Punkten entsprechenden Dampfspannungen und notiert dieselben auf die zugehörige Teillinie.

Es hat z. B. der Punkt P des Hochdruckdiagrammes (Fig. 279) einen Abstand von der Atmosphärenlinie = 39 mm, der entsprechende Druck ist also $\frac{39}{6}$ kg = 6,5 kg.

Punkt P liegt auf der mit 3 bezeichneten vertikalen Teillinie des Originaldiagrammes.

Um seine Lage im Liniennetze zu finden, geht man auf der durch 3 gehenden Parallelen zur y-Achse von der Atmosphärenlinie AL aus $6^5/_{10}$ Teilstriche nach oben, also gerade auf den Halbierungspunkt des Intervalles $VI—VII$ und erhält so den Punkt P des rankinisierten Diagrammes.

Genau so bestimmen sich die übrigen Punkte der Diagramme.

Legt man nun durch einen Punkt a der Expansionskurve des Hochdruckdiagrammes die gleichseitige Hyperbel (Mariotte), so ist die von dieser und den Koordinatenachsen eingeschlossene Fläche F ein Maß für die theoretische Arbeit, welche das in den Hochdruckzylinder eingetretene Dampfgewicht zu leisten imstande wäre, wenn alle Bedingungen der Theorie in Wirklichkeit umgesetzt werden könnten.

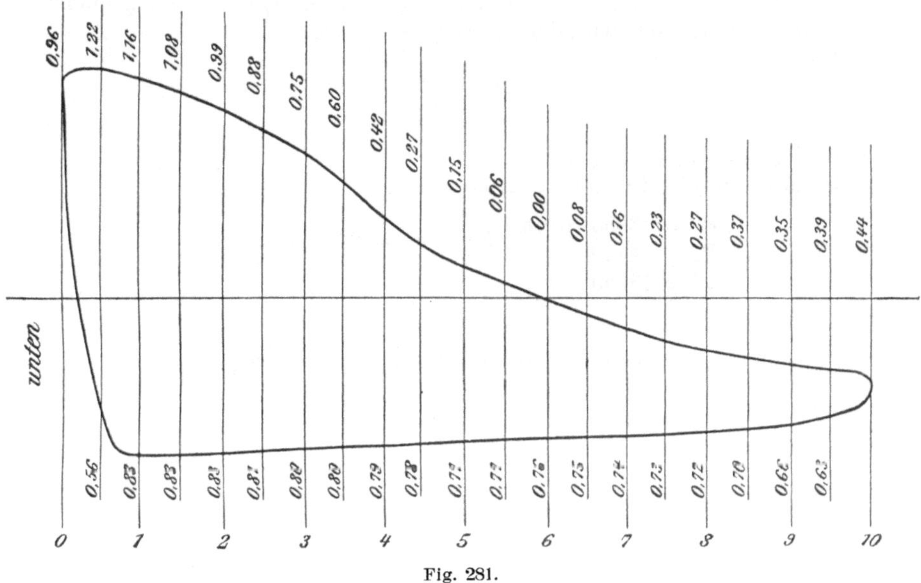

Fig. 281.

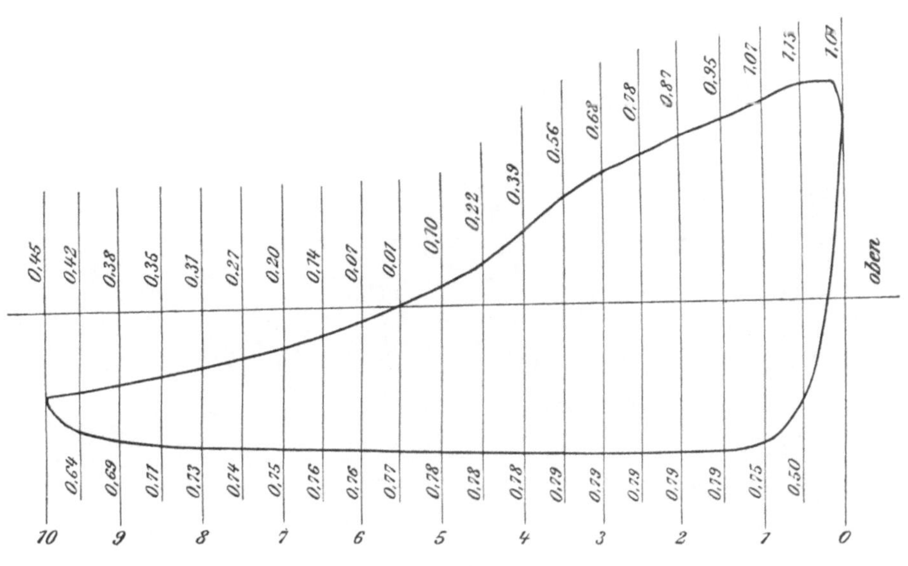

Fig. 282.

Die Summe $F_1 + F_2$ der Flächen der rankinisierten Diagramme gibt ein Maß für die wirklich geleistete Arbeit.

Das Verhältnis:

$$\frac{F_1 + F_2}{F}$$

heißt der **Völligkeitsgrad**.

In dem durchgeführten Beispiele ist:

$$\left.\begin{array}{rl} F_1 = & 3960 \text{ qmm} \\ F_2 = & 4440 \quad ,, \\ F = & 13450 \quad ,, \end{array}\right\} F_1 + F_2 = 8400 \text{ qmm,}$$

also

$$\text{Völligkeitsgrad} = \frac{8400}{13\,450} = \mathbf{0{,}624.}$$

Schmieröluntersuchungen.

Der größte Teil der heute verwendeten Maschinenschmieröle sind Mineralöle.

Das Ausgangsprodukt für die Gewinnung dieser Mineralöle ist das Rohpetroleum.

Das Rohöl tritt entweder in Form von Springquellen zutage, oder es wird durch Bohrlöcher abgezapft (Erdöl). Rohpetroleum kommt fast in allen zivilisierten Ländern vor, allerdings in sehr stark variierten Mengen. An der Spitze aller ölerzeugenden Länder stehen die Vereinigten Staaten. In Deutschland kommt Elsaß (Pechelbronn), die Provinz Hannover (Wietze) und Tegernsee in Betracht; doch reicht die Produktion dieser Distrikte für die Deckung des inländischen Ölbedarfes nicht aus.

In der Hauptsache bestehen die rohen Erdöle, gleichgültig welcher Herkunft sie sind, aus hochsiedenden Kohlenwasserstoffen; außerdem enthalten sie je nach ihrer Provenienz aromatische Kohlenwasserstoffe (C_6H_6 = Benzol, C_7H_8 = Toluol, C_8H_{10} = Xylol), Paraffin, Naphtha, Asphalt, Stickstoffverbindungen und Schwefelverbindungen.

Die Gewinnung der Mineralschmieröle aus den Rohölen geschieht meistens durch fraktionelle Destillation, indem das Rohöl kontinuierlich durch eine Batterie von Destillationskesseln geführt wird, derart, daß es im ersten seine leichtesten und in den folgenden Kesseln immer schwerere Kohlenwasserstoffe abgibt. Den letzten Kessel verläßt es als Masut.

Die Aufgabe der Schmiermaterialien im allgemeinen, also auch der Schmieröle im besonderen, besteht darin, die direkte Berührung aufeinander gleitender Metallflächen zu verhindern und die Reibungswiderstände an den Gleitflächen möglichst zu reduzieren.

Die Prüfung der Schmieröle wird sich nach den Anforderungen richten müssen, die an das Öl während des Betriebes gestellt sind. Diese Anforderungen sind sehr verschiedener Art:

Bei Dampfzylindern, besonders bei Heißdampfmaschinen ist das Öl einer hohen Temperatur (bis 300° und darüber) ausgesetzt. Zum Schmieren dieser Teile können daher nur solche Öle Verwendung finden, deren Verdampfungstemperatur hoch liegt;

bei den Achsen der Eisenbahnfahrzeuge, ebenso wie bei den zu ölenden Teilen der Eismaschinen können (bei ersteren wenigstens im Winter) nur Öle Verwendung finden, deren Erstarrungspunkt bei 15—20° unter Null liegt;

die Spindeln der Spinnereimaschinen verlangen ein sehr leichtflüssiges Öl;

für leichte Transmissionen und solche Maschinenteile, bei denen die gleitenden Flächen unter nur mäßigem Drucke gegeneinander gepreßt werden, wird ein zähflüssiges Öl das geeignetste sein;

schwere Transmissionen und unter hohem Flächendrucke aufeinander gleitende Maschinenteile beanspruchen ein Öl mit großer Zähflüssigkeit.

Die chemische Prüfung der Schmieröle hat meist den Zweck, fremde, schädliche oder minderwertige Stoffe nachzuweisen und erstreckt sich in der Hauptsache auf die Feststellung des Gehaltes an Harz, Säuren, Wasser, Asche, Seife, fettem Öl.

Die physikalische Prüfung dagegen stellt das spezifische Gewicht, den Ausdehnungskoeffizienten, das Verhalten in der Kälte, den Gehalt an mechanischen Verunreinigungen, die Zähflüssigkeit (Viskosität), die Entflammbarkeit und den Reibungswert fest.

Die für die Praxis wichtigsten Untersuchungen sind die auf die Zähflüssigkeit, die Entflammbarkeit und den Reibungswert bezüglichen.

1. Prüfung auf die Zähflüssigkeit[1]).

Zur Bestimmung der Zähflüssigkeit bedient man sich allgemein des Viskosimeters nach Engler. Dieses besteht, wie Fig. 283 zeigt, aus einem innen vergoldeten Ölbehälter A mit Deckel A_1 und Platinausflußröhrchen a, einem diesen Ölbehälter umgebenden Messinggefäße B als Erwärmungsbad, einem Thermometer t zur Bestimmung der Öltemperatur, einem zweiten Thermometer (in Fig. 283 nicht gezeichnet) zur Bestimmung der Temperatur des Erwärmungsbades, einem Meßkolben C, einem Dreifuß D mit Gasheizung d.

Als Maß der Zähflüssigkeit dient das Verhältnis der Ausflußzeit von 200 ccm Öl bei der Versuchstemperatur zur Ausflußzeit desselben Volumens Wasser bei 20°.

Da die mit verschiedenen Apparaten gewonnenen Ausflußzeiten nur dann einen Vergleich zulassen, wenn die Dimensionen der Apparate die gleichen sind, hat das Kgl. Materialprüfungsamt für die Hauptdimensionen folgende Fehlergrenzen als zulässig erklärt:

	Zulässige Fehlergrenze	
1. Weite des Ausflußröhrchens oben 2,4 mm, unten 2,8 mm	$\pm$ 0,01	mm,
Länge des Ausflußröhrchens 20 mm	$\pm$ 0,1	mm,
Höhe der Markenspitzen über der oberen Ausflußöffnung 32 mm	$\pm$ 0,3	mm,
1. Weite des Ölgefäßes 105 mm	$\pm$ 1	mm,
Höhe des zyl. Teiles des Ölgefäßes bis zu den Markenspitzen 24 mm	$\pm$ 1	mm,
Inhalt des Ölgefäßes bis zu den Markenspitzen 240 ccm	$\pm$ 4	ccm.

---

[1]) Nach Holde: Untersuchung der Mineralöle und Fette. Verlag von J. Springer, Berlin.

Die Eichung des Apparates, d. h. die Feststellung der Ausflußzeit von 200 ccm Wasser bei 20° geschieht wie folgt:

Zunächst wird die anfängliche Druckhöhe d. i. der Abstand der Markenspitzen c vom Ausflußröhrchen a (= 32 mm) auf ihre Richtigkeit kontrolliert. Zu diesem Behufe verschließt man das Ausflußröhrchen a mit dem Holzstifte b, füllt das Ölgefäß A bis zu den Spitzen c mit destilliertem Wasser und bestimmt das Volumen desselben durch Auslaufenlassen in ein graduiertes Gefäß. Dann setzt man in die Ausflußöffnung einen am oberen Ende zugespitzten Kontrollstift ein, dessen Spitze genau 32 mm über das obere Röhrchenende zu liegen kommt, füllt wieder destilliertes Wasser ein, bis die Spitze des Kontrollstiftes erreicht ist und bestimmt auch dieses Volumen. Aus der Differenz der beiden Volumina läßt sich der Fehler in der Höhe der Markenspitzen berechnen. Alsdann reinigt man das Gefäß und das Ausflußröhrchen unter Zuhilfenahme einer Federpose mit Alkohol und Äther auf das gründlichste, setzt einen bisher noch unbenützten Holzstift b ein und füllt A vorsichtig bis zu den Markenspitzen c mit destilliertem und filtriertem Wasser von ca. 20°. Das Erwärmungsbad B ist mit Leitungswasser gefüllt, dessen Temperatur durch Regulierung am Gashahne oder durch Höher- oder Tieferstellen des Heizringes auf genau 20° erhalten wird. Dann läßt man durch Lüften des Stiftes b das ganze Wasser in den Glaskolben C ausfließen, gibt es sofort wieder in

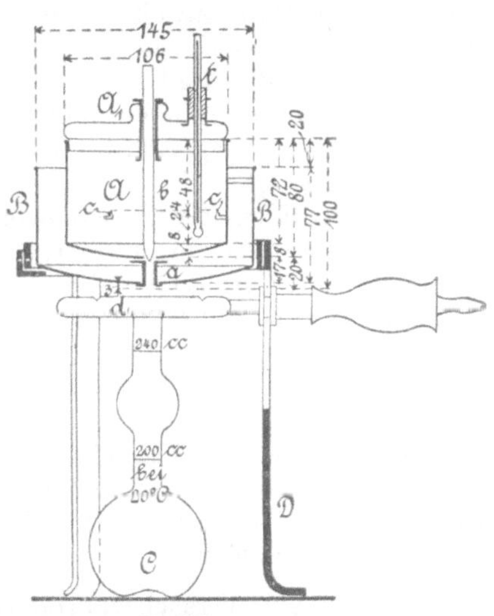

Fig. 283.

den Apparat zurück, lüftet b einige Male, bis ca. 5—10 ccm Wasser ausgeflossen sind, gießt diese sofort wieder in das Gefäß zurück und nimmt jetzt das Thermometer t heraus; dann lüftet man den Stift b vorsichtig so weit, daß das Ausflußröhrchen sich mit Wasser füllt und letzteres in Form eines Tropfens unten hängen bleibt. Hat sich der Wasserspiegel im Gefäße beruhigt, so hebt man den Stift b hoch und beobachtet nun an einem Chronometer die Ausflußzeit von 200 ccm Wasser.

Indem man immer wieder das Ausflußröhrchen bis zum vorstehenden Tropfen füllt und dann 200 ccm Wasser ausfließen läßt, wiederholt man den Versuch so lange, bis drei Resultate vorliegen, bei denen die Ausflußzeiten um höchstens 0,4 Sekunden differieren, und die Werte nicht in fortschreitender Abnahme begriffen sind. Damit ist die erste Versuchsreihe beendet.

Nach immer wiederholter Reinigung des Apparates setzt man diese Versuchsreihen so lange fort, bis völlige Konstanz der Ausflußzeit eingetreten ist, was bei gründlicher erster Reinigung meistens schon bei der zweiten Versuchsreihe der Fall ist.

Aus denjenigen drei Werten der letzten Versuchsreihe, die höchstens 0,3—0,4 Sekunden voneinander abweichen, bildet man das arithmetische Mittel, und dieses ist alsdann die für alle Öluntersuchungen maßgebende Ausflußzeit des Wassers.

Bei normalen Apparaten liegt diese Ausflußzeit zwischen 50 und 52 Sekunden.

Der Bestimmung der Ausflußzeit von Ölen muß natürlich auch eine sorgfältige Reinigung des Apparates (mit Alkohol und Äther und Nachspülen mit dem zu prüfenden Öle) vorausgehen. Auch ist ein Filtrieren des Öles vor dem Einfüllen in den Apparat durch ein Sieb von 0,3 mm Maschenweite unerläßlich, wenn es sich um ein dunkles Öl handelt, und nicht überflüssig, wenn ein helles Öl vorliegt.

Dann wird das Bad so weit vorgewärmt, daß das zu prüfende Öl möglichst rasch auf die Versuchstemperatur kommt. Als Erwärmungsflüssigkeit dient für gewöhnlich Leitungswasser, für hohe Temperaturen hochsiedendes Öl.

Beim Einfüllen des Versuchsöles ist darauf scharf zu achten, daß das durch die Maßspitzen festgelegte Niveau genau erreicht wird, da Fehler in der Auffüllhöhe die Ausflußzeit nicht unbeträchtlich beeinflussen. Bei hohen Versuchstemperaturen ist die Ausdehnung des Öles besonders zu beachten, indem man die genaue Einstellung des Niveaus erst vornimmt, nachdem das Öl die Versuchstemperatur erreicht hat.

Die Temperatur der Erwärmungsflüssigkeit ist, ebenso wie diejenige des Öles, während des Versuches möglichst konstant zu halten. Für die Differenz der Temperatur der Erwärmungsflüssigkeit und derjenigen des Öles sind zulässig

bei 20°	Versuchstemperatur	. . . . .	0,05—0,15°
„ 30°	„	. . . . .	0,2°
„ 40°	„	. . . . .	0,4°
„ 50°	„	. . . . .	0,6°
„ 150°	„	. . . . .	4—5°

Ist bei geschlossenem Gefäßdeckel die Öltemperatur konstant geworden, so lüftet man den Stift b, rückt gleichzeitig den Chronometer ein und läßt das Öl in den Kolben C auslaufen, derart, daß der Ölstrahl nicht auf die Kolbenwandung auftrifft. Ist die Marke 200 ccm erreicht, so hemmt man das Uhrwerk, läßt aber das Öl vollständig auslaufen. Da der Kolben auch bei 240 ccm eine Marke hat, läßt sich leicht ein etwa vorgekommener Auffüllfehler feststellen.

Für 1 ccm Auffüllungsfehler ist auf je 5 Minuten Ausflußzeit eine Korrektion von ± 1 Sekunde in Rechnung zu ziehen.

Bei hohen Versuchstemperaturen ist natürlich auch die Kontraktion, welche das ausgeflossene und kälter gewordene Öl erlitten hat, zu berücksichtigen unter der Tatsache, daß 240 ccm Öl für je 10° Temperaturzunahme eine Volumenvergrößerung von 1,7 ccm erfahren (Ausdehnungskoeffizient von Mineralöl = $\sim$0,0007—0,0008).

Die Ausflußzeit der Öle ist natürlich sehr verschieden; sie steigt von ca. 230 Sekunden für Rüböl bis auf ca. 2300 Sekunden bei dunklen Mineralölen (bei Zimmertemperatur).

2. Bestimmung des Flammpunktes[1])

a) im offenen Tiegel.

Ein zylindrischer, glasierter Porzellantiegel a (Fig. 284) von 40 mm Durchmesser und der gleichen Höhe nimmt das zu prüfende Öl auf, derart, daß der Ölspiegel noch 10 mm unter dem Tiegelrande steht. In eine Blechschale b von 180 mm oberem Durchmesser wird 15 mm hoch ganz feiner Sand eingefüllt, auf den dann das Gefäß a zu stehen kommt. Ein am Arme s des Stativs d befestigtes Thermometer c taucht mit seinem Quecksilbergefäße vollständig in das Öl ein. Die Schale b wird in einem Dreifuße e gelagert und von unten her durch den Brenner f geheizt.

Die Wärmezufuhr soll derart reguliert sein, daß der Temperaturanstieg stets zwischen 2 und 5° liegt. Bis 100° kann die Erhitzung ziemlich rasch vonstatten gehen, von da ab wird aber, um ein Überhitzen zu vermeiden, die Temperatur zunahme in ein langsameres Tempo gebracht. Von 120—145° führt man von 5 zu 5° das Zündrohr g langsam und gleichmäßig so auf dem Rande der Schale b hin und her, daß die senkrecht nach unten stehende Zündflamme weder den Rand des Ölgefäßes a, noch die Oberfläche berührt, sondern von letzterer 2—3 mm entfernt bleibt. Die

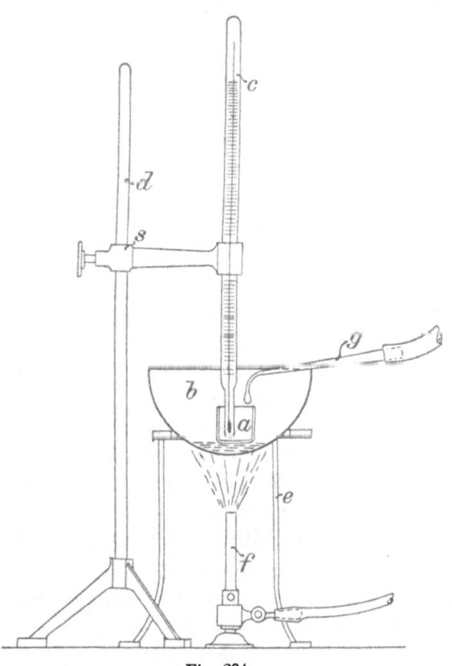

Fig. 284.

Zündflamme soll sich jedesmal 4 Sekunden lang über der Öloberfläche befinden. Von 145° aufwärts wird nach einer jedesmaligen Zunahme der Öltemperatur um 1° die Zündflamme in gleicher Weise über das Öl hinweggeführt. Die Erwärmung wird so weit getrieben, bis die Dämpfe über der Oberfläche bei der Berührung mit der Zündflamme

---

[1]) Nach derselben Quelle wie 1.

vorübergehend aufflammen, oder unter schwacher Detonation verpuffen. Die dabei vorhandene Temperatur wird als **Flammpunkt** bezeichnet, während man unter **Entzündungspunkt** jene Temperatur versteht, bei welcher ein Öl bei der Berührung mit der Zündflamme an seiner Oberfläche weiter brennt.

Die vorstehend beschriebene Prüfungsmethode ist für die den preußischen Staatsbahnen zu liefernden Öle vorgeschrieben. Öle, welche einen anderen Verwendungszweck haben, werden in einer flachen Sandschale und mit horizontal brennender Zündflamme geprüft.

b) Prüfung im Pensky - Martens - Apparat.

Die vollkommen gleichmäßige Führung der Zündflamme über den offenen Tiegel ist schwierig, daher weichen die nach dem vorigen Verfahren ermittelten Flammpunkte oft nicht unerheblich voneinander ab, indem bei zu großer Annäherung der Zündflamme der Flammpunkt zu niedrig, bei zu großem Abstande der Flammpunkt zu hoch ermittelt wird. Auch die Regulierung des Temperaturanstieges innerhalb der angegebenen Grenzen fällt wegen der offenen Lage der Sandbadschale schwer; endlich werden beim Experimentieren in nicht ganz zugfreien Räumen die entwickelten Öldämpfe aus dem Tiegel fortgeführt.

Die Prüfungsmethode mit dem **Pensky - Martens - Apparat** weist diese Mängel nicht auf, weshalb den damit gewonnenen Zahlen größere Zuverlässigkeit beizumessen ist.

Die **Einrichtung des Apparates** ist aus der Fig. 285 zu ersehen. Das Ölgefäß E sitzt in einem eisernen Körper H, der die direkte Hitze empfängt. Zur möglichsten Vermeidung von Strahlungsverlusten ist der Heizkörper H noch von einer Schutzglocke L umgeben, derart, daß zwischen ihm und der Glocke ein isolierender Luftmantel gebildet ist. Durch eine flexible Spiraldrahtwelle J wird ein im Innern von E befindliches Rührwerk betätigt. Der abnehmbare Deckel des Gefäßes enthält links die Zündvorrichtung und rechts einen Griff G. Wird dieser bis zu einem Anschlage nach rechts gedreht, so öffnet sich das Ölgefäß unterhalb der Zündvorrichtung, und gleichzeitig senkt sich das Zündflämmchen in den Raum über dem Öle. Dreht man den Griff wieder zurück, so hebt sich die Zündvorrichtung, während gleichzeitig das Ölgefäß selbsttätig geschlossen wird.

Die Erhitzung des Öles erfolgt entweder durch eine Spirituslampe oder durch einen dreiteiligen Brenner; im ersteren Falle wird das Zündflämmchen mit Rüböl gespeist, im letzteren Falle durch Gas erzeugt. Ein am Gestell drehbar angeordnetes Drahtnetz vermindert, wenn es über die Heizflamme gebracht wird, den Wärmeübergang an den Heizkörper H und damit an das Ölgefäß E.

Zur Ablesung der Öltemperatur ist durch den Gefäßdeckel ein Thermometer eingeführt.

Gang des Versuches: Das auf Entflammbarkeit zu prüfende Öl wird genau bis zur Füllmarke (eingedrehter Rand) in das Ölgefäß E

eingefüllt. Hierauf wird der Deckel so auf das Gefäß gesetzt, daß der
vorragende Deckelfortsatz rechtwinkelig zur Verbindungslinie der beiden
am Gefäßrande befindlichen Haken steht; dann wird das Ganze mittels
der beigegebenen Gabel in den Heizkörper eingesetzt. Da die Gefäß-
wände oberhalb der Niveaumarke nicht mit Öl benetzt werden dürfen,

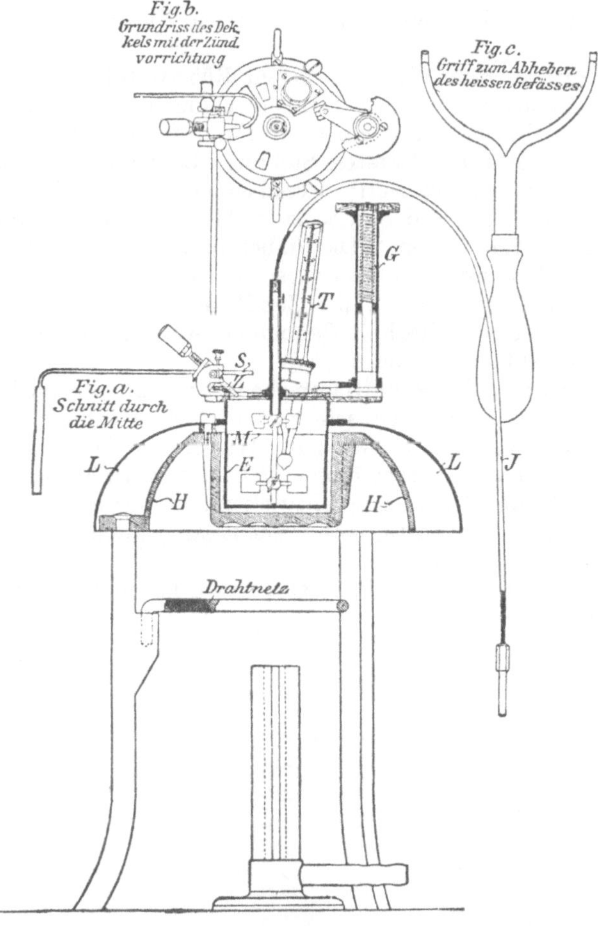

Fig. 285.

so sind bei den angegebenen Manipulationen Schwankungen möglichst
zu vermeiden. Wenn man noch das Thermometer in die Hülse des Deckels
eingesetzt hat, so ist der Apparat zum Versuche vorbereitet, und es
kann jetzt die Heizflamme, ebenso wie das Zündflämmchen angesteckt
werden. Letzteres soll auf Erbsengröße einreguliert sein, was bei Gas-
betrieb mit Hilfe einer Ventilschraube, bei Ölspeisung durch Verschieben
des Dochtes geschieht.

22*

Die Erwärmung kann anfangs ziemlich rasch betrieben werden, bis das Öl eine Temperatur von ca. 100° erreicht hat; dann setzt man mit den Fingern das Rührwerk in Tätigkeit, gleichzeitig wird das bislang zur Seite gedrehte Drahtnetz über die Heizflamme gebracht und letztere so weit verkleinert, daß das Thermometer um höchstens 6—10° pro Minute steigt; von 120° ab soll die Temperaturzunahme nur noch 4—6° pro Minute ausmachen; alsdann ist ein Überhitzen des Öles vermieden.

Unter fortgesetztem, gleichmäßigem Rühren führt man, von 120° anfangend, immer nach einer Temperaturzunahme von 2° die Zündflamme durch Rechtsdrehen des Griffes in das Gefäß E ein und beläßt sie ca. 1 Sekunde in der tiefsten Stellung. Bald wird die Zündflamme im Gefäße größer als außerhalb desselben erscheinen. Von da ab führt man sie von Grad zu Grad ein, so lange bis die Öldämpfe im Gefäße E explosionsartig verbrennen. Die dabei beobachtete Temperatur bezeichnet den Flammpunkt des Öles. Bei dem Aufflammen der Öldämpfe verlischt nicht selten die Zündflamme; deshalb ist durch ein gebogenes Rohr eine Sicherheitsflamme angebracht, an welcher sie sich immer wieder entzünden kann.

Das Verlöschen des Zündflämmchens bei dem Verpuffen der Öldämpfe ist nicht zu verwechseln mit dem Auslöschen der Flamme, welches durch eventuell entwickelte Wasserdämpfe verursacht wird. Da schon Spuren von Wasser eine störende Dampfbildung veranlassen, ist das zu prüfende Öl vorher zu entwässern, am besten durch Schütteln mit Chlorkalzium und eintägiges Stehenlassen; auch ist das Gefäß E völlig trocken zu halten.

Die Flammpunkte der Mineralschmieröle liegen meistens zwischen 120 und 300°.

Anhang.

　　　　　　　　Tabelle zum

	0	1	2	3	4	5	6	7	8	9
0,0	0,000	0,006	0,012	0,018	0,024	0,030	0,036	0,042	0,048	0,054
0,1	0,060	0,066	0,072	0,078	0,084	0,090	0,096	0,102	0,108	0,114
0,2	0,120	0,126	0,132	0,138	0,144	0,150	0,156	0,162	0,168	0,174
0,3	0,180	0,186	0,192	0.198	0,204	0,210	0,216	0,222	0,228	0,234
0,4	0,240	0,246	0,252	0,258	0,264	0,270	0,276	0,282	0,288	0,294
0,5	0,300	0,306	0,312	0,318	0,324	0,330	0,336	0,342	0,348	0,354
0,6	0,360	0,366	0,372	0,378	0,384	0,390	0,396	0,402	0,408	0,414
0,7	0,420	0,426	0,432	0,438	0,444	0,450	0,456	0,462	0,468	0,474
0,8	0,480	0,486	0,492	0,498	0,504	0,510	0,516	0,522	0,528	0,534
0,9	0,540	0,546	0,552	0,558	0,564	0,570	0,576	0,582	0,588	0,594
—	—	—	—	—	—	—	—	—	—	—
1	0,60	0,66	0,72	0,78	0,84	0,90	0,96	1,02	1,08	1,14
2	1,20	1,26	1,32	1,38	1,44	1,50	1,56	1,62	1,68	1,74
3	1,80	1,86	1,92	1,98	2,04	2,10	2,16	2,22	2,28	2,34
4	2,40	2,46	2,52	2,58	2,64	2,70	2,76	2,82	2,88	2,94
5	3,00	3,06	3,12	3,18	3,24	3,30	3,36	3,42	3,48	3,54
6	3,60	3,66	3,72	3,78	3,84	3,90	3,96	4,02	4,08	4,14
7	4,20	4,26	4,32	4,38	4,44	4,50	4,56	4,62	4,68	4,74
8	4,80	4,86	4,92	4,98	5,04	5,10	5,16	5,22	5,28	5,34
9	5,40	5,46	5,52	5,58	5,64	5,70	5,76	5,82	5,88	5,94
10	6,00	6,06	6,12	6,18	6,24	6,30	6,36	6,42	6,48	6,54
11	6,60	6,66	6,72	6,78	6,84	6,90	6,96	7,02	7,08	7,14
12	7,20	7,26	7,32	7,38	7,44	7,50	7,56	7,62	7,68	7,74
13	7,80	7,86	7,92	7,98	8,04	8,10	8,16	8,22	8,28	8,34
14	8,40	8,46	8,52	8,58	8,64	8,70	8,76	8,82	8,88	8,94
15	9,00	9,06	9,12	9,18	9,24	9,30	9,36	9,42	9,48	9,54
16	9,60	9,66	9,72	9,78	9,84	9,90	9,96	10,02	10,08	10,14
17	10,20	10,26	10,32	10,38	10,44	10,50	10,56	10,62	10,68	10,74
18	10,80	10,86	10,92	10,98	11,04	11,10	11,16	11,22	11,28	11,34
19	11,40	11,46	11,52	11,58	11,64	11,70	11,76	11,82	11,88	11,94
20	12,00	12,06	12,12	12,18	12,24	12,30	12,36	12,42	12,48	12,54
21	12,60	12,66	12,72	12,78	12,84	12,90	12,96	13,02	13,08	13,14
22	13,20	13,26	13,32	13,38	13,44	13,50	13,56	13,62	13,68	13,74
23	13,80	13,86	13,92	13,98	14,04	14,10	14,16	14,22	14,28	14,34
24	14,40	14,46	14,52	14,58	14,64	14,70	14,76	14,82	14,88	14,94
25	15,00	15,06	15,12	15,18	15,24	15,30	15,36	15,42	15,48	15,54
26	15,60	15,66	15,72	15,78	15,84	15,90	15,96	16,02	16,08	16,14
27	16,20	16,26	16,32	16,38	16,44	16,50	16,56	16,62	16,68	16,74
28	16,80	16,86	16,92	16,98	17,04	17,10	17,16	17,22	17,28	17,34
29	17,40	17,46	17,52	17,58	17,64	17,70	17,76	17,82	17,88	17,94
	0	**1**	**2**	**3**	**4**	**5**	**6**	**7**	**8**	**9**

Polarplanimeter.

Planimeterkonstante = 0,06.

	0	1	2	3	4	5	6	7	8	9
30	18,00	18,06	18,12	18,18	18,24	18,30	18,36	18,42	18,48	18,54
31	18,60	18,66	18,72	18,78	18,84	18,90	18,96	19,02	19,08	19,14
32	19,20	19,26	19,32	19,38	19,44	19,50	19,56	19,62	19,68	19,74
33	19,80	19,86	19,92	19,98	20,04	20,10	20,16	20,22	20,28	20,34
34	20,40	20,46	20,52	20,58	20,64	20,70	20,76	20,82	20,88	20,94
35	21,00	21,06	21,12	21,18	21,24	21,30	21,36	21,42	21,48	21,54
36	21,60	21,66	21,72	21,78	21,84	21,90	21,96	22,02	22,08	22,14
37	22,20	22,26	22,32	22,38	22,44	22,50	22,56	22,62	22,68	22,74
38	22,80	22,86	22,92	22,98	23,04	23,10	23,16	23,22	23,28	23,34
39	23,40	23,46	23,52	23,58	23,64	23,70	23,76	23,82	23,88	23,94
40	24,00	24,06	24,12	24,18	24,24	24,30	24,36	24,42	24,48	24,54
41	24,60	24,66	24,72	24,78	24,84	24,90	24,96	25,02	25,08	25,14
42	25,20	25,26	25,32	25,38	25,44	25,50	25,56	25,62	25,68	25,74
43	25,80	25,86	25,92	25,98	26,04	26,10	26,16	26,22	26,28	26,34
44	26,40	26,46	26,52	26,58	26,64	26,70	26,76	26,82	26,88	26,94
45	27,00	27,06	27,12	27,18	27,24	27,30	27,36	27,42	27,48	27,54
46	27,60	27,66	27,72	27,78	27,84	27,90	27,96	28,02	28,08	28,14
47	28,20	28,26	28,32	28,38	28,44	28,50	28,56	28,62	28,68	28,74
48	28,80	28,86	28,92	28,98	29,04	29,10	29,16	29,22	29,28	29,34
49	29,40	29,46	29,52	29,58	29,64	29,70	29,76	29,82	29,88	29,94
50	30,00	30,06	30,12	30,18	30,24	30,30	30,36	30,42	30,48	30,54
51	30,60	30,66	30,72	30,78	30,84	30,90	30,96	31,02	31,08	31,14
52	31,20	31,26	31,32	31,38	31,44	31,50	31,56	31,62	31,68	31,74
53	31,80	31,86	31,92	31,98	32,04	32,10	32,16	32,22	32,28	32,34
54	32,40	32,46	32,52	32,58	32,64	32,70	32,76	32,82	32,88	32,94
55	33,00	33,06	33,12	33,18	33,24	33,30	33,36	33,42	33,48	33,54
56	33,60	33,66	33,72	33,78	33,84	33,90	33,96	34,02	34,08	34,14
57	34,20	34,26	34,32	34,38	34,44	34,50	34,56	34,62	34,68	34,74
58	34,80	34,86	34,92	34,98	35,04	35,10	35,16	35,22	35,28	35,34
59	35,40	35,46	35,52	35,58	35,64	35,70	35,76	35,82	35,88	35,94
60	36,00	36,06	36,12	36,18	36,24	36,30	36,36	36,42	36,48	36,54
61	36,60	36,66	36,72	36,78	36,84	36,90	36,96	37,02	37,08	37,14
62	37,20	37,26	37,32	37,38	37,44	37,50	37,56	37,62	37,68	37,74
63	37,80	37,86	37,92	37,98	38,04	38,10	38,16	38,22	38,28	38,34
64	38,40	38,46	38,52	38,58	38,64	38,70	38,76	38,82	38,88	38,94
65	39,00	39,06	39,12	39,18	39,24	39,30	39,36	39,42	39,48	39,54
66	39,60	39,66	39,72	39,78	39,84	39,90	39,96	40,02	40,08	40,14
67	40,20	40,26	40,32	40,38	40,44	40,50	40,56	40,62	40,68	40,74
68	40,80	40,86	40,92	40,98	41,04	41,10	41,16	41,22	41,28	41,34
69	41,40	41,46	41,52	41,58	41,64	41,70	41,76	41,82	41,88	41,94
	0	1	2	3	4	5	6	7	8	9

Speisewassertemperatur in °C	Kesselspannung in kg/qcm Überdruck														
	4,0	4,2	4,4	4,6	4,8	5,0	5,2	5,4	5,6	5,8	6,0	6,2	6,4	6,6	6,8
0	1,025	1,025	1,026	1,027	1,027	1,028	1,029	1,029	1,030	1,030	1,031	1,032	1,032	1,033	1,033
1	1,023	1,024	1,025	1,025	1,026	1,027	1,027	1,028	1,028	1,029	1,029	1,030	1,031	1,031	1,032
2	1,022	1,022	1,023	1,024	1,024	1,025	1,026	1,026	1,027	1,027	1,028	1,028	1,029	1,029	1,030
3	1,020	1,021	1,021	1,022	1,023	1,023	1,024	1,025	1,025	1,026	1,026	1,027	1,027	1,028	1,028
4	1,018	1,019	1,020	1,021	1,021	1,022	1,022	1,023	1,024	1,024	1,025	1,025	1,025	1,026	1,027
5	1,017	1,018	1,018	1,019	1,020	1,020	1,021	1,021	1,022	1,023	1,023	1,024	1,024	1,025	1,025
6	1,015	1,016	1,017	1,017	1,018	1,019	1,019	1,020	1,021	1,021	1,022	1,022	1,023	1,023	1,024
7	1,014	1,014	1,015	1,016	1,016	1,017	1,018	1,018	1,019	1,019	1,020	1,021	1,021	1,022	1,022
8	1,012	1,013	1,014	1,014	1,015	1,016	1,016	1,017	1,017	1,018	1,018	1,019	1,020	1,020	1,021
9	1,011	1,011	1,012	1,013	1,013	1,014	1,015	1,015	1,016	1,016	1,017	1,017	1,018	1,018	1,019
10	1,009	1,010	1,010	1,011	1,012	1,012	1,013	1,014	1,014	1,015	1,015	1,016	1,016	1,017	1,017
11	1,007	1,008	1,009	1,010	1,010	1,011	1,011	1,012	1,013	1,013	1,014	1,014	1,015	1,015	1,016
12	1,006	1,007	1,007	1,008	1,009	1,009	1,010	1,010	1,011	1,012	1,012	1,013	1,013	1,014	1,014
13	1,004	1,005	1,006	1,006	1,007	1,008	1,008	1,009	1,009	1,010	1,011	1,011	1,012	1,012	1,013
14	1,003	1,003	1,004	1,005	1,005	1,006	1,007	1,007	1,008	1,008	1,009	1,010	1,010	1,011	1,011
15	1,001	1,002	1,003	1,003	1,004	1,005	1,005	1,006	1,006	1,007	1,007	1,008	1,009	1,009	1,010
16	1,000	1,000	1,001	1,002	1,002	1,003	1,004	1,004	1,005	1,005	1,006	1,006	1,007	1,007	1,008
17	0,998	0,999	0,999	1,000	1,001	1,001	1,002	1,003	1,003	1,004	1,004	1,005	1,005	1,006	1,006
18	0,996	0,997	0,998	0,999	0,999	1,000	1,000	1,001	1,002	1,002	1,003	1,003	1,004	1,004	1,005
19	0,995	0,995	0,996	0,997	0,998	0,998	0,999	0,999	1,000	1,001	1,001	1,002	1,002	1,003	1,003
20	0,993	0,994	0,995	0,995	0,996	0,997	0,997	0,998	0,998	0,999	1,000	1,000	1,001	1,001	1,002
21	0,992	0,992	0,993	0,994	0,994	0,995	0,996	0,996	0,997	0,997	0,998	0,999	0,999	1,000	1,000
22	0,990	0,991	0,992	0,992	0,993	0,994	0,994	0,995	0,995	0,996	0,996	0,997	0,998	0,998	0,999
23	0,989	0,989	0,990	0,991	0,991	0,992	0,993	0,993	0,994	0,994	0,995	0,995	0,996	0,996	0,997
24	0,987	0,988	0,988	0,989	0,990	0,990	0,991	0,992	0,992	0,993	0,993	0,994	0,994	0,995	0,995
25	0,985	0,986	0,987	0,988	0,988	0,989	0,989	0,990	0,991	0,991	0,992	0,992	0,993	0,993	0,994
26	0,984	0,985	0,985	0,986	0,987	0,987	0,988	0,988	0,989	0,990	0,990	0,991	0,991	0,992	0,992
27	0,982	0,983	0,984	0,984	0,985	0,986	0,986	0,987	0,987	0,988	0,989	0,989	0,990	0,990	0,991
28	0,981	0,981	0,982	0,983	0,983	0,984	0,985	0,985	0,986	0,986	0,987	0,988	0,988	0,989	0,989
29	0,979	0,980	0,981	0,981	0,982	0,983	0,983	0,984	0,984	0,985	0,985	0,986	0,987	0,987	0,988
30	0,978	0,978	0,979	0,980	0,980	0,981	0,982	0,982	0,983	0,983	0,984	0,984	0,985	0,985	0,986

Kesselspannung in kg/qcm Überdruck

Speisewassertemperatur in °C	6,8	6,6	6,4	6,2	6,0	5,8	5,6	5,4	5,2	5,0	4,8	4,6	4,4	4,2	4,0
30	0,986	0,985	0,985	0,984	0,984	0,983	0,983	0,982	0,982	0,981	0,980	0,980	0,979	0,978	0,978
31	0,984	0,984	0,983	0,983	0,982	0,982	0,981	0,981	0,980	0,979	0,979	0,978	0,977	0,977	0,976
32	0,983	0,982	0,982	0,981	0,981	0,980	0,980	0,979	0,978	0,978	0,977	0,977	0,976	0,975	0,975
33	0,981	0,981	0,980	0,980	0,979	0,979	0,978	0,977	0,977	0,976	0,976	0,975	0,974	0,974	0,973
34	0,980	0,979	0,979	0,978	0,978	0,977	0,976	0,976	0,975	0,975	0,974	0,973	0,973	0,972	0,971
35	0,978	0,978	0,977	0,977	0,976	0,975	0,975	0,974	0,974	0,973	0,972	0,972	0,971	0,970	0,970
36	0,977	0,976	0,976	0,975	0,974	0,974	0,973	0,973	0,972	0,972	0,971	0,970	0,970	0,969	0,968
37	0,975	0,974	0,974	0,973	0,973	0,972	0,972	0,971	0,971	0,970	0,969	0,969	0,968	0,967	0,967
38	0,973	0,973	0,972	0,972	0,971	0,971	0,970	0,970	0,969	0,968	0,968	0,967	0,966	0,966	0,965
39	0,972	0,971	0,971	0,970	0,970	0,969	0,969	0,968	0,967	0,967	0,966	0,966	0,965	0,964	0,964
40	0,970	0,970	0,969	0,969	0,968	0,968	0,967	0,966	0,966	0,965	0,965	0,964	0,963	0,963	0,962
41	0,969	0,968	0,968	0,967	0,967	0,966	0,965	0,965	0,964	0,963	0,963	0,962	0,962	0,961	0,960
42	0,967	0,967	0,966	0,966	0,965	0,964	0,964	0,963	0,963	0,962	0,962	0,961	0,960	0,960	0,959
43	0,966	0,965	0,965	0,964	0,963	0,963	0,962	0,962	0,961	0,961	0,960	0,959	0,959	0,958	0,957
44	0,964	0,963	0,963	0,962	0,962	0,961	0,961	0,960	0,960	0,959	0,958	0,958	0,957	0,956	0,956
45	0,962	0,962	0,961	0,961	0,960	0,960	0,959	0,959	0,958	0,957	0,957	0,956	0,955	0,955	0,954
46	0,961	0,960	0,960	0,959	0,959	0,958	0,958	0,957	0,956	0,956	0,955	0,955	0,954	0,953	0,953
47	0,959	0,959	0,958	0,958	0,957	0,957	0,956	0,955	0,955	0,954	0,954	0,953	0,952	0,952	0,951
48	0,958	0,957	0,957	0,956	0,956	0,955	0,954	0,954	0,953	0,953	0,952	0,951	0,951	0,950	0,949
49	0,956	0,956	0,955	0,955	0,954	0,953	0,953	0,952	0,952	0,951	0,951	0,950	0,949	0,949	0,948
50	0,955	0,954	0,954	0,953	0,952	0,952	0,951	0,951	0,950	0,949	0,949	0,948	0,948	0,947	0,946
51	0,953	0,953	0,952	0,951	0,951	0,950	0,950	0,949	0,949	0,948	0,947	0,947	0,946	0,945	0,945
52	0,951	0,951	0,950	0,950	0,949	0,949	0,948	0,948	0,947	0,946	0,946	0,945	0,944	0,944	0,943
53	0,950	0,949	0,949	0,948	0,948	0,947	0,947	0,946	0,945	0,945	0,944	0,944	0,943	0,942	0,942
54	0,948	0,948	0,947	0,947	0,946	0,946	0,945	0,944	0,944	0,943	0,943	0,942	0,941	0,941	0,940
55	0,947	0,946	0,946	0,945	0,945	0,944	0,944	0,943	0,942	0,942	0,941	0,940	0,940	0,939	0,939
56	0,945	0,945	0,944	0,944	0,943	0,943	0,942	0,941	0,941	0,940	0,940	0,939	0,938	0,938	0,937
57	0,944	0,943	0,943	0,942	0,941	0,941	0,940	0,940	0,939	0,939	0,938	0,937	0,937	0,936	0,935
58	0,942	0,942	0,941	0,940	0,940	0,939	0,939	0,938	0,938	0,937	0,936	0,936	0,935	0,934	0,934
59	0,940	0,940	0,939	0,939	0,938	0,938	0,937	0,937	0,936	0,935	0,935	0,934	0,933	0,933	0,932
60	0,939	0,938	0,938	0,937	0,937	0,936	0,936	0,935	0,934	0,934	0,933	0,933	0,932	0,931	0,931

Speise-wasser-temperatur in °C	Kesselspannung in kg/qcm Überdruck														
	4,0	4,2	4,4	4,6	4,8	5,0	5,2	5,4	5,6	5,8	6,0	6,2	6,4	6,6	6,8
60	0,931	0,931	0,932	0,933	0,933	0,934	0,934	0,935	0,936	0,936	0,937	0,937	0,938	0,938	0,939
61	0,929	0,930	0,930	0,931	0,932	0,932	0,933	0,933	0,934	0,935	0,935	0,936	0,936	0,937	0,937
62	0,927	0,928	0,929	0,929	0,930	0,931	0,931	0,932	0,933	0,933	0,934	0,934	0,935	0,935	0,936
63	0,926	0,927	0,927	0,928	0,929	0,929	0,930	0,930	0,931	0,931	0,932	0,933	0,933	0,934	0,934
64	0,924	0,925	0,926	0,926	0,927	0,928	0,928	0,929	0,929	0,930	0,930	0,931	0,932	0,932	0,933
65	0,923	0,923	0,924	0,925	0,925	0,926	0,927	0,927	0,928	0,928	0,929	0,929	0,930	0,931	0,931
66	0,921	0,922	0,922	0,923	0,924	0,924	0,925	0,926	0,926	0,927	0,927	0,928	0,928	0,929	0,929
67	0,920	0,920	0,921	0,922	0,922	0,923	0,923	0,924	0,925	0,925	0,926	0,926	0,926	0,927	0,928
68	0,918	0,919	0,919	0,920	0,921	0,921	0,922	0,923	0,923	0,924	0,924	0,925	0,925	0,926	0,926
69	0,916	0,917	0,918	0,918	0,919	0,920	0,920	0,921	0,922	0,922	0,923	0,923	0,924	0,924	0,925
70	0,915	0,916	0,916	0,917	0,918	0,918	0,919	0,919	0,920	0,921	0,921	0,922	0,922	0,923	0,923
71	0,913	0,914	0,914	0,915	0,916	0,917	0,917	0,918	0,918	0,919	0,919	0,920	0,921	0,921	0,922
72	0,912	0,912	0,913	0,914	0,914	0,915	0,916	0,916	0,917	0,917	0,918	0,918	0,919	0,920	0,920
73	0,910	0,911	0,912	0,912	0,913	0,913	0,914	0,915	0,915	0,916	0,916	0,917	0,917	0,918	0,918
74	0,909	0,909	0,910	0,911	0,911	0,912	0,912	0,913	0,913	0,914	0,915	0,915	0,916	0,916	0,917
75	0,907	0,908	0,908	0,909	0,910	0,910	0,911	0,912	0,912	0,913	0,913	0,914	0,914	0,915	0,915
76	0,905	0,906	0,907	0,907	0,908	0,909	0,909	0,910	0,911	0,911	0,912	0,912	0,913	0,913	0,914
77	0,904	0,905	0,905	0,906	0,907	0,907	0,908	0,908	0,909	0,910	0,910	0,911	0,911	0,912	0,912
78	0,902	0,903	0,904	0,904	0,905	0,906	0,906	0,907	0,907	0,908	0,909	0,909	0,910	0,910	0,911
79	0,901	0,901	0,902	0,903	0,903	0,904	0,905	0,905	0,906	0,906	0,907	0,907	0,908	0,909	0,909
80	0,899	0,900	0,901	0,901	0,902	0,902	0,903	0,904	0,904	0,905	0,905	0,906	0,906	0,907	0,907
81	0,898	0,898	0,899	0,900	0,900	0,901	0,901	0,902	0,903	0,903	0,904	0,904	0,905	0,905	0,906
82	0,896	0,897	0,897	0,898	0,899	0,899	0,900	0,901	0,901	0,902	0,902	0,903	0,903	0,904	0,904
83	0,894	0,895	0,896	0,896	0,897	0,898	0,898	0,899	0,900	0,900	0,901	0,901	0,902	0,902	0,903
84	0,893	0,894	0,894	0,895	0,896	0,896	0,897	0,897	0,898	0,899	0,899	0,900	0,900	0,901	0,901
85	0,891	0,892	0,893	0,893	0,894	0,895	0,895	0,896	0,896	0,897	0,898	0,898	0,899	0,899	0,900
86	0,890	0,890	0,891	0,892	0,892	0,893	0,894	0,894	0,895	0,895	0,896	0,896	0,897	0,898	0,898
87	0,888	0,889	0,890	0,890	0,891	0,891	0,892	0,893	0,893	0,894	0,894	0,895	0,895	0,896	0,897
88	0,887	0,887	0,888	0,889	0,889	0,890	0,890	0,891	0,892	0,892	0,893	0,893	0,894	0,894	0,895
89	0,885	0,886	0,886	0,887	0,888	0,888	0,889	0,890	0,890	0,891	0,891	0,892	0,892	0,893	0,893
90	0,883	0,884	0,885	0,885	0,886	0,887	0,887	0,888	0,889	0,889	0,890	0,890	0,891	0,891	0,892

Speise-wasser-temperatur in °C	Kesselspannung in kg/qcm Überdruck														
	4,0	4,2	4,4	4,6	4,8	5,0	5,2	5,4	5,6	5,8	6,0	6,2	6,4	6,6	6,8
90	0,883	0,884	0,885	0,885	0,886	0,887	0,887	0,888	0,889	0,889	0,890	0,890	0,891	0,891	0,892
91	0,882	0,883	0,883	0,884	0,885	0,885	0,886	0,886	0,887	0,888	0,888	0,888	0,889	0,890	0,890
92	0,880	0,881	0,882	0,882	0,883	0,884	0,884	0,885	0,885	0,886	0,887	0,887	0,888	0,888	0,889
93	0,879	0,879	0,880	0,881	0,881	0,882	0,883	0,883	0,884	0,884	0,885	0,885	0,886	0,887	0,887
94	0,877	0,878	0,879	0,879	0,880	0,880	0,881	0,882	0,882	0,883	0,883	0,884	0,884	0,885	0,885
95	0,876	0,876	0,877	0,878	0,878	0,879	0,880	0,880	0,881	0,881	0,882	0,882	0,883	0,883	0,884
96	0,874	0,875	0,875	0,876	0,877	0,877	0,878	0,879	0,879	0,880	0,880	0,881	0,881	0,882	0,882
97	0,872	0,873	0,874	0,874	0,875	0,876	0,876	0,877	0,878	0,878	0,879	0,879	0,880	0,880	0,881
98	0,871	0,872	0,872	0,873	0,874	0,874	0,875	0,875	0,876	0,877	0,877	0,878	0,878	0,879	0,879
99	0,869	0,870	0,871	0,871	0,872	0,873	0,873	0,874	0,874	0,875	0,876	0,876	0,877	0,877	0,877
100	0,868	0,868	0,869	0,870	0,870	0,871	0,872	0,872	0,873	0,873	0,874	0,874	0,875	0,876	0,876
101	0,866	0,867	0,868	0,868	0,869	0,869	0,870	0,871	0,871	0,872	0,872	0,873	0,873	0,874	0,874
102	0,865	0,865	0,866	0,867	0,867	0,868	0,869	0,869	0,870	0,870	0,871	0,871	0,872	0,872	0,873
103	0,863	0,864	0,864	0,865	0,866	0,866	0,867	0,868	0,868	0,869	0,869	0,870	0,870	0,871	0,871
104	0,861	0,862	0,863	0,863	0,864	0,865	0,865	0,866	0,867	0,867	0,868	0,868	0,869	0,869	0,870
105	0,860	0,861	0,861	0,862	0,863	0,863	0,864	0,864	0,865	0,866	0,866	0,867	0,867	0,868	0,868
106	0,858	0,859	0,860	0,860	0,861	0,862	0,862	0,863	0,863	0,864	0,865	0,865	0,866	0,866	0,867
107	0,857	0,857	0,858	0,859	0,859	0,860	0,861	0,861	0,862	0,862	0,863	0,864	0,864	0,865	0,865
108	0,855	0,856	0,857	0,857	0,858	0,858	0,859	0,860	0,860	0,861	0,861	0,862	0,862	0,863	0,863
109	0,854	0,854	0,855	0,856	0,856	0,857	0,858	0,858	0,859	0,859	0,860	0,860	0,861	0,861	0,862
110	0,852	0,853	0,853	0,854	0,855	0,855	0,856	0,857	0,857	0,858	0,858	0,859	0,859	0,860	0,860
111	0,850	0,851	0,852	0,852	0,853	0,854	0,854	0,855	0,856	0,856	0,857	0,857	0,858	0,858	0,859
112	0,849	0,850	0,850	0,851	0,852	0,852	0,853	0,853	0,854	0,855	0,855	0,856	0,856	0,857	0,857
113	0,847	0,848	0,849	0,849	0,850	0,851	0,851	0,852	0,852	0,853	0,854	0,854	0,855	0,855	0,856
114	0,846	0,846	0,847	0,848	0,848	0,849	0,850	0,850	0,851	0,851	0,852	0,853	0,853	0,854	0,854
115	0,844	0,845	0,846	0,846	0,847	0,847	0,848	0,849	0,849	0,850	0,850	0,851	0,851	0,852	0,852
116	0,843	0,843	0,844	0,845	0,845	0,846	0,847	0,847	0,848	0,848	0,849	0,849	0,850	0,850	0,851
117	0,841	0,842	0,842	0,843	0,844	0,844	0,845	0,846	0,846	0,847	0,847	0,848	0,848	0,849	0,849
118	0,839	0,840	0,841	0,841	0,842	0,843	0,843	0,844	0,845	0,845	0,846	0,846	0,847	0,847	0,848
119	0,838	0,839	0,839	0,840	0,841	0,841	0,842	0,842	0,843	0,844	0,844	0,845	0,845	0,846	0,846
120	0,836	0,837	0,838	0,838	0,839	0,840	0,840	0,841	0,841	0,842	0,843	0,843	0,844	0,844	0,845

Speisewasser-temperatur in °C	\multicolumn{15}{c}{Kesselspannung in kg/qcm Überdruck}													
	7,0	7,2	7,4	7,6	7,8	8,0	8,2	8,4	8,6	8,8	9,0	9,25	9,5	9,75	10,0
0	1,034	1,034	1,035	1,035	1,036	1,036	1,036	1,037	1,037	1,038	1,038	1,039	1,039	1,040	1,040
1	1,032	1,033	1,033	1,033	1,034	1,034	1,035	1,035	1,036	1,036	1,037	1,037	1,038	1,038	1,039
2	1,030	1,031	1,031	1,032	1,032	1,033	1,033	1,034	1,034	1,035	1,035	1,035	1,036	1,036	1,037
3	1,029	1,029	1,030	1,030	1,031	1,031	1,032	1,032	1,033	1,033	1,033	1,034	1,034	1,035	1,035
4	1,027	1,028	1,028	1,029	1,029	1,030	1,030	1,031	1,031	1,031	1,032	1,032	1,033	1,032	1,034
5	1,026	1,026	1,027	1,027	1,028	1,028	1,029	1,029	1,029	1,030	1,030	1,031	1,031	1,032	1,032
6	1,024	1,025	1,025	1,026	1,026	1,027	1,027	1,027	1,028	1,028	1,029	1,029	1,030	1,030	1,031
7	1,023	1,023	1,024	1,024	1,025	1,025	1,025	1,026	1,026	1,027	1,027	1,028	1,028	1,029	1,029
8	1,021	1,022	1,022	1,022	1,023	1,023	1,024	1,024	1,025	1,025	1,026	1,026	1,027	1,027	1,028
9	1,019	1,020	1,020	1,021	1,021	1,022	1,022	1,023	1,023	1,024	1,024	1,025	1,025	1,025	1,026
10	1,018	1,018	1,019	1,019	1,020	1,020	1,021	1,021	1,022	1,022	1,022	1,023	1,023	1,024	1,025
11	1,016	1,017	1,017	1,018	1,018	1,019	1,019	1,020	1,020	1,020	1,021	1,021	1,022	1,022	1,023
12	1,015	1,015	1,016	1,016	1,017	1,017	1,018	1,018	1,018	1,019	1,019	1,020	1,020	1,021	1,021
13	1,013	1,014	1,014	1,015	1,015	1,016	1,016	1,016	1,017	1,017	1,018	1,018	1,019	1,019	1,020
14	1,012	1,012	1,013	1,013	1,014	1,014	1,014	1,015	1,015	1,016	1,016	1,017	1,017	1,018	1,018
15	1,010	1,011	1,011	1,011	1,012	1,012	1,013	1,013	1,014	1,014	1,015	1,015	1,016	1,016	1,017
16	1,008	1,009	1,009	1,010	1,010	1,011	1,011	1,012	1,012	1,013	1,013	1,014	1,014	1,015	1,015
17	1,007	1,007	1,008	1,008	1,009	1,009	1,010	1,010	1,011	1,011	1,011	1,012	1,012	1,013	1,013
18	1,005	1,006	1,006	1,007	1,007	1,008	1,008	1,009	1,009	1,009	1,010	1,010	1,011	1,011	1,012
19	1,004	1,004	1,005	1,005	1,006	1,006	1,007	1,007	1,007	1,008	1,008	1,009	1,009	1,010	1,010
20	1,002	1,003	1,003	1,004	1,004	1,005	1,005	1,005	1,006	1,006	1,007	1,007	1,008	1,008	1,009
21	1,001	1,001	1,002	1,002	1,003	1,003	1,003	1,004	1,004	1,005	1,005	1,006	1,006	1,007	1,007
22	0,999	1,000	1,000	1,000	1,001	1,001	1,002	1,002	1,003	1,003	1,004	1,004	1,005	1,005	1,006
23	0,997	0,998	0,998	0,999	0,999	1,000	1,000	1,001	1,001	1,002	1,002	1,003	1,003	1,004	1,004
24	0,996	0,996	0,997	0,997	0,998	0,998	0,999	0,999	1,000	1,000	1,000	1,001	1,001	1,002	1,002
25	0,994	0,995	0,995	0,996	0,996	0,997	0,997	0,998	0,998	0,998	0,999	0,999	1,000	1,000	1,001
26	0,993	0,993	0,994	0,994	0,995	0,995	0,996	0,996	0,996	0,997	0,997	0,998	0,998	0,999	0,999
27	0,991	0,992	0,992	0,993	0,993	0,994	0,994	0,994	0,995	0,995	0,996	0,996	0,997	0,997	0,998
28	0,990	0,990	0,991	0,991	0,992	0,992	0,992	0,993	0,993	0,994	0,994	0,995	0,995	0,996	0,996
29	0,988	0,989	0,989	0,990	0,990	0,990	0,991	0,991	0,992	0,992	0,993	0,993	0,994	0,994	0,995
30	0,986	0,987	0,987	0,988	0,988	0,989	0,989	0,990	0,990	0,991	0,991	0,992	0,992	0,992	0,993

Kesselspannung in kg/qcm Überdruck

Speisewasser-temperatur in °C	10,0	9,75	9,5	9,25	9,0	8,8	8,6	8,4	8,2	8,0	7,8	7,6	7,4	7,2	7,0
30	0,993	0,992	0,992	0,992	0,991	0,991	0,990	0,990	0,989	0,989	0,988	0,988	0,987	0,987	0,986
31	0,991	0,991	0,990	0,990	0,989	0,989	0,989	0,988	0,988	0,987	0,987	0,986	0,986	0,985	0,985
32	0,990	0,989	0,989	0,988	0,988	0,987	0,987	0,987	0,986	0,986	0,985	0,985	0,984	0,984	0,983
33	0,988	0,988	0,987	0,987	0,986	0,986	0,985	0,985	0,985	0,984	0,984	0,983	0,983	0,982	0,982
34	0,987	0,986	0,986	0,985	0,985	0,984	0,984	0,983	0,983	0,983	0,982	0,982	0,981	0,981	0,980
35	0,985	0,985	0,984	0,984	0,983	0,983	0,982	0,982	0,981	0,981	0,981	0,980	0,980	0,979	0,979
36	0,984	0,983	0,983	0,982	0,982	0,981	0,981	0,980	0,980	0,979	0,979	0,979	0,978	0,978	0,977
37	0,982	0,982	0,981	0,981	0,980	0,980	0,979	0,979	0,978	0,978	0,977	0,977	0,976	0,976	0,975
38	0,980	0,980	0,979	0,979	0,978	0,978	0,978	0,977	0,977	0,976	0,976	0,975	0,975	0,974	0,974
39	0,979	0,978	0,978	0,977	0,977	0,976	0,976	0,976	0,975	0,975	0,974	0,974	0,973	0,973	0,972
40	0,977	0,977	0,976	0,976	0,975	0,975	0,974	0,974	0,974	0,973	0,973	0,972	0,972	0,971	0,971
41	0,976	0,975	0,975	0,974	0,974	0,973	0,973	0,972	0,972	0,972	0,971	0,971	0,970	0,970	0,969
42	0,974	0,974	0,973	0,973	0,972	0,972	0,971	0,971	0,970	0,970	0,970	0,969	0,969	0,968	0,968
43	0,973	0,972	0,972	0,971	0,971	0,970	0,970	0,969	0,969	0,968	0,968	0,968	0,967	0,967	0,966
44	0,971	0,971	0,970	0,970	0,969	0,969	0,968	0,968	0,967	0,967	0,966	0,966	0,965	0,965	0,965
45	0,969	0,969	0,968	0,968	0,967	0,967	0,967	0,966	0,966	0,965	0,965	0,964	0,964	0,963	0,963
46	0,968	0,967	0,967	0,966	0,966	0,965	0,965	0,965	0,964	0,964	0,963	0,963	0,962	0,962	0,961
47	0,966	0,966	0,965	0,965	0,964	0,964	0,963	0,963	0,963	0,962	0,962	0,961	0,961	0,960	0,960
48	0,965	0,964	0,964	0,963	0,963	0,962	0,962	0,961	0,961	0,961	0,960	0,960	0,959	0,959	0,958
49	0,963	0,963	0,962	0,962	0,961	0,961	0,960	0,960	0,959	0,959	0,959	0,958	0,958	0,957	0,957
50	0,962	0,961	0,961	0,960	0,960	0,959	0,959	0,958	0,958	0,957	0,957	0,957	0,956	0,956	0,955
51	0,960	0,960	0,959	0,959	0,958	0,958	0,957	0,957	0,956	0,956	0,955	0,955	0,954	0,954	0,954
52	0,958	0,958	0,957	0,957	0,956	0,956	0,956	0,955	0,955	0,954	0,954	0,953	0,953	0,952	0,952
53	0,957	0,956	0,956	0,955	0,955	0,954	0,954	0,954	0,953	0,953	0,952	0,952	0,951	0,951	0,950
54	0,955	0,955	0,954	0,954	0,953	0,953	0,952	0,952	0,952	0,951	0,951	0,950	0,950	0,949	0,949
55	0,954	0,953	0,953	0,952	0,952	0,951	0,951	0,950	0,950	0,950	0,949	0,949	0,948	0,948	0,947
56	0,952	0,952	0,951	0,951	0,950	0,950	0,949	0,949	0,949	0,948	0,948	0,947	0,947	0,946	0,946
57	0,951	0,950	0,950	0,949	0,949	0,948	0,948	0,947	0,947	0,946	0,946	0,946	0,945	0,945	0,944
58	0,949	0,949	0,948	0,948	0,947	0,947	0,946	0,946	0,945	0,945	0,944	0,944	0,943	0,943	0,943
59	0,947	0,947	0,946	0,946	0,945	0,945	0,945	0,944	0,944	0,943	0,943	0,942	0,942	0,941	0,941
60	0,946	0,945	0,945	0,944	0,944	0,943	0,943	0,943	0,942	0,942	0,941	0,941	0,940	0,940	0,939

Speisewasser-temperatur in °C	Kesselspannung in kg/qcm Überdruck														
	7,0	7,2	7,4	7,6	7,8	8,0	8,2	8,4	8,6	8,8	9,0	9,25	9,5	9,75	10,0
60	0,939	0,940	0,940	0,941	0,941	0,942	0,942	0,943	0,943	0,943	0,944	0,944	0,945	0,945	0,946
61	0,938	0,938	0,939	0,939	0,940	0,940	0,941	0,941	0,941	0,942	0,942	0,943	0,943	0,944	0,944
62	0,936	0,937	0,937	0,938	0,938	0,939	0,939	0,939	0,940	0,940	0,941	0,941	0,942	0,942	0,943
63	0,935	0,935	0,936	0,936	0,937	0,937	0,937	0,938	0,938	0,939	0,939	0,940	0,940	0,941	0,941
64	0,933	0,934	0,934	0,935	0,935	0,935	0,936	0,936	0,937	0,937	0,938	0,938	0,939	0,939	0,940
65	0,932	0,932	0,932	0,933	0,933	0,934	0,934	0,935	0,935	0,936	0,936	0,936	0,937	0,938	0,938
66	0,930	0,930	0,931	0,931	0,932	0,932	0,933	0,933	0,934	0,934	0,934	0,935	0,935	0,936	0,936
67	0,928	0,929	0,929	0,930	0,930	0,931	0,931	0,932	0,932	0,932	0,933	0,933	0,934	0,934	0,935
68	0,927	0,927	0,928	0,928	0,929	0,929	0,930	0,930	0,930	0,931	0,931	0,932	0,932	0,933	0,933
69	0,925	0,926	0,926	0,927	0,927	0,928	0,928	0,928	0,929	0,929	0,930	0,930	0,931	0,931	0,932
70	0,924	0,924	0,925	0,925	0,926	0,926	0,926	0,927	0,927	0,928	0,928	0,929	0,929	0,930	0,930
71	0,922	0,923	0,923	0,924	0,924	0,924	0,925	0,925	0,926	0,926	0,927	0,927	0,928	0,928	0,929
72	0,921	0,921	0,921	0,922	0,922	0,923	0,923	0,924	0,924	0,925	0,925	0,926	0,926	0,927	0,927
73	0,919	0,919	0,920	0,920	0,921	0,921	0,922	0,922	0,923	0,923	0,923	0,924	0,924	0,925	0,925
74	0,917	0,918	0,918	0,919	0,919	0,920	0,920	0,921	0,921	0,921	0,922	0,922	0,923	0,923	0,924
75	0,916	0,916	0,917	0,917	0,918	0,918	0,919	0,919	0,919	0,920	0,920	0,921	0,921	0,922	0,922
76	0,914	0,915	0,915	0,916	0,916	0,917	0,917	0,917	0,918	0,918	0,919	0,919	0,920	0,920	0,921
77	0,913	0,913	0,914	0,914	0,915	0,915	0,915	0,916	0,916	0,917	0,917	0,918	0,918	0,919	0,919
78	0,911	0,912	0,912	0,913	0,913	0,913	0,914	0,914	0,915	0,915	0,916	0,916	0,917	0,917	0,918
79	0,910	0,910	0,911	0,911	0,911	0,912	0,912	0,913	0,913	0,914	0,914	0,915	0,915	0,916	0,916
80	0,908	0,908	0,909	0,909	0,910	0,910	0,911	0,911	0,912	0,912	0,912	0,913	0,913	0,914	0,914
81	0,906	0,907	0,907	0,908	0,908	0,909	0,909	0,910	0,910	0,910	0,911	0,911	0,912	0,912	0,913
82	0,905	0,905	0,906	0,906	0,907	0,907	0,908	0,908	0,908	0,909	0,909	0,910	0,910	0,911	0,911
83	0,903	0,904	0,904	0,905	0,905	0,906	0,906	0,906	0,907	0,907	0,908	0,908	0,909	0,909	0,910
84	0,902	0,902	0,903	0,903	0,904	0,904	0,904	0,905	0,905	0,906	0,906	0,907	0,907	0,908	0,908
85	0,900	0,901	0,901	0,902	0,902	0,902	0,903	0,903	0,904	0,904	0,905	0,905	0,906	0,906	0,907
86	0,899	0,899	0,900	0,900	0,900	0,901	0,901	0,902	0,902	0,903	0,903	0,904	0,904	0,905	0,905
87	0,897	0,897	0,898	0,898	0,899	0,899	0,900	0,900	0,901	0,901	0,901	0,902	0,903	0,903	0,903
88	0,895	0,896	0,896	0,897	0,897	0,898	0,898	0,899	0,899	0,899	0,900	0,900	0,901	0,901	0,902
89	0,894	0,894	0,895	0,895	0,896	0,896	0,897	0,897	0,898	0,898	0,898	0,899	0,899	0,900	0,900
90	0,892	0,893	0,893	0,894	0,894	0,895	0,895	0,896	0,896	0,896	0,897	0,897	0,898	0,898	0,899

Speise-wasser-temperatur in °C	Kesselspannung in kg/qcm Überdruck														
	7,0	7,2	7,4	7,6	7,8	8,0	8,2	8,4	8,6	8,8	9,0	9,25	9,5	9,75	10,0
90	0,892	0,893	0,893	0,894	0,894	0,895	0,895	0,896	0,896	0,896	0,897	0,897	0,898	0,898	0,899
91	0,891	0,891	0,892	0,892	0,893	0,893	0,893	0,894	0,894	0,895	0,895	0,896	0,896	0,897	0,897
92	0,889	0,890	0,890	0,891	0,891	0,891	0,892	0,892	0,893	0,893	0,894	0,894	0,895	0,895	0,896
93	0,888	0,888	0,889	0,889	0,889	0,890	0,890	0,891	0,891	0,892	0,892	0,893	0,893	0,894	0,894
94	0,886	0,886	0,887	0,887	0,888	0,888	0,889	0,889	0,890	0,890	0,890	0,891	0,892	0,892	0,892
95	0,884	0,885	0,885	0,886	0,886	0,887	0,887	0,888	0,888	0,889	0,889	0,889	0,890	0,890	0,891
96	0,883	0,883	0,884	0,884	0,885	0,885	0,886	0,886	0,887	0,887	0,887	0,888	0,888	0,889	0,889
97	0,881	0,882	0,882	0,883	0,883	0,884	0,884	0,885	0,885	0,885	0,886	0,886	0,887	0,887	0,888
98	0,880	0,880	0,881	0,881	0,882	0,882	0,882	0,883	0,883	0,884	0,884	0,885	0,885	0,886	0,886
99	0,878	0,879	0,879	0,880	0,880	0,880	0,881	0,881	0,882	0,882	0,883	0,883	0,884	0,884	0,885
100	0,877	0,877	0,878	0,878	0,878	0,879	0,880	0,880	0,880	0,881	0,881	0,882	0,882	0,883	0,883
101	0,875	0,875	0,876	0,876	0,877	0,877	0,878	0,878	0,879	0,879	0,879	0,880	0,881	0,881	0,881
102	0,873	0,874	0,874	0,875	0,875	0,876	0,876	0,877	0,877	0,878	0,878	0,878	0,879	0,879	0,880
103	0,872	0,872	0,873	0,873	0,874	0,874	0,875	0,875	0,876	0,876	0,876	0,877	0,877	0,878	0,878
104	0,870	0,871	0,871	0,872	0,872	0,873	0,873	0,873	0,874	0,874	0,875	0,875	0,876	0,876	0,877
105	0,869	0,869	0,870	0,870	0,871	0,871	0,872	0,872	0,872	0,873	0,873	0,874	0,874	0,875	0,875
106	0,867	0,868	0,868	0,869	0,869	0,869	0,870	0,870	0,871	0,871	0,872	0,872	0,873	0,873	0,874
107	0,866	0,866	0,867	0,867	0,867	0,868	0,868	0,869	0,869	0,870	0,870	0,871	0,871	0,872	0,872
108	0,864	0,864	0,865	0,865	0,866	0,866	0,867	0,867	0,868	0,868	0,869	0,869	0,870	0,870	0,871
109	0,862	0,863	0,863	0,864	0,864	0,865	0,865	0,866	0,866	0,867	0,867	0,867	0,868	0,868	0,869
110	0,861	0,861	0,862	0,862	0,863	0,863	0,864	0,864	0,865	0,865	0,865	0,866	0,866	0,867	0,867
111	0,859	0,860	0,860	0,861	0,861	0,862	0,862	0,863	0,863	0,863	0,864	0,864	0,865	0,865	0,866
112	0,858	0,858	0,859	0,859	0,860	0,860	0,861	0,861	0,861	0,862	0,862	0,863	0,863	0,864	0,864
113	0,856	0,857	0,857	0,858	0,858	0,858	0,859	0,859	0,860	0,860	0,861	0,861	0,862	0,862	0,863
114	0,854	0,855	0,856	0,856	0,856	0,857	0,857	0,858	0,858	0,859	0,859	0,860	0,860	0,861	0,861
115	0,853	0,853	0,854	0,854	0,855	0,855	0,856	0,856	0,857	0,857	0,858	0,858	0,859	0,859	0,860
116	0,851	0,852	0,852	0,853	0,853	0,854	0,854	0,855	0,855	0,856	0,856	0,856	0,857	0,857	0,858
117	0,850	0,850	0,851	0,851	0,852	0,852	0,853	0,853	0,854	0,854	0,854	0,855	0,855	0,856	0,856
118	0,848	0,849	0,849	0,850	0,850	0,851	0,851	0,852	0,852	0,852	0,853	0,853	0,854	0,854	0,855
119	0,847	0,847	0,848	0,848	0,849	0,849	0,850	0,850	0,850	0,851	0,851	0,852	0,852	0,853	0,853
120	0,845	0,846	0,846	0,847	0,847	0,848	0,848	0,848	0,849	0,849	0,850	0,850	0,851	0,851	0,852

Speise-wasser-temperatur in °C	Kesselspannung in kg/qcm Überdruck											
	10,0	10,25	10,50	10,75	11,0	11,25	11,50	11,75	12,0	12,25	12,50	12,75
0	1,040	1,041	1,041	1,042	1,042	1,042	1,043	1,044	1,044	1,044	1,045	1,045
1	1,039	1,039	1,039	1,040	1,040	1,041	1,041	1,042	1,042	1,043	1,043	1,043
2	1,037	1,037	1,038	1,038	1,039	1,039	1,040	1,040	1,041	1,041	1,041	1,042
3	1,035	1,036	1,036	1,037	1,037	1,038	1.038	1,039	1,039	1,039	1,040	1,040
4	1,034	1,034	1,035	1,035	1,036	1,036	1,037	1,037	1,037	1,038	1,038	1,039
5	1,032	1,033	1,033	1,034	1,034	1,035	1,035	1,035	1,036	1,036	1,037	1,037
6	1,031	1,031	1,032	1,032	1,033	1,033	1,033	1,034	1,034	1,035	1,035	1,036
7	1,029	1,030	1,030	1,031	1,031	1,031	1,032	1,032	1,033	1,033	1,034	1,034
8	1,028	1,028	1,029	1,029	1,029	1,030	1,030	1,031	1,031	1,032	1,032	1,032
9	1,026	1,026	1,027	1,027	1,028	1,028	1,029	1,029	1,030	1,030	1,030	1,031
10	1,025	1,025	1,025	1,026	1,026	1,027	1,027	1,028	1,028	1,028	1,029	1,029
11	1,023	1,023	1,024	1,024	1,025	1,025	1,026	1,026	1,026	1,027	1,027	1,028
12	1,021	1,022	1,022	1,023	1,023	1,024	1,024	1,024	1,025	1,025	1,026	1,026
13	1,020	1,020	1,021	1,021	1,022	1,022	1,022	1,023	1,023	1,024	1,024	1,025
14	1,018	1,019	1,019	1,020	1,020	1,020	1,021	1,021	1,022	1,022	1,023	1,023
15	1,017	1,017	1,018	1,018	1,018	1,019	1,019	1,020	1,020	1,021	1,021	1,021
16	1,015	1,015	1,016	1,016	1,017	1,017	1,018	1,018	1,019	1,019	1,019	1,020
17	1,013	1,014	1,014	1,015	1,015	1,016	1,016	1,017	1,017	1,017	1,018	1,018
18	1,012	1,012	1,013	1,013	1,014	1,014	1,015	1,015	1,015	1,016	1,016	1,017
19	1,010	1,011	1,011	1,012	1,012	1,013	1,013	1,013	1,014	1,014	1,015	1,015
20	1,009	1,009	1,010	1,010	1,011	1,011	1,011	1,012	1,012	1,013	1,013	1,014
21	1,007	1,008	1,008	1,009	1,009	1,009	1,010	1,010	1,011	1,011	1,012	1,012
22	1,006	1,006	1,007	1,007	1,007	1,008	1,008	1,009	1,009	1,010	1,010	1,010
23	1,004	1,004	1,005	1,005	1,006	1,006	1,007	1,007	1,008	1,008	1,008	1,009
24	1,002	1,003	1,003	1,004	1,004	1,005	1,005	1,006	1,006	1,006	1,007	1,007
25	1,001	1,001	1,002	1,002	1,003	1,003	1,004	1,004	1,004	1,005	1,005	1,006
26	0,999	1,000	1,000	1,001	1,001	1,002	1,002	1,002	1,003	1,003	1,004	1,004
27	0,998	0,998	0,999	0,999	1,000	1,000	1,000	1,001	1,001	1,002	1,002	1,003
28	0,996	0,997	0,997	0,998	0,998	0,998	0,999	0,999	1,000	1,000	1,001	1,001
29	0,995	0,995	0,996	0,996	0,996	0,997	0,997	0,998	0,998	0,999	0,999	0,999
30	0,993	0,993	0,994	0,994	0,995	0,995	0,996	0,996	0,997	0,997	0,997	0,997

Speise-wasser-temperatur in °C	Kesselspannung in kg/qcm Überdruck											
	10,0	10,25	10,50	10,75	11,0	11,25	11,50	11,75	12,0	12,25	12,50	12,75
30	0,993	0,993	0,994	0,994	0,995	0,995	0,996	0,996	0,997	0,997	0,997	0,997
31	0,991	0,992	0,992	0,993	0,993	0,994	0,994	0,995	0,995	0,995	0,996	0,996
32	0,990	0,990	0,991	0,991	0,992	0,992	0,993	0,993	0,993	0,994	0,994	0,995
33	0,988	0,989	0,989	0,990	0,990	0,991	0,991	0,991	0,992	0,992	0,993	0,993
34	0,987	0,987	0,988	0,988	0,989	0,989	0,989	0,990	0,990	0,991	0,991	0,992
35	0,985	0,986	0,986	0,987	0,987	0,987	0,988	0,988	0,989	0,989	0,990	0,990
36	0,984	0,984	0,985	0,985	0,985	0,986	0,986	0,987	0,987	0,988	0,988	0,988
37	0,982	0,982	0,983	0,983	0,984	0,984	0,985	0,985	0,986	0,986	0,986	0,987
38	0,980	0,981	0,981	0,982	0,982	0,983	0,983	0,984	0,984	0,984	0,985	0,985
39	0,979	0,979	0,980	0,980	0,981	0,981	0,982	0,982	0,982	0,983	0,983	0,983
40	0,977	0,978	0,978	0,979	0,979	0,980	0,980	0,980	0,981	0,981	0,982	0,982
41	0,976	0,976	0,977	0,977	0,978	0,978	0,978	0,979	0,979	0,980	0,980	0,981
42	0,974	0,975	0,975	0,976	0,976	0,976	0,977	0,977	0,978	0,978	0,979	0,979
43	0,973	0,973	0,974	0,974	0,974	0,975	0,975	0,976	0,976	0,977	0,977	0,977
44	0,971	0,971	0,972	0,972	0,973	0,973	0,974	0,974	0,975	0,975	0,975	0,976
45	0,969	0,970	0,970	0,971	0,971	0,972	0,972	0,973	0,973	0,973	0,974	0,974
46	0,968	0,968	0,969	0,969	0,970	0,970	0,971	0,971	0,971	0,972	0,972	0,973
47	0,966	0,967	0,967	0,968	0,968	0,969	0,969	0,969	0,970	0,970	0,971	0,971
48	0,965	0,965	0,966	0,966	0,967	0,967	0,967	0,968	0,968	0,969	0,969	0,970
49	0,963	0,964	0,964	0,965	0,965	0,965	0,966	0,966	0,967	0,967	0,968	0,968
50	0,962	0,962	0,963	0,963	0,963	0,964	0,964	0,965	0,965	0,966	0,966	0,966
51	0,960	0,960	0,961	0,961	0,962	0,962	0,963	0,963	0,964	0,964	0,964	0,965
52	0,958	0,959	0,959	0,960	0,960	0,961	0,961	0,962	0,962	0,962	0,963	0,963
53	0,957	0,957	0,958	0,958	0,959	0,959	0,960	0,960	0,960	0,961	0,961	0,962
54	0,955	0,956	0,956	0,957	0,957	0,958	0,958	0,958	0,959	0,959	0,960	0,960
55	0,954	0,954	0,955	0,955	0,956	0,956	0,956	0,957	0,957	0,958	0,958	0,959
56	0,952	0,953	0,953	0,954	0,954	0,954	0,955	0,955	0,956	0,956	0,957	0,957
57	0,951	0,951	0,952	0,952	0,952	0,953	0,953	0,954	0,954	0,955	0,955	0,955
58	0,949	0,950	0,950	0,950	0,951	0,951	0,952	0,952	0,953	0,953	0,953	0,954
59	0,947	0,948	0,948	0,949	0,949	0,950	0,950	0,951	0,951	0,951	0,952	0,952
60	0,946	0,946	0,947	0,947	0,948	0,948	0,949	0,949	0,949	0,950	0,950	0,951

Kesselspannung in kg/qcm Überdruck

Speisewasser-temperatur in °C	10,0	10,25	10,50	10,75	11,0	11,25	11,50	11,75	12,0	12,25	12,50	12,75
60	0,946	0,946	0,947	0,947	0,948	0,948	0,949	0,949	0,949	0,950	0,950	0,951
61	0,944	0,945	0,945	0,946	0,946	0,947	0,947	0,947	0,948	0,948	0,949	0,949
62	0,943	0,943	0,944	0,944	0,945	0,945	0,945	0,946	0,946	0,947	0,947	0,948
63	0,941	0,942	0,942	0,943	0,943	0,943	0,944	0,944	0,945	0,945	0,946	0,946
64	0,940	0,940	0,941	0,941	0,941	0,942	0,942	0,943	0,943	0,944	0,944	0,944
65	0,938	0,939	0,939	0,939	0,940	0,940	0,941	0,941	0,942	0,942	0,942	0,943
66	0,936	0,937	0,937	0,938	0,938	0,939	0,939	0,940	0,940	0,940	0,941	0,941
67	0,935	0,935	0,936	0,936	0,937	0,937	0,938	0,938	0,938	0,939	0,939	0,940
68	0,933	0,934	0,934	0,935	0,935	0,936	0,936	0,937	0,937	0,937	0,938	0,938
69	0,932	0,932	0,933	0,933	0,934	0,934	0,934	0,935	0,935	0,936	0,936	0,937
70	0,930	0,931	0,931	0,932	0,932	0,932	0,933	0,933	0,934	0,934	0,935	0,935
71	0,929	0,929	0,930	0,930	0,930	0,931	0,931	0,932	0,932	0,933	0,933	0,933
72	0,927	0,928	0,928	0,928	0,929	0,929	0,930	0,930	0,931	0,931	0,931	0,932
73	0,925	0,926	0,926	0,927	0,927	0,928	0,928	0,929	0,929	0,929	0,930	0,930
74	0,924	0,924	0,925	0,925	0,926	0,926	0,927	0,927	0,928	0,928	0,928	0,929
75	0,922	0,923	0,923	0,924	0,924	0,925	0,925	0,926	0,926	0,926	0,927	0,927
76	0,921	0,921	0,922	0,922	0,923	0,923	0,924	0,924	0,924	0,925	0,925	0,926
77	0,919	0,920	0,920	0,921	0,921	0,921	0,922	0,922	0,923	0,923	0,924	0,924
78	0,918	0,918	0,919	0,919	0,919	0,920	0,920	0,921	0,921	0,922	0,922	0,922
79	0,916	0,917	0,917	0,917	0,918	0,918	0,919	0,919	0,920	0,920	0,920	0,921
80	0,914	0,915	0,915	0,916	0,916	0,917	0,917	0,918	0,918	0,918	0,919	0,919
81	0,913	0,913	0,914	0,914	0,915	0,915	0,916	0,916	0,917	0,917	0,917	0,918
82	0,911	0,912	0,912	0,913	0,913	0,914	0,914	0,915	0,915	0,915	0,916	0,916
83	0,910	0,910	0,911	0,911	0,912	0,912	0,913	0,913	0,913	0,914	0,914	0,915
84	0,908	0,909	0,909	0,910	0,910	0,910	0,911	0,911	0,912	0,912	0,913	0,913
85	0,907	0,907	0,908	0,908	0,908	0,909	0,909	0,910	0,910	0,911	0,911	0,911
86	0,905	0,906	0,906	0,906	0,907	0,907	0,908	0,908	0,909	0,909	0,909	0,910
87	0,903	0,904	0,904	0,905	0,905	0,906	0,906	0,907	0,907	0,908	0,908	0,908
88	0,902	0,902	0,903	0,903	0,904	0,904	0,905	0,905	0,906	0,906	0,906	0,907
89	0,900	0,901	0,901	0,902	0,902	0,903	0,903	0,904	0,904	0,904	0,905	0,905
90	0,899	0,899	0,900	0,900	0,901	0,901	0,902	0,902	0,902	0,903	0,903	0,904

Kesselspannung in kg/qcm Überdruck

Speisewasser-temperatur in °C	10,0	10,25	10,50	10,75	11,0	11,25	11,50	11,75	12,0	12,25	12,50	12,75
90	0,899	0,899	0,900	0,900	0,901	0,901	0,902	0,902	0,902	0,903	0,903	0,904
91	0,897	0,898	0,898	0,899	0,899	0,900	0,900	0,900	0,901	0,901	0,902	0,902
92	0,896	0,896	0,897	0,897	0,897	0,898	0,898	0,899	0,899	0,900	0,900	0,900
93	0,894	0,895	0,895	0,895	0,896	0,896	0,897	0,897	0,898	0,898	0,898	0,899
94	0,892	0,893	0,893	0,894	0,894	0,895	0,895	0,896	0,896	0,897	0,897	0,897
95	0,891	0,891	0,892	0,892	0,893	0,893	0,894	0,894	0,895	0,895	0,895	0,896
96	0,889	0,890	0,890	0,891	0,891	0,892	0,892	0,893	0,893	0,893	0,894	0,894
97	0,888	0,888	0,889	0,889	0,890	0,890	0,891	0,891	0,891	0,892	0,892	0,893
98	0,886	0,887	0,887	0,888	0,888	0,889	0,889	0,889	0,890	0,890	0,891	0,891
99	0,885	0,885	0,886	0,886	0,886	0,887	0,887	0,888	0,888	0,889	0,889	0,889
100	0,883	0,884	0,884	0,884	0,885	0,885	0,886	0,886	0,887	0,887	0,888	0,888
101	0,881	0,882	0,882	0,883	0,883	0,884	0,884	0,885	0,885	0,886	0,886	0,886
102	0,880	0,880	0,881	0,881	0,882	0,882	0,883	0,883	0,884	0,884	0,884	0,885
103	0,878	0,879	0,879	0,880	0,880	0,881	0,881	0,882	0,882	0,882	0,883	0,883
104	0,877	0,877	0,878	0,878	0,879	0,879	0,880	0,880	0,880	0,881	0,881	0,882
105	0,875	0,876	0,876	0,877	0,877	0,878	0,878	0,878	0,879	0,879	0,880	0,880
106	0,874	0,874	0,875	0,875	0,876	0,876	0,876	0,877	0,877	0,878	0,878	0,878
107	0,872	0,873	0,873	0,873	0,874	0,874	0,875	0,875	0,876	0,876	0,877	0,877
108	0,871	0,871	0,871	0,872	0,872	0,873	0,873	0,874	0,874	0,875	0,875	0,875
109	0,869	0,869	0,870	0,870	0,871	0,871	0,872	0,872	0,873	0,873	0,873	0,874
110	0,867	0,868	0,868	0,869	0,869	0,870	0,870	0,871	0,871	0,871	0,872	0,872
111	0,866	0,866	0,867	0,867	0,868	0,868	0,869	0,869	0,869	0,870	0,870	0,871
112	0,864	0,865	0,865	0,866	0,866	0,867	0,867	0,867	0,868	0,868	0,869	0,869
113	0,863	0,863	0,864	0,864	0,865	0,865	0,865	0,866	0,866	0,867	0,867	0,867
114	0,861	0,862	0,862	0,862	0,863	0,863	0,864	0,864	0,865	0,865	0,866	0,866
115	0,860	0,860	0,860	0,861	0,861	0,862	0,862	0,862	0,863	0,864	0,864	0,864
116	0,858	0,858	0,859	0,859	0,860	0,860	0,861	0,861	0,861	0,862	0,862	0,863
117	0,856	0,857	0,857	0,858	0,858	0,859	0,859	0,860	0,860	0,860	0,861	0,861
118	0,855	0,855	0,856	0,856	0,857	0,857	0,858	0,858	0,858	0,859	0,859	0,860
119	0,853	0,854	0,854	0,855	0,855	0,856	0,856	0,856	0,857	0,857	0,858	0,858
120	0,852	0,852	0,853	0,853	0,854	0,854	0,854	0,855	0,855	0,856	0,856	0,856

Verzeichnis der Firmen, welche die in diesem Werke beschriebenen Apparate anfertigen bzw. liefern.

(Nach der Reihenfolge der Figuren geordnet.)

Figur-Nr.	Gegenstand	Hersteller bzw. Lieferant
1	Buntesche Gasbürette	Paul Altmann, Berlin NW. 6
2	Gummi-Aspirator	Paul Altmann, Berlin NW. 6
3	Absorptionsbürette von Tollens	Gebrüder Ruhstrat, Göttingen
5—12	Hempelsche Apparate	Paul Altmann, Berlin NW. 6 und Oskar Leuner, Dresden
13	Orsat-Fischer-Apparat	Paul Altmann, Berlin NW. 6 und Vereinigte Fabriken für Laboratoriumsbedarf, Berlin N. 39
14	Orsat-Muenke-Apparat	Paul Altmann, Berlin NW. 6
15	Orsat-Fuchs-Apparat	G. A. Schultze, Berlin-Charlottenburg
16	Orsat-Schmitz-Apparat	Vereinigte Fabriken für Laboratoriumsbedarf, Berlin N. 39
17	Absorptions-Ökonometer	Wwe. Joh. Schumacher, Köln
18—21	Absorptionsapparate nach Kleine	Ströhlein & Co., Düsseldorf 39
22	Gasanalysator Peska-Kappus	Vereinigte Fabriken für Laboratoriumsbedarf, Berlin N. 39
23—31	Heizkraftmesser Ados	„Ados" G. m. b. H., Aachen
33	Rauchgas-Sammel-Kontroll-Apparat	Wwe. Joh. Schumacher, Köln
34	Doppel-Aspirator	Paul Altmann, Berlin NW. 6
36—41	Krökersche Bombe und Kalorimeter	Julius Peters, Berlin NW. 21
43—44	Kalorimeter nach Parr	Max Kohl, Chemnitz
47	Uhrgläser mit Klammern	Paul Altmann, Berlin NW. 6
48—51	Trockenschränke	Paul Altmann, Berlin NW. 6
52	Exsikkator	Paul Altmann, Berlin NW. 6
53	Exsikkator nach Nablenz	Ströhlein & Co., Düsseldorf 39
54—57	Junkerssches Kalorimeter	Junkers & Co., Dessau
60	Junkers' Abgas-Kalorimeter	Junkers & Co., Dessau
61	Eichvorrichtung für Gasmesser	Junkers & Co., Dessau
63	Vergasungslampe	Junkers & Co., Dessau
67—68	Kapnoskop	Otho, Dresden-A.
69—71	Pyrometer	G. A. Schultze, Berlin-Charlottenburg
72	Segerkegel	Chemisches Laboratorium für Tonindustrie, Berlin NW. 21
73	Sentinel-Pyrometer	The Amalgams Co. Ltd., Sheffield
74—75	Kalorimeter von Fuchs	G. A. Schultze, Berlin-Charlottenburg
76—77	Elektrisches Pyrometer	Wwe. Joh. Schumacher, Köln
79—82	Optische Pyrometer Wanner	Dr. R. Hase, Hannover
83	Zugmesser	Paul Altmann, Berlin NW. 6
84	Zugmesser Ebert	G. Ebert, Wallhausen (Helme)
85	Segerscher Zugmesser	Chemisches Laboratorium für Tonindustrie, Berlin NW. 21
86	Zugmesser nach Rabe	G. A. Schultze, Berlin-Charlottenburg
88	Zug- und Druckmesser von Lux	Friedrich Lux, G. m. b. H., Ludwigshafen a. Rh.
89	Differentialmanometer von König	Dr. H. Geißler Nachf., Bonn a. Rh.
92	Arndtscher Zugmesser	Chr. Bülles, Aachen

Figur-Nr.	Gegenstand	Hersteller bzw. Lieferant
93	Schumacherscher Zugmesser	Wwe. Joh. Schumacher, Köln
95	Zugmesser System Orsat	Schäffer & Budenberg, Magdeburg-Buckau
96—98	Ätheranemometer	P.Hermann vorm. J.F. Meyer, ZürichIV
99	Mikromanometer von Krell	G. A. Schultze, Berlin-Charlottenburg
100	Krellscher Zugmesser	G. A. Schultze, Berlin-Charlottenburg
102	Polarplanimeter	Amsler, Laffon und Sohn, Schaffhausen
111	Kompensations-Polarplanimeter	G. Coradi, Zürich
117	Präzisionsscheibenplanimeter	G. Coradi, Zürich
119	Polarplanimeter	A. Ott, Kempten i Allgäu
123	Kompensations-Polarplanimeter	A. Ott, Kempten i. Allgäu
126—132	Universalplanimeter	A. Ott, Kempten i. Allgäu
134	Schneidenradplanimeter	J. Fieguth, Langfuhr bei Danzig
138—158	Indikatoren	Dreyer, Rosenkranz & Droop, Hannover
159—171	Indikatoren	Schäffer & Budenberg, Magdeburg-Buckau
172—182	Indikatoren	H. Maihak, Hamburg
183	Leistungszähler von Böttcher	H. Maihak, Hamburg
185—186	Hubverminderungseinrichtung	Dreyer, Rosenkranz & Droop, Hannover
187	Hubverminderungseinrichtung	H. Maihak, Hamburg
188—190	Hubverminderer nach Stanek	Dreyer, Rosenkranz & Droop, Hannover
191	Hubverminderer nach Stanek	H. Maihak, Hamburg
192	Verbindungsleitung mit Dreiwegehahn	H. Maihak, Hamburg
206—218	Prüfungseinrichtungen für Indikatorfedern	Dreyer, Rosenkranz & Droop, Hannover
219	Prüfungseinrichtungen für Indikatorfedern	H. Maihak, Hamburg
220	Einrichtung zur Prüfung des Schreibzeuges	H. Maihak, Hamburg
221—222	Paßstücke	Dreyer, Rosenkranz & Droop, Hannover
223	Meßapparat für Eichdiagramme	H. Maihak, Hamburg
229—230	Torsionsindikator	Vulkan-Werke, Hamburg
233—234	Wildas Flächenmesser	Dr. Max Jänecke, Verlagsbuchhandlung, Leipzig
283	Viskosimeter nach Engler	Sommer & Runge, Berlin SW.
284—285	Apparate zur Bestimmung des Flammpunktes von Ölen	Sommer & Runge, Berlin SW.

Additional information of this book

*(Technische Untersuchungsmethoden zur Betriebskontrolle;
978-3-662-22999-6; 978-3-662-22999-6_OSFO1)* is provided:

http://Extras.Springer.com

Additional information of this book

(Technische Untersuchungsmethoden zur Betriebskontrolle;
978-3-662-22999-6; 978-3-662-22999-6_OSFO2) is provided:

http://Extras.Springer.com